Eisenbahnbrücken in Massivbauweise nach Eurocode 2

Jetzt diesen Titel zusätzlich als E-Book downloaden und 70 % sparen!

Als Käufer dieses Buchtitels haben Sie Anspruch auf ein besonderes Kombi-Angebot: Sie können den Titel zusätzlich zum Ihnen vorliegenden gedruckten Exemplar für nur 30 % des Normalpreises als E-Book beziehen.

Der BESONDERE VORTEIL: Im E-Book recherchieren Sie in Sekundenschnelle die gewünschten Themen und Textpassagen. Denn die E-Book-Variante ist mit einer komfortablen Volltextsuche ausgestattet!

Deshalb: Zögern Sie nicht. Laden Sie sich am besten gleich Ihre persönliche E-Book-Ausgabe dieses Titels herunter.

In 3 einfachen Schritten zum E-Book:

1. Rufen Sie die Website **www.beuth.de/e-book** auf.

2. Geben Sie hier Ihren persönlichen, nur einmal verwendbaren E-Book-Code ein:

   23258C4DA37C039

3. Klicken Sie das „Download-Feld“ an und gehen dann weiter zum Warenkorb. Führen Sie den normalen Bestellprozess aus.

Hinweis: Der E-Book-Code wurde individuell für Sie als Erwerber dieses Buches erzeugt und darf nicht an Dritte weitergegeben werden. Mit Zurückziehung dieses Buches wird auch der damit verbundene E-Book-Code für den Download ungültig.

Eisenbahnbrücken in Massivbauweise nach Eurocode 2

Prof. Dr.-Ing. Michael Müller
Prof. Dr.-Ing. Thomas Bauer
M. Eng. Thomas Hensel
M. Eng. Stefan Lubinski
Prof. Dr.-Ing. Christian Seiler

Eisenbahnbrücken in Massivbauweise nach Eurocode 2

Beispiele prüffähiger Standsicherheitsnachweise

Stahlbeton- und
Spannbetonüberbauten

3., vollständig überarbeitete Auflage

Beuth Verlag GmbH · Berlin · Wien · Zürich

Bauwerk

© 2015 Beuth Verlag GmbH
Berlin · Wien · Zürich
Am DIN-Platz
Burggrafenstraße 6
10787 Berlin

Telefon: +49 30 2601-0
Telefax: +49 30 2601-1260
Internet: www.beuth.de
E-Mail: kundenservice@beuth.de

Druck und Bindung:
Zakład Graficzny Colonel S.A., Kraków

Gedruckt auf säurefreiem, alterungsbeständigem Papier nach DIN EN ISO 9706.

ISBN 978-3-410-23258-2

Vorwort

Der vorliegende Band „Eisenbahnbrücken in Massivbauweise nach Eurocode 2“ ist die Neuauflage des Vorgängertitels „Eisenbahnbrückenbau nach DIN-Fachbericht“ und enthält in dieser 3. Auflage zwei vollständige Standsicherheitsnachweise: einen Stahlbeton- und einen Spannbetonüberbau nach den im Mai 2013 eingeführten Eurocodes. Die praxisnahen Beispiele sind so ausgewählt, dass die komplette Bemessung mit Handrechnungen nachvollzogen werden kann. Ziel dieses Buches ist es, durch die direkten Verweise auf die Normtexte eine schnelle und effektive Einarbeitung in die neue Normgeneration zu ermöglichen.

Das Buch richtet sich an die erfahrenen Planungsingenieure, denen die DB AG und das Eisenbahn-Bundesamt ein Hilfsmittel zur Anfertigung von prüffähigen statischen Berechnungen nach Eurocode an die Hand geben will. Damit ist das Buch zwar nicht in erster Linie als Lehrbuch gedacht, wird aber auch Studenten einen praxisnahen Einstieg in das Aufstellen von Standsicherheitsnachweisen ermöglichen.

Da sich die Eurocodes von den DIN-Fachberichten in vielen Punkten unterscheiden sowie die Richtlinie 804 der DB AG und die Eisenbahnspezifische Liste Technischer Baubestimmungen (ELTB) eingearbeitet werden mussten, wurden beide Beispiele komplett überarbeitet.

Gerne nutzen die Verfasser die Gelegenheit, dem Beuth Verlag für die angenehme Zusammenarbeit zu danken. Dank sagen wir auch besonders an Frau Anne Müller.

Prödel, im Juni 2015

Michael Müller
Thomas Bauer
Christian Seiler
Thomas Hensel
Stefan Lubinski

Bauwerk

Beuth
Berlin · Wien · Zürich

Gesamtinhaltsverzeichnis

TEIL A: STATISCHE BERECHNUNG STAHLBETONÜBERBAU

BAUHERR:	Deutsche Bahn AG, **Geschäftsbereich Netz**
AUFTRAGGEBER:	**DB Netz AG**
BAUVORHABEN:	Neubau einer Eisenbahnüberführung Strecke Magdeburg – Dessau EÜ über die L86 bei Lübs
BAUTEIL:	Stahlbetonüberbau
AUFSTELLER:	Planungsgemeinschaft: Hochschule Magdeburg – Stendal
Datum:	04.06.2015

Bearbeiter:

Prof. Dr.-Ing. Michael Müller
Hochschule Magdeburg - Stendal (FH)
Breitscheidstr. 2
39114 Magdeburg
E-mail: M.Mueller@MuellerHirsch.de

M. Eng. T. Hensel
Müller + Hirsch Ingenieurgesellschaft mbH
Große Diesdorfer Straße 21
39108 Magdeburg
E-mail: T.Hensel@MuellerHirsch.de

M. Eng. S. Lubinski
Müller + Hirsch Ingenieurgesellschaft mbH
Große Diesdorfer Straße 21
39108 Magdeburg
E-mail: S.Lubinski@MuellerHirsch.de

1 Allgemeines

Die Gliederung der Statischen Berechnung erfolgt gemäß ZTV-Ing Teil 1 Abschnitt 2 Anhang A (Ausgabe 12/2014).

1.1 Inhaltsverzeichnis

Abschnitt	Bezeichnung	Seite

Abschnitt	Bezeichnung	Seite

Anhänge

1.2 Beschreibung des Gesamtbauwerkes, Allgemeines zum Herstellungsprinzip

1.2.1 Vorbemerkung und Entwurfsparameter

Das Bauwerk überführt die eingleisige Strecke Magdeburg – Dessau bei Streckenkilometer km 34,398 über die L 86. Die Gesamtlänge des Überbaus beträgt L = 14,40 m. Es ist die Streckenklasse D4 zu berücksichtigen.

Die Gleisachse verläuft im Grundriss mit einem Radius von R = 3500 m.

Der Überbau besteht aus einer einfeldrigen mit Betonstahl bewehrten Vollplatte aus Beton C30/37. Die Stützweite beträgt 12,50 m mit jeweils einem 0,95 m langen Kragarm in Längsrichtung an jeder Auflagerachse. Bei einer Konstruktionshöhe von h = 1,25 m ergibt sich eine Biegeschlankheit von $\lambda = 12{,}50 / 1{,}25 = 10$.

Als Entwurfsvorgabe wird der Überbau für das Lastmodell 71 und das Lastmodell SW/2 bemessen. Die Ermüdungsnachweise werden mit dem Lastmodell 71 geführt.

EC1-2 6.3.2
EC1-2 6.3.3

Für bautechnische Nachweise von Eisenbahnbrücken ist der Lastklassenbeiwert (Klassifizierungsfaktor) α in Abhängigkeit vom künftigen Verkehr gemäß Tabelle 3 in Abstimmung mit dem zuständigen FvBel festzulegen. Der zuständige FvBel ist bei der Festlegung des Lastklassenbeiwerts bereits im Zuge der Aufgabenstellung zu beteiligen. Bei Änderungen des statischen Systems ist eine erneute Beteiligung erforderlich.

Ril 804.2101 Kap. 4 Abs. (1)

Nach Tab. 3 ergibt sich für Regelverkehr D4 (DB) ein Klassifizierungsbeiwert von $\alpha = 1{,}0$.

Ril 804.2101 Kap. 4 Tab. 3

Für Brückenbauwerke auf Strecken der Eisenbahn des Bundes für Betriebszüge mit 25-t-Radlast ist der Beiwert $\alpha = 1{,}21$ zu verwenden.

EC1-2 NDP zu 6.3.2 (3)P

Da die Brücke im Sprühnebelbereich der überquerten Straße liegt – Abstand ≤ 10 m – und damit neben Frost auch Taumitteln ausgesetzt ist, wird der Überbau in die Expositionsklassen XC4 (Einwirkung: Bewehrungskorrosion, ausgelöst durch Karbonatisierung; Umgebungsbedingung: wechselnd nass und trocken), XD1 (Einwirkung: Bewehrungskorrosion, verursacht

Ril 804.4201 Kap. 2 Abs. (6)
EC2-2 NDP zu 4.2 (106)
ZTV-ING Teil 3 Abs. 1 Kap. 4
EC2-2 NCI zu 4.2 Tab 4.1DE

durch Chloride; Umgebungsbedingung: mäßige Feuchte), XF1 (Einwirkung: Frostangriff mit und ohne Taumittel, Umgebungsbedingung; mäßige Wassersättigung ohne Taumittel) sowie WA (Beton mit häufiger oder langzeitiger Alkalizufuhr) eingeordnet.

Die Vorgaben der DAfStb-Richtlinie „Massige Bauteile aus Beton" sind zu beachten. ELTB Anl. 2.3/1

Als Mindestbetondruckfestigkeitsklasse des Überbaus in Abhängigkeit von den Expositionsklassen ergibt sich damit:

XC4 ⇒ C25/30 DAfStb Ril Massige Bauteile Tab. F. 2.1
XD1 ⇒ C30/37 (gem. ZTV-ING → maßgebend) ZTV-ING Teil 3 Abs. 1 Kap. 4 Abs. (5)
XF2 ⇒ C30/37 (gem. ZTV-ING → maßgebend)

Mindestbetonfestigkeitsklasse allgemein C20/25 EC2-2 NDP zu 3.1.2 (102)P

Maßgebend ist damit die Betondruckfestigkeitsklasse C30/37.

Anmerkung:

Gemäß DIN EN 1992-2 NDP zu 4.2 (106) sind ausschließlich Unterbauten von Eisenbahnbrücken in den Grenzen von x und y = 10 m dem Spritzwasserbereich (XF2) zuzuordnen. Für alle übrigen Bauteile von Eisenbahnbrücken ist eine Zuordnung von XF1 oder XF3 vorgesehen. Da sich der Überbau jedoch im Sprühnebelbereich der Straße befindet, wird die Expositionsklasse XF2 berücksichtigt.

Die Auflagerung erfolgt in Längsrichtung schwimmend und in Querrichtung fest. Ril 804.3401

Die Fahrbahn wird eingleisig mit durchgehendem Schotterbett, Spannbetonschwellen und durchgehenden Schienen ausgeführt. Unterschottermatten werden nicht vorgesehen. Ril 804.1101 Kap. 2 Abs. (1) und Kap. 3 Abs. (8)

Der Fahrbahnkonstruktion und der Querschnittsausbildung liegen die einschlägigen eisenbahnspezifischen Regelungen zugrunde. Ril 804.1101 Kap. 4.2

Die kastenförmigen Widerlager werden flach gegründet. Sie sind nicht Gegenstand dieser statischen Berechnung.

Im Rahmen der vorliegenden statischen Berechnung werden die wesentlichen Nachweise für das Längs- und Quersystem des Überbaus geführt.

Bei der Bemessung des mit Betonstahl bewehrten Längssystems werden folgende Zeitpunkte zugrunde gelegt:

t_0: Zeitpunkt des Belastungsbeginns beim Ausschalen
t_{28}: Zeitpunkt des Belastungsbeginns durch dynamische Einwirkungen (Zugverkehr)
t_∞: Zeitpunkt nach Abschluss des Kriechens und Schwindens

Annahmen:
t_0 = 10 Tage
t_{28} = 28 Tage
t_∞ = 100 Jahre

Bauzustände werden im Rahmen dieser statischen Berechnung nicht untersucht.

Die Tabelle 1 zeigt eine Zusammenfassung der Entwurfsparameter.

Tabelle 1 Entwurfsparameter

Geometrie	
Gesamtlänge	L = 14,40 m
Stützweite	l = 12,50 m
Gesamtbreite	B = 8,02 m
Breite des Überbaus an der Unterseite	b = 4,42 m
Bauhöhe	H = 2,06 m
Konstruktionshöhe (ohne Kragarm)	h = 1,25 m
Konstruktionshöhe (mit Kragarm)	h = 1,38 m
Radius der Gleisachse	R = 3500 m
Gleisüberhöhung	u = 0,08 m
Höhe über Gelände bez. auf SO	H = 6,76 m
Biegeschlankheit	λ = 10
Kreuzungswinkel	α = 100 gon
Lichtraumprofil	nach Ril 804.1101 Bild 4
Baustoffe	
Beton	C30/37
Betonstahl	B500B, hochduktil
Umweltbedingungen	XD1, XC4, XF2, WA
Sonstige Randbedingungen	
Entwurfsgeschwindigkeit	V_e = 200 km/h
Verkehrsaufkommen	25 Mio. t/a
Begegnungshäufigkeit	eingleisig
Streckenklasse	D4
Bemessungslebensdauer	100 Jahre
Oberbauart	Schwelle im Schotterbett
Eisenbahnspezifische Einwirkungen	
Lastmodell 71	α = 1,0
Lastmodell SW/2	
Lastmodell 71 für Ermüdungsnachweise	

1.2.2 Geometrisches System

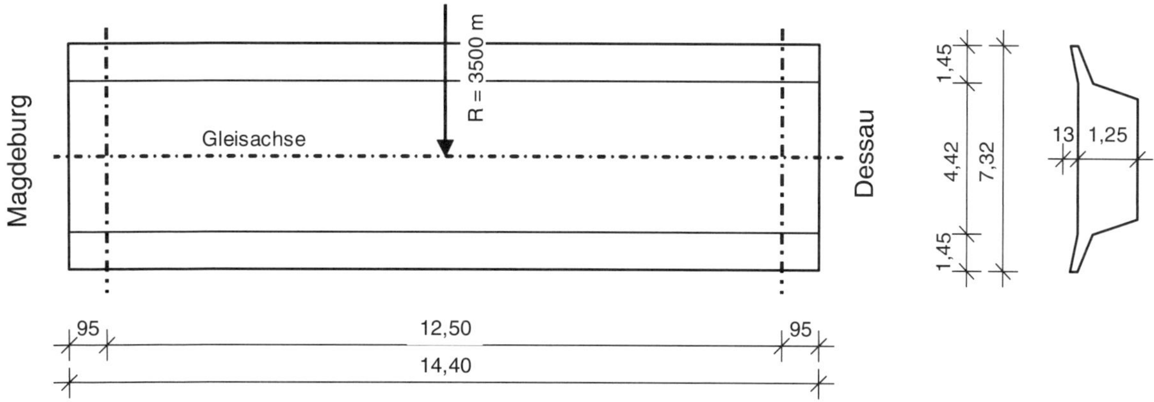

Abbildung 1 Grundriss des Tragwerkes (ohne Kappen)

Die Gleisachse verläuft im Grundriss konstant mit einem Radius R = 3500 m gekrümmt. Die sich aus dem Stich von f = 0,7 cm ergebende Exzentrizität der Gleisachse zur gerade verlaufenden Brückenachse wird bei der Bemessung vernachlässigt. Die Regelbreite der Fahrbahn wird jedoch um 2 cm auf 4,42 m vergrößert.

Ril 804.1101 Kap. 2 Abs. (8)
Ril 804.1101 Kap. 4.2 Abs. (2)

$f = R - [R^2 - (L/2)^2]^{0,5}$
$= 0,7$ cm

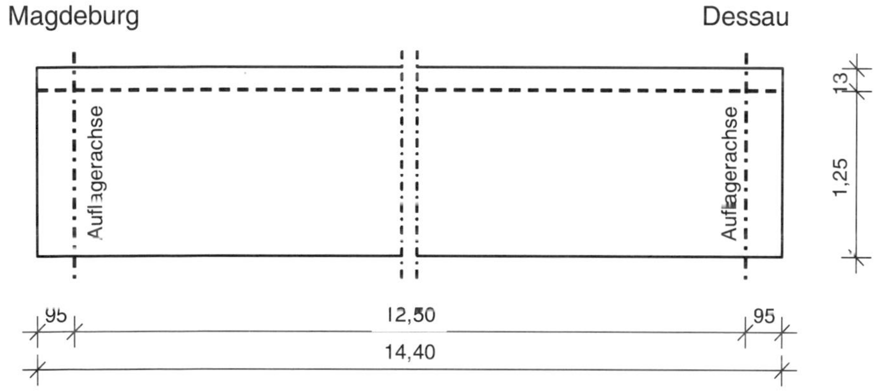

Abbildung 2 Längsschnitt des Tragwerkes

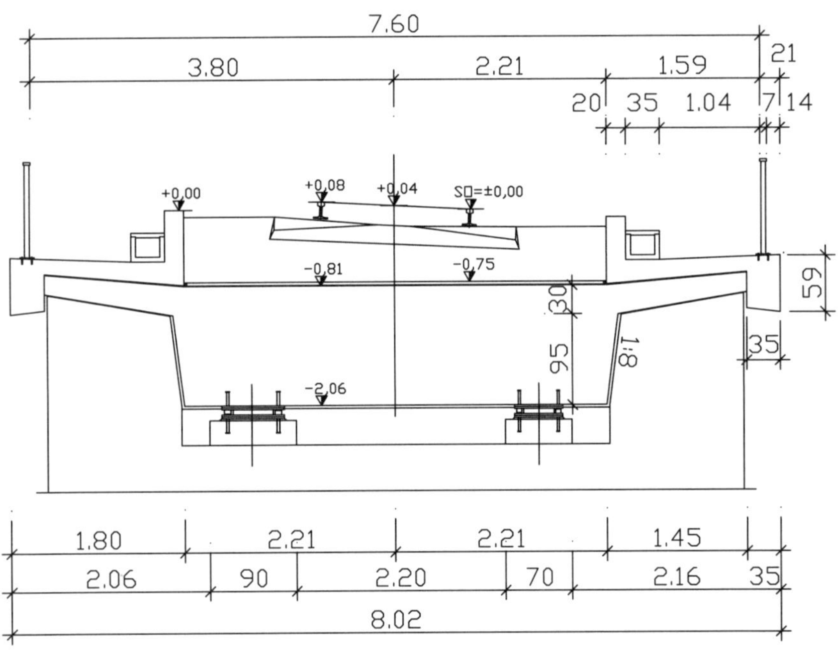

Abbildung 3 Querschnitt des Tragwerkes

Anmerkung:

Absenkung des rechten Schotterbegrenzungsbalkens beachten!

Ril 804.1101 Kap. 4.2 (2)

Dem Brückenquerschnitt mit einer Gesamtbreite B = 8,02 m liegen die einschlägigen eisenbahnspezifischen Regelungen für die vorgegebene Entwurfsgeschwindigkeit von V_E = 200 km/h und die Richtzeichnungen für massive Eisenbahnbrücken zugrunde.

Ril 804.1101 Kap. 4.2 (1) Bild 8

Ril 804.1101 Kap. 4.4 (7) Geländer

Ril 804.1101 Kap. 4.4 (3) Randwegbreite

Die Randkappe mit aufgesetztem Kabeltrog wird in Anlehnung an die Konstruktionsrichtzeichnung M-RKP 1604 ausgeführt.

Ril 804.1101 Kap. 4.4 (5) Randweg Höhenlage

Als Gleisüberhöhung wird die Regelüberhöhung angesetzt. Der Wert ist auf eine durch fünf teilbare Zahl zu runden.

reg u = $6{,}5 \cdot V_E^2 / R$
reg u = 80 mm

1.2.3 Hinweise zum Herstellungsverfahren

Das Tragwerk wird in Ortbetonbauweise als Stahlbetonvollplatte mit Betonstahlbewehrung ausgeführt. Nachgewiesen wird der Endzustand.

Im Rahmen dieser Hauptstatik werden im Weiteren keine Bauzustände untersucht.

1.2.4 Materialkennwerte

Betonstahl

Betonstahlsorte:	B500B	EC2-2 NCI zu 3.2.2 (3)P
Streckgrenze:	f_{yk} = 500 MN/m²	EC2-2 NDP zu 3.2.2 (3)P
Rechner. Zugfestigkeit:	$f_{tk,cal}$ = 525 MN/m²	EC2-2 NDP zu 3.2.7 (2)
Duktilitätsklasse:	hoch (Klasse B)	EC2-2 NCI zu 3.2.2 (3)P EC2-2 NCI zu 3.2.4 (101)P
Betondeckung		
Überbau: (Korrosion mäßig)	$c_{min,dur}$ = 4,0 cm c_{nom} = 4,5 cm	EC2-2 NDP zu 4.4.1.2 (5) Tab 4.3.1DE
Kappen bei Eisenbahnbrücken:		
nicht beton- berührte Flächen	$c_{min,dur}$ = 3,0 cm c_{nom} = 3,5 cm	EC2-2 NDP zu 4.4.1.2 (5) Tab 4.3.1DE
betonberührte Flächen	$c_{min,dur}$ = 2,0 cm c_{nom} = 2,5 cm	EC2-2 NDP zu 4.4.1.2 (5) Tab 4.3.1DE
Teilsicherheitsbeiwerte		
ständig und vorübergehend: außergewöhnlich: Ermüdung:	γ_S = 1,15 γ_S = 1,00 γ_S = 1,15	EC2-2 NDP zu 2.4.2.4 (1) Tab. 2.1DE
Elastizitätsmodul:	E_s = 200.000 MN/m²	EC2-1-1, 3.2.7 (4)

Beton

Betonfestigkeitsklasse: C30/37 — EC2-1-1 3.1.2 Tab. 3.1

charakt. Druckfestigkeit: f_{ck} = 30 MN/m² — EC2-1-1 3.1.2 Tab. 3.1; f_{ck} entspricht der Zylinderdruckfestigkeit

Mittelwert der Zugfestigkeit: f_{ctm} = 2,9 MN/m² — EC2-1-1 3.1.2 Tab. 3.1

Teilsicherheitsbeiwerte

- ständig und vorübergehend: γ_c = 1,5 — EC2-2 NDP zu 2.4.2.4 (1) Tab. 2.1DE
- außergewöhnlich: γ_c = 1,3
- Ermüdung: γ_c = 1,5

Elastizitätsmodul: E_{cm} = 33.000 MN/m² — EC2-1-1 3.1.2 Tab. 3.1

Anmerkung:

Der EC2-1-1 gibt Gleichungen für die zeitabhängige Ermittlung von Betondruckfestigkeit, Betonzugfestigkeit und E-Modul an. — EC2-1-1 3.1.2 (4) bis (9); EC2-1-1 3.1.3 (3)

Ermittlung der Kriech- und Schwindbeiwerte

Es wird angenommen, dass die Brücke 10 Tage nach dem Baubeginn des Überbaus durch die Ausbaulasten belastet und nach 28 Tagen für den Verkehr freigegeben wird. Die Nutzungsdauer der Brücke beträgt 100 Jahre.

Kriechen und Schwinden des Betons hängen hauptsächlich von der Umgebungsfeuchte, den Bauteilabmessungen und der Betonzusammensetzung ab. Das Kriechen wird auch vom Grad der Erhärtung des Betons beim erstmaligen Aufbringen der Last sowie von der Dauer und der Größe der Beanspruchung beeinflusst. — EC2-1-1 3.1.4 (1)P

Die Kriechzahl $\phi(t,t_0)$ bezieht sich auf den Tangentenmodul E_C, der mit 1,05 · E_{cm} angenommen werden darf. Wenn keine besondere Genauigkeit erforderlich ist, darf der in EC2-1-1 Bild 3.1 angegebene Wert als Endkriechzahl angesehen werden, wenn die Betondruckspannung zum Zeitpunkt des Belastungsbeginns $t = t_0$ nicht mehr als 0,45 · $f_{ck(t0)}$ beträgt. — EC2-1-1 3.1.4 (2)

Wenn die Betondruckspannung im Alter t_0 den Wert 0,45 $f_{ck(t0)}$ übersteigt, ist in der Regel die Nichtlinearität des Kriechens zu berücksichtigen. EC2-1-1 3.1.4 (4)

Benötigt wird folgende Kriechzahl:

$\varphi(t_\infty,t_{10})$ Erfassung der Kriecheinflüsse

t_∞: betrachteter Zeitpunkt
t_{10}: Betonalter bei Belastungsbeginn

Die Kriechzahlen können aus Diagrammen im EC2-1-1 3.1.4 abgelesen oder rechnerisch gemäß EC2-1-1 und EC2-2, jeweils Anhang B, bestimmt werden. EC2-1-1 und EC2-2

Zur Berechnung der Kriechzahl für t = ∞ darf die geplante Nutzungsdauer rechnerisch mit 70 Jahren angenommen werden. EC2-2 NCI zu Bild 3.1

Ermittlung der Eingangsgrößen:

- Bestimmung der wirksamen Querschnittsdicke EC2-1-1 3.1.4 (5)

mit: $h_0 = 2 \cdot A_c / u$

Betonquerschnittsfläche

$A_c = 6{,}392$ m²

Umfangslänge der der Austrocknung ausgesetzten Querschnittsfläche

$u = 16{,}74$ m
$h_0 = (2 \cdot 6{,}392 / 16{,}74) \cdot 10^3 \Rightarrow h_0 = 764$ mm

- relative Luftfeuchte RH = 80 % EC2-2 NCI zu 3.1.4 (1)P
- Beton C30/37
- Festigkeitsklasse des Zementes 32,5 N

Es wird für die zu berücksichtigenden Einflüsse Folgendes ermittelt: Alter bei Belastungsbeginn

a) Kriechzahl für $t_0 = t_{10}$

mit: $h_0 = 764$ mm
$t_0 = 10$ Tage

ergibt sich $\varphi(t_\infty,t_{10}) = 2{,}00$ EC2-1-1 3.1.4 Bild 3.1

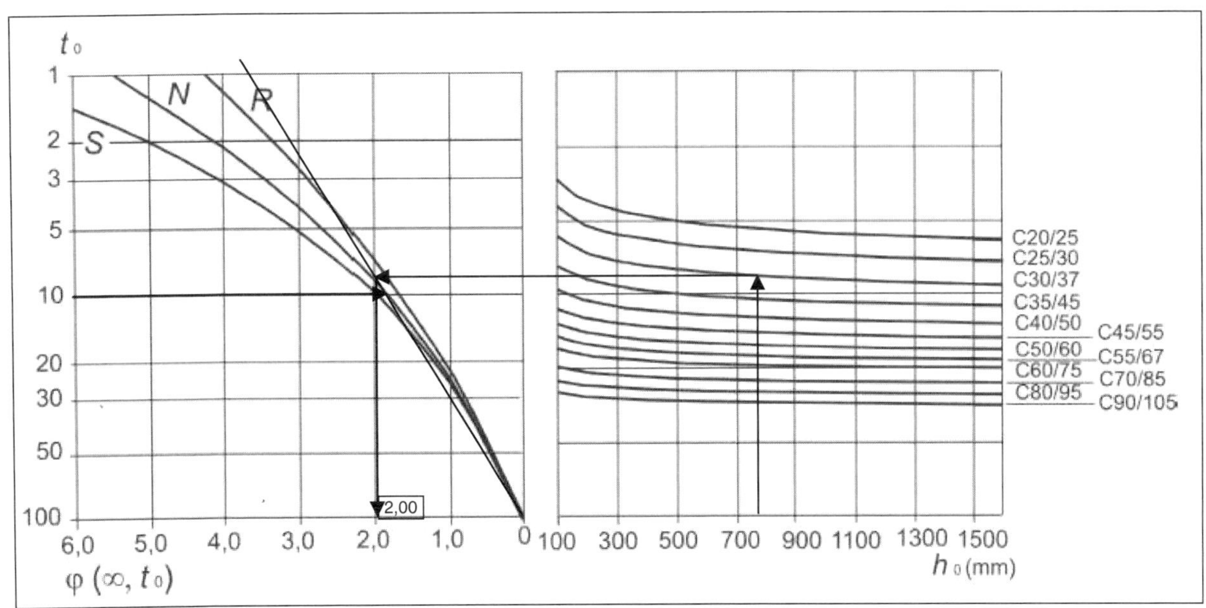

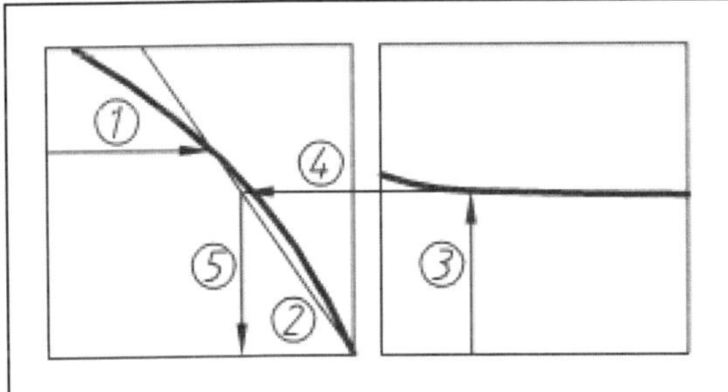

Abbildung 4 Ermittlung der Endkriechzahl $\varphi(t_\infty, t_{10})$ nach Bild 3.1, EC2-1-1

b) Schwinddehnung für t = ∞

EC2-1-1 3.1.4 (6)

Die Gesamtschwinddehnung setzt sich aus zwei Komponenten zusammen: der Trocknungsschwinddehnung und der autogenen Schwinddehnung. Die Trocknungsschwinddehnung bildet sich langsam aus, da sie eine Funktion der Wassermigration durch den erhärteten Beton ist. Die autogene Schwinddehnung bildet sich bei der Betonerhärtung aus: Der Hauptanteil bildet sich bereits in den ersten Tagen nach dem Betonieren aus. Das autogene Schwinden ist eine lineare Funktion der Betonfestigkeit. Es sollte insbesondere dort berücksichtigt werden, wo Frischbeton auf bereits erhärteten Beton aufgebracht wird.

Somit ergibt sich die Gesamtschwinddehnung zum Zeitpunkt $t = \infty$, bezeichnet als $\varepsilon_{cs,\infty}$, aus:

$$\varepsilon_{cs,\infty} = \varepsilon_{cd,\infty} + \varepsilon_{ca,\infty}$$

EC2-1-1 3.1.4 (6) Gl. (3.8)

ε_{cd} = Trocknungsschwinddehnung
ε_{ca} = autogene Schwinddehnung

Eingangsgrößen:

h_0 = 764 mm

relative Luftfeuchte RH = 80 % — EC2-2 NCI zu 3.1.4 (1)P

Beton C30/37 mit f_{ck} = 30 N/mm²

Das Trocknungsschwinden des Betons zum Zeitpunkt $t = \infty$ errechnet sich zu:

$$\varepsilon_{cd,\infty} = \gamma_{lt} \cdot \beta_{ds}(t,t_s) \cdot k_h \cdot \varepsilon_{cd,0}$$

EC2-2 NCI zu 3.1.4 (6) Gl. (NA.103.9)

mit:

γ_{lt} = 1 + 0,1 log (t / 1) — EC2-2 NCI zu B.105 Gl. (B.128)
γ_{lt} = 1,18

$\beta_{ds}(t,t_s)$ = 1,0 ($t = \infty$) — Heft 600 zu 3.1.4 (6)
k_h = 0,70 ($h_0 \geq$ 500 mm) — EC2-1-1 3.1.4 Tab. 3.3
$\varepsilon_{cd,0}$ = 0,36 ‰ — EC2-2 NCI zu B.2 Tab. NA.B.2

gleich:

$$\varepsilon_{cd,\infty} = 1{,}18 \cdot 1{,}0 \cdot 0{,}7 \cdot 0{,}36 = 0{,}30\ ‰$$

Die autogene Schwinddehnung zum Zeitpunkt $t = \infty$ errechnet sich zu:

$$\varepsilon_{ca,\infty} = 2{,}5 \cdot (f_{ck} - 10) \cdot 10^{-6} = 0{,}05\ ‰$$

EC2-1-1 3.1.4 (6) Gl. (3.12)

Die Gesamtschwinddehnung ergibt sich somit zu:

$$\varepsilon_{cs,\infty} = 0{,}30 + 0{,}05 = 0{,}35\ ‰ = 0{,}00035$$

1.3 Technische Vorschriften, Gutachten und Literaturhinweise

Nachfolgend werden die im Rahmen dieser Berechnung zugrunde gelegten Regelwerke und verwendeten Unterlagen aufgeführt.

Tabelle 2 Normen, Vorschriften und verwendete Unterlagen

	verw. Abk.	Bezeichnung	Fassung
Eurocode 0	EC0	Grundlagen der Tragwerksplanung	
	EC0	Grundlagen der Tragwerksplanung	12/2010
	EC0/NA	Grundlagen der Tragwerksplanung – NA	12/2010
	EC0/NA/A1	Grundlagen der Tragwerksplanung – NA A1	08/2012
Eurocode 1	EC1	Einwirkungen auf Tragwerke	
	EC1-1-1	Wichten, Eigengewicht und Nutzlasten	12/2010
	EC1-1-1/NA	Wichten, Eigengewicht und Nutzlasten – NA	12/2010
	EC1-1-4	Windeinwirkungen	12/2010
	EC1-1-4/NA	Windeinwirkungen – NA	12/2010
	EC1-1-5	Temperatureinwirkungen	12/2010
	EC1-1-5/NA	Temperatureinwirkungen – NA	12/2010
	EC1-2	Verkehrslasten auf Brücken	12/2010
	EC1-2/NA	Verkehrslasten auf Brücken – NA	08/2012
Eurocode 2	EC2	Bemessung u. Konstruktion von Stahlbeton- und Spannbetonbauwerken	
	EC2-1-1	Allg. Bemessungsregeln	01/2011
	EC2-1-1/NA	Allg. Bemessungsregeln – NA	04/2013
	EC2-1-1/NA/A1	Allg. Bemessungsregeln – NA A1	09/2013
	EC2-2	Bemessung von Betonbrücken	12/2010
	EC2-2/NA	Bemessung von Betonbrücken – NA	04/2013
Beton	DIN EN 206	Festlegung, Eigenschaften, Herstellung und Konformität - Entwurf	03/2012
	DIN 1045-2	Beton – Festlegung, Eigenschaften, Herstellung und Konformität – Anwendungsregeln zu DIN EN 206-1	08/2008
Richtlinie 804	Ril 804	Vorschrift für Eisenbahnbrücken und sonstige Ingenieurbauwerke (VEI)	01/2013
EBO	EBO	Eisenbahn-Bau- und Betriebsordnung	2012
ELTB	ELTB	Eisenbahnspezifische Liste Technischer Baubestimmungen	04/2015
Richtzeichnungen der DB AG	Rz	Rz S-KAB in M 804.9010 Richtzeichnung für Randkappen der DB AG	05/2012
ZTV-ING	ZTV-ING	Zusätzliche Technische Vertragsbedingungen und Richtlinien für Ingenieurbauten	12/2014
DAfStb-Heft 525	Heft 525	Erläuterung zur DIN 1045 (2. Auflage)	2010
DAfStb-Heft 600	Heft 600	Erläuterung zur DIN EN 1992-1-1 und NA	2012
DAfStb-Ril	DAfStb-Ril 1	Massige Bauteile aus Beton	2010

1.4 Abweichungen von Regelwerken

Der Berechnung liegen keine ergänzenden technischen Regeln zugrunde.

2 Bauteil: Stahlbetonüberbau

2.1 Berechnungsgrundlagen

Bei der untersuchten Konstruktion handelt es sich um einen einfeldrigen Stahlbetonbalken. Die auftretenden Querkräfte und Torsionsmomente werden durch fiktive Endquerträger in die Lager eingeleitet. Die linear-elastische Schnittgrößenermittlung und Bemessung erfolgt für das Haupttragwerk am Balken, bei der baulichen Durchbildung werden teilweise die Regelungen bezüglich der einzulegenden Mindestquerkraftbewehrung für einachsig gespannte Platten angewendet.

EC2-2 5.3.1 (3), (4)
$b / h = 4{,}42 / 1{,}25 = 3{,}54 < 5$
$l_{eff} / h = 12{,}5 / 1{,}25 = 10 > 3$

EC2-2 5.3.1 (5)

Die im Bogen verlegten Gleise verursachen eine geringe Exzentrizität der Gleisachse gegenüber der Tragwerkslängsachse. Die daraus resultierenden geringen Torsionsmomente aus vertikalen Eisenbahnverkehrslasten bleiben bei der Schnittgrößenermittlung und Bemessung unberücksichtigt.

siehe Abschnitt 1.2.2

Die Nachweise für Biegung mit Längskraft werden im ungünstigsten Schnitt in Feldmitte (x / l = 0,5) geführt. Die Nachweise für Querkraft und Torsion erfolgen unter der Annahme einer indirekten Auflagerung des Längssystems auf den fiktiven Endquerträgern. Der maßgebende Schnitt für die Bestimmung der Bemessungsquerkraft und des Bemessungstorsionsmomentes befindet sich damit am Auflagerrand (x / l = 0,016).

$x = l / 2 = 12{,}50 / 2 = 6{,}25$ m

$x = b_{Lager} / 2 = 0{,}4 / 2 = 0{,}2$ m

2.1.1 Darstellung und Beschreibung des statischen Systems (Systemskizze)

Das statische System des Brückenüberbaus wird als Einfeldträger mit einer Stützweite von 12,50 m und 2 Kragarmen mit je 0,95 m Länge idealisiert.

Das System des fiktiven Endquerträgers wird ebenfalls als Einfeldträger (Stützweite 3,00 m) mit Kragarmen (L = 0,71 m) angenommen.

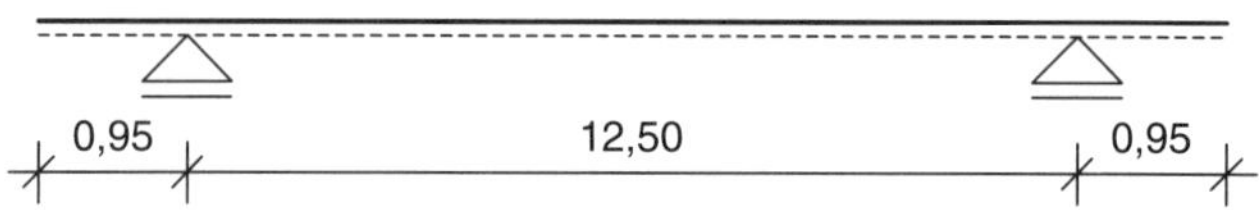

Abbildung 5 Systemskizze des statischen Systems in Längsrichtung

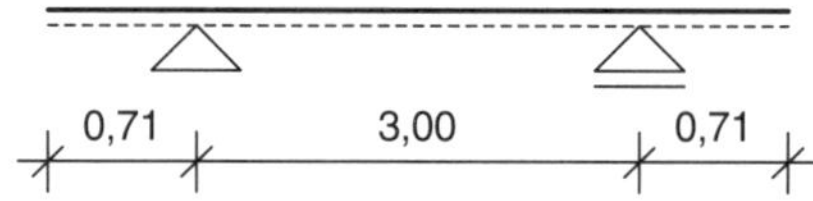

Abbildung 6 Systemskizze des fiktiven Endquerträgers

2.1.2 Eingabedaten für EDV-Rechenverfahren

Die statische Berechnung wird ohne Zuhilfenahme von EDV-Programmen durchgeführt.

2.1.3 Geometrische Größen

2.1.3.1 Ermittlungen der mitwirkenden Plattenbreite

Bei Plattenbalken hängt die mitwirkende Plattenbreite, für die eine konstante Spannung angenommen werden darf, von den Gurt- und Stegabmessungen, von der Art der Belastung, der Stützweite, den Auflagerbedingungen und der Querbewehrung ab. EC2-1-1 5.3.2.1 (1)P

Die mitwirkende Plattenbreite ist in der Regel auf der Grundlage des Abstands l_0 zwischen den Momentennullpunkten zu ermitteln. EC2-1-1 5.3.2.1 (2)

Die mitwirkende Plattenbreite b_{eff} für einen Plattenbalken oder einen einseitigen Plattenbalken darf wie folgt ermittelt werden: EC2-1-1 5.3.2.1 (3)

$$b_{eff} = \sum b_{eff,i} + b_w \leq b$$

EC2-1-1 5.3.2.1 (3) Gl. (5.7)

Dabei ist

$$b_{eff,i} = 0{,}2 \cdot b_i + 0{,}1 \cdot l_0 \leq 0{,}2 \cdot l_0$$

EC2-1-1 5.3.2.1 (3) Gl. (5.7a)

und

$$b_{eff,i} \leq b_i$$

EC2-1-1 5.3.2.1 (3) Gl. (5.7b)

Damit ergibt sich:

$$b_1 = b_2 = 1{,}80 - \frac{0{,}95}{8} = 1{,}68\ \text{m}$$

Neigung der Seitenfläche 1:8

$$b_{eff,1} = b_{eff,2} = 0{,}2 \cdot 1{,}68 + 0{,}1 \cdot 12{,}50 \leq 0{,}2 \cdot 12{,}50$$
$$b_{eff,1} = b_{eff,2} = 1{,}59 \leq 2{,}50\ \text{m}$$

Damit kann bei diesem sehr gedrungenen Querschnitt die gesamte Brückenquerschnittsfläche als mitwirkend betrachtet werden.

<u>Anmerkung:</u>

Die mitwirkende Breite ist zugrunde zu legen, wenn eine Spannung berechnet wird. Die Bruttoquerschnittsgröße kann zugrunde gelegt werden, wenn Schnittgrößen, Verformungen oder Eigenfrequenzen berechnet werden.

Es wird wie folgt verfahren:

- Die Schnittgrößenermittlung erfolgt mit den Bruttoquerschnittsgrößen

EC2-1-1 5.3.2.1 (4)

- Der Untersuchung, ob sich das Bauwerk im Grenzzustand der Gebrauchstauglichkeit im Zustand II befindet, werden Bruttoquerschnittsgrößen zugrunde gelegt

- Die Spannungsnachweise für Beton und Betonstahl im Grenzzustand der Gebrauchstauglichkeit werden am Rechteckquerschnitt mit b = 4,42 m und h = 1,25 m geführt

- Die Bemessung unter Biegung, Querkraft und Torsion im Grenzzustand der Tragfähigkeit werden am Rechteckquerschnitt mit b = 4,42 m und h = 1,25 m geführt

- Die Ermüdungsnachweise für Beton und Betonstahl werden ebenfalls am Rechteckquerschnitt mit b = 4,42 m und h = 1,25 m geführt

2.1.3.2 Ermittlungen der Querschnittsgrößen

Im vorliegenden Beispiel kann wegen des geringen Einflusses der Bewehrung mit den Bruttobetonquerschnittswerten gerechnet werden.

Die Querschnittswerte werden mit Integrationsformeln für dickwandige, polygonal begrenzte Querschnitte ermittelt. Somit ergeben sich folgende Bruttobetonquerschnittswerte:

z.B. PETERSEN „Stahlbau“, Friedrich Vieweg & Sohn Verlagsgesellschaft, Braunschweig / Wiesbaden 3. Auflage, Tafel 26.1

siehe Bild 7

A_c = 6,392 m^2
u = 16,74 m
z_c = 0,690 m
y_c = 2,210 m
$I_{c\,y}$ = 0,935 m^4
$I_{c\,z}$ = 15,948 m^4
$W_{c\,y,\,0}$ = 1,354 m^3
$W_{c\,y,\,1}$ = 1,354 m^3
$W_{c\,y,\,4}$ = -1,355 m^3
$W_{c\,y,\,7}$ = -1,355 m^3
$W_{c\,z,\,0}$ = 7,216 m^3
$W_{c\,z,\,1}$ = -7,216 m^3
$W_{c\,z,\,4}$ = -4,357 m^3
$W_{c\,z,\,7}$ = 4,357 m^3

Der Abtrag der Querkraft und des Torsionsmomentes erfolgt im Wesentlichen durch den Rechteckquerschnitt (ohne Kragarme).

Siehe z.B. Schneider-Bautabellen, Kap. Baustatik

d / b entspricht hier b / h

d/b	α	β
1,00	0,140	0,208
1,25	0,171	0,221
1,50	0,196	0,231
2,00	0,229	0,246
3,00	0,263	0,267
4,00	0,281	0,282
6,00	0,299	
10,00	0,313	
∞	0,333	

mit: $b / h = 4{,}42 / 1{,}25 = 3{,}536$

ergibt sich: $\alpha = 0{,}273$
$\beta = 0{,}275$

daraus folgt:

$$I_{cT} = 0{,}273 \cdot 4{,}42 \cdot 1{,}25^3 = 2{,}357\ m^4$$
$$W_{cT} = 0{,}275 \cdot 4{,}42 \cdot 1{,}25^2 = 1{,}899\ m^3$$

Anmerkung:

Vereinfachend werden die Hebelarme der Querlasten auf den Schwerpunkt des Gesamtquerschnitts bezogen.

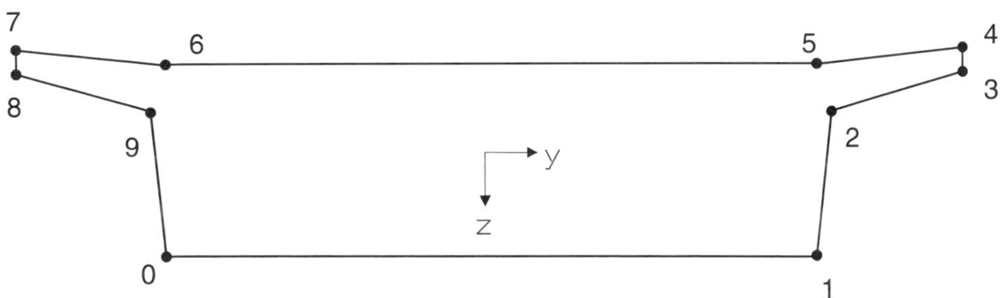

Abbildung 7 Skizze polygonal begrenzter Querschnitt

Tabelle 3 Koordinaten der Polygonpunkte

Koordinaten sind auf den Schwerpunkt bezogen.

	y	z
Punkt 0	–2,210	0,690
Punkt 1	2,210	0,690
Punkt 2	2,330	–0,260
Punkt 3	3,660	–0,490
Punkt 4	3,660	–0,690
Punkt 5	2,210	–0,560
Punkt 6	–2,210	–0,560
Punkt 7	–3,660	–0,690
Punkt 8	–3,660	–0.490
Punkt 9	–2,330	–0,260

2.2 Einwirkende Last- und Weggrößen

ECO 4.1.2

2.2.1 Charakteristische Werte der Einwirkungen

2.2.1.1 Ständige Einwirkungen

EC1-1-1 2.1

Konstruktionseigenlast

$g_{k,1}$ $6{,}392 \cdot 25 = 159{,}8$ kN/m

$A_c = 6{,}392$ m²
siehe Abschn. 2.1.3.2

Mit der Wichte des Stahlbetons von 25 kN/m³.

EC1-1-1 Anh. A Tab A.1

Eigenlast der Fahrbahn

Eingleisige Fahrbahn mit durchgehendem Schotterbett incl. Schwellen und Schienen
5 cm Schutzbeton und 1 cm Abdichtung

bewehrter Schutzbeton: $4{,}42 \cdot 0{,}06 \cdot 25 = 6{,}6$ kN/m

Die Schotterhöhe in Gleismitte ergibt sich aus SO plus der halben Überhöhung bei Abzug der Schienenhöhe und Ansatz einer Hebereserve von 0,1 m zu:

Ril 804.2101 Kap. 2.4 (3)
Vereinfachend wird mit durchgehendem Schotterbett ohne Schwellen und mit 1 kN/m Zuschlag je Gleis gerechnet. Unterschottermatten sind nicht vorhanden.

$$0{,}75 + 0{,}04 - 0{,}20 + 0{,}1 = 0{,}69 \text{ m}$$

Schotterbett:	$4{,}42 \cdot 0{,}69 \cdot 20$	=	61,0 kN/m
Schienen (UIC 60):		=	1,2 kN/m
Schwellenzuschlag:		=	1,0 kN/m
$g_{k,2}$ (incl. Schutzbeton)		=	69,8 kN/m

Ril 804.2101 Kap. 2.4 (1)
Ril 804.2101 Tab. 2

63,2 kN/m > 60 kN/m, da hier eine Gleisüberhöhung von 8 cm angesetzt wurde und die Fahrbahn um 2 cm verbreitert wurde

Eigenlast der Kappe

Kappenbeton:	$2 \cdot 25 \cdot 0{,}590$	=	29,5 kN/m
Kabelkanäle:	$2 \cdot 25 \cdot 0{,}0682$	=	3,4 kN/m
Geländer:	$2 \cdot 0{,}5$	=	1,0 kN/m
$g_{k,3}$		=	33,9 kN/m

Kappe und Kabeltrog nach RZ DB M-RKP 1604
$A_{Kappe} = 0{,}590$ m²
$A_{Kabelkanäle} = 0{,}0682$ m²

Anmerkung

Die Absenkung des Schotterbegrenzungsbalkens auf Seite des Innenradius wurde, wegen des geringen Einflusses, nicht berücksichtigt.

Anmerkung

Bei der Untersuchung der Lagesicherheit sind die Grundsätze nach EC0 zu beachten.

EC0/NA/A1 NA.E.5.2.1

2.2.1.2 Veränderliche Einwirkungen

EC1-2 2.2

2.2.1.2.1 Veränderliche Einwirkungen aus Eisenbahnverkehr

EC1-2 6

2.2.1.2.1.1 Lastmodell 71

EC1-2 6.3.2

Das Lastmodell 71 stellt den statischen Anteil der Einwirkungen aus dem Regelverkehr dar und wirkt als Vertikallast auf das Gleis.

EC1-2 6.3.2 (1)

Q_{vk} =250 kN 250 kN 250 kN 250 kN
q_{vk} = 80 kN/m q_{vk} = 80 kN/m
unbegrenzt 80 1,60 1,60 1,60 80 unbegrenzt

EC1-2 6.3.2 (2)P Bild 6.1

Abbildung 8 Lastmodell 71

Die charakteristischen Werte nach EC2-2 Bild 6.1 sind auf Strecken mit einem gegenüber dem Regelverkehr schwereren oder leichteren Verkehr mit einem Beiwert α zu multiplizieren. Die mit dem Beiwert α multiplizierten Lasten werden als „klassifizierte Vertikallasten" bezeichnet.

EC1-2 6.3.2 (3)P
Beiwert für klassifizierte Vertikallasten:
Schwerer Verkehr:
α = 1,10; 1,21; 1,33; 1,46
Leichter Verkehr:
α = 0,75; 0,83; 0,91

Falls kein Beiwert festgelegt wird, ist α = 1,00 anzunehmen

Anmerkung:

Klassifizierungsbeiwerte α < 1,00 werden durch die folgenden Absätze aus dem EC1-2/NA zum Teil aufgehoben.

Für Brückenbauwerke auf Strecken der Eisenbahnen des Bundes für Betriebszüge mit 25-t-Radsatzlasten ist ein Beiwert α = 1,21 zu verwenden. Das Lastbild SW/2 braucht nicht zusätzlich angesetzt zu werden.

EC1-2 NDP zu 6.3.2 (3)P

Für geotechnische Bauwerke (Erdbauwerke, Stützbauwerke und Durchlässe mit einer lichten Weite < 2,0 m) darf auch bei klassifizierten Lastmodellen mit α = 1,00 gerechnet werden. Einflüsse von Baumaschinen müssen ggf. gesondert berücksichtigt werden.

Für die statische Berechnung ist ein Beiwert α ≥ 1,00 anzusetzen. Der Beiwert α kann nach den Grundsätzen des § 8 EBO gewählt werden. Für artreinen S-Bahn-Verkehr kann α = 0,80 angesetzt werden.

EBO § 8

Für Bauzustände sind alle unter EC1-2 6.3.2 (3) aufgezählten Einwirkungen mit $\alpha = 1{,}00$ zu multiplizieren, wenn Schwerverkehr während der Bauphase ausgeschlossen ist.

Die folgenden Einwirkungen sind mit demselben Beiwert α zu multiplizieren:

- Vertikale Ersatzlasten für Erdbauwerke und Erddrücke nach EC2-2 6.3.6.4,
- Fliehkräfte nach EC2-2 6.5.1,
- Seitenstoß nach EC2-2 6.5.2 (multipliziert mit α nur für $\alpha \geq 1$),
- Anfahr- und Bremskräfte nach EC2-2 6.5.3,
- kombinierte Tragwerks- und Gleisreaktionen auf veränderliche Einwirkungen nach EC2-2 6.5.4,
- Entgleisungslasten für außergewöhnliche Bemessungssituationen nach EC2-2 6.7.1 (2),
- Lastmodell SW/0 für Durchlaufträger nach EC2-2 6.3.3 und EC2-2 6.8.1 (8).

Zur Überprüfung der Verformungsgrenzen sollen klassifizierte Vertikallasten und andere Einwirkungen mit α nach EC2-2 6.3.2 (3) multipliziert werden (außer beim Reisendenkomfort, bei dem α zu 1 anzusetzen ist). EC1-2 6.3.2 (4)P

Eine Klassifizierung des Lastmodells kann in diesem Beispiel unterbleiben, da gegenüber dem normalen Verkehr seitens der zuständigen Behörde weder ein schwererer noch ein leichterer Verkehr anzunehmen ist.

$$\alpha = 1{,}00.$$

Die seitliche Exzentrizität der Vertikallasten aus dem Lastbild LM 71 ist durch ein Verhältnis der beiden Radlasten einer Achse von EC1-2 6.3.5 (1)P

$$\frac{Q_{v2}}{Q_{v1}} \leq 1{,}25$$

zu berücksichtigen. Die daraus resultierende Exzentrizität beträgt

$$e \leq \frac{r}{18}$$

mit: Q_{v1}, Q_{v2} Radlasten
e Exzentrizität der Vertikallasten gegenüber der Gleisachse
r Radabstand (auf Laufkreis bezogen)

Die Exzentrizität der Vertikallasten kann bei der Berücksichtigung der Ermüdung vernachlässigt werden. EC1-2 6.3.5 (1)P

Mit einem Radabstand von r = 1,50 m ergibt sich eine maximale Lastexzentrizität von

$$e = 1{,}50 / 18 = 0{,}083 \text{ m}$$

gegenüber der planmäßigen Gleisachse.

Die Achslasten Q_{vk} des Lastmodells 71 werden in Brückenlängsrichtung als gleichmäßig verteilt angenommen. EC1-2 6.3.6.2 (1)

Anmerkung:

Dies ist bei einer Stützweite größer 10 m ausreichend genau.

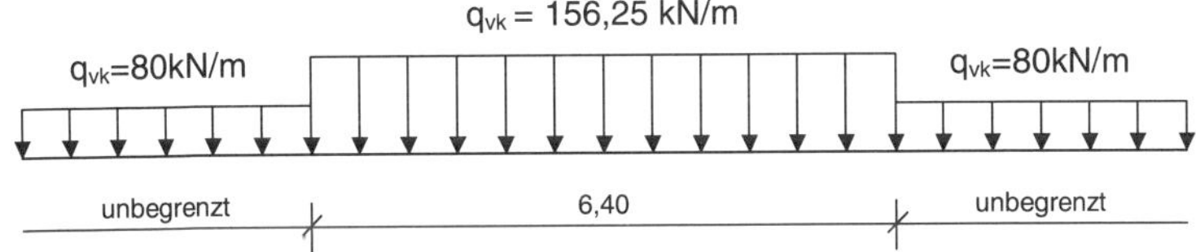

Abbildung 9 Vereinfachtes Lastmodell 71

Grundlast: $q_{vk} = 80{,}00$ kN/m
Überlast: $q_{vk} = 76{,}25$ kN/m

Dynamische Effekte – Überprüfung des Resonanzrisikos

Die Anforderungen zur Entscheidung, ob eine statische oder dynamische Berechnung erforderlich wird, sind in Ril 804.3101 geregelt. — EC1-2 NDP zu 6.4.4 (1)

Der dynamische Beiwert Φ berücksichtigt die dynamische Erhöhung von Spannungen und Verformungen im Tragwerk, aber nicht Resonanzerscheinungen und übermäßige Schwingungen des Überbaus. — EC1-2 6.4.5.1 (1); Siehe auch Ril 804.3101 Kap. 3

Die Gefahr von Resonanz oder übermäßigen Schwingungen kann insbesondere bei Geschwindigkeiten $V > 200$ km/h auftreten. Diese dynamischen Auswirkungen sind durch die dynamischen Beiwerte nicht unmittelbar abgedeckt, so dass detaillierte Berechnungen durchgeführt werden müssen.

Anmerkung:

Folgende dynamische Auswirkungen können auftreten.

- Schnittgrößenerhöhung:
  Die Schnittgrößen durch Überfahrt der BLZ können größer sein als die Schnittgrößen aus LM 71, multipliziert mit dem Schwingbeiwert.
- Überbaubeschleunigung:
  Es kann sich eine unzulässige vertikale, nach oben gerichtete Beschleunigung des Schotters bzw. der Festen Fahrbahn ergeben.
- Schwingspiele:
  Bei Überfahrt von BLZ können sich bei Erreichen der Resonanzgeschwindigkeit eine große Anzahl von Schwingspielen einstellen, die durch die vereinfachten Vorgaben des Ermüdungsnachweises nicht abgedeckt sind.

Auf eine dynamische Berechnung darf verzichtet werden, wenn eine der folgenden Bedingungen erfüllt ist: — Ril 804.3101 Kap. 3 (2)

- bei S-Bahnen,
- $V_ö \leq 90$ km/h ($V_ö$: örtliche Geschwindigkeit), wenn Radsatzlasten $Q_{RSL} > 225$ kN vorhanden sind, darf dieses Kriterium nur angewendet werden, wenn die Bemessung mit einem Klassifizierungsfaktor $\alpha > 1$ erfolgt,

- $V_ö \leq 160$ km/h, wenn Radsatzlasten $Q_{RSL} \leq 225$ kN und die Linienlast $m' \leq 80$ kN/m sind,
- bei einfeldrigen Rahmentragwerken,
- bei Durchlaufträgern.

Da keine der Bedingungen erfüllt ist, muss das Resonanzrisiko überprüft werden.

Anmerkung:

Die angegebene Grenze (225 kN) bezieht sich auf die Radsatzlast der wirklich verkehrenden Züge und nicht auf das Bemessungsmodell LM 71. Die zulässigen Radsatzlasten der verkehrenden Züge sind entsprechend der vorgesehenen Streckenklasse bzw. Schwerwagenklasse vorgegeben. Die Bedingungen $Q_{RSL} \leq 225$ kN und $m' \leq 80$ kN/m entsprechen z. B. der Streckenklasse D4 (DB).

Ril 804.3101 Kap. 3 Abs. (2)

Wie die bisherigen Erfahrungen mit Bauwerken unter Betrieb zeigt, besteht kein Resonanzrisiko bei geringen Geschwindigkeiten. Dennoch wurde im Hinblick auf schwere, kurze Güterwagen mit hohen Radsatzlasten (z. B. Ganzzüge mit 250 kN Radsatzlast) eine Einschränkung vorgenommen.

Vereinfachte Überprüfung des Resonanzrisikos

Ril 804.3101 Kap. 3 (3)

Auf eine dynamische Berechnung darf verzichtet werden, wenn für ein Tragwerk die maßgebende Eigenfrequenz der Biegeschwingung n_0 innerhalb festgelegter Grenzen liegt und zusätzlich eine der folgenden Bedingungen erfüllt ist:

EC1-2 NDP zu 6.4.4 (1) & Ril 804.3101 Bild 3

- $V_ö \leq 200$ km/h ($V_ö$: örtliche Geschwindigkeit).
- Das Tragwerk ist ein balkenartiger Einfeldträger mit einer Stützweite $L \geq 40$ m.
- Das Tragwerk ist ein balkenartiger Durchlaufträger in Betonbauart mit einer kleinsten Stützweite min $L \geq 40$ m und einer größten Stützweite max $L \leq 1{,}5$ min L.

Die erste Bedingung ist erfüllt, es ist die Eigenfrequenz zu überprüfen, um eventuell auf eine dynamische Berechnung verzichten zu dürfen.

Bei Brücken werden die Eigenfrequenzen eines Bauteils aus der Biegelinie unter ständigen Einwirkungen ohne quasiständigen Verkehrslastanteil berechnet.

Für einen auf Biegung beanspruchten Einfeldträger kann die Eigenfrequenz n_0 mit folgender Gleichung ermittelt werden:

Ril 804.3101 Kap. 3 (3) & Ril 804.3301 A01, Kap. 1 (1)

$$n_0 = \frac{17{,}75}{\sqrt{\delta_0}} \text{ [Hz]} \qquad \text{(a)}$$

oder

$$n_0 = \frac{\pi}{2 \cdot L^2} \sqrt{\frac{E_{cm} \cdot I}{m}} \qquad \text{(b)}$$

mit:

δ_0 Durchbiegung in Feldmitte [mm] infolge ständiger Einwirkungen in mm (einschließlich Oberbau)

maßgebende Länge $L_\phi = L$ nach EC1-2 NDP zu 6.4.5.3 Tab. NA.6.2 Fall 5.1 Überstände des Überbaus werden vernachlässigt

L Stützweite

E_{cm} Kurzzeit-E-Modul

EC2-2 3.1.2 Tab 3.1 Durchbiegung des Betons mit Kurzzeitmodul E_{cm} und für Zustand I

I Biegeträgheitsmoment

m Masse pro Längeneinheit, einschl. Oberbau (z. B. in [t/m]); $m = g_{k,ges} / g$

$\Sigma G_{kj} = G_{k1} + G_{k2} + G_{k3}$ siehe Abschn. 2.2.1.1
$m = \Sigma G_{kj} / g$
$g = 9{,}81 \text{ m/s}^2$
I_{cv} s. Abschn. 2.1.3.2

$$n_{01} = \pi / (2 \cdot 12{,}50^2) \cdot (33.000 \cdot 0{,}935 \cdot 9{,}81 / (159{,}8 + 69{,}8 + 33{,}9) \cdot 10^3)^{1/2}$$

$$n_{01} = 10{,}77 \text{ Hz}$$

Oberer Grenzwert der Eigenfrequenz:

Grenze (1) nach Ril 804.3101, Bild 3

$$n_{02} = 94{,}76 \cdot L^{-0{,}748} \qquad (n_0 \text{ in Hz})$$
$$n_{02} = 14{,}33 \text{ Hz}$$

L = l = 12,5 m

Unterer Grenzwert der Eigenfrequenz:

Grenze (2) nach Ril 804.3101, Bild 3

$$n_0 = 80 / L \qquad (n_0 \text{ in Hz})$$
$$n_0 = 6{,}40 \text{ Hz}$$

L = l = 12,5 m

$$6{,}40 \text{ Hz} \le n_0 = 10{,}77 \text{ Hz} \le 14{,}33 \text{ Hz}$$

Es liegt demnach keine Gefahr der Resonanzbildung und des Entstehens übermäßiger Schwingungen vor.

Dieser Nachweis wird in der Regel für die Ermittlung der erforderlichen Überbauhöhe bei Einfeldträgern mit $V_e = 200$ km/h maßgebend. Lassen andere geometrische bzw. örtliche Randbedingungen eine entsprechende Überbauhöhe nicht zu, und liegt somit die Eigenfrequenz unterhalb bzw. oberhalb der Grenzwerte, sind genauere dynamische Analysen erforderlich. Hinweise dazu liefert EC1-2 6.4.6, bzw. Ril 804.3301.

In Abhängigkeit von der geforderten Streckenwartung ist für die sorgfältige Unterhaltung der Gleise der Schwingbeiwert Φ_2 anzusetzen. EC1-2 6.4.5.2 (2)

In der Regel ist von einem sorgfältig instand gehaltenen Gleis auszugehen; hierfür ist Φ_2 anzuwenden. EC1-2 NDP zu 6.4.5.2 (3)P

Sorgfältiger Unterhaltungszustand:

EC1-2 6.4.5.2 Gl. (6.4)

$$\Phi_2 = \frac{1{,}44}{\sqrt{L_\Phi} - 0{,}2} + 0{,}82 = \frac{1{,}44}{\sqrt{12{,}50} - 0{,}2} + 0{,}82$$

maßgebende Länge $L_\Phi = l$ nach EC1-2 NDP zu 6.4.5.3 (1) Tab NA.6.2 Fall 5.1
Überstände des Überbaus werden vernachlässigt

$$\Phi_2 = 1{,}25 \qquad \text{mit } 1{,}00 \leq \Phi_2 \leq 1{,}67$$

Mit diesem dynamischen Beiwert sind die vertikalen Lasten der Lastmodelle LM 71, SW/0 und SW/2 zu multiplizieren. EC1-2 6.4.5.2 (1)P

2.2.1.2.1.2 Lastmodell SW/0

EC1-2 6.3.3 Tab. 6.1

EC1-2 6.8.1 (8)P

Alle **Durchlaufträger**, die für das Lastmodell 71 bemessen werden, sind zusätzlich für das Lastmodell SW/0 zu untersuchen.

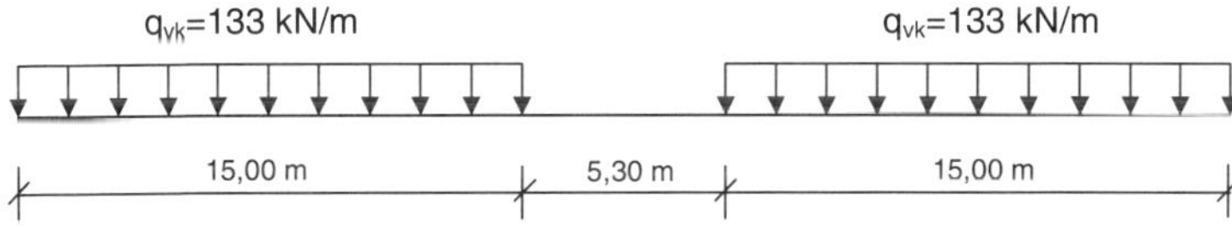

Abbildung 10 Lastmodell SW/0

Anmerkung:
Dies gilt sinngemäß auch für Rahmentragwerke.

Für den vorliegenden Fall eines Einfeldträgers ist somit die Anwendung dieses zusätzlichen Lastmodells nicht erforderlich.

2.2.1.2.1.3 Lastmodell SW/2

EC1-2 6.3.3 Tab. 6.1

Das Lastmodell SW/2 stellt den statischen Anteil des Schwerverkehrs dar. Die Lastanordnung ist mit den charakteristischen Werten der Vertikallasten anzunehmen und darf nicht geteilt werden.

EC1-2 6.3.3 (2)
EC1-2 6.3.3 (3)P
Abb. 6.2 Tab. 6.1

Strecken oder Streckenabschnitte mit Schwerverkehr werden durch das Eisenbahn-Infrastrukturunternehmen benannt.

EC1-2 NDP zu 6.3.3 (4)P

Wird ein Klassifizierungsbeiwert α = 1,21 angesetzt, braucht das Lastmodell SW/2 nicht angesetzt zu werden.

EC1-2 NDP zu 6.3.2 (3)P

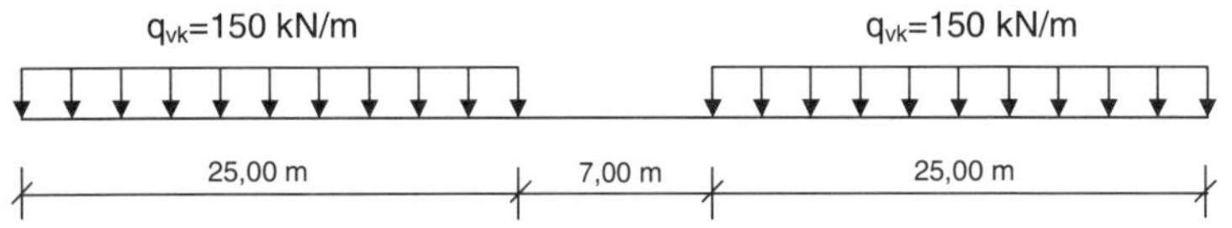

q_{vk}=150 kN/m q_{vk}=150 kN/m

25,00 m   7,00 m   25,00 m

EC1-2 6.3.3 Tab. 6.1
Abb. 6.2

Abbildung 11 Lastmodell SW/2

2.2.1.2.1.4 Unbeladener Zug

EC1-2 6.3.4

Für einige spezielle Nachweise wird ein gesondertes Lastmodell, der Unbeladene Zug, verwendet. Zum Nachweis der Gesamtstabilität ist die Kombination Unbeladener Zug ohne dynamischen Beiwert mit voller Windlast anzusetzen. Es handelt sich dabei um eine vertikale, gleichmäßig verteilte Belastung mit einem Nennwert von:

EC1-2 6.3.4 (1)

q_{vk} = 10,0 kN/m

EC1-2 6.3.4 (1)

2.2.1.2.1.5 Verkehrslast bei Gleis- und Brückenunterhaltung

EC1-2 6.8.4 (1)P

Wenn keine projektspezifischen Festlegungen getroffen werden, gelten für vorübergehende Bemessungssituationen die Lastmodelle nach EC1-2 Anhang H.

EC1-2 NDP zu 6.8.4 (1)P

Bei der Überprüfung der Bemessung für vorübergehende Bemessungssituationen aufgrund von Gleis- oder Brückeninstandhaltung sollten die charakteristischen Werte der Lastmodelle 71, SW/0, SW/2, Unbeladener Zug und HSLM sowie der zugehörigen Eisenbahnverkehrslasten gleich zu den charakteristischen Werten der zugehörigen Belastungen aus Abschnitt

EC1-2 Anhang H

EC1-2 6 für dauerhafte Bemessungssituation verwendet werden.

Für den Lagerwechsel trifft die Ril 804 Vorgaben. — Ril 804.5101 Kap. 4.1 Abs. (2)

2.2.1.2.1.6 Fliehkräfte

EC1-2 6.5.1

Bei Brücken, die ganz oder teilweise in einem Gleisbogen liegen, sind die Fliehkräfte und die Überhöhung zu berücksichtigen. — EC1-2 6.5.1 (1)P

Der Ansatzpunkt der Fliehkräfte ist, wenn im Einzelprojekt nichts anderes festgelegt ist, mit h_t = 1,80 nach EC1-2 Bild 1.1 anzusetzen. — EC1-2 NDP zu 6.5.1 (2)

Anmerkung:

Ansatz in Höhe von 1,80 m über Schienenoberkante horizontal nach außen wirkend.

Die Fliehkraft ist immer mit der Vertikalbelastung zu kombinieren. Die Fliehkraft ist nicht mit dem dynamischen Beiwert Φ zu multiplizieren. — EC1-2 6.5.1 (3)P

Die charakteristischen Werte der Fliehkraft ergeben sich für die Achslasten:

$$Q_{tk} = \frac{V^2}{127 \cdot r} \cdot f \cdot Q_{vk}$$

EC1-2 6.5.1 (4)P Gl. (6.17)

und für die Streckenlasten:

$$q_{tk} = \frac{V^2}{127 \cdot r} \cdot f \cdot q_{vk}$$

EC1-2 6.5.1 (4)P Gl. (6.18)

$$\text{mit: } f = 1 - \frac{V - 120}{1000} \cdot \left(\frac{814}{V} + 1{,}75\right) \cdot \left(1 - \sqrt{\frac{2{,}88}{L_f}}\right)$$

EC1-2 6.5.1 (8) Gl. (6.19)

wobei:

Q_{tk}, q_{tk} charakteristische Werte der Zentrifugallasten in [kN], [kN/m]

Q_{vk}, q_{vk} charakteristische Werte der Vertikallasten des jeweiligen Lastmodells in [kN], [kN/m]

V	maximal festgelegte Geschwindigkeit in [km/h]
r	Radius des Gleisbogens in [m]
L_f	Einflusslänge in [m] des belasteten Teils des Gleisbogens auf der Brücke, die am ungünstigsten für die Bemessung des jeweils betrachteten Bauteils ist
f	Abminderungsfaktor für V > 120 km/h und L_f > 2,88 m

EC1-2 6.5.1 (7)

Mit: V_{max} = 200 km/h und L_f = 14,40 m

ergibt sich: f = 0,743.

Bei Ansatz des Lastmodells 71 und Entwurfsgeschwindigkeiten von mehr als 120 km/h sind zwei Fälle zu berücksichtigen:

– Lastmodell 71 (und falls erforderlich Lastmodell SW/0) mit Schwingbeiwert und der Fliehkraft für V = 120 km/h und f = 1,0 — EC1-2 6.5.1 (7) a)

– Lastmodell 71 (und falls erforderlich Lastmodell SW/0) mit dem dynamischen Beiwert und die Fliehkraft nach Gleichung EC1-2 (6.17) und (6.18) für die maximale Geschwindigkeit V mit einem Abminderungsbeiwert f nach EC1-2 6.5.1 (8) — EC1-2 6.5.1 (7) b)

Im Fall des Lastmodells SW/2 ist für die Ermittlung der Fliehkraft eine Geschwindigkeit von 80 km/h anzunehmen. — EC1-2 NCL zu 6.5.1 (5)P

Damit ergeben sich folgende zu kombinierende charakteristische Werte der Einwirkungen:

Lastmodell 71:

Fliehkräfte:

Grundlast:	q_{tk} = 2,6 kN/m	mit V = 120 km/h, f = 1,0
Überlast:	q_{tk} = 2,5 kN/m	mit V = 120 km/h, f = 1,0

zu kombinieren mit:

Vertikallasten:

Grundlast:	$\Phi \cdot q_{vk}$ = 100,0 kN/m
Überlast:	$\Phi \cdot q_{vk}$ = 95,3 kN/m

Abgemindertes Lastmodell 71:

Fliehkräfte:

Grundlast: q_{tk} = 5,3 kN/m mit V = 200 km/h, f = 0,743

Überlast: q_{tk} = 5,1 kN/m mit V = 200 km/h, f = 0,743

zu kombinieren mit:

Vertikallasten:

Grundlast: $\Phi \cdot f \cdot q_{vk}$ = 74,3 kN/m mit f = 0,743

Überlast: $\Phi \cdot f \cdot q_{vk}$ = 70,8 kN/m mit f = 0,743

Lastmodell SW/2: EC1-2 6.5.1 (5)P

q_{tk} = 2,2 kN/m mit V = 80 km/h, f = 1,0 in Kombination mit $\Phi \cdot q_{vk}$ = 187,5 kN/m

Lastmodell Unbeladener Zug:

q_{hk} = 0,9 kN/m mit V_{max} = 200 km/h, f = 1,0 in Kombination mit q_{vk} = 10,0 kN/m

Für die Lastmodelle SW/2 und Unbeladener Zug sollte der Abminderungsfaktor mit f = 1,0 angenommen werden.

2.2.1.2.1.7 Seitenstoß

EC1-2 6.5.2

Der Seitenstoß ist als horizontal in Schienenoberkante angreifende Einzellast rechtwinklig zur Gleisachse anzusetzen. Er ist sowohl bei geraden als auch bei gebogenen Gleisen anzusetzen. EC1-2 6.5.2 (1)P

Die Last aus dem Seitenstoß darf bei durchgehendem Schotterbett in Gleisrichtung gleichmäßig auf eine Länge von L = 4,0 m verteilt werden. Bei Ermittlung der Erddrucklast darf der Seitenstoß auf eine Länge von L = 2 · a + 4,0 m verteilt werden. Hierbei gibt das Maß a den lichten Abstand zwischen Schwellenkopf und Wand an. Für besondere Bauarten des Oberbaus, z. B. schotterlosen Oberbau oder feste Fahrbahn, sind bauartenbezogene Überlegungen erforderlich. EC1-2 NCI zu 6.5.2 (NA.5)

Der charakteristische Wert des Seitenstoßes ist mit Q_{sk} = 100 kN anzusetzen. Er ist weder mit dem Beiwert Φ noch mit dem Beiwert f zu multiplizieren. EC1-2 6.5.2 (2)P

Der charakteristische Wert des Seitenstoßes in EC1-2, 6.5.2 (2) sollte mit dem Beiwert α nach EC1-2, 6.3.2 (3) für Werte von $\alpha \geq 1$ multipliziert werden. EC1-2 6.5.2 (3)

Der Seitenstoß ist immer mit einer vertikalen Verkehrslast zu kombinieren. EC1-2 6.5.2 (4)P

2.2.1.2.1.8 Einwirkungen aus Anfahren und Bremsen

Brems- und Anfahrkräfte wirken auf Höhe der Schienenoberkante in Längsrichtung des Gleises. Sie sind als gleichmäßig verteilt über die zugehörige Einflusslänge $L_{a,b}$ der Anfahr- und Bremseinwirkung für das jeweilige Bauteil anzunehmen. Die Richtung der Anfahr- und Bremskräfte hat die jeweils zugelassenen Fahrtrichtungen der einzelnen Gleise zu berücksichtigen. EC1-2 6.5.3 (1)P

Die charakteristischen Werte für Anfahr- und Bremskräfte sind wie folgt anzunehmen: EC1-2 6.5.3 (2)P

Anfahrkraft: für Lastmodell 71, die Lastmodelle SW und HSLM

$Q_{lak} = 33 \cdot L_{a,b} \quad \leq 1000$ kN EC1-2 6.5.3 (2)P Gl. (6.20)

mit L = 14,40 m

$Q_{lak} = 475{,}2$ kN $\quad \leq 1000$ kN

Bremskraft: für Lastmodell 71, Lastmodell SW / 0 und HSLM

$Q_{lbk} = 20 \cdot L_{a,b} \quad \leq 6000$ kN EC1-2 6.5.3 (2)P Gl. (6.21)

mit L = 14,40 m

$Q_{lbk} = 288{,}0$ kN $\quad \leq 6000$ kN

für Lastmodell SW / 2

$Q_{lbk} = 35 \cdot L_{a,b}$ mit L = 14,40 m EC1-2 6.5.3 (2)P Gl. (6.22)

$Q_{lbk} = 504{,}0$ kN

Die oben erwähnten Anfahr- und Bremskräfte für die Lastmodelle 71 und SW/0 sollten mit dem Beiwert α multipliziert werden. EC1-2 6.5.3 (4)

Anfahr- und Bremskräfte sind mit den zugehörigen Vertikallasten zu kombinieren. EC1-2 6.5.3 (7)P

Wenn das Gleis an einem oder beiden Überbauenden durchläuft, wird nur ein gewisser Anteil der Anfahr- und Bremskräfte vom Überbau auf die Lager übertragen. Der verbleibende Lastanteil wird vom Gleis übertragen und hinter den Widerla- EC1-2 6.5.3 (8)

gern aufgenommen. Der über den Überbau auf die Lager übertragene Lastanteil sollte unter Berücksichtigung der gemeinsamen Antwort des Tragwerks und des Gleises bestimmt werden.

Bei durchgehendem, verschweißtem Gleis dürfen einteilige Tragwerke von Eisenbahnbrücken mit einer Gesamtlänge bis 30 m auch schwimmend, d. h. in Brückenlängsrichtung elastisch gelagert werden, wenn sie quer zur Gleisachse mechanisch festgehalten werden. Die Festhaltungen müssen dabei in einer Bauwerkslängsachse angeordnet werden. Die horizontalen Lagerkräfte aus Bremsen und Anfahren dürfen dann vereinfachend, soweit sie ungünstig wirken, aus einer Überbauverschiebung von 4 mm in Brems- und Anfahrrichtung ermittelt werden. Ril 804.5101 Kap. 2.2 (16)

2.2.1.2.1.9 Ermüdungslastmodell

EC1-2 6.9

Ein Ermüdungsnachweis ist für alle Bauteile durchzuführen, die Spannungsschwankungen unterliegen. EC1-2 6.9 (1)P

Für den normalen Verkehr, basierend auf den charakteristischen Werten des Lastmodells 71, einschließlich des dynamischen Beiwerts Φ_2, sollte der Ermüdungsnachweis auf der Grundlage der Verkehrszusammenstellungen „Regelverkehr“, Schwerverkehr mit 250 kN-Achsen“ oder „Nahverkehr“ geführt werden, abhängig davon, ob das Bauwerk Mischverkehr, überwiegend Schwerverkehr oder Nahverkehr trägt, nach den festgelegten Anforderungen. Details der Betriebszüge und der zu betrachtenden Verkehrszusammenstellungen und der dynamischen Beiwerte sind in EC1-2 Anhang D gegeben. EC1-2 6.9 (2)

Wenn keine projektspezifischen Festlegungen getroffen werden, kann bei Personenverkehr und Mischverkehr bis 22,5 t-Achslasten die Verkehrsmischung „Regelverkehr“ nach EC1-2 Tabelle D.1 verwendet werden. EC1-2 NCI zu 6.9 (2)

Falls die Verkehrszusammenstellung nicht den wirklichen Verkehr widerspiegelt (z. B. in besonderen Situationen, bei denen ein bestimmter Fahrzeugtyp die Ermüdungsbelastung dominiert oder für Verkehr, der ein $\alpha > 1$ erfordern), sollte nach EC1-2 6.3.2 (3) eine alternative Verkehrszusammenstellung erfolgen. EC1-2 6.9 (3)

Wenn keine projektspezifischen Festlegungen getroffen werden, kann für Strecken mit $\alpha > 1$ die Verkehrsmischung „Schwerverkehr mit 25 t-Achslasten“ nach EC1-2 Tabelle D.1 verwendet werden. EC1-2 NCI zu 6.9 (3)

Jede Verkehrszusammenstellung basiert auf einer Jahrestonnage von 25 · 10^6 Tonnen, die auf jedem Gleis der Brücke erreicht werden. — EC1-2 6.9 (4)

Für mehrgleisige Bauwerke ist die Ermüdungsbelastung auf maximal zwei Gleisen in der ungünstigsten Stellung anzusetzen. — EC1-2 6.9 (5)P

Der Ermüdungsnachweis sollte für die Bemessungslebensdauer des Bauwerks geführt werden. — EC1-2 6.9 (6)

Die Bemessungslebensdauer beträgt 100 Jahre. — EC1-2 NDP zu 6.9 (6)

Alternativ kann der Ermüdungsnachweis auf Grundlage einer besonderen Verkehrszusammenstellung erfolgen. — EC1-2 6.9 (7)

Eine besondere Verkehrszusammenstellung kann für das Einzelprojekt festgelegt werden. — EC1-2 NDP zu 6.9 (7)

Falls eine dynamische Berechnung nach EC1-2 6.4.4 erforderlich wird und die dynamischen Auswirkungen wahrscheinlich übermäßig werden, sind zusätzliche Anforderungen für den Ermüdungsnachweis der Brücken in EC1-2 6.4.6.6 gegeben. — EC1-2 6.9 (8)

Vertikale Verkehrslasten, einschließlich dynamischer Einwirkungen und Fliehkräfte, sollten im Ermüdungsnachweis berücksichtigt werden. Im Allgemeinen können Seitenstoß (Schlingerkräfte) und Längskräfte im Ermüdungsnachweis vernachlässigt werden. — EC1-2 6.9 (9)

ANMERKUNG In einigen besonderen Situationen, z. B. Brücken in Kopfbahnhöfen, sollten im Ermüdungsnachweis die Auswirkungen der Längskräfte berücksichtigt werden.

<u>Anmerkung:</u>

Die Vorgabe einer speziellen Verkehrszusammensetzung und Nutzungsdauer wird in der Praxis eine Ausnahme sein.

Im vorliegenden Fall ist das Lastmodell 71 mit dynamischem Beiwert zugrunde zu legen. Der maßgebende Lastfall ist das fahrende Lastmodell 71 mit der zugehörigen Fliehkraft.

Grundlast: q_{vk} = 80,00 kN/m — siehe Abschnitt 2.2.1.2.1.1
Überlast: q_{vk} = 76,25 kN/m

dynam. Beiwert: Φ = 1,25 — siehe Abschnitt 2.2.1.2.1.1

2.2.1.2.2 Sonstige veränderliche Einwirkungen

2.2.1.2.2.1 Verkehrslasten auf Dienstgehwegen

EC1-2 6.3.7

Lasten aus Fußgänger- und Radverkehr sowie der allgemeinen Instandhaltung können durch eine gleichmäßig verteilte Belastung mit einem charakteristischen Wert q_{vk} = 5,0 kN/m² berücksichtigt werden. EC1-2 6.3.7 (2)

Zur Berechnung örtlicher Bauteile kann eine Einzellast Q_k = 2 kN berücksichtigt werden. Sie sollte auf einer quadratischen Fläche mit 200 mm Seitenlänge angeordnet werden. EC1-2 6.3.7 (3)

Anmerkung:

Nach Vorgabe des Eisenbahninfrastrukturunternehmens war die Einzellast nicht zu berücksichtigen.

Die Breite des Dienstgehweges beträgt b = 1,39 m. Es ergibt sich eine Streckenlast je Dienstweg von: siehe Abschnitt 1.2.2

q'_{vk} = 6,95 kN/m

Gesamtlast für beide Dienstgehwege:

q_{vk} = 13,9 kN/m

2.2.1.2.2.2 Einwirkungen auf Geländer

Der charakteristische Wert der Horizontalkraft auf Geländer von Dienstgehwegen ist 0,8 kN/m, der Teilsicherheitswert zu $\gamma_{Q,sup}$ = 1,5 anzunehmen. EC1-2 NCI zu 6.3.7 (4)

Anmerkung:

Ansatz in Oberkante Geländer, horizontal nach außen oder innen wirkend.

2.2.1.2.2.3 Verkehrslasten im Bauzustand

EC2-2 113
EC1-6 4.11.1 Tab. 4.1

Während der Bauzeit sollten die Einwirkungen in Abhängigkeit von der zum Einsatz kommenden Ausrüstung festgelegt und eine zusätzliche veränderliche und bewegliche Einwirkung durch Personen von 1,0 kN/m² berücksichtigt werden. Mit einer Überbaubreite von B = 8,02 m ergibt sich eine Vertikallast von:

in Anlehnung an
EC1-6 4.11.1 Tab. 4.1

siehe Abschnitt 1.2.2

q_{vd} = 8,02 kN/m

Angaben zu Einwirkungen während der Bauzeit sind für die Bemessung nicht maßgebend.

siehe Abschnitt 1.2.3

2.2.1.3 Temperatureinwirkungen

EC1-1-5

Die folgenden Regeln gelten für Brückenüberbauten, die täglichen und jahreszeitlichen Schwankungen klimatischer Einwirkungen ausgesetzt sind. EC1-1-5 4 (1)

Das dabei entstehende Temperaturprofil kann in vier Anteile aufgespaltet werden.

a) Konstanter Temperaturanteil, ΔT_u EC1-1-5 4 (3)

b) Linear veränderlicher Temperaturanteil in der z – z-Achse, ΔT_{My}

c) Linear veränderlicher Temperaturanteil in der y – y-Achse, ΔT_{Mz}

d) Nicht-lineare Temperaturverteilung, $\Delta T_{E.}$
Dieser Anteil verursacht Eigenspannungen, aber keine resultierenden Schnittgrößen. Die lokalen Auswirkungen dieser Eigenspannungen sollen durch eine ausreichende Mindestbewehrung zur Rissbeschränkung aufgenommen werden.

Im Weiteren werden deshalb nur die konstanten und linearen Temperaturunterschiede betrachtet.

Anmerkung:

Der linear veränderliche Temperaturanteil ΔT_{Mz} ist in der Regel nur für die Querverformung und die Nachweise der Lager in Querrichtung sowie der Unterbauten relevant. Bedingt durch die gewählte Lageranordnung ist er hier nicht zu berücksichtigen.

Temperatureinwirkungen sind in Übereinstimmung mit EC0 für jede maßgebende Bemessungssituation festzulegen. EC1-1-5 3 (1)P

Bauteile von lastabtragenden Konstruktionen sind zu überprüfen, um sicherzustellen, dass keine Überbeanspruchungen im Tragwerk auftreten, die durch Verformungen infolge Temperatureinwirkungen hervorgerufen werden. Es sind entweder bewegliche Anschlüsse vorzusehen, oder die Beanspruchungen sind bei der Tragwerksbemessung berücksichtigt. EC1-1-5 3 (2)P

Es ergeben sich folgende Einwirkungen:

Temperaturschwankungen

Der Überbau ist in Typ 3 einzustufen. — EC1-1-5 6.1.1 (1)

Die minimale Außenlufttemperatur T_{min} beträgt -24 °C und die maximale Außenlufttemperatur T_{max} beträgt +37 °C. — EC1-1-5 NDP zu 6.1.3.2 (1)

T_{min} = -24 °C
T_{max} = 37 °C

Minimaler und maximaler konstanter Temperaturanteil der Brücke: — EC1-1-5 6.1.3.1 (4) Bild 6.1

$T_{e,max} = T_{max} + 2 = 39$ °C
$T_{e,min} = T_{min} + 8 = -16$ °C

Die Aufstelltemperatur T_0 sollte als die Temperatur des Bauteils angenommen werden, bei der die Zwängung eintritt (Fertigstellung). Falls dies nicht vorhersagbar ist, sollte die während der Tragwerkserrichtung vorherrschende Durchschnittstemperatur verwendet werden. — EC1-1-5 Anh. A A.1 (3)

Der Wert von T_0 darf zu 10 °C angenommen werden. — EC1-1-5 NDP zu A.1 (3)

T_0 = 10 °C

Änderung des konstanten Temperaturanteils, bezogen auf T_0 = +10 °C: — EC1-1-5 6.1.3.3 (3)

$\Delta T_{N,con} = T_0 - T_{e,min} = 26$ K — EC1-1-5 6.1.3.3 (3) Gl. (6.1)
$\Delta T_{N,exp} = T_{e,max} - T_0 = 29$ K — EC1-1-5 6.1.3.3 (3) Gl. (6.2)

Temperaturschwankung insgesamt:

$\Delta T_N = T_{e,max} - T_{e,min} = 55$ K — EC1-1-5 6.1.3.3 (3)

Lager und Übergänge:

EC0/NA/A1 NA.E.5.2.2

Die Bemessungswerte des maximalen konstanten Temperaturanteils $T_{ed,\,max}$ und des minimalen konstanten Temperaturanteils $T_{ed,min}$ ergeben sich für den Nachweis von Lagern und Fahrbahnübergängen zu:

EC0/NA/A1 NA.E.5.2.2 (2)

$$T_{ed,min} = T_0 - \gamma_F \cdot \Delta T_{N,con} - \Delta T_0$$
$$T_{ed,max} = T_0 + \gamma_F \cdot \Delta T_{N,exp} + \Delta T_0$$

EC0/NA/A1 NA.E.5.2.2 (2) Gl. NA.E.1) und Gl. (NA.E.2)

Mit ΔT_0 für den „Fall 2“:

EC0/NA/A1 NA.E.5.2.2 (2) Tab. NA.E.5

$$\Delta T_0 = 10\ °C$$

und:

$$\gamma_F = 1{,}35$$

EC0/NA/A1 NA.E.5.2.2 (2)

ergibt sich:

$$T_{ed,min} = 10 - 1{,}35 \cdot 26 - 10 = -35{,}1\ °C$$
$$T_{ed,max} = 10 + 1{,}35 \cdot 29 + 10 = 59{,}2\ °C$$

Lineare Temperaturunterschiede

EC1-1-5 6.1.4

Vereinfachend wird der Einfluss aus linearem Temperaturunterschied durch eine positive und negative Temperaturdifferenz erfasst.

EC1-1-5 6.1.4.1

$\Delta T_{M,heat(50)}$ positiver linearer Temperaturunterschied auf der Grundlage einer Belagsdicke von 50 mm

$\Delta T_{M,cool(50)}$ negativer linearer Temperaturunterschied auf der Grundlage einer Belagsdicke von 50 mm

EC1-1-5 6.1.4.1 Tab. 6.1 Anm. 2

K_{sur} Korrekturfaktor für von 50 mm abweichende Belagsdicke bzw. für Schotterbett (für den Überbau)

EC1-1-5 6.1.4.1 Tab. 6.1

mit: $\Delta T_{M,heat(50)} = 15\ °C$

$\Delta T_{M,cool(50)} = -8\ °C$

ELTB Anlage Ei 8.2/1 Ersatz für Tabelle 6.2 DIN EN 1991-1-5 → Typ 3

und: $K_{sur} = 0{,}6$ (Oberseite wärmer)

$K_{sur} = 1{,}0$ (Unterseite wärmer)

ergibt sich: $\Delta T_{M,heat}$ positiver linearer Temperaturunterschied (Oberseite wärmer als Unterseite)

$\Delta T_{M,cool}$ negativer linearer Temperaturunterschied (Unterseite wärmer als Oberseite)

$$\Delta T_{M,heat} = \Delta T_{M,heat(50)} \cdot K_{sur}$$

$$\Delta T_{M,heat} = +15 \cdot 0{,}6 = 9\ °C$$

$$\Delta T_{M,cool} = \Delta T_{M,cool(50)} \cdot K_{sur}$$

$$\Delta T_{M,cool} = -8 \cdot 1{,}0 = -8\ °C$$

Anmerkung:

In den Eurocodes werden Temperaturdifferenzen im Allgemeinen in °C angegeben. Dies ist zwar falsch, wird hier aber übernommen.

Im Allgemeinen ist ein veränderlicher Temperaturanteil nur in vertikaler Richtung zu berücksichtigen. In bestimmten Fällen (z. B. wenn die Ausrichtung oder die Gestaltung der Brücke dazu führt, dass eine Seite stärker der Sonneneinstrahlung ausgesetzt ist als die andere) sollte jedoch auch ein horizontaler Temperaturanteil berücksichtigt werden. EC1-1-5 6.1.4.3 (1)

ANMERKUNG Falls keine anderen Informationen verfügbar sind und keine Hinweise für höhere Werte vorhanden sind, wird ein linearer veränderlicher Temperaturunterschied von 5 °C zwischen den äußeren Rändern der Brücke unabhängig von der Brückenbreite empfohlen. EC1-1-5 NDP zu 6.1.4.3 (1)

Kombination der Temperatureinwirkungen

Bei der Überlagerung von Temperaturschwankungen und linearen Temperaturunterschieden dürfen folgende Kombinationen gebildet werden: EC1-1-5 6.1.5 (1)

Fall 1: Lineare Temperaturunterschiede dominant

$$\Delta T_{M,heat}(\text{oder } \Delta T_{M,cool}) + \omega_N \cdot \Delta T_{N,exp}(\text{oder } \Delta T_{N,con})$$

mit $\omega_N = 0{,}35$

EC1-1-5 6.1.5 (1) Gl. (6.3) Anm.1

Fall 2: Temperaturschwankungen dominant

$$\Delta T_{N,exp}(\text{oder } \Delta T_{N,con}) + \omega_M \cdot \Delta T_{M,heat}(\text{oder } \Delta T_{M,cool})$$

mit $\omega_M = 0{,}75$

EC1-1-5 6.1.5 (1) Gl. (6.4) Anm.1

2.2.1.4 Windlasten

2.2.1.4.1 Windlasten auf den Brückenüberbau

EC1-1-4 NA.N.1

Die nachfolgend angegebenen Einwirkungen aus Wind auf Brücken beruhen auf EC1-4, insbesondere Abschnitt 8. Die Angaben dienen einer vereinfachten Anwendung der Norm bei nicht schwingungsanfälligen Deckbrücken und Bauteilen.

EC1-1-4 NA.N.1 (1)

Es wird hier nur die maßgebende Bemessungssituation Endzustand mit Verkehr für eine angenommene Höhenlage der Windresultierenden von $z_e \leq 20$ m über Gelände untersucht.

Die Höhe des Verkehrsbandes beträgt h = 4,0 m oberhalb der Schienen.

EC1-1-4 8.3.1 (5)

mit:

b / d = 8,02 / 6,14 = 1,31

b	Gesamtbreite der Deckbrücke
d	Höhe von OK Verkehrsband bis UK Tragkonstruktion
z_e	Größte Höhe der Windresultierenden über der Geländeoberfläche oder dem mittleren Wasserstand

$$z_e \cong 4{,}75 + (1{,}25 + 0{,}81 + 0{,}08 + 4{,}0) / 2 = 7{,}82 \text{ m} < 20 \text{ m}$$

mit:
lichte Höhe: 5,00 m
Überbauhöhe: 1,25 m
Gleisaufbau: 0,81 m
Gleisüberhöhung: 0,08 m
Verkehrsband: 4,00 m

siehe Abschn. 1.2.2 Abb. 3

ergibt sich folgende Windeinwirkung (es wurde linear interpoliert):

$$w = 1{,}45 + (0{,}80 - 1{,}45) / (4{,}0 - 0{,}5) \cdot (1{,}31 - 0{,}50)$$
$$w = 1{,}30 \text{ kN/m}^2 \cdot d$$
$$= 1{,}30 \cdot 6{,}14 = 7{,}98 \text{ kN/m}$$

EC1-1-4 NA.N.2
Tab. NA.N.5 für Wind mit Verkehr

Die Exzentrizität der Windresultierenden bezüglich des Überbauschwerpunktes beträgt:

$$e_W = d / 2 - z_c$$
$$= 2{,}38 \text{ m}$$

mit:
z_c = 0,69 m
Abstand Schwerachse zur Brückenunterkannte

2.2.1.4.2 Aerodynamische Einwirkungen aus Zugbetrieb

EC1-2 6.6

Die Vorbeifahrt der Züge erzeugt für jedes Bauwerk in der Nähe eines Gleises eine wandernde Welle mit abwechselnder Druck- und Sogwirkung (siehe Bilder EC1-2 6.22 bis 6.25). Die Größe der Einwirkungen hängt hauptsächlich ab von:

EC1-2 6.6.1 (2)

- dem Quadrat der Zuggeschwindigkeit,
- der aerodynamischen Form des Zugs,
- der Form des Bauwerks,
- der Lage des Bauwerks, besonders dem Freiraum zwischen Fahrzeug und Bauwerk.

Für Tragsicherheits- und Ermüdungsnachweise dürfen diese Einwirkungen durch Ersatzlasten am Kopf und Ende des Zugs angenähert werden. Charakteristische Werte dieser Ersatzlasten sind in EC1-2 6.6.2 bis 6.6.6 angegeben.

EC1-2 6.6.1 (3)

Anmerkung:

Diese aerodynamischen Einwirkungen sind im Wesentlichen bei der Bemessung von Bahnsteigdächern oder Lärmschutzwänden von Bedeutung. Sie brauchen bei der Bemessung des Überbaus wegen ihres geringen Einflusses nicht berücksichtigt zu werden.

Grundsätzlich sind die Anforderungen nach Ril 804.5501 zusätzlich zu berücksichtigen. Im vorliegenden Beispiel kann, nach Rücksprache mit dem Infrastrukturunternehmen, eine nachträgliche Anordnung einer Lärmschutzwand ausgeschlossen werden.

Ril 804.2101 Kap. 2.1 (1)

2.2.1.5 Einwirkungen aus Erddruck

Für allgemeine Beanspruchungen dürfen die charakteristischen vertikalen Ersatzlasten aus Eisenbahnverkehr zur Berechnung der Erddrücke unter oder nahe den Gleisen mit einem angepassten Lastmodell (LM 71 oder falls erforderlich die klassifizierten Vertikallasten nach EC1-2 6.3.2 (3) bzw. SW/2 falls erforderlich) gleichmäßig verteilt über eine Breite von 3 m in einer Tiefe von 0,70 m unter Schienenoberkante angenommen werden. EC1-2 6.3.6.4 (1)

Bei den oben angegebenen gleichmäßig verteilten Lasten brauchen keine dynamischen Einwirkungen berücksichtigt zu werden. EC1-2 6.3.6.4 (2)

Für die Bemessung örtlicher Bauteile nahe dem Gleis (z. B. Schotterabschlüsse) kann eine besondere Berechnung durchgeführt werden, welche die maximale Vertikal-, Längs- und Querlast aus dem Schienenverkehr auf das Bauteil berücksichtigt. EC1-2 6.3.6.4 (2)

<u>Anmerkung:</u>

Der durch das Schotterbett und die Hinterfüllung hervorgerufene Erdruhedruck wirkt an beiden Enden des Überbaus in entgegengesetzter Richtung. Er wird deshalb zur Bemessung der Lager nicht angesetzt.

Für den Überbau sind die aus dem Erdruhedruck hervorgerufenen Schnittgrößen von untergeordneter Bedeutung und werden dort ebenfalls zur Bemessung nicht angesetzt.

Steht ein Eisenbahnfahrzeug unmittelbar vor dem Überbau, wirkt ein einseitiger Verkehrserddruck auf den Überbau. Die hieraus resultierende Last wird von den Lagern aufgenommen. Der maximale Verkehrserddruck tritt unter dem Lastmodell 71 auf.

Mit den Eingangswerten:

$q_{LM71,\,k}$ = 156,25 kN/m
h = 1,25 + 0,81
= 2,06 m

Der Ansatz des vollen Erddrucks liegt deutlich auf der sicheren Seite. Bei der Bemessung der Unterbauten und Lager sollte er genauer ermittelt werden.

φ = 30°
k_0 = 1 – sin φ

ermittelt sich die charakteristische Erddrucklast $Q_{e,k}$ auf der sicheren Seite liegend zu:

$$Q_{e,k} = q_{LM71,\,k} \cdot k_0 \cdot h$$
$$= 156{,}25 \cdot (1 - \sin 30°) \cdot 2{,}06$$
$$= 160{,}94 \text{ kN}$$

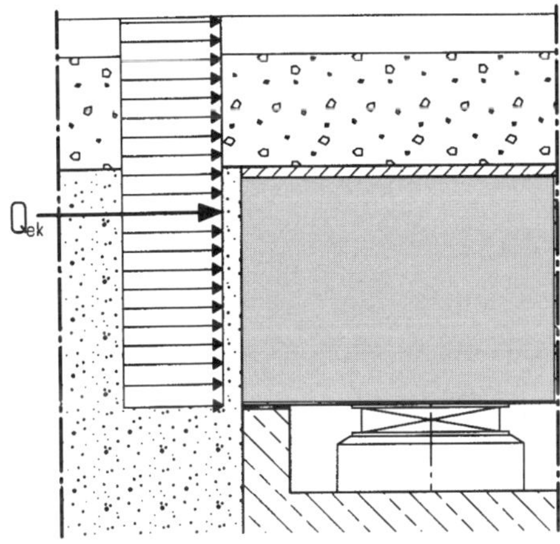

Abbildung 12 Einwirkungen aus Erddruck

2.2.1.6 Außergewöhnliche Einwirkungen

EC1-2 2.3

2.2.1.6.1 Einwirkungen infolge Entgleisung

Die Entgleisung des Zugverkehrs auf einer Brücke ist als außergewöhnliche Bemessungssituation zu betrachten. EC1-2 6.7.1 (1)P

Zwei Bemessungssituationen sind zu betrachten: EC1-2 6.7.1 (2)P

- Bemessungssituation I: Entgleisung von Eisenbahnfahrzeugen, wobei das entgleiste Fahrzeug im Gleisbereich des Überbaus bleibt und von der benachbarten Schiene oder dem Randbalken zurückgehalten wird.
- Bemessungssituation II: Entgleisung von Eisenbahnfahrzeugen, wobei das entgleiste Fahrzeug auf der Brückenkante balanciert und die Kante des Überbaus belastet (ausschließlich nichttragende Bauteile wie Randwege).

ANMERKUNG Das Einzelprojekt kann zusätzliche Anforderungen und alternative Belastungen festlegen.

Bei der Bemessungssituation I ist der Einsturz eines Hauptbauteils des Bauwerks zu vermeiden. Örtliche Beschädigung kann jedoch hingenommen werden. Die betroffenen Bauwerksteile sind für folgende Ersatzlasten bei den außergewöhnlichen Belastungen zu bemessen: EC1-2 6.7.1 (3)P

α x 0,7 x LM71 (sowohl die Einzellasten als auch die gleichmäßig verteilte Belastung, Q_{A1d} und q_{A1d}) parallel zum Gleis in der ungünstigsten Stellung innerhalb eines Bereichs mit einer Breite der 1,5-fachen Spurweite beiderseits der Gleisachse.

EC1-2 6.7.1 (3)P
Abbildung 6.26

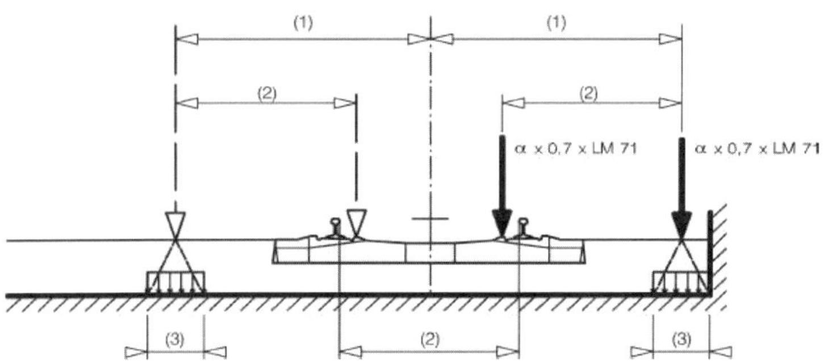

Abbildung 13 Entgleisen – Bemessungssituation I

q_{A1d} = 1,00 · 0,7 · 80,00 = 56,0 kN/m — EC1-2 6.3.2 (3)P

$\Delta\, q_{A1d}$ = 1,00 · 0,7 · 76,25 = 53,3 kN/m (auf 6,4 m Länge)

e = 2,10 – 1,40 / 2 = 1,40 m

1-fache Spurweite:
s = 1,40 m

1,5-fache Spurweite:
1,5 · s = 1,5 · 1,40 = 2,10 m

Bemessungssituation II:

In der Bemessungssituation II sollte die Brücke weder umkippen noch einstürzen. Für die Bestimmung der Gesamtstabilität ist auf eine Länge von 20 m eine gleichmäßig verteilte Vertikallast von $q_{A2d} = \alpha$ x 1,4 x LM71 zu betrachten, die an der seitlichen Grenze des Fahrbahnbereichs angreift — EC1-2 6.7.1 (4)P

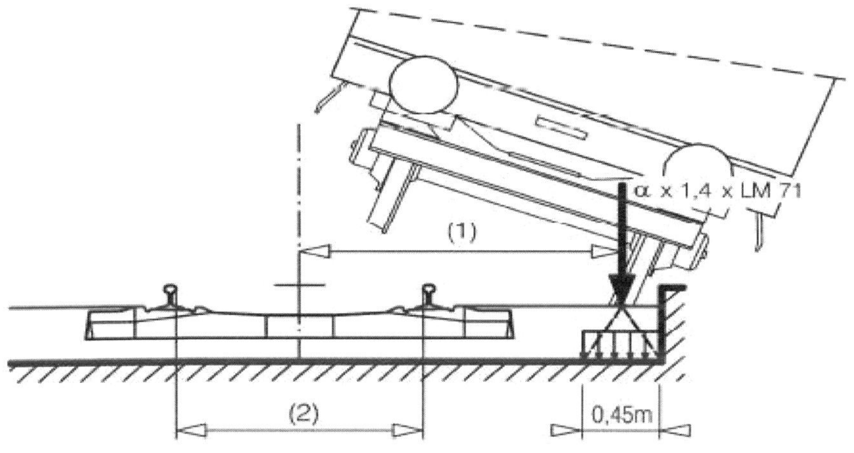

EC1-2 6.7.1 (4)P Bild 6.27

Abbildung 14 Entgleisen – Bemessungssituation II

q_{A2d} = 112,0 kN/m (auf 20,0 m Länge)

e = 2,10 m

Die Linienlast außerhalb des Gleises darf dabei in Höhe der Oberkante der Fahrbahnkonstruktion auf eine Breite von 0,45 m verteilt werden (siehe EC1-2 Bild 6.27)

ANMERKUNG Die oben erwähnte Ersatzlast ist nur zur Bestimmung der Gesamtstandsicherheit des Bauwerks anzusetzen. Randbauteile brauchen für diese Last nicht bemessen zu werden. — EC1-2 6.7.1 (4)P

Die Bemessungssituationen I und II sind getrennt zu untersuchen. Eine Kombination dieser Lasten ist nicht zu betrachten. EC1-2 6.7.1 (5)P

Bei den Bemessungssituationen I und II können außer der Entgleisungslast die weiteren Eisenbahnverkehrslasten auf dem entsprechende Gleis vernachlässigt werden. EC1-2 6.7.1 (6)

ANMERKUNG Siehe EC0 Anhang A2 für Anforderungen zur Anwendung von Verkehrseinwirkungen auf andere Gleise.

Auf die Bemessungslasten in EC1-2 6.7.1(3) und 6.7.1(4) braucht kein dynamischer Beiwert angesetzt zu werden. EC1-2 6.7.1 (7)

Für Bauteile, die oberhalb der Schienenoberkante liegen, sind Maßnahmen zur Verminderung der Auswirkungen einer Entgleisung vorzusehen, nach den festgelegten Anforderungen. EC1-2 6.7.1 (8)P

ANMERKUNG 1 Es gelten die Anforderungen nach Ril 804.5301. Ril 804.5301

2.2.1.6.2 Weitere außergewöhnliche Einwirkungen

Die Regelungen nach DIN EN 1991-2, 4.7.2 und DIN EN 1991-1-7, 4.3.2 sind zu beachten. Abweichend von DIN EN 1991-1-7, Tabelle 4.2 beträgt die äquivalente statische Ersatzkraft immer F_{dx} = 500 kN. Ril 804.2101 Kap. 5 (1)

Bei Eisenbahnbrücken über Straßen mit lichten Höhen H < 5,00 m ist am ungünstigsten Punkt des Tragwerks über der Fahrbahn als weitere Lastfall eine vertikal nach oben gerichtete Ersatzkraft F_{dz} = 250 kN anzusetzen.

Die angegebenen außergewöhnlichen Einwirkungen sind Bemessungswerte.

Anmerkung:

Aufgrund des großen Eigengewichts und der großen Tragfähigkeit vom Überbau in Querrichtung wird auf den Ansatz der außergewöhnlichen Einwirkungen aus Fahrzeuganprall bei der Bemessung des Überbaus verzichtet.

Die daraus resultierenden Auflagergrößen sind jedoch bei der Bemessung der Lager zu berücksichtigen.

2.2.2 Berücksichtigte Lastfallkombinationen

Die Bemessung des Überbaus gliedert sich in die Nachweise im Grenzzustand der Tragfähigkeit und in die Nachweise im Grenzzustand der Gebrauchstauglichkeit. EC0 6.4 EC0 6.5

Diese Nachweise werden mit den Bemessungswerten der verschiedenen Einwirkungskombinationen geführt. Diese ergeben sich durch Kombination der charakteristischen Werte der Einwirkungen mit Hilfe von Kombinationsbeiwerten und der Berücksichtigung von Teilsicherheitsbeiwerten.

Charakteristische Werte

Die charakteristischen Werte der verschiedenen Einwirkungen basieren i. Allg. auf statistischen Auswertungen und sind so festgelegt, dass der charakteristische Wert der **einzelnen Einwirkung** während der geplanten Lebensdauer des Tragwerks und der Dauer der Bemessungssituation mit einer vorgegebenen Wahrscheinlichkeit nicht überschritten wird. EC0 4.1.2

Weitere repräsentative Werte

Als weitere repräsentative Werte einer Einwirkung sind anzusetzen: EC0 4.1.3 (1)P

a) der Kombinationswert, der durch das Produkt $\psi_0 \cdot Q_k$ beschrieben wird und für Tragfähigkeitsnachweise und Gebrauchstauglichkeitsnachweise für Grenzzustände mit nicht umkehrbaren Auswirkungen verwendet wird.

b) der häufige Wert, der durch das Produkt $\psi_1 \cdot Q_k$ beschrieben wird und für Tragsicherheitsnachweise, einschließlich solcher mit außergewöhnlichen Belastungen und für Gebrauchstauglichkeitsnachweise für Grenzzustände mit umkehrbaren Grenzzuständen, verwendet wird.

c) der quasi-ständige Wert, der durch das Produkt $\psi_2 \cdot Q_k$ beschrieben wird und für Tragfähigkeitsnachweise mit außergewöhnlichen Einwirkungen und Gebrauchstauglichkeitsnachweisen mit umkehrbaren Grenzzuständen verwendet wird. Quasi-ständige Werte werden auch für die Berechnung von Langzeitwirkungen verwendet.

Nachweise für Grenzzustände der Tragfähigkeit

EC0 6.4

Bei der Tragwerksplanung sind Nachweise für folgende Grenzzustände der Tragfähigkeit erforderlich:

EC0 6.4.1 (1)P

a) EQU: Verlust der Lagesicherheit des Tragwerks oder eines seiner Teile betrachtet als starrer Körper, bei dem die Festigkeit von Baustoffen und Bauprodukten oder des Baugrunds im Allgemeinen keinen Einfluss hat;

b) STR: Versagen oder übermäßige Verformungen des Tragwerks oder seiner Teile einschließlich der Fundamente, Fundamentkörper, Pfähle, wobei die Tragfähigkeit von Baustoffen und Bauteilen entscheidend ist;

c) GEO: Versagen oder übermäßige Verformungen des Baugrundes, bei der die Festigkeit von Boden oder Fels wesentlich an der Tragsicherheit beteiligt ist;

d) FAT: Ermüdungsversagen des Tragwerks oder seiner Teile;

e) UPL: Verlust der Lagesicherheit des Tragwerks oder des Baugrundes aufgrund von Hebungen durch Wasserdruck (Auftriebskraft) oder sonstigen vertikalen Einwirkungen;

f) HYD: hydraulisches Heben und Senken, interne Erosion und das Rohrleitungssystem im Baugrund aufgrund von hydraulischen Gradienten.

Kombinationsregeln für Einwirkungen (ohne Ermüdung)

EC0 6.4.3

Für jeden kritischen Lastfall sind die Bemessungswerte E_d der Auswirkungen der Kombination der Einwirkungen zu bestimmen, die entsprechend den nachfolgenden Regeln als gleichzeitig auftretend angenommen werden.

EC0 6.4.3.1 (1)P

Jede Einwirkungskombination sollte eine

EC0 6.4.3.2 (2)

– dominierende Einwirkung (Leiteinwirkung) oder
– eine außergewöhnliche Einwirkung aufweisen.

Kombinationen von Einwirkungen bei ständigen oder vorübergehenden Bemessungssituationen (Grundkombinationen)

EC1-2 6.4.3.2

Ständige und vorübergehende Bemessungssituation (S / V) (Grundkombination)

EC0 6.4.3.2 (1)

Bemessungswert der ständigen Einwirkung, der dominierenden veränderlichen Einwirkung und den seltenen Bemessungswerten der Begleiteinwirkungen:

$$\sum_{j\geq 1} \gamma_{G,j} \cdot E_{Gk,j} \text{"+"} \gamma_{Q,1} \cdot E_{Qk,1} \text{"+"} \sum_{i>1} \gamma_{Q,i} \cdot \psi_{0,i} \cdot E_{Qk,i}$$

EC0 6.4.3.2 (3) Gl. (6.10)
EC0 NCI zu 6.4.3.2 (3)
Gl. (6.10c)

Kombinationen von Einwirkungen bei außergewöhnlichen Bemessungssituationen

EC1-2 6.4.3.3

Außergewöhnliche Bemessungssituation (A)

EC0 6.4.3.3

Bemessungswerte der ständigen Einwirkungen, dem Bemessungswert einer außergewöhnlichen Einwirkung, dem häufigen Wert der vorherrschenden Einwirkung und den quasi-ständigen Werten weiterer Einwirkungen

$$\sum_{j\geq 1} \gamma_{GA,j} \cdot E_{Gk,j} \text{"+"} E_{Ad} \text{"+"} \gamma_{QA,1} \cdot \psi_{1,1} \cdot E_{Qk,1} \text{"+"} \sum_{i>1} \gamma_{QA,i} \cdot \psi_{2,i} \cdot E_{Qk,i}$$

EC0 NCI zu 6.4.3.3 (2)
Gl. (6.11c)

Anmerkung:

Die Einwirkung E_{Ad} kann z. B. die vertikale Last eines entgleisten Zuges sein oder ein außergewöhnliches Ereignis wie ein Hängerausfall oder Anprall.

Die Teilsicherheitsbeiwerte nach EC 1-2 sind in der außergewöhnliche Bemessungssituation nicht alle gleich 1,0.

Nachweise für den Grenzzustand der Gebrauchstauglichkeit

ECO 6.5

- Charakteristische (seltene) Kombination

$$E_{d,char} = \sum_{j\geq 1} E_{Gk,j} "+" E_{Qk,1} "+" \sum_{i>1} \psi_{0,i} \cdot E_{Qk,i}$$

ECO NCI zu 6.5.3 (2)
Gl. (6.14c)

- Häufige Kombination

$$E_{d,frequ} = \sum_{j\geq 1} E_{Gk,j} "+" \psi_{1,1} \cdot E_{Qk,1} "+" \sum_{i>1} \psi_{2,i} \cdot E_{Qki}$$

ECO NCI zu 6.5.3 (2)
Gl. (6.15c)

- Quasi-ständige Kombination

$$E_{d,perm} = \sum_{j\geq 1} E_{Gk,j} "+" \sum_{i\geq 1} \psi_{2,i} \cdot E_{Qk,i}$$

ECO NCI zu 6.5.3 (2)
Gl. (6.16c)

Kombinationsregeln für Eisenbahnbrücken

ECO Anh. A2.2.4

In Einwirkungskombinationen für ständige oder vorübergehende Bemessungssituationen, die nach Fertigstellung der Brücke auftreten, brauchen Schneelasten nicht berücksichtigt zu werden, es sei denn, es gibt Festlegungen für besondere Schneegebiete oder bestimmte Typen von Eisenbahnbrücken.

ECO Anh. A2.2.4 (1)

Die Kombinationen der Einwirkungen aus Verkehrslasten und Einwirkungen aus Wind sollten enthalten:

ECO Anh. A2.2.4 (2)

– vertikale Einwirkungen aus Schienenverkehr einschließlich des dynamischen Faktors und horizontale Einwirkung aus Schienenverkehr und Wind, wobei jede dieser Einwirkungen jeweils als Leiteinwirkung anzusetzen ist;

– vertikale Einwirkungen aus Schienenverkehr ohne dynamische Faktoren und Seitenkräfte aus dem Lastbild Unbeladener Zug mit Windkräften zum Nachweis der Stabilität.

Windeinwirkungen brauchen nicht kombiniert zu werden mit: EC0 Anh. A2.2.4 (3)

- Lastgruppen gr 13 oder gr 23;
- Lastgruppen gr 16, gr 17, gr 26, gr 27 und Lastmodell SW/2.

Windeinwirkungen größer als der kleinere Wert von F_W^{**} oder $\psi_0 \cdot F_{Wk}$ sollten nicht zusammen mit Verkehrslasten kombiniert werden. EC0 Anh. A2.2.4 (4)

Einwirkungen infolge aerodynamischer Wirkung des Schienenverkehrs (siehe EC1-2 6.6) und Windeinwirkungen sollten miteinander kombiniert werden. Jede dieser Einwirkungen sollte jeweils als Leiteinwirkung angesetzt werden. EC0 Anh. A2.2.4 (5)

Falls ein tragendes Bauteil nicht direkt der Windeinwirkung ausgesetzt ist, sollte die Einwirkung q_{ik} infolge der aerodynamischen Wirkungen mit der Summe aus Zuggeschwindigkeit und Windgeschwindigkeit bestimmt werden. EC0 Anh. A2.2.4 (6)

<u>Kombinationsregeln der Einwirkungen in außergewöhnlichen Bemessungssituationen (ohne Erdbeben)</u> EC0 Anh. A2.2.5

Wenn es nötig ist, eine außergewöhnliche Einwirkung zu berücksichtigen, braucht in der außergewöhnlichen Einwirkungskombination keine weitere außergewöhnliche Einwirkung und auch keine Windeinwirkung oder Schneelast berücksichtigt zu werden. EC0 Anh. A2.2.5 (1)

In einer außergewöhnlichen Bemessungssituation mit Fahrzeuganprall (Straße oder Schiene) unter einer Brücke sollten Verkehrslasten auf der Brücke als begleitende Einwirkungen mit ihrem häufigen Wert berücksichtigt werden. EC0 Anh. A2.2.5 (2)

Bei außergewöhnlichen Einwirkungen aus der Entgleisung eines Zuges auf einer Brücke sollte der Schienenverkehr auf den anderen Gleisen als begleitende Einwirkung mit zugehörigen Kombinationsbeiwerten berücksichtigt werden. EC0 Anh. A2.2.5 (3)

Zahlenwerte für ψ-Faktoren

Tabelle 4 ψ-Faktoren für Eisenbahnbrücken (Auszug) ECO Tabelle A2.3

Einwirkung		ψ_0	ψ_1	ψ_2 [d]
Komponente der Verkehrseinwirkung[e]	LM 71	0,80	[a]	0,00
	SW/0	0,80	[a]	0,00
	SW/2	0,00	1,00	0,00
	Unbeladener Zug	1,00	---	---
	HSLM	1,00	1,00	0,00
	Anfahr- und Bremskräfte Zentrifugalkraft Interaktionskräfte infolge Verformungen unter vertikalen Verkehrslasten	Für einzelne Komponenten der mehrkomponentigen Verkehrseinwirkung, die an Stelle von Lastgruppen als Leiteinwirkung verwendet werden, sollten die ψ-Faktoren verwendet werden, die für die zugehörigen vertikalen Lasten empfohlen werden.		
	Seitenstoß	1,00	0,80	0,00
	Lasten auf Dienstwegen	0,80	0,50	0,00
	Betriebslastenzug	1,00	1,00	0,00
	Horizontaler Verkehrserddruck	0,80	[a]	0,00
	Aerodynamische Einwirkungen	0,80	0,50	0,00
Lastgruppen	gr 11 - gr 17 (1 Gleis)	0,80	0,80	0,00
Andere Einwirkungen aus Betrieb	Aerodynamische Wirkung	0,80	0,50	0,00
	Allg. Lasten aus Instandhaltung für Dienstgehwege	0,80	0,50	0,00
Windkräfte[b]	F_{Wk}	0,75	0,50	0,00
	$F_W{}^{**}$	1,00	0,00	0,00
Temperatur[c]	T_k	0,80[1)]	0,60	0,50
Schneelasten	$Q_{Sn,k}$ (während der Bauausführung)	0,80	-	0,00
Lasten aus Bauausführung	Q_c	1,00	-	1,00

[a] 0,8 wenn nur 1 Gleis belastet wird
0,7 wenn 2 Gleise belastet werden
0,6 wenn 3 oder mehr Gleise gleichzeitig belastet werden

[b] Wenn Windkräfte gleichzeitig mit Verkehrseinwirkungen wirken, sollte die Windkraft ψ_0 F_{Wk} nicht größer als $F_W{}^{**}$ (siehe EC1-1-4) angenommen werden.

[c] Siehe EC1-1-5

[d] Falls Verformungen aus ständigen oder vorübergehenden Bemessungssituationen berücksichtigt werden, sollte ψ_2 für Einwirkungen aus Schienenverkehr mit 1,00 angenommen werden. Für seismische Bemessungssituationen siehe Tabelle EC0 A2.5.

[e] Die kleinste, gleichzeitig mit den einzelnen Verkehrslastkomponenten wirkende günstige vertikale Last (z. B. Zentrifugalkraft, Traktion oder Bremsen) ist 0,5 LM71 usw.

[1)] gemäß ELTB Anlage Ei 8.2/1

Teilsicherheitsbeiwerte für Einwirkungen

EC0/NA/A1 Tab. NA.A2.1

Bei Nachweisen, die durch die Festigkeit des Materials oder durch den Baugrund bestimmt werden, sind die Teilsicherheitsbeiwerte der Einwirkungen für die Grenzzustände der Tragsicherheit tabellarisch angegeben.

Tabelle 5 Teilsicherheitsbeiwerte für Einwirkungen in den Grenzzuständen der Tragsicherheit bei Eisenbahnbrücken STR/GEO

Einwirkung	Bez.	Bemessungssituation	
		S / V	A
Ständige Einwirkungen			
Ungünstig	$\gamma_{G,sup}$	1,35[b]	1,00
Günstig	$\gamma_{G,inf}$	1,00	1,00
Setzungen[e]		1,20[g]/1,35[h]	-
Einwirkungen aus Schienenverkehr			
Ungünstig	$\gamma_{Q,sup}$	1,45[c]/1,20[d]	1,00
Günstig	$\gamma_{Q,inf}$	0,00	0,00
Einwirkungen aus der Bauausführung			
Ungünstig	$\gamma_{Q,sup}$	-	1,00
Günstig	$\gamma_{Q,inf}$	-	0,00
Temperatur			
Ungünstig	$\gamma_{Q,sup}$	1,35	1,00
Günstig	$\gamma_{Q,inf}$	0,00	0,00
Alle anderen veränderlichen Einwirkungen			
Ungünstig	$\gamma_{Q,sup}$	1,50	1,00
Günstig	$\gamma_{Q,inf}$	0,00	0,00
Außergewöhnliche Einwirkungen			
Ungünstig	γ_{A}	-	1,00

STR Versagen oder übermäßige Verformungen des Tragwerks oder seiner Teile einschließlich der Fundamente, Fundamentkörper, Pfähle, wobei die Tragfähigkeit von Baustoffen und Bauteilen entscheidend ist.

GEO Versagen oder übermäßige Verformungen des Baugrundes, bei der die Festigkeit von Boden und Fels wesentlich an der Tragsicherheit beteiligt ist.

S/V Ständige und vorübergehende Bemessungssituation

A Außergewöhnliche Bemessungssituation

[b] Dieser Wert gilt für Eigengewicht von tragenden und nicht tragenden Bauteilen, Schotterbett, Boden, Grundwasser und frei fließendes Wasser, bewegliche Lasten usw.

[c] Infolge Schienenverkehr in Form der Lastgruppen 11 bis 31 (außer 16, 17, 26[k]) und 27[k])), Lastmodellen LM 71, SW/0 und HSLM und wirklichen Zügen, wenn diese als einzelne Leiteinwirkung aus Verkehr berücksichtigt werden.

[d] Infolge Schienenverkehr in Form der Lastgruppen 16 und 17 und SW/2

[e] In Bemessungssituationen mit ungünstiger Wirkung der Einwirkungen aus ungleichmäßigen Setzungen. In Bemessungssituationen, in denen Einwirkungen aus ungleichmäßigen Setzungen günstige Wirkung erzeugen, sind diese Einwirkungen nicht zu berücksichtigen. Siehe auch EC1 bis EC9 γ-Faktoren, die für eingeprägte Verformungen zu berücksichtigen sind.

[g] Im Falle von nicht linearen elastischen Berechnungen

[h] Faktor, der in den Eurocodes für die Bemessung empfohlen wird, hier aus EC2-1-1 mit EC2-1-1/NA.

[k] Bei Schienenverkehrseinwirkungen in Form der Lastgruppen 26 und 27 darf γ_Q = 1,45 auf einzelne Komponenten der Einwirkungen aus den Lastmodellen LM 71, SW/0 und HSLM usw. angewendet werden.

Anmerkung:

Nach DIN-Fachbericht 101 bezog sich der Teilsicherheitsbeiwert $\gamma_{Q,sup}$ = 1,2 (vgl. Anmerkung d) nur auf die vertikalen Einwirkungen aus dem Lastmodell SW/2. Eine solche Angabe gibt es im Eurocode nicht mehr. In diesem Beispiel wird für den Seitenstoß, Bremsen und Anfahren und die Zentrifugallasten infolge SW/2 trotzdem ein Teilsicherheitsbeiwert von $\gamma_{Q,sup}$ = 1,45 angesetzt.

Lastgruppen – charakteristische Werte für mehrteilige Einwirkungen

EC1-2 6.8.2

Die Gleichzeitigkeit der Belastung kann im Hinblick auf die Lastgruppen nach Tabelle EC-2 6.11 berücksichtigt werden. Jede dieser Lastgruppen, die sich gegenseitig ausschließen, sollte in Kombination mit Nicht-Verkehrslasten als einzelne veränderliche charakteristische Einwirkung angesehen werden. Jede Lastgruppe sollte als eine einzelne veränderliche Einwirkung angesetzt werden.

EC1-2 6.8.2 (1)

Für den hier vorliegenden eingleisigen Überbau vereinfacht sich die Tabelle 6.10 aus EC1-2 6.8.2 wie folgt:

Tabelle 6 Verkehrslastgruppen (Auszug)

Lastgruppe	Vertikallasten			Horizontallasten			Kommentar
	LM 71 [a] SW/0 [a, b] HSLM [f, g]	SW/2 [a, c]	unbel. Zug	Anf. und Bremsen [a]	Fliehkraft [a]	Seitenstoß [a]	
Gr 11	1,0			1,0[e]	0,5[e]	0,5[e]	Max. vertikal 1
Gr 12	1,0			0,5[e]	1,0[e]	1,0[e]	Max. vertikal 2
Gr 13	1,0 [d]			1,0	0,5[e]	0,5[e]	Max. längs
Gr 14	1,0 [d]			0,5[e]	1,0[e]	1,0	Max. quer
Gr 15			1,0		1,0[e]	1,0[e]	Seitenstabilität
Gr 16		1,0		1,0[e]	0,5[e]	0,5[e]	SW/2 längs
Gr 17		1,0		0,5[e]	1,0[e]	1,0[e]	SW/2 quer

(grau hinterlegt:) dominante Einwirkung der entsprechenden Einwirkung

[a] Alle relevanten Faktoren (α, ϕ, f etc.) sind zu berücksichtigen.

[b] SW/0 ist nur bei Durchlaufträgern zu berücksichtigen.

[c)] SW/2 ist nur bei Vereinbarung für die Strecke zu berücksichtigen.

[d)] Beiwert kann auf 0,5 im günstigen Fall vermindert werden, er kann nicht null sein.

[e)] Im günstigen Fall sind diese nicht-dominanten Werte zu null zu setzen.

[f)] HSLM und Betriebszug, falls erforderlich nach EC1-2 6.4.4 und 6.4.6.1.1.

[g)] Falls eine dynamische Berechnung nach EC1-2 6.4.4 erforderlich ist, siehe auch EC1-2 6.4.6.5 (3) und 6.4.6.1.2.

Spezielle Regelungen

Im Grenzzustand der Tragfähigkeit ist es erforderlich, Zwangsschnittgrößen aus klimatischen Temperatureinwirkungen zu berücksichtigen. Sofern kein genauerer Nachweis erfolgt, dürfen dabei zur Berücksichtigung des Steifigkeitsabfalls beim Übergang in den Zustand II die 0,6-fachen Werte der Steifigkeiten des Zustandes I angesetzt werden. Erfolgt ein genauerer Nachweis nach EC2-2 5.7, sind mindestens die 0,4-fachen Wert der Steifigkeiten des Zustandes I anzusetzen. EC2-2 NCI 2.3.1.2 (3)

Temperatureinwirkungen sind in der Regel als veränderliche Einwirkungen mit einem Teilsicherheitsbeiwert γ_Q = 1,35 und dem Kombinationsbeiwert ψ zu berücksichtigen.

Setzungs-/Bewegungsunterschiede des Tragwerks infolge von Bodensetzungen sind in der Regel als ständige Einwirkungen G_{set} in den Einwirkungskombinationen zu behandeln. Im Allgemeinen wird G_{set} aus Werten von Setzungs-/Bewegungsunterschieden $d_{set,i}$ (bezogen auf eine Referenzlage) einzelner Gründungen oder Gründungsteile i bestehen. EC2-2 2.3.1.3 (1)

ANMERKUNG Im GZT sind die möglichen Baugrundsetzungen, im GZG die wahrscheinlichen Baugrundsetzungen zugrunde zu legen. EC2-2 NCI zu 2.3.1.3 (1)

Auswirkungen von Setzungsunterschieden sind in der Regel immer für die Nachweise im Grenzzustand der Gebrauchstauglichkeit zu berücksichtigen. EC2-2 2.3.1.3 (2)

Die Verschiebungen und Verdrehungen von Stützen infolge möglicher Baugrundbewegungen sind im Grenzzustand der Tragfähigkeit zu berücksichtigen. Sofern kein genauerer Nachweis erfolgt, dürfen dabei zur Berücksichtigung des Steifigkeitsabfalls beim Übergang in den Zustand II die 0,6-fachen Werte der Steifigkeiten des Zustandes I angesetzt werden. EC2-2 NCI zu 2.3.1.3 (3)
Erfolgt ein genauerer Nachweis nach EC2-2 5.7, sind mindestens die 0,4-fachen Werte der Steifigkeiten des Zustandes I anzusetzen. Setzungsunterschiede sind als ständige Einwirkung zu berücksichtigen.

Werden die Auswirkungen von Setzungsunterschieden berücksichtigt, ist in der Regel ein Teilsicherheitsbeiwert für Setzungen anzusetzen. EC2-2, 2.3.1.3 (4)

Bei Betonbrücken darf $\gamma_{G,set}$ = 1,0 angesetzt werden. EC2-2. NCI zu 2.3.1.3 (4)

2.3 Schnitt-, Auflager- und Weggrößen

2.3.1 Schnittgrößen der Einzellastfälle

EC2-2 5

Die Schnittgrößenermittlung erfolgt für die charakteristischen Werte F_k der einzelnen äußeren Einwirkungen. Die Berücksichtigung der Kombinationsbeiwerte für die veränderlichen Einwirkungen und der Teilsicherheitsbeiwerte für sämtliche Einwirkungen wird in Abhängigkeit von der jeweiligen Einwirkungskombination im Zuge der Nachweisführung in den Grenzzuständen der Tragfähigkeit und in den Grenzzuständen der Gebrauchstauglichkeit vorgenommen.

siehe Abschn. 2.4 und 2.5

Die Schnittgrößen werden jeweils in den Zehntelspunkten der Stützweite und am Auflagerrand ermittelt.

Da das idealisierte System in Längsrichtung statisch bestimmt gelagert ist, wird die Schnittgrößenermittlung unter Zugrundelegung eines linear-elastischen Verhaltens durchgeführt.

EC2-2 5.1.1 (6)
EC2-2 5.4

2.3.1.1 Ständige Einwirkungen

Bei der Schnittgrößenermittlung werden die Trägerüberstände (l = 0,95 m) an den Überbauenden berücksichtigt. Die Schnittgrößen aus ständigen Einwirkungen sind in Tabelle 7 angegeben.

Tabelle 7 Schnittgrößen infolge der charakteristischen Werte der ständigen Einwirkungen

x/l		0,016	0,1	0,2	0,3	0,4	0,5
x	[m]	0,2	1,25	2,5	3,75	5	6,25
mit:	$g_{k,1}$ =	159,8	kN/m				
$M_{gk,1}$	[kNm]	124	1051	1925	2550	2924	3049
$V_{gk,1}$	[kN]	967	799	599	400	200	0
$T_{gk,1}$	[kNm]	0	0	0	0	0	0
mit:	$g_{k,2}$ =	69,8	kN/m				
$M_{gk,2}$	[kNm]	54	459	841	1114	1277	1332
$V_{gk,2}$	[kN]	422	349	262	175	87	0
$T_{gk,2}$	[kNm]	0	0	0	0	0	0
mit:	$g_{k,3}$ =	33,9	kN/m				
$M_{gk,3}$	[kNm]	26	223	408	541	620	647
$V_{gk,3}$	[kN]	205	170	127	85	42	0
$T_{gk,3}$	[kNm]	0	0	0	0	0	0

siehe Abschn. 2.2.1.1

$g_{k,1} = 6{,}392 \cdot 25 = 159{,}8$ kN/m

siehe Abschn. 2.2.1.1

bew. Schutzbeton	= 6,6 kN/m
Schotterbett	= 61,0 kN/m
Schienen (UIC 60)	= 1,2 kN/m
Schwellenzuschlag	= 1,0 kN/m
$g_{k,2}$	= 69,8 kN/m

siehe Abschn. 2.2.1.1

Kappenbeton	= 29,5 kN/m
Kabelkanäle	= 3,4 kN/m
Geländer	= 1,0 kN/m
$g_{k,3}$	= 33,9 kN/m

2.3.1.2 Veränderliche Einwirkungen

Charakteristische Werte der veränderlichen Einwirkungen siehe Abschn. 2.2.1.2

2.3.1.2.1 Veränderliche Einwirkungen aus Eisenbahnverkehr

2.3.1.2.1.1 Lastmodell 71

Die Schnittgrößenermittlung kann sich auf das vereinfachte Lastmodell 71 beschränken, da für die Untersuchung in Längsrichtung die Achslasten als gleichmäßig verteilt angenommen werden. EC1-2 6.3.6.2 (1)

Die seitliche Exzentrizität der Vertikallasten setzt sich aus folgenden Anteilen zusammen:

1. resultierende Ausmitte e der Vertikallasten — siehe Abschn. 2.2.1.2.1.1

   $e = \pm 0{,}083$ m

2. planmäßige Ausmitte e' der Vertikallasten infolge Überhöhung bezogen auf den Querschnittsschwerpunkt

mit:

s	= 1,5 m	Spurbreite
u	= 0,08 m	Gleisüberhöhung
tan α	= 0,08 / 1,5	
α	= 3,053 °	Neigung des Gleises
	= 0,053 rad	
h	= 1,80 m	Abstand zwischen Angriffspunkt der Lasten und Schienenoberkante

EC1-2 Abb. 1.1

ergibt sich:

$e' = \sin\alpha \cdot 1{,}80$ m
$= 0{,}096$ m

3. mögliche Verschiebung e'' der Gleismitte im Lichtraum

Geometrisch mögliche Gleislage unabhängig von der Planung

Da die vorhandene Fahrbahnbreite genau dem Regellichtraum entspricht, ist eine andere Gleislage geometrisch nicht möglich.

$e'' = 0{,}0$ m

Anmerkung:

siehe Abschn. 1.2.2

Auf die Berücksichtigung der Ausmitte infolge der gekrümmten Gleislage (f = 0,7 cm) wird wegen Geringfügigkeit verzichtet.

Die maximale Exzentrizität des Lastmodells LM 71 ergibt sich zu:

$$e_{max} = e' + e = 0{,}096 + 0{,}083 = 0{,}179 \text{ m}$$

Die minimale Exzentrizität beträgt analog:

$$e_{min} = e' - e = 0{,}096 - 0{,}083 = 0{,}013 \text{ m}$$

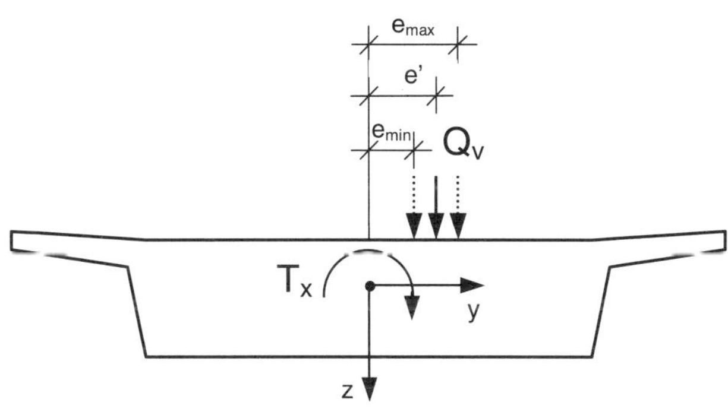

siehe Bild 16

Abbildung 15 Exzentrizität des Lastmodells 71

Die Schnittgrößen für das Lastmodell 71 sind in den Tabellen 8, 9 und 10 angegeben.

Anmerkung:

Da die Einwirkungen für das Lastmodell 71 grundsätzlich in ungünstiger Laststellung anzuordnen sind, und das Lastbild LM 71 teilbar ist, bleibt der Einfluss des Überstandes im Folgenden unberücksichtigt.

Für den Lastfall **LM 71 fahrend** ergeben sich mit den Eingangswerten:

siehe Abschn. 2.2.1.2.1.1

q_{vk}	= 80,00 kN/m	Grundlast
Δq_{vk}	– 76,25 kN/m	Überlast
e_{min}	= 0,013 m	minimale Ausmitte
f	= 1,0	Abminderungsfaktor für V ≤ 120 km/h
Φ	= 1,25	dynamischer Beiwert

Die Exzentrizität wird so angesetzt, dass in Kombination mit den Fliehkräften die betragsmäßig größten Torsionsmomente auftreten.

die Schnittgrößen nach Tabelle 8.

Tabelle 8 Schnittgrößen infolge der charakteristischen Werte der Verkehrslasten für das LM 71 fahrend, einschließlich dynam. Beiwert für maximale Biegung sowie für maximale Querkraft und Torsion (ohne zugehörige Zentrifugallasten)

x/l		0,016	0,1	0,2	0,3	0,4	0,5
x	[m]	0,2	1,25	2,5	3,75	5	6,25
$M_{qvk, max}$	[kNm]	212	1214	2158	2832	3237	3371
$V_{qvk, cor}$	[kN]	1044	863	647	432	216	0
$T_{qvk, cor}$	[kNm]	14	11	8	6	3	0
$V_{qvk, max}$	[kN]	1049	899	732	577	435	305
$T_{qvk, max}$	[kNm]	14	12	10	8	6	4
$M_{qvk, cor}$	[kNm]	210	1124	1830	2164	2174	1907

Für jede Stelle wird die maßgebende Laststellung berücksichtigt. Die dazugehörigen Schnittgrößen werden mit Index „cor“ bezeichnet.

Für den Lastfall **reduziertes LM 71 fahrend** ergeben sich mit den Eingangswerten:

siehe Abschn. 2.2.1.2.1.1

q_{vk}	= 80,00 kN/m	Grundlast
Δq_{vk}	= 76,25 kN/m	Überlast
e_{min}	= 0,013 m	minimale Ausmitte
f	= 0,743	Abminderungsfaktor für V = 200 km/h
Φ	= 1,25	dynamischer Beiwert

Die Exzentrizität wird so angesetzt, dass in Kombination mit den Fliehkräften die betragsmäßig größten Torsionsmomente auftreten.

die Schnittgrößen nach Tabelle 9.

Tabelle 9 Schnittgrößen infolge der charakteristischen Werte der Verkehrslasten für das reduzierte LM 71 fahrend, mit dynam. Beiwert für maximale Biegung sowie für maximale Querkraft und Torsion (ohne zugehörige Zentrifugallasten)

x/l		0,016	0,1	0,2	0,3	0,4	0,5
x [m]	[m]	0,2	1,25	2,5	3,75	5	6,25
$M_{qvk, max}$	[kNm]	158	902	1603	2104	2405	2505
$V_{qvk, cor}$	[kN]	776	641	481	321	160	0
$T_{qvk, cor}$	[kNm]	10	8	6	4	2	0
$V_{qvk, max}$	[kN]	780	668	544	429	323	227
$T_{qvk, max}$	[kNm]	10	9	7	6	4	3
$M_{qvk, cor}$	[kNm]	156	835	1359	1608	1615	1417

Für jede Stelle wird die maßgebende Laststellung berücksichtigt. Die dazugehörigen Schnittgrößen werden mit Index „cor“ bezeichnet.

Für den Lastfall **LM 71 stehend** ergeben sich mit den Eingangswerten:

q_{vk}	= 80,00 kN/m	Grundlast
Δq_{vk}	= 76,25 kN/m	Überlast
e_{max}	= 0,179 m	maximale Ausmitte
Φ	= 1,0	dynamischer Beiwert

Da beim stehenden Zug keine Fliehkräfte auftreten, wird die Exzentrizität so angesetzt, dass aus ständigen Lasten die größten Torsionsmomente resultieren.

die Schnittgrößen nach Tabelle 10.

Tabelle 10 Schnittgrößen infolge der charakteristischen Werte der Verkehrslasten für das LM 71 stehend, ohne dynam. Beiwert für maximale Biegung sowie für maximale Querkraft und Torsion

x/l		0,016	0,1	0,2	0,3	0,4	0,5
x [m]	[m]	0,2	1,25	2,5	3,75	5	6,25
$M_{qvk, max}$	[kNm]	170	971	1726	2266	2589	2697
$V_{qvk, cor}$	[kN]	835	690	518	345	173	0
$T_{qvk, cor}$	[kNm]	150	124	93	62	31	0
$V_{qvk, max}$	[kN]	839	719	585	462	348	244
$T_{qvk, max}$	[kNm]	150	129	105	83	62	44
$M_{qvk, cor}$	[kNm]	168	899	1464	1731	1739	1525

Für jede Stelle wird die maßgebende Laststellung berücksichtigt. Die dazugehörigen Schnittgrößen werden mit Index „cor“ bezeichnet.

2.3.1.2.1.2 Lastmodell SW/0

siehe Abschn. 2.2.1.2.1.2

Für den vorliegenden Fall eines Einfeldträgers ist die Anwendung dieses zusätzlichen Lastmodells nicht erforderlich.

2.3.1.2.1.3 Lastmodell SW/2

Charakteristische Werte der Einwirkungen siehe Abschn. 2.2.1.2.1.3

Die sich für das Lastmodell SW/2 ergebenden Schnittgrößen sind in den Tabellen 11 und 12 angegeben.

Anmerkung:

Grundsätzlich brauchen die Lastbilder SW/0 und SW/2 nicht geteilt zu werden. Der günstige Einfluss eines Überstandes wird jedoch wegen Geringfügigkeit vernachlässigt.

Für den Lastfall **LM SW/2 fahrend** ergeben sich die Schnittgrößen nach Tabelle 11 mit den Eingangswerten:

q_{vk}	= 150 kN/m	Streckenlast
e’	= 0,096 m	planmäßige Ausmitte
Φ	= 1,25	dynamischer Beiwert

e’ siehe Abschn. 2.3.1.2.1.1

Anmerkung:

EC1-2 6.3.5 (1)P

Beim Lastmodell SW/2 ist hier nur die planmäßige Ausmitte *e'* der Vertikallasten infolge Überhöhung der Gleise anzusetzen.

Auf die Berücksichtigung der Ausmitte infolge der gekrümmten Gleislage (f = 0,7 cm) wird wie vorher wegen Geringfügigkeit verzichtet.

Tabelle 11 Schnittgrößen infolge der charakteristischen Werte der Verkehrslasten für das Lastmodell SW/2 fahrend, einschließlich dynam. Beiwert für maximale Biegung sowie für maximale Querkraft und Torsion (ohne zugehörige Zentrifugallasten)

x/l		0,016	0,1	0,2	0,3	0,4	0,5
x	[m]	0,2	1,25	2,5	3,75	5	6,25
$M_{qvk, max}$	[kNm]	231	1318	2344	3076	3516	3662
$V_{qvk, cor}$	[kN]	1134	938	703	469	234	0
$T_{qvk, cor}$	[kNm]	109	90	67	45	22	0
$V_{qvk, max}$	[kN]	1135	949	750	574	422	293
$T_{qvk, max}$	[kNm]	109	91	72	55	40	28
$M_{qvk, cor}$	[kNm]	227	1187	1875	2153	2109	1831

Für jede Stelle wird die maßgebende Laststellung berücksichtigt. Die dazugehörigen Schnittgrößen werden mit Index „cor“ bezeichnet.

Für den Lastfall **LM SW/2 stehend** ergeben sich mit den Eingangswerten:

q_{vk}	= 150 kN/m	Streckenlast
e'	= 0,096 m	planmäßige Ausmitte
Φ	= 1,0	dynamischer Beiwert

die Schnittgrößen nach Tabelle 12.

Tabelle 12 Schnittgrößen infolge der charakteristischen Werte der Verkehrslasten für das Lastmodell SW/2 stehend, ohne dynam. Beiwert für maximale Biegung sowie für maximale Querkraft und Torsion

x/l		0,016	0,1	0,2	0,3	0,4	0,5
x	[m]	0,2	1,25	2,5	3,75	5	6,25
$M_{qvk, max}$	[kNm]	185	1055	1875	2461	2813	2930
$V_{qvk, cor}$	[kN]	908	750	563	375	188	0
$T_{qvk, cor}$	[kNm]	87	72	54	36	18	0
$V_{qvk, max}$	[kN]	908	759	600	459	338	234
$T_{qvk, max}$	[kNm]	87	73	58	44	32	22
$M_{qvk, cor}$	[kNm]	182	949	1500	1723	1688	1465

Für jede Stelle wird die maßgebende Laststellung berücksichtigt. Die dazugehörigen Schnittgrößen werden mit Index „cor“ bezeichnet.

2.3.1.2.1.4 Unbeladener Zug

Charakteristische Werte der Einwirkungen siehe Abschn. 2.2.1.2.1.4

Für den Lastfall **Unbeladener Zug fahrend oder stehend** ergeben sich mit den Eingangswerten:

q_{vk} = 10,0 kN/m Streckenlast
e' = 0,096 m planmäßige Ausmitte

die Schnittgrößen nach Tabelle 13.

Tabelle 13 Schnittgrößen infolge der charakteristischen Werte der Verkehrslasten für den Lastfall Unbeladener Zug fahrend oder stehend, ohne dynam. Beiwert für maximale Biegung sowie für maximale Querkraft und Torsion (ohne zugehörige Zentrifugallasten)

x/l		0,016	0,1	0,2	0,3	0,4	0,5
x	[m]	0,2	1,25	2,5	3,75	5	6,25
$M_{qvk, max}$	[kNm]	12	70	125	164	188	195
$V_{qvk, cor}$	[kN]	61	50	38	25	13	0
$T_{qvk, cor}$	[kNm]	6	5	4	2	1	0
$V_{qvk, max}$	[kN]	61	51	40	31	23	16
$T_{qvk, max}$	[kNm]	6	5	4	3	2	1
$M_{qvk, cor}$	[kNm]	12	63	100	115	113	98

Für jede Stelle wird die maßgebende Laststellung berücksichtigt. Die dazugehörigen Schnittgrößen werden mit Index „cor“ bezeichnet.

2.3.1.2.1.5 Verkehrslasten bei Gleis- und Brückenunterhaltung

Bei der Überprüfung der Bemessung für vorübergehende Bemessungssituationen aufgrund von Gleis- oder Brückeninstandhaltung sollten die charakteristischen Werte der Lastmodelle 71, SW/0, SW/2, Unbeladener Zug und HSLM sowie der zugehörigen Eisenbahnverkehrslasten gleich zu den charakteristischen Werten der zugehörigen Belastungen aus EC1-2 6 für dauerhafte Bemessungssituation verwendet werden.

EC1-2 Anhang H

EC0 Tab. A2.3

2.3.1.2.1.6 Fliehkräfte

Diese Schnittgrößen sind stets mit den zugehörigen Vertikallasten des jeweiligen Lastmodells zu kombinieren.

analog Abschn. 2.2.1.2.1.1
EC1-2 6.5.1 (3)P

Der Abstand des Angriffspunktes der Horizontallasten zum Querschnittsschwerpunkt ergibt sich folgendermaßen:

EC1-2 6.3.6.2 Abb. 6.8

$h' = \cos \alpha \cdot 1{,}80$ m $= 1{,}80$ m	lotrechter Abstand zwischen Horizontallasten und SOK + u/2
$h'' = 0{,}85$ m	lotrechter Abstand zwischen (SOK + u/2) und Oberkante Überbau
$z' = 0{,}56$ m	lotrechter Abstand zwischen Oberkante Überbau und Schwerpunkt Überbau

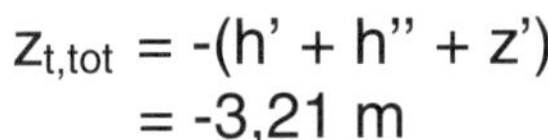

$$z_{t,tot} = -(h' + h'' + z') = -3{,}21 \text{ m}$$

$\alpha = 0{,}053$ rad,
$\cos \alpha \approx 1$,
siehe Abschn. 2.2.1.2.1.1
siehe Bild 3
u - Gleisüberhöhung
u = 0,08 m
vereinfachend werden die Querlasten auf den Schwerpunkt des Überbaus bezogen (siehe Abschn. 2.1.3.2)

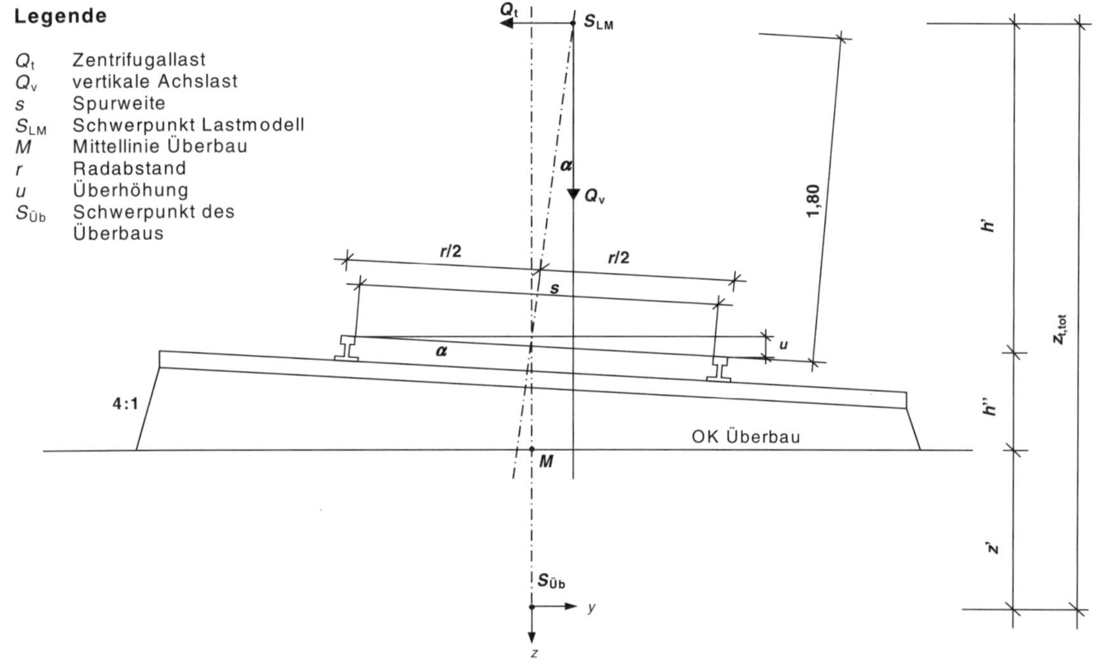

Abbildung 16 Fliehkräfte

Für das **Lastmodell 71** ergeben sich mit den Eingangswerten:

Charakteristische Werte der Einwirkung siehe Abschn. 2.2.1.2.1.6

q_{hk} = 2,6 kN/m Grundlast
Δq_{hk} = 2,5 kN/m Überlast
$z_{t,tot}$ = -3,21 m Gesamtausmitte

die Schnittgrößen nach Tabelle 14.

Tabelle 14 Schnittgrößen infolge der charakteristischen Werte der Zentrifugallasten des Lastmodells 71 für maximale Querbiegung sowie für maximale Querkraft und minimale Torsion

x/l		0,016	0,1	0,2	0,3	0,4	0,5
x [m]	[m]	0,2	1,25	2,5	3,75	5	6,25
$M_{z, qtk, max}$	[kNm]	6	31	56	73	84	87
$V_{y, qtk, cor}$	[kN]	27	22	17	11	6	0
$T_{qtk, cor}$	[kNm]	-87	-72	-54	-36	-18	0
$V_{y, qtk, max}$	[kN]	27	23	19	15	11	8
$T_{qtk, min}$	[kNm]	-88	-75	-61	-48	-36	-25
$M_{z, qtk, cor}$	[kNm]	5	29	47	56	56	49

Für jede Stelle wird die maßgebende Laststellung berücksichtigt. Die dazugehörigen Schnittgrößen werden mit Index „cor" bezeichnet.

Für das **reduzierte Lastmodell 71** ergeben sich mit den Eingangswerten:

Charakteristische Werte der Einwirkung siehe Abschn. 2.2.1.2.1.6

q_{hk} = 5,3 kN/m Grundlast
Δq_{hk} = 5,1 kN/m Überlast
$z_{t,tot}$ = -3,21 m Gesamtausmitte

die Schnittgrößen nach Tabelle 15.

Tabelle 15 Schnittgrößen infolge der charakteristischen Werte der Zentrifugallasten des reduzierten Lastmodells 71 für maximale Querbiegung sowie für maximale Querkraft und minimale Torsion

x/l		0,016	0,1	0,2	0,3	0,4	0,5
x [m]	[m]	0,2	1,25	2,5	3,75	5	6,25
$M_{z, qtk, max}$	[kNm]	11	65	115	151	172	179
$V_{y, qtk, cor}$	[kN]	56	46	34	23	11	0
$T_{qtk, cor}$	[kNm]	-179	-148	-111	-74	-37	0
$V_{y, qtk, max}$	[kN]	56	48	39	31	23	16
$T_{qtk, min}$	[kNm]	-184	-158	-129	-102	-77	-54
$M_{z, qtk, cor}$	[kNm]	11	60	97	115	116	102

Für jede Stelle wird die maßgebende Laststellung berücksichtigt. Die dazugehörigen Schnittgrößen werden mit Index „cor" bezeichnet.

Für das **Lastmodell SW/2** ergeben sich mit den Eingangswerten:

Charakteristische Werte der Einwirkung siehe Abschn. 2.2.1.2.1.6

q_{hk} = 2,20 kN/m Streckenlast
$z_{t,tot}$ = -3,21 m Gesamtausmitte

die Schnittgrößen nach Tabelle 16.

Diese Schnittgrößen sind stets mit den Vertikallasten des Lastmodells SW/2 zu kombinieren.

Tabelle 16 Schnittgrößen infolge der charakteristischen Werte der Zentrifugallasten des Lastmodells SW/2 für maximale Querbiegung sowie für maximale Querkraft und minimale Torsion

x/l		0,016	0,1	0,2	0,3	0,4	0,5
x [m]	[m]	0,2	1,25	2,5	3,75	5	6,25
$M_{z, qtk, max}$	[kNm]	3	15	28	36	41	43
$V_{y, qtk, cor}$	[kN]	13	11	8	6	3	0
$T_{qtk, cor}$	[kNm]	-43	-35	-27	-18	-9	0
$V_{y, qtk, max}$	[kN]	13	11	9	7	5	3
$T_{qtk, min}$	[kNm]	-43	-36	-28	-22	-16	-11
$M_{z, qtk, cor}$	[kNm]	3	14	22	25	25	21

Für jede Stelle wird die maßgebende Laststellung berücksichtigt. Die dazugehörigen Schnittgrößen werden mit Index „cor“ bezeichnet.

Für das **Lastmodell Unbeladener Zug** ergeben sich mit den Eingangswerten:

Charakteristische Werte der Einwirkung siehe Abschn. 2.2.1.2.1.6

q_{hk} = 0,90 kN/m Streckenlast
$z_{t,tot}$ = -3,21 m Gesamtausmitte

die Schnittgrößen nach Tabelle 17.

Diese Schnittgrößen sind stets mit den Vertikallasten des Lastmodells Unbeladener Zug zu kombinieren.

Tabelle 17 Schnittgrößen infolge der charakteristischen Werte der Zentrifugallasten des Lastmodells Unbeladener Zug für maximale Querbiegung sowie für maximale Querkraft und minimale Torsion

x/l		0,016	0,1	0,2	0,3	0,4	0,5
x [m]	[m]	0,2	1,25	2,5	3,75	5	6,25
$M_{z, qtk, max}$	[kNm]	1	6	11	15	17	18
$V_{y, qtk, cor}$	[kN]	5	5	3	2	1	0
$T_{qtk, cor}$	[kNm]	-17	-14	-11	-7	-4	0
$V_{y, qtk, max}$	[kN]	5	5	4	3	2	1
$T_{qtk, min}$	[kNm]	-17	-15	-12	-9	-7	-5
$M_{z, qtk, cor}$	[kNm]	1	6	9	10	10	9

Für jede Stelle wird die maßgebende Laststellung berücksichtigt. Die dazugehörigen Schnittgrößen werden mit Index „cor“ bezeichnet.

2.3.1.2.1.7 Seitenstoß

Mit den Eingangswerten:

Charakteristische Werte der Einwirkung siehe Abschn. 2.2.1.2.1.7

Q_{sk} = 100 kN
e_z = ±1,50 m Vertikaler Hebelarm des Seitenstoßes bei der Schnittgrößenermittlung

Auf eine Verteilung in Querrichtung wurde auf der sicheren Seite liegend verzichtet

ergeben sich die Schnittgrößen nach Tabelle 18.

Tabelle 18 Schnittgrößen infolge des charakteristischen Wertes des Seitenstoßes

x/l		0,016	0,1	0,2	0,3	0,4	0,5
x [m]	[m]	0,2	1,25	2,5	3,75	5	6,25
+/- $M_{z, qsk}$	[kNm]	20	113	200	263	300	313
+/- $V_{y, qsk}$	[kN]	98	90	80	70	60	50
+/- T_{qsk}	[kNm]	148	135	120	105	90	75

2.3.1.2.1.8 Einwirkungen aus Anfahren und Bremsen

Der Überbau wird in „Schwimmender Lagerung" ausgeführt. Die horizontalen Lagerkräfte aus Anfahren und Bremsen werden aus einer Überbauverschiebung von 4 mm in Anfahr- oder Bremsrichtung ermittelt.

Charakteristische Werte der Einwirkungen siehe Abschn. 2.2.1.2.1.8

Mit den Eingangswerten:

a = 500 mm Länge des Lagers in Querrichtung
b = 400 mm Länge des Lagers in Längsrichtung
v_x = 4 mm Überbauverschiebung
G = 2,0 N/mm² Schubmodul des Elastomers — EC0 NA. E.6.3.2 (4)
$d_{Elastomer}$ = 96 mm Elastomerdicke
n = 2 Anzahl der Lager je Lagerachse

ergibt sich eine charakteristische Rückstellkraft $F_{x,R}$ je Lagerachse von:

$$F_{x,R} = n \cdot v_x \cdot a \cdot b \cdot G / d_{Elastomer}$$

$$= 2 \cdot 4 \cdot 500 \cdot 400 \cdot 2{,}0 \cdot 10^{-3} / 96$$
$$= 33 \text{ kN}$$

Die sich daraus ergebenden Schnittgrößen werden mit den folgenden Gleichungen ermittelt:

$$M_{Qlk} = F_{x,R} \cdot z_R \cdot \left(1 - 2 \cdot \frac{x}{l}\right)$$

$$V_{Qlk} = 2 \cdot \frac{F_{x,R} \cdot z_R}{l}$$

$$N_{Qlk} \cong F_{x,R} \cdot \left(1 - 2 \cdot \frac{x}{l}\right)$$

z_R - Hebelarm Mitte Lager zum Querschnittsschwerpunkt
z_R = 0,11 m + 0,69 m = 0,80 m

l - Stützweite

Mit den Eingangswerten:

$F_{x,R}$ = 33 kN
z_R = 0,80 m
l = 12,50 m

erhält man die Schnittgrößen in Tabelle 19.

Tabelle 19 Schnittgrößen infolge der charakteristischen Werte der Rückstellkräfte für eine Lagerverschiebung von ±4 mm im Lastfall Anfahren und Bremsen

x/l		0,016	0,1	0,2	0,3	0,4	0,5
x [m]	[m]	0,2	1,25	2,5	3,75	5	6,25
+/- M_{qlk}	[kNm]	24	20	16	11	4	0
+/- V_{qlk}	[kN]	4	4	4	4	4	4
+/- N_{qlk}	[kN]	33	27	20	13	7	0

2.3.1.2.1.9 Ermüdungslastmodell

Charakteristische Werte der Einwirkungen siehe Abschn. 2.2.1.2.1.9

Der Schnittgrößenermittlung wurde das Lastmodell 71 fahrend mit dem zugehörigen dynamischen Beiwert zugrunde gelegt.

Die maßgebenden Schnittgrößen aus Lastmodell 71 sind in Tabelle 8 angegeben. Die zugehörigen Schnittgrößen infolge Zentrifugallasten können der Tabelle 14 entnommen werden.

siehe Abschn. 2.3.1.2.1.1

Grundlast: q_{vk} = 80,00 kN/m
Überlast: q_{vk} = 76,25 kN/m
dynam. Beiwert: Φ = 1,25
Gesamtausmitte: e_{tot} = 0,013 m

Tabelle 20 Schnittgrößen infolge der charakteristischen Werte der Verkehrslasten für das Lastmodell 71 fahrend mit dynam. Beiwert für maximale Biegung sowie für maximale Querkraft und Torsion

siehe Abschn. 2.3.1.2.1.1 und Tab. 8

x/l		0,016	0,1	0,2	0,3	0,4	0,5
x	[m]	0,2	1,25	2,5	3,75	5	6,25
$M_{qvk, max}$	[kNm]	212	1214	2158	2832	3237	3371
$V_{qvk, cor}$	[kN]	1044	863	647	432	216	0
$T_{qvk, cor}$	[kNm]	14	11	8	6	3	0
$V_{qvk, max}$	[kN]	1049	899	732	577	435	305
$T_{qvk, max}$	[kNm]	14	12	10	8	6	4
$M_{qvk, cor}$	[kNm]	210	1124	1830	2164	2174	1907

Für jede Stelle wird die maßgebende Laststellung berücksichtigt. Die dazugehörigen Schnittgrößen werden mit Index „cor" bezeichnet.

2.3.1.2.2 Sonstige veränderliche Einwirkungen

2.3.1.2.2.1 Verkehrslasten auf Dienstwegen

Charakteristische Werte der Einwirkungen siehe Abschn. 2.2.1.2.2.1

Für den Lastfall Verkehrslast auf Dienstwegen ergeben sich mit den Eingangswerten für $M_{qfk,max}$ und $V_{qfk,max}$:

q_{fk} = 2 · 6,95 kN/m beide Dienstwege belastet
= 13,9 kN/m Streckenlast
e_{SP} = 0 m Ausmitte der Streckenlast vom Querschnittsschwerpunkt

und mit den Eingangswerten für $T_{qfk,max}$:

q_{fk} = 6,95 kN/m ein Dienstweg belastet
e_{SP} = ± 3,11 m

die Schnittgrößen nach Tabelle 21.

Tabelle 21 Schnittgrößen infolge der charakteristischen Werte der Verkehrslasten für den Lastfall Verkehrslast auf Dienstwegen für maximale Biegung sowie für maximale Querkraft und Torsion

x/l		0,016	0,1	0,2	0,3	0,4	0,5
x	[m]	0,2	1,25	2,5	3,75	5	6,25
$M_{qfk,\,max}$	[kNm]	17	98	174	228	261	271
$V_{qfk,\,cor}$	[kN]	84	70	52	35	17	0
$T_{qfk,\,cor}$	[kNm]	0	0	0	0	0	0
$V_{qfk,\,max}$	[kN]	84	70	56	43	31	22
$T_{qfk,\,cor}$	[kNm]	0	0	0	0	0	0
$M_{qfk,\,cor}$	[kNm]	17	88	139	160	156	136
+/- $T_{qfk,\,max}$	[kNm]	131	109	86	66	49	34
$V_{qfk,\,cor}$	[kN]	42	35	28	21	16	11
$M_{qfk,\,cor}$	[kNm]	8	44	70	80	78	68

Für jede Stelle wird die maßgebende Laststellung berücksichtigt. Die dazugehörigen Schnittgrößen werden mit Index „cor" bezeichnet.

2.3.1.2.2.2 Einwirkungen auf Geländer

Die Einwirkungen auf Geländer sind für die Bemessung des Haupttragwerks nicht von Bedeutung.

2.3.1.2.2.3 Verkehrslasten im Bauzustand

Die Einwirkungen im Bauzustand sind für die Bemessung des Haupttragwerks nicht von Bedeutung.

2.3.1.3 Temperatureinwirkungen

Charakteristische Werte der Einwirkungen siehe Abschn. 2.2.1.3

Unter den anzusetzenden Temperaturbeanspruchungen ΔT_{Mz} und ΔT_N ergeben sich Lagerwege und damit Rückstellkräfte.

Die Lagerwege infolge ΔT_N betragen je Lagerachse:

Da eine genaue Voreinstellung der Lager in Abhängigkeit von der gemessenen Bauwerkstemperatur nicht vorgesehen ist, ist das volle Vorhaltemaß für den Verschiebungsweg zu berücksichtigen.

$$\Delta x_{exp} = (T_{ed,max} - 10\ K) \cdot \alpha_T \cdot l / (2 \cdot \gamma_F)$$
$$= (59{,}2 - 10) \cdot 10^{-5} \cdot 12{,}50 \cdot 10^{3} / (2 \cdot 1{,}35)$$
$$= 2{,}3\ mm$$

$$\Delta x_{con} = T_{ed,min} - 10\ K) \cdot \alpha_T \cdot l / (2 \cdot \gamma_F)$$
$$= (-35{,}1 - 10) \cdot 10^{-5} \cdot 12{,}50 \cdot 10^{3} / (2 \cdot 1{,}35)$$
$$= -2{,}1\ mm$$

l = 12,50 m

mit: $\alpha_T = 10^{-5}\ K^{-1}$

EC2-1-1 3.1.3 (5)

Die Lagerwege infolge ΔT_{Mz} betragen je Lagerachse:

z_H Hebelarm Mitte Lager zum Querschnittsschwerpunkt
z_R = 0,11 m + 0,69 m = 0,80 m

$$\Delta x_{exp} = -\Delta T_{Mz,\,con} \cdot \alpha_T \cdot l \cdot z_R / (2 \cdot h)$$
$$= 8 \cdot 10^{-5} \cdot 12{,}50 \cdot 0{,}80 \cdot 10^{3} / (2 \cdot 1{,}25)$$
$$= 0{,}3\ mm$$

$$\Delta x_{con} = -\Delta T_{Mz,\,exp} \cdot \alpha_T \cdot l \cdot z_R / (2 \cdot h)$$
$$= -9 \cdot 10^{-5} \cdot 12{,}50 \cdot 0{,}80 \cdot 10^{3} / (2 \cdot 1{,}25)$$
$$= -0{,}4\ mm$$

Bei gleichzeitiger Betrachtung von ΔT_M und ΔT_N darf eine abgeminderte Kombination angesetzt werden. Dominant ist hier die Temperaturschwankung ΔT_N:

$$\Delta x_{exp} = 2{,}3 + 0{,}75 \cdot 0{,}3$$
$$= 2{,}6\ mm$$

$$\Delta x_{con} = -2{,}1 + 0{,}75 \cdot (-0{,}4)$$
$$= -2{,}4\ mm$$

Gewählt für die weitere Berechnung wurde:

$$\Delta x_{exp} = 2{,}6\ mm$$

$$\Delta x_{con} = -2{,}6\ mm$$

daraus ergibt sich eine Rückstellkraft je Lagerachse von:

$F_{x,R}$ $= 2 \cdot \Delta x \cdot a \cdot b \cdot G / d_{Elastomer}$
$= 2 \cdot \pm 2{,}6 \cdot 500 \cdot 400 \cdot 2{,}0 / 96$
$= \pm 22000 \text{ N} = \pm 22 \text{ kN}$

Mit den Eingangswerten:

$F_{x,R}$ = 22 kN
z_R = 0,80 m
l = 12,50 m

erhält man die Schnittgrößen in Tabelle 22.

Tabelle 22 Schnittgrößen infolge der charakteristischen Werte der Temperatureinwirkungen für eine Lagerverschiebung von ± 2,6 mm

x/l		0,016	0,1	0,2	0,3	0,4	0,5
x [m]	[m]	0,2	1,25	2,5	3,75	5	6,25
+/- $M_{q\Delta Tk}$	[kNm]	18	18	18	18	18	18
+/- $V_{q\Delta Tk}$	[kN]	0	0	0	0	0	0
+/- $N_{q\Delta Tk}$	[kN]	22	22	22	22	22	22

2.3.1.4 Windlasten

2.3.1.4.1 Windlasten auf den Brückenüberbau

Charakteristische Werte der Einwirkungen siehe Abschn. 2.2.1.4.1

Es wird nur der maßgebende Betriebszustand betrachtet.

Man erhält mit den Eingangswerten:

w_k = ±7,98 kN/m Streckenlast
e_w = -2,38 m Abstand der Windresultierenden vom Querschnittsschwerpunkt

die Schnittgrößen nach Tabelle 23.

Tabelle 23 Schnittgrößen infolge der charakteristischen Werte der Windlasten im Betriebszustand mit Verkehr

x/l		0,016	0,1	0,2	0,3	0,4	0,5
x	[m]	0,2	1,25	2,5	3,75	5	6,25
+/- $M_{z, qwk, max}$	[kNm]	10	56	100	131	150	156
+/- $V_{y, qwk, cor}$	[kN]	48	40	30	20	10	0
+/- $T_{qwk, cor}$	[kNm]	115	95	71	47	24	0
+/- $V_{y, qwk, max}$	[kN]	48	40	32	24	18	12
+/- $T_{qwk, max}$	[kNm]	115	96	76	58	43	30
+/- $M_{z, qwk, cor}$	[kNm]	10	50	80	92	90	78

Für jede Stelle wird die maßgebende Laststellung berücksichtigt. Die dazugehörigen Schnittgrößen werden mit Index „cor" bezeichnet.

2.3.1.4.2 Aerodynamische Einwirkung aus Zugverkehr

Die Schnittgrößen aus Druck- und Sog-Einwirkungen aus Zugverkehr sind für die Bemessung des Überbaus nicht relevant.

2.3.1.5 Einwirkungen aus Erddruck

Charakteristische Werte der Einwirkungen siehe Abschn. 2.2.1.5

Man erhält mit den Eingangswerten:

$E_{q,k}$ = 160,94 kN Erddrucklast
z_R = 0,80 m

z_R - Hebelarm Mitte Lager zum Querschnittsschwerpunkt
$z_R = 0{,}11\ \text{m} + 0{,}69\ \text{m} = 0{,}80\ \text{m}$

die Schnittgrößen nach Tabelle 24.

$$M = \frac{E_{q,k}}{2} \cdot z_R \cdot \left(1 - 2 \cdot \frac{x}{l}\right)$$

$$V = 2 \cdot \frac{E_{q,k}}{2} \cdot \frac{z_R}{l}$$

$$N = -\frac{E_{q,k}}{2}$$

Tabelle 24 Schnittgrößen infolge der charakteristischen Werte für den Lastfall Einwirkungen aus Erddruck

x/l		0,016	0,1	0,2	0,3	0,4	0,5
x [m]	[m]	0,2	1,25	2,5	3,75	5	6,25
M_{Eqk}	[kNm]	62	52	39	26	13	0
V_{Eqk}	[kN]	10	10	10	10	10	10
N_{Eqk}	[kN]	-80	-80	-80	-80	-80	-80

2.3.1.6 Außergewöhnliche Einwirkungen

2.3.1.6.1 Einwirkungen infolge Entgleisung

Charakteristische Werte der Einwirkungen siehe Abschn. 2.2.1.6.1.

Mit den Eingangswerten für den Bemessungsfall I:

$q_{A1\,d}$ = 56,0 kN/m
$\Delta\, q_{A1\,d}$ = 53,3 kN/m (auf 6,4 m Länge)
e = ±(2,1 – 1,4 / 2)
= ±1,4 m
c = 6,4 m

ergeben sich die Schnittgrößen nach Tabelle 25.

Tabelle 25 Schnittgrößen der Bemessungswerte der Einwirkungen infolge Entgleisung im Bemessungsfall I für maximale Biegung sowie für maximale Querkraft und Torsion

x/l		0,016	0,1	0,2	0,3	0,4	0,5
x	[m]	0,2	1,25	2,5	3,75	5	6,25
$M_{A1d,\,max}$	[kNm]	238	1359	2415	3170	3623	3774
$V_{A1d,\,cor}$	[kN]	1169	966	725	483	242	0
$T_{A1d,\,cor}$	[kNm]	1637	1352	1014	676	338	0
$V_{A1d,\,max}$	[kN]	1174	1006	819	646	487	341
$T_{A1d,\,max}$	[kNm]	1644	1409	1147	904	681	478
$M_{A1d,\,cor}$	[kNm]	235	1258	2048	2422	2433	2134

Mit den Eingangswerten für den Bemessungsfall II:

$q_{A2\,d}$ = 112,0 kN/m
e = ±2,1 m
c = 20 m

ergeben sich die Schnittgrößen nach Tabelle 26.

Tabelle 26 Schnittgrößen der Bemessungswerte der Einwirkungen infolge Entgleisung im Bemessungsfall II für maximale Biegung sowie für maximale Querkraft und Torsion

x/l		0,016	0,1	0,2	0,3	0,4	0,5
x	[m]	0,2	1,25	2,5	3,75	5	6,25
$M_{A2d,\,max}$	[kNm]	138	788	1400	1838	2100	2188
+/- $V_{A2d,\,cor}$	[kN]	678	560	420	280	140	0
$T_{A2d,\,cor}$	[kNm]	1423	1176	882	588	294	0
$V_{A2d,\,max}$	[kN]	678	567	448	343	252	175
+/- $T_{A2d,\,max}$	[kNm]	1423	1191	941	720	529	368
$M_{A2d,\,cor}$	[kNm]	136	709	1120	1286	1260	1094

2.3.1.6.2 Weitere außergewöhnliche Einwirkungen

Aufgrund der großen Steifigkeit vom Überbau wird auf den Ansatz vom horizontalen Anteil (F_{dx} = 500 kN) der außergewöhnlichen Einwirkungen aus Fahrzeuganprall bei der Bemessung vom Überbau verzichtet. Er ist jedoch im Rahmen der Lagerbemessung zu berücksichtigen. Dabei ist zu beachten, dass es sich bei der außergewöhnlichen Einwirkung um den Bemessungswert handelt.

Die lichte Höhe beträgt ≥ 5,00 m. Somit braucht der vertikale Anteil (F_{dz} = 250 kN) vom Anprall an den Überbau nicht berücksichtigt zu werden.

2.3.1.7 Rückstellkräfte aus vertikaler Belastung

Aus der vertikalen Belastung resultieren infolge Endtangentenverdrehung Rückstellkräfte, die für den Überbau entlastend wirken. Auf der sicheren Seite liegend werden diese für die Bemessung des Überbaus nicht berücksichtigt.

2.3.2 Lastfallkombinationen

Die Schnittgrößen der Lastfallkombinationen werden im Rahmen der Nachweise im Grenzzustand der Tragfähigkeit und der Gebrauchstauglichkeit in den Kapiteln 2.4 und 2.5 aufgeführt.

2.4 Nachweise im Grenzzustand der Tragfähigkeit

2.4.1 Grenzzustand der Tragfähigkeit für Biegung mit Längskraft

EC0 6.4.3.2

Die Nachweise für Biegung mit Längskraft im Grenzzustand der Tragfähigkeit werden für die ständige (Betriebszustand) und vorübergehende Bemessungssituation (Bauzustand) und die außergewöhnliche Bemessungssituation infolge Entgleisung geführt.

Maßgebend für die Bemessung ist der ungünstigste Schnitt in Feldmitte. Der Einfluss der Horizontalbiegung bleibt wegen Geringfügigkeit unberücksichtigt.

2.4.1.1 Ständige und vorübergehende Bemessungssituation

Die Schnittgrößen in der ständigen und vorübergehenden Bemessungssituation ergeben sich allgemein zu:

$$\sum_{j\geq 1} \gamma_{G,j} \cdot E_{Gk,j} \text{"+"} \gamma_{Q,1} \cdot E_{Qk,1} \text{"+"} \sum_{i>1} \gamma_{Q,i} \cdot \psi_{0,i} \cdot E_{Qk,i}$$

EC0 6.4.3.2 (3) Gl. (6.10)

Das maßgebende Bemessungsmoment in Feldmitte erhält man in diesem Beispiel mit der Lastgruppe 11 als Leiteinwirkung wie folgt:

$$M_{Ed} = \gamma_{Gj,sup} \cdot (M_{Gk1} + M_{Gk2} + M_{Gk3}) + \gamma_{Q1} \cdot (1{,}0 \cdot M_{Qvk,\,LM71} + 1{,}0 \cdot M_{Qlk} + 0{,}5 \cdot M_{Qtk} + 0{,}5 \cdot M_{Qsk}) + \gamma_Q \cdot (\Psi_{0,\,Qfk} \cdot M_{Qfk} + \Psi_{0,\,Qwk} \cdot M_{Qwk}) + \gamma_{Q,T} \cdot 0{,}60 \cdot \Psi_{0,\,Q\Delta Tk} \cdot M_{Q\Delta Tk}$$

$$M_{Ed} = 1{,}35 \cdot (3049 + 1332 + 647) + 1{,}45 \cdot (1{,}0 \cdot 3371 + 1{,}0 \cdot 0 + 0{,}5 \cdot 0 + 0{,}5 \cdot 0) + 1{,}50 \cdot (0{,}80 \cdot 271 + 0{,}75 \cdot 0) + 1{,}35 \cdot 0{,}60 \cdot 0{,}80 \cdot 18)$$

$$M_{Ed} = 12007 \text{ kNm} = 12{,}007 \text{ MNm}$$

für die Lastgruppen 12, 13 und 14 ergeben sich die gleichen Bemessungsmomente

γ - Teilsicherheitsbeiwerte, siehe Tab. 5
Ψ - Kombinationsbeiwerte, siehe Tab. 4
M_{Gkj}, s. Tab. 7 (ständ. EW)
M_{Qvk}, s. Tab. 8 (LM71)
M_{Qlk}, s. Tab. 19 (Anf. u. Br.)
M_{Qtk}, s. Tab. 14 (Fliehkraft)
M_{Qsk}, s. Tab. 18 (Seitenstoß)
M_{Qfk}, s. Tab. 21 (Dienstweg)
$M_{Q\Delta Tk}$, s. Tab. 22 (Temp.)
M_{Qwk}, s. Tab. 23 (Wind)
M_{Eqk}, s. Tab. 24 (Erddruck)

Die zugehörige Bemessungsnormalkraft ergibt sich für die Lastgruppe 11 als Leiteinwirkung wie folgt:

$$N_{Ed} = \gamma_{Gj,sup} \cdot (N_{Gk1} + N_{Gk2} + N_{Gk3}) + \gamma_{Q1} \cdot (1{,}0 \cdot N_{Qvk,\,LM71} + 1{,}0 \cdot N_{Qlk} + 0{,}5 \cdot N_{Qtk} + 0{,}5 \cdot N_{Qsk}) + \gamma_Q \cdot (\Psi_{0,\,Qfk} \cdot N_{Qfk} + \Psi_{0,\,Qwk} \cdot V_{Qwk}) + \gamma_Q \cdot \Psi_{0,\,Q\Delta Tk} \cdot N_{Q\Delta Tk} + \gamma_Q \cdot \Psi_{0,\,Eqk} \cdot N_{Eqk}$$

$$N_{Ed} = 1{,}35 \cdot (0 + 0 + 0) + 1{,}45 \cdot (1{,}0 \cdot 0 + 1{,}0 \cdot 0 + 0{,}5 \cdot 0 + 0{,}5 \cdot 0) + 1{,}50 \cdot (0{,}80 \cdot 0 + 0{,}75 \cdot 0) + 1{,}35 \cdot 0{,}80 \cdot 22$$

$$N_{Ed} = 23{,}8 \text{ kN } = 0{,}024 \text{ MN}$$

für die Lastgruppen 12, 13 und 14 ergeben sich die gleichen Bemessungsmomente
γ - Teilsicherheitsbeiwerte, siehe Tab. 5
Ψ - Kombinationsbeiwerte, siehe Tab. 4
N_{Gkj}, s. Tab. 7 (ständ. EW)
N_{Qvk}, s. Tab. 8 (LM71)
N_{Qlk}, s. Tab. 19 (Anf. u. Br.)
N_{Qtk}, s. Tab. 14 (Fliehkraft)
N_{Qsk}, s. Tab. 18 (Seitenstoß)
N_{Qfk}, s. Tab. 21 (Dienstweg)
$N_{Q\Delta Tk}$, s. Tab. 22 (Temp.)
N_{Qwk}, s. Tab. 23 (Wind)
N_{Eqk}, s. Tab. 24 (Erddruck)

Das bezogene Moment ergibt sich zu:

$$M_{Eds} = M_{Ed} - N_{Ed} \cdot z_{s1} = 12{,}007 - 0{,}024 \cdot 0{,}63 = 12{,}00 \text{ MNm}$$

$$f_{cd} = \alpha_{cc} \cdot f_{ck} / \gamma_c = 0{,}85 \cdot 30 / 1{,}5 = 17{,}0 \text{ MN/m}^2$$

$$\mu_{Eds} = M_{Eds} / (b \cdot d^2 \cdot f_{cd}) = 12{,}00 / (7{,}32 \cdot 1{,}17^2 \cdot 17{,}0) = 0{,}07$$

mit:
z_c = 0,69 m
siehe Abschn. 2.1.3.2
$z_{s1} \cong z_c - 0{,}06 = 0{,}63$ m

α_{cc} - Dauerstandsbeiwert
α_{cc} = 0,85

f_{ck} = 30 MN/m²
γ_c = 1,5
γ_S = 1,15
siehe Abschn. 1.2.4

b – Überbaubreite an der Oberseite
b = 7,32 m
d - statische Höhe
d = 1,17 m

Für die Bemessung im Querschnitt sind zwei verschiedene Annahmen zugelassen.

I. Die Stahlspannung wird auf den Wert f_{yk} bzw. $f_{yd} = f_{yk} / \gamma_s$ begrenzt. (Bild 17)

II. Der Anstieg der Stahlspannung von der Streckgrenze f_{yk} bzw. $f_{yd} = f_{yk} / \gamma_s$ zur Zugfestigkeit $f_{tk,cal}$ bzw. $f_{tk,cal} / \gamma_s$ wird berücksichtigt. Die Spannung $f_{tk,cal}$ ist dann auf 525 N/mm² zu begrenzen. (Bild 17)

Die Stahldehnung ε_s ist jedoch für die Querschnittsbemessung auf den charakteristischen Wert unter Höchstlast ε_{su} = 25 ‰ zu begrenzen.

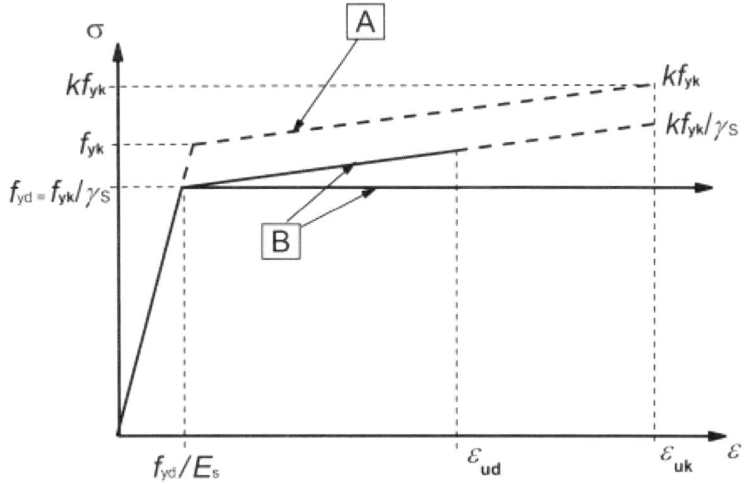

$k = (f_t/f_y)_k$

A Idealisiert B Bemessung

Abbildung 17 Spannungs-Dehnungs-Linie des Betonstahls für die Bemessung

Unter Anwendung der Bemessungstabelle mit dimensionslosen Beiwerten ergeben sich folgende Werte:

$x = \xi \cdot d = 0{,}097 \cdot 1{,}17 = 0{,}11 \text{ m} < 0{,}20 \text{ m}$

$z = \zeta \cdot d = 0{,}962 \cdot 1{,}17 = 1{,}13 \text{ m}$

$\omega = 0{,}0728$

$\sigma_{sd} = 457 \text{ MN/m}^2$

Druckzone in der Platte
d - statische Höhe
d = 1,17 m

Mindestquerschnittsdicke im Bereich des Kragarms (0,20 m)

So ergibt sich der erforderliche Betonstahlquerschnitt $A_{s,req}$:

$A_{s,req} = (\omega \cdot b \cdot d \cdot f_{cd} + N_{Ed}) / \sigma_{sd}$

$= (0{,}0728 \cdot 7{,}32 \cdot 1{,}17 \cdot 17 + 0{,}024) / 457$

$= 0{,}0232 \text{ m}^2 = 232 \text{ cm}^2$

gewählt: ∅ 28 – 7,5 cm mit $A_{s,prov} = 363 \text{ cm}^2$

Hinweis:
Für die Wahl des Betonstahlquerschnitts wird hier die Begrenzung der Rissbreite maßgebend.
siehe Abschn. 2.5.2

Hinweis:

Der gewählte Stabanstand der Längsbewehrung mit ∅ 28 – 7,5 cm ist hier grenzwertig. Der lichte Abstand der Bewehrung ergibt sich zu a ≈ 75 – 28 – (2 · 1,82) · 1,15 ≈ 42 mm. Gemäß den Vorgaben nach EC2-2 Kap. 8.2 (2) ist somit ein Beton mit einem Größtkorn von d_g = 32 mm (a ≥ ∅; d_g + 5 mm; 20 mm) zulässig. Jedoch ist die Längsbewehrung durchgängig (ohne Übergreifungsstöße) über die Überbaulänge zu verlegen.

Hinweis:
Höhe je Betonstahlrippe gemäß DIN 488-2 Tab. 4: a_m = 1,82 mm für Nenndurchmesser 28 mm mit einer zulässigen Abweichung von ±15 %

2.4.1.2 Außergewöhnliche Bemessungssituation

EC0 6.4.3.3

Die Schnittgrößen in der außergewöhnlichen Bemessungssituation ergeben sich allgemein zu:

$$\sum_{j\geq 1} \gamma_{GA,j} \cdot E_{Gk,j} \text{"+"} E_{Ad} \text{"+"} \gamma_{QA,1} \cdot \psi_{1,1} \cdot E_{Qk,1} \text{"+"} \sum_{i>1} \gamma_{QA,i} \cdot \psi_{2,i} \cdot E_{Qk,i}$$

EC0 6.4.3.3 (2) Gl. (6.11b)
A_d - Bemessungswert der außergewöhnlichen Einwirkung

Das maßgebende Bemessungsmoment in Feldmitte erhält man hier für den Bemessungsfall I (Entgleisung) wie folgt:

$$M_{Ed} = (M_{gk1} + M_{gk2} + M_{gk3}) + M_{A1d} + 0{,}60 \cdot \Psi_{2,\,Q\Delta Tk} \cdot M_{Q\Delta Tk}$$

$$M_{Ed} = (3049 + 1332 + 647) + 3774 + 0{,}6 \cdot 0{,}5 \cdot 18 = 8807 \text{ kNm} = 8{,}807 \text{ MNm}$$

M_{gk1}, M_{gk2}, M_{gk3} siehe Tab. 7
M_{A1d} siehe Tab. 25
$M_{Q\Delta Tk}$ siehe Tab. 22

Ψ - Kombinationsbeiwerte, siehe Tab. 4

Da aus den ständigen Lasten und dem Bemessungsfall I (Entgleisung) keine Normalkräfte resultieren, ergibt sich:

$$N_{Ed} \approx 0 \text{ MN}$$

Anmerkung:

Entlastende Rückstellkräfte werden vernachlässigt.

Das bezogene Moment ergibt sich zu:

$$M_{Eds} = M_{Ed} - N_{Ed} \cdot z_{s1} = 8{,}807 - 0 \cdot 0{,}63 = 8{,}807 \text{ MNm}$$

$$\mu_{Eds} = M_{Eds} / (b \cdot d^2 \cdot (\alpha_{cc} \cdot f_{ck} / \gamma_c)) = 8{,}807 / (7{,}32 \cdot 1{,}17^2 \cdot (0{,}85 \cdot 30 / 1{,}3)) = 0{,}045$$

z_{s1} = 0,63 m
f_{ck} = 30 MN/m²
γ_c = 1,3
α_{cc} = 0,85
γ_s = 1,0
siehe Abschn. 1.2.4

b - Überbaubreite an der Oberseite
b = 7,32 m
d - statische Höhe
d = 1,17 m

Mit der Bemessungstabelle mit dimensionslosen Beiwerten ergeben sich folgende Werte:

$x \quad = \xi \cdot d = 0{,}076 \cdot 1{,}17 = 0{,}09 \text{ m} \quad < \quad 0{,}20 \text{ m}$

$z \quad = \zeta \cdot d = 0{,}971 \cdot 1{,}17 = 1{,}14 \text{ m}$

$\omega \quad = 0{,}0515$

$\sigma_{sd} \quad = 525 \text{ MN/m}^2$

Druckzone in der Platte
d - statische Höhe
d = 1,17 m

Mindestquerschnittsdicke im Bereich des Kragarms (0,20 m)

So ergibt sich der erforderliche Betonstahlquerschnitt $A_{s,req}$:

$$A_{s,req} = (\omega \cdot b \cdot d \cdot \alpha_{cc} \cdot f_{ck} / \gamma_c + N_{Ed}) / \sigma_{sd}$$
$$= (0{,}0515 \cdot 7{,}32 \cdot 1{,}17 \cdot 0{,}85 \cdot 30 / 1{,}3 + 0) / 525$$
$$= 0{,}0147 \text{ m}^2 = 147 \text{ cm}^2 \quad < \quad A_{s,prov} = 363 \text{ cm}^2$$

$A_{s,prov} = 363 \text{ cm}^2$
siehe Abschn. 2.4.1.1

Der gewählte Betonstahlquerschnitt $A_{s,prov} = 363 \text{ cm}^2$ ist auch für die Gewährleistung einer ausreichenden Tragfähigkeit in der außergewöhnlichen Bemessungssituation ausreichend.

2.4.2 Grenzzustand der Tragfähigkeit für Querkraft und Torsion

EC2-2 6.2 und 6.3

2.4.2.1 Ständige und vorübergehende Bemessungssituation

EC0 6.4.3.2

Die Nachweise für Querkraft und Torsion im Grenzzustand der Tragfähigkeit werden für die ständige und vorübergehende Bemessungssituation geführt. Bemessungswirksam ist der ungünstigste Schnitt am Auflagerrand.

Der Einfluss der Querkraft $V_{Ed,y}$ bleibt wegen Geringfügigkeit unberücksichtigt.

Die Schnittgrößen in der ständigen und vorübergehenden Bemessungssituation ergeben sich allgemein zu:

EC0 6.4.3.2 (3) Gl. (6.10)

$$\sum_{j\geq 1} \gamma_{G,j} \cdot E_{Gk,j} \text{"+"} \gamma_{Q,1} \cdot E_{Qk,1} \text{"+"} \sum_{i>1} \gamma_{Q,i} \cdot \psi_{0,i} \cdot E_{Qk,i}$$

Die maßgebende Bemessungsquerkraft erhält man mit Lastgruppe 11 als Leiteinwirkung (LM 71) wie folgt:

$$V_{Ed} = \gamma_G \cdot (V_{Gk1} + V_{Gk2} + V_{Gk3}) + \gamma_{Q1} \cdot (1{,}0 \cdot V_{Qvk,\,LM71} + 1{,}0 \cdot V_{Qlk} + 0{,}5 \cdot V_{Qtk} + 0{,}5 \cdot V_{Qsk}) + \gamma_Q \cdot (\Psi_{0,\,Qfk} \cdot V_{Qfk} + \Psi_{0,\,Qwk} \cdot V_{Qwk} + \Psi_{0,\,Eqk} \cdot V_{Eqk}) + \gamma_{Q,T} \cdot 0{,}6 \cdot \Psi_{0,\,Q\Delta Tk} \cdot V_{Q\Delta Tk}$$

für Lastgruppe 11 ergibt sich die gleiche Bemessungsquerkraft
γ - Teilsicherheitsbeiwerte, siehe Tab. 5
Ψ - Kombinationsbeiwerte, siehe Tab. 4
V_{Gkj}, s. Tab. 7 (ständ. EW)
V_{Qvk}, s. Tab. 8 (LM71)
V_{Qlk}, s. Tab. 19 (Anf. u. Br.)
V_{Qtk}, s. Tab. 14 (Fliehkraft)
V_{Qsk}, s. Tab. 18 (Seitenstoß)
V_{Qfk}, s. Tab. 21 (Dienstweg)
$V_{Q\Delta Tk}$, s. Tab. 22 (Temp.)
V_{Qwk}, s. Tab. 23 (Wind)
V_{Eqk}, s. Tab. 24 (Erddruck)

$$V_{Ed} = 1{,}35 \cdot (967 + 422 + 205) + 1{,}45 \cdot (1{,}0 \cdot 1049 + 1{,}0 \cdot 2 + 0{,}5 \cdot 0 + 0{,}5 \cdot 0) + 1{,}5 \cdot (0{,}8 \cdot 84 + 0{,}75 \cdot 0 + 0{,}8 \cdot 10) + 1{,}35 \cdot 0{,}6 \cdot 0{,}8 \cdot 0$$

$$V_{Ed} = 3789 \text{ kN} \quad = 3{,}789 \text{ MN}$$

Anmerkung:

Kombinationsbeiwert für Verkehrserddruck analog dem Wert für die Lastgruppe 11.

Das minimale Torsionsmoment ergibt sich in der Lastgruppe 12 für das abgeminderte Lastmodell 71. Es ist nicht zugehörig zur maximalen Querkraft, wird hier aber auf der sicheren Seite liegend gleichzeitig wirkend angesetzt.

Für Lastgruppe 14 ergibt sich das gleiche Torsionsmoment

Es ermittelt sich folgendermaßen:

$$T_{Ed,\,min} = \gamma_G \cdot (T_{Gk1} + T_{Gk2} + T_{Gk3}) + \gamma_{Q1}\,(1{,}0 \cdot T_{Qvk,\,LM71} + 0{,}5 \cdot T_{Qlk} + 1{,}0 \cdot T_{Qtk} + 1{,}0 \cdot T_{Qsk}) + \gamma_Q \cdot (\Psi_{0,\,Qfk}\,T_{Qfk} + \Psi_{0,\,Qwk}\,T_{Qwk}) + \gamma_{Q,T} \cdot 0{,}6 \cdot \Psi_{0,\,Q\Delta Tk}\,T_{Q\Delta Tk}$$

$$T_{Ed,\,min} = 1{,}35 \cdot (0 + 0 + 0) + 1{,}45 \cdot [1{,}0 \cdot 10 + 0{,}5 \cdot 0 + 1{,}0 \cdot (-179) + 1{,}0 \cdot (-148)] + 1{,}5 \cdot [0{,}8 \cdot (-131) + 0{,}75 \cdot (-115)] + 1{,}35 \cdot 0{,}6 \cdot 0{,}8 \cdot 0$$

$$T_{Ed,\,min} = -746 \text{ kNm} = -0{,}746 \text{ MNm}$$

$$T_{Ed} = |T_{Ed,\,min}| = 0{,}746 \text{ MNm}$$

γ - Teilsicherheitsbeiwerte, siehe Tab. 5
Ψ - Kombinationsbeiwerte, siehe Tab. 4
T_{Gkj}, s. Tab. 7 (ständ. EW)
T_{Qvk}, s. Tab. 8 (LM71)
T_{Qlk}, s. Tab. 19 (Anf. u. Br.)
T_{Qtk}, s. Tab. 14 (Fliehkraft)
T_{Qsk}, s. Tab. 18 (Seitenstoß)
T_{Qfk}, s. Tab. 21 (Dienstweg)
$T_{Q\Delta Tk}$, s. Tab. 22 (Temp.)
T_{Qwk}, s. Tab. 23 (Wind)
T_{Eqk}, s. Tab. 24 (Erddruck)

Wenn die beiden folgenden Bedingungen nicht eingehalten werden, sollte neben dem Mindestbewehrung der Nachweis auf Querkraft und Torsion geführt werden:

EC2-2 NCI Zu 6.3.2 (5)

1. Bedingung: $T_{Ed} \leq V_{Ed} \cdot b_w / 4{,}5$

EC2-2 NCI Zu 6.3.2 (5) Gl. (NA.6.31.1)

2. Bedingung: $V_{Ed}\,[1 + (4{,}5 \cdot T_{Ed}) / (V_{Ed} \cdot b_w)] \leq V_{Rd,c}$

EC2-2 NCI Zu 6.3.2 (5) Gl. (NA.6.31.2)

$V_{Rd,c}$ – Querkraftwiderstand eines Bauteils ohne Querkraftbewehrung
bw – die kleinste Querschnittsbreite innerhalb der Zugzone des Querschnitts (hier Breite vom Überbau an der Unterseite)

Eingangswerte:

$T_{Ed} = 0{,}746$ MNm
$V_{Ed} = 3{,}789$ MN
$b_w = 4{,}42$ m

Der Bemessungswert für den Querkraftwiderstand $V_{Rd,c}$ darf wie folgt ermittelt werden:

EC2-2 6.2.2 (101)

$$V_{Rd,c} = [C_{Rd,c} \cdot k \cdot (100 \cdot \rho_i \cdot f_{ck})^{1/3} + \kappa_1 \cdot \sigma_{cp}] \cdot d \cdot b_w$$

EC2-2 6.2.2 (101) Gl. (6.2.a)

mit mindestens:

$$V_{Rd,c} = [v_{min} + \kappa_1 \cdot \sigma_{cp}] \cdot d \cdot b_w$$

EC2-2 6.2.2 (101) Gl. (6.2.b)

Dabei ist

$C_{Rd,c} = 0{,}15 / \gamma_c = 0{,}15 / 1{,}5 = 0{,}10$ — EC2-2 NDP Zu 6.2.2 (101)

$\kappa_1 = 0{,}12$ — EC2-2 NDP Zu 6.2.2 (101)

k Beiwert für den Einfluss der Bauteilhöhe — EC2-2 6.2.2 (101)

$k = 1 + (200 / d)^{1/2} \leq 2{,}0$ mit d [mm]

$f_{ck} = 30$ MN/m²
$\gamma_c = 1{,}5$

$k = 1 + (200 / 1170)^{1/2} = 1{,}41 < 2{,0}$

A_{sl} – die Fläche der Zugbewehrung, die mit ≥ (l_{bd} + d) über den betrachteten Querschnitt hinaus geführt wird

ρ_l Längsbewehrungsgrad — EC2-2 6.2.2 (101)

$A_{sl} = A_{s,prov} = 363$ cm²
$d = 1{,}17$ m
$b_w = 442$ cm

$\rho_l = A_{sl} / (b_w \cdot d) \leq 0{,}02$

$\rho_l = 363 / (442 \cdot 117) = 0{,}007 < 0{,}02$ — EC2-2 6.2.2 (101)

σ_{cp} Betondruckspannung im Schwerpunkt infolge Normalkraft und/oder Vorspannung

$N_{Ed} = 0{,}013$ MN
A_c = Gesamtfläche des Betonquerschnitts in mm²

mit $\sigma_{cp} = N_{Ed} / A_c < 0{,}2 \cdot f_{cd}$ in N/mm²

$N_{Ed} \approx 0$ MN $\Rightarrow$ $\sigma_{cp} \approx 0$ MN/m²

EC2-2 NDP Zu 6.2.2 (101) Gl. (NA.6.3a)

$v_{min} = (0{,}0525 / \gamma_c) \cdot k^{3/2} \cdot f_{ck}^{1/2}$ für d ≤ 600 mm — EC2-2 NDP Zu 6.2.2 (101) Gl. (NA.6.3b)

$= (0{,}0375 / \gamma_c) \cdot k^{3/2} \cdot f_{ck}^{1/2}$ für d > 800 mm

Für 600 mm < d ≤ 800 mm darf linear interpoliert werden.

$v_{min} = (0{,}0375 / 1{,}5) \cdot 1{,}41^{3/2} \cdot 30^{1/2} = 0{,}230$ MN/m²

$V_{Rd,c} = 0{,}10 \cdot 1{,}41 \cdot (100 \cdot 0{,}007 \cdot 30)^{1/3} \cdot 4{,}42 \cdot 1{,}17$ — EC2-2 6.2.2 (101) Gl. (6.2.a)

$= 2{,}012$ MN $\Rightarrow$ maßgebend

mit mindestens:

$V_{Rd,c} = 0{,}230 \cdot 4{,}42 \cdot 1{,}17 = 1{,}190$ MN — EC2-2 6.2.2 (101) Gl. (6.2.b)

1. Bedingung:

EC2-2 6.2.2 (101)
Gl. (6.2.a)

$T_{Ed} \quad \leq V_{Ed} \cdot b_w / 4{,}5$

$0{,}746 \text{ MNm} \quad < 3{,}789 \cdot 4{,}42 / 4{,}5 = 3{,}721 \text{ MNm}$

2. Bedingung:

EC2-2 6.2.2 (101)
Gl. (6.2.b)

$V_{Ed} \cdot [1 + (4{,}5 \cdot T_{Ed}) / (V_{Ed} \cdot b_w)] \leq V_{Rd,c}$

$3{,}789 \cdot [1 + (4{,}5 \cdot 0{,}746) / (3{,}789 \cdot 4{,}42)] \leq 2{,}012 \text{ MN}$

$4{,}549 \text{ MN} > 2{,}012 \text{ MN}$

Bedingung 2 ist nicht erfüllt. Es ist aus statischer Sicht eine Schub- und Torsionsbewehrung erforderlich.

Im Folgenden wird das vereinfachte Verfahren für kombinierte Beanspruchung „Torsion mit Querkraft" angewendet. Dabei wird die erforderliche Schub- und Torsionsbewehrung getrennt ermittelt, die so ermittelten Bewehrungen addiert und anschließend eine Interaktion für die Druckbeanspruchung des Betons durchgeführt.

Für die Bemessung wird das Verfahren mit veränderlicher Druckstrebenneigung angewendet. Die Druckstrebenneigung wird unter Berücksichtigung der kombinierten Beanspruchung aus Querkraft und Torsion ermittelt.

a) Ermittlung der Druckstrebenneigung

Für die Druckstrebenneigung sind folgende Bedingungen einzuhalten:

- nach EC2-1-1: — EC2-1-1 NDP zu 6.2.3 (2)

Bedingung 1: $1{,}0 \le \cot\theta \le \dfrac{1{,}2 + 1{,}4 \cdot \sigma_{cp} / f_{cd}}{1 - V_{Rd,cc} / V_{Ed,T+V}} \le 3{,}0$

EC2-1-1 NDP zu 6.2.3 (2) Gl. (6.7aDE) unter Beachtung von EC2-2, NCI zu 6.3.2 (102) (NA.102)

- nach EC2-2:

Bedingung 2: $1{,}0 \le \cot\theta \le \dfrac{7}{4} = 1{,}75$

EC2-2 NDP zu 6.2.3 (2)

Bei geneigter Querkraftbewehrung darf cot θ bis 0,58 ausgenutzt werden.

$V_{Ed,T+V}$ ist dabei die kombinierte Schubbeanspruchung aus Querkraft und Torsion: — EC2-2 NCI zu 6.3.2 (102)

$V_{Ed,T+V} = V_{Ed,T} + (V_{Ed} \cdot t_{ef,i}) / b_w$

EC2-2 NCI zu 6.3.2 (102) Gl. (NA.6.27.1)

mit:

$t_{ef,i}$: effektive Dicke der Wand

$t_{ef,i} = 2 \cdot (\text{nom } c + \varnothing_{Bügel} + \varnothing_{AsL}/2)$
$= 2 \cdot (4{,}5 + 1{,}2 + 2{,}8/2) = 14{,}2$ cm

EC2-1-1 NCI zu 6.3.2 (1) Abb. 6.11

$V_{Ed,T}$: Schubkraft infolge Torsion

$V_{Ed,T} = (T_{Ed} \cdot z_i) / (2 \cdot A_k)$
$= (0{,}746 \cdot 1{,}11) / (2 \cdot 4{,}751) = 0{,}09$ MN

EC2-1-1 6.3.2 (1) Gl. (6.26) und (27)

$z_i = h - t_{ef,i}$
$z_i = 1{,}25 - 0{,}14 = 1{,}11$ m

$A_k = (h - t_{ef,i}) \cdot (b - t_{ef,i})$
$A_k = (1{,}25 - 0{,}14) \cdot (4{,}42 - 0{,}14)$
$A_k = 4{,}751$ m²

$V_{Ed,T+V} = 0{,}09 + (3{,}789 \cdot 0{,}14) / 4{,}42 = 0{,}210$ MN

$V_{Rd,cc}$ ergibt sich nach folgender Gleichung: — EC2-2 NDP zu 6.2.3 (2)

$V_{Rd,cc} = c \cdot 0{,}48 \cdot f_{ck}^{1/3} \cdot [1 - 1{,}2 \cdot (\sigma_{cp} / f_{cd})] \cdot b_w \cdot z$

EC2-2 NDP zu 6.2.3 (2) Gl. (6.7bDE)

Dabei ist

$c = 0{,}5$
$\sigma_{cp} \approx 0\ MN/m^2$
$f_{cd} = \alpha_{cc} \cdot f_{ck} / \gamma_c = 17{,}0\ MN/m^2$
$b_w = t_{ef,i} = 0{,}14\ m$
$z = 0{,}9 \cdot d = 1{,}05\ m$

EC2-2 NDP zu 6.2.3 (2)
siehe Abschn. 2.4.2.1
$f_{ck} = 30\ MN/m^2$
$\alpha_{cc} = 0{,}85$
$\gamma_c = 1{,}5$
$d = 1{,}17\ m$
Für b_w ist hier $t_{ef,i}$ einzusetzen.

$$V_{Rd,cc} = 0{,}5 \cdot 0{,}48 \cdot 30^{1/3} \cdot 0{,}14 \cdot 1{,}05 = 0{,}110\ MN$$

Für den Winkel der Druckstrebenneigung ergibt sich nach

Bedingung 1: $1{,}0 \leq \cot\theta \leq 1{,}2 / (1 - 0{,}11 / 0{,}21) = 2{,}5 \leq 3{,}0$

Bedingung 2: $\cot\theta \leq \frac{7}{4} = 1{,}75$

gewählt:
$\cot\theta = 1{,}75$
$\tan\theta = 0{,}57$
$\theta = 29{,}7°$

Die flachste Neigung der Druckstrebe ergibt die kleinste erforderliche Schubbewehrung, allerdings auch die größte Druckstrebenkraft.

b) Bemessung für Querkraft

EC2-2 6.2

Für die Nachweise des Querkraftwiderstandes werden folgende Bemessungswerte definiert:

EC2-1-1 6.2.1 (1)P

$V_{Rd,c}$ Querkraftwiderstand eines Bauteils ohne Querkraftbewehrung

$V_{Rd,s}$ Durch die Fließgrenze der Querkraftbewehrung begrenzter Querkraftwiderstand

$V_{Rd,max}$ Durch die Druckstrebenfestigkeit begrenzter maximaler Querkraftwiderstand

Bei Bauteilen mit geneigten Gurten werden folgende zusätzliche Bemessungswerte definiert (vgl. EC2-1-1, 6.2.1, Bild 6.2):

$V_{cc,d}$ Querkraftkomponente in der Druckzone bei geneigtem Druckgurt

V_{td} Querkraftkomponente in der Zugbewehrung bei geneigtem Zuggurt

In Bereichen mit $V_{Ed} > V_{Rd,c}$ gemäß Gleichung (6.2) des EC2-1-1 ist in der Regel eine Querkraftbewehrung vorzusehen, die $V_{Ed} \leq V_{Rd}$ sicherstellt.

EC2-1-1 6.2.1 (5)

Die Summe aus Bemessungsquerkraft und Beiträgen der Gurte $V_{Ed} - V_{ccd} - V_{td}$ darf in der Regel in keinem Bauteilquerschnitt den Maximalwert $V_{Rd,max}$ überschreiten.

EC2-1-1 6.2.1 (6)

Die Bemessung von Bauteilen mit Querkraftbewehrung basiert auf einem Fachwerkmodell (Bild 6.5 des EC2-1-1). Die Druckstrebenneigung θ im Steg ist nach NDP Zu 6.2.3. (2) des EC2-2 zu begrenzen.

EC2-1-1, 6.2.3 (1)
EC2-2 NDP Zu 6.2.3 (2)

Beim Nachweis der Querkrafttragfähigkeit sollte im Allgemeinen der innere Hebelarm z aus dem Nachweis im Grenzzustand der Tragfähigkeit infolge Biegung mit oder ohne Längskraft verwendet werden. Für Stahlbetonrechteckquerschnitte mit rechteckiger Betondruckzone darf im Allgemeinen näherungsweise der Wert $z = 0{,}9 \cdot d$ angenommen werden.

EC2-2 6.2.3
NCI zu 6.2.3 (1)

Es darf für z jedoch kein größerer Wert angesetzt werden, als sich aus

$$z = d - 2 \cdot c_{v,l} \geq d - c_{v,l} - 30 \text{ mm}$$

ergibt (mit Verlegemaß $c_{v,l}$ der Längsbewehrung in der Betondruckzone). Dabei wird vorausgesetzt, dass die Bügel nach Abschnitt 8.5 des EC2-2 in der Druckzone verankert sind.

Bei der Festlegung der Schubbewehrung sind im Einzelnen die folgenden Regeln anzuwenden:

Anmerkung:

Querkraftbewehrung und Schubbewehrung meint hier dasselbe.

- Mindestschubbewehrung nach Abschnitt 9.2.2 des EC2-2
- Begrenzung der Schubrissbreite im Steg nach Abschnitt NCI 7.3.3 (NA.9) des EC2-2
- Bauliche Durchbildung der Schubbewehrung nach Abschnitt 8.5 des EC2-2

Die Begrenzung der Schubrissbreite darf ohne weiteren Nachweis als sichergestellt angenommen werden, wenn die Bewehrungsrichtlinien nach Abschnitt 8.5 des EC2-2 und die Konstruktionsregeln nach 9.2.2 und 9.2.3 des EC2-2 eingehalten sind. EC2-2 NCI 7.3.3 (NA.9)

Es ergibt sich:

$$V_{Ed} = 3{,}789 \text{ MN} > V_{Rd,c} = 2{,}012 \text{ MN}$$

Es ist Schubbewehrung zur Aufnahme der Querkraft erforderlich.

- **Nachweis der Druckstrebe des Fachwerkmodells**

$$V_{Ed} < V_{Rd,max}$$

Die Neigung θ der Druckstreben des Fachwerks wurde bereits durch die kombinierte Beanspruchung aus Torsion und Querkraft bestimmt.

Tragfähigkeit der Betondruckstrebe:

$$V_{Rd,max} = \alpha_{cw} \cdot b_w \cdot z \cdot v_1 \cdot f_{cd} / (\cot\theta + \tan\theta)$$

EC2-2 6.2.3 (103) Gl. (6.9)

mit:

EC2-2 NDP Zu 6.2.3 (103)

$v_1 = 0{,}75$

$\alpha_{cw} = 1{,}00$

$f_{ck} = 30 \text{ MN/m}^2$
$\alpha_{cc} = 0{,}85$
$\gamma_c = 1{,}5$

$$f_{cd} = \alpha_{cc} \cdot f_{ck} / \gamma_c = 0{,}85 \cdot 30 / 1{,}5 = 17 \text{ MN/m}^2$$

gewählte Druckstrebenneigung:
$\theta = 29{,}7°$

$\cot\theta = 1{,}75$

$\tan\theta = 0{,}57$

$d = 1{,}17$ m
$b_w = 4{,}42$ m

$$V_{Rd,max} = 4{,}42 \cdot 0{,}9 \cdot 1{,}17 \cdot 0{,}75 \cdot 17 \cdot 1{,}00 / (1{,}75 + 0{,}57) = 25{,}58 \text{ MN}$$

$$V_{Ed} = 3{,}789 \text{ MN} < V_{Rd,max} = 25{,}58 \text{ MN}$$

Es ist somit eine ausreichende Tragfähigkeit der Druckstreben nachgewiesen.

Anmerkung:

Bei diesem Nachweis wird die Zusatzbeanspruchung der Druckstrebe durch das Torsionsmoment nicht berücksichtigt. Die kombinierte Beanspruchung durch Querkraft und Torsion wird im Anschluss an die Bemessung für Torsion durch eine Interaktion nachgewiesen.

- **Ermittlung der erforderlichen Schubbewehrung**

EC2-2 6.2.3 (103)

Die erforderliche Schubbewehrung rechtwinklig zur Bauteilachse $a_{sw,req}$ aus Querkraft ergibt sich aus folgender Beziehung:

$$V_{Rd,s} = A_{sw} / s \cdot z \cdot f_{yd} \cdot \cot\theta = V_{Ed}$$

EC2-2 6.2.3 (103) Gl. (6.8)

mit:

$$a_{sw,req} = A_{sw} / s$$

$V_{Rd,s}$ - Durch die Fließgrenze der Querkraftbewehrung begrenzter Querkraftwiderstand

Daraus ergibt sich:

$$a_{sw,req} = V_{Ed} / (z \cdot f_{yd} \cdot \cot\theta)$$

mit:

f_{yk} = 500 MN/m²
γ_s = 1,15

d = 1,17 m
b_w = 4,42 m

$$z = 0{,}9 \cdot 1{,}17 = 1{,}05 \text{ m}$$
$$f_{yd} = 500 / 1{,}15 = 435 \text{ MN/m}^2$$

$$a_{sw,req} = 3{,}789 / (1{,}05 \cdot 435 \cdot 1{,}75) \cdot 10^4 = 47{,}27 \text{ cm}^2\text{/m}$$

Die Mindestschubbewehrung $a_{sw,min}$ beträgt:

EC2-1-1 9.2.2 (5)

$$a_{sw,min} = \rho_{w,min} \cdot b_w$$

mit:

$\rho_{w,min}$ Mindestbewehrungsgrad

f_{ctm} = 2,9 MN/m²

$$\rho_{w,min} = 0{,}16 \cdot f_{ctm} / f_{yk}$$
$$\rho_{w,min} = 0{,}16 \cdot 2{,}9 / 500 = 0{,}00093$$

$$a_{sw,min} = 0{,}00093 \cdot 4{,}42 \cdot 10^4 = 41{,}11 \text{ cm}^2\text{/m} < 47{,}27 \text{ cm}^2\text{/m}$$

und ist somit nicht maßgebend.

c) Bemessung für Torsion

EC2-2 6.3.1

Wenn das statische Gleichgewicht eines Tragwerks von der Torsionstragfähigkeit seiner einzelnen Bauteile abhängt oder die Schnittgrößenverteilung von den angesetzten Torsionssteifigkeiten beeinflusst wird, ist eine Torsionsbemessung erforderlich, die sowohl den Grenzzustand der Tragfähigkeit als auch den Grenzzustand der Gebrauchstauglichkeit umfasst.

EC2-2 NCI Zu 6.3.1 (1) und (2) (NA.101)

Anmerkung:

Dies bedeutet, dass eine Torsionsbemessung für Gleichgewichts- und für Verträglichkeitstorsion erforderlich ist.

Die Torsionssteifigkeit eines Querschnitts darf unter der Annahme eines dünnwandigen, geschlossenen Querschnitts nachgewiesen werden, in dem das Gleichgewicht durch einen geschlossenen Schubfluss erfüllt wird. Vollquerschnitte dürfen hierzu durch gleichwertige dünnwandige Querschnitte ersetzt.

EC2-1-1 6.3.1 (3)

- **Nachweis der Druckstrebe**

Das Bemessungstorsionsmoment T_{Ed} darf den Bemessungswert des durch die Betondruckstreben aufnehmbaren Torsionsmomentes $T_{Rd,max}$ nicht überschreiten.

$$T_{Rd,max} = \alpha_{cw} \cdot v \cdot f_{cd} \cdot 2 \cdot A_k \cdot t_{ef,i} \cdot \sin\theta \cdot \cos\theta$$

EC2-2 NCI zu 6.3.2 (104) Gl. (6.30)

mit:
$\alpha_{cw} = 1,0$ — EC2-2 NDP Zu 6.2.3 (103)
$t_{ef,i} = 0,14$ m
$f_{cd} = 17,0$ MN/m²
$A_k = 4,751$ m²

$v = 0,525$

t_{ef} Ersatzwanddicke
A_k Kernquerschnittsfläche (siehe Kap. 2.4.2.1 a) - Ermittlung der Druckstrebenneigung)
EC2-2, NCP Zu 6.3.2 (104)

Der Nachweis ist mit dem gleichen Winkel θ wie beim Nachweis für Querkraft zu führen.

$\theta = 29,7°$

$$T_{Rd,max} = 0,525 \cdot 17,0 \cdot 2 \cdot 4,751 \cdot 0,14 \cdot 0,495 \cdot 0,868$$

$$T_{Rd,max} = 5,109 \text{ MNm} > T_{Ed} = 0,746 \text{ MNm}$$

Die Betondruckstrebe ist damit nachgewiesen.

- **Ermittlung der erforderlichen Torsionsbewehrung**

Die erforderliche Schubbewehrung rechtwinklig zur Bauteilachse $a_{sw,req}$ aus Torsion ergibt sich aus folgender Beziehung:

$$A_{sw} \cdot f_{yd} \;/\; s_w = T_{Ed} \cdot \tan\theta \;/\; (2 \cdot A_k)$$

EC2-2 NCI zu 6.3.2 (103) Gl. (NA.6.28.1)

mit:

$$a_{sw,req} = A_{sw} \;/\; s_w$$

Daraus ergibt sich:

$$a_{sw,req} = T_{Ed} \cdot \tan\theta \;/\; (2 \cdot A_k \cdot f_{yd})$$

T_{Ed} = 0,746 MNm
A_k = 4,751 m²

f_{yk} = 500 MN/m²
γ_s = 1,15

tan θ = 0,57

mit:

$$f_{yd} = f_{yk} \;/\; \gamma_s - 435 \text{ MN/m}^2$$

$$a_{sw,req} = 0{,}746 \cdot 0{,}57 \cdot 10^4 \;/\; (2 \cdot 4{,}751 \cdot 435) = 1{,}03 \text{ cm}^2\text{/m}$$

Die erforderliche Querbewehrung in Höhe von 1,0 cm²/m ist unter Beachtung der konstruktiven Vorgaben im EC2-2 umlaufend einzubauen.

- **Erforderliche Längsbewehrung $\sum A_{sl}$:**

Die erforderliche Längsbewehrung $\sum A_{sl}$ aus Torsion ergibt sich aus folgender Beziehung:

$$\sum A_{sl} \cdot f_{yd} \;/\; u_k = T_{Ed} \;/\; (2 \cdot A_k) \cdot \cot\theta$$

EC2-2 6.3.2 (103) Gl. (6.28)

Daraus ergibt sich:

$$\sum A_{sl} = T_{Ed} \cdot u_k \cdot \cot\theta \;/\; (2 \cdot A_k \cdot f_{yd})$$

mit:

T_{Ed} = 0,746 MNm
A_k = 4,751 m²

f_{yd} = 435 MN/m²

cot θ = 1,75

$$u_k = 2 \cdot (h - t_{ef,i} + b - t_{ef,i})$$
$$= 2 \cdot (1{,}25 - 0{,}14 + 4{,}42 - 0{,}14) = 10{,}8 \text{ m}$$

ergibt sich:

$\sum A_{sl} = 0{,}746 \cdot 10{,}8 \cdot 1{,}75 \cdot 10^4 / (2 \cdot 4{,}751 \cdot 435) = 34{,}1 \text{ cm}^2$

$a_{sl} = \sum A_{sl} / u_k = 34{,}1 / 10{,}8 = 3{,}16 \text{ cm}^2/\text{m}$

Die Längsbewehrung in Höhe von 3,2 cm²/m ist über den Umfang u_k umlaufend unter Beachtung der konstruktiven Vorgaben im EC2-2 einzulegen.

d) Nachweis der Betondruckstrebe unter kombinierter Beanspruchung

EC2-2 NCI zu 6.3.2 (104)

Bei kombinierter Wirkung von Querkraft und Torsion gilt für Kompaktquerschnitte folgende quadratische Interaktion:

$(T_{Ed} / T_{Rd,max})^2 + (V_{Ed} / V_{Rd,max})^2 \leq 1$

EC2-2 NCI Zu 6.3.2 (104) Gl. (NA.6.29.1)

mit: $T_{Ed} = 0{,}746$ MNm
$T_{Rd,max} = 5{,}109$ MNm

$V_{Ed} = 3{,}789$ MN
$V_{Rd,max} = 25{,}58$ MN

folgt:

$(0{,}746 / 5{,}109)^2 + (3{,}789 / 25{,}58)^2 = 0{,}043 < 1$

Das aufzunehmende Torsionsmoment T_{Ed} und die aufzunehmende Querkraft V_{Ed} erfüllen somit die Interaktionsbedingung.

e) Bemessung für Biegung mit Längskraft und Torsion

Auf einen Nachweis der Hauptdruckspannungen kann verzichtet werden, da Torsionsschub und hoher Biegedruck nicht an der gleichen Stelle auftreten. Bis zu einer torsionsbedingten Schubspannung von:

$$\tau_{Td} = T_{Ed} / (2 \cdot A_k \cdot t_{ef,i}) \quad \leq \quad 0{,}1 \cdot f_{ck}$$

EC2-2 NCI zu 6.3.2 (NA.106)

kann auf einen Nachweis der kombinierten Beanspruchung aus Torsionsschub und Biegedruck verzichtet werden.

$$\tau_{Td} = 0{,}746 / (2 \cdot 4{,}751 \cdot 0{,}14) = 0{,}56\ MN/m^2$$

$A_k = 4{,}751\ m^2$
$t_{ef,i} = 0{,}14\ m$
$f_{ck} = 30\ MN/m^2$

$$\tau_{Td} = 0{,}56\ MN/m^2 \quad < \; 0{,}1 \cdot f_{ck} = 0{,}1 \cdot 30 = 3{,}00\ MN/m^2$$

Die Bedingung ist damit eingehalten.

2.4.2.2 Außergewöhnliche Bemessungssituation

EC0 6.4.3.3

Die Nachweise für Querkraft und Torsion im Grenzzustand der Tragfähigkeit werden für die außergewöhnliche Bemessungssituation geführt. Bemessungswirksam ist der ungünstigste Schnitt am Auflagerrand.

Weiterhin bleibt der Einfluss der Querkraft $V_{Ed,y}$ wegen Geringfügigkeit unberücksichtigt.

Die Schnittgrößen in der außergewöhnlichen Bemessungssituation ergeben sich allgemein zu:

$$\sum_{j\geq 1} \gamma_{GA,j} \cdot E_{Gk,j} \text{"+"} E_{Ad} \text{"+"} \gamma_{QA,1} \cdot \psi_{1,1} \cdot E_{Qk,1} \text{"+"} \sum_{i>1} \gamma_{QA,i} \cdot \psi_{2,i} \cdot E_{Qk,i}$$

EC0 6.4.3.3 (2) Gl. (6.11b)

Die maßgebende Bemessungsquerkraft ergibt sich für den Bemessungsfall I (Entgleisung) wie folgt:

$V_{Ed} = (V_{Gk1} + V_{Gk2} + V_{Gk3}) + V_{A1k}$

V_{Gkj}, s. Tab. 7 (ständ. EW)
V_{A1k}, s. Tab. 25 (außerg. EW)

$V_{Ed} = (967 + 422 + 205) + 1174$
$= 2768 \text{ kN} = 2{,}768 \text{ MN}$

Das maßgebende ungünstigste Bemessungstorsionsmoment ergibt sich für den Bemessungsfall I (Entgleisung) zu:

$T_{Ed} = (T_{Gk1} + T_{Gk2} + T_{Gk3}) + T_{A1k}$

T_{Gkj}, s. Tab. 7 (ständ. EW)
T_{A1k}, s. Tab. 25 (außerg. EW)

$T_{Ed} = (0 + 0 + 0) + 1644$
$= 1644 \text{ kN} = 1{,}644 \text{ MN}$

Wenn die beiden folgenden Bedingungen nicht eingehalten werden, sollte neben dem Mindestbewehrung der Nachweis auf Querkraft und Torsion geführt werden: — EC2-2 NCI Zu 6.3.2 (5)

1. Bedingung: $T_{Ed} \leq V_{Ed} \cdot b_w / 4{,}5$ — EC2-2 NCI Zu 6.3.2 (5) Gl. (NA.6.31.1)

2. Bedingung: $V_{Ed}\,[1 + (4{,}5 \cdot T_{Ed}) / (V_{Ed} \cdot b_w)] \leq V_{Rd,c}$ — EC2-2 NCI Zu 6.3.2 (5) Gl. (NA.6.31.2)

$V_{Rd,c}$ – Querkraftwiderstand eines Bauteils ohne Querkraftbewehrung
b_w – die kleinste Querschnittsbreite innerhalb der Zugzone des Querschnitts (hier Breite vom Überbau an der Unterseite)

Eingangswerte:

$T_{Ed} = 1{,}644$ MNm
$V_{Ed} = 2{,}768$ MN
$b_w = 4{,}42$ m

Der Bemessungswert für den Querkraftwiderstand $V_{Rd,c}$ darf ermittel werden: — EC2-2 6.2.2 (101)

$$V_{Rd,c} = [C_{Rd,c} \cdot k \cdot (100 \cdot \rho_l \cdot f_{ck})^{1/3} - \kappa_1 \cdot \sigma_{cp}] \cdot d \cdot b_w$$

EC2-2 6.2.2 (101) Gl. (6.2.a)

mit mindestens:

$$V_{Rd,c} = [v_{min} - \kappa_1 \cdot \sigma_{cp}] \cdot d \cdot b_w$$

EC2-2 6.2.2 (101) Gl. (6.2.b)

Dabei ist

$C_{Rd,c} = 0{,}15 / \gamma_c = 0{,}15 / 1{,}3 = 0{,}115$ — EC2-2 NDP Zu 6.2.2 (101)

$\kappa_1 = 0{,}12$ — EC2-2 NDP Zu 6.2.2 (101)

k Beiwert für den Einfluss der Bauteilhöhe — EC2-2 6.2.2 (101)

$k = 1 + (200 / d)^{1/2} \leq 2{,}0$ mit d [mm]

$k = 1 + (200 / 1170)^{1/2} = 1{,}41 < 2{,}0$

$f_{ck} = 30$ MN/m²
$\gamma_c = 1{,}3$

ρ_l Längsbewehrungsgrad

$\rho_l = A_{sl} / b_w \cdot d \leq 0{,}02$

$\rho_l = 363 / (442 \cdot 117) = 0{,}007 < 0{,}02$

EC2-2 6.2.2 (101)
A_{sl} – die Fläche der Zugbewehrung, die mit ≥ (l_{bd} + d) über den betrachteten Querschnitt hinaus geführt wird
$A_{sl} = A_{s,prov} = 363$ cm²
$d = 1{,}17$ m
$b_w = 442$ cm

σ_{cp} Betondruckspannung im Schwerpunkt infolge Normalkraft und/oder Vorspannung — EC2-2 6.2.2 (101)

mit $\sigma_{cp} = N_{Ed} / A_c < 0{,}2 \cdot f_{cd}$ in N/mm²

$N_{Ed} \approx 0$ MN $\Rightarrow$ $\sigma_{cp} \approx 0$ MN/m²

N_{Ed} = 0,0108 MN
A_c = Gesamtfläche des Betonquerschnitts in mm²
γ_c = 1,3

$v_{min} = (0{,}0525 / \gamma_c) \cdot k^{3/2} \cdot f_{ck}^{1/2}$ für d ≤ 600 mm — EC2-2 NDP Zu 6.2.2 (101) Gl. (NA.6.3a)

$= (0{,}0375 / \gamma_c) \cdot k^{3/2} \cdot f_{ck}^{1/2}$ für d > 800 mm — EC2-2 NDP Zu 6.2.2 (101) Gl. (NA.6.3b)

Für 600 mm < d ≤ 800 mm darf linear interpoliert werden.

$v_{min} = (0{,}0375 / 1{,}3) \cdot 1{,}41^{3/2} \cdot 30^{1/2} = 0{,}265$ MN/m²

$V_{Rd,c} = 0{,}115 \cdot 1{,}41 \cdot (100 \cdot 0{,}007 \cdot 30)^{1/3} \cdot 4{,}42 \cdot 1{,}17$ — EC2-2 6.2.2 (101) Gl. (6.2.a)

$= 2{,}313$ MN $\Rightarrow$ maßgebend

mit mindestens:

$V_{Rd,c} = 0{,}265 \cdot 4{,}42 \cdot 1{,}17 = 1{,}370$ MN — EC2-2 6.2.2 (101) Gl. (6.2.b)

1. Bedingung:

$T_{Ed} \leq V_{Ed} \cdot b_w / 4{,}5$ — EC2-2 NCI Zu 6.3.2 (5) Gl. (NA.6.31.1)

1,644 MNm < 2,768 · 4,42 / 4,5 = 2,719 MNm

2. Bedingung:

$V_{Ed} \cdot [1 + (4{,}5 \cdot T_{Ed}) / (V_{Ed} \cdot b_w)] \leq V_{Rd,c}$ — EC2-2 NCI Zu 6.3.2 (5) Gl. (NA.6.31.2)

$2{,}768 \cdot [1 + (4{,}5 \cdot 1{,}644) / (2{,}768 \cdot 4{,}42)] \leq 2{,}313$ MN

4,442 MN > 2,313 MN

Die zweite Bedingung ist nicht erfüllt. Es ist aus statischer Sicht eine Schub- und Torsionsbewehrung erforderlich.

a) Ermittlung der Druckstrebenneigung

Für die Druckstrebenneigung sind folgende Bedingungen einzuhalten:

- nach EC2-1-1:

EC2-1-1 NDP zu 6.2.3 (2)

Bedingung 1: $1{,}0 \leq \cot\theta \leq \dfrac{1{,}2 - 1{,}4 \cdot \sigma_{cp} / f_{cd}}{1 - V_{Rd,cc} / V_{Ed,T+V}} \leq 3{,}0$

EC2-1-1 NDP zu 6.2.3 (2 Gl. (6.7aDE) unter Beachtung von EC2-2, NCI zu 6.3.2 (102) (NA.102)

- nach EC2-2:

Bedingung 2: $1{,}0 \leq \cot\theta \leq \dfrac{7}{4} = 1{,}75$

EC2-2 NDP zu 6.2.3 (2)

Bei geneigter Querkraftbewehrung darf cot θ bis 0,58 ausgenutzt werden.

$V_{Ed,T+V}$ ist dabei die kombinierte Schubbeanspruchung aus Querkraft und Torsion:

EC2-2 NCI zu 6.3.2 (102)

$V_{Ed,T+V} = V_{Ed,T} + (V_{Ed} \cdot t_{ef,i}) / b_w$

EC2-2 NCI zu 6.3.2 (102) Gl. (NA.6.27.1)

mit:

$t_{ef,i}$: effektive Dicke der Wand

$t_{ef,i} = 2 \cdot (\text{nom } c + \varnothing_{Bügel} + \varnothing_{AsL}/2)$
$= 2 \cdot (4{,}5 + 1{,}2 + 2{,}8/2) = 14{,}2$ cm

EC2-1-1 NCI zu 6.3.2 (1) Abb. 6.11

$V_{Ed,T}$: Schubkraft infolge Torsion

$V_{Ed,T} = (T_{Ed} \cdot z_i) / (2 \cdot A_k)$
$= (1{,}611 \cdot 1{,}11) / (2 \cdot 4{,}751) = 0{,}19$ MN

EC2-1-1 6.3.2 (1) Gl. (6.26) und (27)

$z_i = h - t_{ef,i}$
$z_i = 1{,}25 - 0{,}14 = 1{,}11$ m

$A_k = (h - t_{ef,i}) \cdot (b - t_{ef,i})$
$A_k = (1{,}25 - 0{,}14) \cdot (4{,}42 - 0{,}14)$
$A_k = 4{,}751$ m²

$V_{Ed,T+V} = 0{,}19 + (2{,}768 \cdot 0{,}14) / 4{,}42 = 0{,}28$ MN

$V_{Rd,cc}$ ergibt sich nach folgender Gleichung:

EC2-2 NDP zu 6.2.3 (2)

$V_{Rd,cc} = c \cdot 0{,}48 \cdot f_{ck}^{1/3} \cdot [1 - 1{,}2 \cdot (\sigma_{cp} / f_{cd})] \cdot b_w \cdot z$

EC2-2 NDP zu 6.2.3 (2) Gl. (6.7bDE)

Dabei ist

$c = 0{,}5$

$\sigma_{cp} \approx 0$ MN/m²

$f_{cd} = \alpha_{cc} \cdot f_{ck} / \gamma_c = 19{,}61$ MN/m²

$b_w = t_{ef,i} = 0{,}14$ m

$z = 0{,}9 \cdot d = 1{,}05$ m

EC2-2 NDP zu 6.2.3 (2)
siehe Abschn. 2.4.2.1
$f_{ck} = 30$ MN/m²
$\alpha_{cc} = 0{,}85$
$\gamma_c = 1{,}3$
$d = 1{,}17$ m
Für b_w ist hier $t_{ef,i}$ einzusetzen.

$$V_{Rd,cc} = 0{,}5 \cdot 0{,}48 \cdot 30^{1/3} \cdot 0{,}14 \cdot 1{,}05 = 0{,}110 \text{ MN}$$

Für den Winkel der Druckstrebenneigung ergibt sich nach

Bedingung 1: $1{,}0 \leq \cot\theta \leq 1{,}2 / (1 - 0{,}11 / 0{,}21) = 2{,}5 \leq 3{,}0$

Bedingung 2: $\cot\theta \leq \frac{7}{4} = 1{,}75$

gewählt:

$\cot\theta = 1{,}75$

$\tan\theta = 0{,}57$

$\theta = 29{,}7°$

Die flachste Neigung der Druckstrebe ergibt die kleinste erforderliche Schubbewehrung, allerdings auch die größte Druckstrebenkraft.

b) Bemessung für Querkraft

$V_{Ed} = 2{,}768\ MN\ >\ V_{Rd,c} = 2{,}313\ MN$

Damit ist eine Schubbewehrung zur Aufnahme der Querkraft erforderlich.

- **Nachweis der Druckstrebe des Fachwerkmodells**

$V_{Ed} < V_{Rd,max}$

Die Neigung θ der Druckstreben des Fachwerks wurde bereits durch die kombinierte Beanspruchung aus Torsion und Querkraft bestimmt.

Tragfähigkeit der Betondruckstrebe:

$$V_{Rd,max} = \alpha_{cw} \cdot b_w \cdot z \cdot v_1 \cdot f_{cd} / (\cot\theta + \tan\theta)$$

EC2-2 6.2.3 (103) Gl. (6.9)

mit:

EC2-2 NDP Zu 6.2.3 (103)

$v_1 = 0{,}75$
$\alpha_{cw} = 1{,}00$

$f_{ck} = 30\ MN/m^2$
$\alpha_{cc} = 0{,}85$
$\gamma_c = 1{,}3$

$f_{cd} = \alpha_{cc} \cdot f_{ck} / \gamma_c$
$= 0{,}85 \cdot 30 / 1{,}3 = 19{,}6\ MN/m^2$

gewählte Druckstrebenneigung:
$\theta = 29{,}7°$

$\cot\theta = 1{,}75$
$\tan\theta = 0{,}57$

$d = 1{,}17\ m$
$b_w = 4{,}42\ m$

$$V_{Rd,max} = 4{,}42 \cdot 0{,}9 \cdot 1{,}17 \cdot 0{,}75 \cdot 19{,}6 \cdot 1{,}00 / (1{,}75 + 0{,}57) = 29{,}49\ MN$$

$V_{Ed} = 2{,}768\ MN < V_{Rd,max} = 29{,}49\ MN$

Es ist somit eine ausreichende Tragfähigkeit der Druckstreben nachgewiesen.

Anmerkung:

Bei diesem Nachweis wird die Zusatzbeanspruchung der Druckstrebe durch das Torsionsmoment nicht berücksichtigt. Die kombinierte Beanspruchung durch Querkraft und Torsion wird im Anschluss an die Bemessung für Torsion durch eine Interaktion nachgewiesen.

- **Ermittlung der erforderlichen Schubbewehrung** EC2-2 6.2.3 (103)

Die erforderliche Schubbewehrung rechtwinklig zur Bauteilachse $a_{sw,req}$ aus Querkraft ergibt sich aus folgender Beziehung:

$$V_{Rd,s} = A_{sw} / s \cdot z \cdot f_{yd} \cdot \cot\theta = V_{Ed}$$

EC2-2 6.2.3 (103) Gl. (6.8)

mit:

$V_{Rd,s}$ - Durch die Fließgrenze der Querkraftbewehrung begrenzter Querkraftwiderstand

$$a_{sw,req} = A_{sw} / s$$

Daraus ergibt sich:

$$a_{sw,req} = V_{Ed} / (z \cdot f_{yd} \cdot \cot\theta)$$

mit:

f_{yk} = 500 MN/m²
γ_s = 1,00

d = 1,17 m
b_w = 4,42 m

$$z = 0{,}9 \cdot 1{,}17 = 1{,}05 \text{ m}$$
$$f_{yd} = 500 / 1{,}00 = 500 \text{ MN/m}^2$$

$$a_{sw,req} = 2{,}768 / (1{,}05 \cdot 500 \cdot 1{,}75) \cdot 10^4 = 30{,}0 \text{ cm}^2/\text{m}$$

Die Mindestschubbewehrung $a_{sw,min}$ beträgt: EC2-1-1 9.2.2 (5)

$$a_{sw,min} = \rho_{w,min} \cdot b_w$$

mit:

$\rho_{w,min}$ Mindestbewehrungsgrad

f_{ctm} = 2,9 MN/m²

$$\rho_{w,min} = 0{,}16 \cdot f_{ctm} / f_{yk}$$
$$\rho_{w,min} = 0{,}16 \cdot 2{,}9 / 500 = 0{,}00093$$

$$a_{sw,min} = 0{,}00093 \cdot 4{,}42 \cdot 10^4 = 41{,}11 \text{ cm}^2/\text{m} \quad > 30{,}0 \text{ cm}^2/\text{m} \quad < 47{,}3 \text{ cm}^2/\text{m}$$

und ist somit nicht maßgebend.

c) Bemessung für Torsion

EC2-2 6.3.2

- **Nachweis der Druckstrebe**

Das Bemessungstorsionsmoment T_{Ed} darf den Bemessungswert des durch die Betondruckstreben aufnehmbaren Torsionsmomentes $T_{Rd,max}$ nicht überschreiten.

$$T_{Rd,max} = \alpha_{cw} \cdot v \cdot f_{cd} \cdot 2 \cdot A_k \cdot t_{ef,i} \cdot \sin\theta \cdot \cos\theta$$

EC2-2 NCI zu 6.3.2 (104) Gl. (6.30)

mit:
$\alpha_{cw} = 1{,}0$ — EC2-2 NDP Zu 6.2.3 (103)
$t_{ef,i} = 0{,}14\ m$
$f_{cd} = 19{,}6\ MN/m^2$
$A_k = 4{,}751\ m^2$

$v = 0{,}525$

t_{ef} Ersatzwanddicke
A_k Kernquerschnittsfläche (siehe Kap. 2.4.2.1 a) - Ermittlung der Druckstrebenneigung)
EC2-2 NDP Zu 6.3.2 (104)

Der Nachweis ist mit dem gleichen Winkel θ wie beim Nachweis für Querkraft zu führen.

$$\theta = 29{,}7°$$

$$T_{Rd,max} = 0{,}525 \cdot 19{,}6 \cdot 2 \cdot 4{,}751 \cdot 0{,}14 \cdot 0{,}495 \cdot 0{,}868$$

$$T_{Rd,max} = 5{,}881\ MNm > T_{Ed} = 1{,}644\ MNm$$

Die Betondruckstrebe ist damit nachgewiesen.

- **Ermittlung der erforderlichen Torsionsbewehrung**

Die erforderliche Schubbewehrung rechtwinklig zur Bauteilachse $a_{sw,req}$ aus Torsion ergibt sich aus folgender Beziehung:

$$A_{sw} \cdot f_{yd} \ / \ s_w = T_{Ed} \cdot \tan\theta \ / \ (2 \cdot A_k)$$

EC2-2 NCI zu 6.3.2 (103) Gl. (NA.6.28.1)

mit:

$$a_{sw,req} = A_{sw} \ / \ s_w$$

Daraus ergibt sich:

$$a_{sw,req} = T_{Ed} \cdot \tan\theta \ / \ (2 \cdot A_k \cdot f_{yd})$$

T_{Ed} = 1,644 MNm
A_k = 4,751 m²

f_{yk} = 500 MN/m²
γ_s = 1,00

tan θ = 0,57

mit:

$$f_{yd} = f_{yk} \ / \ \gamma_s = 500 \text{ MN/m}^2$$

$$a_{sw,req} = 1{,}644 \cdot 0{,}57 \cdot 10^4 \ / \ (2 \cdot 4{,}751 \cdot 500) = 1{,}97 \text{ cm}^2/\text{m}$$

Die erforderliche Querbewehrung in Höhe von 2,0 cm²/m ist unter Beachtung der konstruktiven Vorgaben im EC2-2 umlaufend einzubauen.

- **Erforderliche Längsbewehrung $\sum A_{sl}$:**

Die erforderliche Längsbewehrung $\sum A_{sl}$ aus Torsion ergibt sich aus folgender Beziehung:

$$\sum A_{sl} \cdot f_{yd} \ / \ u_k = T_{Ed} \ / \ (2 \cdot A_k) \cdot \cot\theta$$

EC2-2 6.3.2 (103) Gl. (6.28)

Daraus ergibt sich:

$$\sum A_{sl} = T_{Ed} \cdot u_k \cdot \cot\theta \ / \ (2 \cdot A_k \cdot f_{yd})$$

mit:

T_{Ed} = 1,644 MNm
A_k = 4,751 m²

f_{yd} = 500 MN/m²

cot θ = 1,75

$$u_k = 2 \cdot (h - t_{ef,i} + b - t_{ef,i})$$
$$= 2 \cdot (1{,}25 - 0{,}14 + 4{,}42 - 0{,}14) = 10{,}8 \text{ m}$$

ergibt sich:

$$\sum A_{sl} = 1{,}644 \cdot 10{,}8 \cdot 1{,}75 \cdot 10^4 / (2 \cdot 4{,}751 \cdot 500) = 65{,}4 \text{ cm}^2$$

$$a_{sl} = \sum A_{sl} / u_k = 65{,}4 / 10{,}8 = 6{,}06 \text{ cm}^2/\text{m}$$

Die Längsbewehrung in Höhe von 6,1 cm²/m ist über den Umfang u_k umlaufend unter Beachtung der konstruktiven Vorgaben im EC2-2 einzulegen.

d) Nachweis der Betondruckstrebe unter kombinierter Beanspruchung

EC2-2 NCI zu 6.3.2 (104)

Bei kombinierter Wirkung von Querkraft und Torsion gilt für Kompaktquerschnitte folgende quadratische Interaktion:

$$(T_{Ed} / T_{Rd,max})^2 + (V_{Ed} / V_{Rd,max})^2 \leq 1$$

EC2-2 NCI Zu 6.3.2 (104) Gl. (NA.6.29.1)

mit:
$T_{Ed} = 1{,}644$ MNm
$T_{Rd,max} = 5{,}881$ MNm

$V_{Ed} = 2{,}768$ MN
$V_{Rd,max} = 29{,}51$ MN

folgt:

$$(1{,}644 / 5{,}881)^2 + (2{,}768 / 29{,}51)^2 = 0{,}009 < 1$$

Das aufzunehmende Torsionsmoment T_{Ed} und die aufzunehmende Querkraft V_{Ed} erfüllen somit die Interaktionsbedingung.

e) Bemessung für Biegung mit Längskraft und Torsion

Auf einen Nachweis der Hauptdruckspannungen kann verzichtet werden, da Torsionsschub und hoher Biegedruck nicht an der gleichen Stelle auftreten. Bis zu einer torsionsbedingten Schubspannung von:

$\tau_{Td} = T_{Ed} / (2 \cdot A_k \cdot t_{ef,i}) \leq 0{,}1 \cdot f_{ck}$

EC2-2 NCI zu 6.3.2 (NA.106)

kann auf einen Nachweis der kombinierten Beanspruchung aus Torsionsschub und Biegedruck verzichtet werden.

$\tau_{Td} = 1{,}644 / (2 \cdot 4{,}751 \cdot 0{,}14) = 1{,}24\ MN/m^2$

$A_k = 4{,}751\ m^2$
$t_{ef,i} = 014\ m$
$f_{ck} = 30\ MN/m^2$

$\tau_{Td} = 1{,}24\ MN/m^2 < 0{,}1 \cdot f_{ck} = 0{,}1 \cdot 30 = 3{,}00\ MN/m^2$

Die Bedingung ist damit eingehalten.

Anmerkung:

Der zulässige Wert kann im Verhältnis 1,5/1,3 angehoben werden, auch wenn dies nicht in der Norm so angegeben ist.

2.4.2.3 Schub zwischen Balkensteg und Gurt

EC2-2 6.2.4

Anschluss des Druckgurts im Feldbereich:

Die Schubtragfähigkeit eines Gurts darf unter Annahme eines Systems von Druckstreben und Zuggliedern aus Bewehrung berechnet werden.

EC2-1-1 6.2.4 (1)

Die Längsschubkraft v_{Ed} am Anschluss einer Seite eines Gurtes an den Steg wird durch die Längskraftdifferenz im untersuchten Teil des Gurtes bestimmt, nach:

EC2-2 6.2.4 (103)

$$v_{Ed} = \Delta F_d / (h_f \cdot \Delta x)$$

Dabei ist:

h_f Dicke des Gurtes am Anschluss
ΔF_d Längskraftdifferenz im Gurt über die betr. Länge Δx

Der Maximalwert, der für Δx angenommen werden darf, ist der halbe Abstand zwischen Momentennullpunkt und Momentenmaximum. Wirken Einzellasten, hat in der Regel die Länge Δx den Abstand zwischen den Einzellasten nicht zu überschreiten.

EC2-2 6.2.4 (103)

Mit dem Momentennullpunkt bei $x \approx 0$ und Momentenhöchstwert bei $x \approx 0{,}5 \cdot L$ ergibt sich für Δx:

$$\Delta x = 0{,}25 \cdot L = 3{,}13 \text{ m}$$

- Bereich $x = 0$ bis $x = 0{,}25 \cdot L$

Ermittlung der Gesamtdruckkraft F_{cd} infolge des Biegemoments M_{Ed} in der ständigen und vorübergehenden Bemessungssituation bei $x = 0{,}25 \cdot L$:

Lastgruppe 11: LM 71 fahrend als dominante Komponente
γ - Teilsicherheitsbeiwerte, siehe Tab. 5
Ψ - Kombinationsbeiwerte, siehe Tab. 4
M_{Gkj}, s. Tab. 7 (ständ. EW)
M_{Qvk}, s. Tab. 8 (LM71)
M_{Qlk}, s. Tab. 19 (Anf. u. Br.)
M_{Qtk}, s. Tab. 14 (Fliehkraft)
M_{Qsk}, s. Tab. 18 (Seitenstoß)
M_{Qfk}, s. Tab. 21 (Dienstweg)
$M_{Q\Delta Tk}$, s. Tab. 22 (Temp.)
M_{Qwk}, s. Tab. 23 (Wind)
M_{Eqk}, s. Tab. 24 (Erddruck)

$$\begin{aligned} M_{Ed} &= \gamma_{G,sup} \cdot (M_{Gk1} + M_{Gk2} + M_{Gk3}) + \gamma_{Q1} \cdot (1{,}0 \cdot M_{Qvk,\,LM71} \\ &\quad + 1{,}0 \cdot M_{Qlk} + 0{,}5 \cdot M_{Qtk} + 0{,}5 \cdot M_{Qsk}) \\ &\quad + \gamma_Q \cdot (\Psi_{0,\,Qfk} \cdot M_{Qfk} + 0{,}75 \cdot \Psi_{0,\,Qwk} \cdot M_{Qwk} \\ &\quad + \Psi_{0,\,Eqk} \cdot M_{Eqk}) + \gamma_{Q,T} \cdot + 0{,}6 \cdot \Psi_{0,\,Q\Delta Tk} \cdot M_{Q\Delta Tk} \end{aligned}$$

$$\begin{aligned} M_{Ed} &= 1{,}35 \cdot (2269 + 991 + 481) + 1{,}45 \cdot (1{,}0 \cdot 2832 \\ &\quad + 1{,}0 \cdot 6 + 0{,}5 \cdot 0) + 1{,}5 \cdot (0{,}8 \cdot 204 + 0{,}75 \cdot 0 \\ &\quad + 0{,}8 \cdot 32) + 1{,}35 \cdot 0{,}6 \cdot 0{,}8 \cdot 18 \\ &= 9455 \text{ kNm} = 9{,}455 \text{ MNm} \end{aligned}$$

Die zugehörige Bemessungsnormalkraft ergibt sich mit Lastgruppe 11 als Leiteinwirkung zu:

$N_{Ed} \approx 0$

Die auf die Bewehrung bezogenen Schnittgrößen ergeben sich mit:

$M_{Edp} = M_{Ed} - N_{Ed} \cdot z_{s1}$
$= 9{,}455$ MNm

$z_{s1} = 0{,}63$ m

Das bezogene Moment als Eingangswert für das Allgemeine Bemessungsdiagramm ergibt sich zu:

$\mu_{Edp} = M_{Ed} / (b \cdot d^2 \cdot f_{cd})$
$= 9{,}455 / (7{,}32 \cdot 1{,}17^2 \cdot 17{,}0)$
$= 0{,}0555$

b – Überbaubreite an der Oberseite (Betondruckzone)
$b = 7{,}32$ m
$d = 1{,}17$ m

Mit dem Allgemeinen Bemessungsdiagramm ermittelte Werte:

$\zeta = z / d = 0{,}969$
$z = \zeta \cdot d = 0{,}969 \cdot 1{,}17 = 1{,}13$ m

$\omega = F_{cd} / (b \cdot d \cdot f_{cd}) = 0{,}057$
$F_{cd} = \omega \cdot b \cdot d \cdot f_{cd} = 8{,}30$ MN

$\xi = x / d = 0{,}082$
$x = \xi \cdot d = 0{,}082 \cdot 1{,}17 = 0{,}10 < 0{,}30 \text{ m} = h_f$

h_f – Gurtdicke am Anschluss
$h_f = 0{,}30$ m

Damit ergibt sich die anzuschließende Längsschubkraft ΔF_d eines Gurtes anteilmäßig zu:

$\Delta F_d = F_{cd} \cdot b_1 / b = 8{,}30 \cdot 1{,}45 / 7{,}32 = 1{,}64$ MN

b_1 – Breite seitlicher Plattenbalkengurt (Kragarm)
$b_1 = 1{,}45$ m

Die auf Δx bezogenen Längsschubspannungen ergeben sich zu:

$v_{Ed} = \Delta F_d / (h_f \cdot \Delta x)$
$= 1{,}64 / (0{,}30 \cdot 3{,}13) = 1{,}75 \text{ MN/m}^2$

EC2-2 6.2.4 (103)

Die Tragfähigkeit der Betondruckstrebe im Gurt ist nachzuweisen mit folgender Beziehung:

$v_{Ed} \leq v \cdot f_{cd} / (\sin \theta_f + \cos \theta_f)$ EC2-1-1 6.2.3 Gl. (6.22)

mit:

$v = v_1 = 0{,}75$ EC2-2 NDP Zu 6.2.4 (4)

$f_{cd} = \alpha_{cc} \cdot f_{ck} / \gamma_c$
$= 0{,}85 \cdot 30 / 1{,}5 = 17{,}0$ MN/m²

$f_{ck} = 30$ MN/m²
$\alpha_{cc} = 0{,}85$
$\gamma_c = 1{,}5$

$\cot \theta_f = 1{,}20 \Rightarrow \theta_f = 39{,}7°$
$\sin \theta_f = 0{,}64$
$\cos \theta_f = 0{,}77$

EC2-2 NDP zu 6.2.4 (4)
Druckgurt: $\cot \theta_f = 1{,}20$

$1{,}75$ MN/m² $< 0{,}75 \cdot 17{,}0 / (0{,}64 + 0{,}77) = 9{,}04$ MN/m² EC2-1-1 6.2.3 Gl. (6.22)

Die erforderliche Querbewehrung ergibt sich aus der Beziehung:

$(A_{sf} \cdot f_{yd} / s_f) \geq v_{Ed} \cdot h_f / \cot \theta$ EC2-1-1 6.2.3 (21)

mit:

$a_{sf,req} = A_{sf} / s_f$

Daraus ergibt sich:

$f_{yd} = 435$ MN/m²

$a_{sf,\,req} = v_{Ed} \cdot h_f / (f_{yd} \cdot \cot \theta)$
$= 1{,}75 \cdot 0{,}30 / (435 \cdot 1{,}20) \cdot 10^4 = 10{,}06$ cm²/m

- Bereich $x = 0{,}25 \cdot L$ bis $x = 0{,}5 \cdot L$

Ermittlung der Gesamtdruckkraft F_{cd} infolge des Biegemoments M_{Ed} in der ständigen und vorübergehenden Bemessungssituation bei $x = 0{,}5 \cdot L$:

$N_{Ed} = 0{,}013$ MN

$M_{Ed} = 12{,}007$ MNm

Siehe Biegebemessung der ständigen und vorübergehenden Bemessungssituationen

Das bezogene Moment ergibt sich zu:

$M_{Eds} = M_{Ed} - N_{Ed} \cdot z_{s1}$
$= 12{,}007 - 0{,}013 \cdot 0{,}63$
$= 12{,}00$ MNm

$z_c = 0{,}69$ m
$z_{s1} = z_c - 0{,}06 = 0{,}63$ m
siehe Abschn. 2.1.3.2

$\mu_{Eds} = M_{Eds} / (b \cdot d^2 \cdot f_{cd})$
$= 12{,}00 / (7{,}32 \cdot 1{,}17^2 \cdot 17)$
$= 0{,}07$

Mit dem Allgemeinen Bemessungsdiagramm ermittelte Werte:

$\zeta = z / d = 0{,}961$
$z = \zeta \cdot d = 0{,}961 \cdot 1{,}17 = 1{,}12$ m

$\omega = F_{cd} / (b \cdot d \cdot f_{cd}) = 0{,}073$
$F_{cd} = \omega \cdot b \cdot d \cdot f_{cd} = 10{,}63$ MN

$\xi = x / d = 0{,}097$
$x = \xi \cdot d = 0{,}097 \cdot 1{,}17 = 0{,}11 < 0{,}30 \text{ m} = h_f$

h_f – Gurtdicke am Anschluss
$h_f = 0{,}30$ m

Von der Druckkraft F_{cd} sind bereits 8,30 MN im Bereich $x = 0{,}0 \cdot L$ bis $x = 0{,}25 \cdot L$ eingeleitet worden. Es ist deshalb nur die Einleitung der Differenzdruckkraft nachzuweisen:

$\Delta F_{cd} = 10{,}63 - 8{,}30 = 2{,}33$ MN

Damit ergibt sich die anzuschließende Längsschubkraft ΔF_d eines Gurtes anteilmäßig zu:

$\Delta F_d = F_{cd} \cdot b_1 / b = 2{,}33 \cdot 1{,}45 / 7{,}32 = 0{,}46$ MN

b_1 – Breite seitlicher Plattenbalkengurt (Kragarm)
$b_1 = 1{,}45$ m

Die auf Δx bezogenen Längsschubspannungen ergeben sich zu:

$v_{Ed} = \Delta F_d / (h_f \cdot \Delta x)$
$= 0{,}46 / (0{,}30 \cdot 3{,}13) = 0{,}49 \text{ MN/m}^2$

EC2-2 6.2.4 (103)

Die Tragfähigkeit der Betondruckstrebe im Gurt ist nachzuweisen mit folgender Beziehung:

EC2-1-1 6.2.3 Gl. (6.22)

$$v_{Ed} \leq v \cdot f_{cd} / (\sin \theta_f + \cos \theta_f)$$

$$0{,}49 \ \mathrm{MN/m^2} < 9{,}04 \ \mathrm{MN/m^2}$$

Die erforderliche Querbewehrung ergibt sich zu:

$$a_{sf,\,req} = v_{Ed} \cdot h_f / (f_{yd} \cdot \cot \theta)$$
$$= 0{,}49 \cdot 0{,}30 / (435 \cdot 1{,}20) \cdot 10^4 = 2{,}82 \ \mathrm{cm^2/m}$$

2.4.3 Grenzzustand der Tragfähigkeit für Ermüdung

EC2-2 6.8

Der Nachweis der Ermüdungssicherheit ist für alle tragenden Bauteile zu führen, bei denen Spannungsschwankungen auftreten.

EC1-2 6.9 (1)P

Der Ermüdungsnachweis sollte auf der Grundlage der Verkehrszusammenstellungen „Regelverkehr", „Verkehr mit 250 kN-Achsen" oder „Nahverkehrsmischung" erfolgen, abhängig davon, ob das Bauwerk Regelverkehr, überwiegend Schwerverkehr oder Nahverkehr überführt.

EC1-2 Anh. D.3

Jede Verkehrszusammensetzung basiert auf einer Jahrestonnage von $25 \cdot 10^6$ Tonnen, die auf jedem Gleis der Brücke erreicht werden.

EC1-2 6.9 (4)

Für mehrgleisige Bauwerke ist die Ermüdungsbelastung auf maximal zwei Gleisen in der ungünstigsten Stellung anzusetzen.

EC1-2 6.9 (5)P

Der Ermüdungsnachweis sollte für die Bemessungslebensdauer des Bauwerks geführt werden.

EC1-2 6.9 (6)

Die Bemessungslebensdauer beträgt 100 Jahre.

EC1-2 NDP zu 6.9 (6)

Vertikale Verkehrslasten, einschließlich dynamischen Einwirkungen und Fliehkräfte, sollten im Ermüdungsnachweis berücksichtigt werden. Im Allgemeinen können Seitenstoß (Schlingerkräfte) und Längskräfte im Ermüdungsnachweis vernachlässigt werden.

EC1-2, 6.9 (9)

Alternativ kann der Ermüdungsnachweis auf Grundlage einer besonderen Verkehrszusammenstellung erfolgen.

EC1-2 6.9 (7)

Anmerkung:

Die spezielle Verkehrszusammensetzung und die Nutzungsdauer werden vom Eisenbahninfrastrukturunternehmen festgelegt.

In der Regel sind Tragwerke und tragende Bauteile, die regelmäßigen Lastwechsel unterworfen sind, gegen Ermüdung zu bemessen. EC2-2 6.8.1 (102)

Für folgende Tragwerke und Tragwerksteile braucht im Allgemeinen kein Ermüdungsnachweis geführt zu werden: EC2-2 NDP zu 6.8.1 (102)

(a) Geh- und Radwegbrücken;

(b) Überschüttete Bogen- und Rahmentragwerke mit einer Mindesterdüberdeckung von 1,0 m bei Straßen- und 1,5 m bei Eisenbahnbrücken;

(c) Gründungen;

(d) Pfeiler und Stützen, die mit dem Überbau nicht biegesteif verbunden sind;

(e) Widerlager, die mit dem Überbau nicht biegesteif verbunden sind (außer den Platten und Wänden von Hohlwiderlagern mit einer Überschüttung von weniger als 1,0 m);

(f) Stützwände die nicht im Einwirkungsbereich von Eisenbahnverkehrslasten liegen;

(g) Beton unter Druckbeanspruchung bei Straßenbrücken, sofern die Betondruckspannungen unter der seltenen Einwirkungskombination und dem Mittelwert der Vorspannung auf $0{,}6 \cdot f_{ck}$ beschränkt sind;

(h) Beton- und Spannstahl ohne Schweißverbindungen oder Kopplungen bei Überbauten, für die unter der häufigen Kombination Dekompression nachgewiesen wird.

Der Nachweis gegen Ermüdung ist für Stahl und Beton im Allgemeinen unter Berücksichtigung der folgenden Einwirkungskombinationen zu führen: EC2-2 NCI zu 6.8.3 (1)P

- charakteristischer Wert der ständigen Einwirkungen,
- Wert der wahrscheinlichen Setzungen (sofern ungünstig wirkend),
- 0,9-facher Mittelwert der Vorspannkraft für den statisch bestimmten und maßgebender charakteristischer Wert für den statisch unbestimmten Anteil der Vorspannwirkung,
- häufiger Wert der Temperatureinwirkungen (sofern ungünstig wirkend),
- maßgebendes Verkehrslastmodell für Ermüdung (siehe Eurocode 1 „Einwirkungen auf Brücken").

Wird kein genauerer Nachweis geführt, ist aufgrund der Besonderheiten an Arbeitsfugen mit Spanngliedkopplungen der Mittelwert der statisch bestimmte Anteil der Vorspannwirkung mit dem Faktor 0,75 abzumindern. Diese pauschale Abminderung ersetzt auch die erhöhten Spannkraftverluste an Spanngliedkopplungen, die in den allgemeinen bauaufsichtlichen Zulassungen der Spannverfahren festgelegt sind. Den Nachweisen nach EC2-2 6.8.7 für Beton sowie EC2-2 6.8.6 (1) für Stahl sollte die häufige Einwirkungskombination im Grenzzustand der Gebrauchstauglichkeit nach EC2-2 6.8.3 (2)P und (3)P unter Berücksichtigung des zugehörigen Verkehrslastmodells zugrunde gelegt werden.

Hierzu wird die **häufige Einwirkungskombination** im Grenzzustand der Gebrauchstauglichkeit unter Berücksichtigung des zugehörigen Verkehrslastmodells **LM 71** zugrunde gelegt.

Die Schnittgrößen in der häufigen Einwirkungskombination ergeben sich allgemein zu:

$$\sum_{j\geq 1} G_{kj} \text{"+"} \psi_{11} \cdot Q_{k1} \text{"+"} \sum_{i>1} \psi_{2i} \cdot Q_{ki}$$

EC2-1-1 6.8.3 (2)P
Gl. (6.67)

2.4.3.1 Nachweis von Beton unter Druckbeanspruchung

EC2-2 6.8.7

Ausreichender Widerstand gegen Ermüdung darf für Beton unter Druck angenommen werden, wenn die nachfolgende Bedingung erfüllt ist:

EC2-1-1 6.8.7 (2)

$$\frac{|\sigma_{cd,max}|}{f_{cd,fat}} \leq 0{,}5 + 0{,}45 \cdot \frac{|\sigma_{cd,min}|}{f_{cd,fat}} \leq 0{,}9$$

EC2-1-1 6.8.7 (2)
Gl. (6.77)

Hierin sind:

$\sigma_{c,max}$ der Bemessungswert der maximalen Druckspannung unter der häufigen Einwirkungskombination

$\sigma_{c,min}$ der Bemessungswert der minimalen Druckspannung unter der häufigen Einwirkungskombination am Ort von $\sigma_{c,max}$; bei Zugspannungen ist $\sigma_{c,min} = 0$

wenn: $\sigma_{c,min} \leq 0$ (Zug) dann gilt: $\frac{\sigma_{c,max}}{f_{cd,fat}} \leq 0{,}5$ (Druck)

Die grafische Auswertung der Gleichung (6.77) ist in Abbildung NA.6.101 des EC2-2 enthalten.

$$f_{cd,fat} = k_1 \, \beta_{cc}(t_0) \cdot f_{cd} \cdot \left[1 - \frac{f_{ck}}{250}\right] \text{ mit } f_{ck} \text{ in N/mm}^2$$

EC2-1-1 6.8.7 (2)
Gl. (6.76)

$$\beta_{cc}(t_0) = e^{s \cdot \left(1 - \sqrt{28/t_1}\right)}$$

EC2-2 NDP Zu 6.8.7 (101)

$\beta_{cc}(t_0)$ Beiwert für Betonfestigkeit bei Erstbelastung

t_1 Zeitpunkt der ersten zyklischen Belastung des Betons in Tagen $t_0 = 28$ Tage (Annahme)

$$\beta_{cc}(t_0) = e^{0{,}38 \cdot \left(1 - \sqrt{28/28}\right)} = 1{,}00$$

s = 0,38 für CEM 32,5 N
gem. EC2-2 3.1.2 (6)

$f_{cd} = 17$ MN/m²
$f_{ck} = 30$ MN/m²

$$f_{cd,fat} = 1{,}00 \cdot 17 \cdot \left[1 - \frac{30}{250}\right] = 15{,}0 \text{ MN/m}^2$$

$k_1 = 1{,}00$ [-]
gem. EC2-2 NDP Zu 6.8.7 (101)

Die maximale Bemessungsnormalkraft ergibt sich wie folgt:

$$N_{Ed,\,max} = (N_{Gk1} + N_{Gk2} + N_{Gk3}) + \Psi_{11} \cdot N_{Qvk} + \Psi_{22} \cdot N_{Qfk} + \Psi_{23} \cdot N_{Q\Delta Tk}$$

$$N_{Ed,\,max} \cong 0$$

Ψ - Kombinationsbeiwerte siehe Tab. 4
$\Psi_{11} = 0{,}8$
N_{Gkj}, s. Tab. 7 (ständ. EW)
N_{Qvk}, s. Tab. 8 (LM71)
N_{Qfk}, s. Tab. 21 (Dienstweg)
$N_{Q\Delta Tk}$, s. Tab. 22 (Temp.)

Das maximale Bemessungsmoment ergibt sich wie folgt:

$$M_{Ed,\,max} = (M_{Gk1} + M_{Gk2} + M_{Gk3}) + \Psi_{11} \cdot M_{Qvk} + \Psi_{22} \cdot M_{Qfk} + \Psi_{23} \cdot M_{Q\Delta Tk}$$

$$M_{Ed,\,max} = (3049 + 1332 + 647) + 0{,}8 \cdot 3371 + 0 \cdot 271 + 0{,}5 \cdot 18 = 7730 \text{ kNm} = 7{,}730 \text{ MNm}$$

Ψ - Kombinationsbeiwerte siehe Tab. 4
$\Psi_{11} = 0{,}8$
M_{Gkj}, s. Tab. 7 (ständ. EW)
M_{Qvk}, s. Tab. 8 (LM71)
M_{Qfk}, s. Tab. 21 (Dienstweg)
$M_{Q\Delta Tk}$, s. Tab. 22 (Temp.)

<u>Anmerkung:</u>

Auf die Abminderung der Schnittgröße infolge Temperatur wird, auf der sicheren Seite liegend, verzichtet.

Die minimale Bemessungsnormalkraft ergibt sich wie folgt:

$$N_{Ed,\,min} = N_{Gk1} + N_{Gk2} + N_{Gk3}$$

$$N_{Ed,\,min} = 0$$

Das minimale Bemessungsmoment ergibt sich wie folgt:

$$M_{Ed,\,min} = M_{Gk1} + M_{Gk2} + M_{Gk3}$$

$$M_{Ed,\,min} = 3049 + 1332 + 647 = 5028 \text{ kNm} = 5{,}028 \text{ MNm}$$

Die Nachweise sind im Zustand II zu führen. EC2-1-1 6.8.2 (1)P

Betonspannungen im Zustand II werden nach folgender Gleichung ermittelt:

$$\sigma^{II}_{c} = \frac{-2 \cdot M_{Ed}}{x \cdot z \cdot b}$$

mit: $$x = \frac{\alpha_e \cdot A_{s1}}{b} \cdot \left[-1 + \sqrt{1 + \frac{2 \cdot b \cdot d}{\alpha_e \cdot A_{s1}}} \right]$$

Anmerkung:

Auf der sicheren Seite liegend, wird für die Berechnung der Betondruckspannungen von folgendem Verhältniswert ausgegangen.

$$\alpha_e = \frac{E_s}{E_{c,\infty}} = 10$$

$$x = \frac{10{,}00 \cdot 363}{442} \cdot \left[-1 + \sqrt{1 + \frac{2 \cdot 442 \cdot 117}{10{,}00 \cdot 363}} \right] = 36{,}4 \text{ cm}$$

$$z = d - \frac{x}{3} = 117 - \frac{36{,}4}{3} = 104{,}9 \text{ cm}$$

Die maximale Betondruckspannung $\sigma^{II}_{c,\,max}$ ergibt sich zu:

$$\sigma^{II}_{c,max} = \frac{-2 \cdot M_{Ed,max}}{x \cdot z \cdot b} = \frac{-2 \cdot 7{,}730}{0{,}364 \cdot 1{,}049 \cdot 4{,}42} = -9{,}16 \text{ MN/m}^2$$

Die minimale Betondruckspannung $\sigma^{II}_{c,\,min}$ ergibt sich zu:

$$\sigma^{II}_{c,min} = \frac{-2 \cdot M_{Ed,min}}{x \cdot z \cdot b} = \frac{-2 \cdot 5{,}028}{0{,}364 \cdot 1{,}049 \cdot 4{,}42} = -5{,}96 \text{ MN/m}^2$$

Da die Bedingung $\frac{|\sigma^{II}_{cd,max}|}{f_{cd,fat}} < 0{,}5 + 0{,}45 \frac{|\sigma^{II}_{cd,min}|}{f_{cd,fat}} \leq 0{,}9$ mit

EC2-1-1 6.8.7 (2) Gl. (0.77)

$f_{cd} = 17{,}0$ MN/m²
$f_{cd,fat} = 13{,}1$ MN/m²

$$9{,}16 / 15{,}0 = 0{,}61 \quad < \quad 0{,}5 + 0{,}45 \cdot 5{,}96 / 15{,}0 = 0{,}68 \quad < \quad 0{,}9$$

eingehalten ist, ist ein ausreichender Ermüdungswiderstand des Betons auf Druck gewährleistet.

2.4.3.2 Nachweis des Betons unter Querkraft- und Torsionsbeanspruchung

EC2-2 6.8.7

EC2-1-1 6.8.2 (3)

Bei der Bemessung der Querkraftbewehrung darf die Druckstrebenneigung θ_{fat} mit Hilfe eines Stabwerkmodells oder gemäß Gleichung (6.65) ermittelt werden.

$$\tan\theta_{fat} = \sqrt{\tan\theta} < 1{,}0$$

EC2-1-1 6.8.2 (3)
Gl. (6.65)

Gleichung (6.77) darf auch für die Druckstreben von querkraftbeanspruchten Bauteilen angewendet werden.

EC2-2 6.8.7 (3)

In diesem Fall ist die Betondruckfestigkeit $f_{cd,fat}$ mit v_1 zu reduzieren. Dies darf nach NDP zu 6.2.3 (103) EC2-2 erfolgen.

EC2-2 NCI zu 6.8.7 (3)

Ebenso gelten Gleichung (6.77) und Bild NA.6.101 EC2-2 auch für die Druckstreben bei einer kombinierten Beanspruchung aus Querkraft und Torsion. Dabei ist die Betondruckfestigkeit $f_{cd,fat}$ mit $v \cdot \alpha_{cw}$ nach Gleichung (6.30) EC2-2 abzumindern. Die Bemessungswerte $\sigma_{cd,max}$ und $\sigma_{cd,min}$ der maximalen bzw. minimalen Druckspannung dürfen im Fall lotrechter Bügel (α = 90°) auf der Grundlage der folgenden Gleichungen ermittelt werden, wobei der Neigungswinkel θ der Betondruckstreben für die Torsions- und Querkraftbeanspruchung gleich anzunehmen ist.

$$\sigma_{cd,T} = \frac{T_{Ed}}{2 \cdot A_k \cdot t_{ef}} \cdot (\cot\theta + \tan\theta)$$

t_{ef} Ersatzwanddicke
A_k Kernquerschnittsfläche (siehe Kap. 2.4.2.1 a) - Ermittlung der Druckstrebenneigung)

$$\sigma_{cd,V} = \frac{V_{Ed}}{b_w \cdot z} \cdot (\cot\theta + \tan\theta)$$

$$\sigma_{cd,max} = \begin{Bmatrix} \max\sigma_{cd,T} + \text{zug}\,\sigma_{cd,V} \\ \max\sigma_{cd,V} + \text{zug}\,\sigma_{cd,T} \end{Bmatrix}$$

$$\sigma_{cd,min} = \begin{Bmatrix} \min\sigma_{cd,T} + \text{zug}\,\sigma_{cd,V} \\ \min\sigma_{cd,V} + \text{zug}\,\sigma_{cd,T} \end{Bmatrix}$$

$$\frac{|\sigma_{cd,max}|}{\alpha_{cw}\, v \cdot f_{cd,fat}} \le 0{,}5 + 0{,}45 \cdot \frac{|\sigma_{cd,min}|}{\alpha_{cw}\, v \cdot f_{cd,fat}} \le 0{,}9$$

EC2-1-1 6.8.7 (2)
Gl. (6.77)

Hierin sind:

$\sigma_{cd,max}$ maximale Druckspannung in der Druckstrebe unter häufiger Einwirkungskombination

$\sigma_{cd,min}$ minimale Druckspannung in der Druckstrebe unter häufiger Einwirkungskombination, bei der $\sigma_{cd,max}$ auftritt

Die maximalen Bemessungsschnittgrößen ergeben sich wie folgt:

$$V_{Ed,\,max} = (V_{Gk1} + V_{Gk2} + V_{Gk3}) + \Psi_{11} \cdot V_{Qvk} + \Psi_{22} \cdot V_{Qfk} + \Psi_{23} \cdot V_{Q\Delta Tk}$$

$$V_{Ed,\,max} = (967 + 422 + 205) + 0{,}8 \cdot 1049 + 0 \cdot 84 + 0{,}5 \cdot 0 = 2433 \text{ kNm} = 2{,}433 \text{ MN}$$

Ψ - Kombinationsbeiwerte siehe Tab. 4
$\Psi_{11} = 0{,}8$
V_{Gkj}, s. Tab. 7 (ständ. EW)
V_{Qvk}, s. Tab. 8 (LM71)
V_{Qfk}, s. Tab. 21 (Dienstweg)
$V_{Q\Delta Tk}$, s. Tab. 22 (Temp.)

$$T_{Ed,\,max,\,cor} = (T_{Gk1} + T_{Gk2} + T_{Gk3}) + \Psi_{11} \cdot T_{Qvk} + \Psi_{22} \cdot T_{Qfk} + \Psi_{23} \cdot T_{Qtk} + \Psi_{24} \cdot T_{Q\Delta Tk}$$

$$T_{Ed,\,max,\,cor} = (0 + 0 + 0) + 0{,}8 \cdot 14 + 0{,}8 \cdot (-87) + 0{,}5 \cdot 0 = -58 \text{ kNm} = -0{,}058 \text{ MNm}$$

Ψ - Kombinationsbeiwerte siehe Tab. 4
$\Psi_{11} = 0{,}8$
T_{Gkj}, s. Tab. 7 (ständ. EW)
T_{Qvk}, s. Tab. 8 (LM71)
T_{Qfk}, s. Tab. 21 (Dienstweg)
T_{Qtk}, s. Tab. 14 (Fliehkraft)
$T_{Q\Delta Tk}$, s. Tab. 22 (Temp.)

Die minimalen Bemessungsschnittgrößen ergeben sich wie folgt:

$$V_{Ed,\,min} = (V_{Gk1} + V_{Gk2} + V_{Gk3})$$

$$V_{Ed,\,min} = 967 + 422 + 205 = 1594 \text{ kNm} = 1{,}594 \text{ MN}$$

$$T_{Ed,\,min,\,cor} = T_{Gk1} + T_{Gk2} + T_{Gk3} = 0$$

Die maximale Druckspannung in der durch Querkraft und Torsion beanspruchten Druckstrebe $\sigma_{cd,max}$ und die entsprechende minimale Druckspannung $\sigma_{cd,min}$ berechnen sich wie folgt:

$$\sigma_{cd,max} = \frac{V_{Ed,max} \cdot (\tan\theta_{fat} + \cot\theta_{fat})}{b_w \cdot 0{,}9 \cdot d} + \frac{|T_{Ed,max,cor}| \cdot (\tan\theta_{fat} + \cot\theta_{fat})}{2 \cdot A_k \cdot t_{ef}}$$

$b_w = 4{,}42$ m
$d = 1{,}17$ m
$A_k = 4{,}751$ m^2
$t_{ef} = 0{,}14$ m

$\sigma_{cd,max} = 1{,}18$ MN/m^2

mit: $\tan\theta_{fat} = \sqrt{\tan\theta} = 0{,}755 < 1{,}0$
$\theta_{fat} = 37{,}1°$
$\cot\theta_{fat} = 1{,}325$
$\sin\theta_{fat} = 0{,}603$
$\cos\theta_{fat} = 0{,}798$

EC2-2 6.8.2 (3)
Gl. (6.65)

$\tan\theta = 0{,}57$

$$\sigma_{cd,min} = \frac{V_{Ed,min} \cdot (\tan\theta_{fat} + \cot\theta_{fat})}{b_w \cdot 0{,}9 \cdot d}$$

$V_{Ed,min} = 1594$ kN
$\tan\theta_{fat} = 0{,}755$
$\cot\theta_{fat} = 1{,}325$
$b_w = 4{,}42$ m
$d = 1{,}17$ m

$\sigma_{cd,min} = 0{,}71$ MN/m^2

Die Bedingung : $$\frac{|\sigma_{cd,max}|}{\alpha_{c,red} \cdot f_{cd,fat}} \leq 0{,}5 + 0{,}45 \cdot \frac{|\sigma_{cd,min}|}{\alpha_{c,red} \cdot f_{cd,fat}} \leq 0{,}9$$

EC2-1-1 6.8.7 (2)
Gl. (6.77) und
NCI zu 6.8.7 (3)

ergibt:

$$\frac{1{,}18}{1{,}0 \cdot 0{,}525 \cdot 15{,}0} \leq 0{,}5 + 0{,}45 \cdot \frac{0{,}71}{1{,}0 \cdot 0{,}525 \cdot 15{,}0} \leq 0{,}9$$

$$0{,}15 < 0{,}54 < 0{,}9$$

Der Ermüdungsnachweis für den Beton unter Querkraft- und Torsionsbeanspruchung ist damit erfüllt.

2.4.3.3 Nachweis des Betonstahls

EC2-1-1 6.8.4

Für nicht geschweißte Bewehrungsstäbe unter Zugbeanspruchung darf ein ausreichender Widerstand gegen Ermüdung angenommen werden, wenn die Schwingbreite unter der häufigen zyklischen Einwirkung mit der Grundkombination $\Delta\sigma_S \leq 70$ N/mm² ist.

EC2-1-1 6.8.6 (1)
EC2-2 NDP Zu 6.8.6 (1)

Anmerkung:

Gemeint ist die Spannungsschwingbreite unter den vertikalen Lastanteilen des LM 71 samt zugehöriger Zentrifugallast, bzw. bei Straßenbrücken des LM 3 auf einem Fahrstreifen.

EC1-2 6.9 (9)

Für Betonstahl oder Spannstahl und Kopplungen darf ein ausreichender Widerstand gegen Ermüdung angenommen werden, wenn Gleichung (6.71) erfüllt wird:

EC2-1-1 6.8.5 (3)

$$\gamma_{F,fat} \cdot \Delta\sigma_{S,equ}(N^*) \leq \frac{\Delta\sigma_{Rsk}(N^*)}{\gamma_{S,fat}}$$

EC2-1-1, 6.8.5 (3)
Gl. (6.71)

Hierin sind:

$\Delta\sigma_{Rsk}(N^*)$ Schwingbreite bei N*- Zyklen entsprechend den Wöhlerlinien in Bild 6.30 EC2-1-1

$\Delta\sigma_{s,equ}(N^*)$ Schadensäquivalente Schwingbreite für verschiedene Bewehrungsarten unter Berücksichtigung der Anzahl der Lastwechsel N*

$\gamma_{F,fat}$ = 1,00 — EC2-2 NDP Zu 2.4.2.3 (1)

$\gamma_{s,fat}$ = 1,15 — EC2-2 NDP Zu 2.4.2.4 (1)

Kann ein vereinfachter Nachweis nicht erbracht werden, so ist ein expliziter Betriebsfestigkeitsnachweis nach EC2-1-1 6.8.4 (2) zu führen.

EC2-2 NCI zu 6.8.4 (1)

Innere Kräfte und Spannungen im Grenzzustand der Tragfähigkeit beim Nachweis gegen Ermüdung

EC2-2 6.8.2

Die Ermittlung der Spannungen muss bei im Querschnitt vorhandenem Zug auf der Grundlage gerissener Querschnitte unter Vernachlässigung der Zugfestigkeit des Betons, jedoch bei Erfüllung der Verträglichkeit der Dehnungen erfolgen.

EC2-1-1 6.8.2 (1)P

Anmerkung:

Dies bedeutet, dass bei biegebeanspruchten Stahlbetonbauteilen stets Zustand II anzusetzen ist.

Das Verhältnis der Elastizitätsmoduln von Stahl und Beton wird bei der Ermittlung der inneren Schnittgrößen und der Spannungen vereinfachend zu $\alpha_e = 10$ angenommen.

Die schädigungsäquivalente Schwingbreite für Betonstahl und Spannstahl ist nach Gleichung (NA.NN.6) des EC2-2 zu ermitteln.

$$\Delta\sigma_{s,equ} = \lambda_s \cdot \Delta\sigma_{s,71}$$

EC2-2 Anh. NA.NN. 3.1 (101)P
Gl. (NA.NN.6)

Dabei ist

$\Delta\sigma_{s,71}$ Schwingbreite infolge Lastmodell 71 (angeordnet in ungünstigster Laststellung) einschließlich des dynamischen Faktors nach DIN-EN 1991-2 „Einwirkungen auf Brücken“

Anmerkung:

Die Schwingbreite $\Delta\sigma_{s,71}$ ist unter dem vertikalen Lastanteil des LM 71 und unter Fliehkräften zu ermitteln.

EC1-2 6.9 (9)

λ_s Korrekturfaktor zur Berechnung der schädigungsäquivalenten Schwingbreite aus der durch das Lastmodell 71 verursachten Schwingbreite. Die in Tabelle NN.106.2 angegebenen Werte basieren auf $\psi_1 = 1$.

Der Korrekturfaktor λ_s berücksichtigt den Einfluss der Spannweite, des jährlichen Verkehrsaufkommens, der Nutzungsdauer und der Anzahl der Gleise. Er darf nach Gleichung (NA.NN.7) berechnet werden. EC2-2 NA.NN.3.1 (102)P

$$\lambda_s = \lambda_{s,1} \cdot \lambda_{s,2} \cdot \lambda_{s,3} \cdot \lambda_{s,4}$$

EC2-2 NA.NN.3.1 (102)P, Gl. (NA.NN.7)

Dabei ist

$\lambda_{s,1}$ Beiwert, der die Stützweite des Bauteils und die Verkehrsmischung berücksichtigt

$\lambda_{s,2}$ Beiwert zur Berücksichtigung des jährlichen Verkehrsaufkommens

$\lambda_{s,3}$ Beiwert zur Berücksichtigung der Nutzungsdauer

$\lambda_{s,4}$ Beiwert für mehrere Gleise

Der Beiwert $\lambda_{s,1}$ ist eine Funktion der Stützweite des Bauteils und der Verkehrsmischung. Die Zahlenwerte für $\lambda_{s,1}$ für Standard-Mischverkehr und Schwerverkehr dürfen Tabelle NA.106.2 entnommen werden. EC2-2 NA.NN. 3.1 (103)

Für andere Kombinationen von Zugtypen darf der Beiwert $\lambda_{s,1}$ nach in entsprechenden einschlägigen Dokumenten angegebenen Methoden berechnet werden.

Anmerkung:

Durch die zuständige Behörde wurde die Verkehrszusammensetzung der betrachteten Strecke als Standardmischverkehr definiert.

Werte für $\lambda_{s,1}$ dürfen für Stützweiten L zwischen 2 m und 20 m aus der folgenden Gleichung ermittelt werden: EC2-2 NA.NN.3.1 (107)

$$\lambda_{s,1}(L) = \lambda_{s,1}(2) + [\lambda_{s,1}(20) - \lambda_{s,1}(2)] \cdot (\log L - 0{,}3)$$

EC2-2 NA.NN3.1 (107) Gl. (NA.NN.11)

mit:

$\lambda_{s,1}(2) = 0{,}90$ (Einfeldträger)
$\lambda_{s,1}(20) = 0{,}65$ (Einfeldträger)

EC2-2 NA.NN.3.1 (106) Tab. NN.2 a) für [1] Betonstahl

$\lambda_{s,1}(2) = 0{,}90$ (Schub)
$\lambda_{s,1}(20) = 0{,}70$ (Schub)

EC2-2 NA.NN.3.1 (106) Tab. NA.2 e) für (a) Einfeldträger

$\lambda_{s,1,\text{Längs}}(L) = 0{,}90 + (0{,}65 - 0{,}90) \cdot (\log 12{,}50 - 0{,}3)$
$\lambda_{s,1,\text{Längs}}(L) = 0{,}70$

L = 12,50 m

$\lambda_{s,1,\text{Schub}}(L) = 0{,}90 + (0{,}70 - 0{,}90) \cdot (\log 12{,}50 - 0{,}3)$
$\lambda_{s,1,\text{Schub}}(L) = 0{,}74$

Der Beiwert $\lambda_{s,2}$ erfasst den Einfluss des jährlichen Verkehrsaufkommens und darf nach Gleichung (NA.NN.8) ermittelt werden.

EC2-2 NA.NN.3.1 (104)

$$\lambda_{s,2} = \sqrt[k_2]{\frac{Vol}{25 \cdot 10^6}} = \sqrt[9]{\frac{25 \cdot 10^6}{25 \cdot 10^6}} = 1{,}0$$

EC2-2 NA.NN.3.1 (104) Gl. (NA.NN.8)

Dabei ist

$Vol = 25 \cdot 10^6$ t/a (Verkehrsaufkommen in Tonnen pro Jahr und Gleis)

EC1-2 6.9 (4)

$k_2 = 9$ (Neigung der Wöhlerlinie)

EC2-2 NA.NN.3.1 (106) Tab. NN.2 a) für [1] Betonstahl & Tab. NA.2 e) für (a) Einfeldträger

<u>Anmerkung</u>:

Das Verkehrsaufkommen der Strecke wurde durch das Eisenbahninfrastrukturunternehmen auf $25 \cdot 10^6$ Tonnen pro Jahr und Gleis festgelegt.

Der Beiwert $\lambda_{s,3}$ erfasst den Einfluss der Nutzungsdauer und darf nach Gleichung (NA.NN.9) ermittelt werden.

EC2-2, NA.NN.3.1 (105)

$$\lambda_{s,3} = \sqrt[k_2]{\frac{N_{years}}{100}} = \sqrt[9]{\frac{100}{100}} = 1{,}0$$

EC2-2, NA.NN.3.1 (105) Gl. (NA.NN.9)

Dabei ist

N_{years} = 100 (Bemessungswert der Nutzungsdauer der Brücke in Jahren) — EC1-2 NDP zu 6.9 (6)

k_2 = 9 (Neigung der Wöhlerlinie) — EC2-2 NA.NN.3.1 (106) Tab. NN.2 a) für [1] Betonstahl & Tab. NA.2 e) für (a) Einfeldträger

Der Beiwert $\lambda_{s,4}$ erfasst den Einfluss der Belastung von mehr als einem Gleis. Der Einfluss der Belastung von zwei Gleisen darf nach Gleichung (NA.NN.10) berechnet werden. — EC2-2, NA.NN.3.1 (106)

Bei eingleisigen Brücken ist $\lambda_{s,4} = 1{,}0$.

Somit ergibt sich:

$$\lambda_{s,Längs} = 0{,}70 \cdot 1{,}0 \cdot 1{,}0 \cdot 1{,}0 = 0{,}70$$

$$\lambda_{s,Schub} = 0{,}74 \cdot 1{,}0 \cdot 1{,}0 \cdot 1{,}0 = 0{,}74$$

$\lambda_{s,1,Längs}(L) = 0{,}70$
$\lambda_{s,1,Schub}(L) = 0{,}74$
$\lambda_{s,2} = 1{,}0$
$\lambda_{s,3} = 1{,}0$
$\lambda_{s,4} = 1{,}0$

Nachweis der Längsbewehrung

a) Feldmitte:

$$\Delta\sigma_{s,equ} = \lambda_{s,Längs} \cdot \frac{M_{qvk,LM71}}{A_{s1} \cdot z} = 0{,}70 \cdot \frac{3371}{363 \cdot 104} \cdot 10^3$$

$$\Delta\sigma_{s,equ} = 62{,}5 \text{ MN/m}^2$$

$M_{qvk,LM71}$ = 3371 kNm
siehe Abschn. 2.2.1.2.1.1
$\lambda_{s,Längs}$ = 0,70
A_{s1} = 363 cm²
siehe Abschn. 2.4.1
näherungsweise angenommen mit
z = 103,6 cm

Bedingung:

$$\gamma_{F,fat} \cdot \Delta\sigma_{s,equ} \leq \frac{\Delta\sigma_{Rsk}(N^*)}{\gamma_{s,fat}}$$

$\gamma_{F,fat}$ = 1,00
$\gamma_{s,fat}$ = 1,15

$$1{,}00 \cdot 61{,}8 \leq \frac{175}{1{,}15}$$

62,5 MN/m² < 152,2 MN/m²

Der Nachweis ist eingehalten.

b) am Anschnitt:

$$\Delta\sigma_{s,equ} = \lambda_{s,Längs} \cdot \frac{T_{Ed}}{a_{sl} \cdot 2 \cdot A_k \cdot \tan\theta_{fat}} = 0{,}70 \cdot \frac{14}{10{,}26 \cdot 2 \cdot 4{,}751 \cdot 0{,}755} \cdot 10$$

$$\Delta\sigma_{s,equ} = 1{,}33 \text{ MN/m}^2$$

T_{Ed} = 14 kNm
a_{sl} = 10,3 cm²/m
A_k = 4,751 m²
tan θ_{fat} = 0,755

Bedingung:

$$\gamma_{F,fat} \cdot \Delta\sigma_{s,equ}(N^*) \leq \frac{\Delta\sigma_{Rsk}(N^*)}{\gamma_{s,fat}}$$

$\gamma_{F,fat}$ = 1,0
$\gamma_{s,fat}$ = 1,15

$$1{,}00 \cdot 1{,}33 \leq \frac{175}{1{,}15}$$

1,33 MN/m² < 152,2 MN/m²

Der Nachweis ist eingehalten.

Nachweis der Bügelbewehrung

Die schadensäquivalente Schwingbreite $\Delta\sigma_{s,equ}$ der Bügelbewehrung ist für Querkraft und Torsion folgendermaßen zu ermitteln:

a) Querkraft:

$$\Delta\sigma_{s,equ} = \lambda_{s,Schub} \cdot \frac{V_{qvk} \cdot \tan\theta_{fat}}{a_{sw,V} \cdot 0{,}9 \cdot d} = 0{,}74 \cdot \frac{1049 \cdot 0{,}755}{49{,}3 \cdot 0{,}9 \cdot 1{,}17} \cdot 10$$

$$\Delta\sigma_{s,equ} = 112{,}9 \text{ MN/m}^2$$

V_{qvk} = 1049 kNm
siehe Abschn. 2.2.1.2.1.1
$\tan\theta_{fat}$ = 0,755
$a_{sw,V}$ = 6,16 cm²/m · 8
(8-schnittig)
$a_{sw,V}$ = 49,3 cm²/m
siehe Abschn. 2.4.4
A_k = 4,643 m²

Beim Nachweis der Bügelbewehrung wird der Wert $\Delta\sigma_{Rsk}$ (N*) nach EC2-2, NCI zu 6.8.4 (1) Tab. 6.3DE bestimmt.

EC2-2 NCI Zu 6.8.4 (1)
Tab. 6.3DE

Ein Reduktionsfaktor ξ muss hier nicht berücksichtigt werden, da als Querkraftbewehrung senkrecht stehende Bügel mit $\phi \leq 16$ mm verwendet werden und die Bügelhöhe ≥ 600 mm ist.

Bedingung: $$\gamma_{F,fat} \cdot \Delta\sigma_{s,equ} \leq \frac{\xi \cdot \Delta\sigma_{Rsk}(N^*)}{\gamma_{s,fat}}$$

$$1{,}00 \cdot 112{,}9 \leq \frac{1{,}00 \cdot 175}{1{,}15}$$

$$112{,}9 \text{ MN/m}^2 < 152{,}2 \text{ MN/m}^2$$

$\gamma_{F,fat}$ = 1,00
$\gamma_{s,fat}$ = 1,15

ξ - Reduktionsfaktor
hier = 1,00

$\Delta\sigma_{Rsk}$ (N*) = 175 MN/m²

Der Nachweis ist eingehalten.

b) Torsion:

$$\Delta\sigma_{s,equ,T} = \lambda_{s,Schub} \cdot \frac{T_{Ed} \cdot \tan\theta_{fat}}{a_{sw,T} \cdot 2 \cdot A_k} = 0{,}74 \cdot \frac{14 \cdot 0{,}755 \cdot 10}{10{,}26 \cdot 2 \cdot 4{,}751} = 0{,}8 \text{ MN/m}^2$$

T_{Ed} = 14 kNm
$\tan\theta_{fat}$ = 0,755
$a_{sw,T}$ = 10,26 cm²/m
(1-schnittig)
siehe Abschn. 2.4.4
A_k = 4,751 m²

Bedingung: $$\gamma_{F,fat} \cdot (\Delta\sigma_{s,equ} + \Delta\sigma_{s,equ,T}) \leq \frac{\xi \cdot \Delta\sigma_{Rsk}(N^*)}{\gamma_{S,fat}}$$

$$1{,}00 \cdot (112{,}9 + 0{,}8) \leq \frac{1{,}00 \cdot 175}{1{,}15}$$

$$113{,}7 \text{ MN/m}^2 < 152{,}2 \text{ MN/m}^2$$

$\gamma_{F,fat}$ = 1,00
$\gamma_{S,fat}$ = 1,15

ξ - Reduktionsfaktor
hier = 1,00

$\Delta\sigma_{Rsk}$ (N*) = 175 MN/m²

Der Nachweis ist eingehalten.

Damit ist ein ausreichender Ermüdungswiderstand des Betonstahls unter Querkraft und Torsion nachgewiesen.

2.4.4 Zusammenfassung der ermittelten Bewehrung

Alle äußeren und inneren Begrenzungsflächen (z. B. bei Hohlkästen) von scheiben- und plattenartigen Bauteilen müssen eine kreuzweise Bewehrung erhalten. Jede Begrenzungsfläche muss in beiden Bewehrungsrichtungen einen Stahlquerschnitt von 0,06 % des Betonquerschnitts, jedoch mindestens Ø = 10 mm, s = 200 mm oder Betonstahlmatten gleichen Stahlquerschnitts erhalten. EC2-2 NCI zu 9.1

Die Stabdurchmesser der statisch erforderlichen Bewehrung sollen je nach Bauteildicke folgende Werte nicht unterschreiten: Ril 804.4201 Kap. 4 (2)

- 10 mm für Bauteildicken $d \leq 30$ cm,
- 12 mm für Bauteildicken $d \leq 50$ cm,
- 14 mm für Bauteildicken $d > 50$ cm.

Als konstruktive Oberflächenbewehrung ist mindestens 0,06 % des Betonquerschnittes je Bewehrungsrichtung als Stabstahl- oder Mattenstahlbewehrung einzulegen. Begrenzt wird diese Mindestbewehrung auf Ø = 16 mm, a = 15 cm.

Mit h = 1,25 m und ρ = 0,06 ergibt sich eine erforderliche Oberflächenbewehrung von:

$$a_{s,req} = 1{,}25 \cdot 0{,}06 \cdot 100 = 7{,}50 \text{ cm}^2/\text{m}$$

gewählt: ∅ 14 – 15 cm seitlich und oben in Längsrichtung
mit $a_{s,prov} = 10{,}26$ cm²/m

∅ 12 – 15 cm in Querrichtung bzw. Steckbügel
mit $a_{s,prov} = 7{,}54$ cm²/m

Die Gesamtlängsbewehrung ergibt sich aus der für Biegung mit Normalkraft und Torsion erforderlichen Längsbewehrung.

Bei der unteren Torsionslängsbewehrung ist die ständige und vorübergehende Bemessungssituation maßgebend. Sie wird durch die bei der Biegebemessung gewählte Längsbewehrung abgedeckt. Da das maximale Torsionsmoment am Anschnitt und das maximale Biegemoment in Feldmitte auftritt, ist die eingelegte Längsbewehrung auch bei Überlagerung der erforderlichen Bewehrung ausreichend.

$A_{sl,req} \cong 232\ cm^2$

$A_{sl,M,req} = 232\ cm^2$ siehe Abschn. 2.4.1.1

gewählt: ∅ 28 – 7,5 cm mit $A_{s,prov} = 363\ cm^2$

In den anderen Bereichen wird die Torsionslängsbewehrung für die außergewöhnliche Bemessungssituation maßgebend. Sie wird durch die gewählte Oberflächenbewehrung abgedeckt:

$a_{sl,T,req} = 6,1\ cm^2/m$

siehe Abschn. 2.4.2.1

gewählt: ∅ 14 – 15 cm seitlich und oben in Längsrichtung mit $a_{s,prov} = 10,3\ cm^2/m$

Stababstände:

Die Stababstände der statisch erforderlichen Bewehrung in den äußeren Lagen von Stahlbeton- und Spannbetonbauteilen sollen 15 cm nicht überschreiten.

Ril 804.4201 Kap. 4 (1)

$s_{max} \leq 150\ mm$

$s_{prov} = 150\ mm$ bzw. $85\ mm \leq s_{max} = 150\ mm$

Der Längsabstand der Torsionsbügel sollte folgendes Maß nicht überschreiten:

EC2-2 9.2.3 (3)

$s_{max} = u / 8 - 10,8 / 8 \cdot 10^3 = 1350\ mm$

u = 10,8 m

$s_{prov} = 150\ mm < s_{max} = 1350\ mm$

Damit sind die Stababstände eingehalten.

Bei der Bügelbewehrung zur Abdeckung der Querkraft ist die ständige und vorübergehende Bemessungssituation maßgebend.

$a_{sw,V,req} = 47,3 / 8 = 5,9\ cm^2/m$

$a_{sw,V,req} = 47,27\ cm^2/m$ siehe Abschn. 2.4.2.1

gewählt: ∅14 – 25 cm, 8 – schnittig mit $a_{sw,prov} = 6,2\ cm^2/m$

Zur Dimensionierung der äußeren Steckbügel und der oberen und unteren Querbewehrung wird die außergewöhnliche Bemessungssituation maßgebend.

$a_{sw,T,req} = 2{,}0\ cm^2/m$ — siehe Abschn. 2.4.2.2

$a_{sw,V,req} = 5{,}9\ cm^2/m$

$a_{sw} = a_{sw,T,req} + a_{sw,V,req} = 7{,}9\ cm^2/m$

gewählt: ∅14 – 15 cm mit $a_{sw,prov} = 10{,}3\ cm^2/m$

Bügelabstände in Längs- und in Querrichtung:

EC2-2 9.2.2

für: $V_{Ed} / V_{Rd,max} \leq 0{,}30$
$3{,}789 / 25{,}58 = 0{,}15 < 0{,}30$ — EC2-2 NDP zu 9.2.2 (6)

gilt in Längsrichtung:

$s_{w,max} = 0{,}7 \cdot h$ bzw. ≤ 300 mm
$= 0{,}7 \cdot 1250 = 875$ mm (nicht maßgebend) — h = 1,25 m

Somit gilt hier der Grenzwert $s_{w,max} = 300$ mm.

$s_{w,prov} = 250\ mm < s_{w,max} = 300\ mm$

Für die äußersten Bügelschenkel gilt zusätzlich:

$s_{w,max} = 200\ mm$

$s_{w,prov} = 150\ mm < s_{w,max} = 200\ mm$

Damit ist der Bügelabstand in Längsrichtung eingehalten.

In Querrichtung gilt:

EC2-2 NDP zu 9.2.2(8)

$s_{w,quer,max} = h$ bzw. ≤ 800 mm
$= 1250$ mm (nicht maßgebend)

Somit gilt hier der Grenzwert $s_{w,quer,max} = 800$ mm.

In die Querschnittsbreite von $b_w = 4{,}42$ m wird die Bügelbewehrung 8 – schnittig eingelegt. Der Grenzwert $s_{w,quer,max} = 800$ mm ist damit eingehalten.

2.5 Nachweise im Grenzzustand der Gebrauchstauglichkeit

EC2-2 7

Diese umfassen:

EC2-2 NCI zu 7.1 (1)P

- Begrenzung der Spannungen
- Begrenzung der Rissbreiten und Nachweis der Dekompression
- Begrenzung der Verformungen
- Begrenzung der Schwingungen

Andere Grenzzustände (wie Dichtigkeit gegenüber Durchfeuchtung) können für bestimmte Tragwerke von Bedeutung sein, werden im EC2-2 aber nicht behandelt.

Die Anforderungen an die Dauerhaftigkeit und das Erscheinungsbild eines Bauteils gelten im Sinne dieses Abschnitts als erfüllt, wenn die Anforderungen nach Tabelle 7.102DE des EC2-2 eingehalten sind. Für Bauzustände gelten zusätzlich die Regelungen nach EC2-2 NCI zu 5.10.9 (1).

Tabelle 7.102DE des EC2-2 enthält die Nachweisbedingungen für den Dekompressions- und Rissbreitennachweis.

EC2-2 NDP zu 7.3.1(105)
Tab. 7.102DE

Für nicht vorgespannte Eisenbahnbrücken ist der Rechenwert der zulässigen Rissbreite in Längs- und Querrichtung unter der häufigen Einwirkungskombination auf w_{max} = 0,2 mm zu begrenzen

2.5.1 Spannungsbegrenzung für Biegung mit Längskraft

Bei der Ermittlung von Spannungen und Verformungen ist in der Regel von ungerissenen Querschnitten auszugehen, wenn die Biegezugspannung $f_{ct,eff}$ nicht überschreitet. Der Wert für $f_{ct,eff}$ darf zu f_{ctm} oder $f_{ctm,fl}$ angenommen werden, wenn die Berechnung der Mindestzugbewehrung auch auf Grundlage dieses Wertes erfolgt. Für die Nachweise von Rissbreiten und bei der Berücksichtigung der Mitwirkung des Betons auf Zug ist in der Regel f_{ctm} zu verwenden.

EC2-1-1 7.1 (2)

Die Biegezugspannung ist dabei unter der seltenen Einwirkungskombination zu ermitteln.

EC2-2 NCI zu 7.1 (2)

Die Betondruckspannungen müssen begrenzt werden, um Längsrisse, Mikrorisse oder starkes Kriechen zu vermeiden, falls diese zu Beeinträchtigungen der Funktion des Tragwerks führen können.

EC2-1-1 7.2 (1)P

Es kann zu Längsrissen kommen, wenn die Spannung unter der charakteristischen Einwirkungskombination einen kritischen Wert übersteigt. Diese Rissbildung kann zu einer Verminderung der Dauerhaftigkeit führen. In Bauteilen, die den Bedingungen der Expositionsklassen XD, XF und XS (siehe Tabelle 4.1 in EC2-1-1) ausgesetzt sind und in denen keine anderen Maßnahmen getroffen werden, wie z. B. eine Erhöhung der Betondeckung in der Druckzone oder eine Umschnürung der Druckzone durch Querbewehrung, sollten die Betondruckspannungen auf den Wert $0{,}60 \cdot f_{ck}$ begrenzt werden.

EC2-2 7.2 (102)
EC2-2 NDP zu 7.2 (102)

Beträgt die Betondruckspannung unter quasi-ständiger Einwirkungskombination weniger als $0{,}45 \cdot f_{ck}$, darf von linearem Kriechen ausgegangen werden. Übersteigt die Betondruckspannung $0{,}45 \cdot f_{ck}$, ist in der Regel nicht-lineares Kriechen zu berücksichtigen.

EC2-1-1 7.2 (3)
EC2-2 NDP zu 7.2 (3)

Zur Vermeidung nichtelastischer Dehnungen, unzulässiger Rissbildungen und Verformungen müssen die Zugspannungen in der Bewehrung begrenzt werden.

EC2-1-1 7.2 (4)P

Wenn die Zugspannung in der Bewehrung unter der charakteristischen Einwirkungskombination $0{,}8 \cdot f_{yk}$ nicht übersteigt, darf davon ausgegangen werden, dass für das Erscheinungsbild unzulässige Rissbildungen und Verformungen vermieden werden. Zugspannungen infolge indirekter Einwirkung sind in der Regel auf $1{,}0 \cdot f_{yk}$ zu begrenzen.

EC2-1-1 7.2 (5)
EC2-1-1 NDP zu 7.2 (5)

2.5.1.1 Begrenzung der Betondruckspannungen

Um zu überprüfen, ob die Nachweise im Zustand I oder im Zustand II zu führen sind, werden für die Nachweise die Schnittgrößen unter seltener Einwirkungskombination berechnet.

Es wird die Eckspannung im Punkt 0 ermittelt.

Eckpunkt
Eckpunkt 0

Die maximalen Betonzugspannungen am unteren Querschnittsrand in Feldmitte werden für das maßgebende Lastmodell SW/2 ermittelt. Die geringen Beanspruchungen infolge Temperatur bleiben dabei unberücksichtigt.

siehe Abschn. 2.1.3.2
Schnitt x = l/2 (Feldmitte)

- **Lastmodell SW/2**

maßgebende Lasteinwirkung: Lastgruppe 17 (SW/2 + Zentrifugallast + Seitenstoß +0,5· Anfahren und Bremsen)

– Schnittgrößen im Gebrauchszustand unter seltener Einwirkungskombination

$$N_{Ed} = N_{Qlk}$$
$$M_{Edy} = \sum M_{Gkj} + M_{Qvk} + M_{Qlk} + \psi_{0,2} \cdot M_{Qfk}$$
$$M_{Edz} = M_{Qtk} + M_{Qsk} + \psi_{0,3} \cdot M_{Qwk}$$

EC0 NCI zu 6.5.3 (2) Gl. (6.14c)
$\psi_{0,2}$ = 0,80 (Dienstweg)
$\psi_{0,3}$ = 0,75 (Wind)
siehe Tab. 4

Tabelle 27 Schnittgrößen unter seltener Einwirkungskombination

	ständige EW	Leiteinwirkung (LGr.17)				Begleiteinwirkung		
Einwirkung	G_{kj}	Q_{vk}	Q_{tk}	Q_{sk}	$0{,}5\cdot Q_{lk}$	$\psi_{0,2}\cdot Q_{fk}$	$\psi_{0,3}\cdot Q_{wk}$	E_d
N_{Ed} [MN]	0,00	0,00	0,00	0,00	0,00	0,00	0,00	0,00
M_{Edy} [MNm]	5,03	3,66	0,00	0,00	0,00	0,22	0,00	8,91
M_{Edz} [MNm]	0,00	0,00	0,04	0,31	0,00	0,00	0,12	0,47

E_{Gkj}, s. Tab. 7 (ständ. EW)
E_{Qvk}, s. Tab. 11 (SW/2)
E_{Qtk}, s. Tab. 16 (Fliehkraft)
E_{Qsk}, s. Tab. 18 (Seitenstoß)
E_{Qlk}, s. Tab. 19 (Anf. u. Br.)
E_{Qfk}, s. Tab. 21 (Dienstweg)
E_{Qwk}, s. Tab. 23 (Wind)

- Nachweis der Spannungsbegrenzung

$$\sigma_{cu} = \frac{N_{Ed}}{A_c} + \frac{M_{Edy}}{W_{cy_{Punkt\,0}}} + \frac{M_{Edz}}{W_{cz_{Punkt\,0}}} = \frac{0}{6{,}392} + \frac{8{,}91}{1{,}354} + \frac{0{,}47}{7{,}216}$$

A_c = 6,392 m²
$W_{cy,Punkt\,0}$ = 1,354 m³
$W_{cz,Punkt\,0}$ = 7,216 m³
siehe Abschn. 2.1.3.2

$$\sigma_{cu} = 6{,}65\ \text{MN/m}^2$$

$$6{,}65\ \text{MN/m}^2 > f_{ctm} = 2{,}9\ \text{MN/m}^2$$

f_{ctm} = 2,9 MN/m²
siehe Abschnitt 1.2.4

Da der Mittelwert der Betonzugfestigkeit überschritten wird, ist der Nachweis in Feldmitte im Zustand II zu führen.

Nachweis im Zustand II

Die Betondruckspannung im Zustand II ergibt sich, unter Vernachlässigung des Anteils aus M_{Edz} und der geringen Beanspruchung aus Temperatur, zu:

$$\sigma^{II}{}_{cd} = \frac{-2 \cdot M_{Ed}}{x \cdot z \cdot b}$$

x - Höhe der Druckzone im gerissenen Querschnitt
z - innerer Hebelarm der Kräfte
A_{s1} = 363 cm²
siehe Abschn. 2.4.2.1
b = 442 cm
d = 117 cm

Es wird, auf der sicheren Seite liegend, mit dem Wert $\alpha_e = 10$ weitergerechnet. Näherungsweise wird ein Rechteckquerschnitt zugrunde gelegt.

$$x = \frac{\alpha_e \cdot A_{s1}}{b} \cdot \left[-1 + \sqrt{1 + \frac{2 \cdot b \cdot d}{\alpha_e \cdot A_{s1}}} \right]$$

$$x = \frac{10{,}0 \cdot 363}{442} \cdot \left[-1 + \sqrt{1 + \frac{2 \cdot 442 \cdot 117}{10 \cdot 363}} \right]$$

$$x = 36{,}4 \text{ cm}$$

$$z = d - \frac{x}{3} = 117 - \frac{36{,}4}{3} = 104{,}9 \text{ cm}$$

– Nachweis der Spannungsbegrenzung

$$\sigma^{II}{}_{cd} = \frac{-2 \cdot M_{Ed}}{x \cdot z \cdot b} = \frac{-2 \cdot 8{,}91}{36{,}4 \cdot 104{,}9 \cdot 442} \cdot 10^6 = -10{,}56 \text{ MN/m}^2$$

EC2-2 7.2 (102)
EC2-2 NDP zu 7.2 (102)
f_{ck} = 30 MN/m²
siehe Abschn. 1.2.4

$$|-10{,}56| \text{ MN/m}^2 < 0{,}60 \cdot f_{ck} = 18{,}00 \text{ MN/m}^2$$

Nachweis erbracht.

Tabelle 28 Schnittgrößen unter quasi-ständiger Einwirkungskombination

	ständige EW	Leiteinwirkung (LGr.12)				Begleiteinwirkung		
Einwirkung	G_{kj}	$\psi_{2,1}\cdot Q_{vk}$	$\psi_{2,1}\cdot Q_{tk}$	$\psi_{2,1}\cdot Q_{sk}$	$\psi_{2,1}\cdot 0{,}5\cdot Q_{lk}$	$\psi_{2,2}\cdot Q_{fk}$	$\psi_{2,3}\cdot Q_{wk}$	E_d
N_{Ed} [MN]	0,00	0,00	0,00	0,00	0,00	0,00	0,00	0,00
M_{Edy} [MNm]	5,03	0,00	0,00	0,00	0,00	0,00	0,00	5,03
M_{Edz} [MNm]	0,00	0,00	0,00	0,00	0,00	0,00	0,00	0,00

E_{Gkj}, s. Tab. 7 (ständ. EW)
E_{Qvk}, s. Tab. 15 (LM71)
E_{Qtk}, s. Tab. 16 (Fliehkraft)
E_{Qsk}, s. Tab. 18 (Seitenstoß)
E_{Qlk}, s. Tab. 19 (Anf. u. Br.)
E_{Qfk}, s. Tab. 21 (Dienstweg)
E_{Qwk}, s. Tab. 23 (Wind)

Es wird, auf der sicheren Seite liegen, mit dem Wert $\alpha_e = 10$ weitergerechnet. Näherungsweise wird ein Rechteckquerschnitt zugrunde gelegt.

$$x = \frac{\alpha_e \cdot A_{s1}}{b} \cdot \left[-1 + \sqrt{1 + \frac{2 \cdot b \cdot d}{\alpha_e \cdot A_{s1}}} \right]$$

$$x = \frac{10{,}0 \cdot 363}{442} \cdot \left[-1 + \sqrt{1 + \frac{2 \cdot 442 \cdot 117}{10 \cdot 363}} \right]$$

$$x = 36{,}4 \text{ cm}$$

$$z = d - \frac{x}{3} = 117 - \frac{36{,}4}{3} = 104{,}9 \text{ cm}$$

x - Höhe der Druckzone im gerissenen Querschnitt
z - innerer Hebelarm der Kräfte
A_{s1} = 363 cm²
siehe Abschn. 2.4.2.1
b = 442 cm

Nachweis der Spannungsbegrenzung

$$\sigma^{II}_{cd} = \frac{-2 \cdot M_{Ed}}{x \cdot z \cdot b} = \frac{-2 \cdot 5{,}03}{36{,}4 \cdot 104{,}9 \cdot 442} \cdot 10^6 = -5{,}96 \text{ MN/m}^2$$

$$|-5{,}96| \text{ MN/m}^2 < 0{,}45 \; f_{ck} = 13{,}50 \text{ MN/m}^2$$

EC2-1-1 7.2 (2)
EC2-1-1 NDP zu 7.2 (3)
f_{ck} = 30 MN/m²
siehe Abschn. 1.2.4

Nachweis erbracht.

2.5.1.2 Begrenzung der Betonstahlspannungen

EC2-2, 7.2

Die Untersuchung der Spannungen in der Betonstahlbewehrung unter der seltenen Einwirkungskombination wird für das maßgebende Lastmodell SW/2, ebenfalls im Zustand II, unter der seltenen Einwirkungskombination geführt.

Die Betonstahlspannung im Zustand II wird unter Vernachlässigung des Anteils aus M_{Edz} ermittelt.

Nach den Berechnungsansätzen des Zustandes II ergibt sich die Stahlspannung σ_s bei reiner Biegung zu:

$$\sigma_s = \frac{M_{Ed}}{A_{s1} \cdot z}$$

<u>Lastmodell SW/2 Nachweis der Spannungsbegrenzung</u>

$$\sigma_s = \frac{M_{Ed}}{A_{s1} \cdot z} = \frac{8{,}91}{363 \cdot 104{,}9} \cdot 10^6 = 234{,}0 \text{ MN/m}^2$$

$M_{Ed} = M_{Edy} = 8{,}91$ MNm
siehe Tab. 28
$A_{s1} = 363$ cm²
siehe Abschn. 2.4.2.1
z = 104,9 cm
siehe Abschn. 2.5.1.1

$$234{,}0 \text{ MN/m}^2 < 0{,}8 \cdot f_{yk} = 400 \text{ MN/m}^2$$

$f_{yk} = 500$ MN/m²
siehe Abschn. 1.2.4

Damit sind die vorhandenen Betonstahlspannungen kleiner als die zulässige Spannung. Somit ist der Nachweis erfüllt.

2.5.2 Begrenzung der Rissbreiten

EC2-2 7.3

EC2-2 NDP zu 7.3.1 (105) Tab. 7.102DE

Bei Eisenbahnbrücken ist die Rissbreitenbegrenzung unter häufiger Einwirkungskombination für Stahlbeton mit dem Bemessungswert der Rissbreite w_{max} = 0,2 mm nachzuweisen.

Die Begrenzung der Rissbreite umfasst die folgenden Nachweise:

- Nachweis der Mindestbewehrung nach EC2-2, 7.3.2
- Nachweis der Begrenzung der Rissbreite unter der maßgebenden Einwirkungskombination nach EC2-2, 7.3

2.5.2.1 Mindestbewehrung für die Begrenzung der Rissbreite

EC2-2 7.3.2

Zur Begrenzung der Rissbreiten ist eine Mindestbewehrung in der Zugzone erforderlich. Die Mindestbewehrung darf aus dem Gleichgewicht der Betonzugkraft unmittelbar vor der Rissbildung und der Zugkraft in der Bewehrung der Zugzone unter Berücksichtigung der Stahlspannung σ_s ermittelt werden.

EC2-1-1 7.3.2 (1)P

Sofern nicht eine genauere Rechnung zeigt, dass ein geringerer Bewehrungsquerschnitt ausreicht, darf der erforderliche Mindestbewehrungsquerschnitt zur Begrenzung der Rissbreite wie folgt ermittelt werden. Bei profilierten Querschnitten wie Hohlkästen oder Plattenbalken ist in der Regel die Mindestbewehrung für jeden Teilquerschnitt (Gurte und Stege) einzeln nachzuweisen.

EC2-2 7.3.2 (102)

Anmerkung:

Die Bemessung der Kragarme erfolgt im Kapitel Quersystem.
Für die Bewehrung der Kragarme in Brückenlängsrichtung werden die Bewehrungsregeln nach ZTV-ING maßgebend.

$$A_{s,min} = k_c \cdot k \cdot f_{ct,eff} \cdot \frac{A_{ct}}{\sigma_s}$$

EC2-2 7.3.2 (102) Gl. (7.1)

k_c Beiwert zur Berücksichtigung des Einflusses der Spannungsverteilung innerhalb der Zugzone A_{ct} vor der Erstrissbildung sowie der Änderung des inneren Hebelarms beim Übergang in Zustand II:

$$k_c = 0{,}4 \cdot \left[1 - \frac{\sigma_c}{k_1 \cdot (h/h^*) \cdot f_{ct,eff}}\right] \leq 1{,}0$$

EC2-2 7.3.2 Gl. (7.2)

σ_c Betonspannung in Höhe der Schwerlinie des Querschnitts oder Teilquerschnitts im ungerissenen Zustand unter der Einwirkungskombination, die am Gesamtquerschnitt zur Erstrissbildung führt ($\sigma_c < 0$ bei Druckspannung)

N_c infolge der häufigen EWK mit LM 71
$N_c \approx 0$

N_c infolge der häufigen EWK mit SW/2
$N_c \approx 0$

$N_c \approx 0 \quad \Rightarrow \quad \sigma_c \approx 0$

Abschnitt 2.5.1.1

$k_c = 0{,}4 < 1{,}0$

k Beiwert zur Berücksichtigung von nichtlinear verteilten Betonzugspannungen

$k = 0{,}8$ für $h \leq 300$ mm
$k = 0{,}5$ für $h \geq 800$ mm

A_{ct} Fläche der Betonzugzone im Querschnitt oder Teilquerschnitt. Die Zugzone ist derjenige Teil des Querschnitts oder Teilquerschnitts, der unter der zur Erstrissbildung am Gesamtquerschnitt führenden Einwirkungskombination im ungerissenen Zustand rechnerisch unter Zugspannungen steht.

$\sigma_c \approx 0 \quad \Rightarrow$ reine Biegung

$$A_{ct} = 0{,}69 \cdot b_w = 0{,}69 \cdot 4{,}42 = 3{,}05 \text{ m}^2$$

b = 442 cm
z_c = 69 cm

EC2-2 NCI zu 7.3.2 (102)

$f_{ct,eff}$ die wirksame Zugfestigkeit des Betons zum betrachteten Zeitpunkt. Für $f_{ct,eff}$ ist bei diesem Nachweis der Mittelwert der Zugfestigkeit f_{ctm} einzusetzen. Dabei ist diejenige Festigkeitsklasse anzusetzen, die beim Auftreten der Risse zu erwarten ist. In vielen Fällen, z. B. wenn der maßgebende Zwang aus dem Abfließen der Hydratationswärme entsteht, kann die Rissbildung in den ersten 3 bis 5 Tagen nach dem Einbringen des Betons in Abhängigkeit von den Umweltbedingungen, der Form des Bauteils und der Art der Schalung entstehen. In diesem Fall darf, sofern kein genauerer Nachweis erfolgt, die Betonzugfestigkeit $f_{ct,eff}$ zu 50 % der mittleren Zugfestigkeit nach 28 Tagen gesetzt werden. […] Wenn der Zeitpunkt der Rissbildung nicht mit Sicherheit innerhalb der ersten 28 Tage festgelegt werden kann, sollte mindestens eine Zugfestigkeit von 3,0 N/mm² für Normalbeton angenommen werden.

$f_{ct,eff} = 3{,}0 \text{ N/mm}^2$

σ_s die zulässige Spannung in der Betonstahlbewehrung zur Begrenzung der Rissbreite in Abhängigkeit vom Grenzdurchmesser φ_s^* nach EC2-2, 7.3.3 (2)

EC2-2 NDP zu 7.3.3 (2)
Tab. 7.2DE

$\Rightarrow \quad w_k = 0{,}2$ mm

Vorhandener Stabdurchmesser: $\phi_s = 28$ mm

Grenzdurchmesser:

$$\phi_s^* = \frac{\phi_s \cdot 4 \cdot (h-d) \cdot 2{,}9}{k_c \cdot k \cdot h_{cr} \cdot f_{ct,eff}} \leq \frac{\phi_s \cdot 2{,}9}{f_{ct,eff}} = \frac{28 \cdot 4 \cdot (1{,}25 - 1{,}17) \cdot 2{,}9}{0{,}4 \cdot 0{,}5 \cdot 0{,}69 \cdot 3{,}00} \leq \frac{28 \cdot 2{,}9}{3{,}0}$$

EC2-2 NCI zu 7.3.3 (2)
Gl. (7.6DE)

h_c = Höhe der Zugzone
$h_c = 0{,}69$ m $= z_c$
(für reine Biegung)

$$\phi_s^* = 63 > \underline{27 \text{ mm}}$$

Zugehörige Stahlspannung:

$$\sigma_s = \sqrt{w_k \cdot \frac{3{,}48 \cdot 10^6}{\phi_s^*}} = \sqrt{0{,}2 \cdot \frac{3{,}48 \cdot 10^6}{27}} = 160{,}6 \text{ MN/m}^2$$

Mindestbewehrung:

$$A_{s,min} = 0{,}4 \cdot 0{,}5 \cdot 3{,}0 \cdot \frac{3{,}05}{160{,}3} \cdot 10^4 = 113{,}9 \text{ cm}^2$$

Untere Biegezugbewehrung:

$A_{s,prov} = 363 \text{ cm}^2 \quad > \quad A_{s,req} = 113{,}9 \text{ cm}^2$

Die Bewehrung zur Beschränkung der Rissbreite ist geringer als die gewählte Biegebewehrung am unteren Rand der Platte.

Bei Platten veränderlicher Dicke darf die auf die mittlere Dicke bezogene Mindestbewehrung gleichmäßig verteilt werden. Bei Zuggliedern von Plattenbalken oder Hohlkastenquerschnitten sollte die Mindestbewehrung jedoch auf die örtliche Dicke bezogen werden.

Die maximalen Stababstände der Mindestbewehrung dürfen 200 mm nicht überschreiten. Der Stabdurchmesser muss größer oder gleich 10 mm sein.

EC2-2
NCI zu 7.3.2 (NA.109)P

2.5.2.2 Begrenzung der Rissbreite ohne direkte Berechnung

EC2-2 7.3.3

Die Rissbreiten werden auf zulässige Werte begrenzt, wenn die Durchmesser oder die Abstände der Bewehrungsstäbe in Abhängigkeit von der Spannung begrenzt werden.

Die in Tabelle 7.2DE und Tabelle 7.3.N des EC2-2 genannten Grenzwerte stellen im Allgemeinen die Begrenzung der Rissbreite auf die angegebenen Werte sicher, wenn:

EC2-1-1 7.3.3 (2)

– bei der Rissbildung infolge überwiegender indirekter Einwirkungen (Zwang) die Grenzdurchmesser nach Tabelle 7.2DE des EC2-2 eingehalten sind,

– bei Rissen infolge überwiegender direkter Einwirkungen (Lastbeanspruchung) entweder die Grenzdurchmesser nach Tabelle 7.2DE oder die Stababstände nach Tabelle 7.3N des EC2-2 eingehalten sind.

Die Tabelle 7.3N ist nicht anzuwenden.

ELTB Anlage Ei 8.2/2

Die in Tabelle 7.2DE des EC2-2 angegebene Stahlspannung ist für einen gerissenen Querschnitt (Zustand II) und die maßgebende Einwirkungskombination, bei vorgespannten Bauteilen mit dem maßgebenden Wert der Vorspannung nach Gleichung (NA.7.5.3), zu ermitteln.

EC2-1-1 NDP zu 7.3.3 (2)

Maßgebende Einwirkungskombination:

EC2-2 NDP zu 7.3.1 (105)
Tab. 7.102DE

$\Rightarrow$ häufige EWK
$w_{max} = 0{,}2$ mm

Es wurden die Schnittgrößen der häufigen Einwirkungskombination unter Berücksichtigung des LM 71 und SW/2 untersucht. Die Einwirkungskombination mit SW/2 wird maßgebend.

<u>Lastmodell SW/2</u>

maßgebende Leiteinwirkung: Lastgruppe 17 (SW/2 + Fliehkraft + Seitenstoß + 0,5·Anfahren und Bremsen)

- Schnittgrößen im Gebrauchszustand unter der maßgebenden häufigen Einwirkungskombination

(SW/2, Fliehkräfte, Seitenstoß und Längskräfte in LG17)

$$N_{Ed} = \psi_{1,1} \cdot N_{Qlk}$$

$$M_{Edy} = \sum M_{Gkj} + \psi_{1,1} \cdot (M_{Qvk} + M_{Qlk}) + \psi_{2,2} \cdot M_{Qfk}$$

$$M_{Edz} = \psi_{1,1} \cdot (M_{Qtk} + M_{Qsk}) + \psi_{2,3} \cdot M_{Qwk}$$

EC0, 6.5.3(2)b Gl. (6.15b)

$\psi_{1,1} = 0{,}80$ (LG17)
$\psi_{2,2} = 0{,}00$ (Wind)
$\psi_{2,3} = 0{,}00$ (Dienstwege)
siehe Tab. 4

Tabelle 29 Schnittgrößen unter häufiger Einwirkungskombination

	ständige EW	Leiteinwirkung (LGr.17)				Begleiteinwirkung		
Einwirkung	G_{kj}	$\psi_{1,1}\cdot Q_{vk}$	$\psi_{1,1}\cdot Q_{tk}$	$\psi_{11}\cdot Q_{sk}$	$\psi_{1,1}\cdot 0{,}5\cdot Q_{lk}$	$\psi_{2,2}\cdot Q_{fk}$	$\psi_{2,3}\cdot Q_{wk}$	$\mathbf{E_d}$
N_{Ed} [MN]	0,00	0,00	0,00	0,00	0,00	0,00	0,00	0,00
M_{Edy} [MNm]	5,03	2,93	0,00	0,00	0,00	0,00	0,00	7,96
M_{Edz} [MNm]	0,00	0,00	0,03	0,25	0,00	0,00	0,00	0,28

E_{Gkj}, s. Tab. 7 (ständ. EW)
E_{Qvk}, s. Tab. 11 (SW/2)
E_{Qtk}, s. Tab. 16 (Fliehkraft)
E_{Qsk}, s. Tab. 18 (Seitenstoß)
E_{Qlk}, s. Tab. 19 (Anf. u. Br.)
E_{Qfk}, s. Tab. 21 (Dienstweg)
E_{Qwk}, s. Tab. 23 (Wind)

Die Stahlspannung ergibt sich unter Vernachlässigung des Anteils aus M_{Edz} zu:

$$\sigma_s = \left(\frac{M_{Eds}}{z} + N_{Ed}\right) \cdot \frac{1}{A_{s1}}$$

M_{Ed} = 7,96 MNm
N_{Ed} = 0,00 MN
siehe Tab. 31

mit: $M_{Eds} = M_{Ed} - N_{Ed} \cdot z_{s1} = 7{,}96 - 0 \cdot 0{,}55 = 7{,}96$ MNm
$z \cong 0{,}9 \cdot d$
$d = 117$ cm
$A_{s1} = 363$ cm²

$$\sigma_s = \left(\frac{7{,}96}{0{,}9 \cdot 117} + 0\right) \cdot \frac{1}{363} \cdot 10^6 = 208{,}2 \text{ MN/m}^2$$

Die Rissbildung resultiert überwiegend aus direkter Einwirkung (Lastbeanspruchung). Die Rissbreite wird über die Einhaltung vom Stabdurchmesser nachgewiesen. Die Stabdurchmessertabelle darf hier gemäß ELTB Anlage Ei 8.2/2 nicht angewendet werden.

Der zulässige Grenzdurchmesser ergibt sich zu:

EC2-1-1 NDP zu 7.3.3 (2)
Tab. 7.2.DE

$$\phi_s^* = \frac{w_k \cdot 3{,}48 \cdot 10^6}{\sigma_s^2} = \frac{0{,}2 \cdot 3{,}48 \cdot 10^6}{208{,}2^2} = 16{,}1 \text{ mm}$$

Zur Einhaltung einer Rissbreite w_{max} = 0,2 mm für Stahlbeton ergibt sich der zulässige Stabdurchmesser zu:

EC2-1-1 NCI zu 7.3.3 (2) Gl. (7.7.1DE)

$$\phi_s = \frac{\phi_s^* \cdot \sigma_s \cdot A_s}{4 \cdot (h-d) \cdot 2{,}9 \cdot b} \geq \frac{\phi_s^* \cdot f_{ct,eff}}{2{,}9}$$

$$\phi_s = \frac{16{,}1 \cdot 208{,}2 \cdot 367 \cdot 10^{-4}}{4 \cdot (1{,}25 - 1{,}17) \cdot 2{,}9 \cdot 4{,}42} \geq \frac{16{,}1 \cdot 3{,}0}{2{,}9}$$

$$\phi_s = \underline{29{,}9} > 16{,}7 \text{ mm}$$

vorh. ϕ_s = 28 mm < grenz. ϕ_s = 29,9 mm

Der Nachweis zur Beschränkung der Rissbreite ist erbracht.

Die Begrenzung der Schubrissbreite darf ohne weiteren Nachweis als sichergestellt angenommen werden, wenn die Bewehrungsrichtlinien nach EC2-1-1 8.5 und die Konstruktionsregeln nach EC2-1-1 9.2.2 sowie EC2-1-1 9.2.3 eingehalten sind.

Anmerkung:

Da die obigen Forderungen der Kapitel EC2-1-1 8.5, 9.2.2 und 9.2.3 stets einzuhalten sind, kann ein Nachweis der Schubrissbreite auch stets entfallen.

2.5.3 Nachweise der Verformung

EC2-2 7.4

Die Verformungen eines Bauteils oder Tragwerks dürfen weder die ordnungsgemäße Funktion noch das Erscheinungsbild des Bauteils selbst oder angrenzender Bauteile beeinträchtigen. EC2-1-1 7.4.1 (1)P

Für Eisenbahnbrücken ist EC1-2 „Einwirkungen auf Brücken", bzw. Ril 804 anwendbar. EC2-1-1 NCI zu 7.4.3 (1)P

Wenn eine Berechnung erforderlich wird, muss die Durchbiegung mit einer dem Nachweiszweck entsprechenden Lastkombination ermittelt werden. EC2-1-1 7.4.3 (1)P

Das Berechnungsverfahren muss das Verhalten des Tragwerks unter den maßgebenden Einwirkungen wirklichkeitsnah mit einer Genauigkeit beschreiben, die auf den Nachweiszweck abgestimmt ist. EC2-1-1 7.4.3 (2)P

Bauteile, bei denen die Betonzugfestigkeit unter der maßgebenden Belastung an keiner Stelle überschritten wird, dürfen als ungerissen betrachtet werden. Das Verhalten von Bauteilen, bei denen nur bereichsweise Risse erwartet werden, liegt zwischen dem von Bauteilen im ungerissenen und im vollständig gerissenen Zustand. EC2-1-1 7.4.3 (3)

Verformungen infolge von Lastbeanspruchung dürfen unter Verwendung der Zugfestigkeit und des wirksamen Elastizitätsmoduls für Beton ermittelt werden. EC2-1-1 7.4.3 (4)

In Tabelle 3.1 des EC2-2 ist der Bereich wahrscheinlicher Werte für die Zugfestigkeit enthalten. Im Allgemeinen wird das Verhalten am besten abgeschätzt, wenn f_{ctm} verwendet wird. Wenn nachgewiesen werden kann, dass im Schwerpunkt keine Längszugspannungen vorhanden sind (z. B. infolge Schwinden oder Wärmeauswirkungen), darf die Biegezugfestigkeit $f_{ctm,fl}$ verwendet werden.

Anmerkung:

Für übliche Querschnittsdicken im Brückenbau ergibt f_{ctm} praktisch $f_{ctm,fl}$.

Für kriecherzeugende Beanspruchungen darf die Gesamtverformung unter Berücksichtigung des Kriechens mittels des ef- EC2-1-1 7.4.3 (5)

fektiven Elastizitätsmoduls für Beton gemäß Gleichung EC2-1-1 (7.20) ermittelt werden.

Krümmungen infolge Schwindens dürfen mit Gleichung EC2-1-1 (7.21) ermittelt werden. EC2-1-1 7.4.3 (6)

Das genaueste Verfahren zur Berechnung der Durchbiegung ist, die Krümmungen an einer Vielzahl von Schnitten entlang des Bauteils zu berechnen und dann durch numerische Integration die Durchbiegung zu bestimmen. In den meisten Fällen reicht es aus, die Verformungen zweimal zu berechnen – jeweils unter der Annahme eines vollständig gerissenen und eines vollständig ungerissenen Bauteils – und dann unter Verwendung der Gleichung EC2-1-1 (7.18) zu interpolieren. EC2-1-1 7.4.3 (7)

2.5.3.1 Begrenzung der vertikalen Durchbiegung

EC0 A.2.4.4.3.2

Um die vertikalen Fahrzeugbeschleunigungen auf die in Tabelle EC0 A2.4.4.3.1(2) angegebenen Werte zu begrenzen, liefert dieser Abschnitt die maximal zulässigen vertikalen Verformungen δ entlang der Gleisachse als Funktion der: EC0 A.2.4.4.3.2 (1)

- Feldlänge L [m];
- Zuggeschwindigkeit V [km/h];
- Anzahl der Felder und
- Tragwerkssystem der Brücke (Einfeldträger, Durchlaufträger).

Alternativ kann die vertikale Beschleunigung b_v durch eine dynamische Berechnung unter Berücksichtigung der Fahrzeug-Brücke-Interaktion bestimmt werden.

Die vertikale Verformung δ sollte mit dem Lastmodell 71, multipliziert mit dem Faktor Φ und mit dem Wert α = 1,0 nach EC2-2, Abschnitt 6, bestimmt werden. EC0 A.2.4.4.3.2 (2)

$$L / \delta = 1000$$

Der Wert L / δ kann mit 0,7 multipliziert werden, da der Überbau ein einzelner Einfeldträger ist.

$$L / \delta = 700$$

$$\delta_{zul} = \frac{L}{700} = \frac{12{,}50}{700} \cdot 10^3 = 17{,}9 \text{ mm} < \frac{L}{600} = 27 \text{ mm}$$

EC0 A.2.4.4.3.2 Bild A.2.3
EC0 A.2.4.4.2.3

Die Ermittlung der Durchbiegungen erfolgt nach einem rechnerischen Verfahren für den Zustand II, da der Überbau unter seltenen Lasten aufreißt. Die Druckbewehrung wird nicht berücksichtigt.

Auf der sicheren Seite liegend, wird die Durchbiegung für einen Rechteckquerschnitt ermittelt.

Durchbiegung unter dem Φ-fachen Lastmodell 71: EC2-1-1 7.4.1 (3)

Krümmung im Zustand I:

$$\alpha_I = \left(\frac{1}{r}\right)_I = \frac{M_Q}{E_{cm} \cdot I_I}$$

$M_Q = M_{qvk,max} = 3371$ kNm siehe Tab. 20
$E_{cm} = 33000$ MN/m² siehe Abschn. 1.2.4
I_I - Trägheitsmoment des Querschnittes im Zustand I

mit: $$I_I = \frac{b \cdot h^3}{12} = \frac{4{,}42 \cdot 1{,}25^3}{12} = 0{,}719 \text{ m}^4$$

b = 4,42 m
h = 1,25 m

$$\alpha_I = \left(\frac{1}{r}\right)_I = \frac{3{,}371}{33000 \cdot 0{,}719} = 1{,}42 \cdot 10^{-4} \text{ 1/m}$$

Krümmung im Zustand II:

$$\alpha_{II} = \left(\frac{1}{r}\right)_{II} = \frac{M_Q}{E_{cm} \cdot I_{II}}$$

$M_Q = M_{qvk,max} = 3371$ kNm siehe Tab. 20
$E_{cm} = 33000$ MN/m² siehe Abschn. 1.2.4

$$I_{II} = b \cdot d^3 / 12 \cdot [4 \cdot k_{x,II}^3 + 12 \cdot \alpha_e \cdot \rho_{II} \cdot (1 - k_{x,II})^2]$$

I_{II} - Trägheitsmoment des Querschnittes im Zustand II

$$\alpha_e = \frac{E_s}{E_{cm}} = \frac{200000}{33000} = 6{,}06$$

$E_s = 200000$ MN/m²
$E_{cm} = 33000$ MN/m²
siehe Abschn. 1.2.4

$$\rho_{II} = A_s / (b \cdot d) = 363 / (442 \cdot 117) = 0{,}007019$$

ρ_{II} - Geometrischer Bewehrungsgrad
$A_s = 363$ cm²
siehe Abschn. 2.4.2.1
b = 4,42 m
d = 1,17 m

$$k_{x,II} = -\alpha_e \cdot \rho_{II} + [(\alpha_e \cdot \rho_{II})^2 + 2 \cdot \alpha_e \cdot \rho_{II}]^{0,5}$$

$$k_{x,II} = -6{,}06 \cdot 0{,}007019 + [(6{,}06 \cdot 0{,}007019)^2 + 2 \cdot 6{,}06 \cdot 0{,}007019]^{0,5} = 0{,}252$$

$k_{x,II}$ - Verformungsbeiwert im Zustand II

$$x_{II} = k_{x,II} \cdot d = 0{,}252 \cdot 1{,}17 = 0{,}295 \text{ m}$$

x_{II} - Höhe der Druckzone im Zustand II

$$I_{II} = 4{,}42 \cdot 1{,}17^3 / 12 \cdot [4 \cdot 0{,}252^3 + 12 \cdot 6{,}06 \cdot 0{,}007019 \cdot (1 - 0{,}252)^2] = 0{,}206\ m^4$$

$$\alpha_{II} = \left(\frac{1}{r}\right)_{II} = \frac{3{,}371}{33000 \cdot 0{,}206} = 4{,}96 \cdot 10^{-4}\ 1/m$$

Mittlere Krümmung:

$$\alpha_m = \zeta \cdot \alpha_{II} + (1 - \zeta) \cdot \alpha_I$$

ζ - Verteilungsbeiwert

mit: $\zeta = 1 - \beta \cdot (\sigma_{sr}/\sigma_S)^2$

β = 0,5 - Beiwert zur Berücksichtigung der Belastungsdauer
σ_{sr} - Spannung in der Zugbewehrung im gerissenen Querschnitt bei Erstrissbildung
σ_{Ed} - Spannung in der Zugbewehrung im Zustand II

Da der Einfluss der Normalkraft vernachlässigbar klein ist, kann für einen Rechteckquerschnitt vereinfachend auch der Quotient aus Rissmoment und maßgebendem Biegemoment angesetzt werden.

$$\zeta = 1 - \beta \cdot (M_{cr} / M_{Ed})^2$$

M_{cr} - Rissmoment
$M_{Ed} = M_G + M_Q$

$$\text{mit: } M_{cr} = f_{ctm} \cdot W_I = 2{,}9 \cdot \frac{4{,}42 \cdot 1{,}25^2}{6} = 3{,}338\ MNm$$

$f_{ctm} = 2{,}9\ MN/m^2$ siehe Abschn. 1.2.4
W_I - Widerstandsmoment im Zustand I

$$\zeta = 1 - 0{,}5 \cdot (3{,}338 / (5{,}028 + 3{,}371))^2 = 0{,}921$$

$M_G = M_{gkj} = 5{,}028\ MNm$ siehe Tab. 7
$M_Q = M_{qvk,max} = 3{,}371\ MNm$ siehe Tab. 20

$$\alpha_m = 0{,}921 \cdot 4{,}96 \cdot 10^{-4} + (1 - 0{,}921) \cdot 1{,}42 \cdot 10^{-4} = 4{,}68 \cdot 10^{-4}\ 1/m$$

Durchbiegung:

$$\delta = 5/48 \cdot l^2 \cdot \alpha_m = 5/48 \cdot 12{,}50^2 \cdot 4{,}68 \cdot 10^{-4} = 0{,}0075\ m$$

l = 12,50 m siehe Abschn. 1.2.1

$$= 7{,}6\ mm \quad < \quad \delta_{max} = 17{,}9\ mm$$

Somit ist der Nachweis der Durchbiegung erfüllt.

Anmerkung:

Es ist zu beachten, dass die o. g. Berechnung für Stahlbetonquerschnitte lediglich eine grobe Abschätzung liefert.

2.5.3.2 Begrenzung des Enddrehwinkels

EC0 A.2.4.4.2.3 (1)

Begrenzungen der Verdrehung der Überbauenden von Brücken mit Schotteroberbau sind implizit in EC1-2, 6.5.4 enthalten.

EC0 A.2.4.4.2.3 (2)

Anmerkung:

Bei dem vorliegenden System sind keine Nachweise nach EC1-2, 6.5.4 erforderlich. Aus diesem Grund wird im Folgenden beispielhaft die Überprüfung des Enddrehwinkels gezeigt. Die Anforderungen wurden dabei der RIL 804.3101 Tab. 3 entnommen.

Der in der Gleismitte gemessene Endtangentenwinkel des Überbaues darf unter dem Φ-fachen charakteristischen Wert des Lastmodells 71 sowie bei Temperaturunterschied den folgenden Wert nicht überschreiten:

$$\theta = 6{,}5 \cdot 10^{-3} \text{ rad}$$

Der Enddrehwinkel infolge LM 71 kann analog zur Berechnung der vertikalen Durchbiegung über die Bauteilkrümmung ermittelt werden. Der Enddrehwinkel ergibt sich dann zu:

$$\theta = \frac{1}{3} \cdot l \cdot \kappa_m$$

Auf dieser Grundlage kann man den Enddrehwinkel bei vorhandener Durchbiegung durch folgende Beziehung beschreiben:

$$\frac{\theta}{\delta} = \frac{1/3 \cdot l}{5/48 \cdot l^2}$$

δ = 7,6 mm
l = 12,50 m

Somit erhält man den Enddrehwinkel infolge LM 71 zu:

$$\theta_{Qvk} = \delta \cdot \frac{48}{15 \cdot l} = 7{,}6 \cdot 10^{-3} \cdot \frac{48}{15 \cdot 12{,}50}$$

$$\theta_{Qvk} = 1{,}95 \cdot 10^{-3} \text{ rad}$$

$\alpha_{T,c}$ = 0,00001 K^{-1}
$\Delta T_{M,neg}$ = -8 K s. Abs. 2.2.1.3
l = 12,50 m
h_c = 1,25 m
Überstand am Überbauende:
$l_ü$ = 0,95 m

Enddrehwinkel infolge des vertikalen linearen Temperaturunterschieds

$$\theta_{\Delta Ty} = \frac{\alpha_{T,c} \cdot \Delta T_{M,neg}}{h_c} \cdot \left(\frac{l}{2} + l_{Ü}\right) = \frac{0{,}00001 \cdot (-8)}{1{,}25} \cdot \left(\frac{12{,}50}{2} + 0{,}95\right)$$

$$\theta_{\Delta Ty} = \left| -0{,}46 \cdot 10^{-3}\ \text{rad} \right|$$

Nachweis der Begrenzung des Enddrehwinkels

$$\theta_{tot} = \theta_{Qvk} + \theta_{\Delta Ty} = 1{,}95 \cdot 10^{-3} + \left| -0{,}46 \cdot 10^{-3} \right| = 2{,}41 \cdot 10^{-3}\ \text{rad}$$

$$2{,}41 \cdot 10^{-3}\ \text{rad} < 6{,}5 \cdot 10^{-3}\ \text{rad}$$

Damit ist die Einhaltung des zulässigen Enddrehwinkels am Überbauende nachgewiesen.

2.5.3.3 Begrenzung der Querverformung

EC0 A.2.4.4.2.4

Horizontalverformung

Die Querverformungen und Querschwingungen des Überbaus sind für die charakteristische Kombination von Lastmodell 71 und erforderlichenfalls SW/0, multipliziert mit dem zugehörigen dynamischen Faktor Φ und mit α (bzw. dem Betriebslastenzug mit dem zugehörigen dynamischen Faktor), mit den Windlasten, Seitenstoß und Zentrifugalkräften nach EC1-2, 6 und den Einflüssen aus Temperaturunterschieden in Querrichtung der Brücke zu überprüfen.

EC0 A.2.4.4.2.4 (1)P

Die maximal zulässige Querverformung ergibt sich zu:

$$\delta_{h,max} = \frac{L^2}{8 \cdot r} = \frac{12{,}50^2}{8 \cdot 6000} \cdot 10^3 = 3{,}3\ \text{mm}$$

V_E = 200 km/h
R_{min} = 6000 m
EC0 A.2.4.4.2.4 Tab. A.2.8
Gl. (A.2.)7

Die Horizontalverformung δ_h umfasst die Verformung des Über- und Unterbaus einschließlich der Gründung.

EC0 A.2.4.4.2.4.
Tab. A.2.8 Anm. 2

Unter Vernachlässigung des Einflusses der Unterbauten ergibt sich in Feldmitte bei x = 6,25 m für die Einzeleinwirkungen (die geringe Verformung infolge Torsionsmomenten wird vernachlässigt):

Auf der sicheren Seite liegend wird nur der Betonquerschnitt in Zustand II angesetzt:
$I_{cz,II} \approx I_{cz,I} \cdot 0,65$

- Horizontalverformung infolge der vertikalen Verkehrslasten des vereinfachten Lastmodells 71

$$\delta_{Qvk} = 0,00 \text{ mm}$$

- Horizontalverformung infolge Windlast

$$\delta_{Qwk} = \frac{q_{wk} \cdot l^4}{76,8 \cdot E_{cm} \cdot 0,65 \cdot I_{cz}} = \frac{7,98 \cdot 12,50^4}{76,8 \cdot 33000 \cdot 0,65 \cdot 15,948} \approx 0 \text{ mm}$$

q_{wk} = 7,98 kN/m
l = 12,50 m
E_{cm} = 33000 MN/m²
I_{cz} = 15,948 m⁴

- Horizontalverformung infolge Seitenstoß

$$\delta_{Qsk} = \frac{Q_{sk} \cdot l^3}{48 \cdot E_{cm} \cdot 0,65 \cdot I_{cz}} = \frac{100 \cdot 12,50^3}{48 \cdot 33000 \cdot 0,65 \cdot 15,948} \approx 0 \text{ mm}$$

Q_{sk} = 100,00 kN
l = 12,50 m
E_{cm} = 33000 MN/m²
I_{cz} = 15,948 m⁴

- Horizontalverformung infolge Fliehkräften der Grundlast

$$\delta_{qtk} = \frac{q_{tk} \cdot l^4}{76,8 \cdot E_{cm} \cdot 0,65 \cdot I_{cz}} = \frac{5,30 \cdot 12,50^4}{76,8 \cdot 33000 \cdot 0,65 \cdot 15,948} \approx 0 \text{ mm}$$

q_{tk} = 5,3 kN/m
l = 12,50 m
E_{cm} = 33000 MN/m²
I_{cz} = 15,948 m⁴

- Horizontalverformung infolge Fliehkräften der Überlast

$$\delta_{\Delta qtk} = \frac{\Delta q_{tk} \cdot l^2 \cdot (2 \cdot c \cdot l - c^2)}{76,8 \cdot E_{cm} \cdot 0,65 \cdot I_{cz}} = \frac{5,1 \cdot 12,50^2 \cdot (2 \cdot 6,40 \cdot 12,50 - 6,40^2)}{76,8 \cdot 33000 \cdot 0,65 \cdot 15,948}$$

$$\delta_{\Delta qtk} \approx 0 \text{ mm}$$

Δq_{tk} = 5,1 kN/m
l = 12,50 m
E_{cm} = 33000 MN/m²
I_{cz} = 15,948 m⁴
c = 6,40 m
c = Länge der Überlast

Anmerkung:

Bewehrte Elastomerlager haben ein Lagerspiel von ca. 2 mm. Dies ist zu den ermittelten elastischen Verformungen des Überbaus sowie der Unterbauten zu addieren. Für Überbauten mit fester Fahrbahn sind wesentlich strengere Verformungsgrenzen festgelegt.

Bei eingleisigen Brücken wird die Horizontalverformung entweder für den Seitenstoß oder infolge Fliehkräften berücksichtigt. Der größere Wert ist maßgebend.

- Horizontalverformung infolge horizontalem linearen Temperaturunterschied

$$\delta_{\Delta Tz} = \frac{\alpha_{Tc} \cdot \Delta T_{Mz} \cdot l^2}{8 \cdot b} = \frac{0{,}00001 \cdot 5 \cdot 12{,}50^2}{8 \cdot 4{,}42} \cdot 10^3 = 0{,}2 \text{ mm}$$

α_{Tc} = 0,00001 K^{-1} siehe EC2-1-1 3.1.3 (5)
ΔT_{Mz} = 5 K s. Abs. 2.2.1.3
l = 12,50 m
b = 4,42 m

- Nachweis der Begrenzung der Horizontalkrümmung

$$\delta_{h,tot} = \delta_{Qvk} + \delta_{Qwk} + \delta_{Qsk} + \delta_{\Delta Tz}$$
$$\delta_{h,tot} = 0 + 0 + 0 + 0{,}2 = 0{,}2 \text{ mm}$$

$$\delta_{h,tot} = 0{,}2 \text{ mm} < \delta_{h,max} = 3{,}3 \text{ mm}$$

Damit ist die Begrenzung der Horizontalverformung nachgewiesen.

Horizontale Winkeländerung

Die horizontale Winkeländerung ist aus Gründen der Verkehrssicherheit auf $\theta_{h,max}$ = 0,0020 rad zu begrenzen. Der Ermittlung liegen dieselben Einwirkungen wie für die Berechnung der Horizontalverformung zugrunde.

EC0 A.2.4.4.2.4 Tab. A2.8
V = 200 km/h

Der Nachweis erfolgt in der Auflagerachse in Schnitt x = 0.

– Horizontale Winkeländerung infolge der vertikalen Verkehrslasten des vereinfachten Lastmodells 71

$$\theta_{Qvk} = 0{,}00 \text{ mrad}$$

– Horizontale Winkeländerung infolge Windlast

$$\theta_{Qwk} = \frac{q_{wk} \cdot l^3}{24 \cdot E_{cm} \cdot 0{,}65 \cdot I_{cz}} = 0{,}002 \text{ mrad}$$

q_{wk} = 7,98 kN/m
l = 12,50 m
E_{cm} = 33000 MN/m²
I_{cz} = 15,948 m^4

– Horizontale Winkeländerung infolge Seitenstoß

$$\theta_{Qsk} = \frac{Q_{sk} \cdot a \cdot (l - a)}{6 \cdot E_{cm} \cdot 0{,}65 \cdot I_{cz}} \cdot \left(2 - \frac{a}{l}\right) = 0{,}003 \text{ mrad}$$

Q_{sk} = 100,00 kN
l = 12,50 m
E_{cm} = 33000 MN/m²
I_{cz} = 15,948 m^4
a = l/2

– Horizontale Winkeländerung infolge Fliehkräften der Grundlast

$$\theta_{qtk} = \frac{q_{tk} \cdot l^3}{24 \cdot E_{cm} \cdot 0{,}65 \cdot I_{cz}} = 0{,}001 \text{ mrad}$$

q_{tk} = 5,3 kN/m
l = 12,50 m
E_{cm} = 33000 MN/m²
I_{cz} = 15,948 m^4

– Horizontale Winkeländerung infolge Fliehkräften der Überlast

$$\theta_{\Delta qtk} = \frac{\Delta q_{tk} \cdot l \cdot a \cdot c}{6 \cdot E_{cm} \cdot 0{,}65 \cdot I_{cz}} \cdot \left(1 - \left(\frac{a}{l}\right)^2 - 0{,}25 \cdot \left(\frac{c}{l}\right)^2\right) = 0{,}001 \text{ mrad}$$

Δq_{tk} = 5,1 kN/m
l = 12,50 m
a = l/2
E_{cm} = 33000 MN/m²
I_{cz} = 15,948 m^4
c = 6,40 m
c = Länge der Überlast

– Horizontale Winkeländerung infolge horizontalem linearen Temperaturunterschied

$$\theta_{\Delta Tz} = \frac{\alpha_{Tc} \cdot \Delta T_{Mz} \cdot l}{2 \cdot b} = 0{,}000 \text{ rad/1000}$$

α_{Tc} = 0,00001 K^{-1}
ΔT_{Mz} = 5 K
l = 12,50 m
b = 4,42 m

– Nachweis der Begrenzung der horizontale Winkeländerung

$$\theta_{h,tot} = \theta_{Qvk} + \theta_{Qwk} + \theta_{Qsk} + \theta_{\Delta Tz} = 0{,}007 \text{ mrad}$$

$$\theta_{h,tot} = 0{,}007 \text{ mrad} \quad < \quad \theta_{h,max} = 2{,}00 \text{ mrad}$$

Damit ist die Begrenzung der horizontalen Winkeländerung eingehalten.

2.5.3.4 Begrenzung der Verwindung des Überbaus

EC0 A.2.4.4.2.2

Die Verwindung des Brückenüberbaus ist für die charakteristischen Werte des Lastmodells 71 sowie falls erforderlich SW/0 oder SW/2, multipliziert mit Φ und α, und das Lastmodell HSLM einschließlich der Einflüsse aus Fliehkraft, alle nach EC1-2, 6, zu berechnen. Die Verwindung muss an der Auffahrt zur Brücke, im Verlauf der Brücke und am Brückenende überprüft werden.

EC0 A.2.4.4.2.2 (1)P

Die maximale Verwindung t [mm/3 m] der Spurweite eines Gleises s [m] von 1,435 m, gemessen über die Länge von 3 m, sollte die in Tabelle EC0 A.2.4.4.2.2 A2.7 angegebenen Werte nicht überschreiten:

EC0 A.2.4.4.2.2 (2)

Somit ergibt sich:

$$G = \frac{E_{cm}}{2 \cdot (1+\nu)} = \frac{33000}{2 \cdot (1+0{,}2)} = 13750 \text{ MN/m}^2$$

G: Schubmodul des Betons
ν = 0,2 (Querdehnzahl)
EC2-1-1 3.1.3 (4)

$$\theta = \frac{|T_{qvk} + T_{qtk}| \cdot (l-x) \cdot x}{l \cdot G \cdot 0{,}8 \cdot I_{cT}} = \frac{|14-87| \cdot (12{,}50-3) \cdot 3}{12{,}50 \cdot 13750 \cdot 0{,}8 \cdot 2{,}361} \cdot 10^{-3}$$

$$\theta = 6{,}41 \cdot 10^{-6} \text{ m}^{-1}$$

T: linear interpoliert
T_{qvk} = 14 kNm siehe Tab. 8
T_{qtk} = -87 kNm siehe Tab. 14
l = 12,50 m
x = 3,0 m
I_{cT} = 2,361 m^4

Anmerkung:

Das Torsionsmoment des Lastmodells 71 stehend ist zwar größer, aber nicht maßgebend, da der Nachweis für den fahrenden Zug geführt wird.

Da die Torsionssteifigkeit bereits im Zustand I abfällt, wird die Torsionssteifigkeit mit dem Faktor 0,8 multipliziert.

z. B. Heft 240, DAfStb.1.4.2

$$t = \theta \cdot s / 3{,}0 \text{ m} = 6{,}41 \cdot 10^{-6} \cdot 1435 \text{ mm} / 3{,}0 \text{ m}$$

$$= 0{,}01 \text{ mm} / 3{,}0 \text{ m} \quad < \quad t_{max} = 3{,}0 \text{ mm} / 3{,}0 \text{ m}$$

s: Spurweite
s = 1,435 m = 1435 mm
V_E = 200 km/h

Der Nachweis der Begrenzung der Verwindung ist somit eingehalten.

2.5.4 Von der Bauart unabhängige Nachweise

In Ril 804.3101 werden zusätzliche, von der Bauart unabhängige Nachweise gefordert, die die Gebrauchstauglichkeit und Wirtschaftlichkeit betreffen.

2.5.4.1 Nachweise an den Überbaurändern

Ril 804.3101, Kap. 2 (1)

a) Verformung am Überbauende

Bei Schotterfahrbahnen dürfen die Verformungswege der oberen Kanten der Überbauenden in der Gleisachse infolge kurzzeitiger Einwirkungen infolge Verkehr folgenden, von der Stützweite und Entwurfsgeschwindigkeit abhängigen Grenzwert δ_L nicht überschreiten:

Ril 804.3101, Kap. 2, Tab. 2

für:
V_E = 200 km/h
L = 12,50 m
δ_3 = 4 mm
δ_{25} = 9 mm

$$\delta_L = \delta_3 + (L - 3) \cdot (\delta_{25} - \delta_3) / 22$$

$$= 4 + (12{,}50 - 3) \cdot (9 - 4) / 22$$

$$= 6{,}2 \text{ mm}$$

Dieser zulässige Verformungsweg ist mit dem Verformungsweg infolge der Vertikallastanteile von Lastgruppe 11 zu vergleichen.

Mit der Überstandslänge $l_ü$ = 0,95 m und der Endquerträgerhöhe h = 1,25 m ergibt sich mit dem in Abschnitt 3.5.2.3.2 ermittelten Enddrehwinkel θ_{Qvk} von 1,95 · 10^{-3} rad eine maximale Verformung am Überbauende von:

Ril 804.3101, Kap. 2, Bild 1

$\theta_{Qvk} = 1{,}95 \cdot 10^{-3}$ rad

dies entspricht:

$\theta_{Qvk} = 1{,}95 \cdot 10^{-3} \cdot 180 / 3{,}14$
$\theta_{Qvk} = 0{,}112$ °

$$\delta = [\Delta z^2 + \Delta x^2]^{1/2}$$

$$= [(ü \cdot \sin \theta_{Qvk})^2 + (h \cdot \sin \theta_{Qvk})^2]^{1/2}$$

$$= [(0{,}95 \cdot \sin(0{,}112))^2 + (1{,}25 \cdot \sin(0{,}112))^2]^{1/2} \cdot 10^3$$

$$= 3{,}1 \text{ mm} < \delta_L = 6{,}2 \text{ mm}$$

b) Verformung benachbarter Längsfugenränder

Ril 804.3101, Kap. 2 (4)

Falls über Längsfugen zwischen benachbarten Tragwerken Schotterbett verlegt wird, dürfen die vertikalen Verformungswege $\Delta\delta_z$ der Längsfugenränder infolge der Einwirkung aus Verkehr nicht größer sein als 3 cm.

Anmerkung:

In diesem Fall existiert für die Überführung der Bahnstrecke nur ein Tragwerk.

2.5.4.2 Überprüfung des Resonanzrisikos

Ril 804.3101, Kap. 3

Bei Zugfahrten über Eisenbahnbrücken kann das Tragwerk unter bestimmten Bedingungen (hohe Zuggeschwindigkeit, kurze Überbauten, Radsatzkonfiguration u. a.) wegen der in annähernd gleichem zeitlichen Abstand wirkenden Radsatzlasten zu Resonanz angeregt werden, wenn die Erregerfrequenz (oder ein Vielfaches davon) und eine Eigenfrequenz des Tragwerks übereinstimmen. Zur Gewährleistung ausreichender Tragsicherheit, Gebrauchstauglichkeit und Verkehrssicherheit kann es deshalb erforderlich sein, zusätzlich zur Bemessung für ϕ-fache statische Bemessungslasten eine dynamische Untersuchung durchzuführen.

In Abschnitt 2.2.1.2.1.1 wurde bereits nachgewiesen, dass auf zusätzliche dynamische Untersuchungen verzichtet werden kann.

2.6 Quersystem

2.6.1 Statisches Ersatzsystem

Im Quersystem wird ein Kragträger nachgewiesen. Der Brückenquerschnitt ist mit allen relevanten Abmessungen in Abbildung 18 dargestellt.

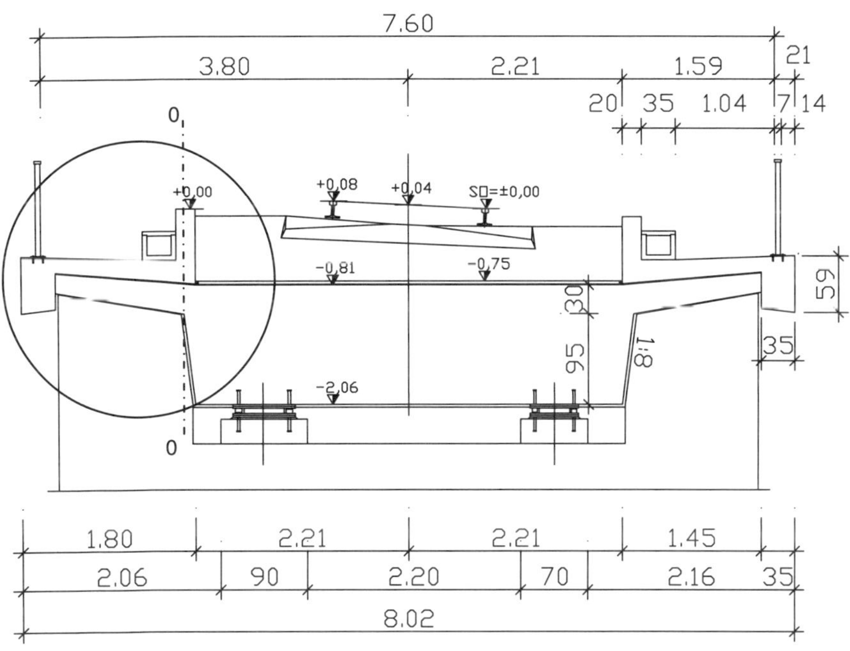

Abbildung 18 Überbauquerschnitt und Abmessungen

Für die Bemessung in Querrichtung wird ein Brückenabschnitt von 1,0 m Länge betrachtet. Alle nachfolgend angegebenen Querschnittswerte und Schnittgrößen beziehen sich daher auf einen 1,0 m breiten Bereich. Es wird der gekennzeichnete Schnitt 0 – 0 (Kragarmanschnitt) untersucht.

Das statische System ist ein Kragarm mit der Stützweite von $l_{eff} = l_n = 1{,}33$ m.

EC2-1-1 NCI Zu 5.3.2.2 (1)
Bild 5.4 f)

2.6.2 Charakteristische Werte der Einwirkungen und Schnittgrößen

Ständige Einwirkungen

Konstruktionseigenlast

G_{k1} $0{,}356 \cdot 25 = 8{,}90$ kN/m

$A_c = 0{,}356$ m²

Eigenlast der Kappe

Kappenbeton (anteilig): $25 \cdot 0{,}499 = 12{,}48$ kN/m
Kabelkanäle: $25 \cdot 0{,}0682 = 1{,}71$ kN/m
Geländer: $= 0{,}50$ kN/m

Kappe und Kabeltrog nach RZDB M-RKP 1604 804.9030
$A_{Kappe} = 0{,}499$ m² (anteilig)
$A_{Kabelkanäle} = 0{,}0682$ m²

Schnittgrößen am Anschnitt:

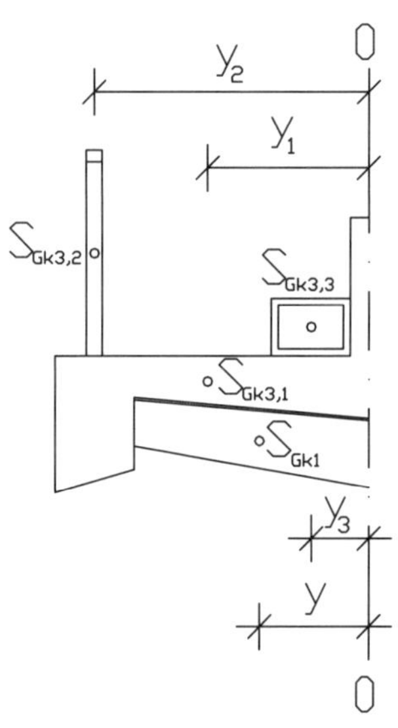

y: Abstand Schwerpunkt Kragarm bis Anschnitt
$y = 0{,}618$ m
y_1: Abstand Schwerpunkt Kappe bis Anschnitt
$y_1 = 0{,}921$ m
y_2: Abstand Geländer bis Anschnitt
$y_2 = 1{,}51$ m
y_3: Abstand Schwerpunkt Kabelkanal bis Anschnitt
$y_3 = 0{,}255$ m

Abbildung 19 Hebelarme der vertikalen Lasten (Eigengewicht)

$$M_{gk1,3} = -8{,}90 \cdot 0{,}618 - 12{,}48 \cdot 0{,}921 - 1{,}71 \cdot 0{,}255 - 0{,}50 \cdot 1{,}51 = -18{,}19 \text{ kNm/m}$$

$$V_{gk1,3} = -8{,}90 - 12{,}48 - 1{,}71 - 0{,}50 = -23{,}59 \text{ kN/m}$$

Veränderliche Einwirkungen

Verkehrslast auf Dienstwegen

siehe Abschn. 2.2.1.2.2.1

$q_{fk} = 5{,}00 \text{ kN/m}^2$

Schnittgrößen am Anschnitt:

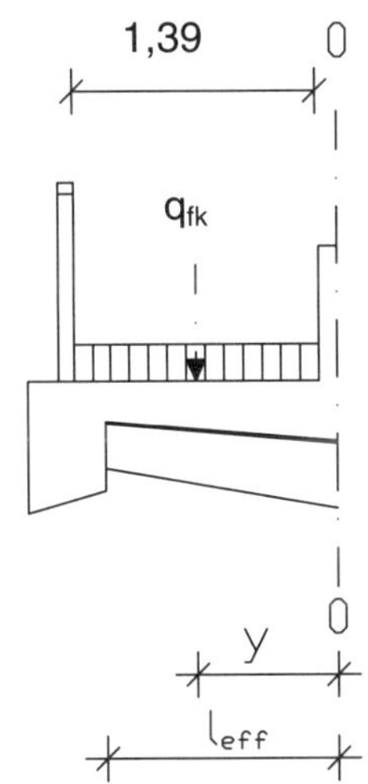

$b_{Dienstweg} = 1{,}39$ m
$l_{eff} = 1{,}33$ m
y - Abstand Schwerpunkt Linienlast bis Anschnitt Kragarm
$y = 1{,}39/2 + 0{,}08 = 0{,}78$ m

Abbildung 20 Hebelarm der Verkehrslast (Verkehr)

$M_{qfk} = -1{,}39 \cdot 5{,}00 \cdot 0{,}78 \quad = -5{,}42 \text{ kNm/m}$

$V_{qfk} = -1{,}39 \cdot 5{,}00 \quad = -6{,}95 \text{ kN/m}$

Fliehkräfte

siehe Abschn. 2.2.1.2.1.6

Annahme: Die Fliehkräfte greifen in Höhe UK Schwelle an.

abgemindertes Lastmodell 71:

Grundlast: $q_{tk} = 5{,}3$ kN/m mit q_{vk}, V_{max}, f = 0,743, L_f = 14,40 m

Überlast: $q_{tk} = 5{,}1$ kN/m mit q_{vk}, V_{max}, f = 0,743, L_f = 14,40 m

Schnittgrößen am Anschnitt:

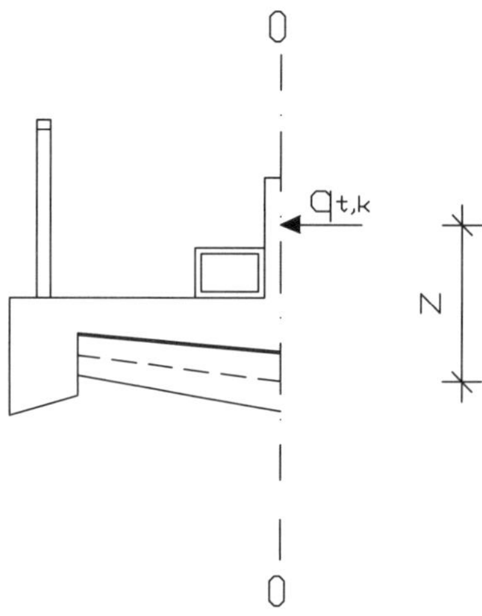

Abbildung 21 Hebelarm der horizontalen Belastung (Fliehkräfte)

Im Weiteren wird auf der sicheren Seite liegend davon ausgegangen, dass die Horizontalkräfte in Höhe Mitte Betonschwelle angreifen.
Damit ergibt sich der Abstand Mitte Schwelle am Schwellenende der hohen Seite zum Schwerpunkt des Kragarms am Anschnitt zu:

$z = 0{,}30/2 + 0{,}06 + 0{,}3 + 0{,}08 + 0{,}30/2 = 0{,}74$ m

halbe Höhe der Schwelle: 0,30 m/2
Schutzbeton + Dichtung: 0,06 m
Überhöhung: 0,08 m
Schotterhöhe unter Schwelle: 0,30 m
Schwerpunkt Kragarm: 0,30 m/2

Damit ergeben sich folgende Schnittgrößen am Kragarmanschnitt:

$M_{qtk} = -(5{,}3 + 5{,}1) \cdot 0{,}74 = -7{,}73$ kNm/m

$N_{qtk} = 10{,}40$ kN/m

Seitenstoß

siehe Abschn. 2.2.1.2.1.7

Der Seitenstoß wird am dem der Kappe zugewandten Schwellenende gleichmäßig auf eine Länge von 4,0 m verteilt. In der Kappe wird wegen eventuell vorhandener Raumfugen keine Verteilung angesetzt. Vom Kragarmende bis zum Kragarmanschnitt breitet sich der Seitenstoß beidseitig unter 45° auf eine Verteilungsbreite von:

$$L_v = 2 \cdot (4{,}42/2 - 2{,}60/2) + 4{,}0 + 2 \cdot 1{,}33 = 8{,}50 \text{ m} \text{ aus.}$$

halbe rechn. Balkenbreite: 4,42/2 m
halbe Schwellenlänge: 2,60/2 m
Grundverteilungslänge: 4,0 m
Kragarmlänge: 1,33 m

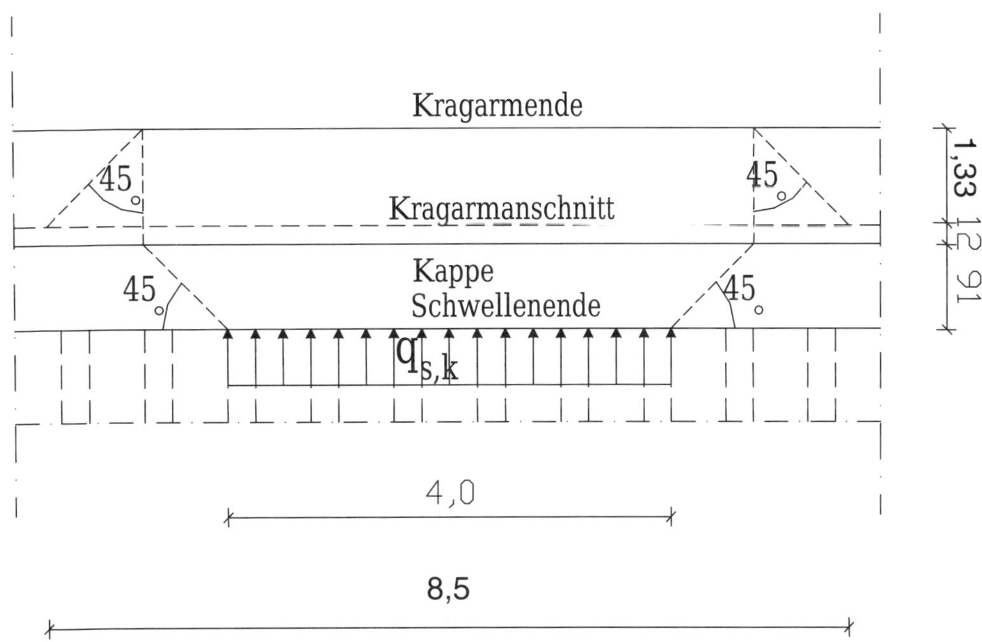

Abbildung 22 Verteilung und Ausbreitung des Seitenstoßes

$Q_{sk} = 100$ kN

Streckenlasten infolge Q_{sk} unter Berücksichtigung der Verteilung:

$q_{sk} = 100 / 8{,}5 = 11{,}76$ kN/m

Schnittgrößen am Anschnitt:

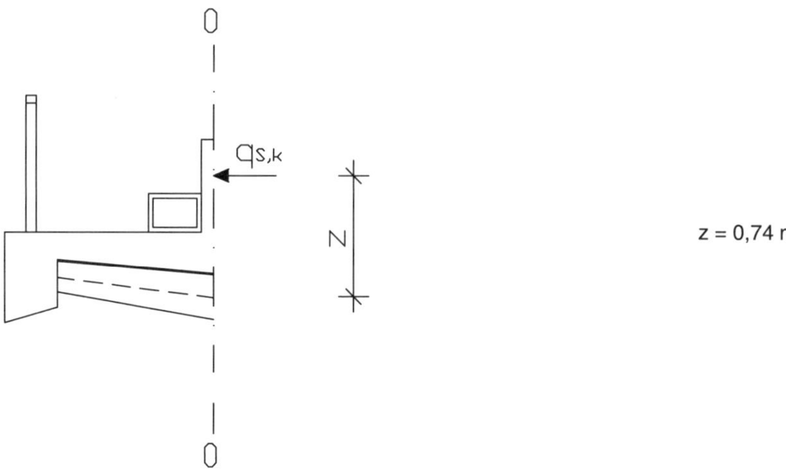

z = 0,74 m

Abbildung 23 Hebelarm der horizontalen Belastung (Seitenstoß)

$M_{qsk} = -11{,}76 \cdot 0{,}74 = -8{,}70$ kNm/m

$N_{qsk} = 11{,}76$ kN/m

Einwirkungen auf Geländer

siehe Abschn. 2.2.1.2.2.2

$q_{Gelk} = 0{,}8$ kN/m

Maßgebend ist die horizontale Last auf das Geländer.

Schnittgrößen am Anschnitt:

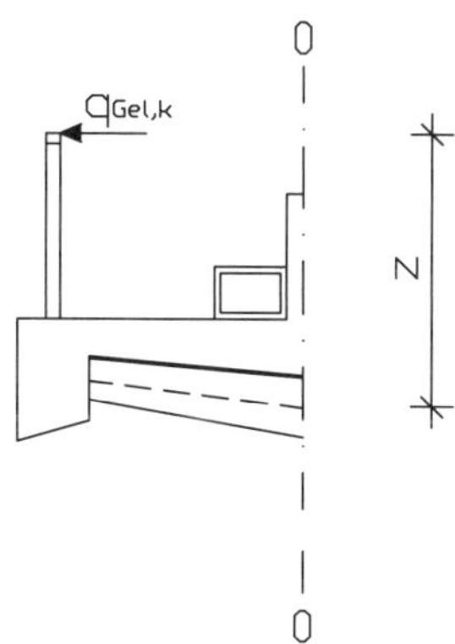

z: Abstand Schwerachse Kragarm bis OK Geländer
z = 1,31 m

Abbildung 24 Hebelarm der horizontalen Belastung (Geländer)

$M_{qGelk} = -0{,}80 \cdot 1{,}31 = -1{,}05$ kNm/m

$N_{qGelk} = 0{,}80$ kN/m

Windlasten

siehe Abschn. 2.2.1.4.1

$$w_k = 1{,}30\ \text{kN/m}^2 \cdot 4{,}0\ \text{m} = 5{,}20\ \text{kN/m}$$

w_k: Die Beanspruchung aus Wind bezogen auf 4,0 m Verkehrsbandhöhe

Annahme: Die Windlast greift wie die Zentrifugallast in Höhe UK Schwelle an.

Schnittgrößen am Anschnitt:

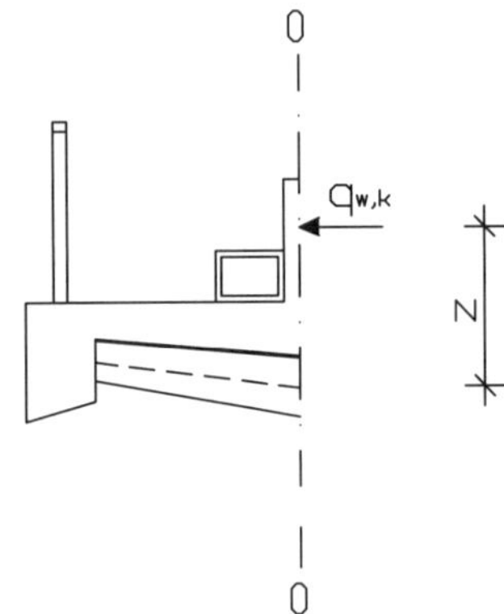

$z = 0{,}74$ m

Abbildung 25 Hebelarm der horizontalen Belastung (Windlasten)

$$M_{qwk} = -5{,}20 \cdot 0{,}74 = 3{,}85\ \text{kNm/m}$$

$$N_{qwk} = 5{,}20\ \text{kN/m}$$

2.6.3 Nachweise

2.6.3.1 Nachweise im Grenzzustand der Tragfähigkeit

a) Grenzzustand der Tragfähigkeit für Biegung mit Längskraft

EC2-2 6.1

Die Nachweise in den Grenzzuständen der Tragfähigkeit erfolgen im maßgebenden Schnitt 0 - 0.

– Lastmodell 71:

maßgebende Leiteinwirkung: Lastgruppe 12 (LM 71 + Fliehkraft + Seitenstoß + 0,5 · Last aus Anfahren und Bremsen)

$$N_{Ed} = \gamma_{q1} \cdot N_{qk\,gr12} + \gamma_{q2} \cdot \psi_{02} \cdot N_{qGelk} + \gamma_{q3} \cdot \psi_{03} \cdot N_{qwk}$$
$$= \gamma_{q1} \cdot (1{,}0 \cdot N_{qtk} + 1{,}0 \cdot N_{qsk}) + \gamma_{q2} \cdot \psi_{02} \cdot N_{qwk} + \gamma_{q3} \cdot \psi_{03} \cdot N_{qGelk}$$

$\gamma_g =$ 1,35
$\gamma_{q1} =$ 1,45
$\gamma_{q2,3,4} =$ 1,50
$\psi_{02} =$ 0,80
$\psi_{03} =$ 0,80
$\psi_{04} =$ 0,75

siehe
EC0/NA/A1 Tab. NA.A2.1
EC0/NA Tab. A2.3

$$M_{Ed} = \gamma_g \cdot M_{gk1,3} + \gamma_{q1} \cdot M_{qk\,gr12} + \gamma_{q2} \cdot \psi_{02} \cdot M_{qfk} + \gamma_{q3} \cdot \psi_{03} \cdot M_{qGel\,k} + \gamma_{q4} \cdot \psi_{04} \cdot M_{qwk}$$
$$= \gamma_g \cdot M_{gk1,3} + \gamma_{q1} \cdot (1{,}0 \cdot M_{qtk} + 1{,}0 \cdot M_{qsk}) + \gamma_{q2} \cdot \psi_{02} \cdot M_{qfk} + \gamma_{q3} \cdot \psi_{03} \cdot M_{qGelk} + \gamma_{q4} \cdot \psi_{04} \cdot M_{qwk}$$

Anmerkung:

Gemäß ELTB Anlage Ei 8.2/1 ist abweichend zu DIN EN 1990 Tab. NA.A2.1 für die vertikalen Einwirkungen aus Fußgängerverkehr ein Teilsicherheitsbeiwert von γ_Q = 1,50 (statt 1,35) in allen ständigen und vorübergehenden Bemessungssituationen anzusetzen. Vereinfachend wurde dieser Ansatz auch für die horizontalen Einwirkungen auf das Geländer gewählt.

Tabelle 30 Bemessungsschnittgrößen infolge ständiger und vorübergehender Bemessungssituation

	ständige EW	Leiteinwirkung (LGr.12)		Begleiteinwirkungen			
Einwirkung	$\gamma_g \cdot g_{k1,3}$	$\gamma_{q1} \cdot q_{tk}$	$\gamma_{q1} \cdot q_{sk}$	$\gamma_{q2} \cdot \psi_{02} \cdot q_{fk}$	$\gamma_{q3} \cdot \psi_{03} \cdot q_{Gelk}$	$\gamma_{q4} \cdot \psi_{04} \cdot q_{wk}$	E_d
M_{Ed} [kNm/m]	-24,56	11,17	12,62	-6,50	-1,26	-4,33	-60,44
N_{Ed} [kN/m]	0,00	15,08	17,05	0,00	0,96	5,85	38,94

Die Bemessung erfolgt für einen Rechteckquerschnitt b/h/d = 1,00/0,30/0,25 m.

– bezogene Schnittgrößen:

nom c = 4,5 cm
∅ =12 mm
$d = h - \text{nom } c - \varnothing/2 = 0{,}25$ m
$d_1 = \text{nom } c - \varnothing/2 = 0{,}05$ m
$z_s = h/2 - d_1 = 0{,}10$ m

$$M_{Eds} = M_{Ed} - N_{Ed} \cdot z_s$$
$$M_{Eds} = 0{,}057 \text{ MNm/m}$$

$$\mu_{Eds} = \frac{M_{Eds}}{b \cdot d^2 \cdot f_{cd}} = 0{,}053$$

b = 1,00 m
f_{cd} = 17,0 MN/m²

– Biegezugbewehrung:

ω = 0,055 (interpoliert)

$$a_{s,req} = \frac{1}{f_{yd}} \cdot (\omega \cdot b \cdot d \cdot f_{cd} + N_{Ed})$$

f_{cd} = 17,0 MN/m²
f_{yd} = 435 MN/m²

$a_{s,req}$ = 6,27 cm²/m

Gewählt: ∅ 12, e = 15 cm, $a_{s,prov}$ = 7,54 cm²/m
Längsrichtung oben und unten: ∅ 10, e = 10 cm
$a_{s,prov}$ = 7,85 cm²/m

b) Grenzzustand der Tragfähigkeit für Querkraft

EC2-2 6.2

Für den Querkraftnachweis ergibt sich folgende Bemessungsschnittgröße:

γ_g = 1,35
γ_{q2} = 1,50
ψ_{02} = 0,80

siehe
EC0/NA/A1 Tab. NA.A2.1
EC0/NA Tab. A2.3

$$V_{Ed} = \gamma_g \cdot V_{gk1,3} + \gamma_{q2} \cdot \psi_{02} \cdot V_{qfk}$$

Tabelle 31 Bemessungsschnittgrößen infolge ständiger und vorübergehender Bemessungssituation

	ständige EW	Leiteinwirkung (LGr.12)		Begleiteinwirkungen			
Einwirkung	$\gamma_g \cdot g_{d1,3}$	$\gamma_{q1} \cdot q_{td}$	$\gamma_{q1} \cdot q_{sd}$	$\gamma_{q2} \cdot \psi_{02} \cdot q_{fk}$	$\gamma_{q3} \cdot \psi_{03} \cdot q_{Gelk}$	$\gamma_{q4} \cdot \psi_{04} \cdot q_{wk}$	E_d
V_{Ed} [kN/m]	-31,85	0,00	0,00	-8,34	0,00	0,00	-40,19

Für einen Plattenquerschnitt ist keine Schubbewehrung erforderlich, wenn die folgende Bedingung eingehalten ist: EC2-1-1 Kap. 6.2.2

$$V_{Ed} \leq V_{Rd,c}$$

Der Bemessungswert für den Querkraftwiderstand $V_{Rd,c}$ darf wie folgt ermittelt werden: EC2-2 6.2.2 (101)

$$V_{Rd,c} = [C_{Rd,c} \cdot k \cdot (100 \cdot \rho_i \cdot f_{ck})^{1/3} + \kappa_1 \cdot \sigma_{cp}] \cdot d \cdot b_w$$

EC2-2 6.2.2 (101) Gl. (6.2.a)

mit mindestens:

$$V_{Rd,c} = [v_{min} + \kappa_1 \cdot \sigma_{cp}] \cdot d \cdot b_w$$

EC2-2 6.2.2 (101) Gl. (6.2.b)

Dabei ist

$C_{Rd,c} = 0{,}15 / \gamma_c = 0{,}15 / 1{,}5 = 0{,}10$ EC2-2 NDP Zu 6.2.2 (101)

$\kappa_1 = 0{,}12$ EC2-2 NDP Zu 6.2.2 (101)

k Beiwert für den Einfluss der Bauteilhöhe EC2-2 6.2.2 (101)

$k = 1 + (200 / d)^{1/2} \leq 2{,}0$ mit d [mm]

f_{ck} = 30 MN/m²
γ_c = 1,5

$k = 1 + (200 / 250)^{1/2} = 1{,}89 < 2{,}0$

A_{sl} – die Fläche der Zugbewehrung, die mit ≥ (l_{bd} + d) über den betrachteten Querschnitt hinaus geführt wird

ρ_l Längsbewehrungsgrad EC2-2 6.2.2 (101)

a_{sl} = $a_{s,prov}$ = 7,54 cm²/m
d = 0,25 m
b_w = 100 cm

$\rho_l = a_{sl} / b_w \cdot d \leq 0{,}02$

$\rho_l = 7{,}85 / (100 \cdot 25) = 0{,}003 < 0{,}02$ EC2-2 6.2.2 (101)

σ_{cp} Betondruckspannung im Schwerpunkt infolge Normalkraft und/oder Vorspannung

N_{Ed} = 38,94 kN
A_c = 0,30 m²

mit $\sigma_{cp} = N_{Ed} / A_c < 0{,}2 \cdot f_{cd}$ in N/mm²

$\sigma_{cp} = 0{,}039 / 0{,}3 = 0{,}13$ MN/m²

$v_{min} = (0{,}0525 / \gamma_c) \cdot k^{3/2} \cdot f_{ck}^{1/2}$ für $d \leq 600$ mm — EC2-2 NDP Zu 6.2.2 (101) Gl. (NA.6.3a)

$= (0{,}0375 / \gamma_c) \cdot k^{3/2} \cdot f_{ck}^{1/2}$ für $d > 800$ mm — EC2-2 NDP Zu 6.2.2 (101) Gl. (NA.6.3b)

Für 600 mm < d ≤ 800 mm darf linear interpoliert werden.

$v_{min} = (0{,}0525 / 1{,}5) \cdot 1{,}89^{3/2} \cdot 30^{1/2} = 0{,}498$ MN/m²

EC2-2 6.2.2 (101) Gl. (6.2.a)

$V_{Rd,c} = [0{,}10 \cdot 1{,}89 \cdot (100 \cdot 0{,}003 \cdot 30)^{1/3} - 0{,}12 \cdot 0{,}13] \cdot 1 \cdot 0{,}25$

$= 0{,}094$ MN/m

mit mindestens:

EC2-2 6.2.2 (101) Gl. (6.2.b)

$V_{Rd,c} = [0{,}498 - 0{,}12 \cdot 0{,}13] \cdot 1{,}0 \cdot 0{,}25$

$= 0{,}121$ MN/m ⇒ maßgebend

$V_{Ed} = 0{,}041$ MN/m < $V_{Rd,c} = 0{,}121$ MN/m

Eine Schubbewehrung ist somit nicht erforderlich. Ein Nachweis der Betondruckstrebe kann hier entfallen.

Ermüdungsnachweise können ebenfalls entfallen, da der ermüdungswirksame Schnittgrößenanteil gering ist.

2.6.3.2 Nachweise im Grenzzustand der Gebrauchstauglichkeit

EC2-2 7

a) Spannungsbegrenzung für Biegung mit Längskraft

EC2-2 7.2

Bei der Ermittlung von Spannungen und Verformungen ist in der Regel von ungerissenen Querschnitten auszugehen, wenn die Biegezugspannung $f_{ct,eff}$ nicht überschreitet. Der Wert für $f_{ct,eff}$ darf zu f_{ctm} oder $f_{ctm,fl}$ angenommen werden, wenn die Berechnung der Mindestzugbewehrung auch auf Grundlage dieses Wertes erfolgt. Für die Nachweise von Rissbreiten und bei der Berücksichtigung der Mitwirkung des Betons auf Zug ist in der Regel f_{ctm} zu verwenden.

EC2-2 7.1 (2)

Die Biegezugspannung ist unter der seltenen Einwirkungskombination zu ermitteln.

EC2-2 NCI zu 7.1 (2)

$$\sigma_{cd,max} = f_{ctm}$$

f_{ctm} siehe Abschn. 1.2.4

– Bemessungsschnittgrößen unter seltener (charakteristischer) Einwirkungskombination

maßgebende Leiteinwirkung: Lastgruppe 12 (LM 71 + Fliehkraft + Seitenstoß + 0,5 · Last aus Anfahren und Bremsen)

$$M_{Ed} = M_{gd1,3} + M_{qLgr12} + \psi_{01} \cdot M_{qfk} + \psi_{02} \cdot M_{qGelk} + \psi_{03} \cdot M_{qwk}$$

$$N_{Ed} = N_{gd1,3} + N_{qLgr12} + \psi_{01} \cdot N_{qfk} + \psi_{02} \cdot N_{qGelk} + \psi_{03} \cdot N_{qwk}$$

$\Psi_{01} = 0{,}8$
$\Psi_{02} = 0{,}8$
$\Psi_{03} = 0{,}75$
siehe EC0/NA Tab. A2.3

Tabelle 32 Bemessungsschnittgrößen unter seltener Einwirkungskombination

	ständige EW	Leiteinwirkung (LGr.12)		Begleiteinwirkungen			
Einwirkung	$g_{d1,3}$	q_{td}	q_{sd}	$\psi_{01} \cdot q_{fk}$	$\psi_{02} \cdot q_{Gelk}$	$\psi_{03} \cdot q_{wk}$	E_d
M_{Ed} [kNm/m]	-18,19	-7,70	-8,70	-4,33	-0,84	-2,89	-42,65
N_{Ed} [kN/m]	0,00	10,40	11,76	0,00	0,64	3,90	26,70

– Ermittlung der Betonzugspannungen (oberer Rand):

$$\sigma_{co} = \frac{N_{Ed}}{A_c} + \frac{M_{Ed}}{W_{co}} = 2{,}93 \text{ MN/m}^2$$

$A_c = 0{,}30 \text{ m}^2$
$W_{co} = 1{,}0 \cdot 0{,}30^2 / 6 = 0{,}015 \text{ m}^3$

$$2{,}93 \text{ MN/m}^2 \approx f_{ctm} = 2{,}90 \text{ MN/m}^2$$

$f_{ctm} = 2{,}9 \text{ MN/m}^2$

Auf der sicheren Seite liegend erfolgen die Nachweise der zulässigen Betondruckspannungen und der zulässigen Stahlzugspannungen in der charakteristischen Einwirkungskombination im Zustand II.

Die Betondruckspannung im Zustand II ergibt sich zu:

$$\sigma^{II}_{cd} = \frac{-2 \cdot M_{Ed}}{x \cdot z \cdot b}$$

α_e - Verhältnis der E-Module des Stahls und des Betons

$E_S = 200000$ MN/m²
$E_{cm} = 33000$ MN/m²
$\varphi = 2{,}00$
siehe Abschn. 1.2.4

$$\alpha_e = \left(\frac{E_S}{E_{cm}/(1+\varphi)} \cdot M_G + \frac{E_S}{E_{cm}} \cdot M_Q \right) \cdot \frac{1}{M_G + M_Q} = 11{,}23$$

$M_G = 18{,}19$ kNm
$M_Q = 24{,}46$ kNm

x - Höhe der Druckzone im gerissenen Querschnitt
z - innerer Hebelarm der Kräfte

$a_{s1} = 7{,}54$ cm²/m

b = 100 cm
d = 25 cm

$$x = \frac{\alpha_e \cdot a_{s1}}{b} \cdot \left[-1 + \sqrt{1 + \frac{2 \cdot b \cdot d}{\alpha_e \cdot a_{s1}}} \right] = 5{,}7 \text{ cm}$$

$$z = d - \frac{x}{3} = 23{,}1 \text{ cm}$$

– Nachweis der Spannungsbegrenzung

$$\sigma^{II}_{cd} = \frac{-2 \cdot M_{Ed}}{x \cdot z \cdot b} = -6{,}48 \text{ MN/m}^2$$

$|-6{,}48|$ MN/m² $<$ $0{,}6 \cdot f_{ck} = 18{,}00$ MN/m²

EC2-2 7.2 (102) und
EC2-2 NDP zu 7.2 (102)

Der Nachweis ist erbracht.

$f_{ck} = 30$ MN/m²

– Nachweis der Stahlzugspannung:

Nach den Berechnungsansätzen des Zustandes II ergibt sich die Stahlspannung σ_s bei reiner Biegung zu:

M_{Ed} = 42,65 kNm/m

a_{s1} = 7,54 cm²

z = 23,1 cm

$$\sigma_s = \frac{M_{Ed}}{a_{s1} \cdot z}$$

$$\sigma_s = \frac{M_{Ed}}{a_{s1} \cdot z} = 244{,}87 \text{ MN/m}^2$$

EC2-2 7.2 (5) und
EC2-2 NDP zu 7.2 (5)

f_{yk} = 500 MN/m²

$$244{,}87 \text{ MN/m}^2 < 0{,}8 \cdot f_{yk} = 400 \text{ MN/m}^2$$

b) Mindestbewehrung zur Rissbreitenbeschränkung

Die Zugspannungen im Querschnitt des Kragarms überschreiten in der seltenen (charakteristischen) Einwirkungskombination den mittleren Wert der Zugfestigkeit f_{ctm} geringfügig. Der Querschnitt wird auf der sicheren Seite liegend im Zustand II nachgewiesen.

Bei Eisenbahnbrücken ist die Rissbreitenbegrenzung in Querrichtung unter häufiger Einwirkungskombination für Stahlbeton mit dem Bemessungswert der Rissbreite w_{max} = 0,2 mm nachzuweisen.

EC2-2 NDP zu 7.3.1 (105)
Tab. 7.102DE

maßgebende Leiteinwirkung: Lastgruppe 12 (LM 71 + Fliehkraft + Seitenstoß + 0,5 · Last aus Anfahren und Bremsen)

Ψ_{11} = 0,80
$\Psi_{22,23,24}$ = 0
siehe EC0/NA Tab. A2.3

Tabelle 33 Bemessungsschnittgrößen unter häufiger Einwirkungskombination

	ständige EW	Leiteinwirkung (LGr.12)		Begleiteinwirkungen			
Einwirkung	$g_{d1,3}$	$\psi_{11} \cdot q_{tk}$	$\psi_{11} \cdot q_{sk}$	$\psi_{22} \cdot q_{fk}$	$\psi_{23} \cdot q_{Gelk}$	$\psi_{24} \cdot q_{wk}$	E_d
M_{Ed} [kNm/m]	-18,19	-6,16	-6,96	0,00	0,00	0,00	-31,31
N_{Ed} [kN/m]	0,00	8,32	9,41	0,00	0,00	0,00	17,73

Oberer Querschnittsrand (Biegung mit Längskraft)

- Schwerpunktsspannung aus äußerer Last:

$$\sigma_{cS} = \frac{N_{Ed}}{A_c} = 0{,}06 \text{ MN/m}^2$$

$N_{Ed} = 0{,}018$ MN/m
häufige Einwirkungskombination
$A_c = 0{,}30$ m²

- Höhe der Zugzone:

$f_{ctm} = 2{,}9$ MN/m²
h = 0,30 m

$$h - x = \frac{f_{ctm}}{f_{ctm} - \sigma_{cS}} \cdot \frac{h}{2} = 0{,}153 \text{ m}$$

b = 1,00 m

- Fläche der Zugzone:

$$A_{ct} = (h - x) \cdot b = 0{,}153 \text{ m}^2$$

$$a_s = k_c \cdot k \cdot f_{ct,eff} \cdot \frac{A_{ct}}{\sigma_s}$$

EC2-2 Kap. 7.3.2 Gl. (7.1)

$$k_c = 0{,}4 \cdot \left[1 + \frac{\sigma_c}{k_1 \cdot \frac{h}{h^*} f_{ct,eff}}\right] \leq 1{,}0$$

EC2-2 Kap. 7.3.2 Gl. (7.2)

σ_c = 0,06 MN/m²
$f_{ct,eff}$ = f_{ctm} = 2,9 MN/m²
h^* = h für h < 1,0 m
k_1 = 2 · h* / 3 · h für Zugnormalkraft

k_c = 0,41 < 1,0

k = 0,8 für h ≤ 300 mm

⇒ w_{max} = 0,2 mm

EC2-2 Kap. 7.3.1 Tab. 7.102DE

Vorhandener Stabdurchmesser: ϕ_s = 12 mm

Grenzdurchmesser:

$$\phi_s^* = \frac{\phi_s \cdot 4 \cdot (h-d) \cdot 2{,}9}{k_c \cdot k \cdot h_{cr} \cdot f_{ct,eff}} \le \frac{\phi_s \cdot 2{,}9}{f_{ct,eff}} = \frac{12 \cdot 4 \cdot (0{,}3-0{,}25) \cdot 2{,}9}{0{,}41 \cdot 0{,}8 \cdot 0{,}153 \cdot 3{,}00} \le \frac{12 \cdot 2{,}9}{3{,}0}$$

EC2-2 Kap. 7.3.2 Gl. (7.6DE)

d = 25 cm
h_c = Höhe der Zugzone
$h_c = z_c$ = 0,153 m

$$\phi_s^* = 46 \le \underline{11{,}6\ \text{mm}}$$

Zugehörige Stahlspannung:

$$\sigma_s = \sqrt{w_k \cdot \frac{3{,}48 \cdot 10^6}{\phi_s^*}} = \sqrt{0{,}2 \cdot \frac{3{,}48 \cdot 10^6}{11{,}6}} = 245\,\text{MN/m}^2$$

EC2-2 Kap. 7.3.2 Tab. 7.2DE

Mindestbewehrung:

$$a_s = 0{,}41 \cdot 0{,}8 \cdot 3{,}0 \cdot \frac{0{,}153}{245} \cdot 10^4 = 6{,}15\ \text{cm}^2/\text{m}$$

Obere Biegezugbewehrung des Kragarms

a_s = 7,54 cm²/m > a_s = 6,15 cm²/m

Die Bewehrung zur Beschränkung der Rissbreite ist geringer als die statisch erforderliche Biegebewehrung am oberen Rand des Kragarms. In diesen Bereichen wird sie nicht maßgebend.

c) Beschränkung der Rissbreite

Maßgebende Einwirkungskombination:

EC2-2 Kap. 7.3.1 Tab. 7.102DE

⇒ häufige EWK
⇒ w_{max} = 0,2 mm

Die Stahlspannung ergibt sich zu:

$$\sigma_s = \left(\frac{M_{Eds}}{z} + N_{Ed}\right) \cdot \frac{1}{A_{s1}}$$

M_{Ed} = 0,0313 MNm/m
N_{Ed} = 0,0177 MN/m

mit: $M_{Eds} = M_{Ed} - N_{Ed} \cdot z_{s1} = 0{,}030$ MNm/m
$z \cong 0{,}9 \cdot d$
$z_{s1} = 0{,}10$ m
$d = 25$ cm
$A_{s1} = 7{,}54$ cm²/m

$\sigma_s = 197{,}54$ MN/m²

Die Rissbildung resultiert überwiegend aus direkter Einwirkung (Lastbeanspruchung).Für den Nachweis zur Beschränkung der Rissbreite ist die Tabelle 7.3N ist nicht anzuwenden. Der Nachweis erfolgt nach Tabelle 7.2 DE über die Begrenzung des Stabdurchmessers.

ELTB Anlage Ei 8.2/2

Der zulässige Grenzdurchmesser ergibt sich zu:

$$\phi_s^* = \frac{w_k \cdot 3{,}48 \cdot 10^6}{\sigma_s^{\ 2}} = \frac{0{,}2 \cdot 3{,}48 \cdot 10^6}{197{,}54^2} = 17{,}8\,\text{mm}$$

EC2-1-1 NDP zu 7.3.3 (2)
Tab. 7.2.DE

Zur Einhaltung einer Rissbreite $w_{max} = 0{,}2$ mm für Stahlbeton ergibt sich der zulässige Stabdurchmesser zu:

$$\phi_s = \frac{\phi_s^* \cdot \sigma_s \cdot A_s}{4 \cdot (h-d) \cdot 2{,}9 \cdot b} \geq \frac{\phi_s^* \cdot f_{ct,eff}}{2{,}9}$$

EC2-1-1 NCI zu 7.3.3 (2) Gl. (7.7.1DE)

$$\phi_s = \frac{17{,}8 \cdot 197{,}54 \cdot 7{,}54 \cdot 10^{-4}}{4 \cdot (0{,}30 - 0{,}25) \cdot 2{,}9 \cdot 1{,}00} \geq \frac{17{,}8 \cdot 3{,}0}{2{,}9}$$

$$\phi_s = 4{,}6 < \underline{18{,}4}\ \text{mm}$$

vorh. $\phi_s = 12$ mm < grenz. $\phi_s = 18{,}4$ mm

Der Nachweis zur Beschränkung der Rissbreite ist erbracht.

Die Begrenzung der Schubrissbreite darf ohne weiteren Nachweis als sichergestellt angenommen werden, wenn die Bewehrungsrichtlinien nach EC2-1-1 8.5 und die Konstruktionsregeln nach EC2-1-1 9.2.2 sowie EC 2-1-1 9.2.3 eingehalten sind. Dies ist hier der Fall.

2.6.4 Konstruktive Anforderungen

EC2-2 NCI zu 9.3.1.4 (1)

Bei Brücken ist als Mindestbewehrung am Außenrand von Kragplatten in einem 1 m breiten Streifen eine Längsbewehrung von insgesamt 0,8 % des Bruttoquerschnitts dieses Randstreifens anzuordnen.

Die Bewehrung ist oben und unten mit gleichen Durchmessern ungeschwächt in Abständen von s ≤ 100 mm einzubauen. Bei Kragarmlängen unter 1 m ist der vorhandene Betonquerschnitt maßgebend.

Die Höhe im Abstand von 1 m vom freien Rand vom Kragarm ergibt sich zu:

Kragarmlänge: l = 1,45 m

Höhe am Kragarmanschnitt: h_1 = 0,3 m

Höhe am freien Rand: h_2 = 0,2 m

$$h_3 = h_2 + \left(\frac{(h_1 - h_2)}{l} \cdot 1{,}00 \right) = 26{,}9 \text{ cm}$$

$$A_c = \frac{(h_3 + h_2)}{2} \cdot 100 = 2345 \text{ cm}^2$$

A_c: Fläche vom 1 m breiten Kragarmquerschnitt

$$a_{s,min} = 0{,}008 \cdot 2345 = 18{,}76 \text{ cm}^2$$

$a_{s,min}$: erforderliche Mindestbewehrung

Vorhandene Bewehrung: Ø 10 - 10 + 2 Ø 20

$a_{s,vorh}$: vorhandener Bewehrungsquerschnitt

$$a_{s,vorh} = 2 \cdot 9 \cdot 0{,}79 + 2 \cdot 3{,}14 = 20{,}50 \text{ cm}^2 > 18{,}76 \text{ cm}^2$$

2.7 Bewehrungsskizze in Feldmitte

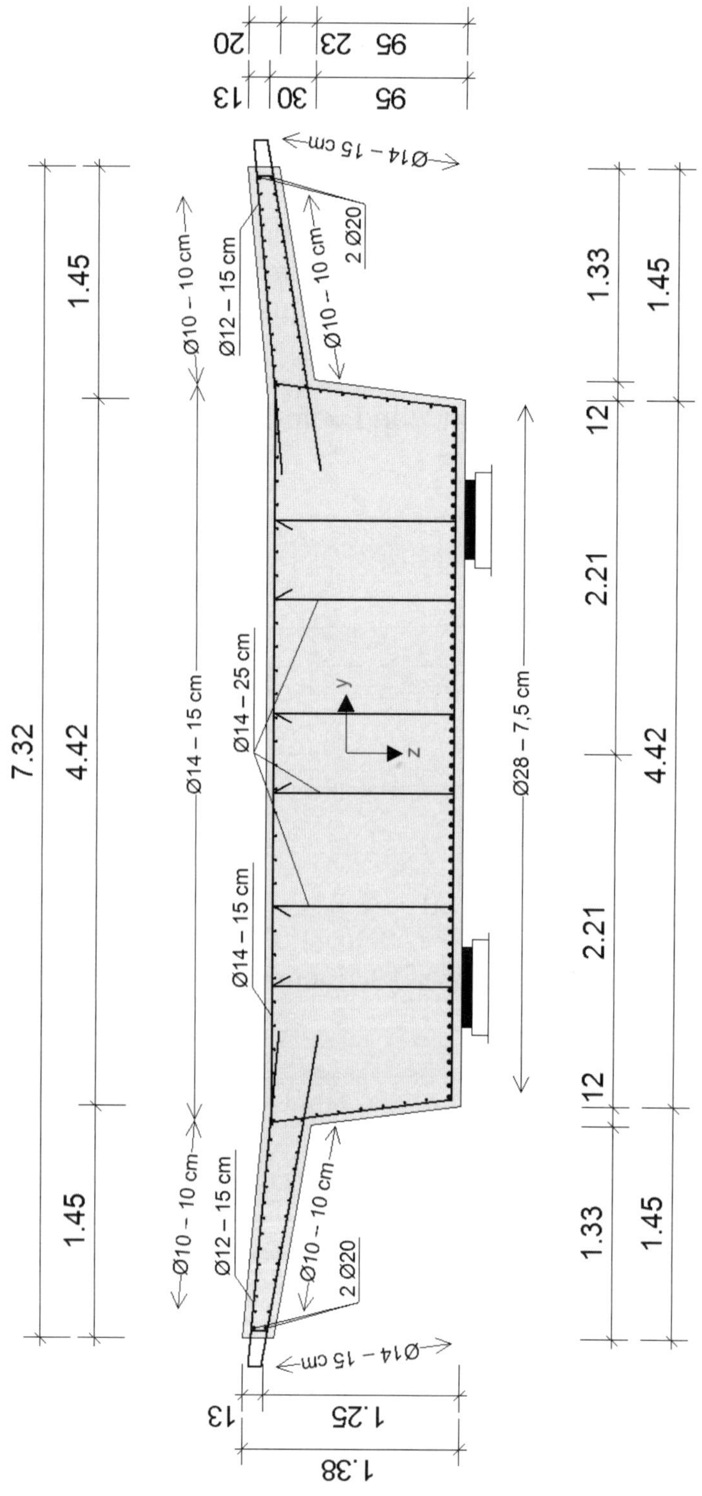

Abbildung 26 Bewehrungsskizze in Feldmitte

2.8 Lager

2.8.1 Darstellung des Lagerschemas

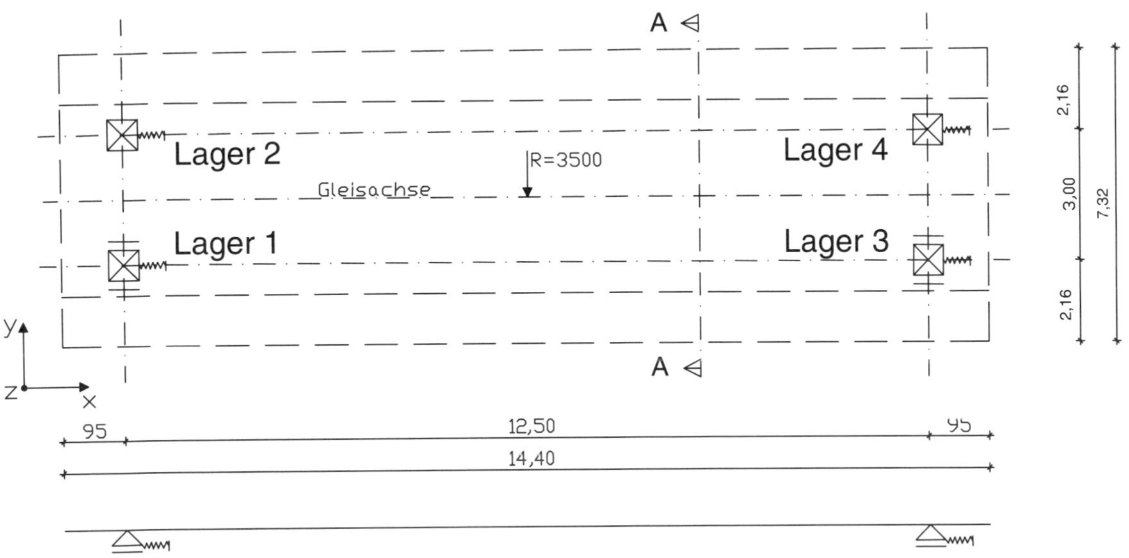

Abbildung 27 Lagerschema

Lager 1 bis 4: Elastomerlager a / b / t = 400 / 500 / 96 mm

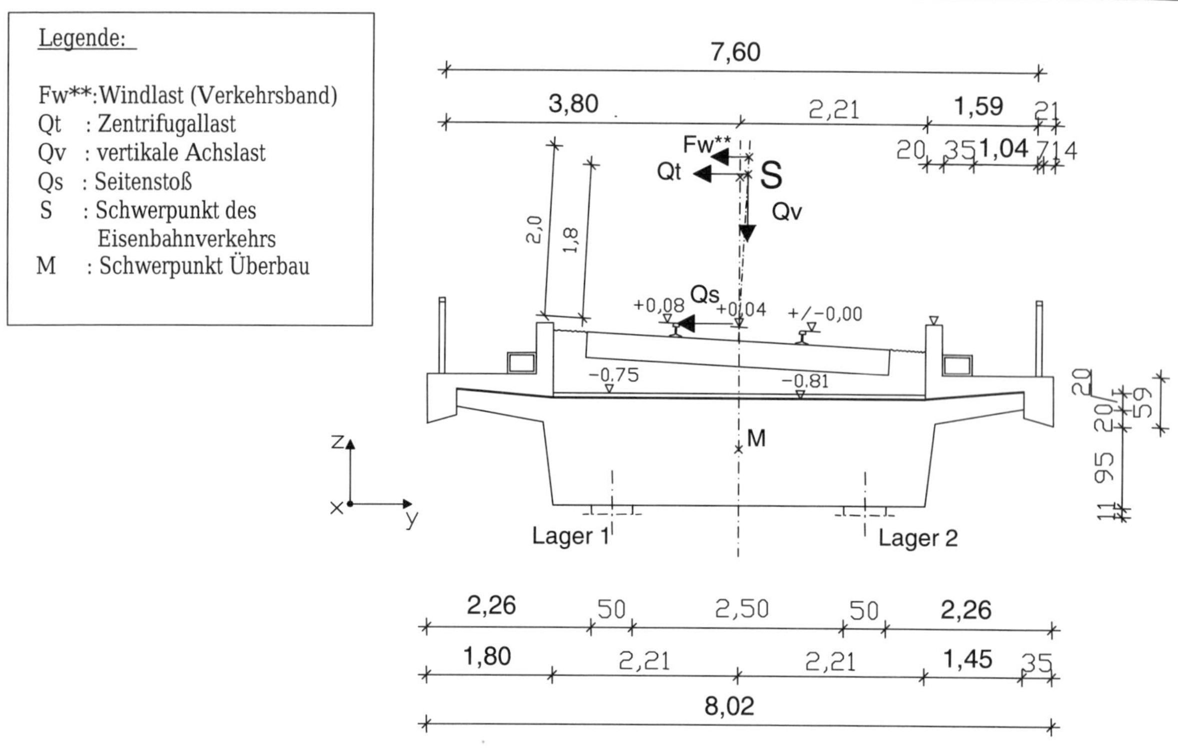

Abbildung 28 Schnitt A-A

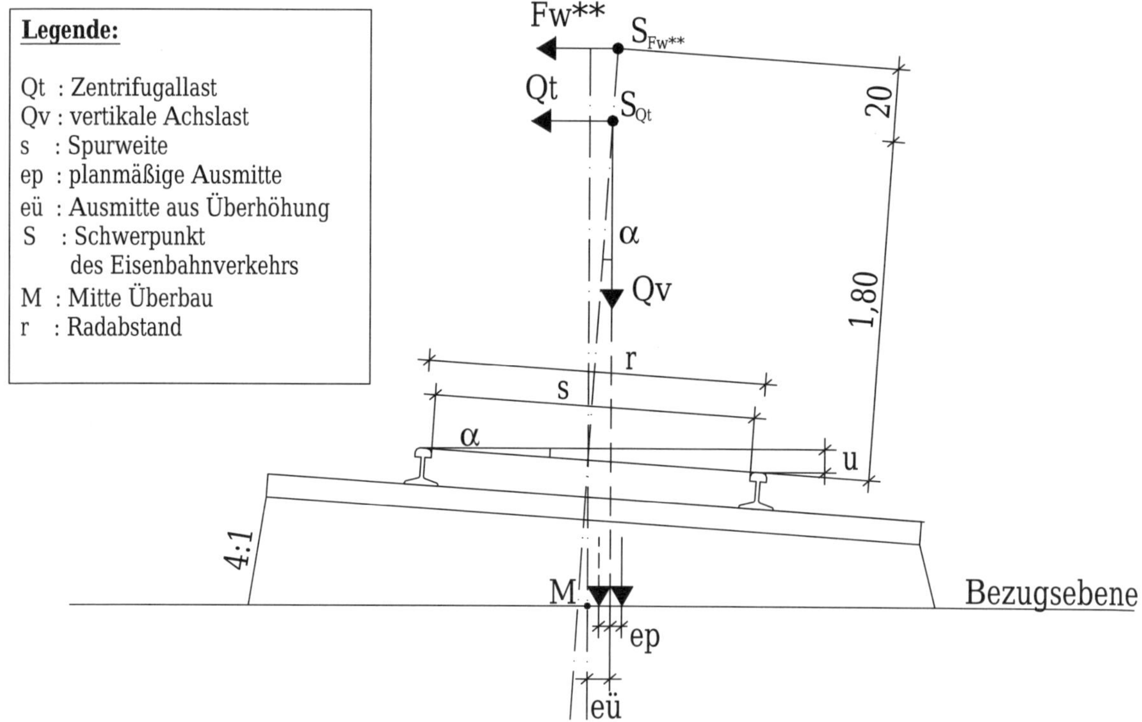

Abbildung 29 Angriffspunkte der Horizontal- und Vertikalkräfte in Querrichtung

2.8.2 Charakteristische Werte der Auflagerreaktionen

2.8.2.1 Ständige Einwirkungen

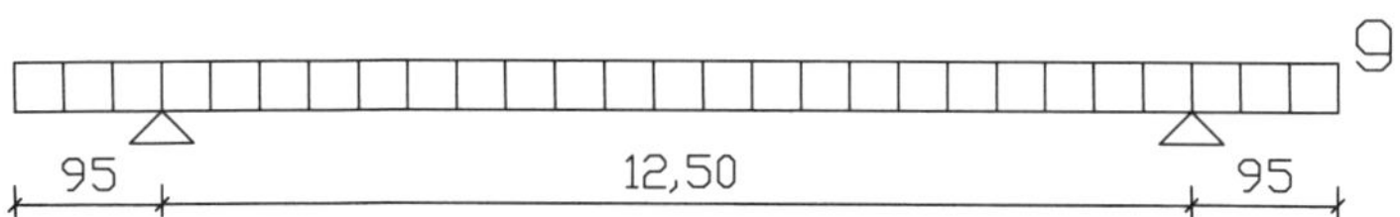

Eigengewicht:
$g_{k,1}$= 159,8 kN/m

siehe Abschn. 2.2.1.1

Ausbaulast
$g_{k,2}$= 69,8 kN/m
$g_{k,3}$= 33,9 kN/m

siehe Abschn. 2.2.1.1

Abbildung 30 Maßgebende Laststellung für ständige Einwirkungen

2.8.2.1.1 Eigengewicht

$R_z = 159{,}8 \cdot (12{,}5/2 + 0{,}95) / 2 = 575{,}3$ kN

$R_y = 0$ kN

Der Lagerdrehwinkel φ_y und die Lagerverschiebung v_x werden mit dem effektiven E-Modul $E_{c,eff}$ berechnet. Dabei wird der charakteristische Wert der Kriechzahl angesetzt. Als Verteilungsbeiwert wird vereinfachend der Verteilungsbeiwert ζ unter ständiger Last und Verkehr Lastmodell LM 71 – angesetzt.

M_G = 5,028 MNm
M_Q = 3,371 MNm
M_{G+Q} = 8,399 MNm

siehe Abschn. 2.3.1.1 und 2.3.2.1

$$\alpha_e = \left(\frac{E_S}{E_{cm}/(1+\varphi)} \cdot M_G + \frac{E_S}{E_{cm}} \cdot M_Q \right) \cdot \frac{1}{M_G + M_Q}$$

$$\alpha_e = \left(\frac{200000}{33000/(1+2{,}00)} \cdot 5{,}028 + \frac{200000}{33000} \cdot 3{,}371 \right) \cdot \frac{1}{8{,}399} = 13{,}32$$

Krümmung im Zustand I:

$$\kappa_I = \left(\frac{1}{r}\right)_I = \frac{M_{G,1}}{E_{c,eff} \cdot I_I}$$

$M_{G,1}$ = 3,049 MNm
siehe Tab. 7

$E_{c,eff}$ - wirksamer Elastizitätsmodul des Betons

I_I - Trägheitsmoment des Querschnittes im Zustand I

mit: $$E_{c,eff} = \frac{E_{cm}}{1+\varphi_k} = 8919 \text{ MN/m}^2$$

E_{cm} = 33.000 MN/m²
φ - Kriechzahl
φ = 2,00
siehe Abschn. 1.2.4
$\varphi_k = 1{,}35 \cdot \varphi$

$$I_I = \frac{b \cdot h^3}{12} = 0{,}719 \text{ m}^4$$

b = 4,42 m
h = 1,25 m

$$\kappa_I = \left(\frac{1}{r}\right)_I = 4{,}75 \cdot 10^{-4} \text{ 1/m}$$

Krümmung im Zustand II:

$$\kappa_{II} = \left(\frac{1}{r}\right)_{II} = \frac{M_{G,1}}{E_{c,eff} \cdot I_{II}}$$

M_G = 3,049 MNm
siehe Tab. 7
$E_{c,eff}$ = 8919 MN/m²

mit: $I_{II} = I_I \cdot [4 \cdot k^3_{x,II} + 12 \cdot \alpha_e \cdot \rho_{II} \cdot (1 - k_{x,II})^2]$

$$k_{x,II} = - \alpha_e \cdot \rho_{II} + [(\alpha_e \cdot \rho_{II})^2 + 2 \cdot \alpha_e \cdot \rho_{II}]^{0,5}$$

$$\rho_{II} = A_s / (b \cdot d) = 363 / (442 \cdot 117) = 0{,}00702$$

$$k_{x,II} = - 13{,}83 \cdot 0{,}006207 + [(13{,}83 \cdot 0{,}006207)^2 + 2 \cdot 13{,}83 \cdot 0{,}006207]^{0,5} = 0{,}349$$

$$x_{II} = k_{x,II} \cdot d = 0{,}408 \text{ m}$$

I_{II} - Trägheitsmoment des Querschnittes im Zustand II
I_I = 0,719 m⁴
$k_{x,II}$ - Verformungsbeiwert im Zustand II
α_e = 13,32
ρ_{II} - Geometrischer Bewehrungsgrad
A_s = 363 cm²

b = 4,42 m
d = 1,17 m

x_{II} - Höhe der Druckzone im Zustand II

$$I_{II} = 0{,}719 \cdot [4 \cdot 0{,}337^3 + 12 \cdot 13{,}83 \cdot 0{,}006207 \cdot (1 - 0{,}337)^2] = 0{,}464 \text{ m}^4$$

$$\kappa_{II} = \left(\frac{1}{r}\right)_{II} = 7{,}37 \cdot 10^{-4} \text{ 1/m}$$

Mittlere Krümmung:

$$\kappa_m = \zeta \cdot \kappa_{II} + (1 - \zeta) \cdot \kappa_I$$

ζ - Verteilungsbeiwert

mit: $\zeta = 1 - \beta_1 \cdot \beta_2 \cdot (\sigma_{sr}/\sigma_{Ed})^2$

Da der Einfluss der Normalkraft vernachlässigbar klein ist, kann für das Verhältnis σ_{sr}/σ_{Sd} vereinfachend auch der Quotient aus Rissmoment und maßgebendem Biegemoment angesetzt werden.

$$\zeta = 1 - \beta_1 \cdot \beta_2 \cdot (M_{cr} / M_{Ed})^2$$

$$\text{mit: } M_{cr} = f_{ctm} \cdot W_I = 2{,}9 \cdot \frac{4{,}42 \cdot 1{,}25^2}{6} = 3{,}338 \text{ MNm}$$

$$\zeta = 1 - 1{,}0 \cdot 0{,}5 \cdot (3{,}338 / (5{,}028 + 3{,}371))^2 = 0{,}921$$

$$\kappa_m = 0{,}921 \cdot 7{,}37 \cdot 10^{-4} + (1 - 0{,}921) \cdot 4{,}75 \cdot 10^{-4}$$
$$= 7{,}16 \cdot 10^{-4} \text{ 1/m}$$

M_{cr} - Rissmoment
$M_{Ed} = M_G + M_Q$
$M_G = 5{,}028$ MNm
siehe Tab. 7
$M_Q = M_{qvk,max} = 3{,}371$ MNm
siehe Tab. 8

$f_{ctm} = 2{,}9$ MN/m²
siehe Abschn. 1.2.4
W_I - Widerstandsmoment im Zustand I

$\beta_1 = 1{,}0$ für Rippenstahl
$\beta_2 = 0{,}5$ für Dauerbelastung oder Lastwiederholung

Der Lagerdrehwinkel kann analog zur Berechnung der vertikalen Durchbiegung über die Bauteilkrümmung ermittelt werden. Der Lagerdrehwinkel ergibt sich dann zu:

$$\varphi_y = \frac{1}{3} \cdot l \cdot \kappa_m$$
$$= 2{,}98 \cdot 10^{-3} \text{ rad}$$

l = 12,5 m
siehe Abschn. 1.2.2

Die Längsverschiebung ergibt sich zu:

$$v_x = \varphi_y \cdot (0{,}69 + 0{,}11) = 2{,}4 \text{ mm}$$

Abstand vom Schwerpunkt zur UK Überbau = 0,69 m
Siehe 2.1.3.2

Abstand UK Überbau bis Mitte Lagerpaket = 0,11 m

Die Rückstellkraft ergibt sich zu:

$$R_x = v_x \cdot a \cdot b \cdot G / t - 10{,}0 \text{ kN}$$

a = 400 mm
b = 500 mm
t = 96 mm
G = 2,0 MN/m²

2.8.2.1.2 Ausbaulast

$R_z = (69{,}8 + 33{,}9) \cdot (12{,}5/2 + 0{,}95) / 2 = 373{,}3 \text{ kN}$

$R_y = 0 \text{ kN}$

Krümmung im Zustand I:

$$\kappa_I = \left(\frac{1}{r}\right)_I = \frac{M_{G,2} + M_{G,3}}{E_{c,eff} \cdot I_I} = 3{,}09 \cdot 10^{-4} \text{ 1/m}$$

$M_{g,2} = 1{,}332$ MNm
$M_{g,3} = 0{,}647$ MNm
siehe Tab. 7

$E_{c,eff} = 8919$ MN/m²
$I_I = 0{,}719$ m⁴

Krümmung im Zustand II:

$$\kappa_{II} = \left(\frac{1}{r}\right)_{II} = \frac{M_{G,2} + M_{G,3}}{E_{c,eff} \cdot I_{II}} = 4{,}78 \cdot 10^{-4} \text{ 1/m}$$

$I_{II} = 0{,}464$ m⁴

Mittlere Krümmung:

$$\kappa_m = \zeta \cdot \kappa_{II} + (1 - \zeta) \cdot \kappa_I$$
$$= 0{,}921 \cdot 4{,}78 \cdot 10^{-4} + (1 - 0{,}921) \cdot 3{,}09 \cdot 10^{-4}$$
$$= 4{,}41 \cdot 10^{-4} \text{ 1/m}$$

$\zeta = 0{,}921$
siehe Kap. 2.7.2.1.1

Lagerdrehwinkel:

$$\varphi_y = \frac{1}{3} \cdot l \cdot \kappa_m$$
$$= 1{,}84 \cdot 10^{-3} \text{ rad}$$

$l = 12{,}5$ m
siehe Abschn. 1.2.2

Längsverschiebung:

$$v_x = \varphi_y \cdot (0{,}69 + 0{,}11) = 1{,}5 \text{ mm}$$

Abstand vom Schwerpunkt zur UK Überbau = 0,69 m
Siehe 2.1.3.2

Abstand UK Überbau bis Mitte Lagerpaket = 0,11 m

Rückstellkraft:

$$R_x = v_x \cdot a \cdot b \cdot G / t = 6{,}2 \text{ kN}$$

a = 400 mm
b = 500 mm
t = 96 mm
G = 2,0 MN/m²

2.8.2.2 Veränderliche Einwirkungen

2.8.2.2.1 Lastmodell 71

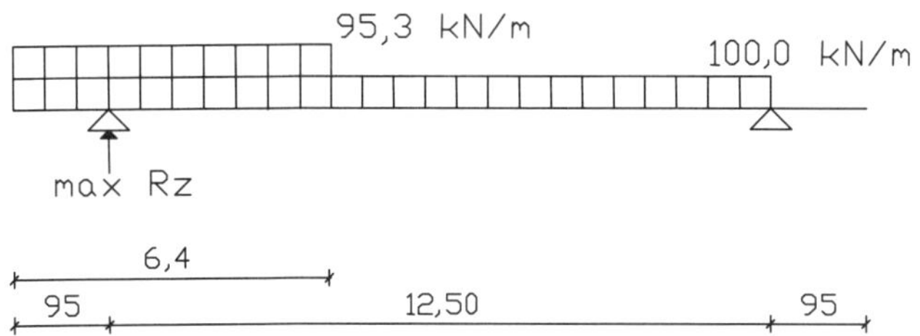

Grundlast:
q_{vk} = 80,0 · Φ = 100,0 kN/m
Überlast:
q_{vk} = 76,25 · Φ = 95,3 kN/m
Φ = 1,25
siehe Abschn. 2.2.1.2.1.1

Abbildung 31 Maßgebende Laststellung für Lastmodell 71

maximale Exzentrizität:
e = 0,179 m
siehe Abschn. 2.3.1.2.1.1

$$
\begin{aligned}
R_{z,max} &= 100{,}0 \cdot (12{,}5 + 0{,}95)^2 / (2 \cdot 2 \cdot 12{,}5) \\
&+ 95{,}3 \cdot 6{,}4 \cdot (12{,}5 + 0{,}95 - 6{,}4 / 2) / (2 \cdot 12{,}5) \\
&+ (100{,}0 + 95{,}3) \cdot 0{,}179 \cdot 0{,}95 / 3{,}0 \\
&+ 100{,}0 \cdot 0{,}179 \cdot 12{,}5 / (2 \cdot 3{,}0) \\
&+ 95{,}3 \cdot 0{,}179 \cdot (6{,}4 - 0{,}95) \cdot (12{,}5 - (6{,}4 - 0{,}95)) / (12{,}5 \cdot 3{,}0) \\
&= 361{,}8 + 250{,}0 + 11{,}1 + 37{,}3 + 17{,}5 \\
&= 677{,}7 \text{ kN}
\end{aligned}
$$

$R_{z,min}$ = 0 kN

R_y = 0 kN

Der Lagerdrehwinkel φ_y und die Lagerverschiebung v_x werden mit dem E-Modul E_{cm} berechnet. Als Verteilungsbeiwert wird vereinfachend der Verteilungsbeiwert ζ unter ständiger Last und Verkehr – Lastmodell LM 71 – angesetzt.

Auf der sicheren Seite liegend wird der Lagerdrehwinkel mit der Überlast in Feldmitte berechnet.

Krümmung im Zustand I:

$$\kappa_I = \left(\frac{1}{r}\right)_I = \frac{M_Q}{E_{cm} \cdot I_I} = 1{,}42 \cdot 10^{-4}\ 1/m$$

$M_Q = 3{,}371$ MNm
siehe Tab. 8
$E_{cm} = 33.000$ MN/m²
$I_I = 0{,}719$ m⁴

Krümmung im Zustand II:

$$\kappa_{II} = \left(\frac{1}{r}\right)_{II} = \frac{M_Q}{E_{cm} \cdot I_{II}}$$

$M_Q = 3{,}371$ MNm
siehe Tab. 8
$E_{cm} = 33.000$ MN/m²
$E_s = 200000$ MN/m²

mit: $I_{II} = I_I \cdot [4 \cdot k^3_{x,II} + 12 \cdot \alpha_e \cdot \rho_{II} \cdot (1 - k_{x,II})^2]$

$I_I = 0{,}719$ m⁴
$\rho_{II} = 0{,}00702$

$$\alpha_e = \frac{E_S}{E_{cm}} = 6{,}06$$

$$k_{x,II} = -\alpha_e \cdot \rho_{II} + [(\alpha_e \cdot \rho_{II})^2 + 2 \cdot \alpha_e \cdot \rho_{II}]^{0,5}$$
$$= -6{,}06 \cdot 0{,}00702 + [(6{,}06 \cdot 0{,}00702)^2 + 2 \cdot 6{,}06 \cdot 0{,}00702]^{0,5}$$
$$= 0{,}252$$

$d = 1{,}17$ m

$$x_{II} = k_{x,II} \cdot d = 0{,}295\ m$$

$$I_{II} = 0{,}719 \cdot [4 \cdot 0{,}252^3 + 12 \cdot 6{,}06 \cdot 0{,}00702 \cdot (1 - 0{,}252)^2] = 0{,}251\ m^4$$

$$\kappa_{II} = \left(\frac{1}{r}\right)_{II} = 4{,}07 \cdot 10^{-4}\ 1/m$$

Mittlere Krümmung:

$$\kappa_m = \zeta \cdot \kappa_{II} + (1 - \zeta) \cdot \kappa_I$$
$$= 0{,}921 \cdot 4{,}07 \cdot 10^{-4} + (1 - 0{,}921) \cdot 1{,}42 \cdot 10^{-4}$$
$$= 3{,}86 \cdot 10^{-4}\ 1/m$$

$\zeta = 0{,}921$
siehe Kap. 2.7.2.1.1

Lagerdrehwinkel:

$l = 12{,}5$ m
siehe Abschn. 1.2.2

$$\varphi_y = \frac{1}{3} \cdot l \cdot \kappa_m = 1{,}61 \cdot 10^{-3}\ rad$$

Abstand vom Schwerpunkt zur UK Überbau = 0,69 m
Siehe 2.1.3.2

Längsverschiebung:

Abstand UK Überbau bis Mitte Lagerpaket = 0,11 m

$$v_x = \varphi_y \cdot (0{,}69 + 0{,}11) = 1{,}3\ mm$$

Rückstellkraft:

$$R_x = v_x \cdot a \cdot b \cdot G / t = 5{,}4 \text{ kN}$$

a = 400 mm
b = 500 mm
t = 96 mm
G = 2,0 MN/m²

2.8.2.2.2 Lastmodell SW/0

Das Lastmodell SW/0 ist nicht anzusetzen.

2.8.2.2.3 Lastmodell SW/2

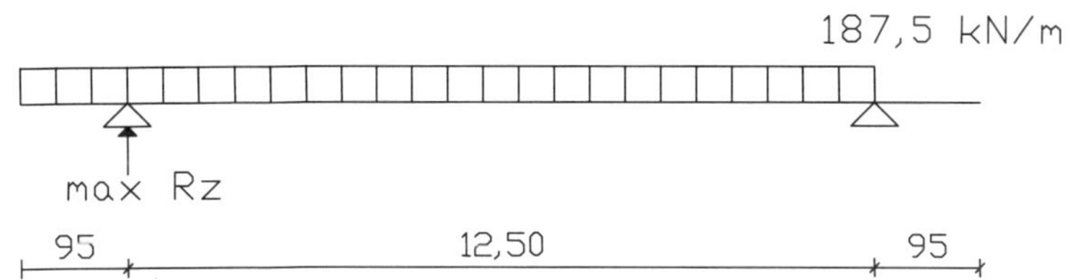

q_{vk} = 150,0 kN/m · Φ
mit: Φ = 1,25
q_{vk} = 187,8 kN/m

siehe Abschn. 2.2.1.2.1.1 und 2.2.1.2.1.3

Abbildung 32 Maßgebende Laststellung für Lastmodell SW/2

maximale Exzentrizität:
e = 0,179 m
siehe Abschn. 2.3.1.2.1.1

$$\begin{aligned} R_{z,max} &= 187{,}5 \cdot (12{,}5 + 0{,}95)^2 / (2 \cdot 2 \cdot 12{,}5) \\ &+ 187{,}5 \cdot 0{,}179 \cdot 0{,}95 / 3{,}0 \\ &+ 187{,}5 \cdot 0{,}179 \cdot 12{,}5 / (2 \cdot 3{,}0) \\ &= 678{,}4 + 10{,}6 + 69{,}9 = 758{,}9 \text{ kN} \end{aligned}$$

$$R_{z,min} = 0 \text{ kN}$$

$$R_y = 0 \text{ kN}$$

Der Lagerdrehwinkel φ_y und die Lagerverschiebung v_x werden mit dem E-Modul E_{cm} berechnet. Als Verteilungsbeiwert wird vereinfachend der Verteilungsbeiwert ζ unter ständiger Last und Verkehr – Lastmodell LM 71 – angesetzt.

Der Lagerdrehwinkel kann aus dem Lagerdrehwinkel unter Lastmodell 71 berechnet werden, da einheitlich jeweils ein konstanter Wert für α_e und ζ angesetzt wurde.

Lagerdrehwinkel:

$\theta_{LM71} = 1{,}61 \cdot 10^{-3}$ rad
siehe Abschn. 2.7.2.2.1
$M_{qvk,SW/2} = 3{,}662$ MNm
siehe Tab. 11
$M_{qvk} = 3{,}371$ MNm
siehe Tab. 8

$$\varphi_y = \varphi_{y,LM71} \cdot \frac{M_{qvk,SW/2}}{M_{qvk}} = 1{,}75 \cdot 10^{-3} \text{ rad}$$

Längsverschiebung:

$$v_x = \varphi_y \cdot (0{,}69 + 0{,}11) = 1{,}4 \text{ mm}$$

Rückstellkraft:

$$R_x = v_x \cdot a \cdot b \cdot G / t = 5{,}8 \text{ kN}$$

a = 400 mm
b = 500 mm
t = 96 mm
G = 2,0 MN/m²

2.8.2.2.4 Unbeladener Zug

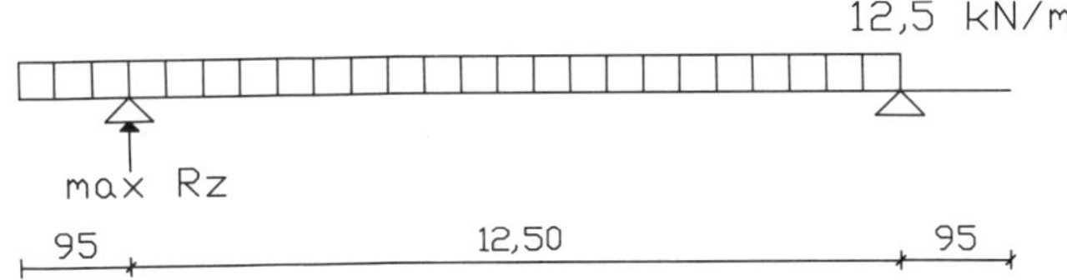

Abbildung 33 Maßgebende Laststellung für das Lastmodell Unbeladener Zug

$q_{vk} = 10{,}0 \text{ kN/m} \cdot \Phi$
mit: $\Phi = 1{,}25$
$q_{vk} = 12{,}5 \text{ kN/m}$

siehe Abschn. 2.2.1.2.1.1 und 2.2.1.2.1.4

$$
\begin{aligned}
R_{z1} &= 12{,}5 \cdot (12{,}5 + 0{,}95)^2 / (2 \cdot 2 \cdot 12{,}5) \\
&+ 12{,}5 \cdot 0{,}179 \cdot 0{,}95 / 3{,}0 \\
&+ 12{,}5 \cdot 0{,}179 \cdot 12{,}5 / (2 \cdot 3{,}0) \\
&= 45{,}2 + 0{,}7 + 4{,}7 = 50{,}6 \text{ kN}
\end{aligned}
$$

maximale Exzentrizität:
$e = 0{,}179$ m
siehe Abschn. 2.3.1.2.1.1

$$R_{z,min} = 0 \text{ kN}$$

$$R_y = 0 \text{ kN}$$

Der Lagerdrehwinkel φ_y und die Lagerverschiebung v_x werden mit dem E-Modul E_{cm} berechnet. Als Verteilungsbeiwert wird vereinfachend der Verteilungsbeiwert ζ unter ständiger Last und Verkehr – Lastmodell LM 71 – angesetzt.

Der Lagerdrehwinkel kann aus dem Lagerdrehwinkel unter Lastmodell 71 berechnet werden, da einheitlich jeweils ein konstanter Wert für α_e und ζ angesetzt wurde.

Lagerdrehwinkel:

$$\varphi_y = \varphi_{y,LM71} \cdot \frac{M_{qvk,unbel.\,Zug}}{M_{qvk}} = 0{,}09 \cdot 10^{-3} \text{ rad}$$

$\theta_{LM71} = 1{,}61 \cdot 10^{-3}$ rad
siehe Abschn. 2.7.2.2.1
$M_{qvk,unbel.Zug} = 0{,}195$ MNm
siehe Tab. 13
$M_{qvk} = 3{,}371$ MNm
siehe Tab. 8

Längsverschiebung:

$$v_x = \varphi_y \cdot (0{,}69 + 0{,}11) = 0{,}1 \text{ mm}$$

Rückstellkraft:

$$R_x = v_x \cdot a \cdot b \cdot G / t = 0{,}4 \text{ kN}$$

$a = 400$ mm
$b = 500$ mm
$t = 96$ mm
$G = 2{,}0 \text{ MN/m}^2$

2.8.2.2.5 Verkehr auf Dienstwegen

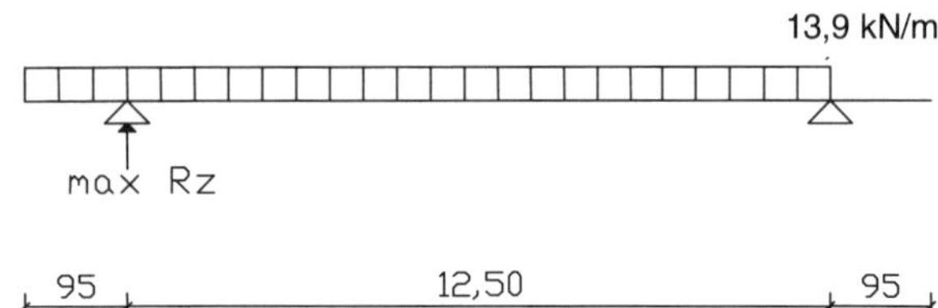

q_{vk} = 13,9 kN/m
siehe Abschn. 2.2.1.2.2.1

Abbildung 34 Maßgebende Laststellung für Verkehrslast auf Dienstwegen

Untersucht wird die beidseitige Belastung der Dienstwege.

$R_{z,max}$ = 13,9 · (12,5 + 0,95)^2 / (2 · 2 · 12,5) = 50,3 kN

$R_{z,min}$ = 0 kN

R_y = 0 kN

Der Lagerdrehwinkel φ_y und die Lagerverschiebung v_x werden mit dem E-Modul E_{cm} berechnet. Als Verteilungsbeiwert wird vereinfachend der Verteilungsbeiwert ζ unter ständiger Last und Verkehr – Lastmodell LM 71 – angesetzt.

Der Lagerdrehwinkel kann aus dem Lagerdrehwinkel unter Lastmodell 71 berechnet werden, da einheitlich jeweils ein konstanter Wert für α_e und ζ angesetzt wurde.

Lagerdrehwinkel:

$$\varphi_y = \varphi_{y,LM71} \cdot \frac{M_{qfk}}{M_{qvk}} = 0{,}13 \cdot 10^{-3} \text{ rad}$$

θ_{LM71} = 1,61 · 10^{-3} rad
siehe Abschn. 2.7.2.2.1
$M_{qvk,unbel.Zug}$ = 0,271 MNm
siehe Tab. 21
M_{qvk} = 3,371 MNm
siehe Tab. 8

Längsverschiebung:

$$v_x = \varphi_y \cdot (0{,}69 + 0{,}11) = 0{,}1 \text{ mm}$$

Rückstellkraft:

$$R_x = v_x \cdot a \cdot b \cdot G / t = 0{,}4 \text{ kN}$$

a = 400 mm
b = 500 mm
t = 96 mm
G = 2,0 MN/m^2

2.8.2.2.6 Verkehrslast bei Gleis- und Brückenunterhaltung

Die Verkehrslast bei Gleis- und Brückenunterhaltung wird nicht maßgebend.

siehe Abschn. 2.2.1.2.1.5

2.8.2.2.7 Fliehkräfte

2.8.2.2.7.1 Lastmodell 71

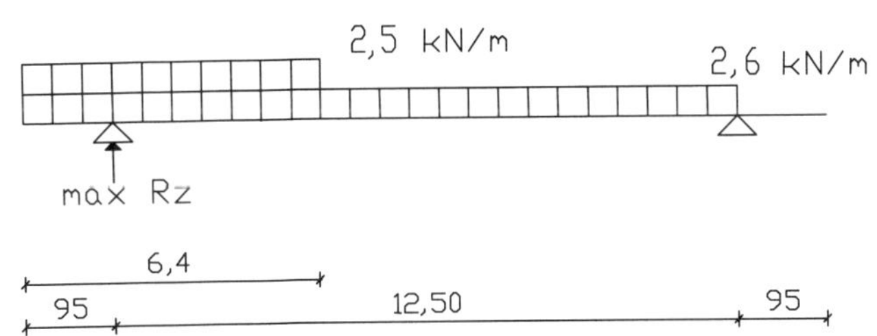

Grundlast:
q_{hk} = 2,6 kN/m
Überlast:
Δq_{hk} = 2,5 kN/m
siehe Abschn. 2.2.1.2.1.6

z_{tot} - Hebelarm der Zentrifugallast bis Mitte Lager
z_{tot} = 4,01 m

Abbildung 35 Maßgebende Laststellung für Lastmodell 71, fahrend

$$R_{z,max} = (2{,}6 + 2{,}5) \cdot 4{,}01 \cdot 0{,}95 / 3{,}0$$
$$+ 2{,}6 \cdot 4{,}01 \cdot 12{,}5 / (2 \cdot 3{,}0)$$
$$+ 2{,}5 \cdot 4{,}01 \cdot 5{,}45 \cdot (12{,}5 - 5{,}45 / 2) / (3{,}0 \cdot 12{,}5)$$
$$= 6{,}5 + 21{,}7 + 14{,}2 = 42{,}4 \text{ kN}$$

$$R_{z,min} = - 6{,}5 - 21{,}7 - 14{,}2 = -42{,}4 \text{ kN}$$

$$R_{y,max} = 2{,}6 \cdot (12{,}5 + 0{,}95)^2 / (2 \cdot 12{,}5)$$
$$+ 2{,}5 \cdot 6{,}4 \cdot (12{,}5 + 0{,}95 - 6{,}4 / 2) / 12{,}5$$
$$= 18{,}8 + 13{,}1 = 31{,}9 \text{ kN}$$

$$R_{y,min} = 0 \text{ kN}$$

$$R_x = 0 \text{ kN}$$

Die geringen Rückstellkräfte, Lagerverdrehungen und Lagerverschiebungen können vernachlässigt werden.

2.8.2.2.7.2 Lastmodell SW/2

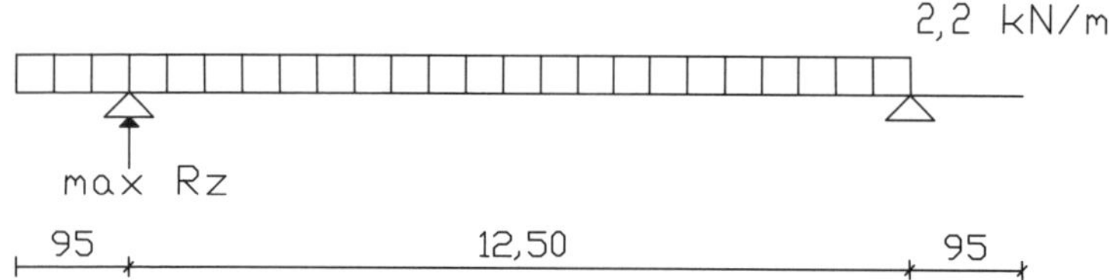

q_{hk} = 2,2 kN/m
siehe Abschn. 2.2.1.2.1.6

z_{tot} - Hebelarm der Zentrifugallast bis Mitte Lager
z_{tot} = 4,01 m

Abbildung 36 Maßgebende Laststellung für Lastmodell SW/2, fahrend

$$R_{z,max} = 2{,}2 \cdot 4{,}01 \cdot 0{,}95 / 3{,}0 + 2{,}2 \cdot 4{,}01 \cdot 12{,}5 / (2 \cdot 3{,}0) = 2{,}8 + 18{,}4 = 21{,}2 \text{ kN}$$

$$R_{z,min} = -2{,}8 - 18{,}4 = -21{,}2 \text{ kN}$$

$$R_{y,max} = 2{,}2 \cdot (12{,}5 + 0{,}95)^2 / (2 \cdot 12{,}5) = 15{,}9 \text{ kN}$$

$$R_{y,min} = 0 \text{ kN}$$

$$R_x = 0 \text{ kN}$$

Die geringen Rückstellkräfte, Lagerverdrehungen und Lagerverschiebungen können vernachlässigt werden.

2.8.2.2.7.3 Unbeladener Zug

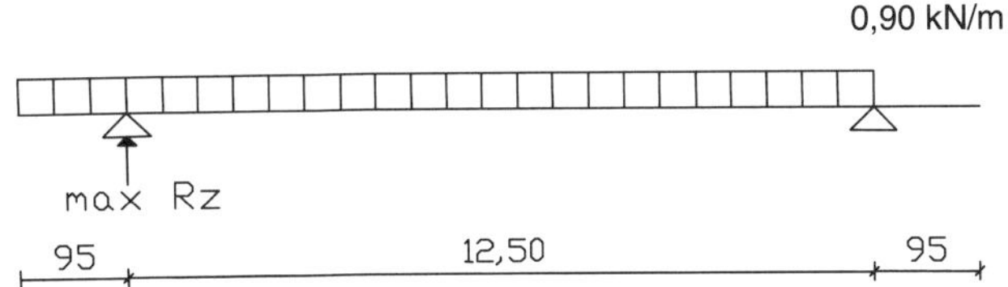

q_{hk} = 0,90 kN/m
siehe Abschn. 2.2.1.2.1.6

z_{tot} - Hebelarm der Zentrifugallast bis Mitte Lager
z_{tot} = 4,01 m

Abbildung 37 Maßgebende Laststellung für das Lastmodell unbeladener Zug, fahrend

$$R_{z,max} = 0{,}9 \cdot 4{,}01 \cdot 0{,}95 / 3{,}0 + 0{,}9 \cdot 4{,}01 \cdot 12{,}5 / (2 \cdot 3{,}0) = 1{,}1 + 7{,}5 = 8{,}6 \text{ kN}$$

$$R_{z,min} = -1{,}1 - 7{,}5 = -8{,}6 \text{ kN}$$

$$R_{y,max} = 0{,}9 \cdot (12{,}5 + 0{,}95)^2 / (2 \cdot 12{,}5) = 6{,}5 \text{ kN}$$

$$R_{y,min} = 0 \text{ kN}$$

$$R_x = 0 \text{ kN}$$

Die geringen Rückstellkräfte, Lagerverdrehungen und Lagerverschiebungen können vernachlässigt werden.

2.8.2.2.8 Seitenstoß

siehe Abschn. 2.2.1.2.1.7

$R_{z,max}$ = 100 · 2,25 / 3,0 = 75 kN

$R_{z,min}$ = -100 · 2,25 / 3,0 = -75 kN

$R_{y,max}$ = 100 · (12,5 + 0,95) / 12,5 = 107,6 kN

$R_{y,min}$ = -100 · (12,5 + 0,95) / 12,5 = -107,6 kN

R_x = 0 kN

Die geringen Rückstellkräfte infolge des entstehenden Lagerdrehwinkels bei einer Längsverdrehung des Überbaus werden vernachlässigt. Gleiches gilt für die geringen Querverschiebungen.

2.8.2.2.9 Anfahren und Bremsen

siehe Abschn. 2.2.1.2.1.8

R_z ≈ 0 kN

$F_{x,R}$ = 33 kN

siehe Abschn. 2.3.1.2.1.8

R_y = 0 kN

$R_{x,max}$ = 33,0 / 2 = 16,5 kN

$R_{x,min}$ = -16,5 kN

Die dazugehörige Lagerverschiebung in Längsrichtung beträgt

siehe Abschn. 2.3.1.2.1.8

v_x = 4 mm

Die geringen Lagerverdrehungen können vernachlässigt werden.

2.8.2.2.10 Einwirkung auf Geländer

siehe Abschn. 2.3.1.2.2.2

Die Einwirkungen auf Geländer sind für die Bemessung des Haupttragwerks nicht von Bedeutung.

2.8.2.2.11 Temperatureinwirkungen

siehe Abschn. 2.3.1.3

$R_z \approx 0$ kN

$R_y = 0$ kN

$R_{x,max} = 22{,}0 / 2 = 11{,}0$ kN

$R_{x,min} = -22{,}0 / 2 = -11{,}0$ kN

Da eine genaue Voreinstellung der Lager in Abhängigkeit von der gemessenen Bauwerkstemperatur nicht vorgesehen ist, ist das volle Vorhaltemaß für den Verschiebungsweg zu berücksichtigen.

Lagerdrehwinkel:

$\alpha_{Tc} = 0{,}00001\ K^{-1}$
$\Delta T_{M,neg} = -8$ K

$$\varphi_{y,\Delta Ty} = \frac{\alpha_{T,c} \cdot \Delta T_{M,neg}}{h} \cdot \frac{l}{2}$$

l = 12,50 m
h = 1,25 m

$$\varphi_{y,\Delta Ty} = 0{,}40 \cdot 10^{-3}\ \text{rad}$$

Längsverschiebung:

$R_{x,max,Anfahren\&Bremsen} = 33$ kN

$$v_x = \frac{R_{x,max}}{R_{x,max,Anfahren\&Bremsen}} \cdot 4 = 2{,}6\ \text{mm}$$

2.8.2.2.12 Windlasten

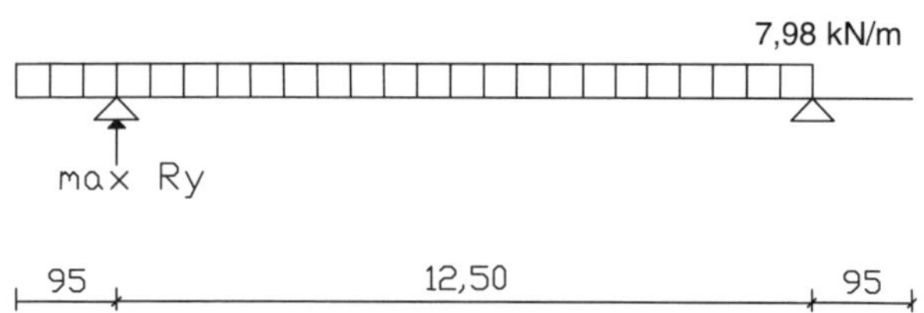

$w_k = 1{,}30\ \text{kN/m}^2 \cdot d$
$d = 6{,}14\ \text{m}$
$w_k = 7{,}98\ \text{kN/m}$

siehe Abschn. 2.2.1.4.1

Abbildung 38 Maßgebende Laststellung für Windlasten (Längs)

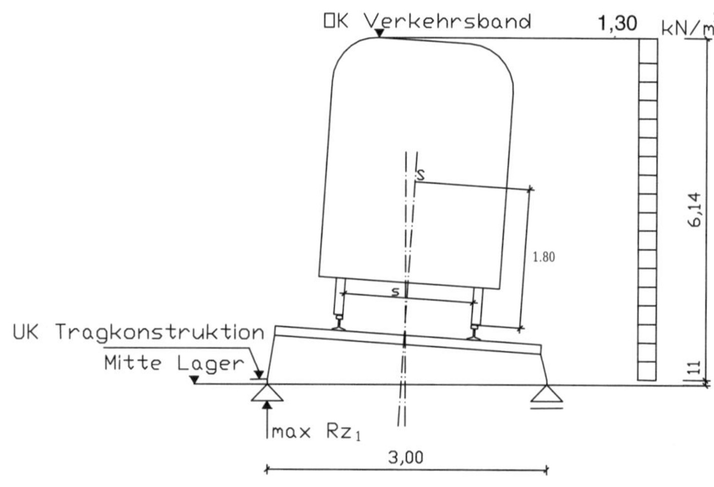

Abbildung 39 Maßgebende Laststellung für Windlasten (Quer)

$R_{z,max}$ = 7,98 · 3,18 · 0,95 / 3,0 + 7,98 · 3,18 · 12,5 / (2 · 3,0)
= 8,0 + 52,9 = 60,9 kN

$R_{z,min}$ = -8,0 – 52,9 = -60,9 kN

$R_{y,max}$ = 7,98 · (12,5 + 0,95)^2 / (2 · 12,5) = 57,7 kN

$R_{y,min}$ = -57,7 kN

R_x = 0 kN

Die geringen Rückstellkräfte infolge des entstehenden Lagerdrehwinkels bei einer Längsverdrehung des Überbaus werden vernachlässigt. Gleiches gilt für geringen Querverschiebungen.

2.8.2.2.13 Aerodynamische Einwirkungen aus Zugverkehr

siehe Abschn. 2.3.1.4.2

Die Schnittgrößen aus Druck- und Sogeinwirkungen aus Zugverkehr sind für die Bemessung des Überbaus nicht relevant.

2.8.2.2.14 Einwirkungen aus Erddruck

siehe Abschn. 2.3.1.5

R_z ≈ 0 kN

R_y = 0 kN

$R_{x,max}$ = 160,9 / 4 = 40,2 kN

$R_{x,min}$ = -40,2 kN

Die geringen Rückstellkräfte, Lagerverdrehungen und Lagerverschiebungen können vernachlässigt werden.

2.8.2.2.15 Schwinden

Anteil aus Verdrehung

Krümmung im Zustand I

$$\kappa_I = \left(\frac{1}{r}\right)_I = \left|\varepsilon_{cs,oo}\right| \cdot \alpha_e \cdot \frac{S_I}{I_I}$$

$\varepsilon_{cs,\infty} = -0{,}35$ ‰
siehe Abschn. 1.2.4

$\alpha_e \approx 13{,}32$
siehe Abschn. 2.8.2.1.1

$$S_I = A_{s1} \cdot z_{sI} = 363 \cdot 10^{-4} \cdot 0{,}625 = 0{,}0227 \text{ m}^3$$

$A_s = 363 \text{ cm}^2$
$z_{sI} = h / 2 = 0{,}625$ m
$I_I = 0{,}719 \text{ m}^4$

$$\kappa_I = \left(\frac{1}{r}\right)_I = \left|-0{,}35 \cdot 10^{-3}\right| \cdot 13{,}32 \cdot \frac{0{,}0227}{0{,}719} = 1{,}47 \cdot 10^{-4} \text{ 1/m}$$

Krümmung im Zustand II

$$\kappa_{II} = \left(\frac{1}{r}\right)_{II} = \left|\varepsilon_{cs,oo}\right| \cdot \alpha_e \cdot \frac{S_{II}}{I_{II}}$$

mit: $S_{II} = A_s \cdot (d - x_{II}) = 363 \cdot 10^{-4} \cdot (1{,}17 - 0{,}408)$
$= 0{,}0277 \text{ m}^3$

$d = 1{,}17$ m
$x_{II} = 0{,}408$ m
siehe Abschn. 2.8.2.1.1

$$\kappa_{II} = \left(\frac{1}{r}\right)_{II} = \left|-0{,}35 \cdot 10^{-3}\right| \cdot 13{,}32 \cdot \frac{0{,}0277}{0{,}464} = 2{,}78 \cdot 10^{-4} \text{ 1/m}$$

$I_{II} = 0{,}464 \text{ m}^4$
siehe Abschn. 2.8.2.1.1

$$\kappa_m = 0{,}921 \cdot 2{,}78 \cdot 10^{-4} + (1 - 0{,}921) \cdot 1{,}47 \cdot 10^{-4}$$
$$= 2{,}68 \cdot 10^{-4} \text{ 1/m}$$

$\zeta = 0{,}921$
siehe Abschn. 2.8.2.1.1

Lagerdrehwinkel:

$l = 12{,}5$ m

$$\varphi_y = \frac{1}{3} \cdot l \cdot \kappa_m$$
$$= 1{,}12 \cdot 10^{-3} \text{ rad}$$

Längsverschiebung:

$$v_x = \varphi_y \cdot (0{,}69 + 0{,}11) = 0{,}9 \text{ mm}$$

Anteil aus Verkürzung

$$v_x = \frac{1}{2} \cdot l \cdot \varepsilon_{cs,\infty} = \frac{12500}{2} \cdot (-0{,}35 \cdot 10^{-3}) = -2{,}2 \text{ mm}$$

Addition der Einzelanteile

$$v_x = 0{,}9 - 2{,}2 = -1{,}3 \text{ mm}$$

Rückstellkraft:

$$R_x = v_x \cdot a \cdot b \cdot G / t = -5{,}4 \text{ kN}$$

a = 400 mm
b = 500 mm
t = 96 mm
G = 2,0 MN/m²

Anmerkung:

Die Bemessungswerte der Bewegungen an Lagern aus Kriechen und Schwinden ergeben sich durch Vergrößerung mit dem Faktor 1,35.

EC0 Kap. NA.E.5.2.1 (2)

2.8.2.2.16 Außergewöhnliche Einwirkungen infolge Entgleisung

siehe Abschn. 2.2.1.6.1

Für die Bemessung der Lager sind die außergewöhnlichen Einwirkungen infolge Entgleisung nicht maßgebend. Hier wird lediglich untersucht, inwieweit abhebende Auflagerreaktionen entstehen.

Bemessungsfall I

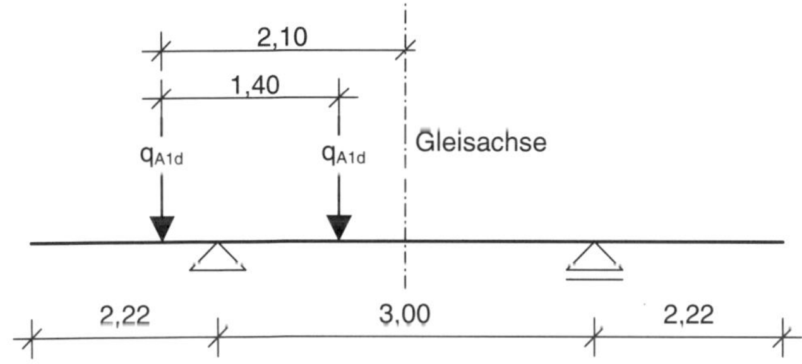

$q_{A1d} = 1{,}45 \cdot 0{,}5 \cdot LM71$
siehe Abschn. 2.2.1.6.1

Abbildung 40 Außergewöhnliche Einwirkung infolge Entgleisung (Fall I)

Da sowohl die vertikale Resultierende der ständigen Lasten als auch die vertikale Resultierende der Bemessungslast I zwischen den Lagern liegen und keine weiteren veränderlichen Lasten angesetzt werden sollen, entstehen keine abhebenden Auflagerreaktionen.

Bemessungsfall II

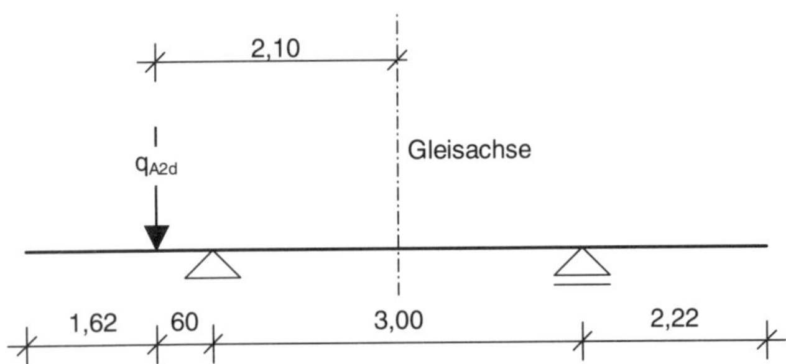

$q_{A2\,d} = 1{,}4 \cdot LM71$
siehe Abschn. 3.4.3

Abbildung 41 Außergewöhnliche Einwirkung infolge Entgleisung (Fall II)

$$R_{A,z,max} = 112{,}0 \cdot (12{,}5 + 0{,}95)^2 / (2 \cdot 2 \cdot 12{,}5) + 112{,}0 \cdot 2{,}1 \cdot 0{,}95 / 3{,}0 + 112{,}0 \cdot 2{,}1 \cdot 12{,}5 / (2 \cdot 3{,}0) = 405{,}2 + 74{,}5 + 490{,}0 = 969{,}7 \text{ kN}$$

$$R_{A,z,min} = 405{,}2 - 74{,}5 - 490{,}0 = -159{,}3 \text{ kN}$$

Für den Lagesicherheitsnachweis (EQU) in der außergewöhnliche Kombination sind gemäß EC0 Tab. NA.A.2.1 keine γ-Werte definiert. Es werden die Werte für den Bauzustand berücksichtigt.

Die minimale Auflagerreaktion in der außergewöhnlichen Bemessungssituation errechnet sich zu:

$$R_{z,min} = \gamma_{G,inf} \cdot (R_{EG} + R_{Ausbau}) + R_{A,z,min}$$

$\gamma_{G,inf} = 0{,}95$

$R_{EG} = 575{,}3$ kN
siehe Abschn. 2.8.2.1.1

$$R_{z,min} = 0{,}95 \cdot (575{,}3 + 373{,}3) - 159{,}3 = 741{,}9 \text{ kN}$$

$R_{Ausbau} = 373{,}3$ kN
siehe Abschn. 2.8.2.1.2

Es entstehen somit keine abhebenden Auflagerreaktionen.

2.8.2.2.17 Außergewöhnliche Einwirkungen infolge Anprall

siehe Abschn. 2.2.1.6.2 und 2.3.1.6.2

$R_z = 0$ kN

$R_y = \pm 500$ kN

$R_x = 0$ kN

Die Rückstellkräfte, Lagerverdrehungen und Lagerverschiebungen können vernachlässigt werden.

2.8.3 Lagerlisten

Tabelle NA.E1 - Lagerliste mit Angabe der charakteristischen Werte der Einzeleinwirkungen

Bauvorhaber: EÜ über die L86 bei Lübs			Diese Liste beinhaltet alle Reaktionen und Bewegungen im Endzustand. Werden Lager während der Bauphase eingebaut und überschreiten dann die Reaktionen und Bewegungen die Werte des Endzustandes, müssen die maßgebenden Werte im Bauzustand separat ausgewiesen werden.															
Lager Nr: 1 und 3			Lagerreaktionen und Verformungen															
			N [kN]		V_x [kN]		V_y [kN]		M_x [kNm]		v_x [mm]		v_y [mm]		φ_x [mrad]		φ_y [mrad]	
			max	min	max	min	max	min	max	min	max	min	max	min	max	min	max	min
1.1	ständige	Eigengewicht	575,3		10,0		-		-		2,4		-		-		2,98	
1.2	Einwirkungen	Ausbaulast	373,3		6,2		-		-		1,5		-		-		1,84	
1.3	(G und P)	Schwinden	-		-5,4		-		-		-1,3		-		-		1,12	
2.1		LM71	677,7	0,0	5,4	-	-	-	-	-	1,3	0,0	-	-	-	-	1,61	0,00
2.2		SW/2	758,9	0,0	5,8	-	-	-	-	-	1,4	0,0	-	-	-	-	1,75	0,00
2.3		unbeladener Zug	50,6	0,0	0,4	-	-	-	-	-	0,1	0,0	-	-	-	-	0,09	0,00
2.4		Fliehkräfte LM71	42,4	0,0	-	-	31,9	0,0	-	-	-	-	-	-	-	-	-	-
2.5		Fliehkräfte SW/2	21,2	0,0	-	-	15,9	0,0	-	-	-	-	-	-	-	-	-	-
2.6	veränderliche	Fliehkräfte unbel. Zug	8,6	0,0	-	-	6,5	0,0	-	-	-	-	-	-	-	-	-	-
2.7	Einwirkungen (Q)	Seitenstoß	75,0	-75,0	-	-	107,6	-107,6	-	-	-	-	-	-	-	-	-	-
2.8		Anfahren und Bremser	-	-	16,5	-16,5	-	-	-	-	4,0	-4,0	-	-	-	-	-	-
2.9		Verkehr auf Dienstweg	50,3	0,0	-	-	-	-	-	-	0,1	0,0	-	-	-	-	0,13	0,00
2.10		Windeinwirkungen	60,9	-60,9	-	-	57,7	-57,7	-	-	-	-	-	-	-	-	-	-
2.11		Temperatureinwirkungen	-	-	11,0	-11,0	-	-	-	-	2,6	-2,6	-	-	-	-	0,40	-0,40
2.12		Erddruck	-	-	40,2	-40,2	-	-	-	-	-	-	-	-	-	-	-	-
3.1	außergewöhnliche	Entgleisung	-	-	-	-	-	-	-	-	-	-	-	-	-	-	-	-
3.2	Einwirkungen (A)	Anprall an Überbau	-	-	-	-	500,0	-500,0	-	-	-	-	-	-	-	-	-	-

Hinweis: Die gemäß ZTV-ING Teil 8 - Abschnitt 3 Kap 2.3 (5) geforderte Lagerreibung von 3 % der Vertikalkraft für die Bemessung der Unterbauten wurde in dieser Zusammenstellung noch nicht berücksichtigt.

Tabelle NA.E1 - Lagerliste mit Angabe der charakteristischen Werte der Einzeleinwirkungen

Bauvorhaben: EÜ über die L86 bei Lübs			Diese Liste beinhaltet alle Reaktionen und Bewegungen im Endzustand. Werden Lager während der Bauphase eingebaut und überschreiten dann die Reaktionen und Bewegungen die Werte des Endzustandes, müssen die maßgebenden Werte im Bauzustand separat ausgewiesen werden.															
Lager Nr.: 2 und 4			Lagerreaktionen und Verformungen															
			N [kN]		V_x [kN]		V_y [kN]		M_x [kNm]		v_x [mm]		v_y [mm]		φ_x [mrad]		φ_y [mrad]	
			max	min	max	min	max	min	max	min	max	min	max	min	max	min	max	min
1.1	ständige	Eigengewicht	575,3		10,0		-		-		2,4		-		-		2,98	
1.2	Einwirkungen	Ausbaulast	373,3		6,2		-		-		1,5		-		-		1,84	
1.3	(G und P)	Schwinden	-		-5,4		-		-		-1,3		-		-		1,12	
2.1		LM71	677,7	0,0	5,4	-	-	-	-	-	1,3	0,0	-	-	-	-	1,61	0,00
2.2		SW/2	758,9	0,0	5,8	-	-	-	-	-	1,4	0,0	-	-	-	-	1,75	0,00
2.3		unbeladener Zug	50,6	0,0	0,4	-	-	-	-	-	0,1	0,0	-	-	-	-	0,09	0,00
2.4		Fliehkräfte LM71	42,4	0,0	-	-	-	-	-	-	-	-	-	-	-	-	-	-
2.5		Fliehkräfte SW/2	21,2	0,0	-	-	-	-	-	-	-	-	-	-	-	-	-	-
2.6	veränderliche	Fliehkräfte unbel. Zug	8,6	0,0	-	-	-	-	-	-	-	-	-	-	-	-	-	-
2.7	Einwirkungen (Q)	Seitenstoß	75,0	-75,0	-	-	-	-	-	-	-	-	-	-	-	-	-	-
2.8		Anfahren und Bremsen	-	-	16,5	-16,5	-	-	-	-	4,0	-4,0	-	-	-	-	-	-
2.9		Verkehr auf Dienstweg	50,3	0,0	-	-	-	-	-	-	0,1	0,0	-	-	-	-	0,13	0,00
2.10		Windeinwirkungen	60,9	-60,9	-	-	-	-	-	-	-	-	-	-	-	-	-	-
2.11		Temperatureinwirkungen	-	-	11,0	-11,0	-	-	-	-	2,6	-2,6	-	-	-	-	0,40	-0,40
2.12		Erddruck	-	-	40,2	-40,2	-	-	-	-	-	-	-	-	-	-	-	-
3.1	außergewöhnliche	Entgleisung	-	-	-	-	-	-	-	-	-	-	-	-	-	-	-	-
3.2	Einwirkungen (A)	Anprall an Überbau	-	-	-	-	-	-	-	-	-	-	-	-	-	-	-	-

Hinweis: Die gemäß ZTV-ING Teil 8 - Abschnitt 3 Kap. 2.3 (5) geforderte Lagerreibung von 3 % der Vertikalkraft für die Bemessung der Unterbauten wurde in dieser Zusammenstellung noch nicht berücksichtigt.

Tabelle NA.E2 - Lagerliste mit Angabe der Lagerkräfte und Bewegungen für die Grenzzustände der Tragfähigkeit und der Gebrauchstauglichkeit

Bauvorhaben: EÜ über die L86 bei Lübs
Lager Nr.: 1 und 3

Diese Liste beinhaltet alle Reaktionen und Bewegungen im Endzustand. Werden Lager während der Bauphase eingebaut und überschreiten dann die Reaktionen und Bewegungen die Werte des Endzustandes, müssen die maßgebenden Werte im Bauzustand separat ausgewiesen werden.

		zugehörige Bemessungswerte der Lagerkräfte und Bewegungen							
		N	V_x	V_y	M_x	v_x	v_y	φ_x	φ_y
		[kN]	[kN]	[kN]	[kNm]	[mm]	[mm]	[mrad]	[mrad]
Lagerkräfte und Bewegungen im Grenzzustand der Tragfähigkeit (ständig und vorübergehend)									
Lagerkräfte für die Grundkombination nach Abschnitt NA.E.5									
1.1	max N_{Ed}	2562,4	106,6	267,2	0,0	11,2	0,0	0,00	10,94
1.2	min N_{Ed}	948,6	10,8	0,0	0,0	2,6	0,0	0,00	5,94
1.3	max $V_{x,Ed}$	2477,3	118,5	166,1	0,0	14,1	0,0	0,00	10,94
1.4	min $V_{x,Ed}$	1808,4	-85,3	-142,9	0,0	-4,1	0,0	0,00	7,84
1.5	max $V_{y,Ed}$	2562,4	106,6	267,2	0,0	11,2	0,0	0,00	10,94
1.6	min $V_{y,Ed}$	1754,0	-65,5	-220,9	0,0	-1,2	0,0	0,00	7,84
1.7	max $M_{x,Ed}$	0,0	0,0	0,0	0,0	0,0	0,0	0,00	0,00
1.8	min $M_{x,Ed}$	0,0	0,0	0,0	0,0	0,0	0,0	0,00	0,00
Bewegungen für die Grundkombination nach Abschnitt NA.E.5									
2.1	max $v_{x,d}$	2477,3	118,5	166,1	0,0	14,1	0,0	0,00	10,94
2.2	min $v_{x,d}$	1808,4	-85,3	-142,9	0,0	-4,1	0,0	0,00	7,84
2.3	max $v_{y,d}$	0,0	0,0	0,0	0,0	0,0	0,0	0,00	0,00
2.4	min $v_{y,d}$	0,0	0,0	0,0	0,0	0,0	0,0	0,00	0,00
2.5	max $\varphi_{x,d}$	0,0	0,0	0,0	0,0	0,0	0,0	0,00	0,00
2.6	min $\varphi_{x,d}$	0,0	0,0	0,0	0,0	0,0	0,0	0,00	0,00
2.7	max $\varphi_{y,d}$	2562,4	106,6	267,2	0,0	11,2	0,0	0,00	10,94
2.8	min $\varphi_{y,d}$	948,6	0,0	0,0	0,0	2,6	0,0	0,00	5,94
Lagerkräfte und Bewegungen im Grenzzustand der Gebrauchstauglichkeit									
Lagerkräfte für die charakteristische Kombination nach DIN EN 1990:2010-12, 6.5.3(2)									
3.1	max N_k	1829,6	73,5	182,8	0,0	8,1	0,0	0,00	7,97
3.2	min N_k	948,6	10,8	0,0	0,0	2,6	0,0	0,00	5,94
3.3	max $V_{x,k}$	1770,9	81,7	113,0	0,0	10,1	0,0	0,00	7,97
3.4	min $V_{x,k}$	1543,1	-54,7	-97,1	0,0	-2,2	0,0	0,00	7,23
3.5	max $V_{y,k}$	1829,6	73,5	182,8	0,0	8,1	0,0	0,00	7,97
3.6	min $V_{y,k}$	1505,6	-41,1	-150,9	0,0	-0,2	0,0	0,00	7,23
3.7	max $M_{x,k}$	0,0	0,0	0,0	0,0	0,0	0,0	0,00	0,00
3.8	min $M_{x,k}$	0,0	0,0	0,0	0,0	0,0	0,0	0,00	0,00
Bewegungen für die charakteristische Kombination nach DIN EN 1990:2010-12, 6.5.3(2)									
4.1	max $v_{y,k}$	1770,9	81,7	113,0	0,0	10,1	0,0	0,00	7,07
4.2	min $v_{x,k}$	1543,1	-54,7	-97,1	0,0	-2,2	0,0	0,00	7,23
4.3	max $v_{y,k}$	0,0	0,0	0,0	0,0	0,0	0,0	0,00	0,00
4.4	min $v_{y,k}$	0,0	0,0	0,0	0,0	0,0	0,0	0,00	0,00
4.5	max $\varphi_{x,k}$	0,0	0,0	0,0	0,0	0,0	0,0	0,00	0,00
4.6	min $\varphi_{x,k}$	0,0	0,0	0,0	0,0	0,0	0,0	0,00	0,00
4.7	max $\varphi_{y,k}$	1829,6	73,5	182,8	0,0	8,1	0,0	0,00	7,97
4.8	min $\varphi_{y,k}$	048,6	10,0	0,0	0,0	2,0	0,0	0,00	5,94
Lagerkräfte und Bewegungen im Grenzzustand der Tragfähigkeit (außergewöhnlich)									
Lagerkräfte und Bewegungen für die außergewöhnliche Kombination nach DIN EN 1990:2010-12, 6.4.3.3(2)									
5.1	max $V_{y,k}$	1430,8	67,4	611,6	0,0	6,5	0,0	0,00	7,43
5.2	min $V_{y,k}$	1430,8	-37,2	-586,1	0,0	0,7	0,0	0,00	7,03

Bei den Bewegungen sind die Bewegungszuschläge nach EN 1337-1:2001-02, 5.4, sowie die Mindestbewegungen nach EN 1337-1:2001-02, 5.5, nicht berücksichtigt.

Hinweis: Die gemäß ZTV-ING Teil 8 - Abschnitt 3 Kap. 2.3 (5) geforderte Lagerreibung von 3 % der Vertikalkraft für die Bemessung der Unterbauten wurde in dieser Zusammenstellung noch nicht berücksichtigt.

Tabelle NA.E2 - Lagerliste mit Angabe der Lagerkräfte und Bewegungen für die Grenzzustände der Tragfähigkeit und der Gebrauchstauglichkeit

Bauvorhaben: EÜ über die L86 bei Lübs
Lager Nr.: 2 und 4

Diese Liste beinhaltet alle Reaktionen und Bewegungen im Endzustand. Werden Lager während der Bauphase eingebaut und überschreiten dann die Reaktionen und Bewegungen die Werte des Endzustandes, müssen die maßgebenden Werte im Bauzustand separat ausgewiesen werden.

		zugehörige Bemessungswerte der Lagerkräfte und Bewegungen							
		N	V_x	V_y	M_x	v_x	v_y	φ_x	φ_y
		[kN]	[kN]	[kN]	[kNm]	[mm]	[mm]	[mrad]	[mrad]
Lagerkräfte und Bewegungen im Grenzzustand der Tragfähigkeit (ständig und vorübergehend)									
Lagerkräfte für die Grundkombination nach Abschnitt NA.E.5									
1.1	max N_{Ed}	2562,4	106,6	0,0	0,0	14,6	0,0	0,00	10,94
1.2	min N_{Ed}	948,6	10,8	0,0	0,0	5,1	0,0	0,00	5,94
1.3	max $V_{x,Ed}$	2477,3	118,5	0,0	0,0	17,5	0,0	0,00	10,94
1.4	min $V_{x,Ed}$	1808,4	-85,3	0,0	0,0	-1,6	0,0	0,00	7,84
1.5	max $V_{y,Ed}$	0,0	0,0	0,0	0,0	0,0	0,0	0,00	0,00
1.6	min $V_{y,Ed}$	0,0	0,0	0,0	0,0	0,0	0,0	0,00	0,00
1.7	max $M_{x,Ed}$	0,0	0,0	0,0	0,0	0,0	0,0	0,00	0,00
1.8	min $M_{x,Ed}$	0,0	0,0	0,0	0,0	0,0	0,0	0,00	0,00
Bewegungen für die Grundkombination nach Abschnitt NA.E.5									
2.1	max $v_{x,d}$	2477,3	118,5	0,0	0,0	17,5	0,0	0,00	10,94
2.2	min $v_{x,d}$	1808,4	-85,3	0,0	0,0	-1,6	0,0	0,00	7,84
2.3	max $v_{y,d}$	0,0	0,0	0,0	0,0	0,0	0,0	0,00	0,00
2.4	min $v_{y,d}$	0,0	0,0	0,0	0,0	0,0	0,0	0,00	0,00
2.5	max $\varphi_{x,d}$	0,0	0,0	0,0	0,0	0,0	0,0	0,00	0,00
2.6	min $\varphi_{x,d}$	0,0	0,0	0,0	0,0	0,0	0,0	0,00	0,00
2.7	max $\varphi_{y,d}$	2562,4	106,6	0,0	0,0	14,6	0,0	0,00	10,94
2.8	min $\varphi_{y,d}$	948,6	0,0	0,0	0,0	5,1	0,0	0,00	5,94
Lagerkräfte und Bewegungen im Grenzzustand der Gebrauchstauglichkeit									
Lagerkräfte für die charakteristische Kombination nach DIN EN 1990:2010-12, 6.5.3(2)									
3.1	max N_k	1829,6	73,5	0,0	0,0	10,6	0,0	0,00	7,97
3.2	min N_k	948,6	10,8	0,0	0,0	5,1	0,0	0,00	5,94
3.3	max $V_{x,k}$	1770,9	81,7	0,0	0,0	12,6	0,0	0,00	7,97
3.4	min $V_{x,k}$	1543,1	-54,7	0,0	0,0	0,3	0,0	0,00	7,23
3.5	max $V_{y,k}$	0,0	0,0	0,0	0,0	0,0	0,0	0,00	0,00
3.6	min $V_{y,k}$	0,0	0,0	0,0	0,0	0,0	0,0	0,00	0,00
3.7	max $M_{x,k}$	0,0	0,0	0,0	0,0	0,0	0,0	0,00	0,00
3.8	min $M_{x,k}$	0,0	0,0	0,0	0,0	0,0	0,0	0,00	0,00
Bewegungen für die charakteristische Kombination nach DIN EN 1990:2010-12, 6.5.3(2)									
4.1	max $v_{x,k}$	1770,9	81,7	0,0	0,0	12,6	0,0	0,00	7,97
4.2	min $v_{x,k}$	1543,1	-54,7	0,0	0,0	0,3	0,0	0,00	7,23
4.3	max $v_{y,k}$	0,0	0,0	0,0	0,0	0,0	0,0	0,00	0,00
4.4	min $v_{y,k}$	0,0	0,0	0,0	0,0	0,0	0,0	0,00	0,00
4.5	max $\varphi_{x,k}$	0,0	0,0	0,0	0,0	0,0	0,0	0,00	0,00
4.6	min $\varphi_{x,k}$	0,0	0,0	0,0	0,0	0,0	0,0	0,00	0,00
4.7	max $\varphi_{y,k}$	1829,6	73,5	0,0	0,0	10,6	0,0	0,00	7,97
4.8	min $\varphi_{y,k}$	948,6	10,8	0,0	0,0	5,1	0,0	0,00	5,94

Bei den Bewegungen sind die Bewegungszuschläge nach EN 1337-1:2001-02, 5.4, sowie die Mindestbewegungen nach EN 1337-1:2001-02, 5.5, nicht berücksichtigt.

Hinweis: Die gemäß ZTV-ING Teil 8 - Abschnitt 3 Kap. 2.3 (5) geforderte Lagerreibung von 3 % der Vertikalkraft für die Bemessung der Unterbauten wurde in dieser Zusammenstellung noch nicht berücksichtigt.

2.9 Ermittlung der Belastbarkeitswerte

2.9.1 Allgemeines

Die Ermittlung der Belastbarkeitswerte für Brückenneubauten richtet sich nach der RIL 804.3201.

Anwendungsbereich gem. RIL 804.3201 Abs. 1(1)

Der Belastbarkeitswert ist derjenige Faktor, mit dem die Einwirkungen nach Ril 804.3201 Abs. 2(1) zu multiplizieren sind, sodass sich in der Grenzbedingung im Grenzzustand der Tragfähigkeit gem. DIN EN 1990 6.4.2(3)P genau 1,0 ergibt. Der Bemessungswert der Beanspruchung E_d entspricht dann betragsmäßig dem Bemessungswiderstand R_d. Hierbei sind nur die ständigen und vorübergehenden Bemessungssituationen nach DIN EN 1990 6.4.3.2 zu berücksichtigen.

Definition gem. RIL 804.3201 Abs. 1(2)

Anmerkung:

Für Lager und Unterbauten wird üblicherweise auf eine Berechnung des β_{71}-Wertes verzichtet.

Der Belastbarkeitswert ist ein Maß für den Ausnutzungsgrad von Brückentragwerken und deren Einzelbauteile infolge von Eisenbahnverkehrslasten. Als Eisenbahnverkehrslasten werden die Lasten des nicht klassifizierten Lastmodells 71 ($\alpha = 1{,}0$) angesetzt. Der Belastbarkeitswert β_{71} dient u. a. und in Kombination mit den zugehörigen Einflusslinien für die Ermittlung der Bedingungen der tatsächlichen verkehrenden Züge, insbesondere für Schwerwagenverkehr.

Größere β_{71}-Werte deuten auf eine geringe Ausnutzung des Tragwerks bzw. des jeweiligen Bauteils hin. Sie können aber auch darauf hindeuten, dass bei der Tragwerksbemessung die Nachweise im Grenzzustand der Gebrauchstauglichkeit oder der Ermüdungsnachweis maßgebend waren. Für Brückenneubauten, die unter dem Lastmodell 71 bemessen worden sind, muss gelten $\beta_{71} \geq 1{,}0$. Bei klassifizierten Vertikallasten gilt sinngemäß $\beta_{71} \geq \alpha$.

Der Belastbarkeitswert ist für die wesentlichen tragenden Teile einer Eisenbahnbrücke zu ermitteln und zu dokumentieren. Es kann sich für unterschiedliche Nachweise bzw. Nachweispunkte ein anderer β_{71}-Wert ergeben. Die Ergebnisse sind im Vordruck gem. RIL 804.3201 V01 zu dokumentieren und zu übergeben.

Maßgebende Punkte gem. RIL 804.3201 Abs. 1(4)

Darüber hinaus sind die Einflusslinien für die maßgebenden Bemessungspunkte zu dokumentieren.

Einflusslinien gem. RIL 804.3201 Abs. 1(5)

2.9.2 Berechnung der Belastbarkeitswerte

Für die Ermittlung der Beanspruchungen sind nur die Lastgruppen mit dem LM 71 als dominante Leiteinwirkung zu berücksichtigen.

Lastgruppen gem. RIL 804.3201 Abs. 2(1)

Gem. RIL 804.3201 Abs. 2(1) sind folgende Lastgruppen gem. DIN EN 1991-2 Tab. 6.11 zu berücksichtigen:

Bei eingleisigen Brücken:	gr11, gr12
bei zweigleisigen Brücken:	gr11, gr12, gr21, gr22
bei mehrgleisigen Brücken:	gr11, gr12, gr21, gr22, gr31

Für die Ermittlung des Bemessungswertes der Beanspruchungen sind folgende Einwirkungen zu berücksichtigen.

Einwirkungen gem. RIL 804.3201 Abs. 2(2)

a) Einwirkungen ohne Eisenbahnverkehrslasten „E_{d1}"

ständige Einwirkungen, ggf. Vorspannung

$$G_d = \sum_{j\geq 1} \gamma_{Gj} \cdot G_{kj} \quad \text{und} \quad P_d = \gamma_P \cdot P_k$$

veränderliche Einwirkungen (außer Eisenbahnverkehrslasten)

$$Q_d = \sum_{i\geq 1} \gamma_{Qi} \cdot Q_{ki}$$

b) Einwirkungen mit Eisenbahnverkehrslasten „E_{d2}" in Verbindung mit dem Wert β_{71}

Vertikallasten nach DIN EN 1991-2 6.3.2

$$\beta_{71} \cdot \Phi \cdot Q_{vd} = \beta_{71} \cdot \gamma_Q \cdot \Phi \cdot Q_{vk} \quad \text{und} \quad \beta_{71} \cdot \Phi \cdot q_{vd} = \beta_{71} \cdot \gamma_Q \cdot \Phi \cdot q_{vk}$$

Anfahren und Bremsen nach DIN EN 1991-2 6.5.3

$$\beta_{71} \cdot Q_{lad} = \beta_{L71} \cdot \gamma_Q \cdot Q_{lak} \quad \text{und} \quad \beta_{71} \cdot Q_{lbd} = \beta_{71} \cdot \gamma_Q \cdot Q_{lbk}$$

Zentrifugallasten nach DIN EN 1991-2 6.5.1

$$\beta_{71} \cdot Q_{td} = \beta_{71} \cdot \gamma_Q \cdot Q_{tk} \quad \text{und} \quad \beta_{71} \cdot q_{td} = \beta_{71} \cdot \gamma_Q \cdot q_{tk}$$

Seitenstoß nach DIN EN 1991-2 6.5.2

$$Q_{sd} = \gamma_Q \cdot Q_{sk}$$

Anmerkung:

Lasten infolge Anfahren und Bremsen, Zentrifugallasten und Seitenstoß sind immer mit der Vertikallast zu kombinieren. Wenn sie günstig wirken, sind sie zu null zu setzen. Wirken sie ungünstig, sind die Faktoren gem. DIN EN 1991-2 Tab. 6.11 für die Überlagerung zu berücksichtigen.

Ablauf der Berechnung gem. RIL 804.3201 Abs. 2(3)

Bei linearen Schnittgrößenermittlungen können die Anteile der Einwirkungen E_{d1} bzw. E_{d2} getrennt ermittelt werden. Die Gleichung zur Ermittlung von β_{71} vereinfacht sich damit wie folgt:

$$E_{d1} + \beta_{71} \cdot E_{d2} = R_d \quad \text{oder} \quad \beta_{71} = \frac{R_d - E_{d1}}{E_{d2}}$$

mit $E_{d1} = E_d(G_d, P_d) + E_d(Q_d)$

und $E_{d2} = E_d(\Phi \cdot Q_{vd}, \Phi \cdot q_{vd}) + E_d(Q_{lad}, Q_{lbd}) + E_d(Q_{td}, q_{td}) + E_d(Q_{sd})$

Anmerkung:

Der Bemessungswiderstand R_d kann von den Einwirkungen abhängen. So ist zum Beispiel bei der Bemessung unter Biegung und Längskraft das aufnehmbare Moment von der Normalkraft abhängig. Wenn die Verkehrslasten eine zusätzliche Normalkraft hervorrufen (z. B. durch Anfahren und Bremsen), ist iterativ vorzugehen.

2.9.3 Dokumentation der Belastbarkeitswerte

Dokumentation gem. RIL 804.3201 Abs. 3(1)

Die Ermittlung der Belastbarkeitswerte ist im Vordruck gem. RIL 804.3201 V01 zu dokumentieren. Folgende Angaben sind hierbei erforderlich:

- Beschreibung des Nachweispunktes (u. a. Bauteil und Material)
- Art der Beanspruchung (z. B. Biegung mit Längskraft, Querkraft und Torsion usw.)
- Art der Lastverteilung der Einzellasten für LM71 (siehe DIN EN 1991-2 6.3.5)
- Belastbarkeitswert β_{71} bei Belastung von einem Gleis (Lastgruppen gr11, gr12)
- Belastbarkeitswert β_{71} bei Belastung von zwei oder mehreren Gleisen (Lastgruppen gr21, gr22, gr31)

2.9.4 Ermittlung des β_{71}-Wertes für Biegung und Normalkraft

Das maßgebende statische System ergibt sich gem. Abbildung 42 wie folgt.

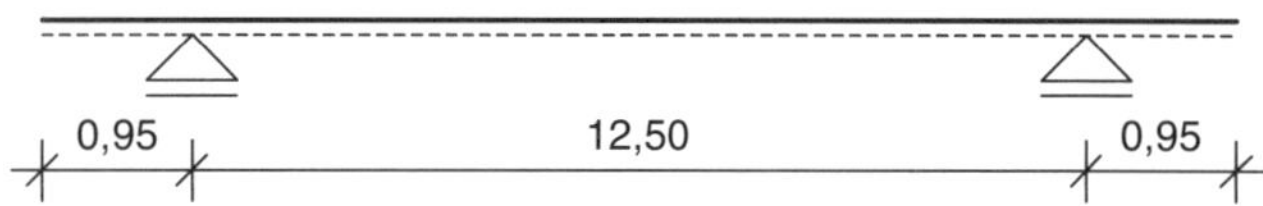

Abbildung 42 Systemskizze des statischen Systems in Längsrichtung

2.9.4.1 Ermittlung der Einwirkungen

Der Nachweis wird am ungünstigen Schnitt in Feldmitte bei x/L = 0,5 geführt, dies entspricht einem Abstand zum Lager von 6,25 m. Der Einfluss der Biegung in Querrichtung bleibt wegen Geringfügigkeit unberücksichtigt.

Einwirkungen ohne Eisenbahnverkehrslasten „E_{d1}"

ständige Einwirkungen:

Konstruktionseigengewicht	3049,0 kNm	M_{Gk1} bis M_{Gk3} s. Tab. 7 (ständ. EW)
Eigenlast der Fahrbahn	1332,0 kNm	
Eigenlast der Kappe	657,0 kNm	

Der Teilsicherheitsbeiwertes $\gamma_{g,sup}$ ergibt sich nach DIN EN 1990/NA/A1 Tabelle NA.A2.1. Diese wurden hier in Tabelle 5 aufgeführt.

γ - Teilsicherheitsbeiwerte, siehe Tab. 5

$$M_{Gd} = \gamma_{G,sup} \cdot (M_{Gk1} + M_{Gk2} + M_{Gk3})$$
$$M_{Gd} = 1{,}35 \cdot (3049{,}0 + 1332{,}0 + 657{,}0)$$
$$M_{Gd} = 6787{,}8\ \text{kNm}$$

veränderliche Einwirkungen:

Verkehrslast auf Dienstwegen	271,0 kNm	M_{Qfk} s. Tab. 21 (Dienstweg)
Temperatur	22,0 kNm	$M_{Q\Delta Tk}$ s. Tab. 22 (Temp.)
Windlasten	0,0 kNm	
Verkehrslast bei Gleis- und Brückenunterhaltung	0,0 kNm	
Einwirkungen auf Geländer	0,0 kNm	
Einwirkungen aus Erddruck	0,0 kNm	

Die Teilsicherheitsbeiwerte $\gamma_{Q,sup}$ ergeben sich nach DIN EN 1990/NA/A1 Tabelle NA.A2.1. Diese wurden hier in Tabelle 5 aufgeführt.

γ - Teilsicherheitsbeiwerte, siehe Tab. 5

Die Kombinationsbeiwerte Φ_{0i} ergeben sich nach DIN EN 1990 Tabelle A2.3. Diese wurden hier in Tabelle 4 aufgeführt.

Ψ - Kombinationsbeiwerte, siehe Tab. 4

$$M_{Qd} = \gamma_{Qfk} \cdot \psi_{0,Qfk} \cdot M_{Qfk} + \gamma_{Q\Delta TK} \cdot \psi_{0,Q\Delta TK} \cdot M_{Q\Delta TK}$$
$$M_{Qd} = 1{,}5 \cdot 0{,}8 \cdot 271{,}0 + 1{,}35 \cdot 0{,}8 \cdot 0{,}6 \cdot 22{,}0$$
$$M_{Qd} = 339{,}5 \text{ kNm}$$

Damit ergibt sich M_{Ed1} aus der Summe der ständigen Einwirkungen und der veränderlichen Einwirkungen ohne Eisenbahnverkehrslast.

$$M_{Ed1} = M_{Gd} + M_{Qd}$$
$$M_{Ed1} = 6{,}7878 + 0{,}3395$$
$$M_{Ed1} = 7{,}127 \text{ MNm}$$

Einwirkungen aus Eisenbahnverkehrslasten „E_{d2}"

veränderliche Einwirkungen:

Lastmodell 71	3371,0 kNm	M_{Qvk} s. Tab. 8 (LM71)
Anfahren und Bremsen	0,0 kNm	
Zentrifugalkräfte	0,0 kNm	
Seitenstoß	0,0 kNm	

Die Teilsicherheitsbeiwerte $\gamma_{Q,sup}$ ergeben sich nach DIN EN 1990/NA/A1 Tabelle NA.A2.1. Diese wurden hier in Tabelle 5 aufgeführt.

γ - Teilsicherheitsbeiwerte, siehe Tab. 5

Die Beiwerte für die Lastgruppen ergeben sich nach DIN EN1991-2 Tabelle 6.11. Diese wurden hier in Tabelle 6 aufgeführt. Maßgebend ist hier die Lastgruppe gr11.

Lastgruppenfaktor siehe Tab. 6

M_{Ed2} ergibt sich aus den veränderlichen Einwirkungen aus Eisenbahnverkehrslast.

$$M_{Ed2} = \gamma_{Q1} \cdot 1{,}0 \cdot M_{Qvk}$$
$$M_{Ed2} = 1{,}45 \cdot 1{,}0 \cdot 3{,}371$$
$$M_{Ed2} = 4{,}888\,\text{MNm}$$

2.9.4.2 Ermittlung des β_{71}-Wertes

Um den β_{71}-Wert für Biegung mit Normalkraft zu ermitteln, wird das dimensiongebundene k_d-Verfahren verwendet.

N_{Ed} = 0,024 MN
z_{s1} = 0,63 m
d = 1,17 m
b = 7,32 m
$A_{s,vorh}$ = 363,3 cm²

für N_{Ed} ist nur die Einwirkung aus Temperatur in Feldmitte maßgebend

$N_{Q\Delta Tk}$ = 22kN s. Tab. 22
$\gamma_{Q\Delta Tk}$ = 1,35 s. Tab. 5
$\psi_{0,Q\Delta Tk}$ = 0,80 s. Tab. 4

$$k_d = \frac{d[cm]}{\sqrt{M_{Eds}[kNm]/b[m]}}$$

mit:
$$M_{Eds} = (M_{Ed1} + M_{Ed2}) - N_{Ed} \cdot z_{s1}$$
$$M_{Eds} = (7{,}127 + 4{,}888) - 0{,}024 \cdot 0{,}63$$
$$M_{Eds} = 11{,}992\,\text{MNm}$$

z_{s1}, d, b nach Abschnitt 2.9.1.1

maßgebendes A_s ergibt sich aus dem Rissbreitennachweis

gewählt 59ø28-7[5]

$$k_d = \frac{117}{\sqrt{11992/7{,}32}}$$
$$k_d = 2{,}89$$

k_s für C30/37 interpoliert:

$$k_s = 2{,}40 - \frac{2{,}40 - 2{,}38}{3{,}12 - 2{,}77} \cdot (2{,}89 - 2{,}77)$$
$$k_s = 2{,}393$$

In die Gleichung:

$$A_{s1} = k_s \cdot \frac{M_{Eds}[kNm]}{d[cm]} + \frac{N_{Ed}[kN]}{43{,}5}$$

werden E_{d1}, E_{d2}, β_{71} und die vorhandene Bewehrung eingesetzt.

$$A_{s,vorh} = k_s \cdot \frac{M_{Ed1} + M_{Ed2} \cdot \beta_{71} + (N_{Ed1} + N_{Ed2} \cdot \beta_{71}) \cdot z_{s1}}{d} + \frac{N_{Ed1} + N_{Ed2} \cdot \beta_{71}}{43{,}5}$$

$$363{,}3 = 2{,}393 \cdot \frac{7121 + 4888 \cdot \beta_{71} + (24 + 0 \cdot \beta_{71}) \cdot 0{,}63}{117} + \frac{24 + 0 \cdot \beta_{71}}{43{,}5}$$

$$363{,}3 = \frac{17099 + 11697 \cdot \beta_{71}}{117} + \frac{24}{43{,}5}$$

$$363{,}3 = 146{,}7 + 100{,}0 \cdot \beta_{71}$$

Nach der Umstellung ergibt sich ein β_{71}-Wert von:

$$\underline{\underline{\beta_{71} = 2{,}17}}$$

Anmerkung:

Der hohe β_{71}-Wert resultiert aus der erforderlichen Bewehrung des Rissbreitennachweises.

Ermittlung von M_{Rd}:

$$A_{s1} = k_s \cdot \frac{M_{Eds}[kNm]}{d[cm]} + \frac{N_{Ed}[kN]}{43{,}5}$$

$$M_{Eds} = \frac{\left(A_{s1} - \frac{N_{Ed}}{43{,}5}\right) \cdot d}{k_s} = \frac{\left(363{,}3 - \frac{24}{43{,}5}\right) \cdot 117}{2{,}393} = 17735 \text{ kNm}$$

$$M_{Rd} = M_{Eds} - N_{Ed} \cdot z_{s1}$$

$$M_{Rd} = 17{,}735 - 0{,}024 \cdot 0{,}63$$

$$M_{Rd} = 17{,}733 \, \text{MNm}$$

2.9.4.3 Einflusslinie

Nachfolgend wird die Einflusslinie für M_y in Feldmitte (x = 0,5L) ausgegeben.

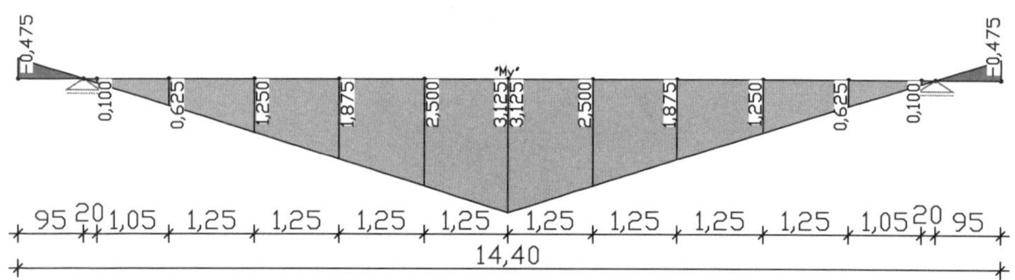

Abbildung 43 Einflusslinie M_y in Feldmitte (x = 0,5L)

	Bauteil	Hauptträger
	Nachweisart	Moment Feld 1
	x-Stelle [m]	6,25
	Einheit	kNm
	β-Wert	**2,17**
	LΦ [m]	12,50
	Anzahl x-Werte	16
Nr.	x-Stelle [m]	η-Wert
1	-0,95	-0,475
2	0,00	0,000
3	0,20	0,100
4	1,25	0,625
5	2,50	1,250
6	3,75	1,875
7	5,00	2,500
8	6,25	3,125
9	6,25	3,125
10	7,50	2,500
11	8,75	1,875
12	10,00	1,250
13	11,25	0,625
14	12,30	0,100
15	12,50	0,000
16	13,45	-0,475

2.9.5 Ermittlung des β_{71}-Wertes für Querkraft

Das maßgebende statische System ergibt sich gem. Abbildung 42 wie folgt.

2.9.5.1 Ermittlung der Einwirkungen

Der Nachweis wird am ungünstigen Schnitt am Auflager bei x/L = 0,016 geführt, dies entspricht einem Abstand zum Lager von 0,2 m. Der Einfluss von $V_{Ed,y}$ bleibt wegen Geringfügigkeit unberücksichtigt.

Einwirkungen ohne Eisenbahnverkehrslasten „E_{d1}“

ständige Einwirkungen:

Konstruktionseigengewicht	967,0 kN	V_{Gk1} bis V_{Gk3} s. Tab. 7 (ständ. EW)
Eigenlast der Fahrbahn	422,0 kN	
Eigenlast der Kappe	205,0 kN	

Der Teilsicherheitsbeiwertes $\gamma_{g,sup}$ ergibt sich nach DIN EN 1990/NA/A1 Tabelle NA.A2.1. Diese wurden hier in Tabelle 5 aufgeführt.

γ - Teilsicherheitsbeiwerte, siehe Tab. 5

$$V_{Gd} = \gamma_{G,sup} \cdot (V_{Gk1} + V_{Gk2} + V_{Gk3})$$
$$V_{Gd} = 1{,}35 \cdot (967{,}0 + 422{,}0 + 205{,}0)$$
$$V_{Gd} = 2151{,}9 \text{ kN}$$

veränderliche Einwirkungen:

Verkehrslast auf Dienstwege	84,0 kN	V_{Qfk} s. Tab. 21 (Dienstweg)
Temperatur	0,0 kN	
Windlasten	0,0 kN	
Verkehrslast bei Gleis- und Brückenunterhaltung	0,0 kN	
Einwirkungen auf Geländer	0,0 kN	
Einwirkungen aus Erddruck	10,0 kN	V_{Eqk} s. Tab. 24 (Erddruck)

Die Teilsicherheitsbeiwerte $\gamma_{Q,sup}$ ergeben sich nach DIN EN 1990/NA/A1 Tabelle NA.A2.1. Diese wurden hier in Tabelle 5 aufgeführt.

γ - Teilsicherheitsbeiwerte, siehe Tab. 5

Die Kombinationsbeiwerte Φ_{0i} ergeben sich nach DIN EN 1990 Tabelle A2.3. Diese wurden hier in Tabelle 4 aufgeführt.

Ψ - Kombinationsbeiwerte, siehe Tab. 4

$$V_{Qd} = \gamma_{Qfk} \cdot \psi_{0,Qfk} \cdot V_{Qfk} + \gamma_{QEqk} \cdot \psi_{0,QEqk} \cdot V_{Eqk}$$
$$V_{Qd} = 1{,}5 \cdot 0{,}8 \cdot (84{,}0 + 10{,}0)$$
$$V_{Qd} = 112{,}8 \text{ kN}$$

Damit ergibt sich M_{Ed1} aus der Summe der ständigen Einwirkungen und der veränderlichen Einwirkungen ohne Eisenbahnverkehrslast.

$$V_{Ed1} = V_{Gd} + V_{Qd}$$
$$V_{Ed1} = 2{,}1519 + 0{,}1128$$
$$V_{Ed1} = 2{,}265 \text{ MN}$$

Einwirkungen aus Eisenbahnverkehrslasten „E_{d2}"

veränderliche Einwirkungen:

Lastmodell 71	1049,0 kN	V_{Qvk} s. Tab. 8 (LM71)
Anfahren und Bremsen	2,0 kN	V_{Qlk} s. Tab. 19 (Anf. u. Br.)
Zentrifugalkräfte	0,0 kN	
Seitenstoß	0,0 kN	

Die Teilsicherheitsbeiwerte $\gamma_{Q,sup}$ ergeben sich nach DIN EN 1990/NA/A1 Tabelle NA.A2.1. Diese wurden hier in Tabelle 5 aufgeführt.

γ - Teilsicherheitsbeiwerte, siehe Tab. 5

Die Beiwerte für die Lastgruppen ergeben sich nach DIN EN1991-2 Tabelle 6.11. Diese wurden hier in Tabelle 6 aufgeführt. Maßgebend ist hier die Lastgruppe gr11.

Lastgruppenfaktor siehe Tab. 6

V_{Ed2} ergibt sich aus den veränderlichen Einwirkungen aus Eisenbahnverkehrslast.

$$V_{Ed2} = \gamma_{Qvk} \cdot 1{,}0 \cdot V_{Qvk} + \gamma_{Qlk} \cdot 1{,}0 \cdot V_{Qlk}$$
$$V_{Ed2} = 1{,}45 \cdot 1{,}0 \cdot (1{,}049 + 0{,}002)$$
$$V_{Ed2} = 1{,}524 \text{ MN}$$

2.9.5.2 Ermittlung des β_{71}-Wertes

Für den Querkraftnachweis ergeben sich der β_{71}-Wert für die Druck- bzw. Zugstrebe getrennt.

Betondruckstrebe:

Der Bemessungswert des Widerstandes der Betondruckstrebe für die vertikal gerichteten Querkräfte ergibt sich aus dem Kapitel 2.4.2.1 zu:

$$V_{Rd,max} = 25{,}58\ \text{MN}$$

$$V_{Rd,max} = V_{Ed1} + \beta_{71} \cdot V_{Ed2}$$

$$\beta_{71} = \frac{V_{Rd,max} - V_{Ed1}}{V_{Ed2}} = \frac{25{,}580 - 2{,}265}{1{,}524}$$

$$\underline{\underline{\beta_{71} = 15{,}30}}$$

Betonzugstrebe:

$$V_{Rd,s} = a_{sw} \cdot z \cdot f_{yd} \cdot \cot\theta$$

mit:

a_{sw} = 49,26 cm²/m
z = 1,13 m
f_{yd} = 435 MN/m²
$\cot\theta$ = 1,75

gewählte Bügelbewehrung ø14-25 n=8 (siehe Kapitel 2.9.4)

$$V_{Rd,s} = 49{,}26 \cdot 10^{-4} \cdot 1{,}13 \cdot 435 \cdot 1{,}75$$
$$V_{Rd,s} - 4{,}237\ \text{MN}$$

$$V_{Rd,s} = V_{Ed1} + \beta_{71} \cdot V_{Ed2}$$

$$\beta_{71} = \frac{V_{Rd,s} - V_{Ed1}}{V_{Ed2}} = \frac{4{,}237 - 2{,}265}{1{,}524}$$

$$\underline{\underline{\beta_{71} = 1{,}29}}$$

2.9.5.3 Einflusslinie

Nachfolgend wird die Einflusslinie für Q_z im Auflagerbereich (x = 0,016 L) ausgegeben.

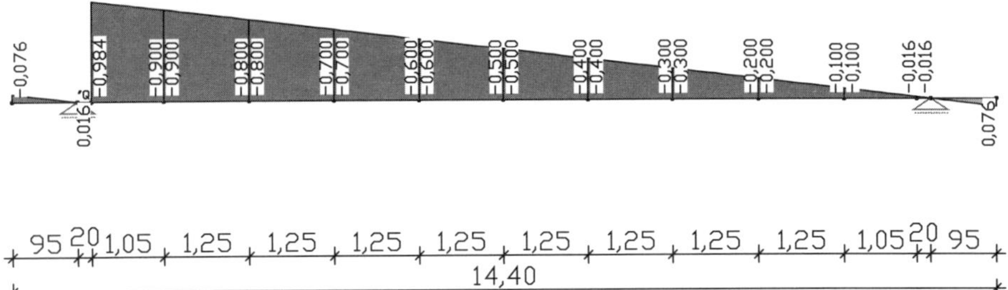

Abbildung 44 Einflusslinie Q_z im Auflagerbereich (x = 0,016L)

	Bauteil	Hauptträger
	Nachweisart	Querkraft Auflager rechts
	x-Stelle [m]	0,20
	Einheit	kN
	β-Wert	15,30 / **1,29**
	LΦ [m]	12,50
	Anzahl x-Werte	16
Nr.	x-Stelle [m]	η-Wert
1	-0,95	-0,076
2	0,00	0,000
3	0,20	+0,016
4	0,20	-0,984
5	1,25	-0,900
6	2,50	-0,800
7	3,75	-0,700
8	5,00	-0,600
9	6,25	-0,500
10	7,50	-0,400
11	8,75	-0,300
12	10,00	-0,200
13	11,25	-0,100
14	12,30	-0,016
15	12,50	-0,000
16	13,45	+0,076

2.9.6 Ermittlung des β_{71}-Wertes für Torsion

Das maßgebende statische System ergibt sich gem. Abbildung 42 wie folgt.

2.9.6.1 Ermittlung der Einwirkungen

Der Nachweis wird am ungünstigen Schnitt am Auflager bei x/l = 0,016 geführt, dies entspricht einem Abstand zum Lager von 0,2 m.

Einwirkungen ohne Eisenbahnverkehrslasten „E_{d1}“

ständige Einwirkungen:

Konstruktionseigengewicht	0,0 kN	$T_{Gk1} = T_{Gk2} = V_{Gk3} = 0$ s. Tab. 7 (ständ. EW)
Eigenlast der Fahrbahn	0,0 kN	
Eigenlast der Kappe	0,0 kN	

Der Teilsicherheitsbeiwertes $\gamma_{g,sup}$ ergibt sich nach DIN EN 1990/NA/A1 Tabelle NA.A2.1. Diese wurden hier in Tabelle 5 aufgeführt.

γ - Teilsicherheitsbeiwerte, siehe Tab. 5

$$T_{Gd} = 0{,}0\ \text{kNm}$$

veränderliche Einwirkungen:

Verkehrslast auf Dienstwege	131,0 kNm	T_{Qfk} s. Tab. 21 (Dienstweg)
Temperatur	0,0 kNm	
Windlasten	115,0 kNm	T_{Qwk} s. Tab. 23 (Wind)
Verkehrslast bei Gleis- und Brückenunterhaltung	0,0 kNm (nicht beachtet)	
Einwirkungen auf Geländer	0,0 kNm (nicht beachtet)	
Einwirkungen aus Erddruck	0,0 kNm	

Die Teilsicherheitsbeiwerte $\gamma_{Q,sup}$ ergeben sich nach DIN EN 1990/NA/A1 Tabelle NA.A2.1. Diese wurden hier in Tabelle 5 aufgeführt.

γ - Teilsicherheitsbeiwerte, siehe Tab. 5

Die Kombinationsbeiwerte Φ_{0i} ergeben sich nach DIN EN 1990 Tabelle A2.3. Diese wurden hier in Tabelle 4 aufgeführt.

Ψ - Kombinationsbeiwerte, siehe Tab. 4

$$T_{Qd} = \gamma_{Qfk} \cdot \psi_{0,Qfk} \cdot T_{Qfk} + \gamma_{Qwk} \cdot \psi_{0,Qwk} \cdot T_{Qwk}$$
$$T_{Qd} = 1{,}5 \cdot 0{,}8 \cdot 131 + 1{,}5 \cdot 0{,}75 \cdot 115$$
$$T_{Qd} = 286{,}6 \text{ kNm}$$

Damit ergibt sich T_{Ed1} aus der Summe der ständigen Einwirkungen und der veränderlichen Einwirkungen ohne Eisenbahnverkehrslast.

$$T_{Ed1} = T_{Gd} + T_{Qd}$$
$$T_{Ed1} = 0{,}0 + 0{,}2866$$
$$T_{Ed1} = 0{,}2866 \text{ MNm}$$

Einwirkungen aus Eisenbahnverkehrslasten „E_{d2}“

veränderliche Einwirkungen:

Lastmodell 71	- 14,0 kNm	T_{Qvk} s. Tab. 8 (LM71)
Anfahren und Bremsen	0,0 kNm	
Zentrifugalkräfte	88,0 kNm	T_{Qtk}, s. Tab. 14 (Fliehkraft)
Seitenstoß	148,0 kNm	T_{Qsk}, s. Tab. 18 (Seitenstoß)

Die Teilsicherheitsbeiwerte $\gamma_{Q,sup}$ ergeben sich nach DIN EN 1990/NA/A1 Tabelle NA.A2.1. Diese wurden hier in Tabelle 5 aufgeführt.

γ - Teilsicherheitsbeiwerte, siehe Tab. 5

Die Beiwerte für die Lastgruppen ergeben sich nach DIN EN 1991-2 Tabelle 6.11. Diese wurden hier in Tabelle 6 aufgeführt. Maßgebend ist hier die Lastgruppe gr12.

Lastgruppenfaktor siehe Tab. 6

T_{Ed2} ergibt sich aus den veränderlichen Einwirkungen aus Eisenbahnverkehrslast.

$$T_{Ed2} = \gamma_{Qtk} \cdot 1{,}0 \cdot T_{Qtk} + \gamma_{Qsk} \cdot 1{,}0 \cdot T_{Qsk}$$
$$T_{Ed2} = 1{,}45 \cdot 1{,}0 \cdot (0{,}088 + 0{,}148)$$
$$T_{Ed2} = 0{,}2360 \text{ MNm}$$

2.9.6.2 Ermittlung des β_{71}-Wertes

Für den Querkraftnachweis ergeben sich der β_{71}-Wert für die Druck- bzw. Zugstrebe getrennt.

Druckstrebe:

Der Bemessungswert des Widerstandes der Betondruckstrebe ergibt sich aus dem Kapitel 2.4.2.1 zu:

$$T_{Rd,max} = 5{,}109\,MNm$$

$$T_{Rd,max} = T_{Ed1} + \beta_{71} \cdot T_{Ed2}$$

$$\beta_{71} = \frac{T_{Rd,max} - T_{Ed1}}{T_{Ed2}} = \frac{5{,}109 - 0{,}287}{0{,}236}$$

$$\underline{\underline{\beta_{71} = 20{,}43}}$$

Torsionsbügelbewehrung:

$$T_{Rd,sw} = \frac{a_{sw} \cdot 2 \cdot A_k \cdot f_{yd}}{\tan\theta}$$

mit:

a_{sw} = 10,26 cm²/m
A_k = 4,751 m²
f_{yd} = 435 MN/m²
$\tan\theta$ = 0,57

gewählte Bügelbewehrung ø14-15 (siehe Kapitel 2.9.4)

$$T_{Rd,sw} = \frac{10{,}26 \cdot 10^{-4} \cdot 2 \cdot 4{,}751 \cdot 435}{0{,}57} = 7{,}44\ MNm$$

$$T_{Rd,sw} = T_{Ed1} + \beta_{71} \cdot T_{Ed2}$$

$$\beta_{71} = \frac{T_{Rd,sw} - T_{Ed1}}{T_{Ed2}} = \frac{7{,}440 - 0{,}287}{0{,}236}$$

$$\underline{\underline{\beta_{71} = 30{,}30}}$$

Torsionslängsbewehrung:

$$T_{Rd,sl} = a_{sl} \cdot 2 \cdot A_k \cdot f_{yd} \cdot \tan\theta$$

mit:

a_{sl} = 10,26 cm²/m
A_k = 4,751 m²
f_{yd} = 435 MN/m²
$\tan\theta$ = 0,57

gewählte Bügelbewehrung ø14-15 (siehe Kapitel 2.9.4)

$$T_{Rd,sl} = 10{,}26 \cdot 10^{-4} \cdot 2 \cdot 4{,}751 \cdot 435 \cdot 0{,}57$$
$$T_{Rd,sl} = 2{,}417 \text{ MNm}$$

$$T_{Rd,sl} = T_{Ed1} + \beta_{71} \cdot T_{Ed2}$$

$$\beta_{71} = \frac{T_{Rd,sl} - T_{Ed1}}{T_{Ed2}} = \frac{2{,}417 - 0{,}287}{0{,}236}$$

$$\underline{\underline{\beta_{71} = 9{,}03}}$$

2.9.6.3 Einflusslinie

Nachfolgend wird die Einflusslinie für M_x im Auflagerbereich (x = 0,016L) für eine Vertikalkraft V_z mit einer Exzentrizität von e = 1,00m zur Stabachse ausgegeben.

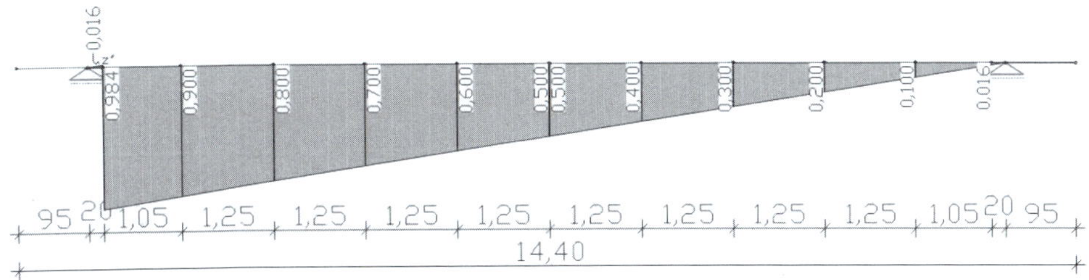

Abbildung 45 Einflusslinie M_x am Auflager (x = 0,016L)

	Bauteil	Hauptträger
	Nachweisart	Torsionsmoment Auflager rechts
	x-Stelle [m]	0,20
	Einheit	kNm
	β-Wert	15,30 / **1,29**
	LΦ [m]	12,50
	Anzahl x-Werte	16
Nr.	x-Stelle [m]	η-Wert *1)
1	-0,95	0,000
2	0,00	0,000
3	0,20	-0,016
4	0,20	0,984
5	1,25	0,900
6	2,50	0,800
7	3,75	0,700
8	5,00	0,600
9	6,25	0,500
10	7,50	0,400
11	8,75	0,300
12	10,00	0,200
13	11,25	0,100
14	12,30	0,016
15	12,50	0,000
16	13,45	0,000

*1) Die Werte ergeben sich aus einer Vertikalkraft mit einer Exzentrizität von e=1,00m

2.9.7 Ermittlung des β_{71}-Wertes für Querkraft und Torsion

Das maßgebende statische System ergibt sich gem. Abbildung 42 wie folgt.

2.9.7.1 Ermittlung der Einwirkungen

Der Nachweis wird am ungünstigen Schnitt am Auflager bei x/l = 0,016 geführt, dies entspricht einem Abstand zum Lager von 0,2 m.

Einwirkungen ohne Eisenbahnverkehrslasten „E_{d1}"

Die Einwirkungen E_{d1} werden aus den vorhergehenden Nachweisen für Querkraft und Torsion zusammengefasst:

$$T_{Ed1} = 0{,}2866 \text{ MNm}$$
$$V_{Ed1} = 2{,}265 \text{ MN}$$

Einwirkungen aus Eisenbahnverkehrslasten „E_{d2}"

Die Einwirkungen E_{d1} werden aus den vorhergehenden Nachweisen für Querkraft und Torsion zusammengefasst:

$$T_{Ed2} = 0{,}2360 \text{ MNm}$$
$$V_{Ed2} = 1{,}524 \text{ MN}$$

2.9.7.2 Ermittlung des β_{71}-Wertes

Betondruckstreben:

Die Interaktionsgleichung lautet:

$$\left(\frac{T_{Ed}}{T_{Rd,max}}\right)^2 + \left(\frac{V_{Ed}}{V_{Rd,max}}\right)^2 \leq 1{,}0$$

Die Werte $T_{Rd,max}$ bzw. $V_{Rd,max}$ ergeben sich aus den vorhergehenden Nachweisen wie folgt:

$T_{Rd,max} = 5{,}109$ MNm
$V_{Rd,max} = 25{,}58$ MN

In die Interaktionsgleichungen sind V_{Ed1}, V_{Ed2}, T_{Ed1}, T_{Ed2}, β_{71}, $T_{Rd,max}$ bzw. $V_{Rd,max}$ einzusetzen.

$$\left(\frac{T_{Ed1} + T_{Ed2} \cdot \beta_{71}}{T_{Rd,max}}\right)^2 + \left(\frac{V_{Ed1} + V_{Ed2} \cdot \beta_{71}}{V_{Rd,max}}\right)^2 \leq 1{,}0$$

$$\left(\frac{0{,}287 + 0{,}236 \cdot \beta_{71}}{5{,}109}\right)^2 + \left(\frac{2{,}265 + 1{,}524 \cdot \beta_{71}}{25{,}580}\right)^2 \leq 1{,}0$$

$$\left(\frac{0{,}082 + 0{,}135 \cdot \beta_{71} + 0{,}056 \cdot \beta_{71}^2}{26{,}10}\right) + \left(\frac{5{,}130 + 6{,}904 \cdot \beta_{71} + 2{,}323 \cdot \beta_{71}^2}{654{,}33}\right) \leq 1{,}0$$

$$\left(\frac{2{,}056 + 3{,}384 \cdot \beta_{71} + 1{,}404 \cdot \beta_{71}^2}{654{,}33}\right) + \left(\frac{5{,}130 + 6{,}904 \cdot \beta_{71} + 2{,}323 \cdot \beta_{71}^2}{654{,}33}\right) \leq 1{,}0$$

$$\left(\frac{7{,}186 + 10{,}288 \cdot \beta_{71} + 3{,}727 \cdot \beta_{71}^2}{654{,}33}\right) \leq 1{,}0$$

$$3{,}727 \cdot \beta_{71}^2 + 10{,}288 \cdot \beta_{71} - 647{,}144 = 0$$

$$\beta_{71}^2 + 2{,}760 \cdot \beta_{71} - 173{,}637 = 0$$

$$\beta_{71;1/2} = -\frac{2{,}760}{2} \pm \sqrt{\left(\frac{2{,}760}{2}\right)^2 - (-173{,}637)}$$

$\beta_{71;1} = -14{,}63$
$\beta_{71;2} = +11{,}87$ maßgebend

Zugstrebe:

Maßgebend für den Nachweis der Bügel unter Querkraft und Torsion ist der Randbügel. Es wird daher der anteilige Wert der Querkraft V_{Ed} / n berücksichtigt, wobei n die Schnittigkeit der Querkraftbügel angibt.

a_{sw}	= 10,26 cm²/m	V_{Ed1} = 2,265 MN	
A_k	= 4,751 m²	V_{Ed2} = 1,524 MN	
z	= 1,13 m	T_{Ed1} = 0,287 MNm	
f_{yd}	= 435 MN/m²	T_{Ed2} = 0,236 MNm	
cot θ	= 1,75		

gewählte Randbügelbewehrung ø14-15 (siehe Kapitel 2.9.4)

gewählte Bügelbewehrung ø14-25 n=8 (siehe Kapitel 2.9.4)

$$a_{sw} = \frac{\frac{V_{Ed}}{n}}{z \cdot f_{yd} \cdot \cot\theta} + \frac{T_{Ed}}{2 \cdot A_k \cdot f_{yd} \cdot \cot\theta}$$

In die Gleichungen sind V_{Ed1}, V_{Ed2}, T_{Ed1}, T_{Ed2} und β_{71} einzusetzen.

$$a_{sw} = \frac{\frac{V_{Ed1} + V_{Ed2} \cdot \beta_{71}}{n}}{z \cdot f_{yd} \cdot \cot\theta} + \frac{T_{Ed} + T_{Ed2} \cdot \beta_{71}}{2 \cdot A_k \cdot f_{yd} \cdot \cot\theta}$$

$$10{,}26 \cdot 10^{-4} = \frac{\frac{2{,}265 + 1{,}524 \cdot \beta_{71}}{8}}{1{,}13 \cdot 435 \cdot 1{,}75} + \frac{0{,}287 + 0{,}236 \cdot \beta_{71}}{2 \cdot 4{,}751 \cdot 435 \cdot 1{,}75}$$

$$10{,}26 \cdot 10^{-4} = \frac{2{,}265 + 1{,}524 \cdot \beta_{71}}{6881{,}700} + \frac{0{,}287 + 0{,}236 \cdot \beta_{71}}{7233{,}398}$$

$$10{,}26 \cdot 10^{-4} = \frac{2{,}378 + 1{,}600 \cdot \beta_{71} + 0{,}287 + 0{,}236 \cdot \beta_{71}}{7233{,}398}$$

$$7{,}421 = 2{,}665 + 1{,}836 \cdot \beta_{71}$$

$$\underline{\underline{\beta_{71} = 2{,}59}}$$

2.9.8 Ermittlung des β_{71}-Wertes für den Anschluss des Druckgurtes

Das maßgebende statische System ergibt sich gem. Abbildung 42 wie folgt.

2.4.8.1 Ermittlung der Einwirkungen

Der Nachweis wird am ungünstigen Schnitt bei x/l = 0,25 geführt, dies entspricht einem Abstand zum Lager von 3,13 m.

Einwirkungen ohne Eisenbahnverkehrslasten „E_{d1}“

ständige Einwirkungen:

Konstruktionseigengewicht	2269,0 kNm (γ_{Gsup} = 1,35)	M_{Gk1} bis M_{Gk3} s. Tab. 7 (händ. EW)
Eigenlast der Fahrbahn	991,0 kNm (γ_{Gsup} = 1,35)	
Eigenlast der Kappe	481,0 kNm (γ_{Gsup} = 1,35)	

Der Teilsicherheitsbeiwertes $\gamma_{g,sup}$ ergibt sich nach DIN EN 1990/NA/A1 Tabelle NA.A2.1. Diese wurden hier in Tabelle 5 aufgeführt.

γ - Teilsicherheitsbeiwerte, siehe Tab. 5

$$M_{Gd} = \gamma_{G,sup} \cdot (M_{Gk1} + M_{Gk2} + M_{Gk3})$$
$$M_{Gd} = 1{,}35 \cdot (2269{,}0 + 991{,}0 + 481{,}0)$$
$$M_{Gd} = 5050{,}4 \text{ kNm}$$

veränderliche Einwirkungen:

Verkehrslast auf Dienstwege	204,0 kNm	M_{Qfk} s. Tab. 21 (Dienstweg)
Temperatur	22,0 kNm	$M_{Q\Delta Tk}$ s. Tab. 22 (Temp.)
Windlasten	0,0 kNm	
Verkehrslast bei Gleis- und Brückenunterhaltung	0,0 kNm (vernachlässigt)	
Einwirkungen auf Geländer	0,0 kNm (vernachlässigt)	
Einwirkungen aus Erddruck	32,0 kNm	M_{Eqk} s. Tab. 24 (Erddruck)

Die Teilsicherheitsbeiwerte $\gamma_{Q,sup}$ ergeben sich nach DIN EN 1990/NA/A1 Tabelle NA.A2.1. Diese wurden hier in Tabelle 5 aufgeführt.

γ - Teilsicherheitsbeiwerte, siehe Tab. 5

Die Kombinationsbeiwerte Φ_{0i} ergeben sich nach DIN EN 1990 Tabelle A2.3. Diese wurden hier in Tabelle 4 aufgeführt.

ψ - Kombinationsbeiwerte, siehe Tab. 4

$$M_{Qd} = \gamma_{Qfk} \cdot \psi_{0,Qfk} \cdot (M_{Qfk} + M_{Eqk}) + \gamma_{Q\Delta Tk} \cdot \psi_{0,Q\Delta Tk} \cdot T_{Q\Delta Tk}$$
$$M_{Qd} = 1{,}5 \cdot 0{,}8 \cdot (204{,}0 + 32{,}0) + 1{,}35 \cdot 0{,}8 \cdot 22{,}0$$
$$M_{Qd} = 307{,}9 \text{ kNm}$$

Damit ergibt sich M_{Ed1} aus der Summe der ständigen Einwirkungen und der veränderlichen Einwirkungen ohne Eisenbahnverkehrslast.

$$M_{Ed1} = M_{Gd} + M_{Qd}$$
$$M_{Ed1} = 5{,}050 + 0{,}308$$
$$M_{Ed1} = 5{,}358 \text{ MNm}$$

Einwirkungen aus Eisenbahnverkehrslasten „E_{d2}"

veränderliche Einwirkungen:

Lastmodell 71	2832,0 kNm
Anfahren und Bremsen	6,0 kNm
Zentrifugalkräfte	0,0 kNm
Seitenstoß	0,0 kNm

M_{Qvk} s. Tab. 8 (LM71)
M_{Qlk}, s. Tab. 19 (Anf. u. Br.)

Die Teilsicherheitsbeiwerte $\gamma_{Q,sup}$ ergeben sich nach DIN EN 1990/NA/A1 Tabelle NA.A2.1. Diese wurden hier in Tabelle 5 aufgeführt.

γ - Teilsicherheitsbeiwerte, siehe Tab. 5

Die Beiwerte für die Lastgruppen ergeben sich nach DIN EN 1991-2 Tabelle 6.11. Diese wurden hier in Tabelle 6 aufgeführt. Maßgebend ist hier die Lastgruppe gr11.

Lastgruppenfaktor siehe Tab. 6

M_{Ed2} ergibt sich aus den veränderlichen Einwirkungen aus Eisenbahnverkehrslast.

$$M_{Ed2} = \gamma_Q \cdot 1{,}0 \cdot (M_{Qvk} + M_{Qlk})$$
$$M_{Ed2} = 1{,}45 \cdot 1{,}0 \cdot (2{,}832 + 0{,}006)$$
$$M_{Ed2} = 4{,}115 \text{ MNm}$$

2.9.8.2 Ermittlung des β_{71}-Wertes

Nachweis der Druckstrebe:

Der Nachweis der Betondruckstrebe erfolgt an der Stelle x/L = 0,25.
Die Normalkraft wird wegen Geringfügigkeit vernachlässigt.

$$V_{Ed} = \Delta F_d$$

mit: $\Delta F_d = F_{cd} \cdot \frac{b_1}{b}$

und: $F_{cd} = \frac{M_{Ed1} + M_{Ed2} \cdot \beta_{71}}{z}$

Es muss gelten:

$$\nu_{Ed} = \frac{\Delta F_d}{h_f \cdot \Delta_x} \quad \leq \quad \nu_{Rd,max} = \frac{v \cdot f_{cd}}{\sin\theta_f + \cos\theta_f}$$

$$\nu_{Ed} = \frac{F_{cd} \cdot \frac{b_1}{b}}{h_f \cdot \Delta_x} \leq \frac{v \cdot f_{cd}}{\sin\theta_f + \cos\theta_f}$$

$$\left(\frac{M_{Ed1} + M_{Ed2} \cdot \beta_{71}}{z}\right) \cdot \frac{b_1}{b} \leq \frac{v \cdot f_{cd} \cdot h_f \cdot \Delta_x}{\sin\theta_f + \cos\theta_f}$$

$$M_{Ed1} + M_{Ed2} \cdot \beta_{71} \leq \frac{v \cdot f_{cd} \cdot h_f \cdot \Delta_x}{\sin\theta_f + \cos\theta_f} \cdot \frac{b}{b_1} \cdot z$$

Umgestellt nach β_{71}:

$$\beta_{71} = \frac{\frac{v \cdot f_{cd} \cdot h_f \cdot \Delta_x \cdot b \cdot z}{(\sin\theta_f + \cos\theta_f) \cdot b_1} - M_{Ed1}}{M_{Ed2}}$$

b_1 = 1,45 m
b = 7,32 m
z = 1,13 m
v = 0,75

h_f = 0,30 m
f_{cd} = 17 MN/m²
Δ_x = 3,13 m
$\cos\theta_f$ = 0,77

$\sin\theta_f$ = 0,64
M_{Ed1} = 5,342 MNm
M_{Ed2} = 4,115 MNm

$$\beta_{71} = \frac{\frac{0{,}75 \cdot 17 \cdot 0{,}30 \cdot 3{,}13 \cdot 7{,}32 \cdot 1{,}13}{(0{,}64 + 0{,}77) \cdot 1{,}45} - 5{,}342}{4{,}115}$$

$$\beta_{71} = \frac{48{,}437 - 5{,}342}{4{,}115}$$

$$\underline{\underline{\beta_{71} = 10{,}47}}$$

Nachweis der Zugstrebe:

Es gilt:

$$a_{sw} \cdot f_{yd} \geq \frac{v_{Ed} \cdot h_f}{\cot\theta}$$

mit:

$$v_{Ed} = \frac{M_{Ed1} + M_{Ed2} \cdot \beta_{71}}{z \cdot b \cdot h_f \cdot \Delta_x}$$

ergibt sich:

$$a_{sw} = \frac{(M_{Ed1} + M_{Ed2} \cdot \beta_{71}) \cdot b_1 \cdot f_{yd}}{z \cdot b \cdot \Delta_x \cdot \cot\theta}$$

Die Gleichung wird nach β_{71} umgestellt:

$$\beta_{71} = \frac{\frac{(z \cdot b \cdot \Delta_x \cdot \cot\theta \cdot a_{sw} \cdot f_{yd})}{b_1} - M_{Ed1}}{M_{Ed2}}$$

b_1 = 1,45 m
b = 7,32 m
z = 1,13 m
$\cot\theta$ = 1,20
a_{sw} = 15,7 cm²/m

M_{Ed1} = 5,342 MNm
M_{Ed2} = 4,115 MNm
Δ_x = 3,13 m
f_{yd} = 435 MN/m²

$$\beta_{71} = \frac{\frac{(1{,}13 \cdot 7{,}32 \cdot 3{,}13 \cdot 1{,}20 \cdot 15{,}7 \cdot 10^{-4} \cdot 435)}{1{,}45} - 5{,}342}{4{,}115}$$

$$\beta_{71} = \frac{14{,}633 - 5{,}342}{4{,}115}$$

$$\underline{\underline{\beta_{71} = 2{,}26}}$$

2.9.8.3 Einflusslinie

Nachfolgend wird die Einflusslinie für M_y im Feld (x/l = 0,25) ausgegeben.

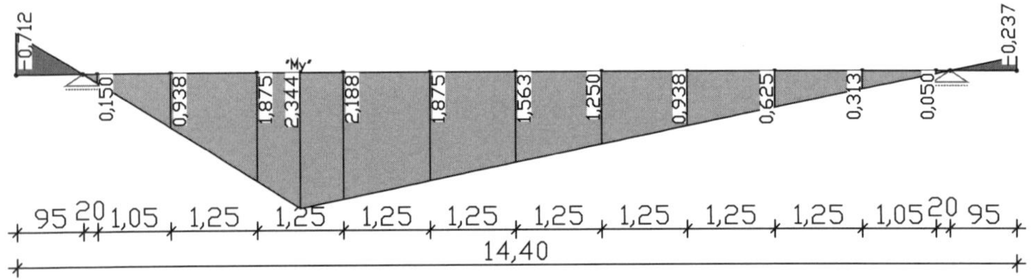

Abbildung 46 Einflusslinie M_y im Feld (x = 0,25L)

	Bauteil	Hauptträger
	Nachweisart	Moment Feld 1
	x-Stelle [m]	3,125
	Einheit	kNm
	β-Wert	10,47 / **2,26**
	LΦ [m]	12,50
	Anzahl x-Werte	17
Nr.	x-Stelle [m]	η-Wert
1	-0,95	-0,712
2	0,00	0,000
3	0,20	0,150
4	1,25	0,938
5	2,50	1,875
6	3,125	2,344
7	3,125	2,344
8	3,75	2,188
9	5,00	1,875
10	6,25	1,563
11	7,50	1,250
12	8,75	0,938
13	10,00	0,625
14	11,25	0,313
15	12,30	0,050
16	12,50	0,000
17	13,45	-0,237

2.9.9 Ergebnisblätter

Dokumentation der Belastbarkeitswerte β_{71}

Name: EÜ über die L 86 bei Lübs
Strecke:
StreckenNr.:
km: 34,398
Werkstoffe: Stahlbeton C 30/37

Anzahl der Gleise: 1
Geschwindigkeit: V_e = 200 Km/h
Radius: 3500m
Überhöhung:
Überschüttungshöhe:

☐ Stahl
☒ Massiv
☐ Verbund
☐ WiB
☐ Gewölbe

aufgestellt: Ort, Datum, Name, Ing.-Büro
geprüft: Ort, Datum, Name, Ing.-Büro

Nachweispunkt[1]	L_Φ [m]	Φ bzw. red Φ	R_d[2]	Bemessungswert der Beanspruchungen[3],[4] E_d infolge						β_{71} ein Gleis	β_{71} alle Gleis
				$G_d + P_d$	Q_d	$\phi^*Q_{vd}+\phi^*q_{vd}$	$Q_{lad}+Q_{lbd}$	$Q_{td}+q_{td}$	Q_{sd}		
Biegung + Normalkraft Verkehrslastgruppe gr11 *Moment M_{ed}* *Normalkraft* Punkt x/l = 0,5	12,5 12,5	1,25 1,25	17,73MNm (-)	6,787MNm (-)	0,349MNm (0,024MN)	4,888MNm (-)	- (-)	- (-)	- (-)	2,17	
Querkraft Druckstrebe Verkehrslastgruppe gr11 Punkt x/l = 0,016	12,5	1,25	25,58MN	2,152MN	0,113MN	1,521MN	0,003MN	-	-	15,3	
Querkraft Zugstrebe Verkehrslastgruppe gr11 Punkt x/l = 0,016	12,5	1,25	4,24MN	2,152MN	0,113MN	1,521MN	0,003MN	-	-	1,29	

(1) Die Art der Lastverteilung für LM 71 (vgl. **DIN EN 1991-2 6.3.5**) und die Beanspruchung sind bei der Beschreibung des Nachweispunktes anzugeben.
(2) Nur wenn der Bemessungswiderstand R_d unabhängig von der Einwirkung ermittelt werden kann (keine Interaktion der Schnittgrößen).
(3) Die Bezeichnungen für die Einwirkungen sind in **M 804.3201 Abs.2(2)** definiert.
(4) Ggf. müssen die Beanspruchungen als Wertepaare (z.B. Biegemoment und zugehörige Normalkraft) zur Berücksichtigung der Interaktion angegeben werden.

Dokumentation der Belastbarkeitswerte β_{71}

Name: EÜ über die L 86 bei Lübs
Strecke:
StreckenNr.:
km: 34,398
Werkstoffe: Stahlbeton C 30/37

Anzahl der Gleise: 1
Geschwindigkeit: V_e = 200 Km/h
Radius: 3500m
Überhöhung:
Überschüttungshöhe:

☐ Stahl
☒ Massiv
☐ Verbund
☐ WiB
☐ Gewölbe

aufgestellt: Ort, Datum, Name, Ing.-Büro

geprüft: Ort, Datum, Name, Ing.-Büro

Nachweispunkt[1]	L_Φ [m]	Φ bzw. red Φ	R_d[2]	Bemessungswert der Beanspruchungen[3],[4] E_d infolge						β_{71} ein Gleis	β_{71} alle Gleis
				$G_d + P_d$	Q_d	$\phi^*Q_{vd}+\phi^*q_{vd}$	$Q_{lad}+Q_{lbd}$	$Q_{td}+q_{td}$	Q_{sd}		
Torsion Druckstrebe Verkehrslastgruppe gr12 Punkt x/l = 0,016	12,5	1,25	5,109MNm	-	0,287MNm	(-0,020MNm)	-	0,128MNm	0,215MNm	20,43	
Torsion Zugstrebe Für Bügelbewehrung Verkehrslastgruppe gr12 Punkt x/l = 0,016	12,5	1,25	7,44MNm	-	0,287MNm	(-0,020MNm)	-	0,128MNm	0,215MNm	30,30	
Torsion Zugstrebe Für Längsbewehrung Verkehrslastgruppe gr12 Punkt x/l = 0,016	12,5	1,25	2,417MNm	-	0,287MNm	(-0,020MNm)	-	0,128MNm	0,215MNm	9,03	

(1) Die Art der Lastverteilung für LM 71 (vgl. **DIN EN 1991-2 6.3.5**) und die Beanspruchung sind bei der Beschreibung des Nachweispunktes anzugeben.

(2) Nur wenn der Bemessungswiderstand R_d unabhängig von der Einwirkung ermittelt werden kann (keine Interaktion der Schnittgrößen).

(3) Die Bezeichungen für die Einwirkungen sind in **M 804.3201 Abs.2(2)** definiert.

(4) Ggf. müssen die Beanspruchungen als Wertepaare (z.B. Biegemoment und zugehörige Normalkraft) zur Berücksichtigung der Interaktion angegeben werden.

Dokumentation der Belastbarkeitswerte β_{71}

Name: EÜ über die L 86 bei Lübs
Strecke:
StreckenNr.:
km: 34,398
Werkstoffe: Stahlbeton C 30/37

Anzahl der Gleise: 1
Geschwindigkeit: V_e = 200 Km/h
Radius: 3500m
Überhöhung:
Überschüttungshöhe:

☐ Stahl
☒ Massiv
☐ Verbund
☐ WiB
☐ Gewölbe

aufgestellt: Ort, Datum, Name, Ing.-Büro
geprüft: Ort, Datum, Name, Ing.-Büro

Nachweispunkt[1]	L_Φ [m]	Φ bzw. red Φ	R_d[2]	Bemessungswert der Beanspruchungen[3],[4] E_d infolge						β_{71} ein Gleis	β_{71} alle Gleis
				$G_d + P_d$	Q_d	$\phi^*Q_{vd}+\phi^*q_{vd}$	$Q_{lad}+Q_{lbd}$	$Q_{td}+q_{td}$	Q_{sd}		
Kombinierter Nachweis Querkraft + Torsion Betondruckstrebe gr11 für V und gr12 für T Punkt x/l = 0,016 *Querkraft* *Torsion*	12,5 12,5	1,25 1,25	25,58MN 5,109MNm	2,152MN -	0,113MN 0,287MNm	1,521MN (-0,020MNm)	0,003MN -	- 0,128MNm	- 0,215MNm	11,87	
Kombinierter Nachweis Querkraft + Torsion Zugstrebe gr11 für V und gr12 für T Punkt x/l = 0,016 *Querkraft* *Torsion*	12,5 12,5	1,25 1,25	4,24MN 7,44MNm	2,152MN -	0,113MN 0,287MNm	1,521MN (-0,020MNm)	0,003MN -	- 0,128MNm	- 0,215MNm	2,59	

(1) Die Art der Lastverteilung für LM 71 (vgl. **DIN EN 1991-2 6.3.5**) und die Beanspruchung sind bei der Beschreibung des Nachweispunktes anzugeben.

(2) Nur wenn der Bemessungswiderstand R_d unabhängig von der Einwirkung ermittelt werden kann (keine Interaktion der Schnittgrößen).

(3) Die Bezeichungen für die Einwirkungen sind in **M 804.3201 Abs.2(2)** definiert.

(4) Ggf. müssen die Beanspruchungen als Wertepaare (z.B. Biegemoment und zugehörige Normalkraft) zur Berücksichtigung der Interaktion angegeben werden.

Dokumentation der Belastbarkeitswerte β_{71}

Name: EÜ über die L 86 bei Lübs
Strecke:
StreckenNr.:
km: 34,398
Werkstoffe: Stahlbeton C 30/37

Anzahl der Gleise: 1
Geschwindigkeit: V_e = 200 Km/h
Radius: 3500m
Überhöhung:
Überschüttungshöhe:

☐ Stahl
☒ Massiv
☐ Verbund
☐ WiB
☐ Gewölbe

aufgestellt: Ort, Datum, Name, Ing.-Büro
geprüft: Ort, Datum, Name, Ing.-Büro

Nachweispunkt[1]	L_Φ [m]	Φ bzw. red Φ	R_d[2]	Bemessungswert der Beanspruchungen[3],[4] E_d infolge						β_{71} ein Gleis	β_{71} alle Gleis
				$G_d + P_d$	Q_d	$\phi^*Q_{vd}+\phi^*q_{vd}$	$Q_{lad}+Q_{lbd}$	$Q_{td}+q_{td}$	Q_{sd}		
Anschluss vom Druckgurt Nachweis der Druckstrebe Verkehrslastgruppe gr11 von Punkt x/l = 0,016 bis Punkt x/l = 0,25	12,5	1,25	48,44MNm	5,051MNm	0,308MNm	4,106MNm	0,009MNm	-	-	10,47	
Anschluss vom Druckgurt Nachweis der Zugstrebe Verkehrslastgruppe gr11 von Punkt x/l = 0,016 bis Punkt x/l = 0,25	12,5	1,25	14,63MNm	5,051MNm	0,308MNm	4,106MNm	0,009MNm	-	-	2,26	

(1) Die Art der Lastverteilung für LM 71 (vgl. **DIN EN 1991-2 6.3.5**) und die Beanspruchung sind bei der Beschreibung des Nachweispunktes anzugeben.

(2) Nur wenn der Bemessungswiderstand R_d unabhängig von der Einwirkung ermittelt werden kann (keine Interaktion der Schnittgrößen).

(3) Die Bezeichnungen für die Einwirkungen sind in **M 804.3201 Abs.2(2)** definiert.

(4) Ggf. müssen die Beanspruchungen als Wertepaare (z.B. Biegemoment und zugehörige Normalkraft) zur Berücksichtigung der Interaktion angegeben werden.

2.10 Schlussblatt

Aufgestellt am 04.06.2014 in Lübs

A. Stoll

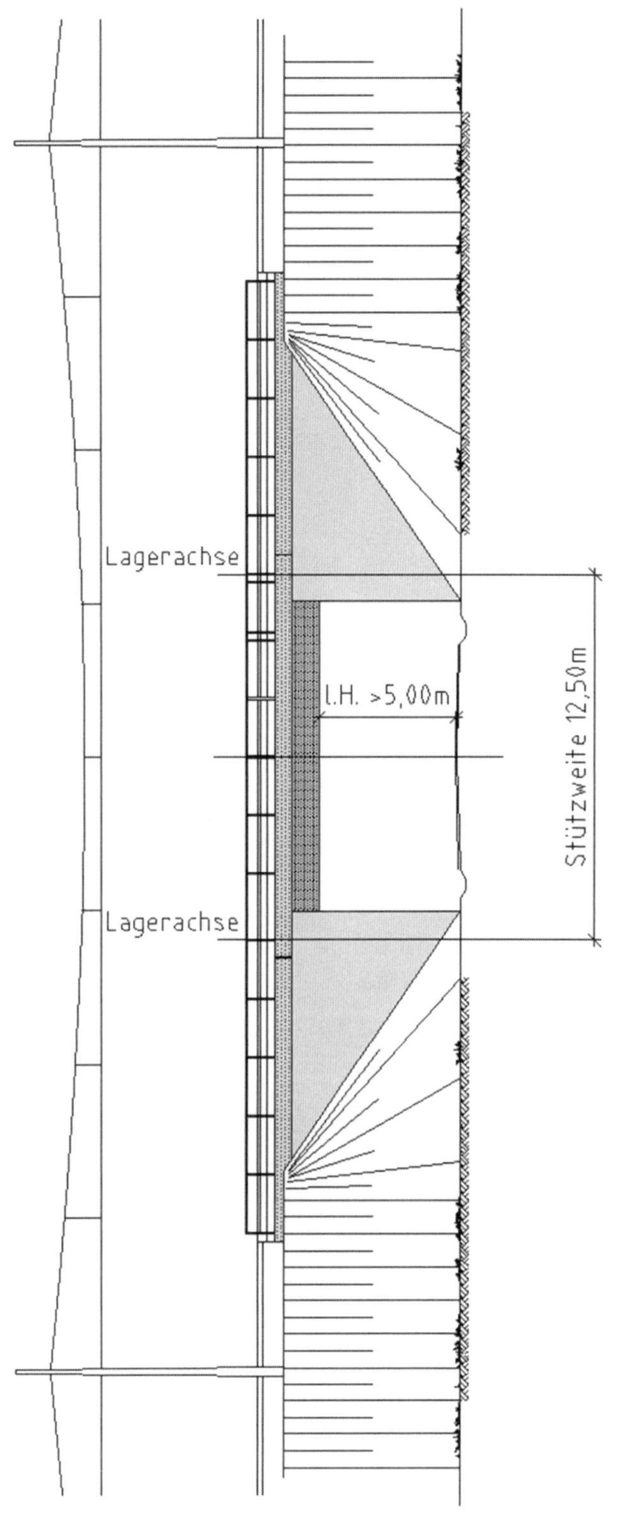
Lagerachse
l.H. >5,00m
Stützweite 12,50m
Lagerachse

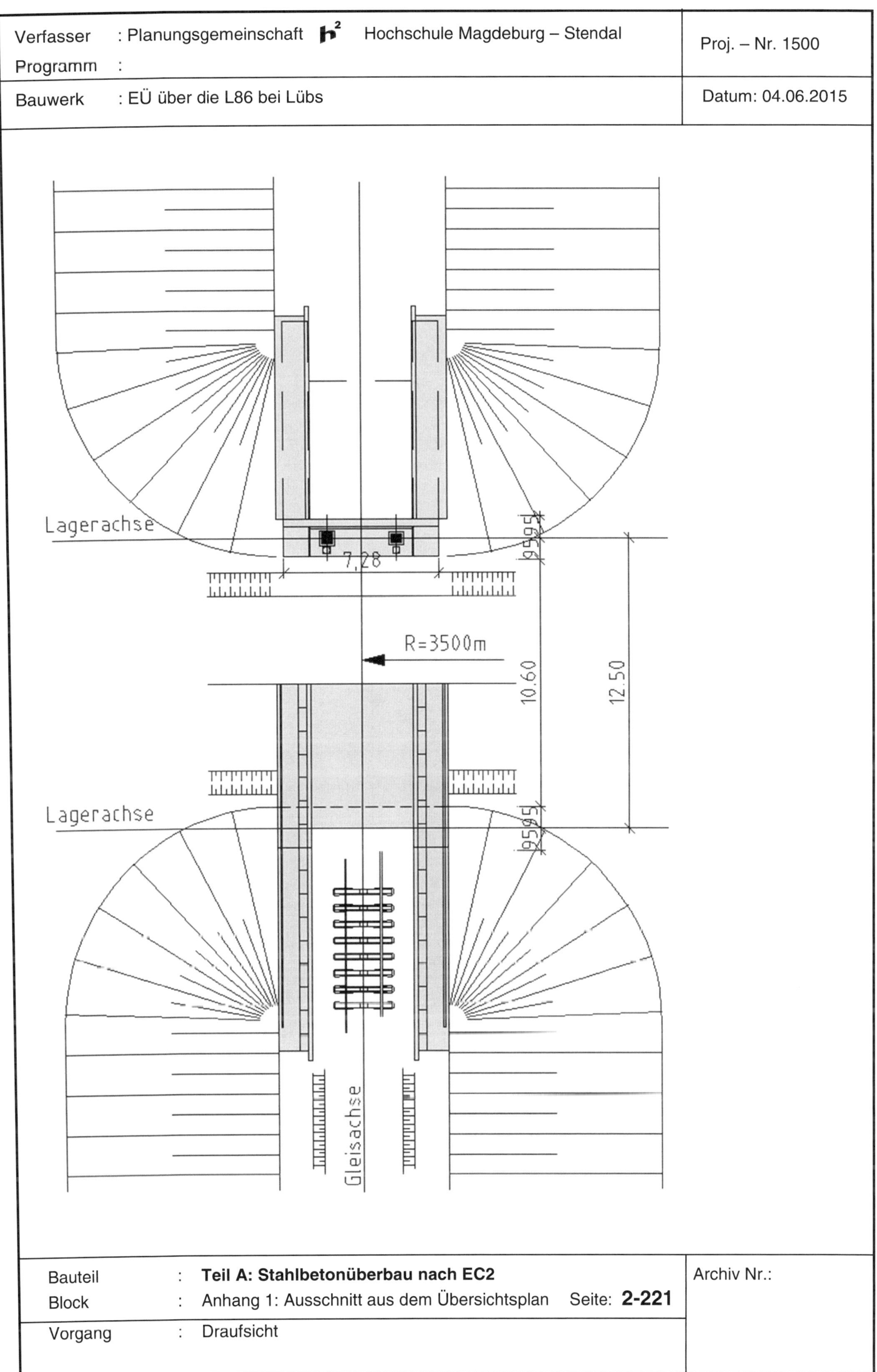
Verfasser : Planungsgemeinschaft h² Hochschule Magdeburg – Stendal
Proj. – Nr. 1500
Programm :
Bauwerk : EÜ über die L86 bei Lübs
Datum: 04.06.2015
Lagerachse
7,28
R=3500m
10.60
12.50
Lagerachse
Gleisachse
Bauteil : Teil A: Stahlbetonüberbau nach EC2
Block : Anhang 1: Ausschnitt aus dem Übersichtsplan
Seite: 2-221
Vorgang : Draufsicht
Archiv Nr.:

Verfasser : Planungsgemeinschaft h² Hochschule Magdeburg – Stendal Programm :	Proj. – Nr. 1500
Bauwerk : EÜ über die L86 bei Lübs	Datum: 04.06.2015

Bauteil	:	**Teil A: Stahlbetonüberbau nach EC2**	Archiv Nr.:
Block	:	Anhang 1: Ausschnitt aus dem Übersichtsplan Seite: **2-222**	
Vorgang	:	Querschnitt	

Verfasser	: Planungsgemeinschaft h² Hochschule Magdeburg – Stendal	Proj. – Nr. 1500
Programm	:	
Bauwerk	: EÜ über die L86 bei Lübs	Datum: 04.06.2015

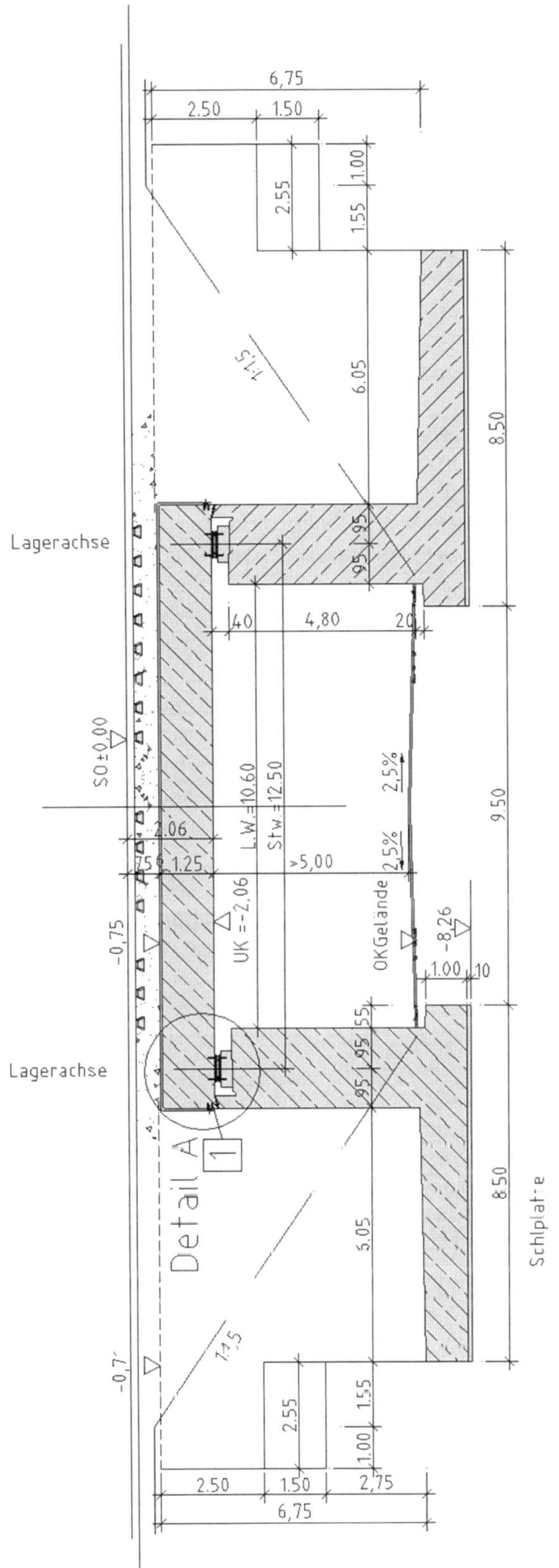

Bauteil	:	**Teil A: Stahlbetonüberbau nach EC2**	Archiv Nr.:
Block	:	Anhang 1: Ausschnitt aus dem Übersichtsplan Seite: **2-223**	
Vorgang	:	Längsschnitt	

Verzeichnis der Tabellen

Verzeichnis der Abbildungen

TEIL B: STATISCHE BERECHNUNG SPANNBETONÜBERBAU

BAUHERR: Deutsche Bahn AG, **Geschäftsbereich Netz**

AUFTRAGGEBER: **DB Netz AG**

BAUVORHABEN: Neubau einer Eisenbahnüberführung
Strecke Magdeburg – Dessau
EÜ über die L86 bei Prödel

BAUTEIL: Spannbetonüberbau

AUFSTELLER: Planungsgemeinschaft:

h[2] Hochschule Magdeburg – Stendal

Hochschule München

Datum: 04.06.2015

Bearbeiter:

Prof. Dr.-Ing. Thomas Bauer
Hochschule Magdeburg - Stendal (FH)
Breitscheidstr. 2
39114 Magdeburg
E-mail: bauer.tek@t-online.de

Prof. Dr.-Ing. Christian Seiler
Hochschule München
Karlstr. 6
80333 München
E-mail: christian.seiler@hm.edu

1 Allgemeines

Die Gliederung der Statischen Berechnung orientiert sich an der ZTV-ING Teil 1 Abschnitt 2 Anhang A (Ausgabe 12/2014).

1.1 Inhaltsverzeichnis

Abschnitt	Bezeichnung	Seite

Anhänge

1.2 Beschreibung des Gesamtbauwerkes, Allgemeines zum Herstellungsprinzip

1.2.1 Vorbemerkung und Entwurfsparameter

Das Bauwerk überführt die eingleisige Strecke Magdeburg – Dessau bei Streckenkilometer km 39,398 über die L 86. Die Gesamtlänge des Überbaus beträgt L = 21,90 m. Es ist die Streckenklasse D4 zu berücksichtigen. Die Gleisachse liegt im Grundriss mit einem Radius von R = 3500 m.

Der Überbau besteht aus einem einfeldrigen, in Längsrichtung mit nachträglichem Verbund vorgespannten Balken aus Beton C40/50. Die Stützweite beträgt 20,00 m mit jeweils einem 0,95 m langen Kragarm in Längsrichtung an jeder Auflagerachse. Bei einer Überbauhöhe von h = 1,25 m ergibt sich eine Biegeschlankheit von $\lambda = 20{,}00 / 1{,}25 = 16$.
Für den vorgespannten Überbau sind nach Tabelle 7.102DE und 7.103DE folgende Anforderungen an die Dekompression, an die zulässige Randspannung und an die Rissbreitenbeschränkungen einzuhalten:

EC2-2 NDP zu 3.1.2 (102)P

siehe Abbildung 1, 2, 4

EC2-2 NDP zu 7.3.1 (105)
Tab. 7.102DE und
Tab. 7.103DE

längs (Vorspannung mit Verbund):
- Dekompressionsnachweis in der häufiger EWK
- Rissbreitennachweis mit w_{max} = 0,2 mm in der häufigen Einwirkungskombination mit ψ_1 = 1,0 für Eisenbahnverkehr

quer (ohne Vorspannung):
- zulässige Betonrandzugspannungen in der seltenen Einwirkungskombination für C40/50: $\sigma_{c,Rand}$ = 5,5 MN/m²

Als Entwurfsvorgabe wird der Überbau für die Lastmodelle 71 und SW/2 bemessen. Für Regelverkehr D4 ergibt sich nach Tab. 3 ein Klassifizierungsbeiwert von α = 1,0. Die Ermüdungsnachweise werden mit dem Lastmodell 71 geführt. Da die Strecke nicht für Hochgeschwindigkeitsverkehr (V_E > 200 km/h) vorgesehen wird, findet das Lastmodell HSLM keine Anwendung.

EC1-2 6.3.1
EC1-2 6.3.2
EC1-2 6.3.3
EC1-2 Anhang E
Ril 804.2101 Kap. 4 (1) Tab. 3

Da die Brücke im Sprühnebelbereich der überquerten Straße liegt und damit neben Frost auch Taumitteln ausgesetzt ist, wird der Überbau in die Expositionsklassen XC4 (Einwirkung: Bewehrungskorrosion, ausgelöst durch Karbonatisierung; Umgebungsbedingung: wechselnd nass und trocken), XD1 (Einwirkung: Bewehrungskorrosion, verursacht durch Chloride; Umge-

Ril 804.4201 Kap. 2 (6)

EC2-2 NDP zu 4.2 (106)

ZTV-ING Teil 3 Abs. (1),
Kap. 4 Abs. (13)

EC2-2 NCI zu 4.2 Tab. 4.1DE

bungsbedingung: mäßige Feuchte), XF2 (Einwirkung: Frostangriff mit und ohne Taumittel, Umgebungsbedingung: mäßige Wassersättigung mit Taumittel) sowie Feuchtigkeitsklasse WA (Beton mit häufiger oder langzeitiger Alkalizufuhr) eingeordnet.

Die Vorgaben der DAfStb-Richtlinie „Massige Bauteile aus Beton" sind zu beachten.

ELTB Anl. 2.3/1

Als Mindestbetonfestigkeitsklasse des Überbaus ergibt sich damit in Abhängigkeit von der Expositionsklasse:

Ril 804.4201 Kap. 2 Abs. (2)
$w/z \leq 0{,}50$

XC4 → C25/30
XD1 → C30/37
XF2 → C25/30
C30/37 (nach ZTV-ING)

DAfStb Ril Massige Bauteile Tab. F.2.1

ZTV-ING Teil 3 Abs. (1), Kap. 4 Abs. (5)

Allgemein ist für vorgespannte Tragwerke eine Betonmindestfestigkeitsklasse C30/37 vorzusehen. Damit ist die Betondruckfestigkeitsklasse C30/37 maßgebend.

EC2-2 NDP zu 3.1.2 (102)P Tab. NA.3.0

Die Auflagerung erfolgt in Längsrichtung schwimmend und in Querrichtung fest.

Ril 804.3401
Ril 804.5101

Die Fahrbahnkonstruktion und Querschnittsausbildung richten sich nach den eisenbahnspezifischen Regelungen.

Ril 804.1101 Kap. 2, 3, 4.2

Die kastenförmigen Widerlager werden flach gegründet. Sie sind nicht Gegenstand dieser statischen Berechnung.

Im Rahmen der vorliegenden statischen Berechnung werden die wesentlichen Nachweise für das Längssystem des Überbaus geführt.

Ril 804.1101

Bei Eisenbahnbrücken ist generell eine eventuell erforderliche Nachrüstung von Lärmschutzwänden zu berücksichtigen. Im vorliegenden Fall kann diese nach Vorgabe des Bauherrn ausgeschlossen werden (unbebauter Außenbereich).

Ril 804.5501

Für das vorgespannte Längssystem werden die maßgebenden Nachweise für folgende Zeitpunkte geführt:

t_0: Zeitpunkt des Vorspannens
t_1: Zeitpunkt der Verkehrsübergabe
t_∞: Zeitpunkt nach Abschluss des Kriechens und Schwindens (Ende der geplanten Nutzungsdauer)

Annahmen:
t_0 = 10 d (Tage)
t_1 = 100 d (Tage)
EC0 1.7 Tab. 2.H.1
EC2-2 3.1.4
t_∞ = 100 a (Jahre)

Die Tabelle 1 zeigt eine Zusammenfassung der Entwurfsparameter.

Tabelle 1 Entwurfsparameter

Geometrie			
Gesamtlänge	L	=	21,90 m
Stützweite	l	=	20,00 m
Gesamtbreite (bez. auf Außenkante Kappe)	B	=	8,02 m
Breite des Überbaus an der Unterseite	b_{unten}	=	4,42 m
Gesamtbauhöhe	H	=	2,06 m
Konstruktionshöhe (ohne Kragarm)	h	=	1,38 m (1,25 m)
Radius der Gleisachse	R	=	3500 m
Gleisüberhöhung	u	=	0,08 m
Höhe über Gelände bez. auf SO	H	=	6,76 m
Biegeschlankheit	λ	=	16
Baustoffe und Spannverfahren			
Beton	C40/50		
Betonstahl	B500B, hochduktil		
Spannstahl	St 1660/1860 (Y1860)		
Spannverfahren	DSI-SUSPA Litzenspannverfahren / 150 mm²		
Anforderungen an Dekompression, Rissbreite und Randspannung (Tab. 7.102DE und Tab. 7.103DE)			
Längssystem	– Nachweis der Dekompression für häufige EWK – Nachweis der Rissbreite für die häufige EWK (ψ_1 = 1,0 für Eisenbahnverkehr)		
Quersystem	– Nachweis der zul. Randspannungen für die seltene EWK – Nachweis der Rissbreite für die häufige EWK (ψ_1 = 1,0 für Eisenbahnverkehr)		
Sonstige Randbedingungen			
Entwurfsgeschwindigkeit, Lebensdauer	V_e = 200 km/h, 100 Jahre		
Expositions- und Feuchtigkeitsklassen	XC4, XD1, XF2, WA		
Streckenklasse, Verkehrsaufkommen	D4, 25 Mio. t/a		
Oberbauart	Schwelle im Schotterbett		
Eisenbahnspezifische Einwirkungen			
Lastmodell 71	α = 1,0		
Lastmodell SW/2			
Lastmodell 71 für Ermüdungsnachweise			

1.2.2 Geometrisches System

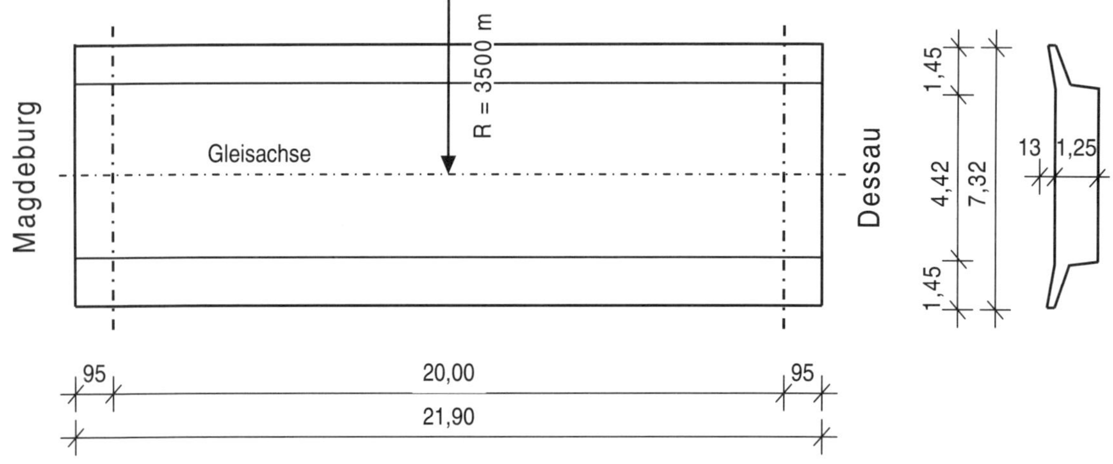

Abbildung 1 Grundriss des Tragwerkes (ohne Kappen)

Die Gleisachse ist im Grundriss konstant mit einem Radius R = 3500 m gekrümmt. Die sich aus dem Stich von f = 1,7 cm ergebende Exzentrizität der Gleisachse zur gerade verlaufenden Brückenachse wird bei der Bemessung vernachlässigt. Die Regelbreite der Fahrbahn wird jedoch um 2 cm auf 4,42 m vergrößert.

Ril 804.1101 Kap. 2 (8)
Ril 804.1101 Kap. 4.2 (2)

$f = R - [R^2 - (L/2)^2]^{0,5}$
$= 1,7$ cm

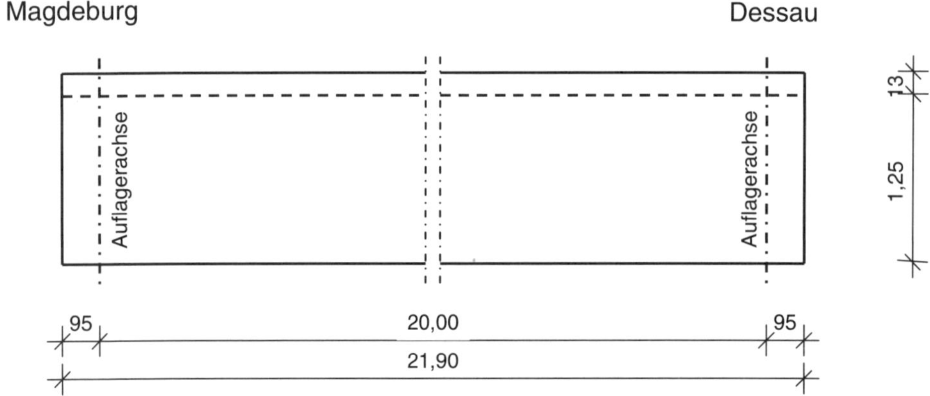

Abbildung 2 Längsschnitt des Tragwerkes

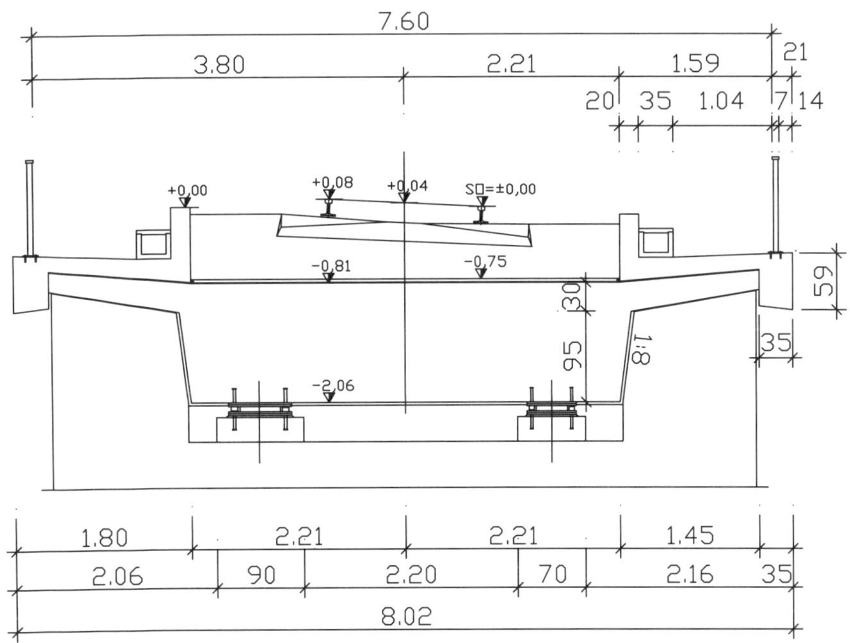

Abbildung 3 Querschnitt des Tragwerkes

<u>Anmerkung:</u>

Absenkung des rechten Schotterbegrenzungsbalkens beachten!

Ril 804.1101 Kap. 4.2 (2)

Dem Brückenquerschnitt mit einer Gesamtbreite B = 8,02 m liegen die einschlägigen eisenbahnspezifischen Regelungen für die vorgegebene Entwurfsgeschwindigkeit von V_E = 200 km/h und die Richtzeichnungen für massive Eisenbahnbrücken zugrunde.

Ril 804.1101 Kap. 4.2 (1)
Bild 8

Ril 804.1101 Kap. 4.4 (7)
Geländer

Ril 804.1101 Kap. 4.4 (3)
Randwegbreite

Die Randkappe mit aufgesetztem Kabeltrog wird in Anlehnung an die Konstruktionsrichtzeichnung M-RKP 1604 ausgeführt.

Ril 804.1101 Kap. 4.4 (5)
Randweg Höhenlage

Als Gleisüberhöhung wird die Regelüberhöhung angesetzt. Der Wert ist auf eine durch fünf teilbare Zahl zu runden.

reg u = $6{,}5 \cdot V_E^2 / R$
reg u = 80 mm

1.2.3 Hinweise zum Herstellungsverfahren

Das Tragwerk wird in Ortbetonbauweise als vorgespannter Balken mit nachträglichem Verbund ausgeführt. Nachgewiesen wird der Endzustand.

Die Vorspannung wird nach 10 Tagen aufgebracht, die Verkehrsübergabe erfolgt nach 100 Tagen.

t_0 = 10 Tage
t_1 = 100 Tage

Im Rahmen dieser Hauptstatik werden im Weiteren keine Bauzustände untersucht.

1.2.4 Materialkennwerte

<u>Spannstahl/Spannverfahren:</u>	SUSPA-Litze DW Spannverfahren im Verbund mit 1 bis 22 Litzen – Spannglied 6-19	ZuSpV (DIBt)
Spannstahlgüte:	St 1660 / 1860 (Y1860S7)	ZuSpV (DIBt) 2.1.
Hüllrohr Typ I (werkgefertigt) Reibungskennwert:	μ = 0,20	EC2-1-1 NCI zu 5.10.5.2 (2) und (3) ZuSpV Tab. 3
Ungewollter Umlenkwinkel:	k = 0,005 rad/m	ZuSpV 2.3 Tab. 3
Krümmungshalbmesser:	r_{min} = 8,3 m	ZuSpV (DIBt) Tab. 2
Verkeilen mit 20 kN je Spannlitze:		
Schlupf im Spannanker (Typ E6-19):	Δl_{sl} = 3 mm	ZuSpV 2.6 Tab. 4 (mit Verkeilen)
Schlupf im Festanker (Typ EP6-19):	Δl_{sl} = 0 m	ZuSpV 2.6 Tab. 4
Ertragene Schwingbreite an Endverankerungen und Kopplungen bei $N^* = 2 \cdot 10^6$ Lastspielen:	$\Delta\sigma_{Rsk}$ = 80 MN/m²	ZuSpV 2.2.2
Charakt. Spannstahlspannung bei 0,1 % bleibender Dehnung:	$f_{p0,1k}$ = 1600 MN/m²	ZuSpV (DIBt) 3.2 Tab. 1
Charakteristische Zugfestigkeit:	f_{pk} = 1860 MN/m²	ZuSpV Anlage 30
Teilsicherheitsbeiwerte		
Grundkombination:	γ_s = 1,15	EC2-2 NDP zu 2.4.2.4 (1) Tab. 2.1DE
außergewöhnliche Kombination:	γ_s = 1,0	
lokale Nachweise (Spaltzug):	$\gamma_{p,unfav}$ = 1,35	EC2-2 NDP zu 2.4.2.2 (3)
Elastizitätsmodul:	E_p = 195.000 MN/m²	ZuSpV Anlage 30
Relaxationsklasse:	2 (sehr niedrige Relaxation)	
Relaxationsverlust geschätzt für: $\Delta t = t_1 - t_0$ = 90 Tage = 2160 h	$\Delta\sigma_{pr,2160}$ = 2,3 % (interpoliert)	Kom-EC2 zu 3.3.2 (4)P bis (7) Annahme: R_i/R_m = 1320/1860 ≅ 0,70 s. Abschn. 2.3.1.2.2
für: $t = \infty$ = 100 a	$\Delta\sigma_{pr,100a}$ = 7 %	

Spanngliedtyp 6-19 — s. auch Abschn. 2.2.1.2

Ankerplatte für Spannanker Typ E 6-19 ($f_{cm,0,cyl}$ = 20 MN/m^2) — ZuSpV Anhang 11

Ankerplatte ∅:	∅ A	= 0,38 m
Wendel ∅:	∅ D	= 0,43 m
Zusatzbewehrung	d_s	= 14 mm; n = 7
Achsabstand:	a_x, a_y	= 0,52 m
Randabstand:	r_x, r_y	= 0,335 m

Hüllrohr Typ I (werkgefertigt), Spannlitzen bereits eingebracht

Durchmesser: d_i = 90 mm; d_a = 97 mm — ZuSpV Anhang 11 und ZuSpV (DIBt) 3.4 Tab. 2

maximale Exzentrizität des Spannstahls innerhalb des Hüllrohres: e_p = 1,0 cm — ZuSpV Anhang 4

Betondeckung

allgemein (für C40/50): $c_{min,dur}$ = 4 cm — EC2-2 NDP zu 4.4.1.2 (5) Tab. 4.3.1DE

zur sicheren Übertragung der Verbundkräfte: $c_{min,b}$ = $\varnothing_{duct}$ = 9,7 ≤ 8,0 cm — EC 2-2 NDP zu 4.4.1.2 (3)

c_{nom} = c_{min} + Δc_{dev} = 80 + 5 = 85 mm — EC2-2 Kap. 4.4.1.1; EC2-2 NDP zu 4.4.1.3 (1)P

Anmerkung:

Abstand zur Betonstahlbewehrung beachten s. Abs. 2.2.1.2.

Lichter Abstand der Hüllrohre

senkrecht:	a_v	$\geq 0{,}8\cdot\varnothing_{duct}$	≈	8 cm	EC2-2 NCI zu 8.10.1.3 (3)
	a_v	$\geq a_{v,min}$	=	4 cm	
waagerecht:	a_h	$\geq 0{,}8\cdot\varnothing_{duct}$	≈	8 cm	Größtkorn der Gesteinskörnung d_g nicht maßgebend
	a_h	$\geq a_{h,min}$	=	5 cm	

Betonstahl

Betonstahlsorte:	B500B	EC2-2 NCI zu 3.2.2 (3)P
Nennstreckgrenze:	f_{yk} = 500 MN/m²	EC2-2 NDP zu 3.2.2 (3)P
Rechenwert der charakt. Zugfestigkeit:	$f_{tk,cal}$ = 525 MN/m²	EC2-2 NDP zu 3.2.7 (2)
Duktilitätsklasse:	hoch (Klasse B)	EC2-2 NCI zu 3.2.2 (3)P; EC2-2 NCI zu 3.2.4 (101)P

Betondeckung

Überbau: $c_{min,dur} = 4{,}0$ cm
$c_{nom} = 4{,}5$ cm
EC2-2 NDP zu 4.4.1.2 (5)
Tab. 4.3.1DE

Kappen bei Eisenbahnbrücken:
nicht betonberührte Flächen $c_{min,dur} = 3{,}0$ cm
$c_{nom} = 3{,}5$ cm
EC2-2 NDP zu 4.4.1.2 (5)
Tab. 4.3.1DE

betonberührte Flächen $c_{min,dur} = 2{,}0$ cm
$c_{nom} = 2{,}5$ cm
EC2-2 NDP zu 4.4.1.2 (5)
Tab. 4.3.1DE

Teilsicherheitsbeiwert
Grundkombination: $\gamma_S = 1{,}15$
Außergew. Kombination: $\gamma_S = 1{,}00$
Ermüdung: $\gamma_S = 1{,}15$
EC2-2 NDP zu 2.4.2.4 (1)
Tab. 2.1DE

Elastizitätsmodul: $E_S = 200.000$ MN/m² EC2-1-1 3.2.7 (4)

Alle äußeren und inneren Begrenzungsflächen (z. B. bei Hohlkästen) von scheiben- und plattenartigen Bauteilen müssen eine kreuzweise Bewehrung erhalten. Jede Begrenzungsfläche muss in beiden Bewehrungslagen einen Stahlquerschnitt von 0,06 % des Betonquerschnitts, jedoch mindestens $\varnothing_s = 10$ mm, s = 20 cm.

EC2-2 NCI zu 9.1 (NA.104)

Mit h = 1,25 m und $\mu = 0{,}06$ ergibt sich eine erforderliche Oberflächenbewehrung von:

$$a_{s,req} = 1{,}25 \cdot 0{,}06 \cdot 100 = 7{,}5 \text{ cm}^2/\text{m}$$

gewählt: ∅ 12–15 cm, oben und unten kreuzweise

$$a_{c,prov} = 7{,}54 \text{ cm}^2/\text{m}$$

Oberflächenbewehrung bei vorgespannten Bauteilen — EC2-2 NCI zu 9.2.4 (1)

EC2-2 NCI zu Anhang J Tab. NA.J.1

$\rho = 0{,}16 \cdot f_{ctm} / f_{yk} = 0{,}6 \cdot 3{,}5 / 500 = 1{,}12$ ‰
$a_{s,req} = 1{,}0 \cdot \rho \cdot h = 1{,}25 \cdot 0{,}112 \cdot 100$
$= 14{,}0$ cm²/m

gewählt: ∅ 14–10 cm, oben, unten und seitlich, kreuzweise

$a_{s,prov} = 15{,}4$ cm²/m

Zur Vermeidung des Versagens ohne Vorankündigung infolge Spannungsrisskorrosion des Spannstahls wird als besondere Maßnahme in der Zugzone eine Mindestlängsbewehrung angeordnet.

gewählt: 32 ∅ 16 unten — s. Abschn. 2.4.4

$A_{s,prov} = 64{,}3$ cm²

Die Mindestschubbewehrung $a_{sw,min}$ beträgt:

$\rho_{w,min} = 0{,}16 \cdot f_{ctm} / f_{yk} = 0{,}6 \cdot 3{,}5 / 500 = 1{,}12$ ‰ — EC2-2 NDP zu 9.2.2 (5)
$a_{sw,min} = \rho_{w,min} \cdot b_w = 0{,}00112 \cdot 4{,}42 \cdot 10^4$ — s. auch Abschn. 2.4.2

$= 49{,}5$ cm²/m

Beton

Betonfestigkeitsklasse:	C40/50	EC2-1-1 3.1.2 Tab. 3.1
charakt. Druckfestigkeit:	$f_{ck} = 40$ MN/m²	EC2-1-1 3.1.2 Tab. 3.1
Mittelwert der Zugfestigkeit:	$f_{ctm} = 3{,}5$ MN/m²	EC2-1-1 3.1.2 Tab. 3.1
Teilsicherheitsbeiwert		
Grundkombination:	$\gamma_C = 1{,}5$	EC2-2 NDP zu 2.4.2.4 (1) Tab. 2.1DE
Außergew. Kombination:	$\gamma_C = 1{,}3$	
Ermüdung:	$\gamma_C = 1{,}5$	
Elastizitätsmodul:	$E_{cm} = 35.000$ MN/m²	EC2-1-1 3.1.2 Tab. 3.1

1.3 Technische Vorschriften, Gutachten und Literaturhinweise

Tabelle 2 Normen, Vorschriften und verwendete Unterlagen

	verw. Abk.	Bezeichnung	Fassung
Eurocode 0	EC0	Grundlagen der Tragwerksplanung	12/2010
	EC0/NA	Grundlagen der Tragwerksplanung – NA	12/2010
	EC0/NA/A1	Grundlagen der Tragwerksplanung – NA A1	08/2012
Eurocode 1	EC1-1-1	Wichten, Eigengewicht, Nutzlasten im Hochbau	12/2010
	EC1-1-1/NA	Wichten, Eigengewicht, Nutzlasten – NA	12/2010
	EC1-1-4	Windeinwirkungen	12/2010
	EC1-1-4/NA	Windeinwirkungen – NA	12/2010
	EC1-1-5	Temperatureinwirkungen	12/2010
	EC1-1-5/NA	Temperatureinwirkungen – NA	12/2010
	EC1-2	Verkehrslasten auf Brücken	12/2010
	EC1-2/NA	Verkehrslasten auf Brücken – NA	08/2012
Eurocode 2	EC2	Bemessung und Konstruktion von Stahlbeton- und Spannbetontragwerken	
	EC2-1-1	Allg. Bemessungsregeln	01/2011
	EC2-1-1/NA	Allg. Bemessungsregeln – NA	04/2013
	EC2-2	Bemessung von Betonbrücken	12/2010
	EC2-2/NA	Bemessung von Betonbrücken – NA	04/2013
Beton	DIN EN 206	Festlegung, Eigenschaften, Herstellung und Konformität – Entwurf	03/2012
	DIN 1045-2	Beton – Festlegungen, Eigenschaften, Herstellung und Konformität – Anwendungsregeln zu DIN EN 206-1	08/2008
Richtlinie 804	Ril 804	Eisenbahnbrücken (und sonstige Ingenieurbauwerke) planen, bauen und instand halten	01/2013
ELTB	ELTB	Eisenbahnspezifische Liste technischer Baubestimmungen	04/2015
EBO	EBO	Eisenbahn-Bau- und Betriebsordnung	2012
Richtzeichnungen der DBAG	Rz	Rz S-KAP in M 804.9010 Richtzeichnung für Randkappen der DB AG	05/2012
ZTV-ING	ZTV ING	Zusätzliche Technische Vertragsbedingungen und Richtlinien für Ingenieurbauten	12/2014
DAfStb-Heft 240	Heft 240	Hilfsmittel zur Berechnung der Schnittgrößen	1991
DAfStb-Heft 525	Heft 525	Erläuterungen zur DIN 1045 (2. Auflage)	2010
DAfStb-Heft 600	Heft 600	Erläuterungen zur DIN EN 1992-1-1 und NA	2012
DAfStb-Ril	DAfStb/Ril 1	Massige Bauteile aus Beton	2010
Kommentar Eurocode 2	Kom-EC2	Eurocode 2 für Deutschland – Kommentierte Fassung	2012
Z-13.71-130839	ZuSpV (DIBt)	Allgemeine bauaufsichtliche Zulassung (DIBt) des SUSPA-Litze DW Spannverfahren im Verbund mit 1 bis 22 Litzen nach ETA-13/0839	07/2014
ETA-13/0839	ZuSpV	Europäische technische Zulassung des SUSPA-Litze DW Spannverfahren im Verbund mit 1 bis 22 Litzen	06/2013

1.4 Abweichungen von Regelwerken

Der Berechnung liegen keine ergänzenden technischen Regeln zugrunde.

Für das nachfolgende Beispiel wird die Zulassung für ein Spannverfahren mit nachträglichem Verbund zur Vorspannung von Spannbetonbauteilen aus Normalbeton verwendet, die nach DIN EN 1992-1-1:2011-01 in Verbindung mit DIN EN 1992-1-1/NA:2013-04 bzw. nach DIN EN 1992-2:2012-12 in Verbindung mit DIN EN 1992-2/NA:2013-04 bemessen werden. Die DIBt-Zulassung des Spannverfahrens verweist ihrerseits auf die Europäische technische Zulassung ETA-13/0839.

Die entsprechenden Zulassungen können direkt über den Hersteller, z. B. unter

http://www.dywidag-systems.de/uploads/media/DSI-SUSPA-Systems-Z-13.71-130839-und-ETA-13-0839-Spannverfahren-de.pdf,

bezogen werden.

2 Bauteil: Spannbetonüberbau

2.1 Berechnungsgrundlagen

Bei der untersuchten Konstruktion handelt es sich um einen einfeldrigen Spannbetonbalken mit nachträglichem Verbund. Die auftretenden Querkräfte und Torsionsmomente werden durch fiktive Endquerträger in die Lager eingeleitet. Die linear-elastische Schnittgrößenermittlung und Bemessung erfolgt für das Haupttragwerk am Balken. Auch bei der baulichen Durchbildung sind die Regelungen bezüglich der einzulegenden Mindestquerkraftbewehrung für Balken anzuwenden.

EC2-2 NCI zu 1.5.2
EC2-2 5.3.1

$b / h = 4{,}42 / 1{,}25 = 3{,}54 < 5$
$l_{eff} / h = 20{,}00 / 1{,}25 = 16 > 3$

EC2-2 NCI zu 9.3.2 (2)

Die im Bogen verlegten Gleise verursachen eine geringe Exzentrizität der Gleisachse gegenüber der Tragwerkslängsachse. Die daraus resultierenden geringen Torsionsmomente bleiben bei der Schnittgrößenermittlung und Bemessung unberücksichtigt.

s. auch Abschn. 1.2.2

Die Nachweise für Biegung mit Längskraft werden im ungünstigsten Schnitt in Feldmitte (x / l = 0,5) geführt. Die Nachweise für Querkraft und Torsion erfolgen unter der Annahme einer indirekten Auflagerung des Längssystems auf den Endquerträgern. Der maßgebende Schnitt für die Bestimmung der Bemessungsquerkraft und des Bemessungstorsionsmoments befindet sich damit am Auflagerrand (x / l = 0,01).

$x = l / 2 = 20{,}00 / 2 = 10$ m

$x = b_{Lager} / 2 = 0{,}4 / 2 = 0{,}2$ m

2.1.1 Darstellung und Beschreibung des statischen Systems (Systemskizze)

Das statische System des Brückenüberbaus wird als Einfeldträger mit einer Stützweite von 20,00 m und 2 Kragarmen mit je 0,95 m Länge idealisiert.

Das System des fiktiven Endquerträgers wird ebenfalls als Einfeldträger (Stützweite 3,00 m) mit Kragarmen (L = 0,71 m) angenommen.

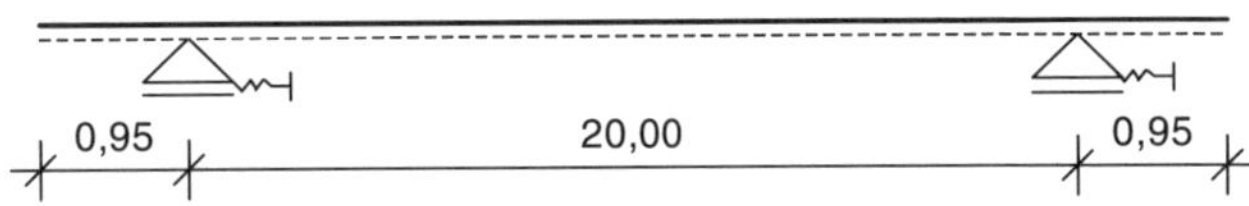

Abbildung 4 Systemskizze des statischen Systems in Längsrichtung

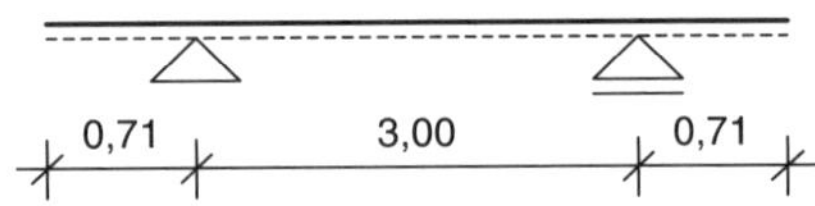

Abbildung 5 Systemskizze des fiktiven Endquerträgers

2.1.2 Eingabedaten für EDV-Rechenverfahren

Die statische Berechnung wird ohne EDV-Programme durchgeführt.

2.1.3 Geometrische Größen

2.1.3.1 Ermittlungen der mitwirkenden Plattenbreite

Bei Plattenbalken hängt die mitwirkende Plattenbreite, für die eine konstante Spannung angenommen werden darf, von den Gurt- und Stegabmessungen, von der Art der Belastung, der Stützweite, den Auflagerbedingungen und der Querbewehrung ab. — EC2-1-1 5.3.2.1 (1)P

Die mitwirkende Plattenbreite ist in der Regel auf der Grundlage des Abstands l_0 zwischen den Momentennullpunkten zu ermitteln. — EC2-1-1 5.3.2.1 (2) Abb. 5.2

Die mitwirkende Plattenbreite b_{eff} für einen Plattenbalken oder einen einseitigen Plattenbalken darf wie folgt ermittelt werden: — EC2-1-1 5.3.2.1 (2)

$$b_{eff} = \sum b_{eff,i} + b_w \leq b$$

EC2-1-1 5.3.2.1 (3) Gl. (5.7)

Dabei ist

$$b_{eff,i} = 0{,}2 \cdot b_i + 0{,}1 \cdot l_0 \leq 0{,}2 \cdot l_0$$

EC2-1-1 5.3.2.1 (3) Gl. (5.7a)

und

$$b_{eff,i} \leq b_i$$

EC2-1-1 5.3.2.1 (3) Gl. (5.7b)

Damit ergibt sich:

$$b_1 = b_2 = 1{,}45 - \frac{0{,}95}{8} = 1{,}33 \text{ m}$$

Neigung der Seitenfläche 1:8

$$b_{eff,1} = b_{eff,2} = 0{,}2 \cdot 1{,}33 + 0{,}1 \cdot 20{,}00 \leq 0{,}2 \cdot 20{,}00$$
$$b_{eff,1} = b_{eff,2} = 2{,}26 \leq 4{,}00 \text{ m}$$

Damit kann bei diesem sehr gedrungenen Querschnitt die gesamte Brückenquerschnittsfläche als mitwirkend betrachtet werden.

Es wird wie folgt verfahren:

- Die Schnittgrößenermittlung erfolgt mit den Bruttoquerschnittsgrößen. Auf die Berücksichtigung von ideellen Querschnittswerten wurde aufgrund des geringen Einflusses verzichtet. EC2-1-1 5.3.2.1 (4)

- Der Untersuchung, ob sich das Bauwerk im Grenzzustand der Gebrauchstauglichkeit im Zustand II befindet, werden die Bruttoquerschnittsgrößen zugrunde gelegt.

- Die Spannungsnachweise für Beton und Betonstahl im Grenzzustand der Gebrauchstauglichkeit werden mit den unter Punkt 2.1.3.2 ermittelten Bruttoquerschnittswerten geführt.

- Die Bemessung unter Biegung, Querkraft und Torsion im Grenzzustand der Tragfähigkeit werden näherungsweise am Rechteckquerschnitt mit b = 4,42 m und h = 1,25 m geführt.

- Die Ermüdungsnachweise für Beton und Betonstahl werden mit den unter Punkt 2.1.3.2 ermittelten Bruttoquerschnittswerten geführt.

2.1.3.2 Ermittlungen der Querschnittsgrößen

Im vorliegenden Beispiel kann wegen des geringen Einflusses der Bewehrung und der Hüllrohre mit den Bruttobetonquerschnittswerten gerechnet werden.

Die Querschnittswerte werden mit Integrationsformeln für dickwandige, polygonal begrenzte Querschnitte ermittelt. Somit ergeben sich folgende Bruttobetonquerschnittswerte:

z. B. PETERSEN „Stahlbau“, Friedrich Vieweg & Sohn Verlagsgesellschaft, Braunschweig/Wiesbaden 3. Auflage, Tafel 26.1

siehe Abbildung 6

$A_c = 6{,}392\ m^2$	$W_{c\,y,0} = 1{,}354\ m^3$
$u = 16{,}74\ m$	$W_{c\,y,1} = 1{,}354\ m^3$
$z_c = 0{,}690\ m$	$W_{c\,y,4} = -1{,}355\ m^3$
$y_c = 2{,}210\ m$	$W_{c\,y,7} = -1{,}355\ m^3$
$I_{c\,y} = 0{,}935\ m^4$	$W_{c\,z,0} = 7{,}216\ m^3$
$I_{c\,z} = 15{,}948\ m^4$	$W_{c\,z,1} = -7{,}216\ m^3$
	$W_{c\,z,4} = -4{,}357\ m^3$
	$W_{c\,z,7} = 4{,}357\ m^3$

Der Abtrag der Querkraft und des Torsionsmoments erfolgt im Wesentlichen durch den Rechteckquerschnitt (ohne Kragarme).

Siehe z. B. Schneider-Bautabellen, Kap. Baustatik.

d / b entspricht hier b / h.

d/b	α	β
1,00	0,140	0,208
1,25	0,171	0,221
1,50	0,196	0,231
2,00	0,229	0,246
3,00	0,263	0,267
4,00	0,281	0,282
6,00	0,299	
10,00	0,313	
∞	0,333	

Mit: $b / h = 4{,}42 / 1{,}25 = 3{,}536$

ergibt sich: $\alpha = 0{,}273$, $\beta = 0{,}275$

Daraus folgt:

$$I_{cT} = \alpha \cdot b \cdot h^3 = 0{,}273 \cdot 4{,}42 \cdot 1{,}25^3 = 2{,}357\ m^4$$

$$W_{cT} = \beta \cdot b \cdot h^2 = 0{,}275 \cdot 4{,}42 \cdot 1{,}25^2 = 1{,}899\ m^3$$

Anmerkung:

Vereinfachend werden die Hebelarme der Querlasten auf den Schwerpunkt des Gesamtquerschnitts bezogen.

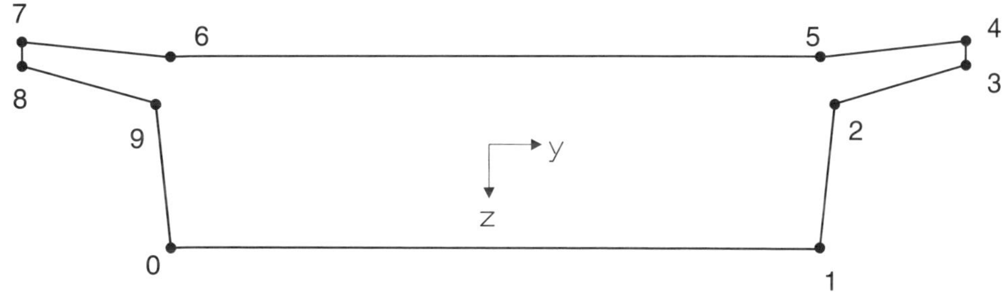

Abbildung 6 Skizze polygonal begrenzter Querschnitt

Tabelle 3 Koordinaten der Polygonpunkte

	y	z
Punkt 0	–2,210	0,690
Punkt 1	2,210	0,690
Punkt 2	2,330	–0,260
Punkt 3	3,660	–0,490
Punkt 4	3,660	–0,690
Punkt 5	2,210	0,560
Punkt 6	–2,210	–0,560
Punkt 7	–3,660	–0,690
Punkt 8	–3,660	–0,490
Punkt 9	–2,330	–0,260

Koordinaten sind auf den Schwerpunkt bezogen.

2.2 Einwirkende Last- und Weggrößen

EC0 4.1.2

2.2.1 Charakteristische Werte der Einwirkungen

2.2.1.1 Ständige Einwirkungen

EC1-1-1 2.1

Konstruktionseigenlast

$A_c = 6{,}392\ m^2$
siehe Abschn. 2.1.3.2

$g_{k,1}$ $6{,}392 \cdot 25$ $= 159{,}8$ kN/m

EC1-1-1 Anhang A Tab. A.1

Eigenlast der Fahrbahn

Eingleisige Fahrbahn mit durchgehendem Schotterbett inkl. Schwellen und Schienen 5 cm Schutzbeton und 1 cm Abdichtung

bewehrter Schutzbeton: $4{,}42 \cdot 0{,}06 \cdot 25$ $= 6{,}6$ kN/m

Die Schotterhöhe in Gleismitte ergibt sich aus SO plus der halben Überhöhung bei Abzug der Schienenhöhe und Ansatz einer Hebereserve von 0,1 m zu:

Ril 804.2101. Kap. 2.4 (3)
Vereinfachend wird mit durchgehendem Schotterbett ohne Schwellen und mit 1 kN/m Zuschlag je Gleis gerechnet. Unterschottermatten sind nicht vorgesehen.

$$0{,}75 + 0{,}04 - 0{,}20 + 0{,}10 = 0{,}69 \text{ m}$$

oberer Grenzwert für $g_{k,2}$:

Schotterbett:	$4{,}42 \cdot 0{,}69 \cdot 20$	= 61,0 kN/m
Schienen (UIC 60):		= 1,2 kN/m
Schwellenzuschlag:		= 1,0 kN/m
$g_{k,2\ max}$ (exklusive Schutzbeton)		= 63,2 kN/m

Ril 804.2101 Kap. 2.4 (1)
Ril 804.2101 Tab. 2

Schotterbett:
$g_{k,max} = 20$ kN/m³

unterer Grenzwert für $g_{k,2}$:

Schotterbett:	$4{,}42 \cdot 0{,}69 \cdot 16$	= 48,8 kN/m
Schienen (UIC 60):		= 1,2 kN/m
Schwellenzuschlag:		= 1,0 kN/m
$g_{k,2\ min}$ (exklusive Schutzbeton)		= 51,0 kN/m

$g_{k,min} = 16$ kN/m³

Eigenlast der Kappe

Kappenbeton:	$2 \cdot 25 \cdot 0{,}590$	= 29,5 kN/m
Kabelkanäle:	$2 \cdot 25 \cdot 0{,}0682$	= 3,4 kN/m
Geländer:	$2 \cdot 0{,}5$	= 1,0 kN/m
$g_{k,3}$		= 33,9 kN/m

Kappe und Kabeltrog nach RZ DB M-RKP 1604
$A_{Kappe} = 0{,}590\ m^2$
$A_{Kabelkanäle} = 0{,}0682\ m^2$

Anmerkung:

Sollte die Lagesicherheit untersucht werden, sind die Regelungen nach EC 0 zu beachten. ECO/NA/A1 NA.E.5.2.1

Die Absenkung des Schotterbegrenzungsbalkens auf Seite des Innenradius wurde wegen des geringen Einflusses nicht berücksichtigt.

2.2.1.2 Vorspannung

Spannverfahren:	SUSPA-Litze DW Spannverfahren im Verbund mit 1 bis 22 Litzen		ZuSpV (DIBt)
Spanngliedtyp:	6-19		ZuSpV Anhang 4
Querschnittsform:	7-drähtige Litze		
Anzahl der Litzen im Spannglied:	19		
Nenndurchmesser der Litze:	$\varnothing_p$	$= 15{,}7$ mm	
Querschnitt einer Litze:	A_{Litze}	$= 1{,}5$ cm²	
Spannstahlquerschnitt eines Spanngliedes:	A_p	$= 19 \cdot 1{,}5 = 28{,}5$ cm²	
Anzahl der Spannglieder:	n	$= 11$	

Anmerkung:

Der Bemessung und konstruktiven Durchbildung wird das Litzenspannverfahren mit nachträglichem Verbund zugrunde gelegt.

Spanngliedführung

Es werden in der ersten Lage 5 und in der zweiten Lage 6 Bündelspannglieder gewählt. Diese werden an den Spannstellen zweilagig und in Feldmitte einlagig geführt. Die Spannglieder werden parabelförmig angeordnet und wechselseitig angespannt. Die zugehörigen Höhen der Spanngliedlagen sind in Tabelle 4 für die Zehntelspunkte, den Auflagerrand und das Überbauende angegeben. Das Maß z_{cp} bezieht sich auf die Schwerachse des Betonquerschnitts ohne Hüllrohrabzug und ohne Anrechnung des Spannstahlquerschnitts (Bruttoquerschnittswerte), α bezeichnet den zwischen Spannglied und Stabachse eingeschlossenen Winkel. Die Ordinate x zählt ab der Auflagerachse.

Tabelle 4 Spanngliedverlauf in den Zehntelspunkten

x/l	[-]	-0,040	0	0,01	0,1	0,2	0,3	0,4	0,5
x	[m]	-0,8	0	0,2	2	4	6	8	10
Lage 1	z_{cp} [m]	-0,273	-0,165	-0,140	0,067	0,248	0,377	0,454	0,480
	tan α [rad]	0,1394	0,1291	0,1265	0,1033	0,0775	0,0516	0,0258	0,0
Lage 2	z_{cp} [m]	0,301	0,327	0,333	0,382	0,425	0,456	0,474	0,480
	tan α [rad]	0,0331	0,0307	0,0301	0,0246	0,0184	0,0123	0,0061	0,0

Der sich nach Tabelle 4 ergebende Spanngliedverlauf ist für eine Tragwerkshälfte in Abbildung 7 dargestellt.

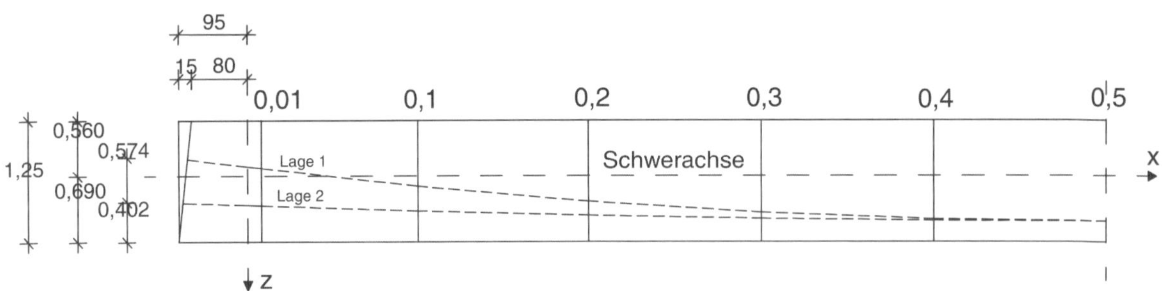

Abbildung 7 Längsschnitt mit Spanngliedverlauf (überhöhte Darstellung)

Anmerkung:

Unter der Vorgabe eines Abstands des Schwerpunkts der Spannglieder von 0,21 m zur UK Überbau in Feldmitte und der Bedingung $M_p \approx 0$ an den Überbauenden ergeben sich unter Berücksichtigung des Mindestabstands der Spanngliedachsen im Bereich der Verankerung für die Spanngliedlagen folgende Parabelgleichungen:

erf. Betondeckung Verbund:
0,21 m $> c_{nom} + 1/2\ d_a + e_p$
$> 0{,}085 + 0{,}05 + 0{,}01$
$= 0{,}145$ m

Ausreichend Abstand zur schlaffen Längs- und Bügelbewehrung vorhanden.

Lage 1: $z_{cp}(x) = (-0{,}00645) \cdot x^2 + 0{,}1290 \cdot x - 0{,}165$

Lage 2: $z_{cp}(x) = (-0{,}00153) \cdot x^2 + 0{,}0306 \cdot x + 0{,}326$

(Koordinatenursprung im Schnittpunkt der Auflagerachse mit der Schwerachse des Überbaus, *x* in [m])

Die Spannstahlspannung verändert sich längs des Spanngliedes durch den Keilschlupf und den Reibungseinfluss infolge planmäßiger und ungewollter Umlenkwinkel. Es ergeben sich folgende Umlenkwinkel über die gesamte Spanngliedlänge:

- ungewollter Umlenkwinkel $k \cdot L$:

  $k \cdot L = 0{,}005 \cdot 21{,}60 = 0{,}1080$

k = 0,005 rad/m (siehe Abschn. 1.2.4)
L – Gesamtlänge des Spannglieds, L = 21,60 m

- über die Gesamtlänge aufsummierter, planmäßiger Umlenkwinkel θ:

  Lage 1: $\theta_1 = 2 \cdot \arctan 0{,}1394 = 0{,}2788$
  Lage 2: $\theta_2 = 2 \cdot \arctan 0{,}0331 = 0{,}0662$

s. Tab. 4
$\tan \alpha_1 = 0{,}1394$
$\tan \alpha_2 = 0{,}0331$

Spannstahl

a) Spannstahlspannung während des Spannvorgangs

EC2-2 NDP zu 5.10.2.1 (1)P

EC2-2 NCI zu 5.10.2.1

EC2-2 NCI zu 7.2

Für Vorspannung mit nachträglichem Verbund ist folgender Höchstwert auch beim Überspannen nicht zu überschreiten:

$$\sigma_{p,max} = \min \begin{cases} 0{,}8 \cdot f_{pk} \cdot e^{-\mu \cdot \gamma(\kappa-1)} \\ 0{,}9 \cdot f_{p,0,1k} \cdot e^{-\mu \cdot \gamma(\kappa-1)} \end{cases}$$

Mit: $\mu = 0{,}20$
$\gamma = \Theta + k \cdot L$
$\kappa = 1{,}5$

μ : Reibungsbeiwert gemäß Zulassung
γ : ungewollter und planmäßiger Umlenkwinkel
κ : Vorhaltemaß zur Sicherung einer Überspannreserve
κ = 1,5 für ungeschützte Lage des Spanngliedes ≤ 3 Wochen oder mit Maßnahmen zum Korrosionsschutz

ergibt sich für Lage 1:

Lage 1: $e^{-\mu \cdot \gamma(\kappa-1)} = 0{,}96$

$$\sigma_{p,max} = \min \begin{cases} 0{,}8 \cdot 1860 \cdot 0{,}96 = 1428\ MN/m^2 \\ 0{,}9 \cdot 1600 \cdot 0{,}96 = \underline{1382\ MN/m^2} \end{cases}$$

maßgebender Wert

und für Lage 2:

Lage 2: $e^{-\mu \cdot \gamma(\kappa-1)} = 0{,}98$

$$\sigma_{p,max} = \min \begin{cases} 0{,}8 \cdot 1860 \cdot 0{,}98 = 1458\ MN/m^2 \\ 0{,}9 \cdot 1600 \cdot 0{,}98 = \underline{1411\ MN/m^2} \end{cases}$$

maßgebender Wert

Zulässiger Höchstwert unmittelbar nach dem Spannen und dem Absetzen des Spannglieds auf den Beton:

EC2-2 NDP zu 5.10.3 (2)

$$\sigma_{pm0} = \min \begin{cases} 0{,}75 \cdot 1860 = 1395\ MN/m^2 \\ 0{,}85 \cdot 1600 = \underline{1360\ MN/m^2} \end{cases}$$

maßgebender Wert

b) endgültige Spannstahlspannung im Gebrauchszustand

Zulässiger Höchstwert unter quasi-ständiger Einwirkungskombination nach Abzug sämtlicher Spannkraftverluste:

EC2-2 NDP zu 7.2 (5)

$$\sigma_{pm,\infty} = 0{,}65 \cdot 1860 = \underline{1209\ MN/m^2}$$

Spannstahlspannung zum Zeitpunkt t_0:

Der Faktor zur Berücksichtigung der Reibungseinflüsse vom Spannanker bis zum Festanker lässt sich wie folgt ermitteln:

EC2-1-1 5.10.3

$$\Delta = \sigma_{p\mu}(x = L) / \sigma_{p0} = e^{-\mu(\theta + k \cdot L)}$$

EC2-1-1 5.10.5.2

Mit $\mu = 0{,}20$ ergeben sich folgende Faktoren:

s. auch Abschn. 1.2.4

	θ_i	$k \cdot L$	$-\mu(\theta + k \cdot L)$	Δ_i
Lage 1	0,2788	0,1080	-0,0774	0,9256
Lage 2	0,0662	0,1080	-0,0348	0,9658

In diesem Beispiel wird für beide Lagen der maximal zulässige Höchstwert der Spannstahlspannung beim Überspannen zum Ausgleich der Spannkraftverluste infolge Reibung voll ausgenutzt:

Lage 1: $\sigma_{p,max} = 1382 \text{ MN/m}^2$

Lage 2: $\sigma_{p,max} = 1411 \text{ MN/m}^2$

Eine Vorbemessung ergab, dass mit dieser Anfangsspannung zum Zeitpunkt t = 0 die zulässige Spannstahlspannung nach dem Verankern — EC2-2 NDP zu 5.10.3 (2)

$$\sigma_{pm0} = 1360 \text{ MN/m}^2$$

und die zulässige Spannstahlspannung unter quasi-ständiger Einwirkungskombination nach Abzug aller Spannkraftverluste zum Zeitpunkt t = ∞ — EC2-2 NDP zu 7.2 (5); s. auch Abschn. 2.5.1.2.2

$$\sigma_{pm,\infty} < 1209 \text{ MN/m}^2$$

eingehalten werden.

Die Spannstahlspannung wird zusätzlich durch den an der Anspannstelle auftretenden Keilschlupf ΔL_{sl} beeinflusst. — EC2-1-1 5.10.5.3

In einer Nebenrechnung wurde ermittelt, dass sich der Einfluss des Keilschlupfes in Lage 1 auf 12,22 m und in Lage 2 aufgrund der geringeren Reibung über die gesamte Spanngliedlänge erstreckt. Bei der Ermittlung des Einflusses des Keilschlupfes auf die Spannung im Spannglied wurde der Reibungseinfluss vereinfachend über die Einflusslänge linear verlaufend angesetzt. Der sich ergebende Verlauf der Spannstahlspannung über die Spanngliedachse ist für Lage 1 und 2 in den folgenden Abbildungen dargestellt.

Durch wechselseitiges Anordnen der Spann- und Festanker wird insgesamt eine näherungsweise konstante Spannung über die gesamte Spanngliedlänge erreicht.

Die mittlere Spannstahlspannung in Feldmitte beträgt nach Ablassen und Verkeilen:

$$\sigma_{pm} = (1307 + 1321) \cdot 0{,}5 = 1314 \text{ MN/m}^2$$

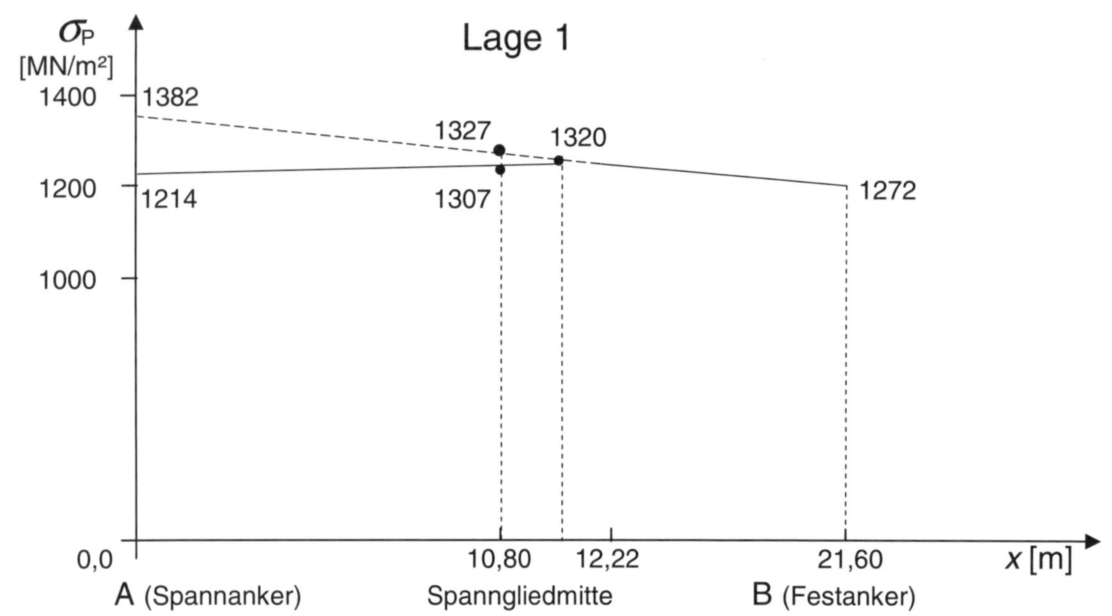

Abbildung 8 Spannstahlspannung der Lage 1 (schematische Darstellung)

Die Spannstahlspannungen in den einzelnen Nachweisstellen können Tabelle 5 entnommen werden.

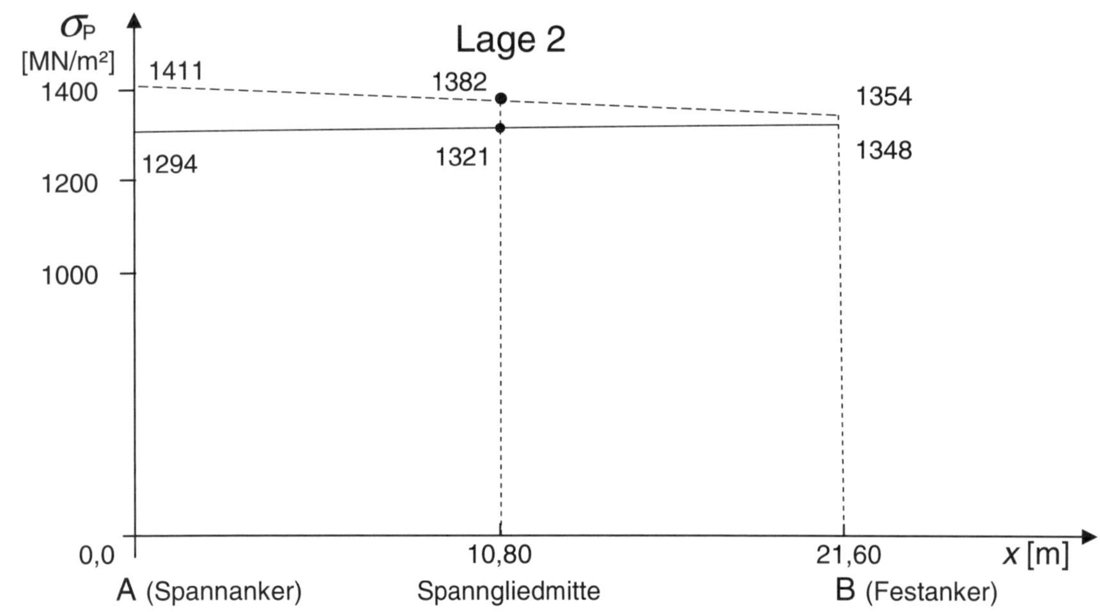

Abbildung 9 Spannstahlspannung der Lage 2 (schematische Darstellung)

Damit ergeben sich folgende Spannstahlspannungen [MN/m²]:

Tabelle 5 Spannstahlspannungen

Lage 1			
	Spannanker	Feldmitte	Festanker
Überspannen	$\sigma_{pü}$ = 1382	$\sigma_{pü}$ = 1327	$\sigma_{pü}$ = 1272
Verankern	σ_{pm0} = 1214	σ_{pm0} = 1307	σ_{pm0} = 1272
Lage 2			
	Spannanker	Feldmitte	Festanker
Überspannen	$\sigma_{pü}$ = 1411	$\sigma_{pü}$ = 1382	$\sigma_{pü}$ = 1354
Verankern	σ_{pm0} = 1294	σ_{pm0} = 1321	σ_{pm0} = 1348

vorhandene Spannstahlspannung		zulässige Spannstahlspannung
1382 MN/m²	≤	1382 MN/m²
1320 MN/m²	≤	1360 MN/m²
1411 MN/m²	≤	1411 MN/m²
1348 MN/m²	<	1360 MN/m²

Anmerkung:

Die Wechselwirkungen aus dem Ablauf des Vorspannens und die Ermittlung der Spannwege etc. werden im Rahmen der weiteren Ausführungsplanung berücksichtigt und sind nicht Gegenstand dieser Hauptstatik.

2.2.1.3 Veränderliche Einwirkungen

EC1-2 2.2

2.2.1.3.1 Veränderliche Einwirkungen aus Eisenbahnverkehr

EC1-2 Kap. 6

2.2.1.3.1.1 Lastmodell 71

EC1-2 6.3.2

Das Lastmodell 71 stellt den statischen Anteil der Einwirkungen aus normalem Eisenbahnverkehr dar und wirkt als Vertikallast auf das Gleis.

EC1-2 6.3.2 (1)

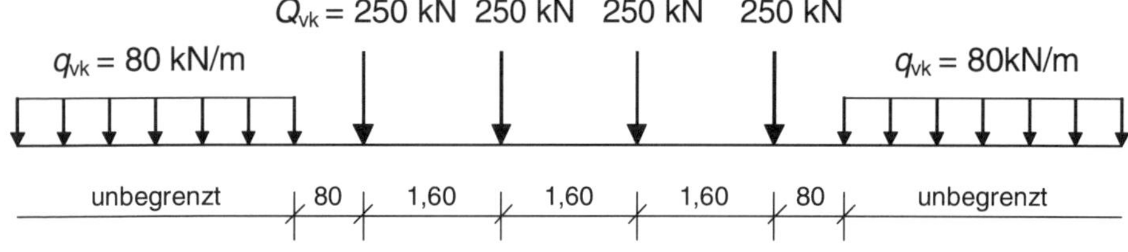

EC1-2 6.3.2 (2)P Abb.6.1

Abbildung 10 Lastmodell 71

EC1-2 6.3.2 (3)P
Beiwert für klassifizierte Vertikallasten:
schwerer Verkehr: α = 1,10; 1,21; 1,33; 1,46
leichter Verkehr: α = 0,75; 0,83; 0,91 (gilt auch für Lastmodell SW/0, Zentrifugal-, Anfahr- und Bremslasten, Seitenstoß, außergewöhnliche Einwirkungen sowie für vertikale Ersatzlasten auf Erdbauwerke und Erddrücke)

Falls kein Beiwert festgelegt wird, ist α = 1,00 anzunehmen (hier gewählt α = 1,00).

Eine Klassifizierung des Lastmodells kann in diesem Beispiel unterbleiben, da gegenüber dem normalen Verkehr seitens der zuständigen Behörde weder ein schwererer noch ein leichterer Verkehr anzunehmen ist.

$$\alpha = 1{,}00$$

EC1-2 6.3.5 (1)P

Die seitliche Exzentrizität der Vertikallasten aus dem Lastbild LM 71 ist durch ein Verhältnis der beiden Radlasten einer Achse von

$$\frac{Q_{v2}}{Q_{v1}} \leq 1{,}25$$

zu berücksichtigen. Die daraus resultierende Exzentrizität beträgt

$$e \leq \frac{r}{18}$$

mit:

Q_{v1}, Q_{v2}	Radlasten
e	Exzentrizität der Vertikallasten gegenüber der Gleisachse
r	Radabstand (auf Laufkreis bezogen)

Die Exzentrizität der Vertikallasten kann bei der Berücksichtigung der Ermüdung vernachlässigt werden.

EC1-2 6.3.5 (1)P

Mit einem Radabstand von r = 1,50 m ergibt sich eine maximale Lastexzentrizität von

$$e = 1{,}50 / 18 = 0{,}083 \text{ m}$$

gegenüber der planmäßigen Gleisachse.

Die Achslasten Q_{vk} des Lastmodells 71 werden in Brückenlängsrichtung als gleichmäßig verteilt angenommen (bei Stützweite von 20,0 m ausreichend genau). EC1-2 6.3.6.2 (1)

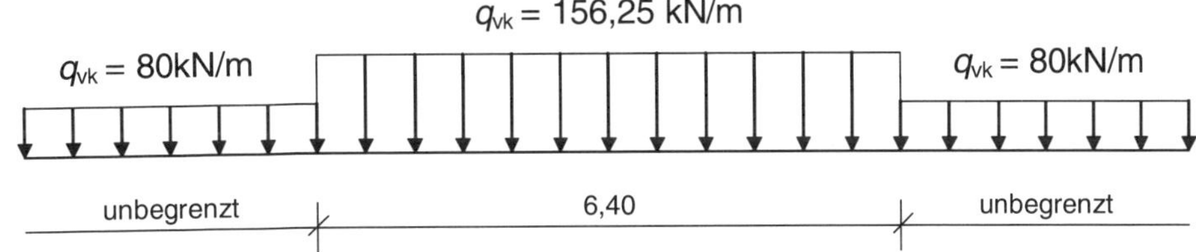

Abbildung 11 Vereinfachtes Lastmodell 71

Grundlast: $q_{vk} = 80{,}00$ kN/m
Überlast: $q_{vk} = 76{,}25$ kN/m

Anmerkungen:

Für Brückenbauwerke auf Strecken der Eisenbahnen des Bundes für Betriebszüge mit 25-t-Radsatzlasten ist ein Beiwert $\alpha = 1{,}21$ zu verwenden. Das Lastmodell SW/2 braucht nicht zusätzlich angesetzt zu werden. EC1-2 NDP zu 6.3.2 (3)P

Für geotechnische Bauwerke (Erdbauwerke, Stützbauwerke und Durchlässe mit einer lichten Weite > 2,0 m) darf auch bei klassifizierten Lastmodellen mit $\alpha = 1{,}00$ gerechnet werden. Einflüsse von Baumaschinen müssen ggf. gesondert berücksichtigt werden.

Für die statische Berechnung ist ein Beiwert $\alpha \geq 1{,}0$ anzusetzen. Der Beiwert α kann nach den Grundsätzen des § 8 EBO gewählt werden. Für artreinen S-Bahn-Verkehr kann $\alpha = 0{,}8$ angesetzt werden.

Für Bauzustände sind alle unter EC1-2, Kap. 6.3.2 (3) aufgezählten Einwirkungen mit $\alpha = 1{,}0$ zu multiplizieren, wenn Schwerverkehr während der Bauphasen ausgeschlossen ist.

Dynamische Effekte – Überprüfung des Resonanzrisikos

Die Anforderungen zur Entscheidung, ob eine statische oder dynamische Berechnung erforderlich wird, sind in Ril 804.3101 geregelt.

EC1-2 NDP zu 6.4.4 (1)

Der dynamische Beiwert Φ berücksichtigt die dynamische Erhöhung von Spannungen und Verformungen im Tragwerk, aber nicht Resonanzerscheinungen und übermäßige Schwingungen des Überbaus.

EC1-2 6.4.5.1 (1)

siehe auch Ril 804.3101 Kap. 3

Die Gefahr von Resonanz oder übermäßigen Schwingungen kann insbesondere bei Geschwindigkeiten V > 200 km/h auftreten. Diese dynamischen Auswirkungen sind durch die dynamischen Beiwerte nicht unmittelbar abgedeckt, sodass detaillierte Berechnungen durchgeführt werden müssen.

Anmerkung:

Folgende dynamische Auswirkungen können auftreten:

- Schnittgrößenerhöhung:
  Die Schnittgrößen durch Überfahrt der BLZ können größer sein als die Schnittgrößen aus LM 71 multipliziert mit dem Schwingbeiwert.

- Überbaubeschleunigung:
  Es kann sich eine unzulässige vertikale, nach oben gerichtete Beschleunigung des Schotters ergeben.

- Schwingspiele:
  Bei Überfahrt von BLZ können sich bei Erreichen der Resonanzgeschwindigkeit eine große Anzahl von Schwingspielen einstellen, die durch die vereinfachten Vorgaben des Ermüdungsnachweises nicht abgedeckt sind.

Auf eine dynamische Berechnung darf verzichtet werden, wenn eine der folgenden Bedingungen erfüllt ist:

Ril 804.3101 Kap. 3 (2)

- bei S-Bahnen,
- $V_ö \leq 90$ km/h ($V_ö$: örtliche Geschwindigkeit), wenn Radsatzlasten $Q_{RSL} > 225$ kN vorhanden sind, darf dieses Kriterium nur angewendet werden, wenn die Bemessung mit einem Klassifizierungsfaktor $\alpha > 1$ erfolgt,
- $V_ö \leq 160$ km/h, wenn Radsatzlasten $Q_{RSL} \leq 225$ kN und die Linienlast $m' \leq 80$ kN/m sind,

- bei einfeldrigen Rahmentragwerken,
- bei Durchlaufträgern.

Da keine der Bedingungen erfüllt ist, muss das Resonanzrisiko überprüft werden.

Anmerkung:

Die angegebene Grenze für die Radsatzlasten von 225 kN bezieht sich auf die Radsatzlast der wirklich verkehrenden Züge und nicht auf das Bemessungsmodell LM 71. Die zulässigen Radsatzlasten der verkehrenden Züge sind entsprechend der vorgesehenen Streckenklasse bzw. Schwerwagenklasse vorgegeben. Die Bedingungen $Q_{RSL} \leq 225$ kN und m' ≤ 80 kN/m entsprechen z. B. der Streckenklasse D4 (DB). Ril 804.3101 Kap. 3 (2)

Wie die bisherigen Erfahrungen mit Bauwerken unter Betrieb zeigen, besteht kein Resonanzrisiko bei geringen Geschwindigkeiten. Dennoch wurde im Hinblick auf schwere, kurze Güterwagen mit hohen Radsatzlasten (z. B. Ganzzüge mit 250 kN Radsatzlast) eine Einschränkung vorgenommen.

Vereinfachte Überprüfung des Resonanzrisikos Ril 804.3101 Kap. 3 (3)

Auf eine dynamische Berechnung darf verzichtet werden, wenn für ein Tragwerk die maßgebende Eigenfrequenz der Biegeschwingung n_0 innerhalb festgelegter Grenzen liegt und zusätzlich eine der folgenden Bedingungen erfüllt ist: EC1-2 NDP zu 6.4.4 (1) & Ril 804.3101 Abb. 3

a) $V_ö \leq 200$ km/h ($V_ö$: örtliche Geschwindigkeit).
b) Das Tragwerk ist ein balkenartiger Einfeldträger mit einer Stützweite L ≥ 40 m.
c) Das Tragwerk ist ein balkenartiger Durchlaufträger in Betonbauart mit einer kleinsten Stützweite min L ≥ 40 m und einer größten Stützweite max L ≤ 1,5 min L.

Die erste Bedingung ist erfüllt, es ist die Eigenfrequenz zu überprüfen, um eventuell auf eine dynamische Berechnung verzichten zu dürfen.

Bei Brücken werden die Eigenfrequenzen eines Bauteils aus der Biegelinie unter ständigen Einwirkungen ohne quasiständigen Verkehrslastanteil berechnet.

Für einen auf Biegung beanspruchten Einfeldträger kann die Eigenfrequenz n_0 mit folgender Gleichung ermittelt werden:

Ril 804.3101 Kap. 3 (3)
Ril 804.3301 A01 Kap. 1 (1)

$$n_0 = \frac{17{,}75}{\sqrt{\delta_0}} \text{ [Hz]} \quad \text{(a)}$$

oder

$$n_0 = \frac{\pi}{2 \cdot L^2} \sqrt{\frac{E_{cm} \cdot I}{m}} \quad \text{(b)}$$

mit:

δ_0 [mm] Durchbiegung in Feldmitte infolge ständiger Einwirkungen in mm (einschließlich Oberbau)

δ_0 ist im Endzustand mit dem Kurzzeit-E-Modul zu ermitteln.

L Stützweite

EC1-2 NDP zu 6.4.5.3 (1) Tab. NA.6.2 (Fall 5.1):
$L_\Phi = l = 20{,}00$ m
(Überstände vernachlässigt)

E_{cm} Kurzzeit-E-Modul

$E_{cm} = 35.000$ MN/m²

I_{cy} Biegeträgheitsmoment (Flächenträgheitsmoment des ungerissenen Trägers)

$I_{cy} = 0{,}935\ m^4$,
siehe Abschn. 2.1.3.2

m Masse pro Längeneinheit, einschl. Oberbau (z. B. in [t/m]); $m = g_{k,ges} / g$

$g = 9{,}81\ m/s^2$
$g_{k,ges} = g_{k,1} + g_{k,2} + g_{k,3}$
siehe Abschn. 2.2.1.1

ergibt sich eine Eigenfrequenz n_0 von:

$$n_0 = \pi / (2 \cdot 20{,}0^2) \cdot [35.000 \cdot 0{,}935 \cdot 9{,}81 / (159{,}8 + 6{,}6 + 63{,}2 + 33{,}9) \cdot 10^{-3}]^{1/2}$$

$g_{k,2}$ ist für dynamische Berechnungen mit $g_{k,max}$ anzusetzen.

$$n_0 = 4{,}33 \text{ Hz}$$

oberer Grenzwert der Eigenfrequenz:

$$n_0 = 94{,}76 \cdot L^{-0{,}748} \text{ [Hz]}$$
$$n_0 = 10{,}08 \text{ Hz}$$

Grenze (1) nach
Ril 804.3101 Kap.3 (3) Abb. 3

L = l = 20 m

unterer Grenzwert der Eigenfrequenz:

$$n_0 = 80 / L \text{ [Hz]}$$
$$n_0 = 4{,}00 \text{ Hz}$$

Grenze (2) nach
Ril 804.3101 Kap.3 (3) Abb. 3

L = l = 20 m

$$4{,}00 \text{ Hz} \leq 4{,}33 \text{ Hz} = n_0 \leq 10{,}08 \text{ Hz}$$

Es liegt demnach keine Gefahr der Resonanzbildung und der Bildung übermäßiger Schwingungen vor.

Dieser Nachweis wird in der Regel für die Ermittlung der erforderlichen Überbauhöhe bei Einfeldträgern mit v_e = 200 km/h maßgebend. Lassen andere geometrische bzw. örtliche Randbedingungen eine entsprechende Überbauhöhe nicht zu, und liegt somit die Eigenfrequenz unterhalb bzw. oberhalb der Grenzwerte, sind genauere dynamische Analysen erforderlich. Hinweise dazu liefert Ril 804.3301 „Dynamische Effekte bei Resonanzrisiko" und EC 1-2 Kap. 6.4.6.

In Abhängigkeit von der geforderten Streckenwartung ist für die sorgfältige Unterhaltung der Gleise der Schwingbeiwert Φ_2 anzusetzen (Regelwert).

EC1-2 6.4.5.2 (2)
EC1-2 NDP zu 6.4.5.2 (3)P

Sorgfältiger Unterhaltungszustand:

EC1-2 6.4.5.2 Gl. (6.4)

$$\Phi_2 = \frac{1{,}44}{\sqrt{L_\Phi} - 0{,}2} + 0{,}82 \qquad \text{mit } 1{,}00 \leq \Phi_2 \leq 1{,}67$$

Mit:

L_Φ maßgebende Länge in m
L_Φ = l = 20,0 m

EC1-2 6.4.5.3 (1), Tab. NA.6.2 (Fall 5.1):
L_Φ = l = 20,00 m
(Überstände vernachlässigt)

ergibt sich:

$$\Phi = \Phi_2 = \frac{1{,}44}{\sqrt{20} - 0{,}2} + 0{,}82 = 1{,}16$$

Mit diesem dynamischen Beiwert sind die Lasten der Lastmodelle LM 71, SW/0 und SW/2 zu multiplizieren.

EC1-2 6.4.5.2 (1)P

2.2.1.3.1.2 Lastmodell SW/0

EC1-2 6.3.3

Alle **Durchlaufträger**, die für das Lastmodell 71 bemessen werden, sind zusätzlich für das Lastmodell SW/0 zu untersuchen (gilt sinngemäß auch für Rahmentragwerke).

EC1-2 6.8.1 (8)P

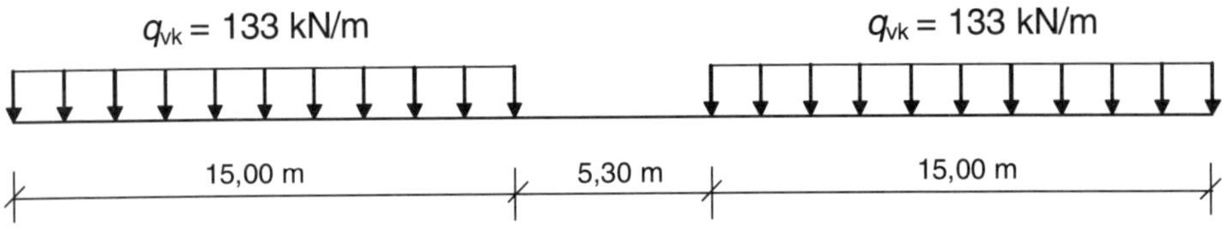

q_{vk} = 133 kN/m q_{vk} = 133 kN/m

15,00 m 5,30 m 15,00 m

EC1-2 6.3.3 Tab. 6.1 Abb. 6.2

Abbildung 12 Lastmodell SW/0

Für den vorliegenden Fall eines Einfeldträgers ist somit die Anwendung dieses zusätzlichen Lastmodells nicht erforderlich.

2.2.1.3.1.3 Lastmodell SW/2

EC1-2 6.3.3

Das Lastmodell SW/2 stellt den statischen Anteil des Schwerverkehrs dar. Die Lastanordnung ist mit den charakteristischen Werten der Vertikallasten anzunehmen und darf nicht geteilt werden.

EC1-2 6.3.3 (2)
EC1-2 6.3.3 (3)P
EC1-2 6.3.3 Tab. 6.1 Abb. 6.2

Strecken oder Streckenabschnitte mit Schwerverkehr sind zu benennen und werden vom Eisenbahn-Infrastrukturunternehmen festgelegt.

EC1-2 NDP zu 6.3.3 (4)P

Wird ein Klassifizierungsbeiwert α = 1,21 angesetzt, braucht das Lastmodell SW/2 nicht berücksichtigt zu werden.

EC1-2 NDP zu 6.3.2 (3)P

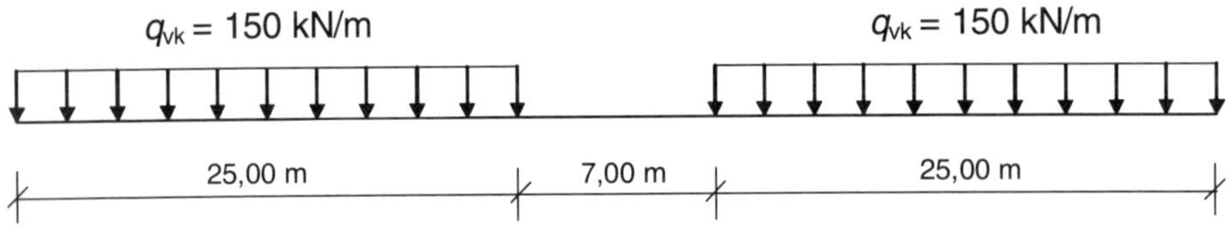

q_{vk} = 150 kN/m q_{vk} = 150 kN/m

25,00 m 7,00 m 25,00 m

EC1-2 Kap. 6.3.3 Tab. 6.1 Abb. 6.2

Abbildung 13 Lastmodell SW/2

2.2.1.3.1.4 Unbeladener Zug

EC1-2 6.3.4

Für einige spezielle Nachweise wird ein gesondertes Lastmodell, der „unbeladene Zug", verwendet.

Zum Nachweis der Gesamtstabilität ist die Kombination unbeladener Zug ohne dynamischen Beiwert mit voller Windlast anzusetzen. EC1-2 6.3.4 (1)

Es handelt sich dabei um eine vertikale, gleichmäßig verteilte Belastung mit einem Nennwert von:

q_{vk} = 10,0 kN/m

2.2.1.3.1.5 Verkehrslast bei Gleis- und Brückenunterhaltung

EC1-2 6.8.4 (1)P

Wenn keine projektspezifischen Festlegungen getroffen werden, gelten für vorübergehende Bemessungssituationen die Lastmodelle nach EC1-2 Anhang H. EC1-2 NDP zu 6.8.4 (1)P

Bei der Überprüfung der Bemessung für vorübergehende Bemessungssituationen aufgrund von Gleis- oder Brückeninstandhaltung sollten die charakteristischen Werte der Lastmodelle 71, SW/0, SW/2, Unbeladener Zug und HSLM sowie der zugehörigen Eisenbahnverkehrslasten gleich zu den charakteristischen Werten der zugehörigen Belastungen aus Abschnitt EC1-2 6 für dauerhafte Bemessungssituation verwendet werden. EC1-2 Anhang H

Für den Lagerwechsel ist Ril 804.5101 zu beachten. Ril 804.5101 Kap. 4.1 (2)

2.2.1.3.1.6 Fliehkräfte

EC1-2 6.5.1

Bei Brücken, die ganz oder teilweise in einer Gleiskrümmung liegen, sind die Fliehkräfte und die Überhöhung zu berücksichtigen. Die Zentrifugallasten sind h_t = 1,80 m über Schienenoberkante horizontal nach außen wirkend anzunehmen.

EC1-2 6.5.1 (1)P

EC1-2 NDP zu 6.5.1 (2): h_t = 1,80 m

Die Zentrifugallast ist immer mit der Vertikalbelastung zu kombinieren. Die Zentrifugallast ist nicht mit dem dynamischen Beiwert Φ zu multiplizieren.

EC1-2 6.5.1 (3)P

Die charakteristischen Werte der Zentrifugallasten ergeben sich für die Achslasten:

$$Q_{tk} = \frac{V^2}{127 \cdot r} \cdot f \cdot Q_{vk}$$

EC1-2 6.5.1 (4)P Gl. (6.17)

und für die Streckenlasten:

$$q_{tk} = \frac{V^2}{127 \cdot r} \cdot f \cdot q_{vk}$$

EC1-2 6.5.1 (4)P Gl. (6.18)

mit:

$$f = 1 - \frac{V - 120}{1000} \cdot \left(\frac{814}{V} + 1{,}75 \right) \cdot \left(1 - \sqrt{\frac{2{,}88}{L_f}} \right)$$

EC1-2 6.5.1 (8) Gl. (6.19)

wobei:

Q_{tk}, q_{tk}	charakteristische Werte der Zentrifugallasten in [kN], [kN/m]
Q_{vk}, q_{vk}	charakteristische Werte der Vertikallasten des jeweiligen Lastmodells in [kN], [kN/m]
V	maximal festgelegte Geschwindigkeit in [km/h]
r	Radius des Gleisbogens in [m]
L_f	Einflusslänge in [m] des belasteten Teils der Gleiskrümmung auf der Brücke, die am ungünstigsten für die Bemessung des jeweils betrachteten Bauteils ist
f	Abminderungsfaktor für $V > 120$ km/h und $L_f > 2{,}88$ m

EC1-2 6.5.1 (7)

Bei Ansatz des Lastmodells 71 und Entwurfsgeschwindigkeiten von mehr als 120 km/h sind zwei Fälle zu berücksichtigen: EC1-2 6.5.1 (7)

- Lastmodell 71 (und falls erforderlich Lastmodell SW/0) mit Schwingbeiwert und der Zentrifugallast für V = 120 km/h und f = 1,0

- ein abgemindertes Lastmodell 71 ($f \cdot Q_{vk}$ bzw. $f \cdot q_{vk}$, und falls erforderlich Lastmodell SW/0) und die Zentrifugallast für die maximal festgelegte Geschwindigkeit. Der Abminderungsfaktor f ergibt sich mit

  V_{max} = 200 km/h und L_f = 21,90 m zu f = 0,703.

Im Fall des Lastmodells SW/2 ist für die Ermittlung der Zentrifugallasten eine Geschwindigkeit von 80 km/h anzunehmen. EC1-2 NCI zu 6.5.1 (5)P

Damit ergeben sich folgende zu kombinierende charakteristische Werte der Einwirkungen:

Lastmodell 71:

Zentrifugallasten:

Grundlast:	q_{tk} = 2,6 kN/m	mit V = 120 km/h, f = 1,0
Überlast:	q_{tk} = 2,5 kN/m	mit V = 120 km/h, f = 1,0

zu kombinieren mit:

Vertikallasten:

Grundlast:	$\Phi \cdot q_{vk}$ = 92,8 kN/m	jeweils mit ϕ = 1,16
Überlast:	$\Phi \cdot q_{vk}$ = 88,5 kN/m	siehe Abschn. 2.2.1.3.1.1

Abgemindertes Lastmodell 71:

Zentrifugallasten:

Grundlast:	q_{tk} = 5,1 kN/m	mit V = 200 km/h, f = 0,703
Überlast:	q_{tk} = 4,8 kN/m	mit V = 200 km/h, f = 0,703

zu kombinieren mit:

Vertikallasten:

Grundlast:	$\Phi \cdot f \cdot q_{vk}$ = 65,2 kN/m	mit f = 0,703
Überlast:	$\Phi \cdot f \cdot q_{vk}$ = 62,2 kN/m	mit f = 0,703

Lastmodell SW/2: EC1-2 NCI zu 6.5.1 (5)P

q_{tk} = 2,2 kN/m mit V = 80 km/h, f = 1,0 in Kombination mit $\Phi \cdot q_{vk}$ = 174,0 kN/m

Lastmodell Unbeladener Zug:

q_{hk} = 0,9 kN/m mit V_{max} = 200 km/h, f = 1,0 in Kombination mit q_{vk} = 10,0 kN/m

Für die Lastmodelle SW/2 und „Unbeladener Zug“ sollte der Abminderungsfaktor mit f = 1,0 angenommen werden. EC1-2 6.5.1 (8)

2.2.1.3.1.7 Seitenstoß EC1-2 6.5.2

Der Seitenstoß ist als horizontal in Schienenoberkante angreifende Einzellast rechtwinklig zur Gleisachse anzusetzen. Er ist sowohl bei geraden als auch bei gebogenen Gleisen anzusetzen. EC1-2 6.5.2 (1)P

Die Last aus dem Seitenstoß darf bei durchgehendem Schotterbett in Gleisrichtung gleichmäßig auf eine Länge von L = 4,0 m verteilt werden. Bei Ermittlung der Erddrucklast darf der Seitenstoß auf eine Länge von L = 2 · a + 4,0 m verteilt werden. Hierbei gibt das Maß a den lichten Abstand zwischen Schwellenkopf und Wand an. Für besondere Bauarten des Oberbaus, z. B. schotterlosen Oberbau oder feste Fahrbahn, sind bauartenbezogene Überlegungen erforderlich. EC1-2 NCI zu 6.5.2 (NA.5)

Der charakteristische Wert des Seitenstoßes ist mit Q_{sk} = 100 kN anzusetzen. Er ist weder mit dem Beiwert Φ noch mit dem Beiwert f zu multiplizieren. EC1-2 6.5.2 (2)P

Der charakteristische Wert des Seitenstoßes in EC1-2, 6.5.2 (2) sollte mit dem Beiwert α nach EC1-2, 6.3.2 (3) für Werte von $\alpha \geq 1$ multipliziert werden. EC1-2 6.5.2 (3)

Der Seitenstoß ist immer mit einer vertikalen Verkehrslast zu kombinieren. EC1-2 6.5.2 (4)P

2.2.1.3.1.8 Einwirkungen aus Anfahren und Bremsen

EC1-2 6.5.3

Die charakteristischen Werte der Einwirkungen aus Anfahren und Bremsen sind wie folgt anzunehmen:

EC1-2 6.5.3 (2)P

Anfahrkraft: für Lastmodell 71 und die Lastmodelle SW, HSLM

$Q_{lak} = 33 \cdot L_{a,b} \quad \leq 1000$ kN mit $L_{a,b} = 21{,}90$ m

$Q_{lak} = 722{,}7$ kN $\quad \leq 1000$ kN

EC1-2 6.5.3 (2)P
Gl. (6.20)
$L_{a,b}$ – maßgebende Lasteinleitungslänge

Bremskraft: für Lastmodell 71 und Lastmodell SW/0, HSLM

$Q_{lbk} = 20 \cdot L_{a,b} \quad \leq 6000$ kN mit $L_{a,b} = 21{,}90$ m

$Q_{lbk} = 438{,}0$ kN $\quad \leq 6000$ kN

EC1-2 6.5.3 (2)P
Gl. (6.21)

für Lastmodell SW/2

$Q_{lbk} = 35 \cdot L_{a,b}$ mit $L_{a,b} = 21{,}90$ m

$Q_{lbk} = 766{,}5$ kN

EC1-2 6.5.3 (2)P
Gl. (6.22)

Brems- und Anfahrkräfte wirken auf Höhe der Oberkante Schiene in Längsrichtung des Gleises. Sie sind als gleichmäßig verteilt über die Einflusslänge $L_{a,b}$ der Einwirkung für das jeweilige Bauteil anzunehmen. Sie sind mit den zugehörigen Vertikallasten zu kombinieren. Sie sind weder mit dem Beiwert Φ noch mit dem Beiwert f zu multiplizieren. Sie sollten aber bei LM 71 und SW/0 mit dem Beiwert $\alpha \geq 1$ multipliziert werden.

EC1-2 6.5.3 (1)P
EC1-2 6.5.3 (7)P
EC1-2 6.5.3 (2)P
EC1-2 6.5.3 (4)

Wenn das Gleis an einem oder an beiden Überbauenden durchläuft, wird nur ein gewisser Anteil der Anfahr- und Bremskräfte vom Überbau auf die Lager übertragen. Der verbleibende Lastanteil wird vom Gleis übertragen und hinter den Widerlagern aufgenommen. Der über den Überbau auf die Lager übertragene Lastanteil sollte unter Berücksichtigung der gemeinsamen Antwort des Tragwerks und des Gleises bestimmt werden.

EC1-2 6.5.3 (8)

Bei durchgehend verschweißtem Gleis dürfen einteilige Tragwerke von Eisenbahnbrücken und Hilfsbrücken mit einer Gesamtlänge bis 30 m auch schwimmend, d. h. in Brückenlängsrichtung elastisch gelagert werden, wenn sie quer zur Gleisachse mechanisch festgehalten werden. Die Festhaltungen müssen dabei in einer Bauwerkslängsachse angeordnet werden. Die horizontalen Lagerkräfte aus Bremsen und Anfahren dürfen dann vereinfachend, soweit sie ungünstig wirken, aus einer Überbauverschiebung von 4 mm in Brems- und Anfahrrichtung ermittelt werden.

Ril 804.5101 Kap. 2.2 (16)

2.2.1.3.1.9 Ermüdungslastmodell

EC1-2 6.9

Ein Ermüdungsnachweis ist für alle Bauteile durchzuführen, die Spannungsschwankungen unterliegen.

EC1-2 6.9 (1)P

Für den normalen Verkehr, basierend auf den charakteristischen Werten des Lastmodells 71, einschließlich des dynamischen Beiwerts Φ_2, sollte der Ermüdungsnachweis auf der Grundlage der Verkehrszusammenstellungen „Regelverkehr", Schwerverkehr mit 250 kN-Achsen" oder „Nahverkehr" geführt werden, abhängig davon, ob das Bauwerk Mischverkehr, überwiegend Schwerverkehr oder Nahverkehr trägt, nach den festgelegten Anforderungen. Details der Betriebszüge und der zu betrachtenden Verkehrszusammenstellungen sowie der dynamischen Beiwerte sind in EC1-2 Anhang D gegeben.

EC1-2 6.9 (2)

Wenn keine projektspezifischen Festlegungen getroffen werden, kann bei Personenverkehr und Mischverkehr bis 22,5 t Achslasten die Verkehrsmischung „Regelverkehr" nach EC1-2 Tabelle D.1 verwendet werden.

EC1-2 NCI zu 6.9 (2)

Falls die Verkehrszusammenstellung nicht den wirklichen Verkehr widerspiegelt (z. B. in besonderen Situationen, bei denen ein bestimmter Fahrzeugtyp die Ermüdungsbelastung dominiert oder für Verkehr, der ein $\alpha > 1$ erfordert), sollte nach EC1-2 6.3.2 (3) eine alternative Verkehrszusammenstellung erfolgen.

EC1-2 6.9 (3)

Wenn keine projektspezifischen Festlegungen getroffen werden, kann für Strecken mit $\alpha > 1$ die Verkehrsmischung „Schwerverkehr mit 25 t Achslasten" nach EC1-2 Tabelle D.2 verwendet werden.

EC1-2 NCI zu 6.9 (3)

Jede Verkehrszusammenstellung basiert auf einer Jahrestonnage von $25 \cdot 10^6$ Tonnen, die auf jedem Gleis der Brücke erreicht werden.

EC1-2 Kap. 6.9 (4)

Für mehrgleisige Bauwerke ist die Ermüdungsbelastung auf maximal zwei Gleisen in der ungünstigsten Stellung anzusetzen.

EC1-2 6.9 (5)P

Der Ermüdungsnachweis sollte für die Bemessungslebensdauer des Bauwerks geführt werden.

EC1-2 6.9 (6)

Die Bemessungslebensdauer beträgt 100 Jahre. EC1-2 NDP zu 6.9 (6)

Alternativ kann der Ermüdungsnachweis auf Grundlage einer besonderen Verkehrszusammenstellung erfolgen. EC1-2 6.9 (7)

Eine besondere Verkehrszusammenstellung ist nicht festgelegt. EC1-2 NDP zu 6.9 (7)

Falls eine dynamische Berechnung nach EC 1-2, Kap. 6.4.4 erforderlich wird und die dynamischen Auswirkungen wahrscheinlich übermäßig werden, sind zusätzliche Anforderungen für den Ermüdungsnachweis der Brücken in EC 1-2, Kap. 6.4.6.6 gegeben. EC1-2 Kap. 6.9 (8)

Vertikale Verkehrslasten, einschließlich der dynamischen Einwirkungen und Fliehkräfte, sollten im Ermüdungsnachweis berücksichtigt werden. Im Allgemeinen können Seitenstoß (Schlingerkräfte) und Längskräfte im Ermüdungsnachweis vernachlässigt werden. EC1-2 6.9 (9)

Anmerkungen:

In einigen besonderen Situationen, z. B. Brücken in Kopfbahnhöfen, sollten im Ermüdungsnachweis die Auswirkungen der Längskräfte berücksichtigt werden.

Die Vorgabe einer speziellen Verkehrszusammensetzung und Nutzungsdauer wird in der Praxis eine Ausnahme sein.

Im vorliegenden Fall ist das Lastmodell 71 mit dynamischem Beiwert zugrunde zu legen. Der maßgebende Lastfall ist das fahrende Lastmodell 71 mit der zugehörigen Fliehkraft.

Grundlast: q_{vk} = 80,00 kN/m siehe Abschnitt 2.2.1.3.1.1
Überlast: q_{vk} = 76,25 kN/m

dynam. Beiwert: Φ = 1,16 siehe Abschnitt 2.2.1.3.1.1

2.2.1.3.2 Sonstige veränderliche Einwirkungen

2.2.1.3.2.1 Verkehrslasten auf Dienstgehwegen

EC1-2 6.3.7

Lasten aus Fußgänger- und Radverkehr sowie der allgemeinen Instandhaltung können durch eine gleichmäßig verteilte Belastung mit einem charakteristischen Wert q_{vk} = 5,0 kN/m² berücksichtigt werden.

EC1-2 6.3.7 (2)

Zur Berechnung örtlicher Bauteile kann eine Einzellast Q_k = 2 kN berücksichtigt werden. Sie sollte auf einer quadratischen Fläche mit 200 mm Seitenlänge angeordnet werden.

EC1-2 6.3.7 (3)

Anmerkung:

Nach Vorgabe des Eisenbahninfrastrukturunternehmens war die Einzellast nicht zu berücksichtigen.

Die Breite des Dienstgehweges beträgt b = 1,39 m. Es ergibt sich eine Streckenlast je Dienstweg von:

siehe Abschnitt 1.2.2

q'_{vk} = 6,95 kN/m

Gesamtlast für beide Dienstgehwege:

q'_{vk} = 13,9 kN/m

2.2.1.3.2.2 Einwirkungen auf Geländer

Der charakteristische Wert der Horizontal- und Vertikalkraft auf Geländer von Dienstgehwegen ist mit 0,8 kN/m, der Teilsicherheitswert zu $\gamma_{Q,sup}$ = 1,5 anzunehmen.

EC1-2 NCI zu 6.3.7 (4)

Anmerkung:

Ansatz in Oberkante Geländer, horizontal nach außen oder innen sowie vertikal (falls ungünstig) wirkend

2.2.1.3.2.3 Verkehrslasten im Bauzustand

EC2-2 Kap. 113
EC1-6 4.11.1 Tab. 4.1

Während der Bauzeit sollten die Einwirkungen in Abhängigkeit von der zum Einsatz kommenden Ausrüstung festgelegt und eine zusätzliche veränderliche und bewegliche Einwirkung durch Personen von 1,0 kN/m² berücksichtigt werden. Mit einer Überbaubreite von B = 8,02 m ergibt sich eine Vertikallast von:

in Anlehnung an EC1-6 4.11.1 Tab. 4.1

siehe Abschnitt 1.2.2

q_{vd} = 8,02 kN/m

Angaben zu Einwirkungen während der Bauzeit sind für die Bemessung nicht maßgebend.

siehe Abschnitt 1.2.3

2.2.1.4 Temperatureinwirkungen

EC1-1-5

Die folgenden Regeln gelten für Brückenüberbauten, die täglichen und jahreszeitlichen Schwankungen klimatischer Einwirkungen ausgesetzt sind: EC1-1-5 4 (1)

Das dabei entstehende Temperaturprofil kann in vier Anteile aufgespaltet werden.

a) Konstanter Temperaturanteil, ΔT_u EC1-1-5 4 (3)

b) Linear veränderlicher Temperaturanteil in der z-z-Achse, ΔT_{MY}

c) Linear veränderlicher Temperaturanteil in der y-y-Achse, ΔT_{MZ}

d) Nicht-lineare Temperaturverteilung $\Delta T_{E.}$
Dieser Anteil verursacht Eigenspannungen, aber keine resultierenden Schnittgrößen. Die lokalen Auswirkungen dieser Eigenspannungen sollen durch eine ausreichende Mindestbewehrung zur Rissbeschränkung aufgenommen werden.

Im Weiteren werden deshalb nur die konstanten und linearen Temperaturunterschiede betrachtet.

Anmerkung:

Der linear veränderliche Temperaturanteil ΔT_{MY} ist in der Regel nur für die Querverformung und die Nachweise der Lager in Querrichtung sowie der Unterbauten relevant. Bedingt durch die gewählte Lageranordnung ist er hier nicht zu berücksichtigen.

Temperatureinwirkungen sind in Übereinstimmung mit EC 0 für jede maßgebende Bemessungssituation festzulegen. EC1-1-5 3 (1)P

Bauteile von lastabtragenden Konstruktionen sind zu überprüfen, um sicherzustellen, dass keine Überbeanspruchungen im Tragwerk auftreten, die durch Verformungen infolge Temperatureinwirkungen hervorgerufen werden. Es sind entweder bewegliche Anschlüsse vorzusehen, oder die Beanspruchungen sind bei der Tragwerksbemessung berücksichtigt. EC1-1-5 3 (2)P

Es ergeben sich folgende Einwirkungen:

Temperaturschwankungen

Der Überbau ist dem Typ 3 (Betonkonstruktion) zuzuordnen. EC1-1-5 6.1.1 (1)

Die minimale Außenlufttemperatur T_{min} beträgt -24 °C und die maximale Außenlufttemperatur T_{max} beträgt +37 °C. EC1-1-5 NDP zu 6.1.3.2 (1)

T_{min} = -24 °C
T_{max} = 37 °C

Minimaler und maximaler konstanter Temperaturanteil der Brücke: EC1-1-5 6.1.3.1 (4) Abb. 6.1

$T_{e,max} = T_{max} + 2 = 37 + 2 = 39$ °C
$T_{e,min} = T_{min} + 8 = -24 + 8 = -16$ °C

Die Aufstelltemperatur T_0 sollte als die Temperatur des Bauteils angenommen werden, bei der die Zwängung eintritt (Fertigstellung). Falls dies nicht vorhersagbar ist, sollte die während der Tragwerkserrichtung vorherrschende Durchschnittstemperatur verwendet werden. EC1-1-5 Anhang A A.1 (3)

Der Wert von T_0 darf zu 10 °C angenommen werden. EC1-1-5 Anhang A NDP zu A.1 (3)

T_0 = 10 °C

Änderung des konstanten Temperaturanteils, bezogen auf T_0 = +10 °C: EC1-1-5 6.1.3.3 (3)

$\Delta T_{N,con} = T_{e,min} - T_0 = -26$ K EC1-1-5 6.1.3.3 (3) Gl. (6.1)
$\Delta T_{N,exp} = T_{e,max} - T_0 = 29$ K EC1-1-5 6.1.3.3 (3) Gl. (6.2)

Temperaturschwankung insgesamt:

$\Delta T_N = T_{e,max} - T_{e,min} = 55$ K EC1-1-5 6.1.3.3 (3)

Lager und Übergänge: — EC0/NA/A1 NA.E.5.2.2

Die Bemessungswerte des maximalen $T_{ed,\,max}$ und des minimalen konstanten Temperaturanteils $T_{ed,min}$ ergeben sich für den Nachweis von Lagern und Fahrbahnübergängen zu: — EC0/NA/A1 NA.E.5.2.2 (2)

$$T_{ed,min} = T_0 - \gamma_F \cdot \Delta T_{N,con} - \Delta T_0$$
$$T_{ed,max} = T_0 + \gamma_F \cdot \Delta T_{N,exp} + \Delta T_0$$

EC0/NA/A1 NA.E.5.2.2 (2) Gl. (NA.E.1) und Gl. (NA.E.2)

Mit ΔT_0 für den „Fall 2“: — EC0/NA/A1 NA.E.5.2.2 (2) Tab. NA.E.5

$$\Delta T_0 = 10\ °C$$

und:

$$\gamma_F = 1{,}35$$

EC0/NA/A1 NA.E.5.2.2 (2)

ergibt sich:

$$T_{ed,min} = 10 - 1{,}35 \cdot 26 - 10 = -35{,}1\ °C$$
$$T_{ed,max} = 10 + 1{,}35 \cdot 29 + 10 = 59{,}2\ °C$$

Lineare Temperaturunterschiede

EC1-1-5 6.1.4

Vereinfachend wird der Einfluss aus linearem Temperaturunterschied durch eine positive und negative Temperaturdifferenz erfasst.

$\Delta T_{M,heat(50)}$ positiver linearer Temperaturunterschied auf der Grundlage einer Belagsdicke von 50 mm — EC1-1-5 6.1.4.1

$\Delta T_{M,cool(50)}$ negativer linearer Temperaturunterschied auf der Grundlage einer Belagsdicke von 50 mm

K_{sur} Korrekturfaktor für von 50 mm abweichende Belagsdicke bzw. für Schotterbett (für den Überbau) — EC1-1-5 6.1.4.1 Tab. 6.1 Anm. 2

Mit: $\Delta T_{M,heat(50)} = 15$ °C — EC1-1-5 6.1.4.1 Tab. 6.1

$\Delta T_{M,cool(50)} = -8$ °C

und: $K_{sur} = 0{,}6$ (Oberseite wärmer) — ELTB, Anl. Ei 8.2/1 als Ersatz für EC1-1-5 6.1.4.1 Tab. 6.2 (Typ 3)

$K_{sur} = 1{,}0$ (Unterseite wärmer)

ergibt sich: $\Delta T_{M,heat}$ positiver linearer Temperaturunterschied (Oberseite wärmer als Unterseite)

$\Delta T_{M,cool}$ negativer linearer Temperaturunterschied (Unterseite wärmer als Oberseite)

$$\Delta T_{M,heat} = \Delta T_{M,heat(50)} \cdot K_{sur}$$

$$\Delta T_{M,heat} = +15 \cdot 0{,}6 = 9 \text{ °C}$$

$$\Delta T_{M,cool} = \Delta T_{M,cool(50)} \cdot K_{sur}$$

$$\Delta T_{M,cool} = -8 \cdot 1{,}0 = -8 \text{ °C}$$

Anmerkung:

In den Eurocodes werden Temperaturdifferenzen im Allgemeinen in °C anstelle Kelvin angegeben. Dies ist zwar nicht korrekt, wird hier aber übernommen.

Im Allgemeinen ist ein veränderlicher Temperaturanteil nur in vertikaler Richtung zu berücksichtigen. In bestimmten Fällen (z. B. wenn die Ausrichtung oder die Gestaltung der Brücke dazu führt, dass eine Seite stärker der Sonneneinstrahlung ausgesetzt ist als die andere) sollte jedoch auch ein horizontaler Temperaturanteil berücksichtigt werden. EC1-1-5 6.1.4.3 (1)

Anmerkung: EC1-1-5 NDP zu 6.1.4.3 (1)

Falls keine anderen Informationen verfügbar und keine Hinweise für höhere Werte vorhanden sind, wird ein linearer veränderlicher Temperaturunterschied von 5 °C zwischen den äußeren Rändern der Brücke unabhängig von der Brückenbreite empfohlen.

Kombination der Temperatureinwirkungen

Bei der Überlagerung von Temperaturschwankungen und linearen Temperaturunterschieden dürfen folgende Kombinationen gebildet werden: EC1-1-5 6.1.5 (1)

Fall 1: Lineare Temperaturunterschiede dominant

$$\Delta T_{M,heat} (\text{oder } \Delta T_{M,cool}) + \omega_N \cdot \Delta T_{N,exp} (\text{oder } \Delta T_{N,con})$$

mit $\omega_N = 0{,}35$

EC1-1-5 6.1.5 (1) Gl. (6.3) Anm.1

Fall 2: Temperaturschwankungen dominant

$$\Delta T_{N,exp} (\text{oder } \Delta T_{N,con}) + \omega_M \cdot \Delta T_{M,heat} (\text{oder } \Delta T_{M,cool})$$

mit $\omega_M = 0{,}75$

EC1-1-5 6.1.5 (1) Gl. (6.4) Anm.1

2.2.1.5 Windlasten

EC1-1-4 Anhang NA.N
EC1-1-4 NA.N.1

2.2.1.5.1 Windlasten auf den Brückenüberbau

Die nachfolgend angegebenen Einwirkungen aus Wind auf Brücken beruhen auf EC 1-1-4, Abschnitt 8 und Anhang NA.N. Die Angaben dienen einer vereinfachten Anwendung der Norm bei nicht schwingungsanfälligen Deckbrücken und Bauteilen. — EC1-1-4 NA.N.1 (1)

Es wird hier nur die maßgebende Bemessungssituation Endzustand mit Verkehr für eine angenommene Höhenlage der Windresultierenden von $z_e \leq 20$ m über Gelände untersucht.

Die Höhe des Verkehrsbandes beträgt h = 4,0 m oberhalb der Schienen. — EC1-1-4 8.3.1 (5)

Mit: $b / d = 8{,}02 / 6{,}14 = 1{,}31$

b Gesamtbreite der Deckbrücke
d Höhe von OK Verkehrsband bis UK Tragkonstruktion
z_e Größte Höhe der Windresultierenden über der Geländeoberfläche oder dem mittleren Wasserstand

$z_e = 5{,}00 + (1{,}25 + 0{,}81 + 0{,}08 + 4{,}0) / 2$
$= 8{,}07 \text{ m} < 20 \text{ m}$

mit:
lichte Höhe: 5,00 m
Überbauhöhe: 1,25 m
Gleisaufbau: 0,81 m
Gleisüberhöhung: 0,08 m
Verkehrsband: 4,00 m

siehe Abschn. 1.2.2 Abb. 3

ergibt sich folgende Windeinwirkung für die Windzone 1 und 2, Binnenland (es wurde linear interpoliert):

$w = 1{,}45 + (0{,}80 - 1{,}45) / (4{,}0 - 0{,}5) \cdot (1{,}31 - 0{,}50)$
$= 1{,}30 \text{ kN/m}^2$

EC1-1-4 NA.N.2
Tab. NA.N.5 für Wind mit Verkehr

$q_w = 1{,}30 \text{ kN/m}^2 \cdot d$
$= 1{,}30 \cdot 6{,}14 \text{ m} = 7{,}98 \text{ kN/m}$

Die Exzentrizität der Windresultierenden bezüglich des Überbauschwerpunkts beträgt:

$e_w = d / 2 - z_c$
$= 2{,}38 \text{ m}$

mit:
$z_c = 0{,}69$ m
Abstand Schwerachse zur Brückenunterkante

2.2.1.5.2 Aerodynamische Einwirkungen aus Zugverkehr

EC1-2 6.6

Die Vorbeifahrt der Züge erzeugt für jedes Bauwerk in der Nähe eines Gleises eine wandernde Welle mit abwechselnder Druck- und Sogwirkung (siehe EC 1-2, Abbildung 6.22 bis 6.25). Die Größe der Einwirkungen hängt hauptsächlich ab von:

EC1-2 6.6.1 (2)

- dem Quadrat der Zuggeschwindigkeit,
- der aerodynamischen Form des Zugs,
- der Form des Bauwerks,
- der Lage des Bauwerks, besonders dem Freiraum zwischen Fahrzeug und Bauwerk.

Für Tragsicherheits- und Ermüdungsnachweise dürfen diese Einwirkungen durch Ersatzlasten am Kopf und Ende des Zugs angenähert werden. Charakteristische Werte dieser Ersatzlasten sind in EC 1-2, Kap. 6.6.2 bis 6.6.6 angegeben.

EC1-2 6.6.1 (3)

Anmerkungen:

Diese aerodynamischen Einwirkungen sind im Wesentlichen bei der Bemessung von Bahnsteigdächern oder Lärmschutzwänden von Bedeutung. Sie brauchen bei der Bemessung des Überbaus wegen ihres geringen Einflusses nicht berücksichtigt zu werden.

Grundsätzlich sind die zusätzlichen Anforderungen nach Ril 804.5501 zu berücksichtigen. Im vorliegendem Beispiel kann nach Rücksprache mit dem Infrastrukturunternehmen eine nachträgliche Anordnung einer Lärmschutzwand ausgeschlossen werden.

Ril 804.2101 Kap. 2.1 (1)

2.2.1.6 Einwirkungen aus Erddruck

Für allgemeine Beanspruchungen dürfen die charakteristischen vertikalen Ersatzlasten aus Eisenbahnverkehr zur Berechnung der Erddrücke unter oder nahe den Gleisen mit einem angepassten Lastmodell (LM 71 oder falls erforderlich die klassifizierten Vertikallasten nach EC 1-2, Kap. 6.3.2 (3) bzw. SW/2 falls erforderlich) gleichmäßig verteilt über eine Breite von 3 m in einer Tiefe von 0,70 m unter Schienenoberkante angenommen werden. EC1-2 6.3.6.4 (1)

Bei den oben angegebenen gleichmäßig verteilten Lasten brauchen keine dynamischen Einwirkungen berücksichtigt zu werden. EC1-2 6.3.6.4 (2)

Für die Bemessung örtlicher Bauteile nahe dem Gleis (z. B. Schotterabschlüsse) kann eine besondere Berechnung durchgeführt werden, welche die maximale Vertikal-, Längs- und Querlast aus dem Schienenverkehr auf das Bauteil berücksichtigt. EC1-2 6.3.6.4 (2)

Anmerkung:

Der durch das Schotterbett und die Hinterfüllung hervorgerufene Erdruhedruck wirkt an beiden Enden des Überbaus in entgegengesetzter Richtung. Er wird deshalb zur Bemessung der Lager nicht angesetzt.

Für den Überbau sind die aus dem Erdruhedruck hervorgerufenen Schnittgrößen von untergeordneter Bedeutung und werden dort ebenfalls zur Bemessung nicht angesetzt.

Steht ein Eisenbahnfahrzeug unmittelbar vor dem Überbau, wirkt ein einseitiger Verkehrserddruck auf den Überbau. Die hieraus resultierende Last wird von den Lagern aufgenommen. Der maximale Verkehrserddruck tritt unter dem Lastmodell 71 auf.

Mit den Eingangswerten:

$q_{LM71,\,k}$ = 156,25 kN/m
h = 1,25 + 0,81
= 2,06 m

φ = 30°
k_0 = 1 – sin φ

Der Ansatz des vollen Erddrucks liegt deutlich auf der sicheren Seite. Bei der Bemessung der Unterbauten und Lager sollte er genauer ermittelt werden.

ermittelt sich die charakteristische Erddrucklast $Q_{e,k}$ auf der sicheren Seite liegend zu:

$Q_{e,k}$ = $q_{LM71,\,k} \cdot k_0 \cdot h$
= 156,25 · (1 – sin 30°) · 2,06
= 160,94 kN

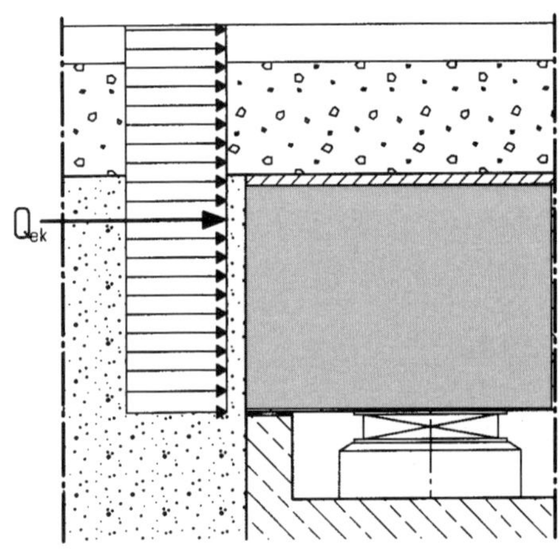

Abbildung 14 Einwirkungen aus Erddruck

2.2.1.7 Außergewöhnliche Einwirkungen

EC1-2 2.3

2.2.1.7.1 Einwirkungen infolge Entgleisung

Die Entgleisung des Zugverkehrs auf einer Brücke ist als außergewöhnliche Bemessungssituation zu berücksichtigen. EC1-2 6.7.1 (1)P

Zwei Bemessungssituationen sind zu betrachten: EC1-2 6.7.1 (2)P

- Bemessungssituation I: Entgleisung von Eisenbahnfahrzeugen, wobei das entgleiste Fahrzeug im Gleisbereich des Überbaus bleibt und von der benachbarten Schiene oder dem Randbalken zurückgehalten wird.
- Bemessungssituation II: Entgleisung von Eisenbahnfahrzeugen, wobei das entgleiste Fahrzeug auf der Brückenkante balanciert und die Kante des Überbaus belastet (ausschließlich nichttragende Bauteile wie Randwege).

<u>Anmerkung:</u>

Für das Einzelprojekt können zusätzliche Anforderungen und alternative Belastungen festgelegt werden.

Bei der Bemessungssituation I ist der Einsturz eines Hauptbauteils des Bauwerks zu vermeiden. Örtliche Beschädigung kann jedoch hingenommen werden. Die betroffenen Bauwerksteile sind für folgende Ersatzlasten bei den außergewöhnlichen Belastungen zu bemessen: EC1-2 6.7.1 (3)P

$\alpha \cdot 0{,}7 \cdot$ LM 71 (sowohl die Einzellasten als auch die gleichmäßig verteilte Belastung, Q_{A1d} und q_{A1d}) parallel zum Gleis in der ungünstigsten Stellung innerhalb eines Bereichs mit einer Breite der 1,5-fachen Spurweite beiderseits der Gleisachse.

EC1-2 6.7.1 (3)P
Abb. 6.26

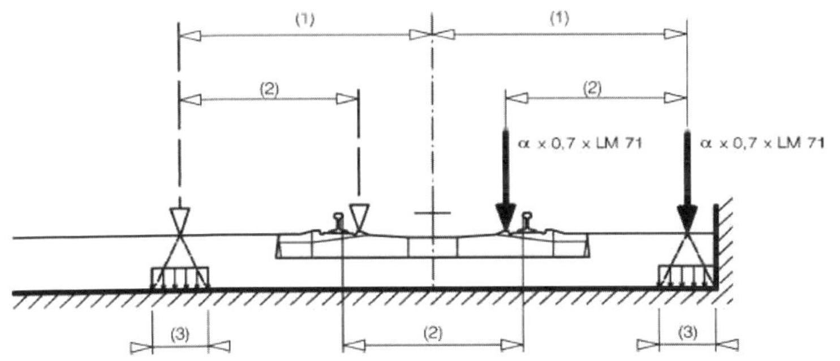

Abbildung 15 Entgleisen – Bemessungssituation I

q_{A1d} = 1,00 · 0,7 · 80,00 = 56,0 kN/m
Δq_{A1d} = 1,00 · 0,7 · 76,25 = 53,3 kN/m (auf 6,4 m Länge)
e = 2,10 – 1,40 / 2 = 1,40 m

EC1-2 6.3.2 (3)P

1-fache Spurweite:
s = 1,40m

1,5-fache Spurweite:
1,5 · s = 1,5 · 1,40 = 2,10 m

Bemessungssituation II:

In der Bemessungssituation II sollte die Brücke weder umkippen noch einstürzen. Für die Bestimmung der Gesamtstabilität ist auf einer Länge von 20 m eine gleichmäßig verteilte Vertikallast von $q_{A2d} = \alpha \cdot 1{,}4 \cdot$ LM 71 zu betrachten, die an der seitlichen Grenze des Fahrbahnbereichs angreift.

EC1-2 6.7.1 (4)P

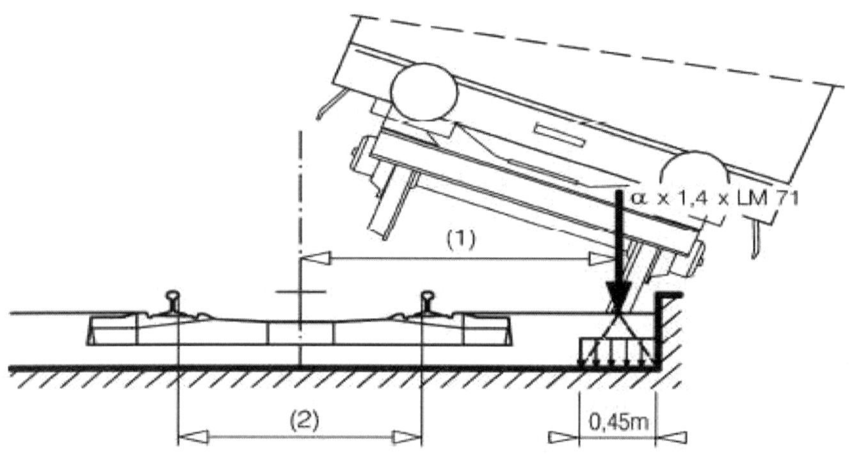

EC1-2 6.7.1 (4)P Abb. 6.27

Abbildung 16 Entgleisen – Bemessungssituation II

q_{A2d} = 1,00 · 1,4 · 80,00 = 112,0 kN/m (auf 20,0 m Länge)
e = 2,10 m

Die Linienlast außerhalb des Gleises darf dabei in Höhe der Oberkante der Fahrbahnkonstruktion auf eine Breite von 0,45 m verteilt werden (siehe EC 1-2, Abbildung 6.27).

Anmerkung:

Die oben erwähnte Ersatzlast ist nur zur Bestimmung der Gesamtstandsicherheit des Bauwerks anzusetzen. Randbauteile brauchen für diese Last nicht bemessen zu werden.

EC1-2 6.7.1 (4)P

Die Bemessungssituationen I und II sind getrennt zu untersuchen. Eine Kombination dieser Lasten ist nicht zu betrachten. EC1-2 6.7.1 (5)P

Bei den Bemessungssituationen I und II können außer der Entgleisungslast die weiteren Eisenbahnverkehrslasten auf dem entsprechende Gleis vernachlässigt werden. EC1-2 6.7.1 (6)

Anmerkung:

Siehe EC 0, Anhang A2 für Anforderungen zur Anwendung von Verkehrseinwirkungen auf andere Gleise.

Auf die Bemessungslasten in EC 1-2, Kap. 6.7.1 (3) und 6.7.1 (4) braucht kein dynamischer Beiwert angesetzt zu werden. EC1-2 6.7.1 (7)

Für Bauteile, die oberhalb der Schienenoberkante liegen, sind Maßnahmen zur Verminderung der Auswirkungen einer Entgleisung nach den festgelegten Anforderungen vorzusehen. EC1-2 6.7.1 (8)P

Anmerkung:

Es gelten die Anforderungen nach Ril 804.5301. EC1-2 NDP zu 6.7.1 (8)P Ril 804.5301

2.2.1.7.2 Weitere außergewöhnliche Einwirkungen

Die Regelungen nach DIN EN 1991-2, 4.7.2 und DIN EN 1991-1-7, 4.3.2 sind zu beachten. Abweichend von DIN EN 1991-1-7, Tab. 4.2 beträgt die äquivalente statische Ersatzkraft immer F_{dx} = 500 kN. Ril 804.2101 Kap. 5 (1)

Bei Eisenbahnbrücken über Straßen mit lichten Höhen H < 5,0 m ist am ungünstigsten Punkt des Tragwerks über der Fahrbahn als weiterer Lastfall eine vertikal nach oben gerichtete Ersatzkraft F_{dz} = 250 kN anzusetzen.

Die angegebenen außergewöhnlichen Einwirkungen sind Bemessungswerte.

Anmerkung:

Aufgrund des großen Eigengewichts und der großen Tragfähigkeit des Überbaus in Querrichtung wird auf den Ansatz der außergewöhnlichen Einwirkung aus Fahrzeuganprall bei der Bemessung des Überbaus verzichtet. Die resultierenden Auflagerzustandsgrößen sind jedoch bei der Bemessung der Lager zu berücksichtigen.

2.2.2 Berücksichtigte Lastfallkombinationen

Die Bemessung des Überbaus gliedert sich in die Nachweise im Grenzzustand der Tragfähigkeit und in die Nachweise im Grenzzustand der Gebrauchstauglichkeit. EC0 6.4 EC0 6.5

Diese Nachweise werden mit den Bemessungswerten der verschiedenen Einwirkungskombinationen geführt. Diese ergeben sich durch Kombination der charakteristischen Werte der Einwirkungen mit Hilfe von Kombinationsbeiwerten und der Berücksichtigung von Teilsicherheitsbeiwerten.

Charakteristische Werte

Die charakteristischen Werte der verschiedenen Einwirkungen basieren i. Allg. auf statistischen Auswertungen und sind so festgelegt, dass der charakteristische Wert der **einzelnen Einwirkung** während der geplanten Lebensdauer des Tragwerks und der Dauer der Bemessungssituation mit einer vorgegebenen Wahrscheinlichkeit nicht überschritten wird. EC0 4.1.2

Weitere repräsentative Werte

Als weitere repräsentative Werte einer Einwirkung sind anzusetzen: EC0 4.1.3 (1)P

a) der Kombinationswert, der durch das Produkt $\psi_0 \cdot Q_k$ beschrieben wird und für Tragfähigkeitsnachweise und Gebrauchstauglichkeitsnachweise für Grenzzustände mit nicht umkehrbaren Auswirkungen verwendet wird.

b) der häufige Wert, der durch das Produkt $\psi_1 \cdot Q_k$ beschrieben wird und für Tragsicherheitsnachweise einschließlich solcher mit außergewöhnlichen Belastungen und für Gebrauchstauglichkeitsnachweise für Grenzzustände mit umkehrbaren Grenzzuständen verwendet wird.

c) der quasi-ständige Wert, der durch das Produkt $\psi_2 \cdot Q_k$ beschrieben wird und für Tragfähigkeitsnachweise mit außergewöhnlichen Einwirkungen und Gebrauchstauglichkeitsnachweisen mit umkehrbaren Grenzzuständen verwendet wird. Quasi-ständige Werte werden auch für die Berechnung von Langzeitwirkungen verwendet.

Nachweise für Grenzzustände der Tragfähigkeit

EC0 6.4

Bei der Tragwerksplanung sind Nachweise für folgende Grenzzustände der Tragfähigkeit erforderlich:

EC0 6.4.1 (1)P

a) EQU: Verlust der Lagesicherheit des Tragwerks oder eines seiner Teile betrachtet als starrer Körper, bei dem die Festigkeit von Baustoffen und Bauprodukten oder des Baugrunds im Allgemeinen keinen Einfluss hat;

b) STR: Versagen oder übermäßige Verformungen des Tragwerks oder seiner Teile einschließlich der Fundamente, Fundamentkörper, Pfähle, wobei die Tragfähigkeit von Baustoffen und Bauteilen entscheidend ist;

c) GEO: Versagen oder übermäßige Verformungen des Baugrundes, bei der die Festigkeit von Boden oder Fels wesentlich an der Tragsicherheit beteiligt ist;

d) FAT: Ermüdungsversagen des Tragwerks oder seiner Teile;

e) UPL: Verlust der Lagesicherheit des Tragwerks oder des Baugrundes aufgrund von Hebungen durch Wasserdruck (Auftriebskraft) oder sonstige vertikale Einwirkungen;

f) HYD: hydraulisches Heben und Senken, interne Erosion und das Rohrleitungssystem im Baugrund aufgrund von hydraulischen Gradienten.

Kombinationsregeln für Einwirkungen (ohne Ermüdung)

EC0 6.4.3

Für jeden kritischen Lastfall sind die Bemessungswerte F_d der Auswirkungen der Kombination der Einwirkungen zu bestimmen, die entsprechend den nachfolgenden Regeln als gleichzeitig auftretend angenommen werden.

EC0 6.4.3.1 (1)P

Jede Einwirkungskombination sollte

EC0 6.4.3.1 (2)

– eine dominierende Einwirkung (Leiteinwirkung) oder
– eine außergewöhnliche Einwirkung ausweisen.

Kombinationen von Einwirkungen bei ständigen oder vorübergehenden Bemessungssituationen (Grundkombinationen) — EC1-2 6.4.3.2

Ständige und vorübergehende Bemessungssituation (S / V) (Grundkombination): — EC0 6.4.3.2 (1)

Bemessungswert der ständigen Einwirkung, der dominierenden veränderlichen Einwirkung und seltene Bemessungswerte der Begleiteinwirkungen:

$$\sum_{j\geq 1} \gamma_{G,j} \cdot E_{Gk,j} "+" \gamma_P \cdot E_{Pk} "+" \gamma_{Q,1} \cdot E_{Qk,1} "+" \sum_{i>1} \gamma_{Q,i} \cdot \psi_{0,i} \cdot E_{Qk,i}$$

EC0 6.4.3.2 (3) Gl. (6.10)
EC0 NCI zu 6.4.3.2 (3) Gl. (6.10c)

Kombinationen von Einwirkungen bei außergewöhnlichen Bemessungssituationen — EC1-2 6.4.3.3

Außergewöhnliche Bemessungssituation (A): — EC0 6.4.3.3

Bemessungswerte der ständigen Einwirkungen, Bemessungswert einer außergewöhnlichen Einwirkung, häufige Wert der vorherrschenden Einwirkung und quasi-ständige Werte weiterer Einwirkungen

EC0 NCI zu 6.4.3.3 (2) Gl. (6.11c)

$$\sum_{j\geq 1} \gamma_{GA,j} \cdot E_{Gk,j} "+" E_{Pk} "+" E_{Ad} "+" \gamma_{QA,1} \cdot \psi_{1,1} \cdot E_{Qk,1} "+" \sum_{i>1} \gamma_{QA,i} \cdot \psi_{2,i} \cdot E_{Qk,i}$$

Anmerkung:

Die Einwirkung E_{Ad} kann z. B. die vertikale Last eines entgleisten Zuges sein oder ein außergewöhnliches Ereignis wie ein Hängerausfall oder Fahrzeuganprall.

Die Teilsicherheitsbeiwerte nach EC 1-7 sind in der außergewöhnlichen Bemessungssituation nicht alle gleich 1,0.

Nachweise für den Grenzzustand der Gebrauchstauglichkeit

EC0 6.5

Charakteristische (seltene) Kombination:

$$E_{d,char} = \sum_{j\geq 1} E_{Gk,j} \text{"+"} E_{Pk} \text{"+"} E_{Qk,1} \text{"+"} \sum_{i>1} \psi_{0,i} \cdot E_{Qk,i}$$

EC0 NCI zu 6.5.3 (2)
Gl. (6.14c)

Häufige Kombination:

$$E_{d,frequ} = \sum_{j\geq 1} E_{Gk,j} \text{"+"} E_{Pk} \text{"+"} \psi_{1,1} \cdot E_{Qk,1} \text{"+"} \sum_{i>1} \psi_{2,i} \cdot E_{Qk,i}$$

EC0 NCI zu 6.5.3 (2)
Gl. (6.15c)

Quasi-ständige Kombination:

$$E_{d,perm} = \sum_{j\geq 1} E_{Gk,j} \text{"+"} E_{Pk} \text{"+"} \sum_{i\geq 1} \psi_{2,i} \cdot E_{Qk,i}$$

EC0 NCI zu 6.5.3 (2)
Gl. (6.16c)

Kombinationsregeln für Eisenbahnbrücken

EC0 Anhang A2.2.4

In Einwirkungskombinationen für ständige oder vorübergehende Bemessungssituationen, die nach Fertigstellung der Brücke auftreten, brauchen Schneelasten nicht berücksichtigt zu werden, es sei denn, es gibt Festlegungen für besondere Schneegebiete oder bestimmte Typen von Eisenbahnbrücken.

EC0 Anhang A2.2.4 (1)

Die Kombinationen der Einwirkungen aus Verkehrslasten und Einwirkungen aus Wind sollten enthalten:

EC0 Anhang A2.2.4 (2)

- vertikale Einwirkungen aus Schienenverkehr einschließlich des dynamischen Faktors und horizontale Einwirkung aus Schienenverkehr und Wind, wobei jede dieser Einwirkungen jeweils als Leiteinwirkung anzusetzen ist;
- vertikale Einwirkungen aus Schienenverkehr ohne dynamische Faktoren und Seitenkräfte aus dem Lastbild unbeladener Zug mit Windkräften zum Nachweis der Stabilität.

Windeinwirkungen brauchen nicht kombiniert zu werden mit: — EC0 Anhang A2.2.4 (3)

- Lastgruppen gr 13 oder gr 23;
- Lastgruppen gr 16, gr 17, gr 26, gr 27 und Lastmodell SW/2.

Windeinwirkungen größer als der kleinere Wert von F_W^{**} oder $\psi_0 \cdot F_{Wk}$ sollten nicht zusammen mit Verkehrslasten kombiniert werden. — EC0 Anhang A2.2.4 (4)

Einwirkungen infolge aerodynamischer Wirkung des Schienenverkehrs (siehe EC 1-2, Kap. 6.6) und Windeinwirkungen sollten miteinander kombiniert werden. Jede dieser Einwirkungen sollte jeweils als Leiteinwirkung angesetzt werden. — EC0 Anhang A2.2.4 (5)

Falls ein tragendes Bauteil nicht direkt der Windeinwirkung ausgesetzt ist, sollte die Einwirkung q_{ik} infolge der aerodynamischen Wirkungen mit der Summe aus Zuggeschwindigkeit und Windgeschwindigkeit bestimmt werden. — EC0 Anhang A2.2.4 (6)

Kombinationsregeln der Einwirkungen in außergewöhnlichen Bemessungssituationen (ohne Erdbeben) — EC0 Anhang A2.2.5

Wenn es nötig ist, eine außergewöhnliche Einwirkung zu berücksichtigen, braucht in der außergewöhnlichen Einwirkungskombination keine weitere außergewöhnliche Einwirkung und auch keine Windeinwirkung oder Schneelast berücksichtigt zu werden. — EC0 Anhang A2.2.5 (1)

In einer außergewöhnlichen Bemessungssituation mit Fahrzeuganprall (Straße oder Schiene) unter einer Brücke sollten Verkehrslasten auf der Brücke als begleitende Einwirkungen mit ihrem häufigen Wert berücksichtigt werden. — EC0 Anhang A2.2.5 (2)

Bei außergewöhnlichen Einwirkungen aus der Entgleisung eines Zuges auf einer Brücke sollte der Schienenverkehr auf den anderen Gleisen als begleitende Einwirkung mit zugehörigen Kombinationsbeiwerten berücksichtigt werden. — EC0 Anhang A2.2.5 (3)

Zahlenwerte für ψ-Faktoren

Tabelle 6 ψ-Faktoren für Eisenbahnbrücken (Auszug) EC0 Anhang Tab. A2.3

Einwirkung		ψ_0	ψ_1	ψ_2
Komponente der Verkehrseinwirkung[e]	LM 71	0,80	[a]	0,00
	SW/0	0,80	[a]	0,00
	SW/2	0,00	1,00	0,00
	Unbeladener Zug	1,00	---	---
	HSLM	1,00	1,00	0,00
	Anfahr- und Bremskräfte Zentrifugalkraft Interaktionskräfte infolge Verformungen unter vertikalen Verkehrslasten	Für einzelne Komponenten der mehrkomponentigen Verkehrseinwirkung, die anstelle von Lastgruppen als Leiteinwirkung verwendet werden, sollten die ψ-Faktoren verwendet werden, die für die zugehörigen vertikalen Lasten empfohlen werden.		
	Seitenstoß	1,00	0,80	0,00
	Lasten auf Dienstwegen	0,80	0,50	0,00
	Betriebslastenzug	1,00	1,00	0,00
	Horizontaler Verkehrserddruck	0,80	[a]	0,00
	Aerodynamische Einwirkungen	0,80	0,50	0,00
Lastgruppen	gr11 - gr17 (1 Gleis)	0,80	0,80	0,00
Andere Einwirkungen aus Betrieb	Aerodynamische Wirkung	0,80	0,50	0,00
	Allg. Lasten aus Instandhaltung für Dienstgehwege	0,80	0,50	0,00
Windkräfte[b]	F_{Wk}	0,75	0,50	0,00
	F_W^{**}	1,00	0,00	0,00
Temperatur[c]	T_k	0,80[1)]	0,60	0,50
Schneelasten	$Q_{Sn,k}$ (während der Bauausführung)	0,80	-	0,00
Lasten aus Bauausführung	Q_c	1,00	-	1,00

[a] 0,8, wenn nur 1 Gleis belastet wird
0,7, wenn 2 Gleise belastet werden
0,6, wenn 3 oder mehr Gleise gleichzeitig belastet werden

[b] Wenn Windkräfte gleichzeitig mit Verkehrseinwirkungen wirken, sollte die Windkraft $\psi_0 \cdot F_{Wk}$ nicht größer als F_W^{**} (siehe EC 1-1-4) angenommen werden.

[c] Siehe EC 1-1-5.

[d] Falls Verformungen aus ständigen oder vorübergehenden Bemessungssituationen berücksichtigt werden, sollte ψ_2 für Einwirkungen aus Schienenverkehr mit 1,00 angenommen werden. Für seismische Bemessungssituationen siehe Tabelle EC 0, A2.5.

[e] Die kleinste gleichzeitig mit den einzelnen Verkehrslastkomponenten wirkende günstige vertikale Last (z. B. Zentrifugalkraft, Traktion oder Bremsen) ist 0,5 LM71 usw.

[1)] gemäß ELTB Anlage Ei 8.2/1

Teilsicherheitsbeiwerte für Einwirkungen

ECO/NA/A1 Tab. NA.A2.1

Bei Nachweisen, die durch die Festigkeit des Materials oder durch den Baugrund bestimmt werden, sind die Teilsicherheitsbeiwerte der Einwirkungen für die Grenzzustände der Tragsicherheit tabellarisch angegeben.

Tabelle 7 Teilsicherheitsbeiwerte für Einwirkungen in den Grenzzuständen der Tragsicherheit bei Eisenbahnbrücken STR/GEO

Einwirkung	Bez.	Bemessungssituation	
		S / V	A
Ständige Einwirkungen			
Ungünstig	$\gamma_{G,sup}$	1,35[b]	1,00
Günstig	$\gamma_{G,inf}$	1,00	1,00
Vorspannung			
Ungünstig	$\gamma_{P,sup}$	1,0[i]/1,2[j]	1,00
Günstig	$\gamma_{P,inf}$	1,0[i]/0,8[j]	1,00
Setzungen[e]		1,20[g]/1,35[h]	–
Einwirkungen aus Schienenverkehr			
Ungünstig	$\gamma_{Q,sup}$	1,45[c]/1,20[d]	1,00
Günstig	$\gamma_{Q,inf}$	0,00	0,00
Einwirkungen aus der Bauausführung			
Ungünstig	$\gamma_{Q,sup}$	–	1,00
Günstig	$\gamma_{Q,inf}$	–	0,00
Temperatur			
Ungünstig	$\gamma_{Q,sup}$	1,35	1,00
Günstig	$\gamma_{Q,inf}$	0,00	0,00
Alle anderen veränderlichen Einwirkungen			
Ungünstig	$\gamma_{Q,sup}$	1,50	1,00
Günstig	$\gamma_{Q,inf}$	0,00	0,00
Außergewöhnliche Einwirkungen			
Ungünstig	γ_A	–	1,00

STR Versagen oder übermäßige Verformungen des Tragwerks oder seiner Teile einschließlich der Fundamente, Fundamentkörper, Pfähle, wobei die Tragfähigkeit von Baustoffen und Bauteilen entscheidend ist

GEO Versagen oder übermäßige Verformungen des Baugrundes, bei denen die Festigkeit von Boden und Fels wesentlich an der Tragsicherheit beteiligt ist

S/V Ständige und vorübergehende Bemessungssituation

A Außergewöhnliche Bemessungssituation

[b] Dieser Wert gilt für Eigengewicht von tragenden und nicht tragenden Bauteilen, Schotterbett, Boden, Grundwasser und für frei fließendes Wasser, bewegliche Lasten usw.

[c] Infolge Schienenverkehrs in Form der Lastgruppen 11 bis 31 (außer 16, 17, 26[k] und 27[k]), Lastmodellen LM 71, SW/0 und HSLM und wirklichen Zügen, wenn diese als einzelne Leiteinwirkung aus Verkehr berücksichtigt werden.

[d] Infolge Schienenverkehrs in Form der Lastgruppen 16 und 17 und SW/2

[e] In Bemessungssituationen mit ungünstiger Wirkung der Einwirkungen aus ungleichmäßigen Setzungen. In Bemessungssituationen, in denen Einwirkungen aus ungleichmäßigen Setzungen günstige Wirkung erzeugen, sind diese Einwirkungen nicht zu berücksichtigen. Siehe auch EC1 bis EC9 γ-Faktoren, die für eingeprägte Verformungen zu berücksichtigen sind.

[g] Im Fall von nicht linearen elastischen Berechnungen

[h] Faktor, der in den Eurocodes für die Bemessung empfohlen wird, hier aus EC2-1-1 mit EC2-1-1/NA.

[i] Lineares Verfahren mit gerissenen Querschnitten

[j] Nichtlineares Verfahren

[k] Bei Schienenverkehrseinwirkungen in Form der Lastgruppen 26 und 27 darf γ_Q = 1,45 auf einzelne Komponenten der Einwirkungen aus Lastmodellen LM 71, SW/0 und HSLM usw. angewendet werden.

Anmerkung:

Nach DIN-Fachbericht 101 bezog sich der Teilsicherheitsbeiwert $\gamma_{Q,sup}$ = 1,2 (vgl. [d]) nur auf die vertikalen Einwirkungen aus Lastmodell SW/2. Eine solche Angabe gibt es im Eurocode nicht mehr (im Beispiel trotzdem $\gamma_{Q,sup}$ = 1,45 für Seitenstoß, Bremsen und Anfahren sowie Zentrifugallasten infolge SW/2).

Lastgruppen – charakteristische Werte für mehrteilige Einwirkungen

EC1-2 6.8.2

Die Gleichzeitigkeit der Belastung kann im Hinblick auf die Lastgruppen nach EC 1-2, Tab. 6.11 berücksichtigt werden. Jede dieser Lastgruppen, die sich gegenseitig ausschließen, sollte in Kombination mit Nicht-Verkehrslasten als einzelne veränderliche charakteristische Einwirkung angesehen werden. Jede Lastgruppe sollte als eine einzelne veränderliche Einwirkung angesetzt werden.

EC1-2 6.8.2 (1)

Für den hier vorliegenden eingleisigen Überbau vereinfacht sich die Tabelle 6.10 aus EC 1-2, Kap. 6.8.2 wie folgt:

Tabelle 8 Verkehrslastgruppen (Auszug)

Lastgruppe	Vertikallasten			Horizontallasten			Kommentar
	LM 71[a] SW/0[a, b] HSLM[f,g]	SW/2[a, c]	unbel. Zug	Anf. und Bremsen[a]	Fliehkraft[a]	Seitenstoß[a]	
Gr 11	1,0			1,0[e]	0,5[e]	0,5[e]	Max. vertikal 1
Gr 12	1,0			0,5[e]	1,0[e]	1,0[e]	Max. vertikal 2
Gr 13	1,0[d]			1,0	0,5[e]	0,5[e]	Max. längs
Gr 14	1,0[d]			0,5[e]	1,0[e]	1,0	Max. quer
Gr 15			1,0		1,0[e]	1,0[e]	Seitenstabilität
Gr 16		1,0		1,0[e]	0,5[e]	0,5[e]	SW/2 längs
Gr 17		1,0		0,5[e]	1,0[e]	1,0[e]	SW/2 quer

(grau hinterlegt:) dominante Einwirkung der entsprechenden Einwirkung

a Alle relevanten Faktoren (α, ϕ, f etc.) sind zu berücksichtigen.

b SW/0 ist nur bei Durchlaufträgern zu berücksichtigen.

c) SW/2 ist nur bei Vereinbarung für die Strecke zu berücksichtigen.

d) Beiwert kann auf 0,5 im günstigen Fall vermindert werden, er kann nicht null sein.

e) Im günstigen Fall sind diese nichtdominanten Werte zu null zu setzen.

f) HSLM und Betriebszug, falls erforderlich nach EC 1-2, Kap. 6.4.4 und 6.4.6.1.1.

g) Falls eine dynamische Berechnung nach EC 1-2, Kap. 6.4.4 erforderlich ist, siehe auch EC 1-2, Kap. 6.4.6.5 (3) und 6.4.6.1.2.

Spezielle Regelungen

Im Grenzzustand der Tragfähigkeit ist es erforderlich, Zwangsschnittgrößen aus klimatischen Temperatureinwirkungen zu berücksichtigen. Sofern kein genauerer Nachweis erfolgt, dürfen dabei zur Berücksichtigung des Steifigkeitsabfalls beim Übergang in den Zustand II die 0,6-fachen Werte der Steifigkeiten des Zustandes I angesetzt werden. Erfolgt ein genauerer Nachweis nach EC 2-2, Kap. 5.7, sind mindestens die 0,4-fachen Werte der Steifigkeiten des Zustandes I anzusetzen. EC2-2 NCI zu 2.3.1.2 (3)

Temperatureinwirkungen sind in der Regel als veränderliche Einwirkungen mit einem Teilsicherheitsbeiwert γ_Q = 1,35 und dem Kombinationsbeiwert ψ zu berücksichtigen.

Setzungs-/Bewegungsunterschiede des Tragwerks infolge von Bodensetzungen sind in der Regel als ständige Einwirkungen G_{set} in den Einwirkungskombinationen zu behandeln. Im Allgemeinen wird G_{set} aus Werten von Setzungs-/Bewegungsunterschieden $d_{set,i}$ (bezogen auf eine Referenzlage) einzelner Gründungen oder Gründungsteile i bestehen. EC2-2 2.3.1.3 (1)

Im Grenzzustand der Tragfähigkeit sind die möglichen Baugrundsetzungen, im Grenzzustand der Gebrauchstaglichkeit die wahrscheinlichen Baugrundsetzungen zugrunde zu legen. EC2-2 NCI zu 2.3.1.3 (1)

Auswirkungen von Setzungsunterschieden sind in der Regel immer für die Nachweise im Grenzzustand der Gebrauchstauglichkeit zu berücksichtigen. EC2-2 2.3.1.3 (2)

Die Verschiebungen und Verdrehungen von Stützen infolge möglicher Baugrundbewegungen sind im Grenzzustand der Tragfähigkeit zu berücksichtigen. Sofern kein genauerer Nachweis erfolgt, dürfen dabei zur Berücksichtigung des Steifigkeitsabfalls beim Übergang in den Zustand II die 0,6-fachen Werte der Steifigkeiten des Zustandes I angesetzt werden. Erfolgt ein genauerer Nachweis nach EC 2-2, Kap. 5.7, sind mindestens die 0,4-fachen Werte der Steifigkeiten des Zustandes I anzusetzen. Setzungsunterschiede sind als ständige Einwirkung zu berücksichtigen. EC2-2 NCI zu 2.3.1.3 (3)

Werden die Auswirkungen von Setzungsunterschieden berücksichtigt, ist in der Regel ein Teilsicherheitsbeiwert für Setzungen anzusetzen. Bei Betonbrücken darf $\gamma_{G,set}$ = 1,0 angesetzt werden. EC2-2 2.3.1.3 (4) EC2-2 NCI zu 2.3.1.3 (4)

2.3 Schnitt-, Auflager- und Weggrößen

2.3.1 Schnittgrößen der Einzellastfälle

EC2-2 Kap. 5

Die Schnittgrößenermittlung erfolgt für die charakteristischen Werte F_k der einzelnen äußeren Einwirkungen und für den Mittelwert P_{mt} der Vorspannung. Die Berücksichtigung der Kombinationsbeiwerte für die veränderlichen Einwirkungen, der maßgebenden charakteristischen Werte der Vorspannung und der Teilsicherheitsbeiwerte für sämtliche Einwirkungen wird in Abhängigkeit von der jeweiligen Einwirkungskombination im Zuge der Nachweisführung in den Grenzzuständen der Tragfähigkeit und in den Grenzzuständen der Gebrauchstauglichkeit vorgenommen.

siehe Abschn. 2.4, 2.5

Die Schnittgrößen werden linear-elastisch ermittelt und in den Zehntelspunkten der Stützweite und am Auflagerrand ermittelt.

EC2-2 5.1.1 (6)
EC2-2 5.4

2.3.1.1 Ständige Einwirkungen

Bei der Schnittgrößenermittlung werden die Trägerüberstände (l = 0,95 m) an den Überbauenden berücksichtigt. Die Schnittgrößen aus ständigen Einwirkungen sind in Tabelle 9 angegeben.

Tabelle 9 Schnittgrößen infolge der charakteristischen Werte der ständigen Einwirkungen

x/l		0,01	0,1	0,2	0,3	0,4	0,5
x	[m]	0,2	2	4	6	8	10
mit:	$g_{k,1}$ =	159,8	kN/m				
$M_{gk,1}$	[kNm]	244	2804	5041	6639	7598	7918
$V_{gk,1}$	[kN]	1566	1278	959	639	320	0
$T_{gk,1}$	[kNm]	0	0	0	0	0	0

siehe Abschn. 2.2.1.1

$g_{k,1} = 6{,}392 \cdot 25 = 159{,}8$ kN/m

x/l		0,01	0,1	0,2	0,3	0,4	0,5
x	[m]	0,2	2	4	6	8	10
mit:	$g_{k,2sup}$=	69,8	kN/m				
$M_{gk,2}$	[kNm]	107	1225	2202	2900	3319	3459
$V_{gk,2}$	[kN]	684	558	419	279	140	0
$T_{gk,2}$	[kNm]	0	0	0	0	0	0

siehe Abschn. 2.2.1.1

bew. Schutzbeton	= 6,6 kN/m
Schotterbett	= 61,0 kN/m
Schienen (UIC 60)	= 1,2 kN/m
Schwellenzuschlag	= 1,0 kN/m
$g_{k,2,sup}$	= 69,8 kN/m

mit $g_{k,sup}$ des Schotterbetts

(Fortsetzung Tabelle 9)

x/l		0,01	0,1	0,2	0,3	0,4	0,5
x	[m]	0,2	2	4	6	8	10
mit:	$g_{k,2inf}$ =	57,6	kN/m				
$M_{qk,2}$	[kNm]	88	1011	1817	2393	2739	2854
$V_{qk,2}$	[kN]	564	461	346	230	115	0
$T_{qk,2}$	[kNm]	0	0	0	0	0	0
mit:	$g_{k,3}$ =	33,9	kN/m				
$M_{qk,3}$	[kNm]	52	595	1070	1409	1612	1680
$V_{qk,3}$	[kN]	332	271	203	136	68	0
$T_{qk,3}$	[kNm]	0	0	0	0	0	0

siehe Abschn. 2.2.1.1

bew. Schutzbeton	= 6,6 kN/m
Schotterbett	= 48,8 kN/m
Schienen (UIC 60)	= 1,2 kN/m
Schwellenzuschlag	= 1,0 kN/m
$g_{k,2,inf}$	= 57,6 kN/m

mit $g_{k,inf}$ des Schotterbetts

siehe Abschn. 2.2.1.1

Kappenbeton	= 29,5 kN/m
Kabelkanäle	= 3,4 kN/m
Geländer	= 1,0 kN/m
$g_{k,3}$	= 33,9 kN/m

2.3.1.2 Vorspannung, Kriechen, Schwinden und Relaxation

2.3.1.2.1 Vorspannung

Wie im Abschnitt 2.2.1.2 bereits ermittelt, ergibt sich zum Zeitpunkt t_0 bei wechselseitigem Anspannen der Spannglieder und unter Berücksichtigung des Keilschlupfes eine über die Spanngliedlänge annähernd konstante Spannstahlspannung von $\sigma_{pm,0}$ = 1314 N/mm². Somit lassen sich die Schnittgrößen je Lage aus der gewählten Spanngliedführung mit

siehe Abschnitt 2.2.1.2

oberer Lage:

$$P_{m,0(5)} = n_p \cdot A_p \cdot \sigma_{pm,0} = 5 \cdot 28{,}5 \cdot 10^{-4} \cdot 1314 = 18{,}72 \text{ MN}$$

siehe Abschn. 2.2.1.2

n_p – Spanngliedanzahl je Lage
A_p – Querschnitt eines Spanngliedes

unterer Lage:

$$P_{m,0(6)} = n_p \cdot A_p \cdot \sigma_{pm,0} = 6 \cdot 28{,}5 \cdot 10^{-4} \cdot 1314 = 22{,}47 \text{ MN}$$

folgendermaßen ermitteln:

$$N_{cp,0} = -P_{m,0} \cdot \cos\alpha$$
$$V_{cp,0} = -P_{m,0} \cdot \sin\alpha$$
$$M_{cp,0} = -P_{m,0} \cdot \cos\alpha \cdot z_{cp}$$

α – Spanngliedneigung
z_{cp} – Schwerpunktsabstand des Spannglieds

siehe Tabelle 4

Die Auswertung der Schnittgrößen der beiden Spanngliedlagen erfolgt in Tabelle 10.

Tabelle 10 **Schnittgrößen infolge des Mittelwertes der Vorspannung zum Zeitpunkt t = 0**

Lage 1

$P_{m,0}$ =	18,72	MN				
x/l		0,01	0,1	0,2	0,3	0,4	0,5
x	[m]	0,2	2	4	6	8	10
$\sigma_{pm,0}$	[N/mm²]	1314	1314	1314	1314	1314	1314
tan α	[-]	0,1265	0,1033	0,0775	0,0516	0,0258	0
α	[rad]	0,1259	0,1029	0,0773	0,0516	0,0258	0
cos α	[-]	0,9921	0,9947	0,9970	0,9987	0,9997	1
z_{cp}	[m]	-0,140	0,067	0,248	0,377	0,454	0,480
$N_{cp,0}$	[MN]	-18,58	-18,63	-18,67	-18,70	-18,72	-18,72
$V_{cp,0}$	[MN]	-2,35	-1,92	-1,45	-0,97	-0,48	0,00
$M_{cp,0}$	[MNm]	2,60	-1,25	-4,63	-7,05	-8,51	-8,99

Lage 2

$P_{m,0(6)}$ =	22,47	MN				
x/l		0,01	0,1	0,2	0,3	0,4	0,5
x	[m]	0,2	2	4	6	8	10
$\sigma_{pm,0}$	[N/mm²]	1314	1314	1314	1314	1314	1314
tan α	[-]	0,0301	0,0246	0,0184	0,0123	0,0061	0
α	[rad]	0,0301	0,0245	0,0184	0,0123	0,0061	0
cos α	[-]	0,9995	0,9997	0,9998	0,9999	1,0000	1
z_{cp}	[m]	0,333	0,382	0,425	0,456	0,474	0,480
$N_{cp,0}$	[MN]	-22,46	-22,46	-22,47	-22,47	-22,47	-22,47
$V_{cp,0}$	[MN]	-0,68	-0,55	-0,41	-0,28	-0,14	0,00
$M_{cp,0}$	[MNm]	-7,48	-8,58	-9,55	-10,24	-10,65	-10,79

2.3.1.2.2 Kriechen, Schwinden und Relaxation

Für die Ermittlung der Spannkraftverluste infolge Schwindens, Kriechens und Relaxation sind die Kriechzahlen $\varphi(t, t_0)$, die Schwinddehnung $\varepsilon_{cs}(t, t_s)$ und die Relaxationsverluste für den betrachteten Zeitpunkt t zu ermitteln (alternativ mit „EC2 digital" [Goris/Schmitz, Werner Verlag, 2013]).

a) Ermittlung der Kriechzahlen $\varphi\,(t, t_0)$ — EC2-1-1 3.1.4 Anhang B

Eingangswerte:

- RH = 80 % (Außenluftfeuchte, relative Feuchte = 80 %) — EC2-2 NCI zu 3.1.4 (1)P
- t_0 = 10 Tage (Betonalter bei Belastungsbeginn)
- Festigkeitsklasse des Zements: 42,5 N
  (Kurve N im Diagramm Bild 3.1 des EC 2-1-1) — siehe Abschn. 1.2.4
- C40/50
- $h_0 = 2\,A_c / u$ — EC2-1-1 3.1.4 (5)

t_0: Betonalter bei Belastungsbeginn
t: betrachteter Zeitpunkt

Dabei ist:

A_c die Betonkernquerschnittsfläche

u die Abwicklung der der Austrocknung ausgesetzten Begrenzungsfläche des Betonquerschnitts. Auf der sicheren Seite liegend wird der Gesamtumfang des Betonquerschnitts angesetzt.

$$h_0 = 2 \cdot A_c / u = 2 \cdot (6{,}392\ m^2 / 16{,}74\ m) \cdot 10^{-3} = 764\ mm = 76{,}4\ cm$$

Ermittlung der Kriechzahl für beliebigen Zeitpunkt t: — EC2-1-1 Anhang B

$$\varphi\,(t,t_0) = \varphi_0 \cdot \beta_c(t,\ t_0) \quad \text{EC2-1-1 Gl. (B.1)}$$

$$\varphi_0 = \varphi_{RH} \cdot \beta(f_{cm}) \cdot \beta(t_0) \quad \text{EC2-1-1 Gl. (B.2)}$$

$$\varphi_{RH} = \left[1 + \frac{1-\frac{RH}{100}}{0{,}1 \cdot \sqrt[3]{h_0}} \cdot \alpha_1\right] \cdot \alpha_2 \quad \text{für } f_{cm} > 35\ N/mm^2 \quad \text{EC2-1-1 Gl. (B.3b)}$$

$$\beta\,(f_{cm}) = \frac{16{,}8}{\sqrt{f_{cm}}} \qquad f_{cm} = f_{ck} + 8\ [N/mm^2] \quad \text{EC2-1-1 3.1.2 (5) Gl. (B.4)}$$

$$\beta(t_0) = \frac{1}{\left(0{,}1 + t_0^{\;0{,}2}\right)}$$ EC2-1-1 Gl. (B.5)

$$\beta_c(t,t_0) = \left[\frac{(t - t_0)}{\beta_H + t - t_0}\right]^{0{,}3}$$ EC2-1-1 Gl. (B.7)

$$\beta_H = 1{,}5 \cdot [1 + (0{,}012 \cdot RH)^{18}] \cdot h_0 + 250 \cdot \alpha_3 \quad \leq 1500 \cdot \alpha_3$$ EC2-1-1 Gl. (B.8b) für $f_{cm} \geq 35\ N/mm^2$

$$\alpha_1 = \left[\frac{35}{f_{cm}}\right]^{0{,}7};\ \alpha_2 = \left[\frac{35}{f_{cm}}\right]^{0{,}2};\ \alpha_3 = \left[\frac{35}{f_{cm}}\right]^{0{,}5}$$ EC2-1-1 Gl. (B.8c)

Zusätzliche Anpassung von t_0 für Zementart und Betontemperatur möglich, hier aber nicht weiter berücksichtigt. EC2-1-1 Gl. (B.9) und (B.10)

Ermittlung der Kriechzahlen zum Zeitpunkt der Verkehrsübergabe t = 100 d:

$$f_{cm} = 40 + 8 = 48\ N/mm^2$$

$$\alpha_1 = \left[\frac{35}{48}\right]^{0{,}7} = 0{,}802$$

$$\alpha_2 = \left[\frac{35}{48}\right]^{0{,}2} = 0{,}939$$

$$\alpha_3 = \left[\frac{35}{48}\right]^{0{,}5} = 0{,}854$$

$$\varphi_{RH} = \left[1 + \frac{1 - \frac{80}{100}}{0{,}1 \cdot \sqrt[3]{764}} \cdot 0{,}802\right] \cdot 0{,}939 = 1{,}104$$

$$\beta(f_{cm}) = \frac{16{,}8}{\sqrt{48}} = 2{,}425$$

$$\beta(t_0) = \frac{1}{0{,}1 + 10^{0{,}2}} = 0{,}594$$

$\varphi_0 \quad = 1{,}104 \cdot 2{,}425 \cdot 0{,}594 = 1{,}590$

$\beta_H \quad = 1{,}5 \cdot [1 + (0{,}012 \cdot 80)^{18}] \cdot 764 + 250 \cdot 0{,}854$

$\quad = 11909 \geq 1500 \cdot 0{,}854 = \underline{1281}$

$$\beta_c\,(t,t_0) = \left[\frac{(100-10)}{(1281+100-10)}\right]^{0,3} = 0{,}442$$

$\varphi\,(t,t_0) = 1{,}590 \cdot 0{,}442 = 0{,}703$

Ermittlung der Kriechzahlen zum Zeitpunkt am Ende der Lebensdauer t = 100 a:

$\varphi_0 \quad = 1{,}590$

$t \quad = 70 \cdot 365 = 25.550 \;\; d$

EC2-2 NCI zu Bild 3.1: rechnerische Nutzungsdauer = 70 Jahre

$$\beta_c\,(t,t_0) = \left[\frac{(25.550-10)}{(1281+25.550-10)}\right]^{0,3} = 0{,}985$$

$\varphi\,(t,t_0) = 1{,}590 \cdot 0{,}985 = 1{,}566$

Damit ergibt sich:

- Kriechzahl zum Zeitpunkt der Verkehrsübergabe:

$\varphi\,(t_{100d}, t_0) \quad = 0{,}703$

- Kriechzahl zum Ende der angenommenen Lebensdauer:

$\varphi\,(t_{100a}, t_0) \quad = 1{,}566$

b) Schwindmaße

EC2-1-1 3.1.4 Anhang B

Die Schwinddehnung ε_{cs} (t, t_s) des Betons setzt sich aus den Anteilen autogene Schwinddehnung ε_{ca} (t) und Trocknungsschwinddehnung ε_{cd} (t, t_s) zusammen und wird wie folgt berechnet:

$\varepsilon_{cs}\,(t, t_s) \quad = \varepsilon_{ca}\,(t) + \varepsilon_{cd}\,(t, t_s)$

EC2-1-1 3.1.4 Gl. (3.8)

Eingangswerte:

siehe Kriechzahlen

- h_0 = 764 mm
- Relative Luftfeuchte RH = 80 %, Außenluft
- Beton C40/50 mit: f_{ck} = 40 N/mm^2
- Betonalter bei Schwindbeginn t_s = 1 Tag

Ermittlung der Schwinddehnungen für beliebigen Zeitpunkt t: EC2-1-1 3.1.4 (6)

$$\varepsilon_{ca}(t) = \beta_{as}(t) \cdot \varepsilon_{ca}(\infty)$$ EC2-1-1 Gl. (3.11)

$$\varepsilon_{ca}(\infty) = 2{,}5 \cdot (f_{ck} - 10) \cdot 10^{-6}$$ EC2-1-1 Gl. (3.12)

$$\beta_{as}(t) = 1 - e^{-0{,}2 \cdot \sqrt{t}}$$ EC2-1-1 Gl. (3.13)

$$\varepsilon_{cd}(t) = \gamma_{lt} \cdot \beta_{ds}(t,\ t_s) \cdot k_h \cdot \varepsilon_{cd,0}$$ EC2-2 NCI zu 3.1.4 (6) Gl. (NA.103.9)

$$\gamma_{lt} = 1{,}0 \qquad \text{für } t \leq 1 \text{ Jahr}$$ EC2-2 Anhang B Gl. (B.128)

$$\beta_{ds}(t,t_s) = \frac{(t - t_s)}{(t - t_s) + 0{,}04 \cdot \sqrt{h_0^3}}$$ EC2-1-1 3.1.4 Gl. (3.10)

Ermittlung der Schwinddehnungen zum Zeitpunkt der Verkehrsübergabe t = 100 d:

$$\varepsilon_{ca}(\infty) = 2{,}5 \cdot (40 - 10) \cdot 10^{-6} = 7{,}5 \cdot 10^{-5}$$

$$\beta_{as}(t) = 1 - e^{-0{,}2 \cdot \sqrt{100}} = 0{,}865$$

$$\varepsilon_{cd}(t) = 0{,}865 \cdot 7{,}5 \cdot 10^{-5} = 6{,}49 \cdot 10^{-5} = 0{,}0649 \cdot 10^{-3}$$

$$\varepsilon_{cd,0} = 0{,}24 \cdot 10^{-3} \qquad \text{für C40/50, RH} = 80\%$$ EC2-1-1 3.1.4 Tab. 3.2

$$k_h = 0{,}70 \qquad h_0 \geq 500\text{mm}$$ EC2-1-1 3.1.4 Tab. 3.3

$$\gamma_{lt} = 1{,}0 \qquad t \leq 1 \text{ Jahr}$$

$$\beta_{ds}(t,t_s) = \frac{(100 - 1)}{(100 - 1) + 0{,}04 \cdot \sqrt{764^3}} = 0{,}105$$

$$\varepsilon_{cd}(t) = 1{,}0 \cdot 0{,}105 \cdot 0{,}70 \cdot 0{,}24 \cdot 10^{-3} = 1{,}76 \cdot 10^{-5} = 0{,}0176 \cdot 10^{-3}$$

Ermittlung der Schwinddehnungen zum Zeitpunkt am Ende der Lebensdauer t = 100 a:

$$\varepsilon_{cd}(t) = 0{,}7 \cdot 0{,}24 \cdot 10^{-3} = 1{,}68 \cdot 10^{-4} = 0{,}168 \cdot 10^{-3}$$

Damit ergibt sich:

- zum Zeitpunkt der Verkehrsübergabe

$$\varepsilon_{cs}(t_{100d},\ t_s) = \varepsilon_{ca}(t) + \varepsilon_{cd}(t,\ t_s)$$
$$\varepsilon_{cs}(t_{100d},\ t_s) = (0{,}0649 + 0{,}0176) \cdot 10^{-3} = 8{,}25 \cdot 10^{-5}$$

- zum Zeitpunkt am Ende der angenommenen Lebensdauer:

$$\varepsilon_{cs}(t_{100a},\ t_s) = \varepsilon_{ca}(t) + \varepsilon_{cd}(t,\ t_s)$$
$$\varepsilon_{cs}(t_{100a},\ t_s) = (0{,}075 + 0{,}168) \cdot 10^{-3} = 2{,}43 \cdot 10^{-4}$$

c) Relaxationsverluste

Die Relaxationsverluste $\Delta\sigma_{pr,t=100a}$ wurden der Zulassung des Spannstahls entnommen. Sie sollen für das Verhältnis der Ausgangsspannung zur charakteristischen Zugfestigkeit (σ_p/f_{pk}) bestimmt werden. Mit einer mittleren relaxationserzeugenden Spannung von ca. 1320 MN/m (abgeschätzt) ergibt sich ein Relaxationsverlust zum Zeitpunkt t = 100 Jahre von:

EC2-2 NCI zu 5.10.6 (2)

R_i/ Rm ≈ 1320 / 1860
≈ 0,7 (abgeschätzt)
und t = 100 Jahre

$\Delta\sigma_{pr,t=100a}$ = 7,0 %

EC2-1-1 5.10.6

Spannungsabfall im Spannglied

Für den Spannungsabfall im Spannglied infolge Kriechens, Schwindens und Spannstahlrelaxation zum Zeitpunkt t gilt allgemein:

$$\Delta\sigma_{p,\,c+s+r} = \frac{\varepsilon_{cs}(t,t_s)\cdot E_p + 0{,}8\cdot\Delta\sigma_{pr} + \frac{E_p}{E_{cm}}\cdot\varphi(t,t_0)\cdot\sigma_{c,QP}}{1+\frac{E_p}{E_{cm}}\cdot\frac{A_p}{A_c}\cdot\left(1+\frac{A_c}{I_c}\cdot z_{cp}^2\right)\cdot\left[1+0{,}8\cdot\varphi(t,t_0)\right]}$$

EC2-1-1 5.10.6 (2) Gl. (5.46)

Hierbei sind:

$\Delta\sigma_{p,c+s+r}$ Spannungsänderung in den Spanngliedern aus Kriechen, Schwinden und Relaxation an der Stelle x bis zum Zeitpunkt t
$\varepsilon_{cs}(t, t_s)$ Schwinddehnung bis zum Zeitpunkt t
E_p Elastizitätsmodul des Spannstahls
E_{cm} Elastizitätsmodul des Betons
$\Delta\sigma_{pr}$ Spannungsänderung in den Spanngliedern infolge Relaxation mit Ausgangsspannung $\sigma_p = \sigma_p$ (G + P_{m0} + ψ_2 · Q) für t = 0 in der quasi-ständigen Einwirkungskombination
$\varphi(t, t_0)$ Kriechzahl zum Zeitpunkt t
$\sigma_{c,QP}$ Betonspannung in Höhe der Spannglieder $\sigma_c = \sigma_c$ (G + P_{m0} + ψ_2 · Q) für t = 0 in der quasi-ständigen Einwirkungskombination
A_p Querschnittsfläche aller Spannglieder
A_c Fläche des Betonquerschnitts
z_{cp} Abstand zwischen dem Schwerpunkt des Betonquerschnitts und den Spanngliedern

Spannungsabfall im Spannglied bis zur Verkehrsübergabe ($t = t_1$) bei $x = 0{,}5 \cdot l$

Mit den Eingangswerten:

$\varepsilon_{cs}(t_{100d}, t_s) = 8{,}25 \cdot 10^{-5}$

$\varphi(t_{100d}, t_0) = 0{,}703$

$E_p = 195.000 \text{ MN/m}^2$

$E_p/E_{cm} = 195.000 / 35.000 = 5{,}57 = \alpha$

$A_p = 0{,}031 \text{ m}^2$

$A_c = 6{,}392 \text{ m}^2$

$I_c = 0{,}935 \text{ m}^4$

$z_{cp} = 0{,}480 \text{ m}$

$\sigma_{c.QP} = (M_{kriech} / I_{yc}) \cdot z_{cp}$
$= -(13{,}064 / 0{,}935) \cdot 0{,}480$
$\sigma_{c.QP} = -6{,}71 \text{ MN/m}^2$

$\sigma_{c.QP} = N_{cp0} / A_c + M_{cp} / I_{yc} \cdot z_{cp}$
$= 41{,}19 / 6{,}392 + (19{,}78 / 0{,}935) \cdot 0{,}480$
$= 16{,}60 \text{ MN/m}^2$

$\sigma_{pm,0} = 1314 \text{ MN/m}^2$

und $\sigma_p = \sigma_{pm0} + [(M_{kriech} - M_{gk1})/I_{cy}] \cdot z_{cp} \cdot \alpha$
$= 1314 + [(13{,}064 - 7{,}918) / 0{,}935] \cdot 0{,}480 \cdot 5{,}57$
$= 1328{,}7 \text{ MN/m}^2$

$f_{pk} = 1860 \text{ N/mm}^2$

$\sigma_p / f_{pk} = 1328{,}7 / 1860 = 0{,}71$

Spannungsverlust infolge Relaxation:

$\Delta R_{z,t} < 2{,}3\ \%$

$\Delta\sigma_{pr,90d} = 0{,}023 \cdot 1328{,}7 \text{ MN/m}^2$
$= 30{,}56 \text{ MN/m}^2$

Auf der sicheren Seite liegend werden alle ständigen Lasten über den vollen betrachteten Zeitraum als kriecherzeugend angesetzt.

quasi-ständige Einwirkungskombination aus äußeren Lasten (Zugspannungen negativ):
$M_{kriech} = M_{quasi\text{-}ständig}$
$= \Sigma M_{Gk} + 0{,}5 \cdot M_{\Delta T}$
$= 13057 + 0{,}5 \cdot 15$
$= 13{,}064 \text{ MNm}$
(M_{Gk}: siehe Tab. 10)

Schnittgrößen aus Vorspannung (siehe Tab. 10, Druckspannungen positiv):
$N_{cpm,0} = 18{,}72 + 22{,}47 = 41{,}19 \text{ MN}$
$M_{cpm,0} = 8{,}99 + 10{,}79 = 19{,}78 \text{ MNm}$

Mittelwert der Vorspannung nach wechselseitigem Anspannen der Spannglieder
$0{,}5 \cdot (1307 + 1321) = 1314 \text{ MN/m}^2$
(siehe Abschn.2.2.1.2)

σ_p – relaxationserzeugende Spannstahlspannung
f_{pk} – charakteristische Zugfestigkeit

Spannungsverlust infolge Relaxation gemäß Kom-EC2 zu 3.3.2 (4)P bis (7) für 100 - 10 = 90 Tage = 2160 h:
$\Delta R_{z,t} \approx 2{,}3\ \%$

ergibt sich bei $x = 0{,}5 \cdot l$ für den Zeitraum bis t_1 bei Verkehrsübergabe ein Spannungsverlust im Spannstahl von:

$$\Delta\sigma_{p,\,c+s+r,\,t=100d} = \frac{8{,}25 \cdot 10^{-5} \cdot 195.000 + 0{,}8 \cdot 30{,}56 + 5{,}57 \cdot 0{,}703 \cdot (-6{,}71 + 16{,}60)}{1 + 5{,}57 \cdot \dfrac{0{,}031}{6{,}392} \cdot \left(1 + \dfrac{6{,}392}{0{,}935} \cdot 0{,}48^2\right) \cdot [1 + 0{,}8 \cdot 0{,}703]}$$

$$\Delta\sigma_{p,\,c+s+r,\,t=100d} = 71{,}67\ \mathrm{MN/m^2}$$

Der prozentuale Spannungsverlust beträgt bis zur Verkehrsübergabe:

$$\delta_{t_{100d}} = \Delta\sigma_{p,c+s+r,t=100d} / \sigma_{pm0} = 71{,}67 / 1314 = 5{,}4\ \%$$

Spannungsabfall im Spannglied zum Zeitpunkt t = 100 Jahre bei $x = 0{,}5 \cdot l$

Mit den Eingangswerten:

$\varepsilon_{cs}(t_{100a},t_s) = 2{,}43 \cdot 10^{-4}$

$\varphi(t_{100a},t_0) = 1{,}566$

$E_p = 195.000\ \mathrm{MN/m^2}$

$E_p/E_{cm} = 195.000 / 35.000 = 5{,}57 = \alpha$

$A_p = 0{,}031\ \mathrm{m^2}$

$A_c = 6{,}392\ \mathrm{m^2}$

$I_c = 0{,}935\ \mathrm{m^4}$

$z_{cp} - 0{,}480\ \mathrm{m}$

$\sigma_{c,QP} = -6{,}71\ \mathrm{MN/m^2}$

$\sigma_{c,QP} - 16{,}60\ \mathrm{MN/m^2}$

$\sigma_{pm,0} = 1314\ \mathrm{MN/m^2}$

und $\sigma_p = \sigma_{pm0} + [(M_{kriech} - M_{gk1})/I_{cy} \cdot z_{cp} \cdot \alpha$
$= 1314 + [(13{,}064 - 7{,}918) / 0{,}935]$
$\cdot 0{,}480 \cdot 5{,}57$
$= 1328{,}7 \text{ MN/m}^2$

siehe Spannungsabfall im Spannglied bis zur Verkehrsübergabe

$f_{pk} = 1860 \text{ MN/m}^2$

σ_p – relaxationserzeugende Spannstahlspannung
f_{pk} – charakteristische Zugfestigkeit

$\sigma_p / f_{pk} = 1328{,}7 / 1860 = 0{,}71$

Spannungsverlust infolge Relaxation:

$\Delta R_{z,t} < 7{,}0$ %

Spannungsverlust infolge Relaxation für 100 Jahre
$\Delta R_{z,t} < 7{,}0$ %
siehe Abschn. 1.2.4

$\Delta\sigma_{pr,100a} = 0{,}07 \cdot 1328{,}7 \text{ MN/m}^2$
$= 93{,}01 \text{ MN/m}^2$

ergibt sich in Feldmitte für den Zeitpunkt von $t_2 = 100$ a ein Spannungsverlust im Spannstahl von:

$$\Delta\sigma_{p,\,c+s+r,\,t=100a} = \frac{2{,}43 \cdot 10^{-4} \cdot 195.000 + 0{,}8 \cdot 93{,}01 + 5{,}57 \cdot 1{,}566 \cdot (-6{,}71 + 16{,}60)}{1 + 5{,}57 \cdot \frac{0{,}031}{6{,}392} \cdot \left(1 + \frac{6{,}392}{0{,}935} \cdot 0{,}48^2\right) \cdot [1 + 0{,}8 \cdot 1{,}566]}$$

$$\Delta\sigma_{p,\,c+s+r,\,t=100a} = 179{,}9 \text{ MN/m}^2$$

Der prozentuale Spannungsverlust am Ende der angesetzten Lebensdauer beträgt:

$\delta_{t_{100\,a}} = \Delta\sigma_{p,c+s+r,t_{100\,a}} / \sigma_{pm0}$
$= 179{,}9 / 1314$
$= 13{,}7$ %

Die hier bei $x = 0{,}5 \cdot l$ errechneten Spannungsverluste werden in der weiteren Berechnung näherungsweise auch in allen anderen Schnitten angesetzt. Die entsprechenden Schnittgrößen infolge Vorspannung ergeben sich durch Multiplikation der ursprünglichen Schnittgrößen mit den vom untersuchten Zeitpunkt abhängigen Faktoren δ.

2.3.1.3 Veränderliche Einwirkungen

2.3.1.3.1 Veränderliche Einwirkungen aus Eisenbahnverkehr

Charakteristische Werte der Einwirkungen siehe Abschn. 2.2.1.3

2.3.1.3.1.1 Lastmodell 71

Die Schnittgrößenermittlung kann sich auf das vereinfachte Lastmodell 71 beschränken, da für die Untersuchung in Längsrichtung die Achslasten als gleichmäßig verteilt angenommen werden dürfen.

EC1-2 6.3.6.2 (1)

Die seitliche Exzentrizität der Vertikallasten setzt sich aus folgenden Anteilen zusammen:

1. resultierende Ausmitte e der Vertikallasten

$e = \pm 0{,}083$ m

siehe Abschn. 2.2.1.3.1.1

2. planmäßige Ausmitte e' der Vertikallasten infolge Überhöhung bezogen auf den Querschnittsschwerpunkt

mit:

s	$= 1{,}5$ m	Spurbreite
u	$= 0{,}08$ m	Gleisüberhöhung
$\tan \alpha$	$= 0{,}08 / 1{,}5$	
α	$= 3{,}053°$	Neigung des Gleises
	$= 0{,}053$ rad	
h	$= 1{,}80$ m	Abstand zwischen Schwerpunkt der Lasten und Schienenoberkante

EC1-2 Abb. 1.1

ergibt sich:

$e' = \sin \alpha \cdot 1{,}80$ m
$= 0{,}096$ m

3. mögliche Verschiebung e" der Gleismitte im Lichtraum

Da die vorhandene Fahrbahnbreite genau dem Regellichtraum entspricht, ist eine andere Gleislage nicht möglich.

Geometrisch mögliche Gleislage unabhängig von der Planung

$e'' = 0{,}0$ m

Anmerkung:

Auf die Berücksichtigung der Ausmitte infolge der im Grundriss gekrümmten Gleislage (f = 1,7 cm) wird wegen Geringfügigkeit verzichtet.

siehe Abschn. 1.2.2

Als maximale Exzentrizität des Lastmodells LM 71 ergibt sich:

$$e_{max} = e' + e = 0{,}096 + 0{,}083 = 0{,}179 \text{ m}$$

Die minimale Exzentrizität beträgt analog:

$$e_{min} = e' - e = 0{,}096 - 0{,}083 = 0{,}013 \text{ m}$$

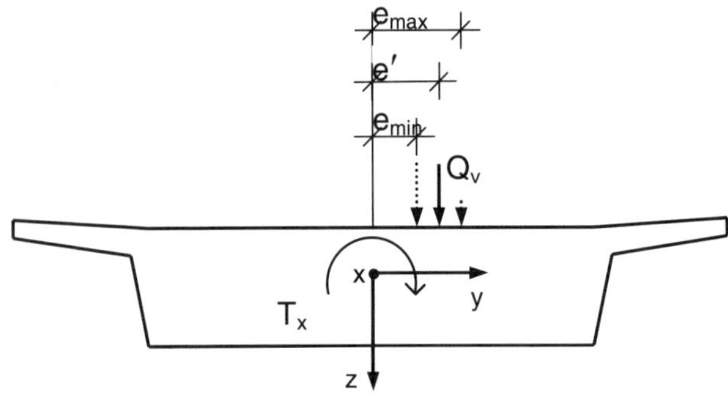

siehe Abb. 18

Abbildung 17 Exzentrizität des Lastmodells 71

Die Schnittgrößen für das Lastmodell 71 sind in den Tabellen 11, 12 und 13 angegeben.

<u>Anmerkung:</u>

Da die Einwirkungen für das Lastmodell 71 grundsätzlich in ungünstiger Laststellung anzuordnen sind und das Lastbild LM 71 teilbar ist, bleibt der Einfluss des Überstandes im Weiteren unberücksichtigt.

Für den Lastfall **LM 71 fahrend** ergeben sich mit den Eingangswerten:

siehe Abschn. 2.2.1.3.1.1

q_{vk} = 80,00 kN/m Grundlast
Δq_{vk} = 76,25 kN/m Überlast
e_{min} = 0,013 m minimale Ausmitte
f = 1,0 Abminderungsfaktor für V ≤ 120 km/h
Φ = 1,16 dynamischer Beiwert

Die Exzentrizität wird so angesetzt, dass in Kombination mit den Fliehkräften die betragsmäßig größten Torsionsmomente auftreten.

die Schnittgrößen nach Tabelle 11.

Tabelle 11 Schnittgrößen infolge der charakteristischen Werte der Verkehrslasten für das LM 71 fahrend, einschließlich dynam. Beiwert für maximale Biegung sowie für maximale Querkraft und Torsion (ohne zugehörige Zentrifugallasten)

x/l		0,01	0,1	0,2	0,3	0,4	0,5
x	[m]	0,2	2	4	6	8	10
$M_{qvk, max}$	[kNm]	278	2526	4491	5895	6737	7018
$V_{qvk, cor}$	[kN]	1375	1123	842	561	281	0
$T_{qvk, cor}$	[kNm]	18	15	11	7	4	0
$V_{qvk, max}$	[kN]	1379	1171	956	760	583	424
$T_{qvk, max}$	[kNm]	18	15	12	10	8	6
$M_{qvk, cor}$	[kNm]	276	2341	3825	4562	4665	4245

Für jede Stelle wird die maßgebende Laststellung berücksichtigt. Die dazugehörigen Schnittgrößen werden mit Index „cor“ bezeichnet.

Für den Lastfall **reduziertes LM 71 fahrend** ergeben sich mit den Eingangswerten:

siehe Abschn. 2.2.1.3.1.1

q_{vk} = 80,00 kN/m Grundlast
Δq_{vk} = 76,25 kN/m Überlast
e_{min} = 0,013 m minimale Ausmitte
f = 0,703 Abminderungsfaktor für V = 200 km/h
Φ = 1,16 dynamischer Beiwert

Die Exzentrizität wird so angesetzt, dass in Kombination mit den Fliehkräften die betragsmäßig größten Torsionsmomente auftreten.

die Schnittgrößen nach Tabelle 12.

Tabelle 12 Schnittgrößen infolge der charakteristischen Werte der Verkehrslasten für das reduzierte LM 71 fahrend, mit dynam. Beiwert für maximale Biegung sowie für maximale Querkraft und Torsion (ohne zugehörige Zentrifugallasten)

x/l		0,01	0,1	0,2	0,3	0,4	0,5
x	[m]	0,2	2	4	6	8	10
$M_{qvk, max}$	[kNm]	195	1776	3157	4144	4736	4933
$V_{qvk, cor}$	[kN]	967	789	592	395	197	0
$T_{qvk, cor}$	[kNm]	13	10	8	5	3	0
$V_{qvk, max}$	[kN]	970	823	672	535	410	298
$T_{qvk, max}$	[kNm]	13	11	9	7	5	4
$M_{qvk, cor}$	[kNm]	194	1646	2689	3207	3280	2984

Für jede Stelle wird die maßgebende Laststellung berücksichtigt. Die dazugehörigen Schnittgrößen werden mit Index „cor“ bezeichnet.

Für den Lastfall **LM 71 stehend** ergeben sich mit den Eingangswerten:

q_{vk} = 80,00 kN/m Grundlast
Δq_{vk} = 76,25 kN/m Überlast
e_{min} = 0,179 m maximale Ausmitte
Φ = 1,0 dynamischer Beiwert

Da beim stehenden Zug keine Fliehkräfte auftreten, wird die Exzentrizität so angesetzt, dass aus den Verkehrslasten die größten Torsionsmomente resultieren.

die Schnittgrößen nach Tabelle 13.

Tabelle 13 Schnittgrößen infolge der charakteristischen Werte der Verkehrslasten für das LM 71 stehend, ohne dynam. Beiwert für maximale Biegung sowie für maximale Querkraft und Torsion

x/l		0,01	0,1	0,2	0,3	0,4	0,5
x	[m]	0,2	2	4	6	8	10
$M_{qvk, max}$	[kNm]	240	2178	3872	5082	5808	6050
$V_{qvk, cor}$	[kN]	1186	968	726	484	242	0
$T_{qvk, cor}$	[kNm]	212	173	130	87	43	0
$V_{qvk, max}$	[kN]	1189	1009	824	656	503	366
$T_{qvk, max}$	[kNm]	213	181	148	117	90	66
$M_{qvk, cor}$	[kNm]	238	2018	3297	3933	4022	3659

Für jede Stelle wird die maßgebende Laststellung berücksichtigt. Die dazugehörigen Schnittgrößen werden mit Index „cor“ bezeichnet.

2.3.1.3.1.2 Lastmodell SW/0

Für den vorliegenden Fall eines Einfeldträgers ist die Anwendung dieses zusätzlichen Lastmodells nicht erforderlich.

siehe Abschn. 2.2.1.3.1.2

2.3.1.3.1.3 Lastmodell SW/2

Die sich für das Lastmodell SW/2 ergebenden Schnittgrößen sind in den Tabellen 14 und 15 angegeben.

Charakteristische Werte der Einwirkungen siehe Abschn. 2.2.1.3.1.3

Anmerkung:

Grundsätzlich brauchen die Lastbilder SW/0 und SW/2 nicht geteilt zu werden. Der günstige Einfluss eines Überstandes wird jedoch wegen Geringfügigkeit vernachlässigt.

Für den Lastfall **LM SW/2 fahrend** ergeben sich die Schnittgrößen nach Tabelle 14 mit den Eingangswerten:

q_{vk}	= 150 kN/m	Streckenlast
e'	= 0,096 m	planmäßige Ausmitte
Φ	= 1,16	dynamischer Beiwert

siehe Abschn. 2.3.1.3.1.1
e' = 0,096 m

Anmerkung:

Beim Lastmodell SW/2 ist nur die planmäßige Ausmitte e' der Vertikallasten infolge Überhöhung der Gleise anzusetzen.

EC1-2 6.3.5 (1)P

Auf die Berücksichtigung der Ausmitte infolge der gekrümmten Gleislage (f = 1,7 cm) wird wie vorher wegen Geringfügigkeit verzichtet.

Tabelle 14 **Schnittgrößen infolge der charakteristischen Werte der Verkehrslasten für das Lastmodell SW/2 fahrend, einschließlich dynam. Beiwert für maximale Biegung sowie für maximale Querkraft und Torsion (ohne zugehörige Zentrifugallasten)**

x/l		0,01	0,1	0,2	0,3	0,4	0,5
x	[m]	0,2	2	4	6	8	10
$M_{qvk, max}$	[kNm]	345	3132	5568	7308	8352	8700
$V_{qvk, cor}$	[kN]	1705	1392	1044	696	348	0
$T_{qvk, cor}$	[kNm]	163	133	100	67	33	0
$V_{qvk, max}$	[kN]	1705	1409	1114	853	626	435
$T_{qvk, max}$	[kNm]	163	135	107	82	60	42
$M_{qvk, cor}$	[kNm]	341	2819	4454	5116	5011	4350

Für jede Stelle wird die maßgebende Laststellung berücksichtigt. Die dazugehörigen Schnittgrößen werden mit Index „cor" bezeichnet.

Für den Lastfall **LM SW/2 stehend** ergeben sich mit den Eingangswerten:

q_{vk} = 150 kN/m Streckenlast
e' = 0,096 m planmäßige Ausmitte
Φ = 1,0 dynamischer Beiwert

die Schnittgrößen nach Tabelle 15.

Tabelle 15 **Schnittgrößen infolge der charakteristischen Werte der Verkehrslasten für das Lastmodell SW/2 stehend, ohne dynam. Beiwert für maximale Biegung sowie für maximale Querkraft und Torsion**

x/l		0,01	0,1	0,2	0,3	0,4	0,5
x	[m]	0,2	2	4	6	8	10
$M_{qvk, max}$	[kNm]	297	2700	4800	6300	7200	7500
$V_{qvk, cor}$	[kN]	1470	1200	900	600	300	0
$T_{qvk, cor}$	[kNm]	141	115	86	58	29	0
$V_{qvk, max}$	[kN]	1470	1215	960	735	540	375
$T_{qvk, max}$	[kNm]	141	116	92	70	52	36
$M_{qvk, cor}$	[kNm]	294	2430	3840	4410	4320	3750

Für jede Stelle wird die maßgebende Laststellung berücksichtigt. Die dazugehörigen Schnittgrößen werden mit Index „cor" bezeichnet.

2.3.1.3.1.4 Unbeladener Zug

Für den Lastfall **Unbeladener Zug fahrend oder stehend** ergeben sich mit den Eingangswerten:

siehe Abschn. 2.2.1.3.1.4

q_{vk} = 10,0 kN/m Streckenlast
e' = 0,096 m planmäßige Ausmitte

die Schnittgrößen nach Tabelle 16.

Tabelle 16 Schnittgrößen infolge der charakteristischen Werte der Verkehrslasten für den Lastfall Unbeladener Zug fahrend oder stehend, für maximale Biegung sowie für maximale Querkraft und Torsion (ohne zugehörige Zentrifugallasten)

x/l		0,01	0,1	0,2	0,3	0,4	0,5
x	[m]	0,2	2	4	6	8	10
$M_{qvk, max}$	[kNm]	20	180	320	420	480	500
$V_{qvk, cor}$	[kN]	98	80	60	40	20	0
$T_{qvk, cor}$	[kNm]	9	8	6	4	2	0
$V_{qvk, max}$	[kN]	98	81	64	49	36	25
$T_{qvk, max}$	[kNm]	9	8	6	5	3	2
$M_{qvk, cor}$	[kNm]	20	162	256	294	288	250

Für jede Stelle wird die maßgebende Laststellung berücksichtigt. Die dazugehörigen Schnittgrößen werden mit Index „cor" bezeichnet.

2.3.1.3.1.5 Verkehrslasten bei Gleis- und Brückenunterhaltung

Bei der Überprüfung der Bemessung für vorübergehende Bemessungssituationen aufgrund von Gleis- oder Brückeninstandhaltung sollten die charakteristischen Werte der Lastmodelle 71, SW/0, SW/2, Unbeladener Zug und HSLM sowie der zugehörigen Eisenbahnverkehrslasten gleich zu den charakteristischen Werten der zugehörigen Belastungen aus EC 1-2, Kap. 6 für dauerhafte Bemessungssituation verwendet werden.

EC1-2 Anhang H
EC0 Tab. A2.3

2.3.1.3.1.6 Fliehkräfte

Diese Schnittgrößen sind stets mit den zugehörigen Vertikallasten des jeweiligen Lastmodells zu kombinieren.

analog Abschn. 2.3.1.3.1.1

EC1-2 6.5.1 (3)P

Der Abstand des Angriffspunkts der Horizontallasten zum Querschnittsschwerpunkt ergibt sich folgendermaßen:

EC1-2 6.3.6.3 Abb. 6.8

$h' = \cos\alpha \cdot 1{,}80$ m = 1,80 m — lotrechter Abstand zwischen Horizontallasten und SOK + u/2

$h'' = 0{,}85$ m — lotrechter Abstand zwischen SOK + u/2 und Oberkante Überbau

$z' = 0{,}56$ m — lotrechter Abstand zwischen Oberkante Überbau und Schwerpunkt Überbau

$z_{t,tot} = -(h' + h'' + z')$
$= -3{,}21$ m

$\alpha = 0{,}053$ rad, $\cos\alpha \approx 1$, siehe Abschn. 2.3.1.3.1.1
siehe Bild 3
u – Gleisüberhöhung
u = 0,08 m
vereinfachend werden die Querlasten auf den Schwerpunkt des Überbaus bezogen (siehe Abschn. 2.1.3.2)

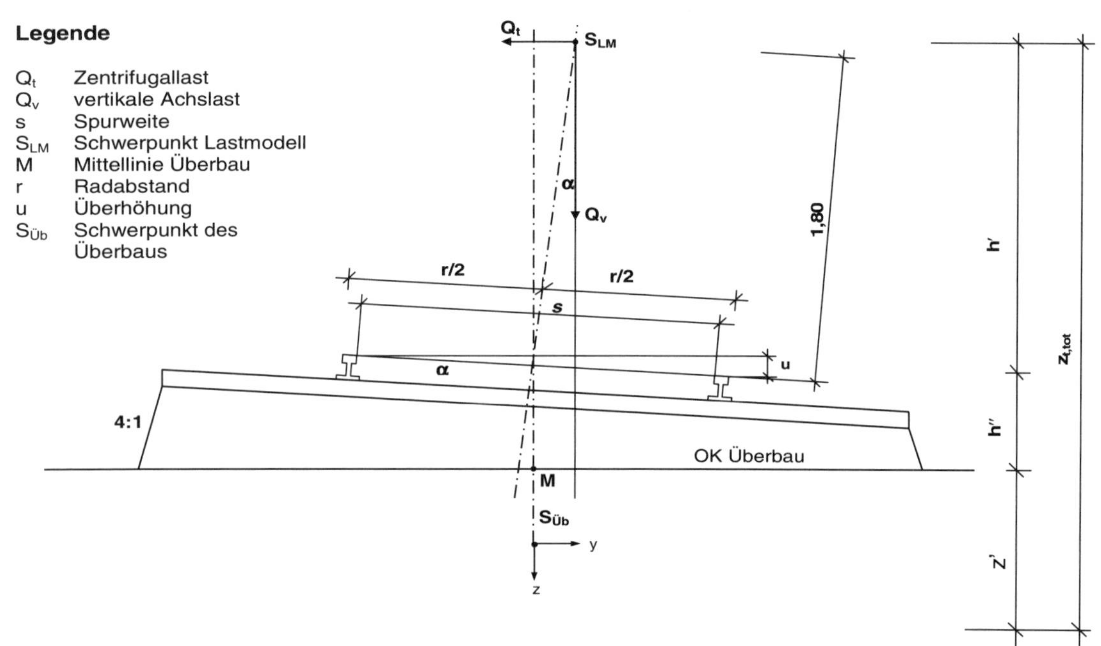

Abbildung 18 Fliehkräfte

Charakteristische Werte der Einwirkungen s. Abschn. 2.2.1.3.1.6

Für das **Lastmodell 71** ergeben sich mit den Eingangswerten:

q_{hk}	= 2,6 kN/m	Grundlast
Δq_{hk}	= 2,5 kN/m	Überlast
$z_{t,tot}$	= -3,21 m	vertikale Gesamtausmitte

die Schnittgrößen nach Tabelle 17.

Tabelle 17 Schnittgrößen infolge der charakteristischen Werte der Zentrifugallasten des Lastmodells 71 für maximale Querbiegung sowie für maximale Querkraft und minimale Torsion

x/l		0,01	0,1	0,2	0,3	0,4	0,5
x	[m]	0,2	2	4	6	8	10
$M_{z,\,qtk,\,max}$	[kNm]	8	71	125	165	188	196
$V_{y,\,qtk,\,cor}$	[kN]	38	31	24	16	8	0
$T_{qtk,\,cor}$	[kNm]	-123	-101	-75	-50	-25	0
$V_{y,\,qtk,\,max}$	[kN]	39	33	27	21	16	12
$T_{qtk,\,min}$	[kNm]	-124	-105	-86	-68	-52	-38
$M_{z,\,qtk,\,cor}$	[kNm]	8	65	107	127	130	119

Für jede Stelle wird die maßgebende Laststellung berücksichtigt. Die dazugehörigen Schnittgrößen werden mit Index „cor" bezeichnet.

Für das **abgeminderte Lastmodell 71** ergeben sich mit den Eingangswerten:

q_{hk} = 5,1 kN/m Grundlast
Δq_{hk} = 4,8 kN/m Überlast
$z_{t,tot}$ = -3,21 m vertikale Gesamtausmitte

Charakteristische Werte der Einwirkungen siehe Abschn. 2.2.1.3.1.6

die Schnittgrößen nach Tabelle 18.

Tabelle 18 Schnittgrößen infolge der charakteristischen Werte der Zentrifugallasten des reduzierten Lastmodells 71 für maximale Querbiegung sowie für maximale Querkraft und minimale Torsion

x/l		0,01	0,1	0,2	0,3	0,4	0,5
x	[m]	0,2	2	4	6	8	10
$M_{z,\,qtk,\,max}$	[kNm]	15	138	246	323	369	384
$V_{y,\,qtk,\,cor}$	[kN]	75	61	46	31	15	0
$T_{qtk,\,cor}$	[kNm]	-242	-197	-148	-99	-49	0
$V_{y,\,qtk,\,max}$	[kN]	75	64	52	42	32	23
$T_{qtk,\,min}$	[kNm]	-242	-206	-168	-133	-102	-74
$M_{z,\,qtk,\,cor}$	[kNm]	15	128	209	249	255	232

Für jede Stelle wird die maßgebende Laststellung berücksichtigt. Die dazugehörigen Schnittgrößen werden mit Index „cor" bezeichnet.

Für das **Lastmodell SW/2** ergeben sich mit den Eingangswerten:

q_{hk} = 2,2 kN/m Streckenlast
$z_{t,tot}$ = -3,21 m vertikale Gesamtausmitte

Charakteristische Werte der Einwirkungen siehe Abschn. 2.2.1.3.1.6

die Schnittgrößen nach Tabelle 19.

Diese Schnittgrößen sind stets mit den Vertikallasten des Lastmodells SW/2 zu kombinieren.

Tabelle 19 Schnittgrößen infolge der charakteristischen Werte der Zentrifugallasten des Lastmodells SW/2 für maximale Querbiegung sowie für maximale Querkraft und minimale Torsion

x/l		0,01	0,1	0,2	0,3	0,4	0,5
x	[m]	0,2	2	4	6	8	10
$M_{z, qtk, max}$	[kNm]	4	40	70	92	106	110
$V_{y, qtk, cor}$	[kN]	22	18	13	9	4	0
$T_{qtk, cor}$	[kNm]	-69	-56	-42	-28	-14	0
$V_{y, qtk, max}$	[kN]	22	18	14	11	8	6
$T_{qtk, min}$	[kNm]	-69	-57	-45	-35	-25	-18
$M_{z, qtk, cor}$	[kNm]	4	36	56	65	63	55

Für jede Stelle wird die maßgebende Laststellung berücksichtigt. Die dazugehörigen Schnittgrößen werden mit Index „cor“ bezeichnet.

Für das **Lastmodell Unbeladener Zug** ergeben sich mit den Eingangswerten:

Charakteristische Werte der Einwirkungen siehe Abschn. 2.2.1.3.1.6

q_{hk} = 0,9 kN/m Streckenlast
$z_{t,tot}$ = -3,21 m vertikale Gesamtausmitte

die Schnittgrößen nach Tabelle 20.

Diese Schnittgrößen sind stets mit den Vertikallasten des Lastmodells Unbeladener Zug zu kombinieren.

Tabelle 20 Schnittgrößen infolge der charakteristischen Werte der Zentrifugallasten des Lastmodells Unbeladener Zug für maximale Querbiegung sowie für maximale Querkraft und minimale Torsion

x/l		0,01	0,1	0,2	0,3	0,4	0,5
x	[m]	0,2	2	4	6	8	10
$M_{z, qtk, max}$	[kNm]	2	16	29	38	43	45
$V_{y, qtk, cor}$	[kN]	9	7	5	4	2	0
$T_{qtk, cor}$	[kNm]	-28	-23	-17	-12	-6	0
$V_{y, qtk, max}$	[kN]	9	7	6	4	3	2
$T_{qtk, min}$	[kNm]	-28	-23	-18	-14	-10	-7
$M_{z, qtk, cor}$	[kNm]	2	15	23	26	26	23

Für jede Stelle wird die maßgebende Laststellung berücksichtigt. Die dazugehörigen Schnittgrößen werden mit Index „cor“ bezeichnet.

2.3.1.3.1.7 Seitenstoß

Charakteristische Werte der Einwirkungen siehe Abschn. 2.2.1.3.1.7

Mit den Eingangswerten:

Auf eine Verteilung in Querrichtung wurde auf der sicheren Seite liegend verzichtet.

Q_{sk} = 100 kN
e_z ≈ ±1,50 m vertikaler Hebelarm des Seitenstoßes für die Schnittgrößenermittlung

ergeben sich die Schnittgrößen nach Tabelle 21.

Tabelle 21 Schnittgrößen infolge der charakteristischen Werte des Seitenstoßes

x/l		0,01	0,1	0,2	0,3	0,4	0,5
x	[m]	0,2	2	4	6	8	10
$\pm M_{qsk}$	[kNm]	20	180	320	420	480	500
$\pm V_{y,qsk}$	[kN]	99	90	80	70	60	50
$\pm T_{qsk}$	[kN]	147	134	119	104	89	74

2.3.1.3.1.8 Einwirkungen aus Anfahren und Bremsen

Der Überbau wird in „Schwimmender Lagerung" ausgeführt. Die horizontalen Lagerkräfte aus Anfahren und Bremsen werden aus einer Überbauverschiebung von 4 mm in Anfahr- oder Bremsrichtung ermittelt.

Ril 804.5101 Kap. 2.2 Abs. (16)

Charakteristische Werte der Einwirkungen siehe Abschn. 2.2.1.3.1.8

Mit den Eingangswerten:

a = 500 mm Länge des Lagers in Querrichtung
b = 400 mm Länge des Lagers in Längsrichtung
v_x = 4 mm Überbauverschiebung
G_{max} = 2,0 N/mm² Schubmodul des Elastomers (EC0 NA. E.6.3.2 (4))
$d_{Elastomer}$ = 96 mm Elastomerdicke
n = 2 Anzahl der Lager je Lageachse

ergibt sich eine charakteristische Rückstellkraft $F_{x,R}$ Lagerachse von:

$$F_{x,R} = n \cdot v_x \cdot a \cdot b \cdot G / d_{Elastomer}$$

$$= 2 \cdot 4 \cdot 500 \cdot 400 \cdot 2{,}0 \cdot 10^{-3} / 96 = 33 \text{ kN}$$

Die sich daraus ergebenden Schnittgrößen werden mit den folgenden Gleichungen ermittelt:

$$M_{Qlk} = F_{x,R} \cdot z_R \cdot \left(1 - 2 \cdot \frac{x}{l}\right)$$

$$V_{Qlk} = 2 \cdot \frac{F_{x,R} \cdot z_R}{l}$$

$$N_{Qlk} \cong F_{x,R} \cdot \left(1 - 2 \cdot \frac{x}{l}\right)$$

z_R – Abstand Mitte Lager zum Querschnittsschwerpunkt
z_R = 0,11 m + 0,69 m
= 0,80 m

l – Stützweite

Mit den Eingangswerten:

$F_{x,R}$ = 33 kN
z_R = 0,80 m
l = 20,00 m

erhält man die Schnittgrößen in Tabelle 22.

Tabelle 22 Schnittgrößen infolge der charakteristischen Werte der Rückstellkräfte für eine Lagerverschiebung von ±4 mm im Lastfall Anfahren und Bremsen

x/l		0,01	0,1	0,2	0,3	0,4	0,5
x	[m]	0,2	2	4	6	8	10
$\pm M_{qlk}$	[kNm]	26,4	21,1	15,8	10,6	2,3	0
$\pm V_{qlk}$	[kN]	2,6	2,6	2,6	2,6	2,6	2,6
$\pm N_{qlk}$	[kN]	33	26,4	19,8	13,2	6,6	0

2.3.1.3.1.9 Ermüdungslastmodell

Charakteristische Werte der Einwirkungen siehe Abschn. 2.2.1.3.1.9

Der Schnittgrößenermittlung wurde das Lastmodell 71 fahrend mit dem zugehörigen dynamischen Beiwert zugrunde gelegt.

Die maßgebenden Schnittgrößen aus Lastmodell 71 sind in Tabelle 23 angegeben. Die zugehörigen Schnittgrößen infolge Zentrifugallasten können Tabelle 17 entnommen werden.

Grundlast: q_{vk} = 80,00 kN/m
Überlast: q_{vk} = 76,25 kN/m
dynam. Beiwert: Φ = 1,16
Gesamtausmitte: e_{tot} = 0,013 m

s. Abschn. 2.3.1.3.1.1

Tabelle 23 Schnittgrößen infolge der charakteristischen Werte der Verkehrslasten für das Lastmodell 71 fahrend, mit dynam. Beiwert für maximale Biegung sowie für maximale Querkraft und Torsion

s. Abschn. 2.3.1.3.1.1 und Tab. 11

x/l		0,01	0,1	0,2	0,3	0,4	0,5
x	[m]	0,2	2	4	6	8	10
$M_{qvk, max}$	[kNm]	278	2526	4491	5895	6737	7018
$V_{qvk, cor}$	[kN]	1375	1123	842	561	281	0
$T_{qvk, cor}$	[kNm]	18	15	11	7	4	0
$V_{qvk, max}$	[kN]	1379	1171	956	760	583	424
$T_{qvk, max}$	[kNm]	18	15	12	10	8	6
$M_{qvk, cor}$	[kNm]	276	2341	3825	4562	4665	4245

Für jede Stelle wird die maßgebende Laststellung berücksichtigt. Die dazugehörigen Schnittgrößen werden mit Index „cor“ bezeichnet.

2.3.1.3.2 Sonstige veränderliche Einwirkungen

2.3.1.3.2.1 Verkehrslasten auf Dienstwegen

Charakteristische Werte der Einwirkungen siehe Abschn. 2.2.1.3.2.1

Für den Lastfall Verkehrslast auf Dienstwegen ergeben sich mit den Eingangswerten für $M_{qfk,max}$ und $V_{qfk,max}$:

$q_{fk} = 2 \cdot 6{,}95$ kN/m — beide Dienstwege belastet
$= 13{,}9$ kN/m — Streckenlast
$e_{SP} = 0{,}0$ m — Ausmitte der Streckenlast vom Querschnittsschwerpunkt

und mit den Eingangswerten für $T_{qfk,\,max}$:

$q_{fk} = 6{,}95$ kN/m — ein Dienstweg belastet
$e_{SP} = \pm\, 3{,}11$ m

die Schnittgrößen nach Tabelle 24.

Tabelle 24 Schnittgrößen infolge der charakteristischen Werte der Verkehrslasten für den Lastfall Verkehrslast auf Dienstwegen für maximale Biegung sowie für maximale Querkraft und Torsion

x/l		0,01	0,1	0,2	0,3	0,4	0,5
x	[m]	0,2	2	4	6	8	10
$M_{qfk,\,max}$	[kNm]	28	250	445	584	667	695
$V_{qfk,\,cor}$	[kN]	136	111	83	56	28	0
$T_{qfk,\,cor}$	[kNm]	0	0	0	0	0	0
$V_{qfk,\,max}$	[kN]	136	113	89	68	50	35
$T_{qfk,\,cor}$	[kNm]	0	0	0	0	0	0
$M_{qfk,\,cor}$	[kNm]	27	225	356	409	400	348
$\pm\, T_{qfk,\,max}$	[kNm]	212	175	138	106	78	54
$V_{qfk,\,cor}$	[kN]	68	56	44	34	25	17
$M_{qfk,\,cor}$	[kNm]	14	113	178	204	200	174

Für jede Stelle wird die maßgebende Laststellung berücksichtigt. Die dazugehörigen Schnittgrößen werden mit Index „cor“ bezeichnet.

2.3.1.3.2.2 Einwirkungen auf Geländer

Die Einwirkungen auf Geländer sind für die Bemessung des Haupttragwerks nicht von Bedeutung.

2.3.1.3.2.3 Verkehrslasten im Bauzustand

Die Einwirkungen im Bauzustand sind für die Bemessung des Haupttragwerks nicht von Bedeutung.

2.3.1.4 Temperatureinwirkungen

Charakteristische Werte der Einwirkungen siehe Abschn. 2.2.1.4

Unter den anzusetzenden Temperaturbeanspruchungen ΔT_{Mz} und ΔT_N ergeben sich Lagerwege und damit Rückstellkräfte.

Die Lagerwege infolge ΔT_N betragen je Lagerachse:

Da eine genaue Voreinstellung der Lager in Abhängigkeit von der gemessenen Bauwerkstemperatur nicht vorgesehen ist, ist das volle Vorhaltemaß für den Verschiebungsweg zu berücksichtigen.

$$\Delta x_{exp} = (\Delta T_{N,exp} + 20\ K) \cdot \alpha_T \cdot l / 2 = (29 + 20) \cdot 10^{-5} \cdot 20{,}0 \cdot 10^3 / 2 = 4{,}9\ mm$$

$$\Delta x_{con} = (\Delta T_{N,con} - 20\ K) \cdot \alpha_T \cdot l / 2 = (-26 - 20) \cdot 10^{-5} \cdot 20{,}0 \cdot 10^3 / 2 = -4{,}6\ mm$$

EC2-1-1 3.1.3 (5):
$\alpha_T = 10^{-5}\ K^{-1}$
$l = 20{,}0$ m

Die Lagerwege infolge ΔT_{MZ} betragen je Lagerachse:

$$\Delta x_{exp} = -\Delta T_{MZ,cool} \cdot \alpha_T \cdot l \cdot z_R / (2 \cdot h) = 8 \cdot 10^{-5} \cdot 20{,}0 \cdot 0{,}80 \cdot 10^3 / (2 \cdot 1{,}25) = 0{,}5\ mm$$

z_R – Abstand Mitte Lager zum Querschnittsschwerpunkt
z_R = 0,11 m + 0,69 m = 0,80 m

$$\Delta x_{con} = -\Delta T_{MZ,heat} \cdot \alpha_T \cdot l \cdot z_R / (2 \cdot h) = -9 \cdot 10^{-5} \cdot 20{,}0 \cdot 0{,}80 \cdot 10^3 / (2 \cdot 1{,}25) = -0{,}6\ mm$$

Bei gleichzeitiger Betrachtung von ΔT_M und ΔT_N darf eine abgeminderte Kombination angesetzt werden. Dominant ist hier die Temperaturschwankung ΔT_N:

$$\Delta x_{exp} = 4{,}9 + 0{,}75 \cdot 0{,}5 = 5{,}3\ mm$$

$$\Delta x_{con} = -4{,}6 + 0{,}75 \cdot (-0{,}6) = -5{,}1\ mm$$

Vereinfachend wird angesetzt:

$$\Delta x_{exp} = 5{,}2\ mm$$
$$\Delta x_{con} = -5{,}2\ mm$$

Daraus ergibt sich eine Rückstellkraft je Lagerachse von:

$$F_{x,R} = 2 \cdot \Delta x \cdot a \cdot b \cdot G / d_{Elastomer}$$
$$= 2 \cdot \pm 5{,}2 \cdot 10^{-3} \cdot 500 \cdot 400 \cdot 2{,}0 / 96$$
$$= \pm 43{,}3 \text{ kN}$$

Mit den Eingangswerten:

$F_{x,R} = \pm 43{,}3$ kN
$z_R = 0{,}80$ m
$l = 20{,}0$ m

erhält man die Schnittgrößen in Tabelle 25.

Tabelle 25 Schnittgrößen infolge der charakteristischen Werte der Temperatureinwirkungen für eine Lagerverschiebung von ± 5,2 mm

x/l		0,01	0,1	0,2	0,3	0,4	0,5
x	[m]	0,2	2	4	6	8	10
$\pm M_{q\Delta Tk}$	[kNm]	34,6	34,6	34,6	34,6	34,6	34,6
$\pm V_{q\Delta Tk}$	[kN]	0	0	0	0	0	0
$\pm N_{q\Delta Tk}$	[kN]	43,3	43,3	43,3	43,3	43,3	43,3

2.3.1.5 Windlasten

2.3.1.5.1 Windlasten auf den Brückenüberbau

Charakteristische Werte der Einwirkungen siehe Abschn. 2.2.1.5.1

Es wird nur der maßgebende Betriebszustand betrachtet.
Man erhält mit den Eingangswerten:

w_k	$= \pm 7{,}98$ kN/m	Streckenlast
e_w	$= -2{,}38$ m	vertikaler Abstand der Windresultierenden vom Querschnittsschwerpunkt

die Schnittgrößen nach Tabelle 26.

Tabelle 26 Schnittgrößen infolge der charakteristischen Werte der Windlasten im Betriebszustand mit Verkehr

x/l		0,01	0,1	0,2	0,3	0,4	0,5
x	[m]	0,2	2	4	6	8	10
$\pm M_{z,qwk,max}$	[kNm]	16	144	255	335	383	399
$\pm V_{y,qwk,cor}$	[kN]	78	64	48	32	16	0
$\pm T_{qwk,cor}$	[kNm]	186	152	114	76	38	0
$\pm V_{y,qwk,max}$	[kNm]	78	65	51	39	29	20
$\pm T_{qwk,max}$	[kNm]	186	154	122	93	68	47
$\pm M_{z,qwk,cor}$	[kN]	16	129	204	235	230	200

Für jede Stelle wird die maßgebende Laststellung berücksichtigt. Die dazugehörigen Schnittgrößen werden mit Index „cor“ bezeichnet.

2.3.1.5.2 Aerodynamische Einwirkungen aus Zugverkehr

Die Schnittgrößen aus Druck- und Sogeinwirkungen aus Zugverkehr sind für die Bemessung des Überbaus nicht relevant.

2.3.1.6 Einwirkungen aus Erddruck

Charakteristische Werte der Einwirkungen siehe Abschn. 2.2.1.6

Man erhält mit den Eingangswerten:

$E_{q,k}$ = 160,94 kN Erddrucklast
z_R = 0,80 m

z_R – Abstand Mitte Lager zum Querschnittsschwerpunkt
z_R = 0,11 m + 0,69 m = 0,80 m

die Schnittgrößen nach Tabelle 27.

$$M_{Eqk} = \frac{E_{q,k}}{2} \cdot z_R \cdot \left(1 - 2 \cdot \frac{x}{l}\right)$$

$$V_{Eqk} = 2 \cdot \frac{E_{q,k}}{2} \cdot \frac{z_R}{l}$$

$$N_{Eqk} = -\frac{E_{q,k}}{2}$$

Tabelle 27 Schnittgrößen infolge der charakteristischen Werte für den Lastfall Einwirkungen aus Erddruck

x/l		0,01	0,1	0,2	0,3	0,4	0,5
x	[m]	0,2	2	4	6	8	10
M_{Eqk}	[kNm]	63	52	39	26	13	0
V_{Eqk}	[kN]	6	6	6	6	6	6
N_{Eqk}	[kN]	-80	-80	-80	-80	-80	-80

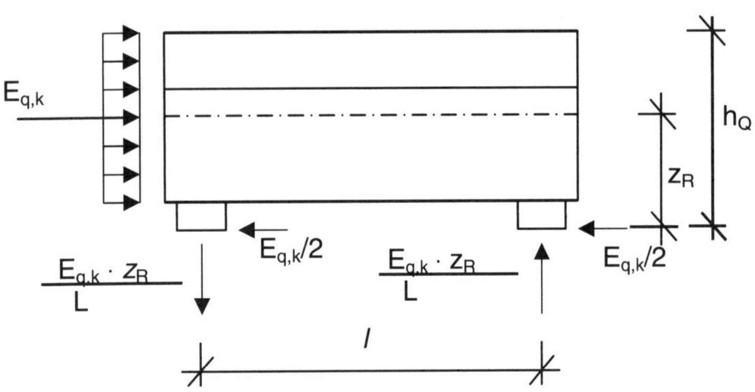

Abbildung 19 Einwirkungen aus Erddruck

2.3.1.7 Außergewöhnliche Einwirkungen

2.3.1.7.1 Einwirkungen infolge Entgleisung

Mit den Eingangswerten für den Bemessungsfall I:

Charakteristische Werte der Einwirkungen siehe Abschn. 2.2.1.7.1

q_{A1d} = 56,0 kN/m
Δq_{A1d} = 53,3 kN/m (auf 6,4 m Länge)
e = ± (2,1 – 1,4 / 2)
= ± 1,4 m
c = 6,4 m

ergeben sich die Schnittgrößen nach Tabelle 28.

Tabelle 28 Schnittgrößen der Bemessungswerte der Einwirkungen infolge Entgleisung im Bemessungsfall I für maximale Biegung sowie für maximale Querkraft und Torsion

x/l		0,01	0,1	0,2	0,3	0,4	0,5
x	[m]	0,2	2	4	6	8	10
$M_{A1d, max}$	[kNm]	335	3048	5418	7111	8127	8465
$V_{A1d, cor}$	[kN]	1659	1354	1016	677	339	0
$T_{A1d, cor}$	[kNm]	2323	1896	1422	948	474	0
$V_{A1d, max}$	[kN]	1664	1412	1153	917	703	512
$T_{A1d, max}$	[kNm]	2330	1977	1615	1284	985	717
$M_{A1d, cor}$	[kNm]	333	2824	4614	5503	5627	5120

Für jede Stelle wird die maßgebende Laststellung berücksichtigt. Die dazugehörigen Schnittgrößen werden mit Index „cor“ bezeichnet.

Mit den Eingangswerten für den Bemessungsfall II:

q_{A2d} = 112,0 kN/m
e = ± 2,1 m
c = 20 m

ergeben sich die Schnittgrößen nach Tabelle 29.

Charakteristischer Wert der Einwirkungen siehe Abschn. 2.2.1.7.1

Tabelle 29 Schnittgrößen der Bemessungswerte der Einwirkungen infolge Entgleisung im Bemessungsfall II für maximale Biegung sowie für maximale Querkraft und Torsion

x/l		0,01	0,1	0,2	0,3	0,4	0,5
x	[m]	0,2	2	4	6	8	10
$M_{A2d, max}$	[kNm]	222	2016	3584	4704	5376	5600
$\pm V_{A2d, cor}$	[kN]	1098	896	672	448	224	0
$T_{A2d, cor}$	[kNm]	2305	1882	1411	941	470	0
$V_{A2d, max}$	[kN]	1098	907	717	549	403	280
$\pm T_{A2d, max}$	[kNm]	2305	1905	1505	1152	847	588
$M_{A2d, cor}$	[kNm]	220	1814	2867	3293	3226	2800

Für jede Stelle wird die maßgebende Laststellung berücksichtigt. Die dazugehörigen Schnittgrößen werden mit Index „cor" bezeichnet.

2.3.1.7.2 Weitere außergewöhnliche Einwirkungen

Aufgrund der großen Steifigkeit des Überbaus wird auf den Ansatz der außergewöhnlichen Einwirkung aus Fahrzeuganprall (F_{xd} = 500 kN) bei der Bemessung des Überbaus verzichtet. Er ist aber bei der Lagerbemessung zu berücksichtigen. Dabei ist zu beachten, dass die außergewöhnliche Einwirkung bereits den Bemessungswert darstellt.

Charakteristischer Wert der Einwirkungen siehe Abschn. 2.2.1.7.2

Die lichte Höhe beträgt $\geq$ 5,00 m, somit braucht der vertikale Anteil der außergewöhnlichen Einwirkung (F_{zd} = 250 kN) nicht berücksichtigt zu werden.

2.3.1.8 Rückstellkräfte aus vertikaler Belastung

Aus der vertikalen Belastung resultieren infolge Endtangentenverdrehung Rückstellkräfte, die für den Überbau entlastend wirken. Auf der sicheren Seite liegend werden diese für die Bemessung des Überbaus nicht berücksichtigt.

2.3.2 Lastfallkombinationen

Die Schnittgrößen der Lastfallkombinationen werden im Rahmen der Nachweise im Grenzzustand der Tragfähigkeit und der Gebrauchstauglichkeit in den Kapiteln 2.4 und 2.5 aufgeführt.

2.4 Nachweise im Grenzzustand der Tragfähigkeit

2.4.1 Grenzzustand der Tragfähigkeit für Biegung mit Längskraft

EC2-2 6.1

Die Nachweise für Biegung mit Längskraft im Grenzzustand der Tragfähigkeit werden für die ständige und vorübergehende Bemessungssituation (Betriebszustand) und die außergewöhnliche Bemessungssituation infolge Entgleisung geführt. Die Wirkung der Vorspannung wird über die Spannstahlvordehnung erfasst. Die Bemessung für Biegung mit Längskraft erfolgt, auf der sicheren Seite liegend, für den Rechteckquerschnitt b / h = 4,42 m / 1,25 m unter Vernachlässigung der Kragarme.

Maßgebend für die Bemessung ist der ungünstigste Schnitt in Feldmitte zum Zeitpunkt $t = t_\infty$, da hier die Beanspruchung maximal ist und aufgrund der Einflüsse aus Kriechen, Schwinden und Relaxation die Spannstahlvordehnung zum Zeitpunkt $t = t_\infty$ minimal ist.

Im Weiteren bleibt der Einfluss der Horizontalbiegung aufgrund der geringen Auswirkungen auf die Tragfähigkeit unberücksichtigt.

2.4.1.1 Ständige und vorübergehende Bemessungssituation

Die Schnittgrößen in der ständigen und vorübergehenden Bemessungssituation ergeben sich allgemein aus folgender Einwirkungskombination:

$$E_d = \Sigma\gamma_{g,j} \cdot G_{k,j} \text{ “+” } \gamma_p \cdot P \text{ “+” } \gamma_{Q,1} \cdot Q_{k,1} \text{ “+” } \Sigma(\gamma_{Q,i} \cdot \Psi_{0,i} \cdot Q_{k,i})$$

EC0 6.4.3.2 Gl. (6.9a)

Das maßgebende Bemessungsmoment ergibt sich in diesem Beispiel mit der Lastgruppe 16 als Leiteinwirkung wie folgt:

Lastgruppe 16: SW/2 als dominante Komponente

$$M_{Ed} = \gamma_G \cdot (M_{Gk1} + M_{Gk2} + M_{Gk3}) + \gamma_{Q1,SW/2} \cdot (1{,}0 \cdot M_{Qvk}) + \gamma_{Q1} \cdot (1{,}0 \cdot M_{Qlk} + 0{,}5 \cdot M_{Qtk} + 0{,}5 \cdot M_{Qsk}) + \gamma_Q \cdot (\Psi_{0,Qfk} M_{Qfk} + \Psi_{0,Q\Delta Tk} M_{Q\Delta Tk} + \Psi_{0,Qwk} M_{Qwk})$$

$$M_{Ed} = 1{,}35 \cdot (7918 + 3459 + 1680) + 1{,}20 \cdot (1{,}0 \cdot 8700) + 1{,}45 \cdot (1{,}0 \cdot 26{,}4 + 0{,}5 \cdot 0 + 0{,}5 \cdot 0) + 1{,}50 \cdot (0{,}8 \cdot 695 + 0{,}8 \cdot 34{,}6 + 0{,}75 \cdot 0)$$

$$M_{Ed} = 28.980{,}8 \text{ kNm} = 28{,}98 \text{ MNm}$$

γ - Teilsicherheitsbeiwerte (siehe Tab. 7)

Ψ - Kombinationsbeiwerte (siehe Tab. 6)

M_{Gki} s. Tab. 9 (ständ. EW)
M_{Qvk} s. Tab. 14 (SW/2)
M_{Qlk} s. Tab. 22 (Anf. u. Br.)
M_{Qtk} s. Tab. 19 (Zentrifug.)
M_{Qsk} s. Tab. 21 (Seitenstoß)
M_{Qfk} s. Tab. 24 (Dienstweg)
$M_{Q\Delta Tk}$ s. Tab. 25 (Temp.)
M_{Qwk} s. Tab. 26 (Wind)

Die zugehörige Bemessungsnormalkraft ergibt sich mit der Lastgruppe 16 als Leiteinwirkung wie folgt:

Für Lastgruppe 17 ergibt sich das gleiche Bemessungsmoment.

$$N_{Ed} = \gamma_G \cdot (N_{Gk1} + N_{Gk2} + N_{Gk3}) + \gamma_{Q1,SW/2} \cdot (1{,}0 \cdot N_{Qvk}) + \gamma_{Q1} \cdot (1{,}0 \cdot N_{Qlk} + 0{,}5 \cdot N_{Qtk} + 0{,}5 \cdot N_{Qsk}) + \gamma_Q \cdot (\Psi_{0,\,Qfk}\, N_{Qfk} + \Psi_{0,\,Q\Delta Tk}\, N_{Q\Delta Tk} + \Psi_{0,\,Qwk}\, N_{Qwk}) + \gamma_{Q,E} \cdot \Psi_{0,\,Eqk}\, N_{Eqk}$$

N_{Gki} s. Tab. 9 (ständ. EW)
N_{Qvk} s. Tab. 14 (SW/2)
N_{Qlk} s. Tab. 22 (Anf. u. Br.)
N_{Qtk} s. Tab. 19 (Zentrifug.)
N_{Qsk} s. Tab. 21 (Seitenstoß)
N_{Qfk} s. Tab. 24 (Dienstweg)
$N_{Q\Delta Tk}$ s. Tab. 25 (Temp.)
N_{Qwk} s. Tab. 26 (Wind)
N_{Eqk} s. Tab. 27 (Erddruck)

$$N_{Ed} = 1{,}35 \cdot (0 + 0 + 0) + 1{,}20 \cdot (1{,}0 \cdot 0) + 1{,}45 \cdot (1{,}0 \cdot 0 + 0{,}5 \cdot 0 + 0{,}5 \cdot 0) + 1{,}50 \cdot [0{,}80 \cdot 0 + 0{,}80 \cdot 43{,}4 + 0{,}75 \cdot 0 + 0 \cdot 0{,}8 \cdot (-80)]$$

$$N_{Ed} = 52{,}1 \text{ kN} = 0{,}052 \text{ MN}$$

Die auf den Spannstahl bezogenen Schnittgrößen ergeben sich mit:

$$M_{Edp} = M_{Ed} - N_{Ed} \cdot z_{s1} = 28{,}98 - (0{,}052) \cdot 0{,}480$$

$$M_{Edp} = 28{,}96 \text{ MNm}$$

$z_{s1} = z_{cp} = 0{,}480$ m (siehe Tab. 4)

$$f_{cd} = \alpha \cdot f_{ck} / \gamma_C = 0{,}85 \cdot 40 / 1{,}5$$

$$f_{cd} = 22{,}67 \text{ MN/m}^2$$

$\alpha = 0{,}85$
$f_{ck} = 40$ MN/m²
$\gamma_C = 1{,}5$ (siehe Abschn. 1.2.4)

zu:

$$\mu_{Edp} = M_{Edp} / (b \cdot d^2 \cdot f_{cd}) = 28{,}96 / (4{,}42 \cdot 1{,}04^2 \cdot 22{,}67)$$

$$\mu_{Edp} = 0{,}267$$

b = 4,42 m (Überbaubreite)
d = 1,25 – (0,69 – 0,48) = 1,04 m (stat. Höhe des Spannstahls; die Betonstahlbewehrung wird nicht angesetzt)

Mit dem allgemeinen Bemessungsdiagramm ermittelte Werte:

$$\zeta = z / d = 0{,}836$$

$$z = \zeta \cdot d = 0{,}836 \cdot 1{,}04 = 0{,}869 \text{ m}$$

$$\varepsilon_{p1} = 0{,}536\ \%$$

$\varepsilon_{p1} = \varepsilon_{s1}$ – Spannstahldehnung im Grenzzustand der Tragfähigkeit (ohne Anteil aus Vorspannung)

Anmerkung:

Die Dehnungsebene wurde mit dem allgemeinen Bemessungsdiagramm nach EC 2-1 ermittelt.

Weiterhin ist die Vordehnung des Spannstahls aus der Vorspannung zum Zeitpunkt t = 100 Jahre zu berücksichtigen. Diese fiktive Vordehnung („Spannbettdehnung") ist der Dehnungsunterschied zwischen Spannglied und umgebendem Beton infolge Vorspannung. Dabei sind Kriechen, Schwinden und Relaxation zu berücksichtigen.

Die Vorspannkraft geht mit dem charakteristischen Mittelwert in die Berechnung ein: $P_d = \gamma_p \cdot P_{m,t}$ — EC2-1 5.10.8

Die Vordehnung ermittelt sich folgendermaßen:

$$\varepsilon_{p,t\infty}^{(0)} = \frac{\sigma_{pm0} \cdot (1-\delta)}{E_p} - \left(\frac{M_{pm0} \cdot (1-\delta)}{I_c \cdot E_{cm}} \cdot z_{cp} + \frac{P_{m0} \cdot (1-\delta)}{A_c \cdot E_{cm}} \right)$$

wobei:

σ_{pm0}	= 1314 MN/m²	Mittlere Spannstahlspannung
δ	= 0,137	Verluste infolge Kriechen, Schwinden und Relaxation. (siehe Abschn. 2.3.1.2.2)
E_p	= 195.000 MN/m²	E – Modul des Spannstahls
$M_{pm,0(5)}$	= 8,99 MNm (Lage 1)	Moment aus Vorspannung je Lage
$M_{pm,0(6)}$	= 10,79 MNm (Lage 2)	
I_c	= 0,935 m⁴	Trägheitsmoment
E_{cm}	= 35.000 MN/m²	E – Modul des Betons
z_{cp}	= 0,480 m	Abstand des Spanngliedes von der Schwerachse
$P_{m,0(5)}$	= 18,72 MN (Lage 1)	Mittelwert der Vorspannkraft je Lage
$P_{m,0(6)}$	= 22,47 MN (Lage 2)	
A_c	= 6,392 m²	Betonquerschnitt

$\Rightarrow \varepsilon_{p,t\infty}^{(0)} = 0{,}541$ %

<u>Hinweis:</u> Für die Berechnung der Vordehnung wurde die Lage 2 verwendet, da diese ungünstiger und somit maßgebend ist.

Die Vordehnung des Spannstahls zum Zeitpunkt t = 100 Jahre beträgt 0,54 %. Damit stellt sich im Grenzzustand der Tragfähigkeit zum Zeitpunkt t = ∞ folgende Gesamtdehnung des Spannstahls ein:

$$\varepsilon_{p,t\infty} = \varepsilon_{p1} + \varepsilon^{(0)}_{p,t\infty}$$
$$0{,}54\ \% + 0{,}54\ \%$$
$$\varepsilon_{p,t\infty} = 1{,}08\ \%$$

Bei der Querschnittsbemessung wird ein horizontaler oberer Ast ohne Dehnungsgrenze der Spannungsdehnungslinie des Spannstahls angenommen. Ansonsten ist die Gesamtdehnung ε_{ud} des Spannstahls auf

$$\varepsilon_{ud} = \varepsilon_{(0)} + 0{,}025 \leq 0{,}9 \cdot \varepsilon_{uk}$$

EC2-1 NDP zu 3.3.6 (7)

zu begrenzen. Der horizontale obere Ast der Bemessungsspannung beginnt bei

$$\sigma_p = f_{p0,1k} / \gamma_s$$
$$1600 / 1{,}15$$
$$\sigma_p = 1391\ MN/m^2$$

EC2-1 NDP zu 2.4.2.4 (1)
Tab. 2.1DE

$\gamma_s = 1{,}15$
$f_{p0,1k} = 1600\ MN/m^2$

Die dazugehörige Spannstahldehnung ergibt sich zu:

$$\varepsilon_{(\sigma p)} = \sigma_p / E_p$$
$$1391 / 195.000$$
$$\varepsilon_{(\sigma p)} = 0{,}71\ \%$$

E_p – E-Modul Spannstahl

Da die Gesamtdehnung im Grenzzustand der Tragfähigkeit mit $\varepsilon_{p,t1}$ = 1,08 % die rechnerische Fließdehnung übersteigt, erreicht der Spannstahl eine Spannung von σ_p = 1391 MN/m².

Die erforderliche Bewehrung $A_{p,req}$ im Bruchzustand ergibt sich wie folgt:

$$A_{p,req} = (M_{Edp} / z + N_{Ed}) / \sigma_p$$
$$(28{,}98 / 0{,}869 + 0{,}052) / 1391 \cdot 10^4$$
$$A_{p,req} = 240{,}1\ cm^2 \qquad < A_{p,prov}$$

$\sigma_p = 1391\ MN/m^2$
$M_{Ed} = 28{,}98\ MNm$
$N_{Ed} = 0{,}052\ MN$
$z = 0{,}869\ m$

Der gewählte Spannstahlquerschnitt ist damit für die Gewährleistung einer ausreichenden Tragfähigkeit in der ständigen und vorübergehenden Bemessungssituation ausreichend.

$A_{p,prov} = 11 \cdot 28{,}5 = 313{,}5\ cm^2$
(siehe Abschn. 3.2.2)

2.4.1.2 Außergewöhnliche Bemessungssituation

Die Schnittgrößen in der außergewöhnlichen Bemessungssituation ergeben sich allgemein zu:

$$E_{d,A} = \Sigma\gamma_{g,j} \cdot G_{k,j} \text{ “+” } \gamma_P \cdot P_k \text{ “+” } A_d \text{ “+” } \Psi_{1,1} \cdot Q_{k1} \text{ “+” } \Sigma\Psi_{2,l} \cdot Q_{ki}$$

EC0 NCI zu 6.4.3.3 (2) Gl. (6.11c)

Wird eine außergewöhnliche Einwirkung angesetzt, sollten weder andere außergewöhnliche Einwirkungen noch Wind oder Schnee gleichzeitig berücksichtigt werden.

EC0 A2.2.5 (1)

A_d – Bemessungswert der außergewöhnlichen Einwirkung

In diesem Beispiel sind somit keine weiteren variablen Einwirkungen zu berücksichtigen.

Das Bemessungsmoment erhält man hier für den maßgebenden Bemessungsfall Entgleisung wie folgt:

EC0 A2.3.2 Tab. A2.5
$\gamma_{GA} = 1{,}0$
$\gamma_{QA} = 1{,}0$

$$M_{Ed} = \gamma_{GA} (M_{Gk1} + M_{Gk2} + M_{Gk3}) + \gamma_{QA} \cdot M_{A1d}$$
$$1{,}0 \cdot (7{,}918 + 3{,}459 + 1{,}680) + 1{,}0 \cdot 8{,}465$$
$$M_{Ed} = 21{,}52 \text{ MNm}$$

M_{Gki}, s. Tab. 9 (ständ. EW)
M_{A1d}, s. Tab. 28 (Entgl.)

$M_{Ed,(S/V)} = 28{,}98$ MNm (siehe Abschn. 2.4.1.1)

<u>Anmerkung:</u>

Die außergewöhnliche Einwirkungskombination kann hier aufgrund der für diese Bemessungssituation reduzierten Sicherheiten für die Bemessung nicht maßgebend werden, der Nachweis wird hier aber exemplarisch geführt.

Die Vorspannkraft wird über die Spannstahlvordehnung erfasst.

Da aus den ständigen Lasten und dem Bemessungsfall Entgleisung keine Normalkräfte resultieren, gilt:

$$N_{Ed} = 0 \text{ MN}$$

Die auf den Spannstahl bezogenen Schnittgrößen ergeben sich mit:

$$M_{Edp} = 21{,}52 \text{ MNm}$$

$$f_{cd} = \alpha \cdot f_{ck} / \gamma_C$$
$$0{,}85 \cdot 40 / 1{,}3$$
$$f_{cd} = 26{,}15 \text{ MN/m}^2$$

$f_{ck} = 40$ MN/m²
$\alpha = 0{,}85$
$\gamma_C = 1{,}3$

zu:

$$\mu_{Edp} = M_{Edp} / (b \cdot d^2 \cdot f_{cd})$$
$$21{,}52 / (4{,}42 \cdot 1{,}04^2 \cdot 26{,}15)$$
$$\mu_{Edp} = 0{,}172$$

b = 4,42 m (Überbaubreite)
d = 1,04 m (stat. Höhe)

Mit dem allgemeinen Bemessungsdiagramm ermittelte Werte:

$$\zeta = z / d = 0{,}902$$
$$z = \zeta \cdot d = 0{,}902 \cdot 1{,}04 = 0{,}938 \text{ m}$$
$$\varepsilon_{p1} = 1{,}14\ \%$$

ε_{p1} – Spannstahldehnung im Grenzzustand der Tragfähigkeit (ohne Anteil aus Vorspannung)

Der Dehnungszuwachs im Spannstahl im Grenzzustand der Tragfähigkeit beträgt $\varepsilon_{p1} = 1{,}14\ \%$.

Die Vordehnung des Spannstahls zum Zeitpunkt t = 100 Jahre beträgt 0,54 %. Es stellt sich eine Gesamtdehnung des Spannstahls von:

$$\varepsilon_{p,t\infty} = \varepsilon_{p1} + \varepsilon_{p,t\infty}^{(0)}$$
$$1{,}14\ \% + 0{,}54\ \%$$
$$\varepsilon_{p,t\infty} = 1{,}68\ \%$$

Bei der Querschnittsbemessung wird ein horizontaler oberer Ast ohne Dehnungsgrenze der Spannungsdehnungslinie des Spannstahls angenommen. Ansonsten ist die Gesamtdehnung ε_{ud} des Spannstahls auf

$$\varepsilon_{ud} = \varepsilon_{(0)} + 0{,}025 \leq 0{,}9 \cdot \varepsilon_{uk}$$

EC2-1 NDP zu 3.3.6 (7)

zu begrenzen. Der horizontale obere Ast der Bemessungsspannung beginnt bei:

$$\sigma_p = f_{p0,1k} / \gamma_S$$
$$1600/1{,}00$$
$$\sigma_p = 1600 \text{ MN/m}^2$$

EC2-1 NDP zu 2.4.2.4 (1) Tab. 2.1DE

$\gamma_S = 1{,}00$
$f_{p0,1k} = 1600$ MN/m²

Die dazugehörige Spannstahldehnung ergibt sich zu:

$$\varepsilon_{(\sigma p)} = \sigma_p/E_p$$
$$1600/195.000$$
$$\varepsilon_{(\sigma p)} = 0{,}82\ \%$$

E_p – E-Modul Spannstahl

Da die Gesamtdehnung im Grenzzustand der Tragfähigkeit mit $\varepsilon_{p,t1}$ = 1,68 % die rechnerische Fließdehnung übersteigt, erreicht der Spannstahl eine Spannung von σ_p = 1600 MN/m².

Die erforderliche Bewehrung $A_{p,req}$ im Bruchzustand ergibt sich wie folgt:

σ_p = 1600 MN/m²
M_{Ed} = 21,52 MNm
N_{Ed} = 0 MN
z = 0,938 m

$$A_{p,req} = (M_{Edp} / z + N_{Ed}) / \sigma_p$$
$$(21{,}52 / 0{,}938 + 0) / 1600 \cdot 10^4$$
$$A_{p,req} = 143{,}4 \text{ cm}^2 < A_{p,prov}$$

$A_{p,prov}$ = 11 · 28,5 = 313,5 cm²
(siehe Abschn. 2.2.1.2)

Der gewählte Spannstahlquerschnitt ist damit für die Gewährleistung einer ausreichenden Tragfähigkeit in der ständigen und vorübergehenden Bemessungssituation ausreichend.

2.4.2 Grenzzustand der Tragfähigkeit für Querkraft und Torsion

EC2-2 6.2 und 6.3

2.4.2.1 Ständige und vorübergehende Bemessungssituation

Die Nachweise für Querkraft und Torsion im Grenzzustand der Tragfähigkeit werden für die ständige und vorübergehende Bemessungssituation (Betriebszustand) zum Zeitpunkt $t = \infty$ geführt. Maßgebend für die Bemessung ist der ungünstigste Schnitt am Auflagerrand ($x = 0{,}20$ m).

Im Weiteren bleibt der Einfluss der Horizontalbeanspruchung aufgrund der geringen Auswirkungen auf die Tragfähigkeit unberücksichtigt.

Die Schnittgrößen in der ständigen Bemessungssituation ergeben sich allgemein aus folgender Einwirkungskombination:

$$E_d = \Sigma\gamma_{g,j} \cdot G_{k,j} \text{ “+” } \gamma_p \cdot P \text{ “+” } \gamma_{Q,1} \cdot Q_{k,1} \text{ “+” } \Sigma(\gamma_{Q,i} \cdot \Psi_{0,i} \cdot Q_{k,i})$$

EC0 6.4.3.2 (3) Gl. (6.9a)

Die maßgebende Bemessungsquerkraft erhält man mit der Lastgruppe 16 als Leiteinwirkung wie folgt:

Für Lastgruppe 17 erhält man die gleiche Bemessungsquerkraft.

$$V_{Ed} = \gamma_G \cdot (V_{Gk1} + V_{Gk2} + V_{Gk3}) + \gamma_P V_{cp,0} \cdot (1 - \delta) + \gamma_{Q1,SW/2} \cdot (1{,}0 \cdot V_{Qvk,Sw/2}) + \gamma_{Q1} \cdot (1{,}0 \cdot V_{Qlk} + 0{,}5 \cdot V_{Qtk} + 0{,}5 \cdot V_{Qsk}) + \gamma_Q \cdot (\Psi_{0,Qfk} \cdot V_{Qfk} + \Psi_{0,Q\Delta Tk} \cdot V_{Q\Delta Tk} + \Psi_{0,Qwk} \cdot V_{Qwk} + \Psi_{0,Eqk} \cdot V_{Eqk})$$

$$V_{Ed} = 1{,}35 \cdot (1566 + 684 + 332) + 1{,}0 \cdot (-2350 - 680) \cdot (1 - 0{,}137) + 1{,}2 \cdot (1{,}0 \cdot 1705) + 1{,}45 \cdot (1{,}0 \cdot 2{,}6 + 0{,}5 \cdot 0 + 0{,}5 \cdot 0) + 1{,}5 \cdot (0{,}8 \cdot 136 + 0{,}8 \cdot 0 + 0{,}75 \cdot 0 + 1{,}0 \cdot 6{,}0)$$

$$V_{Ed} = 3.087{,}2 \text{ kN} = 3{,}087 \text{ MN}$$

γ – Teilsicherheitsbeiwerte (siehe Tab. 7)
Ψ – Kombinationsbeiwerte (siehe Tab. 6)

$\delta = 0{,}137$ (siehe Abschn. 2.3.1.2.1)

V_{Gki} s. Tab. 9 (ständ. EW)
$V_{cp,0}$ s. Tab. 10 (Vorsp.)
V_{Qvk} s. Tab. 14 (SW/2)
V_{Qlk} s. Tab. 22 (Anf. u. Br.)
V_{Qtk} s. Tab. 19 (Zentrifug.)
V_{Qsk} s. Tab. 21 (Seitenstoß)
V_{Qfk} s. Tab. 24 (Dienstweg)
$V_{Q\Delta Tk}$ s. Tab. 25 (Temp.)
V_{Qwk} s. Tab. 26 (Wind)
V_{Eqk} s. Tab. 27 (Erddruck)

Das minimale Torsionsmoment ergibt sich in der Lastgruppe 12 für das abgeminderte Lastmodell 71. Es ist nicht zugehörig zur maximalen Querkraft, wird hier aber auf der sicheren Seite liegend gleichzeitig wirkend angesetzt.

Es ermittelt sich wie folgt:

$$T_{Ed,min} = \gamma_G \cdot (T_{Gk1} + T_{Gk2} + T_{Gk3}) + \gamma_P \cdot T_{cp,0} \cdot (1 - \delta) + \gamma_{Q1} \cdot (1{,}0 \cdot T_{Qvk} + 0{,}5 \cdot T_{Qlk} + 1{,}0 \cdot T_{Qtk} + 1{,}0 \cdot T_{Qsk}) + \gamma_Q \cdot (\Psi_{0,Qfk} \cdot T_{Qfk} + 0{,}6 \cdot \Psi_{0,Q\Delta Tk} \cdot T_{Q\Delta Tk} + \Psi_{0,Qwk} \cdot T_{Qwk} + \Psi_{0,Eqk} \cdot T_{Eqk})$$

γ – Teilsicherheitsbeiwerte (siehe Tab. 7)
Ψ – Kombinationsbeiwerte (siehe Tab. 6)

$$T_{Ed,min} = 1{,}35 \cdot (0 + 0 + 0) + 1 \cdot 0 \cdot (1 - 0{,}137) + 1{,}45 \cdot (1 \cdot 13 + 0{,}5 \cdot 0 + 1 \cdot (-242) + 1 \cdot (-147)) + 1{,}5 \cdot (0{,}8 \cdot (-212) + 0{,}8 \cdot 0 + 0{,}75 \cdot (-186) + 0{,}8 \cdot 0)$$

$$T_{Ed,min} = -1.008{,}9 \text{ kNm} = -1{,}009 \text{ MNm}$$

$$T_{Ed} = |T_{Ed,min}| = 1009 \text{ kNm}$$

T_{Gki}, s. Tab. 9 (ständ. EW)
$T_{cp,0}$, s. Tab. 10 (Vorsp.)
T_{Qvk}, s. Tab. 12 (LM 71)
T_{Qlk}, s. Tab. 22 (Anf. u. Br.)
T_{Qtk}, s. Tab. 18 (Zentrifug.)
T_{Qsk}, s. Tab. 21 (Seitenstoß)
T_{Qfk}, s. Tab. 24 (Dienstweg)
$T_{Q\Delta Tk}$, s. Tab. 25 (Temp.)
T_{Qwk}, s. Tab. 26 (Wind)
T_{Eqk}, s. Tab. 27 (Erddruck)

Für einen näherungsweise rechteckigen Vollquerschnitt ist außer der Mindestbewehrung keine Schub- und Torsionsbewehrung erforderlich, wenn die folgenden Bedingungen eingehalten sind:

EC2-2 NCI zu 6.3.2 (5) Gl. (NA.6.31.1) und Gl. (NA.6.31.2)

1. Bedingung: $T_{Ed} \leq V_{Ed} \cdot b_w / 4{,}5$

2. Bedingung: $V_{Ed} \cdot [1 + (4{,}5 \cdot T_{Ed}) / (V_{Ed} \cdot b_w)] \leq V_{Rd,c}$

b_w – Querschnittsbreite
b_w = 4,42 m
$V_{Rd,c}$ Bemessungswert der aufnehmbaren Querkraft eines Bauteils ohne Schubbewehrung

Der Bemessungswert der Querkrafttragfähigkeit $V_{Rd,c}$ ergibt sich zu:

$$V_{Rd,c} = [C_{Rd,c} \cdot k \cdot (100 \cdot \rho_l \cdot f_{ck})^{1/3} + k_1 \cdot \sigma_{cp}] \cdot b_w \cdot d$$

EC2-1 6.2.2 Gl. (6.2.a)

mit:

$C_{Rd,c} = 0{,}15 / \gamma_c$
$d = 1{,}18$ m
$f_{ck} = 40$ MN/m²
$k = 1 + (200 / d)^{1/2} \leq 2{,}0$
$\quad = 1{,}41 \leq 2{,}0$
$k_1 = 0{,}12$

$A_{sl} = 64{,}32$ cm²
$b_w = 4{,}42$ m
$\rho_l = A_{sl} / (b_w \cdot d) \leq 0{,}02$
$\quad = 0{,}0012 \leq 0{,}02$

$N_{Ed} = -35{,}43$ MN
$A_c = 6{,}392$ m²
$\sigma_{cp} = N_{Ed} / A_c < 0{,}2 \cdot f_{cd}$
$\quad = 5{,}54 \text{ MN/m}^2 < \underline{4{,}53 \text{ MN/m}^2}$

d = 1,18 m (stat. Höhe der Betonstahlbewehrung)
k Beiwert für den Einfluss der Bauteilhöhe: d in [mm]
A_{sl} Fläche der Zugbewehrung, s. Abschn. 2.4.3
b_w kl. Querschnittsbreite innerhalb der Zugzone
ρ_l Längsbewehrungsgrad
N_{Ed} Längskraft im Querschnitt infolge Last und Vorspannung (siehe Tab. 10, Abschn. 2.3.1.2.2 und Abschn. 2.4.1)
$N_{Ed} = (-18{,}58 - 22{,}46) \cdot (1 - 0{,}137) + 0{,}052 = -35{,}43$ MN
σ_{cp} Betonlängsspannung in Höhe des Schwerpunktes (σ_{cp} ist als Betondruckspannung positiv anzusetzen)

$$V_{Rd,c} = [0{,}10 \cdot 1{,}41 \cdot (100 \cdot 1{,}2 \cdot 10^{-3} \cdot 40)^{1/3} + 0{,}12 \cdot 4{,}53] \cdot 4{,}42 \cdot 1{,}18$$

$$V_{Rd,c} = 4{,}069 \text{ MN}$$

Mindestwert der aufnehmbaren Querkraft:

EC2-1 6.2.2 Gl. (6.2.b)

$$V_{Rd,c} = (v_{min} + k_1 \cdot \sigma_{cp}) \cdot b_w \cdot d$$

EC2-2. NDP zu 6.2.2 (101)

mit: $v_{min} = (0{,}0375 / \gamma_C) \cdot k^{3/2} \cdot f_{ck}^{1/2}$ für d > 800 mm

$v_{min} = 0{,}265 \text{ MN/m}^2$

$$V_{Rd,c} = (0{,}265 + 0{,}12 \cdot 4{,}53) \cdot 4{,}42 \cdot 1{,}18$$

$$V_{Rd,c} = \underline{4{,}217 \text{ MN}} \geq 4{,}069 \text{ MN}$$

Daraus folgt:

1. Bedingung:

$T_{Ed} \leq V_{Ed} \cdot b_w / 4{,}5$

$1{,}009 \text{ MNm} < 3{,}087 \cdot 4{,}42 / 4{,}5$

$1{,}009 \text{ MNm} < 3{,}032 \text{ MNm}$

1. Bedingung erfüllt

2. Bedingung:

$V_{Ed} \cdot [1 + (4{,}5 \cdot T_{Ed}) / (V_{Ed} \cdot b_w)] \leq V_{Rd,c}$

$3{,}087 \cdot [1 + (4{,}5 \cdot 1{,}009) / (3{,}087 \cdot 4{,}42)] < 4{,}217 \text{ MN}$

$4{,}114 \text{ MN} < 4{,}217 \text{ MN}$

2. Bedingung erfüllt

Beide Bedingungen sind erfüllt, es ist daher außer der Mindestbewehrung keine Schub- und Torsionsbewehrung statisch erforderlich.

EC2-2 NCI zu 6.3.2 (5)

EC2-2 NCI zu 9.3.2 (2)

Bei Platten ohne rechnerisch erforderliche Querkraftbewehrung ($V_{Ed} \leq V_{Rd,c}$) mit einem Verhältnis b / h ≥ 5 ist keine Mindestschubbewehrung für Querkraft erforderlich. Bauteile mit b / h < 4 sind als Balken nach EC 2-2/ NA, Kap. NCI zu 9.3.2 zu behandeln.

Im Bereich 5 ≥ b / h ≥ 4 ist eine Mindestbewehrung erforderlich, die bei Platten ohne rechnerisch erforderliche Querkraftbewehrung zwischen dem nullfachen und dem einfachen Wert, bei Platten mit rechnerisch erforderlicher Querkraftbewehrung ($V_{Ed} > V_{Rd,c}$) zwischen dem 0,6-fachen und dem einfachen Wert der Mindestschubbewehrung nach EC 2-2 NCI zu 9.3.2 interpoliert werden darf.

Dieser Überbau ist als Balken zu behandeln. Es ist eine Mindestschubbewehrung erforderlich.

$b / h = 4{,}42 / 1{,}25$
$b / h = 3{,}536$
$b / h < 4$

Die Mindestschubbewehrung $a_{sw,min}$ beträgt:

$$a_{sw,min} = \rho_{w,min} \cdot b_w$$
$$0{,}00112 \cdot 4{,}42 \cdot 10^4$$
$$a_{sw,min} = 49{,}5 \text{ cm}^2/\text{m}$$

EC2-1 9.2.2 (5) Gl. (9.4)
$\rho_{w,min}$ Mindestbewehrungsgrad nach EC2-2 NDP zu 9.2.2 (5) Gl. (9.5aDE) für C40/50

Anmerkung:

Nach der alten Regelung in DIN 4227 wurden bis 2003 solche typischen Spannbetonquerschnitte als sogenannte „breite Balken“ bezeichnet, die für die Schnittgrößenermittlung als Balken und für die konstruktive Durchbildung als Platten behandelt wurden.

Auf eine Mindestschubbewehrung wurde deshalb im Allgemeinen bei diesen Tragwerken verzichtet.

Anmerkung:

Mit der 2. Bedingung wurde nachgewiesen, dass die vom Beton ohne Schubbewehrung aufnehmbare Querkraft $V_{Rd,c}$ größer als die kombinierte Querkraftbeanspruchung in Höhe von 4,07 MN ist.

Dieser Nachweis bezieht sich auf die Tragfähigkeit der Pfosten im Fachwerkmodell für den Lastabtrag der Querkraft.

Im Allgemeinen ist zusätzlich der **Tragfähigkeitsnachweis der Druckstrebe** zu führen, der allerdings nur bei stark gegliederten Querschnitten mit kleiner Druckstrebenbreite (z. B. Hohlkästen) maßgebend werden kann. Im Folgenden wird der Nachweis exemplarisch geführt.

a) Ermittlung der Druckstrebenneigung

Für die Druckstrebenneigung ist folgende Bedingungen einzuhalten:

$$1{,}0 \le \cot\theta \le (1{,}2 + 1{,}4 \cdot \sigma_{cp} / f_{cd})/(1 - V_{Rd,cc} / V_{Ed,T+V}) \le 1{,}75$$

EC2-2 NDP zu 6.2.3 (2) Gl. (6.107aDE)

σ_{cp} Betonlängsspannung in Höhe des Schwerpunktes (Druck positiv)

$V_{Ed,T+V}$ ist dabei die kombinierte Schubbeanspruchung aus Querkraft und Torsion:

$$V_{Ed,T+V} = V_{Ed,T} + (V_{Ed} \cdot t_{eff,i}) / b_w$$

EC2-2 NCI zu 6.3.2 (102), Gl. (NA 6.27.1)

$t_{eff,i}$ - eff. Dicke der Wand (siehe EC2-1 Abb.6.11)

Mit der Schubkraft infolge Torsion:

$$V_{Ed,T} = (T_{Ed} \cdot z_i) / (2 \cdot A_k) = (1{,}009 \cdot 1{,}1) / (2 \cdot 4{,}7) = 0{,}118 \text{ MN}$$

EC2-1 6.3.2 Gl. (6.26) + Gl. (6.27)

$t_{eff,i} = 2 \cdot (c_{nom} + d_{sw} + d_{sl}/2) = 2 \cdot (5{,}5 + 1{,}2 + 1{,}6/2)$
$t_{eff,i} = 15{,}0$ cm

$z_i = h - t_{eff,i} = 1{,}25 - 0{,}15$
$z_i = 1{,}10$ m

$A_k = (h - t_{eff,i}) \cdot (b - t_{eff,i}) = (1{,}25 - 0{,}15) \cdot (4{,}42 - 0{,}15)$
$A_k = 4{,}7$ m²

ergibt sich:

$$V_{Ed,T+V} = 0{,}118 + (3{,}087 \cdot 0{,}15) / 4{,}42 = 0{,}223 \text{ MN}$$

$V_{Rd,cc}$ ergibt sich nach folgender Gleichung:

$$V_{Rd,cc} = c \cdot 0{,}48 \cdot f_{ck}^{1/3} \cdot (1 - 1{,}2 \cdot \sigma_{cp} / f_{cd}) \cdot b_w \cdot z$$

EC2-2 NDP zu 6.2.3 (2) Gl. (6.7bDE)

mit:

$c = 0{,}5$
$\sigma_{cp} = N_{Ed} / A_c = 5{,}56 \text{ MN/m}^2$
$f_{cd} = \alpha \cdot f_{ck} / \gamma_C = 22{,}67 \text{ MN/m}^2$
$b_w = t_{eff,i} = 0{,}15$ m
$z = 0{,}9 \cdot d = 1{,}06$ m

σ_{cp} Betonlängsspannung in Höhe des Schwerpunktes (Druck positiv)

Für b_w ist gemäß EC2-2 NCI zu 6.3.2 (102) hier $t_{eff,i}$ einzusetzen.

$$V_{Rd,cc} = 0{,}5 \cdot 0{,}48 \cdot 40^{1/3} \cdot (1 - 1{,}2 \cdot 5{,}56/22{,}67) \cdot 0{,}15 \cdot 1{,}06$$
$$V_{Rd,cc} = 0{,}091 \text{ MN}$$

Der Winkel der Druckstrebenneigung ergibt sich nach EC2-2 NDP zu 6.2.3 (2) Gl. (6.107aDE) wie folgt:

$$1{,}0 \le \cot\theta \le (1{,}2 + 1{,}4 \cdot \sigma_{cp} / f_{cd})/(1 - V_{Rd,cc} / V_{Ed,T+V}) \le 1{,}75$$
$$1{,}0 \le \cot\theta \le (1{,}2 + 1{,}4 \cdot 5{,}56 / 22{,}67)/(1 - 0{,}09 / 0{,}22) \le 1{,}75$$
$$1{,}0 \le \cot\theta \le 2{,}61 \le \underline{1{,}75}$$

Gewählt:

$\theta = 29{,}7°$
$\cot\theta = 1{,}75$
$\tan\theta = 0{,}57$

Die flachste Neigung der Druckstrebe ergibt die kleinste erforderliche Schubbewehrung, allerdings auch die größte Druckstrebenkraft.

b) Nachweis der Druckstrebe infolge Querkraft

Sofern kein genauer Nachweis geführt wird, darf in einem Bauteil die Bemessungsquerkraft V_{Ed} in keinem Querschnitt den Wert $V_{Rd,max}$ überschreiten.

EC2-1 6.2.1(1) P
$V_{Rd,max}$ - höchster Bemessungswert der Querkraft, die ohne Versagen des Balkenstegs aufgenommen werden kann

Enthält der Steg verpresste Metallhüllrohre mit einem Durchmesser von $\sum Ø_H > b_w / 8$, ist in der Regel der Querkraftwiderstand $V_{Rd,max}$ auf Grundlage einer rechnerischen Stegbreite zu bestimmen. Dabei ist $Ø_H$ der Außendurchmesser des Hüllrohres und $\sum Ø_H$ wird für die ungünstigste Lage bestimmt.

EC2-1 6.2.3 (6)

$$\sum Ø_H = n \cdot Ø_a > b_w / 8$$
$$6 \cdot 9{,}7 \text{ cm} > 442 / 8$$
$$58{,}2 \text{ cm} > 55{,}2 \text{ cm}$$

siehe Abschn. 1.2.4
$Ø_a = 9{,}7$ cm
$n = 6$
$b_w = 4{,}42$ m

Die Druckstrebentragfähigkeit ist deshalb mit einer reduzierten Stegbreite zu berechnen.

Im Allgemeinen ist für den Fall $V_{Ed} > V_{Rd,c}$ der Nachweis der Druckstrebe mit dem „Verfahren mit veränderlicher Druckstrebenneigung“ zu führen. Obwohl in diesem Beispiel $V_{Ed} < V_{Rd,c}$ ist, wird dieser Nachweis beispielhaft geführt.

$$b_{w,nom} = b_w - 0{,}5 \cdot \Sigma Ø_H$$
$$4{,}42 - 0{,}5 \cdot 0{,}582$$
$$b_{w,nom} = 4{,}129 \text{ m}$$

EC2-1 6.2.3 (6) Gl. (6.16)

$b_{w,nom}$ – reduzierte Querschnittsbreite
d – statische Höhe

$$V_{Rd,max} = \alpha_{cw} \cdot b_{w,nom} \cdot v_1 \cdot z \cdot f_{cd} / (\cot \theta + \tan \theta)$$

EC2-2 6.2.3 (103) Gl. (6.9)

mit:
$b_{w,nom} = 4{,}129$ m
$v_1 = 0{,}75$
$z = 1{,}06$ m
$\alpha_{cw} = 1{,}0$
$f_{cd} = \alpha \cdot f_{ck} / \gamma_C = 22{,}67$ MN/m²

$\cot \theta = 1{,}75$; $\tan \theta = 0{,}57$

EC2-2 NDP zu 6.2.3 (103)
$\alpha_{cw} = 1{,}00$
$v_1 = 0{,}75$

f_{cd} – Bemessungswert der Betondruckfestigkeit

gew. Druckstrebenneigung: $\theta = 29{,}7°$

$$V_{Rd,max} = 1{,}0 \cdot 4{,}13 \cdot 0{,}75 \cdot 1{,}06 \cdot 22{,}67 / (1{,}75 + 0{,}57)$$
$$V_{Rd,max} = 32{,}083 \text{ MN}$$

$$V_{Rd,max} > V_{Ed}$$

$V_{Ed} = 3{,}087$ MN

Somit ist eine ausreichende Tragfähigkeit der Druckstrebe für Querkraft nachgewiesen.

c) Nachweis der Druckstrebe infolge Torsion

EC2-2 6.3

Der Bemessungswert des Torsionsmoments T_{Ed} darf den Bemessungswert des durch die Betondruckstreben aufnehmbaren Torsionsmoments $T_{Rd,max}$ nicht überschreiten.

$$T_{Rd,max} = 2 \cdot \nu \cdot \alpha_{cw} \cdot f_{cd} \cdot A_k \cdot t_{eff} \cdot \sin\theta \cdot \cos\theta$$

EC2-2 NCI zu 6.3.2 (104) Gl. (6.30)

mit:
$\alpha_{cw} = 1{,}0$
$f_{cd} = 22{,}67\ MN/m^2$
$t_{eff} = 0{,}15\ m$
$A_k = 4{,}7\ m^2$
$\nu = 0{,}525$ (für Torsion allgemein)

EC2-2 NDP zu 6.2.3 (103) $\alpha_{cw} = 1{,}00$

$t_{eff;i}$ Ersatzwanddicke
A_k Kernquerschnittsfläche (siehe 2.4.2.1a) – Ermittlung der Druckstrebenneigung)

Der Nachweis ist mit dem gleichen Winkel θ wie beim Nachweis für Querkraft zu führen.

EC2-2 NCI zu 6.3.2 (102)

$\theta = 29{,}7°$
$\sin\theta = 0{,}495$
$\cos\theta = 0{,}869$

$$T_{Rd,max} = 2 \cdot 0{,}525 \cdot 1{,}0 \cdot 22{,}67 \cdot 4{,}7 \cdot 0{,}15 \cdot 0{,}495 \cdot 0{,}869$$
$$T_{Rd,max} = 7{,}219\ MNm$$

$$T_{Rd,max} > T_{Ed}$$

$T_{Ed} = 1{,}009\ MNm$

Damit ist die Betondruckstrebe nachgewiesen.

d) Nachweis der Betondruckstrebe unter kombinierter Beanspruchung

EC2-2 NCI zu 6.3.2 (103)

Bei kombinierter Wirkung von Querkraft und Torsion gilt für Vollquerschnitte folgende quadratische Interaktion:

$$(T_{Ed} / T_{Rd,max})^2 + (V_{Ed} / V_{Rd,max})^2 \leq 1$$

EC2-2 NCI zu 6.3.2 (104) Gl. (NA.6.29.1)

mit:
$T_{Ed} = 1{,}009\ MNm$
$T_{Rd,max} = 7{,}219\ MNm$

$V_{Ed} = 3{,}087\ MN$
$V_{Rd,max} = 32{,}083\ MN$

$$(1{,}009 / 7{,}219)^2 + (3{,}087 / 32{,}083)^2 \leq 1$$
$$0{,}03 \leq 1$$

Das aufzunehmende Torsionsmoment T_{Ed} und die aufzunehmende Querkraft V_{Ed} erfüllen somit die Interaktionsbedingung.

2.4.2.2 Außergewöhnliche Bemessungssituation

Die Nachweise für Querkraft und Torsion im Grenzzustand der Tragfähigkeit wird für die außergewöhnliche Bemessungssituation zum Zeitpunkt t = ∞ geführt. Maßgebend für die Bemessung ist der ungünstigste Schnitt am Auflagerrand (x = 0,20 m).

Im Weiteren bleibt der Einfluss der Horizontalbeanspruchung aufgrund der geringen Auswirkungen auf die Tragfähigkeit unberücksichtigt.

Die Schnittgrößen in der außergewöhnlichen Bemessungssituation ergeben sich allgemein aus folgender Einwirkungskombination:

$$E_{d,A} = \Sigma\gamma_{g,j} \cdot G_{k,j} \text{ “+” } \gamma_P \cdot P_k \text{ “+” } A_d \text{ “+” } \Psi_{1,1} \cdot Q_{k1} \text{ “+” } \Sigma\Psi_{2,I} \cdot Q_{ki}$$

EC0 NCI zu 6.4.3.3 (2)
Gl. (6.11c)

Die maßgebende Bemessungsquerkraft erhält man für das Entgleisungslastmodell I wie folgt:

$$V_{Ed} = \gamma_G \cdot (V_{Gk1} + V_{Gk2} + V_{Gk3}) + \gamma_P \cdot V_{cpk,0} \cdot (1 - \delta) + V_{A1d}$$

$$V_{Ed} = 1{,}0 \cdot (1566 + 684 + 332) + 1{,}0 \cdot (-2350 - 680) \cdot (1 - 0{,}137) + 1664$$

$$V_{Ed} = 1.631{,}1 \text{ kN} = 1{,}631 \text{ MN}$$

EC 0 A2.3.2 Tab. A2.5
$\gamma_{GA} = 1{,}0$
$\gamma_{QA} = 1{,}0$

$\delta = 0{,}137$
(siehe Abs. 2.3.1.2.2)

V_{Gki} siehe Tab. 9
$V_{cpk,0}$ siehe Tab. 10
V_{A1d} siehe Tab. 28

Das zugehörige Torsionsmoment ergibt sich wie folgt:

$$T_{Ed} = \gamma_G \cdot (T_{Gk1} + T_{Gk2} + T_{Gk3}) + \gamma_P \cdot T_{cp,0} \cdot (1 - \delta) + T_{A1d}$$

$$T_{Ed} = 1{,}0 \cdot (0 + 0 + 0) + 1{,}0 \cdot (0) \cdot (1 - 0{,}137) + 2330$$

$$T_{Ed} = 2.330 \text{ kNm} = 2{,}330 \text{ MNm}$$

T_{A1d}, siehe Tab. 28

Für einen näherungsweise rechteckigen Vollquerschnitt ist außer der Mindestbewehrung keine Schub- und Torsionsbewehrung erforderlich, wenn die folgenden Bedingungen eingehalten sind:

EC2-2 NCI zu 6.3.2 (5)
Gl. (NA.6.31.1) und
Gl. (NA.6.31.2)

1. Bedingung: $T_{Ed} \leq V_{Ed} \cdot b_w / 4{,}5$

2. Bedingung: $V_{Ed} \cdot [1 + (4{,}5 \cdot T_{Ed}) / (V_{Ed} \cdot b_w)] \leq V_{Rd,c}$

b_w Querschnittsbreite
b_w = 4,42 m

$V_{Rd,c}$ Bemessungswert der aufnehmbaren Querkraft eines Bauteils ohne Schubbewehrung

Der Bemessungswert der Querkrafttragfähigkeit $V_{Rd,c}$ ergibt sich zu:

$$V_{Rd,c} = [C_{Rd,c} \cdot k \cdot (100 \cdot \rho_l \cdot f_{ck})^{1/3} + k_1 \cdot \sigma_{cp}] \cdot b_w \cdot d$$

EC2-1 6.2.2 Gl. (6.2.a)

mit:

$C_{Rd,c} = 0{,}15 / \gamma_C$

$d = 1{,}18\ m$

$f_{ck} = 40\ MN/m^2$

$k = 1 + (200 / d)^{1/2} \leq 2{,}0$

$= 1{,}41 \leq 2{,}0$

$k_1 = 0{,}12$

$A_{sl} = 64{,}32\ cm^2$

$b_w = 4{,}42\ m$

$\rho_l = A_{sl} / (b_w \cdot d) \leq 0{,}02$

$= 0{,}0012 \leq 0{,}02$

$N_{Ed} = -35{,}49\ MN$

$A_c = 6{,}392\ m^2$

$\sigma_{cp} = N_{Ed} / A_c < 0{,}2 \cdot f_{cd}$

$= 5{,}56\ MN/m^2 < 0{,}2 \cdot 0{,}85 \cdot 40 / 1{,}3 = \underline{5{,}23\ MN/m^2}$

d = 1,18 m (stat. Höhe der Betonstahlbewehrung)
k Beiwert für den Einfluss der Bauteilhöhe: d in [mm]

A_{sl} Fläche der Zugbewehrung, s. Abschn. 2.4.3

b_w kl. Querschnittsbreite innerhalb der Zugzone

ρ_l Längsbewehrungsgrad

σ_{cp} Betonlängsspannung in Höhe des Schwerpunktes (σ_{cp} ist als Betondruckspannung positiv anzusetzen)

$\gamma_{c,A} = 1{,}3$

$$V_{Rd,c} = [0{,}12 \cdot 1{,}41 \cdot (100 \cdot 1{,}2 \cdot 10^{-3} \cdot 40)^{1/3} + 0{,}12 \cdot 5{,}23] \cdot 4{,}42 \cdot 1{,}18$$

$$V_{Rd,c} = 4{,}692\ MN$$

Mindestwert der aufnehmbaren Querkraft:

$$V_{Rd,c} = (v_{min} + k_1 \cdot \sigma_{cp}) \cdot b_w \cdot d$$

EC2-1 6.2.2 Gl. (6.2b)

mit: $v_{min} = (0{,}0375 / \gamma_c) \cdot k^{3/2} \cdot f_{ck}^{1/2}$ für d > 800 mm

$v_{min} = 0{,}305\ MN/m^2$

EC2-2. NDP zu 6.2.2 (101)

$$V_{Rd,c} = (0{,}305 + 0{,}12 \cdot 5{,}23) \cdot 4{,}42 \cdot 1{,}18$$

$$V_{Rd,c} = \underline{4{,}866\ MN} \geq 4{,}069\ MN$$

Daraus folgt:

1. Bedingung:

$T_{Ed} \leq V_{Ed} \cdot b_w / 4{,}5$

$2{,}330\ MNm > 1{,}631 \cdot 4{,}42 / 4{,}5$

$2{,}330\ MNm > 1{,}602\ MNm$

1. Bedingung nicht erfüllt

2. Bedingung:

$$V_{Ed} \cdot [1 + (4{,}5 \cdot T_{Ed}) / (V_{Ed} \cdot b_w)] \leq V_{Rd,c}$$
$$1{,}631 \cdot [1 + (4{,}5 \cdot 2{,}330) / (1{,}631 \cdot 4{,}42)] < 4{,}866 \text{ MN}$$
$$4{,}000 \text{ MN} < 4{,}866 \text{ MN}$$

2. Bedingung erfüllt

Bedingung 1 ist nicht erfüllt, es ist daher außer der Mindestbewehrung Schub- und Torsionsbewehrung statisch erforderlich.

EC2-2 NCI zu 6.3.2 (5)

a) Ermittlung der Druckstrebenneigung

Für die Druckstrebenneigung ist folgende Bedingung einzuhalten:

$$1{,}0 \leq \cot\theta \leq (1{,}2 + 1{,}4 \cdot \sigma_{cp} / f_{cd}) / (1 - V_{Rd,cc} / V_{Ed,T+V}) \leq 1{,}75$$

EC2-2 NDP zu 6.2.3 (2) Gl. (6.107aDE)

$V_{Ed,T+V}$ ist dabei die kombinierte Schubbeanspruchung aus Querkraft und Torsion:

σ_{cp} – Betonlängsspannung in Höhe des Schwerpunktes (Druck positiv)

$$V_{Ed,T+V} = V_{Ed,T} + (V_{Ed} \cdot t_{eff,i}) / b_w$$

EC2-2 NCI zu 6.3.2 (102), Gl. (NA 6.27.1)

Mit der Schubkraft infolge Torsion:

$t_{eff,i}$ = 15,0 cm

$$V_{Ed,T} = (T_{Ed} \cdot z_i) / (2 \cdot A_k) = (2{,}33 \cdot 1{,}1) / (2 \cdot 4{,}7) = 0{,}273 \text{ MN}$$

EC2-1 6.3.2 Gl. (6.26) + Gl. (6.27)

$z_i = h - t_{eff,i} = 1{,}25 - 0{,}15$
$z_i = 1{,}10$ m

$A_k = (h - t_{eff,i}) \cdot (b - t_{eff,i}) = (1{,}25 - 0{,}15) \cdot (4{,}42 - 0{,}15)$
$A_k = 4{,}7$ m²

ergibt sich:

$$V_{Ed,T+V} = 0{,}273 + (1{,}631 \cdot 0{,}15) / 4{,}42 = 0{,}328 \text{ MN}$$

$V_{Rd,cc}$ ergibt sich nach folgender Gleichung:

$$V_{Rd,cc} = c \cdot 0{,}48 \cdot f_{ck}^{1/3} \cdot (1 - 1{,}2 \cdot \sigma_{cp} / f_{cd}) \cdot b_w \cdot z$$

mit:
$c = 0{,}5$
$\sigma_{cp} = N_{Ed} / A_c = +5{,}56$ MN/m²
$f_{cd} = \alpha \cdot f_{ck} / \gamma_c = 26{,}16$ MN/m²
$b_w = t_{eff,i} = 0{,}15$ m
$z = 0{,}9 \cdot d = 1{,}06$ m

EC2-2 NDP zu 6.2.3 (2) Gl. (6.7bDE)

σ_{cp} – Betonlängsspannung in Höhe des Schwerpunktes (Druck positiv)

Für b_w ist gemäß EC2-2 NCI zu 6.3.2 (102) hier $t_{eff,i}$ einzusetzen.

$V_{Rd,cc} = 0{,}5 \cdot 0{,}48 \cdot 40^{1/3} \cdot (1 - 1{,}2 \cdot 5{,}56 / 26{,}16) \cdot 0{,}15 \cdot 1{,}06$
$V_{Rd,cc} = 0{,}096$ MN

Der Winkel der Druckstrebenneigung ergibt sich nach EC2-2 NDP zu 6.2.3 (2) Gl. (6.107aDE) wie folgt:

$$1{,}0 \le \cot\theta \le (1{,}2 + 1{,}4 \cdot \sigma_{cp} / f_{cd}) / (1 - V_{Rd,cc} / V_{Ed,T+V}) \le 1{,}75$$
$$1{,}0 \le \cot\theta \le (1{,}2 + 1{,}4 \cdot 5{,}56 / 26{,}16) / (1 - 0{,}10 / 0{,}33) \le 1{,}75$$
$$1{,}0 \le \cot\theta \le 2{,}12 \le \underline{1{,}75}$$

Gewählt: $\theta = 29{,}7°$
$\cot\theta = 1{,}75$
$\tan\theta = 0{,}57$

Die flachste Neigung der Druckstrebe ergibt die kleinste erforderliche Schubbewehrung, allerdings auch die größte Druckstrebenkraft.

b) Nachweis der Zugstrebe infolge Querkraft

Wie oben gezeigt, ist mit $V_{Rd,c} = 4{,}866$ MN > $V_{Ed} = 1{,}631$ MN die vom Querschnitt ohne Schubbewehrung aufnehmbare Querkraft $V_{Rd,c}$ zwar größer als die einwirkende Querkraft V_{Ed}. Aufgrund der zusätzlichen Beanspruchung durch das einwirkende Torsionsmoment T_{Ed} ist jedoch eine Schubbewehrung erforderlich (siehe Bedingung 1).

Die einwirkende Querkraft wird voll mit Schubbewehrung abgedeckt. Dabei wird das Verfahren mit veränderlicher Druckstrebenneigung angewendet.

Die erforderliche Schubbewehrung $a_{sw} = A_{sw} / s$ ergibt sich aus folgender Beziehung:

$$V_{Rd,s} = a_{sw} \cdot z \cdot f_{ywd} \cdot \cot\theta \ge V_{Ed}$$

EC2-2 6.2.3 (103) Gl. (6.8)

mit: $V_{Ed} = 1{,}631$ MN
$d = 1{,}18$ m
$b_w = 4{,}42$ m
$f_{ywd} = 500 / 1{,}0 = 500$ MN/m²

$\gamma_{s,A} = 1{,}0$

$z = 0{,}9 \cdot d$

$$a_{sw,req} = V_{Ed} / (0{,}9 \cdot d \cdot f_{ywd} \cdot \cot\theta)$$
$$1{,}631 / (0{,}9 \cdot 1{,}18 \cdot 500 \cdot 1{,}75) \cdot 10^4$$
$$a_{sw,req} = 17{,}55 \text{ cm}^2/\text{m}$$

Gl. (6.8) nach a_{sw} umgestellt

siehe Abschnitt 2.4.2.1

Die Mindestschubbewehrung $a_{sw,min}$ mit 49,5 cm²/m ist maßgebend.

c) Nachweis der Druckstrebe infolge Querkraft

Sofern kein genauer Nachweis geführt wird, darf in einem Bauteil die Bemessungsquerkraft V_{Ed} in keinem Querschnitt den Wert $V_{Rd,max}$ überschreiten.

EC2-1 6.2.1 (1)P
$V_{Rd,max}$ – höchster Bemessungswert der Querkraft, die ohne Versagen des Balkenstegs aufgenommen werden kann

Enthält der Steg verpresste Metallhüllrohre mit einem Durchmesser von $\sum Ø_H > b_w / 8$, ist in der Regel der Querkraftwiderstand $V_{Rd,max}$ auf Grundlage einer rechnerischen Stegbreite zu bestimmen. Dabei ist $Ø_H$ der Außendurchmesser des Hüllrohres und $\sum Ø_H$ wird für die ungünstigste Lage bestimmt.

EC2-1 6.2.3 (6)

$$\sum Ø_H = n \cdot Ø_a > b_w / 8$$
$$6 \cdot 9{,}7 \text{ cm} > 442 / 8$$
$$58{,}2 \text{ cm} > 55{,}2 \text{ cm}$$

siehe Abschn. 1.2.4
$Ø_a = 9{,}7$ cm
$n = 6$
$b_w = 4{,}42$ m

Die Druckstrebentragfähigkeit ist deshalb mit einer reduzierten Stegbreite zu berechnen.

Im Allgemeinen ist für den Fall $V_{Ed} > V_{Rd,c}$ der Nachweis der Druckstrebe mit dem „Verfahren mit veränderlicher Druckstrebenneigung" zu führen. Obwohl in diesem Beispiel $V_{Ed} < V_{Rd,c}$ ist, wird dieser Nachweis beispielhaft geführt.

$$b_{w,nom} = b_w - 0{,}5 \cdot \Sigma Ø_H$$
$$4{,}42 - 0{,}5 \cdot 0{,}582$$
$$b_{w,nom} = 4{,}129 \text{ m}$$

EC2-1 6.2.3 (6) Gl. (6.16)

$b_{w,nom}$ – reduzierte Querschnittsbreite
d – statische Höhe

$$V_{Rd,max} = \alpha_{cw} \cdot b_{w,nom} \cdot v_1 \cdot z \cdot f_{cd} / (\cot\theta + \tan\theta)$$

EC2-2 6.2.3 (103) Gl. (6.9)

mit:
$b_{w,nom} = 4{,}129$ m
$v_1 = 0{,}75$
$z = 1{,}06$ m
$\alpha_{cw} = 1{,}0$
$f_{cd} = \alpha \cdot f_{ck} / \gamma_C = 26{,}16 \text{ MN/m}^2$

$\cot\theta = 1{,}75$; $\tan\theta = 0{,}57$

EC2-2 NDP zu 6.2.3 (103)
$\alpha_{cw} = 1{,}00$
$v_1 = 0{,}75$

f_{cd} – Bemessungswert der Betondruckfestigkeit

gew. Druckstrebenneigung:
$\theta = 29{,}7°$

$$V_{Rd,max} = 1{,}0 \cdot 4{,}13 \cdot 0{,}75 \cdot 1{,}06 \cdot 26{,}16 / (1{,}75 + 0{,}57)$$
$$V_{Rd,max} = 37{,}023 \text{ MN}$$

$$V_{Rd,max} > V_{Ed}$$

$V_{Ed} = 1{,}631$ MN

Somit ist eine ausreichende Tragfähigkeit der Druckstrebe für Querkraft nachgewiesen.

d) Nachweis der Druckstrebe infolge Torsion

EC2-2 6.3

Der Bemessungswert des Torsionsmoments T_{Ed} darf den Bemessungswert des durch die Betondruckstreben aufnehmbaren Torsionsmoments $T_{Rd,max}$ nicht überschreiten.

$$T_{Rd,max} = 2 \cdot \nu \cdot \alpha_{cw} \cdot f_{cd} \cdot A_k \cdot t_{eff} \cdot \sin\theta \cdot \cos\theta$$

EC2-2 NCI zu 6.3.2 (104), Gl. (6.30)

mit:
$\alpha_{cw} = 1{,}0$
$f_{cd} = 26{,}16\ MN/m^2$
$t_{eff} = 0{,}15\ m$
$A_k = 4{,}7\ m^2$
$\nu = 0{,}525$ (für Torsion allgemein)

EC2-2 NDP zu 6.2.3 (103) $\alpha_{cw} = 1{,}00$

$t_{eff;i}$ – Ersatzwanddicke
A_k – Kernquerschnittsfläche (siehe 2.4.2.1a – Ermittlung der Druckstrebenneigung)

Der Nachweis ist mit dem gleichen Winkel θ wie beim Nachweis für Querkraft zu führen.

EC2-2 NCI zu 6.3.2 (102)

$$T_{Rd,max} = 2 \cdot 0{,}525 \cdot 1{,}0 \cdot 26{,}16 \cdot 4{,}7 \cdot 0{,}15 \cdot 0{,}495 \cdot 0{,}869$$
$$T_{Rd,max} = 8{,}330\ MNm$$

$\theta = 29{,}7°$
$\sin\theta = 0{,}495$
$\cos\theta = 0{,}869$

$$T_{Rd,max} > T_{Ed}$$

$T_{Ed} = 2{,}333\ MNm$

Damit ist die Betondruckstrebe nachgewiesen.

e) Nachweis der Torsionsbügelbewehrung

Die erforderliche Schubbewehrung a_{sw} zur Aufnahme des Torsionsmoments ergibt sich nach Umstellung der Gl. (NA.6.28.1) wie folgt:

EC2-2 NCI zu 6.3.2 (103) Gl. (NA.6.28.1) nach a_{sw} umgestellt

$$a_{sw} = T_{Ed} \cdot \tan\theta / (2 \cdot A_k \cdot f_{yd})$$

mit: $T_{Ed} = 2{,}33\ MNm$

$\gamma_{s,A} = 1{,}0$
$f_{yk} = 500\ MN/m^2$
$\theta = 29{,}7°;\ \tan\theta = 0{,}57$
$A_k = 4{,}7\ m^2$

$$a_{sw} = 2{,}33 \cdot 10^4 \cdot 0{,}57 / (2 \cdot 4{,}7 \cdot 500)$$
$$a_{sw} = 2{,}83\ cm^2/m$$

Die Torsionsbügelbewehrung in Höhe von 2,83 cm²/m ist unter Beachtung der konstruktiven Vorgaben im EC2-1 umlaufend an den Seitenflächen zusätzlich zur Schubbewehrung einzubauen. An der Ober- und Unterseite im Endauflagerbereich ist sie unter Anrechnung der vorhandenen Oberflächenbewehrung nachzuweisen.

EC2-1 9.2.3

f) Nachweis der Torsionslängsbewehrung

Torsionslängsbewehrung ist rechnerisch nur in Bereichen erforderlich, in denen der Querschnitt unter den maßgebenden Einwirkungen in den Zustand II übergeht. Im Bemessungspunkt (x = 0,2 m) ist der Querschnitt aufgrund der Vorspannung vollständig überdrückt.

Die Ermittlung der Torsionslängsbewehrung erfolgt hier nur beispielhaft.

$A_{sl} = T_{Ed} \cdot u_k \cdot \cot\theta / (2 \cdot A_k \cdot f_{yd})$

EC2-2 6.3.2 (103) Gl. (6.28) (nach A_{sl} umgestellt)

mit: $u_k = 2 \cdot (h - t_{eff,i} + b - t_{eff,i})$
$= 2 \cdot (1{,}25 - 0{,}15 + 4{,}42 - 0{,}15)$
$= 10{,}3$ m

$\gamma_{S,A} = 1{,}0$
$f_{yk} = 500$ MN/m²
$\theta = 29{,}7°$; $\cot\theta = 1{,}75$
$A_k = 4{,}7$ m²
$T_{Ed} = 2{,}33$ MNm

$A_{sl} = 2{,}33 \cdot 10{,}3 \cdot 10^4 \cdot 1{,}75 / (2 \cdot 4{,}7 \cdot 500)$
$A_{sl} = 89{,}35$ cm²

Die Längsbewehrung in Höhe von 89,35 cm² wäre dann gleichmäßig über den Umfang u_k zu verteilen. Da der Querschnitt im Auflagerbereich im Zustand I bleibt, ist sie hier jedoch nicht erforderlich.

g) Nachweis der Betondruckstrebe unter kombinierter Beanspruchung

Bei kombinierter Wirkung von Querkraft und Torsion gilt für Vollquerschnitte folgende quadratische Interaktion:

$(T_{Ed} / T_{Rd,max})^2 + (V_{Ed} / V_{Rd,max})^2 \leq 1$

EC2-2 NCI zu 6.3.2 (104) Gl. (NA.6.29.1)

mit: $T_{Ed} = 2{,}333$ MNm
$T_{Rd,max} = 8{,}330$ MNm

$V_{Ed} = 1{,}631$ MN
$V_{Rd,max} = 37{,}023$ MN

$(2{,}333 / 8{,}330)^2 + (1{,}631 / 37{,}023)^2 \leq 1$
$0{,}08 \leq 1$

Das aufzunehmende Torsionsmoment T_{Ed} und die aufzunehmende Querkraft V_{Ed} erfüllen somit die Interaktionsbedingung.

2.4.2.3 Schub zwischen Balkensteg und Gurt

EC2-2 6.2.4

Anschluss des Druckgurts im Feldbereich:

Die Schubtragfähigkeit eines Gurts darf unter Annahme eines Systems von Druckstreben und Zuggliedern aus Bewehrung berechnet werden.

EC2-1-1 6.2.4 (1)

Die Längsschubkraft v_{Ed} am Anschluss einer Seite eines Gurts an den Steg wird durch die Längskraftdifferenz im untersuchten Teil des Gurts bestimmt nach:

EC2-2 6.2.4 (103)

$$v_{Ed} = \Delta F_d / (h_f \cdot \Delta x)$$

Dabei ist:

h_f Dicke des Gurts am Anschluss
ΔF_d Längskraftdifferenz im Gurt über die betr. Länge Δx

Der Maximalwert, der für Δx angenommen werden darf, ist der halbe Abstand zwischen Momentennullpunkt und Momentenmaximum. Wirken Einzellasten, hat in der Regel die Länge Δx den Abstand zwischen den Einzellasten nicht zu überschreiten.

EC2-2 6.2.4 (103)

Mit dem Momentennullpunkt bei $x \approx 0$ und dem Momentenhöchstwert bei $x \approx 0{,}5 \cdot L$ ergibt sich für Δx:

$$\Delta x = 0{,}25 \cdot L = 5{,}00 \text{ m}$$

- Bereich $x = 0$ bis $x = 0{,}25 \cdot L$

Ermittlung der Gesamtdruckkraft F_{cd} infolge des Biegemoments M_{Ed} in der ständigen und vorübergehenden Bemessungssituation bei $x = 0{,}25 \cdot L$:

$$M_{Ed} = \gamma_{G,sup} \cdot (M_{Gk1} + M_{Gk2} + M_{Gk3}) + \gamma_P \cdot (1 - \delta) \cdot M_P + \gamma_{Q1} \cdot (1{,}0 \cdot M_{Qvk,\,LM71} + 1{,}0 \cdot M_{Qlk} + 0{,}5 \cdot M_{Qtk} + 0{,}5 \cdot M_{Qsk}) + \gamma_Q \cdot (\Psi_{0,\,Qfk} \cdot M_{Qfk} + 0{,}75 \cdot \Psi_{0,\,Qwk} \cdot M_{Qwk} + \Psi_{0,\,Eqk} \cdot M_{Eqk}) + \gamma_{Q,T} \cdot + \Psi_{0,\,Q\Delta Tk} \cdot M_{Q\Delta Tk}$$

$$M_{Ed} = 1{,}35 \cdot (5921 + 2586 + 1256) + 1{,}0 \cdot (1 - 0{,}137) \cdot (-15735) + 1{,}45 \cdot (1{,}0 \cdot 4194 + 1{,}0 \cdot 13 + 0{,}5 \cdot 0) + 1{,}5 \cdot (0{,}8 \cdot 515 + 0{,}75 \cdot 0 + 0{,}8 \cdot 33) + 1{,}35 \cdot 0{,}8 \cdot 35$$
$$= 6346 \text{ kNm} = 6{,}346 \text{ MNm}$$

Lastgruppe 11: LM 71 fahrend als dominante Komponente
γ – Teilsicherheitsbeiwerte siehe Tab. 5
Ψ – Kombinationsbeiwerte siehe Tab. 4
M_{Gkj} s. Tab. 9 (ständ. EW)
M_P s. Tab. 10 (Vorsp.)
M_{Qvk} s. Tab. 11 (LM71)
M_{Qlk} s. Tab. 22 (Anf. u. Br.)
M_{Qtk} s. Tab. 17 (Fliehkraft)
M_{Qsk} s. Tab. 21 (Seitenstoß)
M_{Qfk} s. Tab. 24 (Dienstweg)
$M_{Q\Delta Tk}$ s. Tab. 25 (Temp.)
M_{Qwk} s. Tab. 26 (Wind)
M_{Eqk} s. Tab. 27 (Erddruck)

Der Nachweis der Einleitung der Vorspannnormalkräfte erfolgt separat im Kapitel 2.4.3.4. Die zugehörige Bemessungsnormalkraft ergibt sich somit zu:

$N_{Ed} \approx 0$ kN

Die auf die Bewehrung bezogenen Schnittgrößen ergeben sich mit:

$M_{Edp} = M_{Ed} - N_{Ed} \cdot z_{s1}$
$= 6{,}346$ MNm

$z_{s1} = 0{,}63$ m

Das bezogene Moment als Eingangswert für das Allgemeine Bemessungsdiagramm ergibt sich zu:

$\mu_{Edp} = M_{Ed} / (b \cdot d^2 \cdot f_{cd})$
$= 6{,}346 / (7{,}32 \cdot 1{,}17^2 \cdot 22{,}7)$
$= 0{,}028$

b – Überbaubreite an der Oberseite (Betondruckzone)
$b = 7{,}32$ m
$d = 1{,}17$ m

Mit dem Allgemeinen Bemessungsdiagramm ermittelte Werte:

$\zeta = z / d = 0{,}981$
$z = \zeta \cdot d = 0{,}981 \cdot 1{,}17 = 1{,}15$ m

$\omega = F_{cd} / (b \cdot d \cdot f_{cd}) = 0{,}029$
$F_{cd} = \omega \cdot b \cdot d \cdot f_{cd} = 5{,}63$ MN

$\xi = x / d = 0{,}053$
$x = \xi \cdot d = 0{,}053 \cdot 1{,}17 = 0{,}06 < 0{,}30 \text{ m} = h_f$

h_f – Gurtdicke am Anschluss
$h_f = 0{,}30$ m

Damit ergibt sich die anzuschließende Längsschubkraft ΔF_d eines Gurts anteilmäßig zu:

$\Delta F_d = F_{cd} \cdot b_1 / b = 5{,}63 \cdot 1{,}45 / 7{,}32 = 1{,}12$ MN

b_1 – Breite seitlicher Plattenbalkengurt (Kragarm)
$b_1 = 1{,}45$ m

Die auf Δx bezogenen Längsschubspannungen ergeben sich zu:

$v_{Ed} = \Delta F_d / (h_f \cdot \Delta x)$
$= 1{,}12 / (0{,}30 \cdot 5{,}00) = 0{,}74 \text{ MN/m}^2$

EC2-2 6.2.4 (103)

Die Tragfähigkeit der Betondruckstrebe im Gurt ist nachzuweisen mit folgender Beziehung:

$v_{Ed} \leq v \cdot f_{cd} / (\sin \theta_f + \cos \theta_f)$ — EC2-1-1 6.2.3 Gl. (6.22)

mit:

$v = v_1 = 0{,}75$ — EC2-2 NDP zu 6.2.4 (4)

$f_{cd} = \alpha_{cc} \cdot f_{ck} / \gamma_C$
$= 0{,}85 \cdot 40 / 1{,}5 = 22{,}7$ MN/m² — f_{ck} = 40 MN/m², α_{cc} = 0,85, γ_c = 1,5

$\cot \theta_f = 1{,}20 \quad \Rightarrow \quad \theta_f = 39{,}7°$ — EC2-2 NDP zu 6.2.4 (4) Druckgurt: $\cot \theta_f = 1{,}20$
$\sin \theta_f = 0{,}64$
$\cos \theta_f = 0{,}77$

$0{,}74$ MN/m² $< 0{,}75 \cdot 22{,}7 / (0{,}64 + 0{,}77) = 12{,}07$ MN/m² — EC2-1-1 6.2.3 Gl. (6.22)

Die erforderliche Querbewehrung ergibt sich aus der Beziehung:

$(A_{sf} \cdot f_{yd} / s_f) \geq v_{Ed} \cdot h_f / \cot \theta$ — EC2-1-1 6.2.3 (21)

mit:

$a_{sf,req} = A_{sf} / s_f$

Daraus ergibt sich:

f_{yd} = 435 MN/m²

$a_{sf,\,req} = v_{Ed} \cdot h_f / (f_{yd} \cdot \cot \theta)$
$= 0{,}74 \cdot 0{,}30 / (435 \cdot 1{,}20) \cdot 10^4 = 4{,}3$ cm²/m

- Bereich $x = 0{,}25 \cdot L$ bis $x = 0{,}5 \cdot L$

Ermittlung der Gesamtdruckkraft F_{cd} infolge des Biegemoments M_{Ed} in der ständigen und vorübergehenden Bemessungssituation bei $x = 0{,}5 \cdot L$:

Siehe Biegebemessung der ständigen und vorübergehenden Bemessungssituationen

$N_{Ed} = 0{,}052$ MN

$M_{Ed} = 28{,}98 - (1 - 0{,}137) \cdot (8{,}99 + 10{,}79) = 11{,}91$ MNm — Vorsp. gem. Tab. 10

Das bezogene Moment ergibt sich zu:

$M_{Eds} = M_{Ed} - N_{Ed} \cdot z_{s1}$
$= 11{,}91 - 0{,}052 \cdot 0{,}63$
$= 11{,}88$ MNm

$z_c = 0{,}69$ m
$z_{s1} = z_c - 0{,}06 = 0{,}63$ m

$\mu_{Eds} = M_{Eds} / (b \cdot d^2 \cdot f_{cd})$
$= 11{,}88 / (7{,}32 \cdot 1{,}17^2 \cdot 22{,}7)$
$= 0{,}053$

Mit dem Allgemeinen Bemessungsdiagramm ermittelte Werte:

$\zeta = z / d = 0{,}970$
$z = \zeta \cdot d = 0{,}970 \cdot 1{,}17 = 1{,}13$ m

$\omega = F_{cd} / (b \cdot d \cdot f_{cd}) = 0{,}055$
$F_{cd} = \omega \cdot b \cdot d \cdot f_{cd} = 10{,}68$ MN

$\xi = x / d = 0{,}079$
$x = \xi \cdot d = 0{,}079 \cdot 1{,}17 = 0{,}09 < 0{,}30 \text{ m} = h_f$

h_f – Gurtdicke am Anschluss
$h_f = 0{,}30$ m

Von der Druckkraft F_{cd} sind bereits 5,63 MN im Bereich $x = 0{,}0 \cdot L$ bis $x = 0{,}25 \cdot L$ eingeleitet worden. Es ist deshalb nur die Einleitung der Differenzdruckkraft nachzuweisen:

$\Delta F_{cd} = 10{,}68 - 5{,}63 = 5{,}05$ MN

Damit ergibt sich die anzuschließende Längsschubkraft ΔF_d eines Gurts anteilmäßig zu:

$\Delta F_d = F_{cd} \cdot b_1 / b = 5{,}05 \cdot 1{,}45 / 7{,}32 = 1{,}00$ MN

b_1 – Breite seitlicher Plattenbalkengurt (Kragarm)
$b_1 = 1{,}45$ m

Die auf Δx bezogenen Längsschubspannungen ergeben sich zu:

$v_{Ed} = \Delta F_d / (h_f \cdot \Delta x)$
$= 1{,}00 / (0{,}30 \cdot 5{,}00) = 0{,}67 \text{ MN/m}^2$

EC2-2 6.2.4 (103)

Die Tragfähigkeit der Betondruckstrebe im Gurt ist nach folgender Beziehung nachzuweisen:

EC2-1-1 6.2.3 Gl. (6.22)

$$v_{Ed} \leq v \cdot f_{cd} / (\sin \theta_f + \cos \theta_f)$$

$$0{,}67 \text{ MN/m}^2 < 12{,}07 \text{ MN/m}^2$$

Die erforderliche Querbewehrung ergibt sich zu:

$$a_{sf,\ req} = v_{Ed} \cdot h_f / (f_{yd} \cdot \cot \theta)$$
$$= 0{,}67 \cdot 0{,}30 / (435 \cdot 1{,}20) \cdot 10^4 = 3{,}85 \text{ cm}^2\text{/m}$$

2.4.3 Nachweis der Krafteinleitung der Spannglieder

EC2-2 8.10.3

2.4.3.1 Nachweis des Verankerungsbereiches

EC2-2 NCI zu 8.10.3 (1)

Die Vorspannkraft wird über die Ankerkörbe in den Beton eingeleitet. Eine Bemessung für diesen Bereich ist nicht erforderlich, da sie im Rahmen des Zulassungsverfahrens experimentell geprüft wurde. Es ist jedoch eine Zusatzbewehrung (Wendel, Bügel) entsprechend den Vorgaben der allgemeinen bauaufsichtlichen Zulassung anzuordnen.

Es ist folgende Zusatzbewehrung erforderlich:

ZuSpV Anhang 11

Wendel
∅S = 16 mm
∅D = 400 mm
G = 50 mm
W = 470 mm
H = 9 Stück

ØS Mindestdrahtdurchmesser
ØD Mindestaußendurchmesser
G Größte Ganghöhe
W Mindestlänge
H Mindestanzahl der Windungen

Zusatzbewehrung, gerippter Bewehrungsstahl, $R_e \geq 500$ N/mm²
∅L = 16 mm
K = 7 Stück
M = 70 mm

ØL Mindeststabdurchmesser
K Mindestanzahl der Lagen
M Größter Abstand

Die im Beton eingeleitete Vorspannkraft ist eine Teilflächenbeanspruchung, welche sich über den Querschnitt hin ausbreitet. Die Lastausbreitung ist nachzuweisen. Hierfür werden zweckmäßig Stabwerksmodelle verwendet.

2.4.3.2 Nachweis der vertikalen Spaltzugkräfte

In der Abbildung 20 ist der Bereich der Spannkrafteinleitung dargestellt. Für die Abschätzung der vertikalen Spaltzugkräfte wird der Ansatz für Spaltzugkräfte bei mehreren Druckkräften, deren Wirkungslinien innerhalb der Spannungsresultierenden liegen, aus Heft 240 verwendet.

Der Winkel der gegen die Schwerachse einwirkenden Vorspannkräfte ist nur gering. Die schräge Angriffsrichtung hat somit kaum Einfluss auf die Größe und Verteilung der Spaltzugkräfte. Sie wird bei der folgenden Nachweisführung vernachlässigt.

Für den Nachweis wird die Anzahl der oberen und unteren Spannglieder als gleich angenommen. Aufgrund der vorhandenen Differenz von einem Spannglied ergibt sich jedoch eine Exzentrizität. Die daraus resultierenden Spaltzugkräfte werden konstruktiv durch die Oberflächenbewehrung abgedeckt.

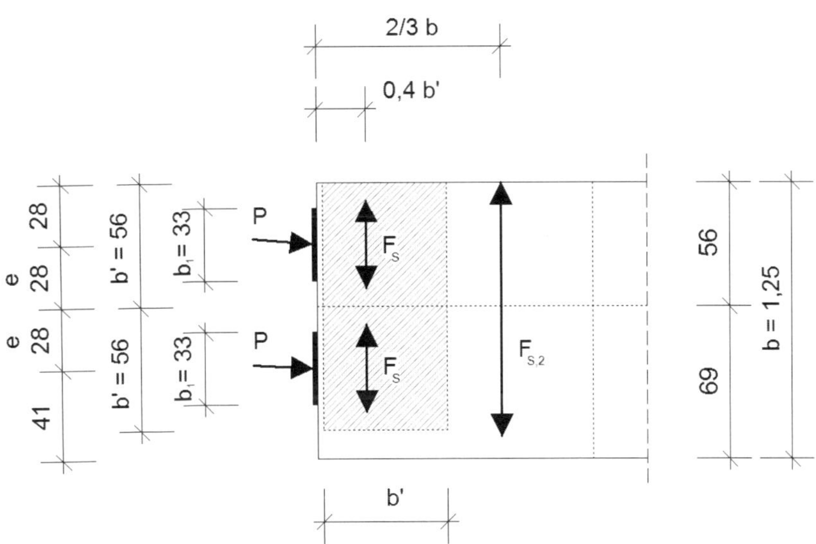

Abbildung 20 Modell für die Ermittlung der vertikalen Spaltzugkräfte

Im Grenzzustand der Tragfähigkeit ist der Bemessungswert der Vorspannkraft $P_d = \gamma_P \cdot P_{m0,max}$ (mit $\gamma_P = 1{,}35$) zugrunde zu legen. Für den Nachweis wird die geringfügig größere Vorspannkraft der zweiten Lage berücksichtigt. Die Bemessungslast ergibt sich zu: EC2-2 NCI zu 8.10.3 (4)

$$P_d = 1{,}35 \cdot A_P \cdot \sigma_{p,max} = 1{,}35 \cdot 28{,}5 \cdot 1411 \cdot 10^{-1} = 5430 \text{ kN}$$

$A_P = 28{,}5$ cm²
$\sigma_{p,max} = 1411$ MN/m²

siehe Abschn. 2.2.1.2

Im Stabwerksmodell ergeben sich folgende Spaltzugkräfte:

$$F_{S,d} = \frac{P_d}{4} \cdot \left(1 - \frac{b_1}{b'}\right) = \frac{5430}{4} \cdot \left(1 - \frac{33}{56}\right) = 557{,}5 \text{ kN}$$

$b_1 = 33$ cm ($D_{Ankerplatte}$)

mit: $b' = 2 \cdot c = 2 \cdot 28 = 56$ cm

bei: $0{,}4 \cdot 56 = 22{,}4$ cm

$$F_{S2,d} = \frac{\sum P_d}{4} \cdot \left(1 - \frac{\sum b'}{b}\right) = \frac{2 \cdot 5430}{4} \cdot \left(1 - \frac{2 \cdot 56}{125}\right) = 282{,}4 \text{ kN}$$

$b = 125$ cm

bei: $2 \cdot 125 / 3 = 83{,}3$ cm

Der Bemessungswert der Stahlspannung der Bewehrung der Zugstreben und der Bewehrung zur Aufnahme der Querzugkräfte in Druckstreben ist bei Betonstahl auf f_{yd} zu begrenzen.

EC2-2 NCI zu 6.5.3 (1)

$f_{yd} = 500 / 1{,}15$
$f_{yd} = 435$ MN/m²

Aus den ermittelten Spaltzugkräften ergeben sich somit folgende Bewehrungsquerschnitte:

$A_S = 557{,}5 / 435 \cdot 10^{-1} = 12{,}8$ cm²

$A_{S2} = 282{,}4 / 435 \cdot 10^{-1} = 6{,}5$ cm²

verteilt auf eine Breite von rund 442 / 6 = 74 cm ergibt sich:

b = 442 cm (Stegbreite)

N = 6 (Anzahl der Spannglieder in Lage 2)

$a_S = 12{,}82 / 0{,}74 = 17{,}3$ cm²/m

$a_{S2} = 6{,}49 / 0{,}74 = 8{,}8$ cm²/m

gewählt:

a_S = Ø14–25 cm (4-schnittig) = 24,6 cm²/m

a_{S2} = Ø14–25 cm (2-schnittig) = 12,2 cm²/m

Maßgebend für die Bewehrungswahl wird der Nachweis im Grenzzustand der Gebrauchstauglichkeit.

2.4.3.3 Nachweis der horizontalen Spaltzugkräfte

Im Grundriss betrachtet liegen jeweils mehrere Spannglieder nebeneinander. Für die obere Lage ergibt sich die rechnerische Ersatzbreite b zu 442 / 5 = 88,4 cm. Für die untere Lage errechnet sich b = 442 / 6 = 73,7 cm. Die Breite der Ankerplatten für die Krafteinleitung beträgt einheitlich b = 33 cm.

b = 442 cm (Stegbreite)

N = 5 (Anzahl der Spannglieder in Lage 1)

N = 6 (Anzahl der Spannglieder in Lage 2)

Die nebeneinanderliegenden Spannglieder weisen die gleichen Verhältnisse aus, sodass sich die gegenüberstehenden Spaltzugkräfte gegenseitig aufheben (vgl. Abbildung 21). Nur im Bereich der äußeren Ränder bleiben Umlenkkräfte übrig. Diese sind durch eine über die gesamte Überbaubreite durchgehende Spaltzugbewehrung aufzunehmen.

Für die Ermittlung der erforderlichen Spaltzugbewehrung wird das Lastmodell für eine mittig angreifende Druckkraft nach Heft 240 verwendet. Das verwendete Modell ist in Abbildung 21 abgebildet.

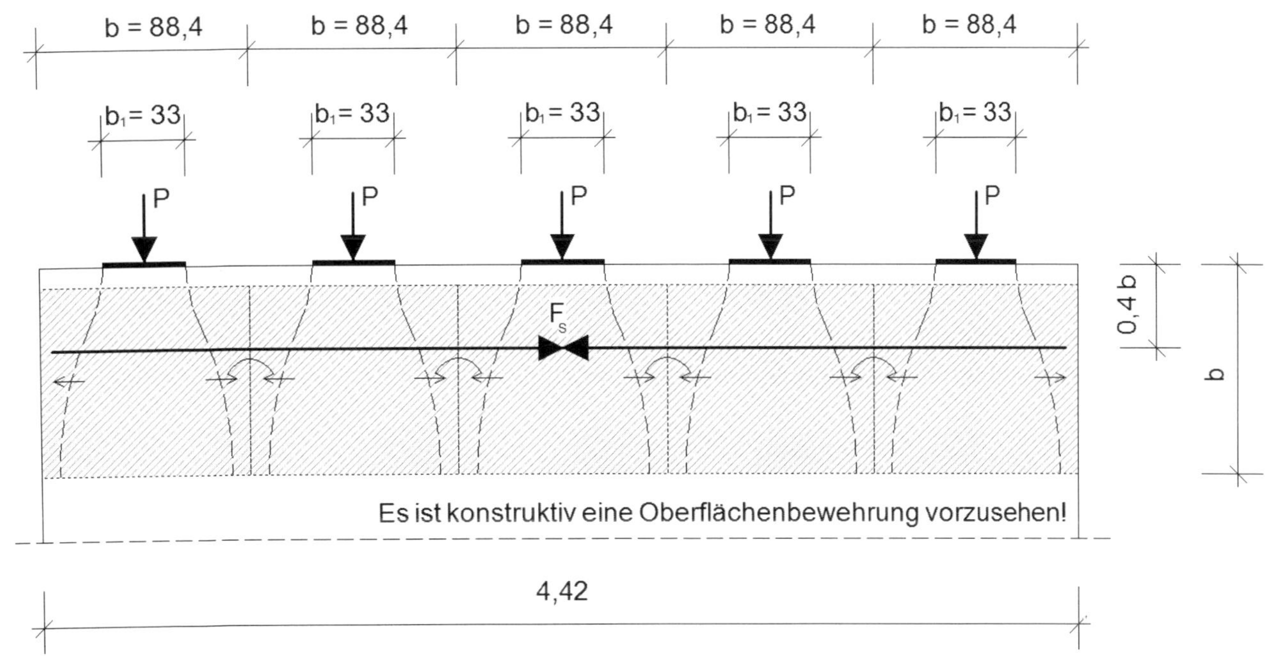

Abbildung 21 Modell für die Ermittlung der horizontalen Spaltzugkräfte (obere Lage)

Im Stabwerksmodel ergeben sich die Spaltzugkräfte der oberen Lage zu:

$$F_{S,d} = \frac{P_d}{4} \cdot \left(1 - \frac{b_1}{b}\right) = \frac{5430}{4} \cdot \left(1 - \frac{33}{88}\right) = 850{,}7 \text{ kN}$$

bei: $0{,}4 \cdot 88 = 35$ cm

Für die untere Lage ergibt sie sich zu:

$$F_{S,d} = \frac{P_d}{4} \cdot \left(1 - \frac{b_1}{b}\right) = \frac{5430}{4} \cdot \left(1 - \frac{33}{74}\right) = 824{,}2 \text{ kN}$$

bei: $0{,}4 \cdot 74 = 30$ cm

Im weiteren Verlauf wird mit der größeren Spaltzugkraft gerechnet. Es ergibt sich folgender Bewehrungsquerschnitt:

EC2-2 NCI zu 6.5.3 (1)

$A_S = 850{,}7 / 435 \cdot 10^{-1} = 19{,}6 \text{ cm}^2$

$f_{yd} = 500 / 1{,}15$
$f_{yd} = 435 \text{ MN/m}^2$

Die ermittelte Bewehrung wird über die Überbauhöhe gleichmäßig verteilt angeordnet.

Verteilt auf eine Breite von rund 1,25 / 2 = 0,625 m ergibt sich:

H = 125 cm (Steghöhe)

a_S = 19,6 / 0,625 = 31,4 cm²/m

Gewählt:

a_S = Ø16 – 15 cm (4-lagig) = 53,6 cm²/m

Maßgebend für die Bewehrungswahl wird der Nachweis im Grenzzustand der Gebrauchstauglichkeit.

Im Bereich der hinteren vertikalen Spaltzugbewehrung wird konstruktiv eine horizontale Spaltzugbewehrung von

$a_{S,2}$ = Ø16 – 15 cm (2-lagig) = 26,8 cm²/m

Die Anordnung der gewählten vertikalen und horizontalen Spaltzugbewehrung ist nachfolgend dargestellt. Im Bereich der Spannanker ist diese ggf. etwas zu verschieben. Die Bewehrung ist an den Enden entsprechend zu verankern.

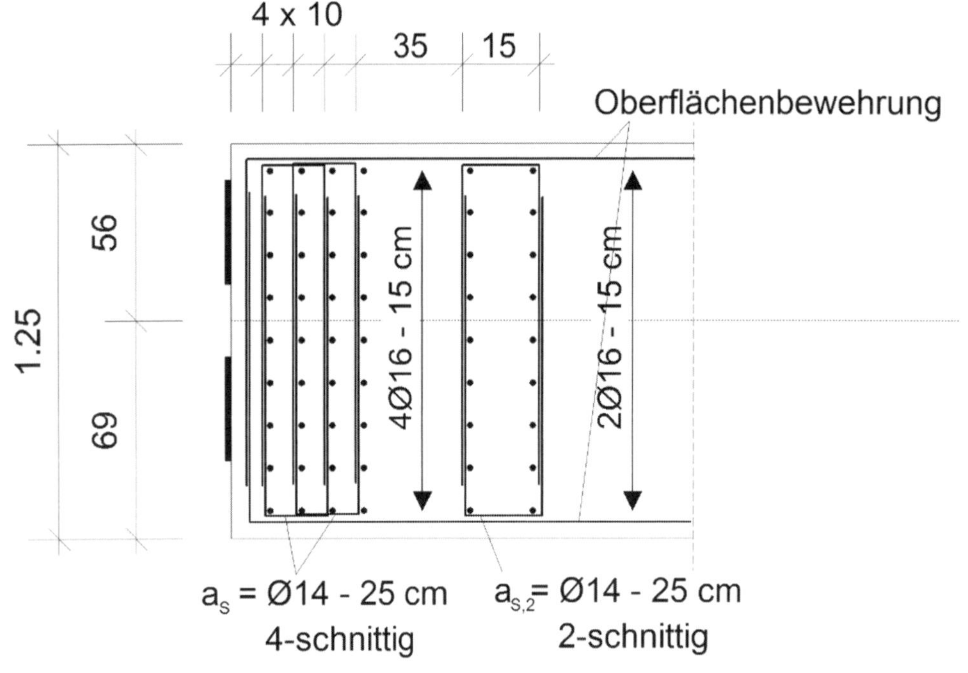

Abbildung 22 Darstellung der gewählten Spaltzugbewehrung

2.4.3.4 Einleitung der Vorspannkraft in den Flansch

Vereinfachend darf angenommen werden, dass sich die Vorspannkraft mit einem Ausbreitungswinkel von 2 β (mit β = 33,7°) ausbreitet. Die Ausbreitung beginnt am Ende der Ankerkörbe. EC2-2 8.10.3 (5)

Für die obere und untere Lage der Spannglieder ergibt sich folgende Lastausbreitung:

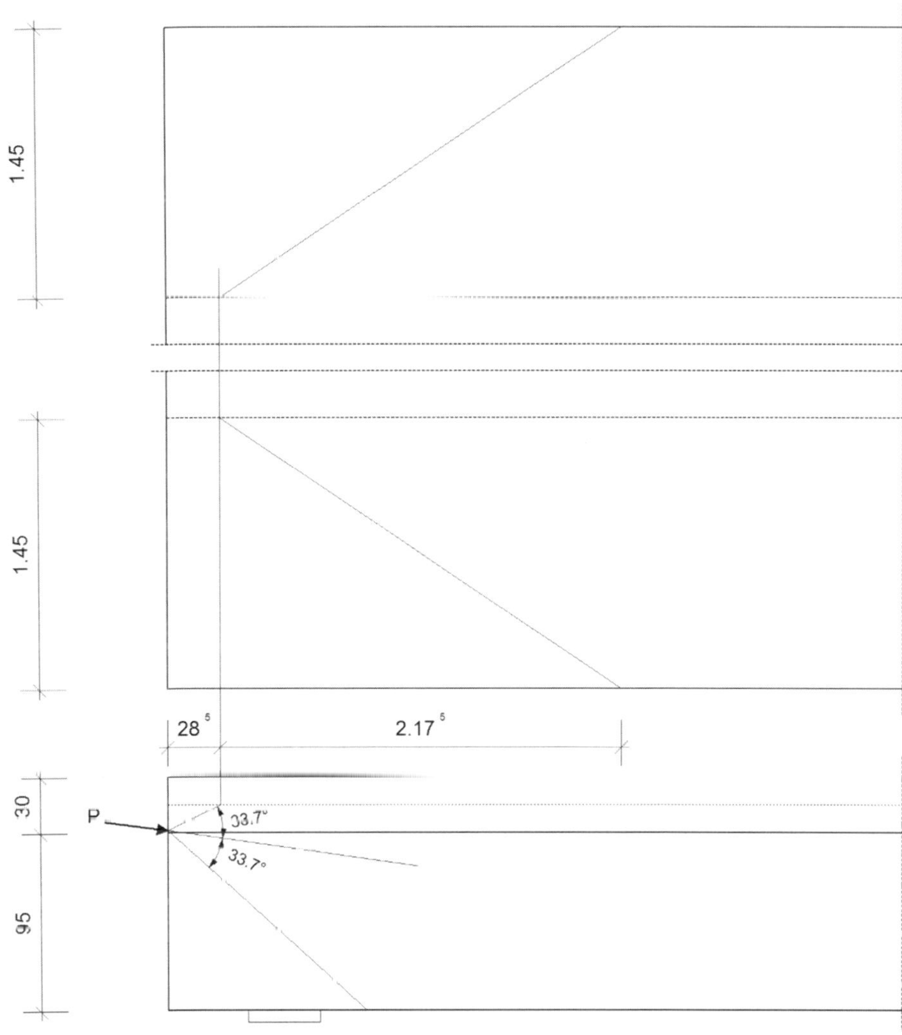

Abbildung 23 Lastausbreitung der oberen Lage

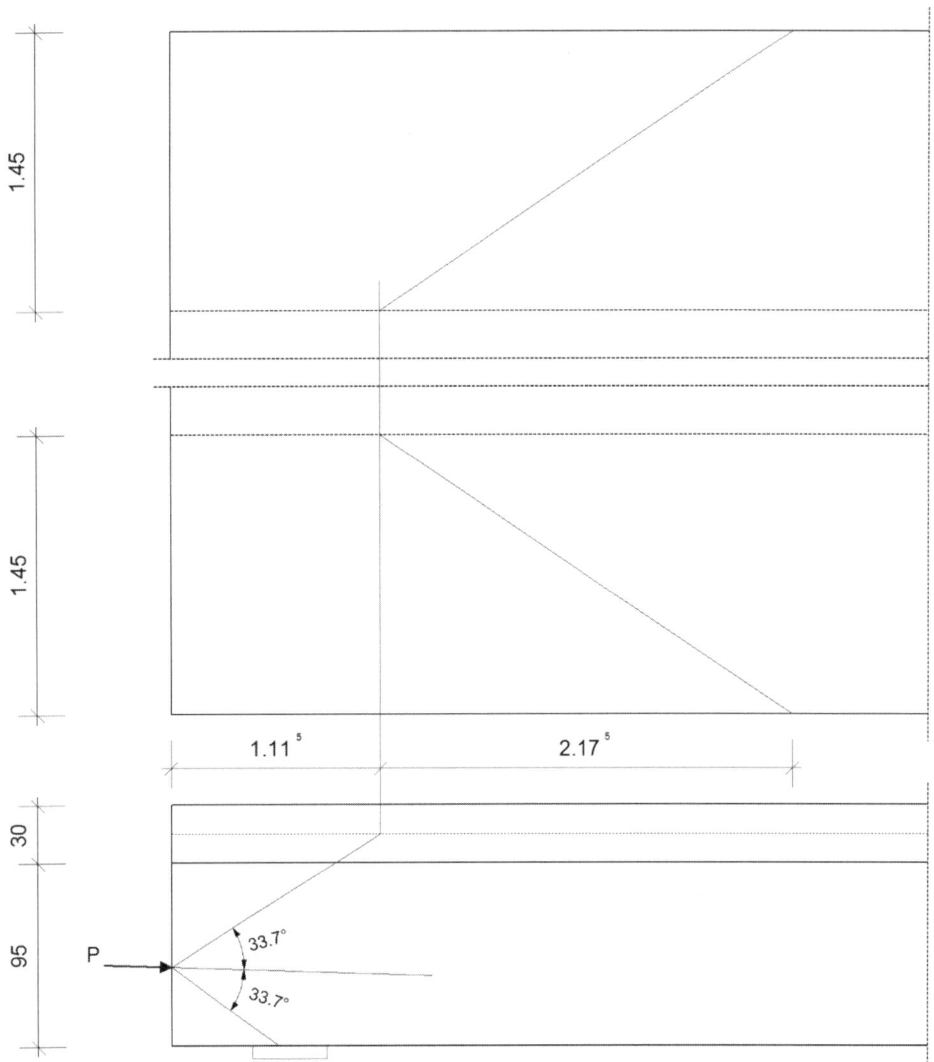

Abbildung 24 Lastausbreitung der unteren Lage

Der Anfang der Lasteinleitung in die Überbauflansche erfolgt gemäß der oberen Lage bei rd. l_1 = 28,5 cm. Das Ende der Lasteinleitung ermittelt sich aus der unteren Lage zu rd. l_2 = 1,115 + 2,175 = 3,29 Meter.

Für die Bemessung wird das Stabwerksmodell für Schubkräfte zwischen Balkensteg und Gurten gemäß DIN EN 1992-2, Kap. 6.2.4 verwendet.

Die betrachtete Länge ergibt sich zu:

$$\Delta x = \quad 3{,}29 - 0{,}285 = 3{,}00 \text{ m}$$

Für die folgende Betrachtung wird eine gleichmäßige Spannungsverteilung über die gesamte Querschnittsfläche im Bereich der Lasteinleitung angenommen.

Die gesamte Vorspannkraft errechnet sich zu:

$$P_d \quad = 11 \cdot 5{,}43 = 59{,}73 \text{ MN}$$

siehe Kap. 2.4.3.2

Die anzuschließende Längsschubkraft ΔF_d eines Gurts errechnet sich zu:

$$\Delta F_d \quad = 59{,}73 \cdot 0{,}3625 / 6{,}932 = 3{,}12 \text{ MN}$$

$A_{Gurt} = (0{,}2 + 0{,}3) / 2 \cdot 1{,}45$
$A_{Gurt} = 0{,}3625 \text{ m}^2$

$A_{ges} = 6{,}932 \text{ m}^2$

Die auf Δx bezogenen Längsschubspannungen ergeben sich zu:

$$v_{Ed} \quad = \Delta F_d / (h_f \cdot \Delta x)$$
$$= 3{,}12 / (0{,}30 \cdot 3{,}00) = 3{,}47 \text{ MN/m}^2$$

EC2-2 6.2.4 (103)

Die Tragfähigkeit der Betondruckstrebe im Gurt ist nachzuweisen mit folgender Beziehung:

$$v_{Ed} \le v \cdot f_{cd} / (\sin \theta_f + \cos \theta_f)$$

EC2-1-1 6.2.3 Gl. (6.22)

mit:

$$v = v_1 \quad = 0{,}75$$

EC2-2 NDP zu 6.2.4 (4)

$$f_{cd} \quad = \alpha_{cc} \cdot f_{ck} / \gamma_C$$
$$= 0{,}85 \cdot 40 / 1{,}5 = 22{,}7 \text{ MN/m}^2$$

$f_{ck} = 40 \text{ MN/m}^2$
$\alpha_{cc} = 0{,}85$
$\gamma_C = 1{,}5$

$$\cot \theta_f \quad = 1{,}20 \qquad \Rightarrow \qquad \theta_f = 39{,}7°$$
$$\sin \theta_f \quad = 0{,}64$$
$$\cos \theta_f \quad = 0{,}77$$

EC2-2 NDP zu 6.2.4 (4)
Druckgurt: $\cot \theta_f = 1{,}20$

$$3{,}47 \text{ MN/m}^2 < 0{,}75 \cdot 22{,}7 / (0{,}64 + 0{,}77) = 12{,}07 \text{ MN/m}^2$$

EC2-1-1 6.2.3 Gl. (6.22)

Die erforderliche Querbewehrung ergibt sich aus der Beziehung:

$$(A_{sf} \cdot f_{yd} / s_f) \ge v_{Ed} \cdot h_f / \cot \theta$$

EC2-1-1 6.2.3 (21)

mit:

$a_{sf,req} = A_{sf} / s_f$

Daraus ergibt sich:

$a_{sf,\,req} = v_{Ed} \cdot h_f / (f_{yd} \cdot \cot \theta)$
$= 3{,}47 \cdot 0{,}30 / (435 \cdot 1{,}20) \cdot 10^4 = 19{,}9\ \text{cm}^2/\text{m}$

f_{yd} = 435 MN/m²

Gewählt:

a_S = Ø16 – 12,5 cm (oben und unten) = 32,2 cm²/m

Maßgebend für die Bewehrungswahl wird der Nachweis im Grenzzustand der Gebrauchstauglichkeit.

2.4.4 Grenzzustand der Tragfähigkeit für Versagen ohne Vorankündigung

EC2-2 5.10.1 (106)

Für Spannbetontragwerke darf das Prinzip „Ein Versagen des Querschnitts ohne Vorankündigung bei Erstrissbildung muss vermieden werden" durch die Anordnung einer Mindestlängsbewehrung mit einer Querschnittsfläche von

$$A_{s,min} = M_{rep} / (f_{yk} \cdot z_s)$$

EC2-2 6.1 (109)
Gl. (6.101a)

erfüllt werden. Diese Bewehrung dient insbesondere der Vermeidung eines Versagens ohne Vorankündigung infolge Spannungsrisskorrosion des Spannstahls.

In obiger Gleichung sind:

- M_{rep} Rissmoment unter Annahme einer Zugspannung von $f_{ctk0,05}$ in der äußersten Zugfaser des Querschnitts ohne Wirkung der Vorspannung mit $f_{ctk0,05} \cdot W_{cy}$
- f_{yk} charakteristischer Wert der Zugfestigkeit des Betonstahls
- z_s innerer Hebelarm im Grenzzustand der Tragfähigkeit, bezogen auf die Betonstahlbewehrung. Für Rechteckquerschnitte darf $z_s = 0,9 \cdot d$ angenommen werden.

EC2-1 3.1.2 Tab. 3.1

$f_{ctk0,05} = 2,5$ MN/m² für Beton C40/50

$W_{cy,0} = 1,354$ m³ (s. Abschn. 2.1.3.2)

$d = h - c_{nom} - d_s/2 = 1,18$ m

$h = 1,25$ m

$c_{com} = 0,05$ m

$d_s/2 \approx 0,01$ m

d_s – Stabdurchmesser der Längsbewehrung

$f_{yk} = 500$ N/mm²

Die obige Gleichung wird um die Terme für M_{rep} und z_s ergänzt.

$$A_{s,min} = f_{ctk0,05} \cdot W_{cy} / (f_{yk} \cdot 0,9 \cdot d)$$
$$A_{s,min} = 2,5 \cdot 1,354 / (500 \cdot 0,9 \cdot 1,18) \cdot 10^4$$
$$A_{s,min} = 63,87 \text{ cm}^2$$

Es wird eine Mindestlängsbewehrung von 32 ∅ 16 gewählt. Somit ergibt sich eine Querschnittsfläche von:

$$A_{s,prov} = 64,32 \text{ cm}^2$$

Die Mindestbewehrung $A_{c,min}$ sollte in den Bereichen angeordnet werden, wo unter der selten Einwirkungskombination Zugspannungen im Beton auftreten. In diesem Nachweis sollte die statisch unbestimmte Wirkung der Vorspannung berücksichtigt und die statisch bestimmte Wirkung vernachlässigt werden. Diese Bewehrung wird auf der gesamten Länge des Überbaus auf der Unterseite angeordnet.

EC2-2 6.1 (110)

2.4.5 Grenzzustand der Tragfähigkeit für Ermüdung

In der Regel sind Tragwerke und tragende Bauteile, die regelmäßigem Lastwechsel unterworfen sind, gegen Ermüdung zu bemessen. Dieser Nachweis ist für Beton und Stahl getrennt zu führen.

EC2-2 6.8.1 (102)
EC2-1 6.8.1 (1)P

Für folgende Tagwerke und Tragwerksteile braucht im Allgemeinen kein Ermüdungsnachweis geführt zu werden:

EC2-2 6.8.1 (102)
EC2-2 NDP zu 6.8.1 (102)

Betonstahl und Spannstahlbewehrung ohne Schweißverbindungen oder Kopplungen bei Überbauten, bei denen unter der häufigen Einwirkungskombination der Nachweis gegen Dekompression geführt wurde.

In diesem Beispiel ist demnach nur der Ermüdungsnachweis für Beton unter Druck- und Querkraftbeanspruchung zu führen. Hierzu ist die **häufige Einwirkungskombination** im Grenzzustand der Gebrauchstauglichkeit unter Berücksichtigung des Verkehrslastmodells LM 71 zugrunde zu legen.

EC2-2 6.8.3 (1)P

Lastgruppe 11: LM 71 als dominante Komponente

Vertikale Verkehrslasten, einschließlich dynamischen Einwirkungen und Fliehkräften, sollten im Ermüdungsnachweis berücksichtigt werden. Im Allgemeinen können Seitenstoß (Schlingerkräfte) und Längskräfte im Ermüdungsnachweis vernachlässigt werden.

EC1-2 6.9 (9)

Die Schnittgrößen ergeben sich mit Lastgruppe 11 als Leiteinwirkung in der häufigen Einwirkungskombination aus:

$$E_d = \quad \Sigma\, G_{kj} + P_k + \Psi_{1,1} \cdot Q_{k,1} + \Sigma\, \Psi_{2,i} \cdot Q_{k,i}$$

EC0 6.5.3 Gl. (6.15b)

Anmerkung:

Bei Eisenbahnbrücken ist $\Psi_{1,1} = 0,8$ anzusetzen.

Bei der Vorspannung wird der obere bzw. untere charakteristische Wert angesetzt:

$$P_{k,sup} = r_{sup} \cdot P_{m,t} = 1,1 \cdot P_{m,t}$$
$$P_{k,inf} = r_{inf} \cdot P_{m,t} = 0,9 \cdot P_{m,t}$$

EC2-2 5.10.9 (1)P
Gl. (5.47) und Gl. (5.48)

EC2-2 NCI zu 5.10.9 (1)P

2.4.5.1 Nachweis des Betons unter Druckbeanspruchung

EC2-2 6.8.7

Ein ausreichender Ermüdungswiderstand von Beton unter Druckbeanspruchung darf als gegeben angesehen werden, wenn nachfolgende Bedingung eingehalten wird:

$$\sigma_{c,max} / f_{cd,fat} \leq 0{,}5 + 0{,}45 \cdot \sigma_{c,min} / f_{cd,fat} \leq 0{,}9$$

EC2-2 6.8.7 (2)
Gl. (6.77)

Mit:

$$f_{cd,fat} = \kappa_1 \cdot \beta_{cc}(t_1) \cdot f_{cd} \cdot (1 - f_{ck} / 250)$$

EC2-2 6.8.7 (101)
Gl. (6.67)

Hierbei sind:

$\sigma_{c,max}$ Bemessungswert der maximalen Druckspannung unter der häufigen Einwirkungskombination

$\sigma_{c,min}$ Bemessungswert der minimalen Druckspannung am Ort von $\sigma_{c,max}$
(bei Zugspannungen ist $\sigma_{c,min} = 0$ zu setzen)

$\beta_{cc}(t_1)$ Beiwert für die Nacherhärtung
$= e^{s \cdot (1 - \sqrt{28/t_1})} = e^{0{,}25 \cdot (1 - \sqrt{28/100})} = 1{,}12$

κ_1 $= 1{,}0$

EC2-2 NDP zu 6.8.7 (101)
t_1 Alter bei Beginn der zyklischen Belastung
t_1 = 100 Tage
s vom verwendeten Zementtyp abhängiger Beiwert gemäß EC2-1 3.1.2 (6)
s = 0,25 (Klasse N) für CEM 32,5 R und CEM 42,5 N

Damit ergibt sich:

$$f_{cd,fat} = 1{,}0 \cdot 1{,}12 \cdot 22{,}67 \cdot (1 - 40 / 250)$$
$$f_{cd,fat} = 21{,}3 \text{ MN/m}^2$$

a) Nachweis für den oberen Rand in Feldmitte

Schnitt $x = 10$ m
(Feldmitte)

Der Nachweis wird mit dem hier maßgebenden unteren Grenzwert der Vorspannkraft mit $r_{inf} = 0{,}9$ zum Zeitpunkt t_∞ geführt.

E2-2 NCI zu 5.10.9 (1)P

Mit $\psi_{2,Qfk} = \psi_{2,Qwk} = \psi_{2,Eqk} = 0$
und $N_{Qlk} = M_{Qlk} = N_{Qtk} = M_{yQEk} = 0$

siehe Tab. 6
siehe Tab. 19, 22, 27

vereinfachen sich die Gleichungen zur Ermittlung der minimalen bzw. maximalen Betondruckspannung, wobei die Schnittgrößen aus Lastgruppe 11 nur ungünstig wirkend angesetzt werden:

$$N_{Ed} = N_{Pk,t\infty} \cdot r_{inf} + \psi_{2,1} \cdot N_{Q\Delta TK}$$

$$M_{Ed} = \Sigma M_{Gk,j} + M_{Pk,t\infty} \cdot r_{inf} + \psi_{1,1} \cdot M_{Qvk} + \psi_{2,1} \cdot M_{Q\Delta TK}$$

Die Spannungen aus Querbiegung infolge Zentrifugallast sind gering und werden im Weiteren beim Ermüdungsnachweis nicht verfolgt.

Tab. 6:
$\psi_{1,1} = 0{,}8$
$\psi_{2,1} = 0{,}5$ (für Temperatur)

Es ergeben sich folgende Schnittgrößen:

$N_{Pkt0,}$ s. Tab. 10 (Vorspann.)
$\delta = 0{,}137$

M_{Gk} s. Tab. 9 (ständ. EW)
M_{Pk} s. Tab. 10 (Vorspann.)
M_{Qvk} s. Tab. 11 (LM 71)
$M_{Q\Delta Tk}$ s. Tab. 25 (Temp.)

$$\begin{aligned} N_{Ed\,min} &= r_{inf} \cdot N_{Pk,t0} \cdot (1-\delta) + \psi_{2,1} \cdot N_{Q\Delta TK} \\ &= 0{,}9 \cdot (-18{,}72 - 22{,}47) \cdot (1 - 0{,}137) + 0{,}5 \cdot (-0{,}043) \\ &= -32{,}01 \text{ MN} \end{aligned}$$

$$\begin{aligned} N_{Ed\,max} &= r_{inf} \cdot N_{Pk,t0} \cdot (1-\delta) - \psi_{2,1} \cdot N_{Q\Delta TK} \\ &= 0{,}9 \cdot (-18{,}72 - 22{,}47) \cdot (1 - 0{,}137) - 0{,}5 \cdot (-0{,}043) \\ &= -31{,}97 \text{ MN} \end{aligned}$$

$$\begin{aligned} M_{Ed,min} &= (M_{Gk1} + M_{Gk2} + M_{Gk3}) + r_{inf} \cdot M_{Pk,t0} \cdot (1-\delta) \\ &\quad - \psi_{2,1} \cdot M_{Q\Delta TK} \\ &= (7{,}92 + 3{,}46 + 1{,}68) + 0{,}9 \cdot (-8{,}99 - 10{,}79) \\ &\quad \cdot (1 - 0{,}137) - 0{,}5 \cdot 0{,}035 \\ &= -2{,}32 \text{ MNm} \end{aligned}$$

$$\begin{aligned} M_{Ed,max} &= (M_{Gk1} + M_{Gk2} + M_{Gk3}) + r_{inf} \cdot M_{Pk,t0} \cdot (1-\delta) \\ &\quad + \psi_{1,1} \cdot M_{Qvk} + \psi_{2,1} \cdot M_{Q\Delta TK} \\ &= (7{,}92 + 3{,}46 + 1{,}68) + 0{,}9 \cdot (-8{,}99 - 10{,}79) \\ &\quad \cdot (1 - 0{,}137) + 0{,}8 \cdot 7{,}02 + 0{,}5 \cdot 0{,}035 \\ &= 3{,}33 \text{ MNm} \end{aligned}$$

Die Spannungsberechnung kann mit den Querschnittswerten nach Zustand I vorgenommen werden, wenn nachgewiesen wird, dass der Querschnitt unter den ermüdungswirksamen Einwirkungen überdrückt ist.

Für die Ermittlung der Querschnittspannungen werden die Querschnittswerte gem. Abschnitt 2.1.3.2 verwendet.

Für die Bemessung am unteren Rand ist der Punkt „0“ mit folgenden Querschnittswerten maßgebend:

siehe Abb. 6

$A_c = 6{,}392 \text{ m}^2$
$I_{c,y} = 0{,}935 \text{ m}^4$
$W_{c,y,0} = 1{,}354 \text{ m}^3$
$z_{c,0} = 0{,}690 \text{ m}$

Für die Bemessung am unteren Rand ist der Punkt „7“ mit folgenden Querschnittswerten maßgebend:

A_c = 6,392 m²
$I_{c,y}$ = 0,935 m⁴
$W_{c,y,7}$ = 1,355 m³
$z_{c,7}$ = -0,690 m

Die maximale Betonrandspannung am unteren Rand ergibt sich in Feldmitte zu:

$$\sigma_{c,max} = N_{Ed,max} / A_c + M_{Ed,max} / W_{c,unten}$$
$$= (-31{,}97 / 6{,}392) + (3{,}33 / 1{,}354)$$
$$= -2{,}54 \text{ MN/m}^2$$

Damit ist nachgewiesen, dass der Querschnitt unter den ermüdungswirksamen Einwirkungen überdrückt ist.

Nachweisführung:

Die maximale Betondruckspannung $\sigma_{c,max}$ in der äußersten oberen Querschnittsfaser ergibt sich zu:

$$\sigma_{c,max} = \left|(N_{Ed,min} / A_c - M_{Ed,max} / W_{c,oben})\right|$$
$$= \left|(-32{,}01 / 6{,}392 - 3{,}33 / 1{,}355)\right|$$
$$= 7{,}47 \text{ MN/m}^2$$

Die minimale Betondruckspannung $\sigma_{c,min}$ in der äußersten oberen Querschnittsfaser ergibt sich zu:

$$\sigma_{c,min} = \left|(N_{Ed,max} / A_c - M_{Ed,min} / W_{c,oben})\right|$$
$$= \left|(-31{,}97 / 6{,}392 - (-2{,}32) / 1{,}355)\right|$$
$$= 3{,}29 \text{ MN/m}^2$$

Folgende Bedingung ist einzuhalten:

EC2-2 6.8.7 (2) Gl. (6.77)

$$\sigma_{c,max} / f_{cd,fat} \leq 0{,}5 + 0{,}45 \cdot \sigma_{c,min} / f_{cd,fat} \leq 0{,}9$$
$$7{,}47 / 21{,}3 \leq 0{,}5 + 0{,}45 \cdot 3{,}29 / 21{,}3 \leq 0{,}9$$
$$0{,}35 \leq 0{,}57 \leq 0{,}9$$

Die Bedingung ist eingehalten, somit ist ein ausreichender Ermüdungswiderstand des Betons auf Druck gewährleistet.

b) Nachweis für den unteren Rand Feldmitte

Schnitt x = 10 m (Feldmitte)

Der Nachweis wird mit dem hier maßgebenden oberen Grenzwert der Vorspannkraft mit r_{sup} = 1,1 zum Zeitpunkt t = ∞ geführt.

E2-2 NCI zu 5.10.9 (1)P

Mit $\psi_{2,Qfk} = \psi_{2,Qwk} = \psi_{2,Eqk} = 0$
und $N_{Qlk} = M_{Qlk} = N_{Qtk} = M_{yQEk} = 0$

siehe Tab. 6
siehe Tab. 19, 22, 27

vereinfachen sich die Gleichungen zur Ermittlung der minimalen bzw. maximalen Betondruckspannung, wobei die Schnittgrößen aus Lastgruppe 11 nur ungünstig wirkend angesetzt werden:

Tab. 6:
$\psi_{1,1} = 0{,}8$
$\psi_{2,1} = 0{,}5$ (für Temperatur)

$$N_{Ed} = N_{Pk,t\infty} \cdot r_{sup} + \psi_{2,1} \cdot N_{Q\Delta TK}$$

$$M_{Ed} = \Sigma M_{Gk,j} + M_{Pk,t\infty} \cdot r_{sup} + \psi_{1,1} \cdot M_{Qvk} + \psi_{2,1} \cdot M_{Q\Delta TK}$$

Die Spannungen aus Querbiegung infolge Seitenstoßes und zentrifugallast sind gering und werden im Weiteren beim Ermüdungsnachweis nicht verfolgt.

Damit ergeben sich folgende Schnittgrößen:

$$N_{Ed\,min} = r_{sup} \cdot N_{Pk,t0} \cdot (1-\delta) + \psi_{2,1} \cdot N_{Q\Delta TK}$$
$$= 1{,}1 \cdot (-18{,}72 - 22{,}47) \cdot (1 - 0{,}137) + 0{,}5 \cdot (-0{,}043)$$
$$= -39{,}12 \text{ MN}$$

$N_{Pkt0,}$ s. Tab. 10 (Vorspann.)
δ = 0, 137

M_{Gk} s. Tab. 9 (ständ. EW)
M_{Pk} s. Tab. 10 (Vorspann.)
M_{Qvk} s. Tab. 11 (LM 71)
$M_{Q\Delta Tk}$ s. Tab. 25 (Temp.)

$$N_{Ed\,max} = r_{sup} \cdot N_{Pk,t0} \cdot (1-\delta) - \psi_{2,1} \cdot N_{Q\Delta TK}$$
$$= 1{,}1 \cdot (-18{,}72 - 22{,}47) \cdot (1 - 0{,}137) - 0{,}5 \cdot (-0{,}043)$$
$$= -39{,}08 \text{ MN}$$

$$M_{Ed,min} = (M_{Gk1} + M_{Gk2} + M_{Gk3}) + r_{sup} \cdot M_{Pk,t0} \cdot (1-\delta) - \psi_{2,1} \cdot M_{Q\Delta TK}$$
$$= (7{,}92 + 3{,}46 + 1{,}68) + 1{,}1 \cdot (-8{,}99 - 10{,}79) \cdot (1 - 0{,}137) - 0{,}5 \cdot 0{,}035$$
$$= -5{,}73 \text{ MNm}$$

$$M_{Ed,max} = (M_{Gk1} + M_{Gk2} + M_{Gk3}) + r_{sup} \cdot M_{Pk,t0} \cdot (1-\delta) + \psi_{1,1} \cdot M_{Qvk} + \psi_{2,1} \cdot M_{Q\Delta TK}$$
$$= (7{,}92 + 3{,}46 + 1{,}68) + 1{,}1 \cdot (-8{,}99 - 10{,}79) \cdot (1 - 0{,}137) + 0{,}8 \cdot 7{,}02 + 0{,}5 \cdot 0{,}035$$
$$= -0{,}08 \text{ MNm}$$

Die maximale Betondruckspannung $\sigma_{c,max}$ in der äußersten oberen Querschnittsfaser ergibt sich zu:

$$\sigma_{c,max} = |(N_{Ed,min} / A_c + M_{Ed,min} / W_{c,unten})|$$
$$= |(-39,12 / 6,392 + (-5,73) / 1,354)|$$
$$= 10,35 \text{ MN/m}^2$$

Die minimale Betondruckspannung $\sigma_{c,min}$ in der äußersten oberen Querschnittsfaser ergibt sich zu:

$$\sigma_{c,min} = |(N_{Ed,max} / A_c + M_{Ed,max} / W_{c,unten})|$$
$$= |(-39,08 / 6,392 + (-0,08) / 1,354)|$$
$$= 6,17 \text{ MN/m}^2$$

Folgende Bedingung ist einzuhalten:

$$\sigma_{c,max} / f_{cd,fat} \leq 0,5 + 0,45 \cdot \sigma_{c,min} / f_{cd,fat} \leq 0,9$$
$$10,35 / 21,3 \leq 0,5 + 0,45 \cdot 6,17 / 21,3 \leq 0,9$$
$$0,57 \leq 0,63 \leq 0,9$$

Die Bedingung ist eingehalten, somit ist ein ausreichender Ermüdungswiderstand des Betons auf Druck gewährleistet.

vereinfachter Rechteckquerschnitt mit:

A_c – Betonquerschnitt
$A_c = 6,392 \text{ m}^2$

I_c – Trägheitsmoment
$I_c = 0,935 \text{ m}^4$

h – Gesamthöhe des Querschnittes
$h = 1,25 \text{ m}$

z_c – Schwerpunktabstand
$z_c = 0,69 \text{ m}$

$W_{c,unten} = 1,354 \text{ m}^3$

EC2-2 6.8.7 (2)
Gl. (6.77)

f_{cd} – Bemessungswert der Betondruckfestigkeit
$f_{cd,fat} = 21,3 \text{ MN/m}^2$

2.4.5.2 Nachweis des Betons unter Querkraft- und Torsionsbeanspruchung

EC2-2 6.8.7

Der Ermüdungsnachweis des Betons unter Querkraft- und Torsionsbeanspruchung in Bauteilen mit Schubbewehrung erfolgt über einen Ermüdungsnachweis der Druckstreben.

Die Vorgehensweise ist analog der Vorgehensweise beim bereits gezeigten Ermüdungsnachweis für reine Druckbeanspruchung. Es ist nachzuweisen, dass folgende Bedingung eingehalten wird:

$$\sigma_{c,max} / f_{cd,fat} \leq 0{,}5 + 0{,}45 \cdot \sigma_{c,min} / f_{cd,fat} \leq 0{,}9$$

EC2-2 6.8.7 (2)
Gl. (6.77)

Mit:

$$f_{cd,fat} = \nu \cdot \alpha_{cw} \cdot \kappa_1 \cdot \beta_{cc}(t_1) \cdot f_{cd} \cdot (1 - f_{ck} / 250)$$

EC 2-2 NCI zu 6.8.7 (3)

$f_{cd} = 22{,}67$ N/mm²

Hierbei sind:

$$\beta_{cc}(t_1) = e^{0,25\cdot(1-\sqrt{28/t1})} = e^{0,25\cdot(1-\sqrt{28/100})} = 1{,}12$$

$$\kappa_1 = 1{,}0$$

EC2-2 NDP zu 6.8.7 (101)
t_1 - Alter bei Beginn der zyklischen Belastung
t_1 = 100 Tage

$\nu = 0{,}525$ für Torsion allgemein

$\alpha_{cw} = 1{,}0$

$\nu \cdot \alpha_{cw}$ – zus. Abminderungsfaktor bei Nachweis der Druckstrebe unter Querkraft- und Torsionsbeanspruchung

ν nach EC2-2 NCI zu 6.3.2 (104)
α_{cw} nach EC2-2 NDP zu 6.2.3 (103)

Damit ergibt sich:

$$f_{cd,fat} = 0{,}525 \cdot 1{,}0 \cdot 1{,}0 \cdot 1{,}12 \cdot 22{,}67 \cdot (1 - 40 / 250)$$

$$f_{cd,fat} = 11{,}2 \text{ MN/m}^2$$

Die maximalen bzw. minimalen Spannungen σ_c können nach folgenden Gleichungen ermittelt werden:

siehe Nachweise für Druckbeanspruchung

$$\sigma_{cd,T} = T_{Ed} \cdot (\cot\theta + \tan\theta) / (2 \cdot A_k \cdot t_{eff})$$

$$\sigma_{cd,V} = V_{Ed} \cdot (\cot\theta + \tan\theta) / (b_w \cdot z)$$

EC2-2 NCI zu 6.8.7 (3)

Unter Berücksichtigung der Hüllrohre mit:

$b_w = b_{w,nom}$

$$\sigma_{c,max} = \max\{\max \sigma_{cd,T} + \text{zug } \sigma_{cd,V};\ \max \sigma_{cd,V} + \text{zug } \sigma_{cd,T}\}$$

$$\sigma_{c,min} = \min\{\min \sigma_{cd,T} + \text{zug } \sigma_{cd,V};\ \min \sigma_{cd,V} + \text{zug } \sigma_{cd,T}\}$$

In diesem Beispiel wird vereinfacht max $\sigma_{cd,T}$ mit max $\sigma_{cd,V}$ kombiniert.

Der Druckstrebenwinkel, der für Torsions- und Querkraftbeanspruchung gleich anzunehmen ist, kann nach folgender Beziehung ermittelt werden:

$$\tan \theta_{fat} = (\tan \theta)^{0,5}$$

EC2-2 6.8.2 (3)
Gl. (6.65)

Der Winkel θ ergibt sich aus dem Kapitel 2.4.2 zu:

siehe Abschn. 2.4.2
$\theta = 29{,}7°$

$\theta =$ 29,7°
$\tan \theta =$ 0,57

Somit ergibt sich:

$$\tan \theta_{fat} = (0{,}57)^{0,5} = 0{,}75$$
$$\cot \theta_{fat} = 1 / 0{,}75 = 1{,}33$$

Die maßgebende Bemessungsquerkraft, am Auflagerrand (x = 0,20 m), bei Ansatz der Lastgruppe 12 zum Zeitpunkt t = ∞ ergibt sich:

$$V_{Ed,max} = (V_{Gk1} + V_{Gk2} + V_{Gk3}) + V_{cp,0} \cdot (1 - \delta) \cdot r_{inf} + \Psi_{1,1} \cdot (V_{Qvk} + 0{,}5 \cdot V_{Qlk} + V_{Qtk}) + \Psi_{2,2} \cdot V_{Q\Delta Tk}$$

$$= (1566 + 684 + 332) + (-2350 - 680) \cdot (1 - 0{,}137) \cdot 0{,}9 + 0{,}8 \cdot (1379 + 0{,}5 \cdot 3 + 0) + 0{,}5 \cdot 0$$
$$= 1331{,}8\ kN = 1{,}332\ MN$$

Ψ - Kombinationsbeiwerte (siehe Tab. 6)

V_{Gki}	s. Tab. 9 (ständ. EW)
$V_{cp,0}$	s. Tab. 10 (Vorsp.)
V_{Qvk}	s. Tab. 11 (LM 71)
V_{Qlk}	s. Tab. 22 (Anf. u. Br.)
V_{Qtk}	s. Tab. 17 (Zentrifug.)
$V_{Q\Delta Tk}$	s. Tab. 25 (Temp.)

$$V_{Ed,min} = (V_{Gk1} + V_{Gk2} + V_{Gk3}) + V_{cp,0} \cdot (1 - \delta) \cdot r_{inf}$$

$$= (1566 + 684 + 332) + (-2350 - 680) \cdot (1 - 0{,}137) \cdot 0{,}9$$
$$= 228{,}6\ kN = 0{,}229\ MN$$

r_{inf}	= 0,9
$\psi_{1,1}$	= 0,8
$\psi_{2,2}$	= 0,5 (für Temp.)

Das maßgebende Torsionsmoment bei Ansatz der Lastgruppe 12 ergibt sich wie folgt:

$$T_{Ed,max} = (T_{Gk1} + T_{Gk2} + T_{Gk3}) + T_{cp,0} \cdot (1 - \delta) \cdot r_{inf} + \Psi_{1,1} \cdot (T_{Qvk} + 0{,}5 \cdot T_{Qlk} + T_{Qtk}) + \Psi_{2,2} \cdot I_{Q\Delta Tk}$$

$$= (0 + 0 + 0) + (0 + 0) \cdot (1 - 0{,}137) \cdot 0{,}9 + 0{,}8 \cdot (18 + 0{,}5 \cdot 0 + (-124)) + 0{,}5 \cdot 0$$
$$= 84{,}8\ kNm = 0{,}085\ MNm$$

T_{Gki}	s. Tab. 9 (ständ. EW)
$T_{cp,0}$	s. Tab. 10 (Vorsp.)
T_{Qvk}	s. Tab. 11 (LM 71)
T_{Qlk}	s. Tab. 22 (Anf. u. Br.)
T_{Qtk}	s. Tab. 17 (Zentrifug.)
$T_{Q\Delta Tk}$	s. Tab. 25 (Temp.)

Da die Torsionsbelastung hier nur aus dem fahrenden LM 71 und der zugehörigen Zentrifugallast resultiert, ist $T_{Ed,max}$ maßgebend. $T_{Ed,min}$ ist somit zu 0 zu setzen.

Ermittlung der maximalen Betondruckspannung $\sigma_{c,max}$:

Die Druckstrebenspannung infolge der maximalen Torsionsbeanspruchung $T_{Ed,max}$ ergibt sich wie folgt:

$$\sigma_{cd,T} = T_{Ed,max} \cdot (\cot\theta + \tan\theta) / (2 \cdot A_k \cdot t_{eff}) = 0{,}085 \cdot (1{,}33 + 0{,}75) / (2 \cdot 4{,}7 \cdot 0{,}15) = 0{,}125 \text{ MN/m}^2$$

$t_{eff,i}$ – effektive Wanddicke (siehe EC2-1 Abb. 6.11)

$t_{eff,} = 2 \cdot (c_{nom} + \varnothing_{Bügel} + \varnothing_{AsL})$
$t_{eff,} = 2 \cdot (5{,}5 + 1{,}2 + 1{,}6/2)$
$t_{eff,} = 15{,}0$ cm

$A_k = (h - t_{eff,i}) \cdot (b - t_{eff,i})$
$A_k = (1{,}25 - 0{,}15) \cdot (4{,}42 - 0{,}15)$
$A_k = 4{,}7$ m²

Die Druckstrebenspannung infolge der maximalen Querkraftbeanspruchung $V_{Ed,max}$ ergibt sich wie folgt:

$$\sigma_{cd,V} = V_{Ed,max} \cdot (\cot\theta + \tan\theta) / (b_w \cdot z) = 1{,}332 \cdot (1{,}33 + 0{,}75) / (4{,}129 \cdot 0{,}9 \cdot 1{,}18) = 0{,}632 \text{ MN/m}^2$$

$\cot\theta = \cot\theta_{fat} = 1{,}33$
$\tan\theta = \tan\theta_{fat} = 0{,}75$

Unter Berücksichtigung der Hüllrohre mit:

$b_w = b_{w,nom} = 4{,}129$ m

$z = 0{,}9 \cdot d$ (mit d=1,18 m)

Somit ergibt sich die maximale Druckspannung infolge Querkraft und Torsion zu:

$$\sigma_{c,max} = \sigma_{cd,T} + \sigma_{cd,V} = 0{,}125 + 0{,}632 = 0{,}757 \text{ MN/m}^2$$

Ermittlung der minimalen Betondruckspannung $\sigma_{c,min}$:

Die minimale Betondruckspannung ergibt sich aus der Belastung $V_{Ed,min}$. $\sigma_{cd,V}$ ist dann mit $\sigma_{c,min}$ gleichzusetzen.

$$\sigma_{c,min} = \sigma_{cd,V} = V_{Ed,max} \cdot (\cot\theta + \tan\theta) / (b_w \cdot z) = 0{,}229 \cdot (1{,}33 + 0{,}75) / (4{,}129 \cdot 0{,}9 \cdot 1{,}18) = 0{,}108 \text{ MN/m}^2$$

Folgende Bedingung ist einzuhalten:

$$\sigma_{c,max} / f_{cd,fat} \leq 0{,}5 + 0{,}45 \cdot \sigma_{c,min} / f_{cd,fat} \leq 0{,}9$$
$$0{,}757 / 11{,}2 \leq 0{,}5 + 0{,}45 \cdot 0{,}108 / 11{,}2 \leq 0{,}9$$
$$0{,}067 \leq 0{,}504 \leq 0{,}9$$

EC2-2 6.8.7(2) Gl. (6.77)

Die Bedingung ist eingehalten, somit ist ein ausreichender Ermüdungswiderstand der Betondruckstrebe gewährleistet.

2.5 Nachweise im Grenzzustand der Gebrauchstauglichkeit

EC2-2 Kap. 7

Im Grenzzustand der Gebrauchstauglichkeit sind folgende Nachweise zu führen:

- Nachweis der Begrenzung der Rissbreite und Dekompression
- Begrenzung der Spannungen
- Begrenzung der Verformungen
- Begrenzung der Schwingungen

EC2-2/NA NCI 7.1 (1)

Tabelle 7.102DE der DIN EN 1992-2/NA enthält die Anforderungen an die Nachweise der Dekompression, der zulässigen Randzugspannungen und der Rissbreitenbeschränkung bei Eisenbahnbrücken.

EC2-2/NA Tab. 7.102DE

Die Anforderungen an die Dauerhaftigkeit und das Erscheinungsbild eines Bauteils gelten im Sinne dieses Abschnitts als erfüllt, wenn die Anforderungen nach Tabelle 7.102DE eingehalten sind. Die für verschiedene Bauteile und Tragrichtungen zutreffenden Anforderungen sind der o. g. Tabelle zu entnehmen. Für Einwirkungen während der Bauausführung gelten zusätzlich die Regelungen nach DIN EN 1991-1-6/NA.

Bauteile	**Anforderungen**			
Stahlbetonbauteile allgemein	Dekompression oder zulässige Randzugspannung		Rechenwert der zulässigen Rissbreite	
	Einwirkungskombinationen	zul. $\sigma_{c,\,Rand}$	Einwirkungskombinationen	w_{max}
längs	–	–	häufig	0,2
quer	–	–	häufig	0,2
Spannbetonüberbau ausschließlich mit Vorspannung ohne Verbund[3)]	Dekompression oder zulässige Randzugspannung		Rechenwert der zulässigen Rissbreite	
	Einwirkungskombinationen	zul. $\sigma_{c,\,Rand}$	Einwirkungskombinationen	w_{max}
längs mit Vorspannung (Endzustand)	quasi-ständig[1)]	Dekompression	häufig	0,2
längs mit Vorspannung (Bauzustand)	quasi-ständig[1)]	$0{,}85 \cdot f_{ctk,0,05}$	häufig	0,2
quer ohne Vorspannung	selten	Tabelle 7.103DE	häufig	0,2
quer mit Vorspannung	quasi-ständig[1)]	Dekompression	häufig	0,2
Spannbetonüberbau Vorspannung mit Verbund oder Mischbauweise[3)]	Dekompression oder zulässige Randzugspannung		Rechenwert der zulässigen Rissbreite	
	Einwirkungskombinationen	zul. $\sigma_{c,\,Rand}$	Einwirkungskombinationen	w_{max}
längs (Endzustand)	häufig	Dekompression	häufig[2)]	0,2
längs (Bauzustand)	häufig	$0{,}85 \cdot f_{ctk,0,05}$	häufig[2)]	0,2
quer ohne Vorspannung	selten	Tabelle 7.103DE	häufig[2)]	0,2
quer mit Vorspannung	quasi-ständig[1), 4)]	Dekompression	häufig[2)]	0,2

1) Die quasi-ständige Einwirkungskombination ist mit dem Beiwert ψ_2 = 0,2 für alle Einwirkungen aus Eisenbahnverkehr zu berücksichtigen.

2) Die häufige Einwirkungskombination ist mit dem Beiwert ψ_1 = 1,0 für alle Einwirkungen aus Eisenbahnverkehr zu berücksichtigen.

3) Für Eisenbahnbrücken mit ausschließlich externen Spanngliedern oder Spanngliedern ohne Verbund bzw. in Mischbauweise ist eine Zustimmung der zuständigen Bauaufsichtsbehörde erforderlich. Die zuständige Bauaufsichtsbehörde ist von dem Bauvorhaben in Kenntnis zu setzen.

4) Durchdringen die Querspannglieder Arbeits- oder Montagefugen, so sind für die Querrichtung im Endzustand die Anforderungen der Längsrichtung zugrunde zu legen, wenn Querspannglieder mit Verbund verwendet werden.

5) Nachweis für Fahrbahnplatten erforderlich. Lokal begrenzte Überschreitungen dieses Grenzwertes bis zu 1 MN/m² sind zulässig.

Tabelle 7.102DE
Anforderungen an die Nachweise der Dekompression, der zulässigen Randzugspannung und der Rissbreitenbeschränkung

Betonfestigkeitsklasse	**C 30/37**	**C 35/45**	**C 40/50**	**C 45/55**	**C 50/60**
zul $\sigma_{c, Rand}$ [MN/m²]	4,0	5,0	5,5	6,0	6,5

Tabelle 7.103DE
Zulässige Betonrandzugspannungen

Mögliche Streuungen der Vorspannkraft werden beim Nachweis der Rissbildung und der Dekompression durch die Faktoren r_{sup} und r_{inf} berücksichtigt.

Es werden zwei charakteristische Werte der Vorspannkraft festgelegt:

EC2-1 5.10.9

EC2-2/NA NCI 5.10.9 (1)P
nachträglicher Verbund
$r_{sup} = 1{,}10$
$r_{inf} = 0{,}90$

$$P_{k,sup} = r_{sup} \cdot P_{m,t} = 1{,}10 \cdot P_{m,t}$$
$$P_{k,Inf} = r_{Inf} \cdot P_{m,t} = 0{,}90 \cdot P_{m,t}$$

wobei $P_{k,sup}$ die oberen und $P_{k,inf}$ die unteren charakteristischen Werte sind. $P_{m,t}$ ist der Mittelwert der Vorspannkraft zur Zeit t.

Beim Nachweis der Dekompression und der zulässigen Randspannungen in den Bauzuständen darf der charakteristische Wert der Vorspannung wie folgt angesetzt werden:

EC2-2/NA NCI 5.10.9 (1)P

– Einbetonierte girlandenförmig geführte Spannglieder

$$r_{inf} = 0{,}95$$

$$r_{sup} = 1{,}05$$

2.5.1 Begrenzung der Spannungen

2.5.1.1 Nachweis der Dekompression

- **Endzustand**

EC2-2/NA Tab. 7.102DE Spannbetonüberbau – Vorspannung mit Verbund – längs

Bei Tragwerken mit diesen Anforderungen ist die Dekompression unter häufiger Einwirkungskombination nachzuweisen. Die Nachweise werden für den Zustand I mit den Bruttoquerschnittswerten in Feldmitte für die vorgedrückte Zugzone geführt.

Maßgebender Punkt: Eckpunkt 0 in der vorgedrückten Zugzone zum Zeitpunkt $t = t_{100a}$ (angenommene Lebensdauer)

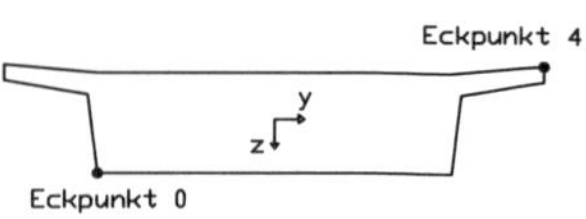

Schnitt x = 10 m (Feldmitte)

Die Schnittgrößen ergeben sich allgemein in der häufigen Einwirkungskombination aus:

$$\sum G_{k,j} "+" P_k "+" \psi_{1,1} Q_{k,1} "+" \sum_{i>1} \psi_{2,i} Q_{k,i}$$

Der Nachweis wird mit dem hier maßgebenden unteren Grenzwert der Vorspannkraft $P_{k,inf}$ zum Zeitpunkt $t = t_\infty$ geführt.

Lastmodell 71

EC1-2 6.3.2
EC1-2 Tab. 6.10

- maßgebende Schnittgrößen im Endzustand unter häufiger Einwirkungskombination mit gr12 als Leiteinwirkung

EC2-2/NA Tab. 7.102DE

$$N_{Ed} = N_{Pk,t\infty} \cdot r_{inf} + \psi_{1,1} \cdot 0{,}5 \cdot N_{Qlk}$$
$$M_{Edy} = \sum M_{Gkj} + M_{Pk,t\infty} \cdot r_{inf} + \psi_{1,1} \cdot (M_{Qvk} + 0{,}5 \cdot M_{Qlk}) + \psi_{2,1} \cdot M_{Qfk}$$
$$M_{Edz} = \psi_{1,1} \cdot (M_{Qtk} + M_{Qsk}) + \psi_{2,2} \cdot M_{Qwk}$$

$r_{inf} = 0{,}90$

$\delta_\infty = 13{,}7$ %
siehe Abschn. 2.3.1.2.2

Tab.6
$\psi_{1,1} =$ 0,80
$\psi_{2,1} =$ 0,00
$\psi_{2,2} =$ 0,00 (Wind)
N_{Eqk} wirkt entlastend

Tabelle 30 Schnittgrößen unter häufiger Einwirkungskombination bei x = 0,5 · l zur Ermittlung der maximalen Betonspannung am unteren Rand LM 71

	ständige EW		Leiteinwirkung LM 71 (gr12)				Begleiteinwirkung		
Einwirkung	G_{kj}	$0{,}90\ P_{k,t\infty}$	$\psi_{1,1}\ Q_{vk}$	$\psi_{1,1}\ Q_{tk}$	$\psi_{1,1}\ Q_{sk}$	$\psi_{1,1}\ 0{,}5\ Q_{lk}$	$\psi_{2,1}\ Q_{fk}$	$\psi_{2,2}\ Q_{wk}$	E_d
N_{Ed} [MN]	0	-31,99	0	0	0	0	0	0	-31,99
M_{Edy} [MNm]	13,06	-15,36	5,61	0	0	0	0	0	3,31
M_{Edz} [MNm]	0	0	0	0,31	0,40	0	0	0	0,71

E_{Gkj} s. Tab. 9 (ständige EW)
E_{Pk} s. Tab. 10 (Vorspannung)
E_{Qvk} s. Tab. 11 (LM 71)
E_{Qtk} s. Tab. 18 (Zentrifug.)
E_{Qsk} s. Tab. 20 (Seitenstoß)
E_{Qlk} s. Tab. 21 (Anf. und Br.)
E_{Qfk} s. Tab. 14 (Dienstweg)
E_{Qwk} s. Tab. 23 (Wind)

– Nachweis der Spannungsbegrenzung

siehe Abschn. 2.1.3.2
A_c = 6,392 m²
$W_{cy,Punkt\,0}$ = 1,354 m³
$W_{cz,Punkt\,0}$ = 7,216 m³

$$\sigma_{cu,\,Punkt\,0} = \frac{N_{Ed}}{A_c} + \frac{M_{Edy}}{W_{cy,Punkt\,0}} + \frac{M_{Edz}}{W_{cz,Punkt\,0}} = -2{,}46\ \text{MN/m}^2$$

EC2-2 7.3.1 (105)
$\sigma_{c,max} \leq 0$

$-2{,}46\ \text{MN/m}^2 < \sigma_{c,max} \leq 0$ → Nachweis erfüllt

Lastmodell SW/2

EC1-2 6.3.3
EC1-2 Tab. 6.10 Nachweis Lastgruppen Eisenbahnverkehr

– maßgebende Schnittgrößen im Endzustand unter häufiger Einwirkungskombination mit gr17 als Leiteinwirkung

EC2-2/NA Tab. 7.102DE

$$N_{Ed} = N_{Pk,t\infty} \cdot r_{inf} + \psi_{1,1} \cdot N_{Qlk}$$

$$M_{Edy} = \sum M_{Gkj} + M_{Pk,t\infty} \cdot r_{inf} + \psi_{1,1} \cdot (M_{Qvk} + M_{Qlk}) + \psi_{2,1} \cdot M_{Qfk}$$

$$M_{Edz} = \psi_{1,1} \cdot (M_{Qtk} + M_{Qsk}) + \psi_{2,2} \cdot M_{Qwk}$$

r_{inf} = 0,90

δ_∞ = 13,7 %
siehe Abschn. 2.3.1.2.2

Tab. 6
$\psi_{1,1}$ = 0,80
$\psi_{2,1}$ = 0,00

EC0 A2.2.4 (3)
Windlast wird beim Lastmodell SW/2 nicht angesetzt!

Tabelle 31 Schnittgrößen unter häufiger Einwirkungskombination bei x = 0,5 · l zur Ermittlung der maximalen Betonspannung am unteren Rand LM SW/2

	ständige EW		Leiteinwirkung SW/2 (gr17)				Begleiteinwirkung		
Einwirkung	G_{kj}	0,90 $P_{k,t\infty}$	$\psi_{1,1}\ Q_{vk}$	$\psi_{1,1}\ Q_{tk}$	$\psi_{1,1}\ Q_{sk}$	$\psi_{1,1}$ 0,5 Q_{lk}	$\psi_{2,1}\ Q_{fk}$	$\psi_{2,2}\ Q_{wk}$	E_d
N_{Ed} [MN]	0	-31,99	0	0	0	0	0	0	-31,99
M_{Edy} [MNm]	13,06	-15,36	6,96	0	0	0	0	0	4,65
M_{Edz} [MNm]	0	0	0	0,09	0,40	0	0	0	0,49

E_{Qkj} s. Tab. 9 (ständige EW)
E_{Pk} s. Tab. 10 (Vorspannung)
E_{Qvk} s. Tab. 14 (SW/2)
E_{Qtk} s. Tab. 19 (Zentrifug.)
E_{Qsk} s. Tab. 21 (Seitenstoß)
E_{Qlk} s. Tab. 22 (Anf. Und Br.)
E_{Qfk} s. Tab. 24 (Dienstweg)

– Nachweis der Spannungsbegrenzung

$$\sigma_{cu,\,Punkt\,0} = \frac{N_{Ed}}{A_c} + \frac{M_{Edy}}{W_{cy,Punkt\,0}} + \frac{M_{Edz}}{W_{cz,Punkt\,0}} = -1{,}50\ \text{MN/m}^2$$

A_c = 6,392 m²
$W_{cy,Punkt\,0}$ = 1,354 m³
$W_{cz,Punkt\,0}$ = 7,216 m³
siehe Abschn. 2.1.3.2

$-1{,}50\ \text{MN/m}^2 < \sigma_{c,max} \leq 0$ → Nachweis erfüllt

EC2-2 7.3.1 (105)
$\sigma_{c,max} \leq 0$

Für beide Lastfälle ist der Dekompressionszustand in der vorgedrückten Zugzone gewährleistet, der gesamte Betonquerschnitt ist unter häufiger Einwirkungskombination überdrückt. Im Grenzzustand der Dekompression entsprechend der Tabelle 7.102DE des Querschnitts dürfen unter der maßgebenden Einwirkungskombination keine Zugspannungen an dem Rand des Querschnitts auftreten, der dem Spannglied am nächsten liegt. Für den dem Spannglied gegenüberliegenden Rand ist grundsätzlich kein Nachweis der Dekompression zu führen, es sind jedoch die entsprechenden Regelungen der Ril 804 zu berücksichtigen.

EC2-2/NA NCI zu 7.3.1 (105)

- **Bauzustand**

Im Bauzustand dürfen unter der häufigen Einwirkungskombination nach DIN EN 1992-2:2010-12 am oberen und unteren Rand Längszugspannungen zul. $\sigma_{c,Rand}$ auftreten, welche den Wert $0{,}85 \cdot f_{ctk;0,05}$ nicht überschreiten dürfen.

EC2-2/NA Tab. 7.102DE

Schnittgrößen im Bauzustand unter häufiger Einwirkungskombination wie folgt:

$$N_{Ed} = N_{Pk,t1} \cdot r_{sup}$$

$$M_{Edy} = \sum M_{Gk,j} + M_{Pk,t1} \cdot r_{sup}$$

t_1 = Zeitpunkt beim Vorspannen
$t_1 = 0$

Tabelle 32 Schnittgrößen unter häufiger Einwirkungskombination bei x = 0,5 · l zur Ermittlung der maximalen Längszugspannungen am oberen Rand

	ständige EW		
Einwirkung	G_{k1}	1,05 $P_{k,\,t1}$	$\mathbf{E_d}$
N_{Ed} [MN]	0	-43,25	-43,25
M_{Edy} [MNm]	7,92	-20,77	-12,85

r_{sup} = 1,05

δ_{t1} = 0 %
siehe Abschn. 2.3.1.2.2

E_{Gkj} s. Tab. 9 (ständige EW)
E_{Pk} s. Tab. 10 (Vorspannung)

– Nachweis der Spannungsbegrenzung

Eckpunkt 4
Eckpunkt 0

$$\sigma_{co,Punkt\,4} = \left(\frac{N_{Ed}}{A_c} + \frac{M_{Edy}}{W_{cy,Punkt\,4}} + \frac{M_{Edz}}{W_{cz,Punkt\,4}} \right) = 2{,}71 \text{ MN/m}^2$$

A_c = 6,392 m²
$W_{cy,Punkt\,4}$ = -1,355 m³
siehe Abschn. 2.1.3.2

$$2{,}71 \text{ MN/m}^2 \quad > \quad 0{,}85 \cdot f_{ctk;0,05} = 2{,}13 \text{ MN/m}^2$$

EC2-1 Tab. 3.1
$f_{ctk;0,05}$ = 2,5 MN/m²

→ Nachweis nicht erfüllt

Das Bauwerk wird etappenweise vorgespannt. Zunächst werden 50 % der Vorspannkraft aufgebracht und anschließend die Kappen betoniert.

Anteil Kappe an g_{k3} = 87 %

– Nachweis der Spannungsbegrenzung

$$\sigma_{co,\,Punkt\,4} = \left(\frac{N_{Ed}}{A_c} + \frac{M_{Edy}}{W_{cy,Punkt\,4}} + \frac{M_{Edz}}{W_{cz,Punkt\,4}} \right)$$

Eckpunkt 4
y
z
Eckpunkt 0

$$\sigma_{co,\,Punkt\,4} = \left(\frac{-43{,}25}{6{,}392} + \frac{-12{,}85 + 1{,}46}{-1{,}355} \right) = 1{,}64 \text{ MN/m}^2$$

A_c = 6,392 m²
$W_{cy,Punkt\,4}$ = -1,355 m³
siehe Abschn. 2.1.3.2

1,64 MN/m² < 0,85 · $f_{ctk;0,05}$ = 2,13 MN/m²

EC2-1 Tab. 3.1
$f_{ctk;0,05}$ = 2,5 MN/m²

→ Nachweis erfüllt

Alternativ könnte die Anzahl der Spannglieder reduziert (Querschnitt ist zum Zeitpunkt t = ∞ mit σ_d = -2,46 MN/m² deutlich überdrückt) oder die Spanngliedlage angepasst werden (Anheben der Spannglieder zur Erhöhung des zentrischen Anteils der Vorspannung).

2.5.1.2 Spannungsbegrenzung für Biegung mit Längskraft

Bei der Ermittlung von Spannungen und Verformungen ist in der Regel von ungerissenen Querschnitten auszugehen, wenn die Biegezugspannung $f_{ct,eff}$ nicht überschreitet. Der Wert für $f_{ct,eff}$ darf zu f_{ctm} oder $f_{ctm,fl}$ angenommen werden, wenn die Berechnung der Mindestzugbewehrung auch auf Grundlage dieses Wertes erfolgt. Für die Nachweise von Rissbreiten und bei der Berücksichtigung der Mitwirkung des Betons auf Zug ist in der Regel f_{ctm} zu verwenden.

EC2-1 7.1 (2)

$f_{ct,eff} = f_{ctm} = 3{,}5$ MN/m²
siehe Abschn. 1.2.4

Die Biegezugspannung ist unter der seltenen Einwirkungskombination zu ermitteln.

EC2-2/NA NCI 7.1 (2)

Die Betondruckspannungen müssen begrenzt werden, um Längsrisse, Mikrorisse oder starkes Kriechen zu vermeiden, falls diese zu Beeinträchtigungen der Funktion des Tragwerks führen können.

EC2-1 7.2 (1)

Zunächst muss überprüft werden, ob unter der seltenen Einwirkungskombination die zentrische Zugfestigkeit überschritten wird.

Lastmodell 71

$$N_{Ed} = N_{Pk,t\infty} \cdot r_{inf}$$

$$M_{Edy} = \sum M_{gk,j} + M_{Pk,t\infty} \cdot r_{inf} + M_{Qvk} + \psi_{0,1} \cdot M_{Qfk}$$

$$M_{Edz} = \sum M_{Qtk} + M_{Qsk} + \psi_{0,2} \cdot M_{Qwk}$$

$r_{inf} = 0{,}90$

$\delta_{t\infty} = 13{,}7$ %
siehe Abschn. 2.3.1.2.2

Tab. 6
$\psi_{0,1} =$ 0,80
$\psi_{0,2} =$ 0,75 (Wind)

Tabelle 33 Schnittgrößen unter seltener Einwirkungskombination bei x = 0,5 · l zur Ermittlung der maximalen Betondruckspannungen am unteren Rand LM 71

	ständige EW		Leiteinwirkung LM 71 (gr12)				Begleiteinwirkung		
Einwirkung	G_{kj}	$0{,}90\ P_{k,t\infty}$	Q_{vk}	Q_{tk}	Q_{sk}	$0{,}5\ Q_{lk}$	$\psi_{0,1}\ Q_{fk}$	$\psi_{0,2}\ Q_{wk}$	$\mathbf{E_d}$
N_{Ed} [MN]	0	-31,99	0	0	0	0	0	0	-31,99
M_{Edy} [MNm]	13,06	-15,36	7,02	0	0	0	0,56	0	5,28
M_{Edz} [MNm]	0	0	0	0,38	0,50	0	0	0,30	1,18

E_{Gkj} s. Tab. 9 (ständige EW)
E_{Pk} s. Tab. 10 (Vorspannung)
E_{Qvk} s. Tab. 11 (LM 71)
E_{Qtk} s. Tab. 18 (Zentrifug.)
E_{Qsk} s. Tab. 21 (Seitenstoß)
E_{Qlk} s. Tab. 22 (Anf. und Br.)
E_{Qfk} s. Tab. 24 (Dienstweg)
E_{Qwk} s. Tab. 26 (Wind)

- Betonspannung am unteren Rand:

$$\sigma_{cu,Punkt\,0} = \left(\frac{N_{Ed}}{A_c} + \frac{M_{Edy}}{W_{cy,Punkt\,0}} + \frac{M_{Edz}}{W_{cz,Punkt\,0}} \right) = -0{,}95 \text{ MN/m}^2$$

A_c = 6,392 m²
$W_{cy,Punkt\,0}$ = 1,354 m³
$W_{cz,Punkt\,0}$ = 7,216 m³
siehe Abschn. 2.1.3.2

$|-0{,}95|$ MN/m² < $f_{ct,eff} = 3{,}50$ MN/m²

$f_{ct,eff} = f_{ctm} = 3{,}5$ MN/m²
siehe Abschn. 1.2.4

Damit ist nachgewiesen, dass der Querschnitt auch unter seltener Einwirkungskombination beim LM 71 in Zustand I bleibt.

Lastmodell SW/2

$$N_{Ed} = N_{Pk,t\infty} \cdot r_{inf}$$

$$M_{Edy} = \sum M_{gk,j} + M_{Pk,t\infty} \cdot r_{inf} + M_{Qvk} + \psi_{0,1} \cdot M_{Qfk}$$

$$M_{Edz} = \sum M_{Qtk} + M_{Qsk}$$

$r_{inf} = 0{,}90$

$\delta_{t\infty} = 13{,}7$ %
siehe Abschn. 2.3.1.2.2

Tab. 6
$\psi_{0,1}$ = 0,80

EC0 A2.2.4 (3)
Windlast wird beim Lastmodell SW/2 nicht angesetzt!

Tabelle 34 Schnittgrößen unter seltener Einwirkungskombination bei x = 0,5 · l zur Ermittlung der maximalen Betondruckspannungen am unteren Rand Lastmodell SW/2

	ständige EW		Leiteinwirkung SW/2 (gr17)				Begleiteinwirkung		
Einwirkung	G_{kj}	0,90 $P_{k,t\infty}$	Q_{vk}	Q_{tk}	Q_{sk}	0,5 Q_{lk}	$\psi_{0,1}$ Q_{fk}	$\psi_{0,2}$ Q_{wk}	E_d
N_{Ed} [MN]	0	-31,99	0	0	0	0	0	0	-31,99
M_{Edy} [MNm]	13,06	-15,36	8,70	0	0	0	0,56	0	6,96
M_{Edz} [MNm]	0	0	0	0,11	0,50	0	0	0	0,61

E_{Gkj} s. Tab. 9 (ständige EW)
E_{Pk} s. Tab. 10 (Vorspannung)
E_{Qvk} s. Tab. 14 (SW/2)
E_{Qtk} s. Tab. 19 (Zentrifug.)
E_{Qsk} s. Tab. 21 (Seitenstoß)
E_{Qlk} s. Tab. 22 (Anf. und Br.)
E_{Qfk} s. Tab. 24 (Dienstweg)

- Betonspannung am unteren Rand:

$$\sigma_{cu,Punkt\,0} = \left(\frac{N_{Ed}}{A_c} + \frac{M_{Edy}}{W_{cy,Punkt\,0}} + \frac{M_{Edz}}{W_{cz,Punkt\,0}} \right) = 0{,}21 \text{ MN/m}^2$$

A_c = 6,392 m²
$W_{cy,Punkt\,0}$ = 1,354 m³
$W_{cz,Punkt\,0}$ = 7,216 m³
siehe Abschn. 2.1.3.2

0,21 MN/m² < $f_{ct,eff} = 3{,}50$ MN/m²

$f_{ct,eff} = f_{ctm} = 3{,}5$ MN/m²
siehe Abschn. 1.2.4

Damit ist nachgewiesen, dass der Querschnitt auch unter seltener Einwirkungskombination beim LM SW/2 in Zustand I bleibt.

2.5.1.2.1 Nachweis der Betondruckspannungen

a) Nachweis in der Druckzone

Die Betondruckspannungen müssen begrenzt werden, um Längsrisse, Mikrorisse oder starkes Kriechen zu vermeiden, falls diese zur Beeinträchtigung der Funktion des Tragwerks führen können. Es kann zu Längsrissen kommen, wenn die Spannung unter der seltenen Einwirkungskombination einen kritischen Wert übersteigt. Diese Rissbildung kann zu einer Verminderung der Dauerhaftigkeit führen. In Bauteilen, die den Bedingungen der Expositionsklassen XD, XF und XS ausgesetzt sind und in denen keine anderen Maßnahmen getroffen werden, wie z. B. eine Erhöhung der Betondeckung in der Druckzone oder eine Umschnürung der Druckzone durch Querbewehrung, sollten die Betondruckspannungen auf den Wert $k_1 \cdot f_{ck}$ begrenzt werden. Die maximalen Betondruckspannungen werden unter Berücksichtigung der möglichen Streuungen der Vorspannkraft zum Zeitpunkt t = ∞ angesetzt.

EC2-2 7.2 (1)

EC2-7.2 (102)

EC2-1 Tab. 4.1

EC2-2/NA NCI 7.2 (102)
$k_1 = 0{,}6$

Es werden Eckspannungen in den Punkten 4 und 0 ermittelt.

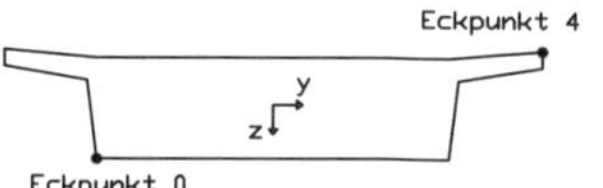

Lastmodell 71

- Schnittgrößen im Endzustand unter seltener Einwirkungskombination

$$N_{Ed} = N_{Pk,t\infty}$$

$$M_{Edy} = \sum M_{Gk,j} + M_{Pk,t\infty} + M_{Qvk} + \psi_{0,1} \cdot M_{Qfk}$$

$$M_{Edz} = \sum M_{Qtk} + M_{Qsk} + \psi_{0,2} \cdot M_{Qwk}$$

Schnitt x = 10 m (Feldmitte)

Druckzone (Eckpunkt 4)

maßgebende Leiteinwirkung: Lastgruppe 12 (LM 71 + Zentrifugallast + Seitenstoß + 0,5 · Anfahren und Bremsen)
$N_{Pk,t\infty} = N_{cpm0}\,[100 - \delta_{t\infty}]$
$M_{Pk,t\infty} = M_{cpm0}\,[100 - \delta_{t\infty}]$

$\delta_{t\infty} = 13{,}7$ %
siehe Abschn. 2.3.1.2.2

Tab. 6
$\psi_{0,1} =$ 0,80
$\psi_{0,2} =$ 0,75 (Wind)

Tabelle 35 Schnittgrößen unter seltener Einwirkungskombination bei x = 0,5 · l zur Ermittlung der maximalen Betondruckspannungen am oberen Rand LM 71

	ständige EW		Leiteinwirkung LM 71 (gr12)				Begleiteinwirkung		
Einwirkung	G_{kj}	0,9 $P_{k,t\infty}$	Q_{vk}	Q_{tk}	Q_{sk}	0,5 Q_{lk}	$\psi_{0,1}$ Q_{fk}	$\psi_{0,2}$ Q_{wk}	E_d
N_{Ed} [MN]	0	-31,99	0	0	0	0	0	0	-31,99
M_{Edy} [MNm]	13,06	-15,36	7,02	0	0	0	0,56	0	5,28
M_{Edz} [MNm]	0	0	0	0,38	0,50	0	0	0,30	1,18

E_{Gkj} s. Tab. 9 (ständige EW)
E_{Pk} s. Tab. 10 (Vorspannung)
E_{Qvk} s. Tab. 11 (LM 71)
E_{Qtk} s. Tab. 18 (Zentrifug.)
E_{Qsk} s. Tab. 21 (Seitenstoß)
E_{Qlk} s. Tab. 22 (Anf. und Br.)
E_{Qfk} s. Tab. 24 (Dienstweg)
E_{Qwk} s. Tab. 26 (Wind)

– Nachweis der Spannungsbegrenzung

$$\sigma_{co,\,Punkt\,4} = \left(\frac{N_{Ed}}{A_c} + \frac{M_{Edy}}{W_{cy,Punkt4}} + \frac{M_{Edz}}{W_{cz,Punkt4}} \right) = \text{-9,17 MN/m}^2$$

A_c = 6,392 m²
$W_{cy,Punkt\,4}$ = -1,355 m³
$W_{cz,Punkt\,4}$ = -4,357 m³
siehe Abschn. 2.1.3.2

$|-9{,}17|$ MN/m² < $0{,}6 \cdot f_{ck} = 24{,}00$ MN/m²

f_{ck} = 40 MN/m²
siehe Abschn. 1.2.4

→ Nachweis erfüllt

Lastmodell SW/2

– Schnittgrößen im Endzustand unter seltener Einwirkungskombination

maßgebende Leiteinwirkung: Lastgruppe gr17 (SW/2 + Zentrifugallast + Seitenstoß + 0,5 · Anfahren und Bremsen)
$N_{Pk,t} = N_{cpm0}\,[1 - (\delta_{t\infty}/100)]$
$M_{Pk,t} = M_{cpm0}\,[1 - (\delta_{t\infty}/100)]$

$$N_{Ed} = N_{Pk,t\infty}$$
$$M_{Edy} = \sum M_{Gk,j} + M_{Pk,t\infty} + M_{Qvk} + \psi_{0,1} \cdot M_{Qfk}$$
$$M_{Edz} = \sum M_{Qtk} + M_{Qsk}$$

$\delta_{t\infty}$ = 13,7 %
siehe Abschn. 2.3.1.2.2

Tab. 6
$\psi_{0,1}$ = 0,80

EC0 A2.2.4 (3)
Windlast wird beim Lastmodell SW/2 nicht angesetzt!

Tabelle 36 Schnittgrößen unter seltener Einwirkungskombination bei x = 0,5 · l zur Ermittlung der maximalen Betondruckspannungen am oberen Rand Lastmodell SW/2

	ständige EW		Leiteinwirkung SW/2 (gr17)				Begleiteinwirkung		
Einwirkung	G_{kj}	0,9 $P_{k,t\infty}$	Q_{vk}	Q_{tk}	Q_{sk}	0,5 Q_{lk}	$\psi_{0,1}$ Q_{fk}	$\psi_{0,2}$ Q_{wk}	$\mathbf{E_d}$
N_{Ed} [MN]	0	-31,99	0	0	0	0	0	0	-31,99
M_{Edy} [MNm]	13,06	-15,36	8,70	0	0	0	0,56	0	6,96
M_{Edz} [MNm]	0	0	0	0,11	0,50	0	0	0	0,61

E_{Gkj} s. Tab. 9 (ständige EW)
E_{Pk} s. Tab. 10 (Vorspannung)
E_{Qvk} s. Tab. 14 (SW/2)
E_{Qtk} s. Tab. 19 (Zentrifug.)
E_{Qsk} s. Tab. 21 (Seitenstoß)
E_{Qlk} s. Tab. 22 (Anf. und Br.)
E_{Qfk} s. Tab. 24 (Dienstweg)

– Nachweis der Spannungsbegrenzung

$$\sigma_{co,\,Punkt\,4} = \left(\frac{N_{Ed}}{A_c} + \frac{M_{Edy}}{W_{cy,Punkt4}} + \frac{M_{Edz}}{W_{cz,Punkt4}} \right) = \text{-10,28 MN/m}^2$$

A_c = 6,392 m²
$W_{cy,Punkt\,4}$ = -1,355 m³
$W_{cz,Punkt\,4}$ = -4,357 m³
siehe Abschn. 2.1.3.2

$|-10{,}28|$ MN/m² < $0{,}6 \cdot f_{ck} = 24{,}00$ MN/m²

→ Nachweis erfüllt

f_{ck} = 40 MN/m²
siehe Abschn. 1.2.4

Die maximalen Betondruckspannungen am oberen Querschnittsrand sind kleiner als die zulässigen Spannungen, somit ist der Nachweis erfüllt.

b) Nachweis für den unteren Querschnittsrand beim Eintragen der Vorspannkraft

Beträgt die Betondruckspannung unter quasi-ständiger Einwirkungskombination weniger als $k_2 \cdot f_{ck}$, darf von linearem Kriechen ausgegangen werden. Übersteigt die Betondruckspannung $k_2 \cdot f_{ck}$, ist in der Regel nichtlineares Kriechen zu berücksichtigen.

EC2-1 7.2 (3)

EC2-2/NA NCI 7.2 (3)
$k_2 = 0{,}45$

EC2-1 3.1.4 (2)

Dazu wird die Konstruktionseigenlast $g_{k,1}$ unter Berücksichtigung der möglichen Streuung der Vorspannkraft zum Zeitpunkt $t_0 = 10$ Tage angesetzt.

Nutzlasten wirken günstig und werden deshalb nicht berücksichtigt.

- Schnittgrößen im Bauzustand unter quasi-ständiger Einwirkungskombination

$$N_{Edx} = N_{Pk,t0}$$

$$M_{Edy} = M_{Gk,1} + M_{Pk,t0}$$

$M_{Qwk,B}$ (Windeinwirkung im Bauzustand) wegen Geringfügigkeit vernachlässigt

$r_{sup} = 1{,}1$

Tabelle 37 Schnittgrößen unter quasi-ständiger Einwirkungskombination bei x = 0,5 · l zur Ermittlung der maximalen Betondruckspannung bei Eintragung der Vorspannung

	ständige EW		
Einwirkung	$G_{k,1}$	1,1 $P_{k,\,t0}$	$\mathbf{E_d}$
N_{Edx} [MN]	0	-45,39	-45,39
M_{Edy} [MNm]	7,92	-21,76	-13,84

$N_{Pk,t0}$ = (-18,72 – 22,47) = -41,19 MN

$M_{Pk,t0}$ = (-8,99 – 10,79) = -19,78 MNm

E_{Gkj} s. Tab. 9 (ständige EW)
E_{Pk} s. Tab. 10 (Vorspannung)

- Überprüfung ob Zustand I oder Zustand II vorliegt (obere Querschnittsecke)

$$\sigma_{co,\,Punkt\,4} = \left(\frac{N_{Ed}}{A_c} + \frac{M_{Edy}}{W_{cy,Punkt\,4}} + \frac{M_{Edz}}{W_{cz,Punkt\,4}} \right) = 3{,}11 \text{ MN/m}^2$$

A_c = 6,392 m²
$W_{cy,Punkt\,4}$ = - 1,355 m³
siehe Abschn. 2.1.3.2

$3{,}11 \text{ MN/m}^2 \quad < \quad f_{ct,eff} = 3{,}50 \text{ MN/m}^2 \rightarrow$ Zustand I

– Nachweis der Spannungsbegrenzung

t_0 = 10 Tage

$$\sigma_{cu,\,Punkt\,0} = \left(\frac{N_{Ed}}{A_c} + \frac{M_{Edy}}{W_{cy,Punkt\,0}} + \frac{M_{Edz}}{W_{cz,Punkt\,0}} \right) = -17{,}32\ MN/m^2$$

A_c = 6,392 m²
$W_{cy,Punkt\,0}$ = 1,354 m³
siehe Abschn. 2.1.3.2

(Spannungsermittlung für Zustand I)

$$|-17{,}32|\ MN/m^2 \quad < \quad 0{,}6 \cdot f_{ck} = 24{,}0\ MN/m^2$$

f_{ck} = 40 MN/m²
siehe Abschn. 1.2.4

- Überprüfung ob nichtlineare Kriechansätze berücksichtigt werden müssen

$$|-17{,}32|\ MN/m^2 \quad < \quad 0{,}45 \cdot f_{ck} = 18{,}0\ MN/m^2$$

Die Betondruckspannungen liegen somit auch im Bauzustand beim Aufbringen der Vorspannkraft unter der zulässigen Höchstgrenze. Nichtlineares Kriechen muss somit nicht berücksichtigt werden.

Anmerkung:

Es wurde auf der sicheren Seite liegend – trotz Bauzustand – mit den r_{inf}- bzw. r_{sup}-Werten für den Betriebszustand gerechnet.

Schnitt x = 10 m (Feldmitte)

2.5.1.2.2 Nachweis der Spannstahlspannungen

Die Zugspannungen in den Spanngliedern sind mit dem Mittelwert der Vorspannung unter der quasi-ständigen Einwirkungskombination nach Abzug der Spannkraftverluste (Zeitpunkt $t = t_\infty$) auf $k_5 \cdot f_{pk}$ zu begrenzen.

EC2-1 7.2 (5)

EC2-2/NA NDP 7.2 (5)
$k_5 = 0{,}65$

Die Langzeiteinflüsse werden mit dem Verhältniswert der E-Moduli $\alpha = 14{,}3$ berücksichtigt.

$\sigma_{p,gk1}$ in σ_{pm0} bereits berücksichtigt

- Ermittlung der Spannstahlspannung

siehe Abschn. 2.2.1.2 Tab. 4
$z_{cp} = 0{,}48$ m

siehe Abschn. 2.1.3.2
$I_{cy} = 0{,}935$ m^4

$M_{gk,2} = 3{,}459$ MNm Tab. 9
$M_{gk,3} = 1{,}680$ MNm Tab. 9

$$\sigma_{cp,g2+3} = \frac{M_{gk,2} + M_{gk,3}}{I_{cy}} \cdot z_{cp} = 2{,}64 \text{ MN/m}^2$$

siehe Abschnitt 2.2.1.2
$\sigma_{pm,0} = 1321$ MN/m² (Lage 2)

siehe Abschnitt 2.3.1.2.2
$\delta_{t\infty} = 13{,}7$ %

$$\sigma_p = \sigma_{pm0} \cdot (1 - \delta) + \alpha \cdot \sigma_{cp,g2+3}$$

$E_p = 195.000$ MN/m²
EC2-1 5.8.7.2 (4) Gl. (5.27)

$$\sigma_p = 1321 \cdot (1 - 0{,}137) + 14{,}3 \cdot 2{,}64 = 1177{,}78 \text{ MN/m}^2$$

$\varphi = 1{,}566$; Endkriechzahl
siehe Abschnitt 2.3.1.2.2

- Nachweis der Spannungsbegrenzung

Vorspannung zum Zeitpunkt t_∞
$f_{pk} = 1860$ MN/m²
siehe Abschnitt 2.3.1.2.2

$$\sigma_p = 1177{,}78 \text{ MN/m}^2 \quad < \quad 0{,}65 \cdot f_{pk} = 1209{,}0 \text{ MN/m}^2$$

Der Nachweis der Begrenzung der Spannstahlspannungen ist damit erbracht.

2.5.1.2.3 Nachweis der Betonstahlspannungen

Zur Vermeidung nichtelastischer Dehnungen, unzulässiger Rissbildungen und Verformungen müssen die Zugspannungen in der Bewehrung begrenzt werden. (EC2-1 7.2 (5))

Wenn die Zugspannung in der Bewehrung unter der seltenen Einwirkungskombination $k_3 \cdot f_{yk}$ nicht übersteigt, darf davon ausgegangen werden, dass für das Erscheinungsbild unzulässige Rissbildungen und Verformungen vermieden werden. (EC2-2/NA NDP 7.2 (5); $k_3 = 0{,}8$)

Zugspannungen infolge indirekter Einwirkung sind in der Regel auf $k_4 \cdot f_{yk}$ zu begrenzen. ($k_4 = 1{,}0$)

Der Nachweis beschränkt sich hier auf die Stahlzugspannungen am unteren Querschnittsrand zum Zeitpunkt $t = t_\infty$. (t_∞ = 100 Jahre, Abschluss Kriechen und Schwinden)

Die Vorspannkraft wird unter Berücksichtigung der möglichen Streuung angesetzt.

– Schnittgrößen im Endzustand unter der seltenen Einwirkungskombination:

$$N_{Ed} = N_{Pk,t\infty} \cdot r_{inf}$$
$$M_{Edy} = \sum M_{Gk,j} + M_{Pk,t\infty} \cdot r_{inf} + M_{Qvk} + \psi_{0,1} \cdot M_{Qfk}$$
$$M_{Edz} = \sum M_{Qtk} + M_{Qsk} + \psi_{0,2} \cdot M_{Qwk}$$

$\delta_{t\infty} = 13{,}7$ %
siehe Abschnitt 2.3.1.2.2

$r_{inf} = 0{,}90$

LM 71 → Werte siehe Tabelle 36
LM SW/2 → Werte siehe Tabelle 37

– Ermittlung der Betonstahlspannung LM SW/2

hier:
ungünstigstes Lastmodell

$$\sigma_S = \left[\frac{N_{Ed}}{A_c} + \frac{M_{Edy}}{I_{cy}} \cdot z_S + \frac{M_{Edz}}{I_{cz}} \cdot y_S\right] = \text{-0,40 MN/m}^2$$

$A_c = 6{,}392$ m²
$I_{cy} = 0{,}935$ m⁴
$I_{cz} = 15{,}948$ m⁴
$z_s = z_c - d_1 = 0{,}62$ m
$y_s = y_c - d_1 = 2{,}14$ m
$z_c = 0{,}69$ m
$y_c = 2{,}21$ m
siehe Abschn. 2.4.4
$h - d = d_1$
1,25 m – 1,18 m = 0,07 m

– Nachweis der Spannungsbegrenzung

$$\sigma_S = |-0{,}40|\ \text{MN/m}^2 \ll k_3 \cdot f_{yk} = 0{,}8 \cdot f_{yk} = 400{,}00\ \text{MN/m}^2$$

$f_{yk} = 500$ MN/m²
siehe Abschn. 1.2.4

<u>Anmerkung:</u>

Bei der hier verwendeten Betonsorte C40/50 und dem Nachweis aus Abschnitt 2.5.2.1, dass der Querschnitt am Ende der Nutzungsdauer im Zustand I bleibt, kann dieser Nachweis nicht maßgebend werden.

2.5.2 Begrenzung der Rissbreite

Bei Tragwerken mit Bauteilbestimmung nach Tabelle 7.102DE ist die Rissbreitenbegrenzung unter der häufigen Einwirkungskombination nachzuweisen. Der Rechenwert der zulässigen Rissbreite beträgt w_{max} = 0,2 mm.

EC2-2/NA Tab. 7.102DE
Spannbetonüberbau
– Vorspannung mit Verbund
– längs

Für Brücken ist der Nachweis zur Begrenzung der Rissbreiten zu führen.

EC2-2/NA NCI 7.3.1 (4)

Die Begrenzung der Rissbreite umfasst die folgenden Nachweise:

EC2-2 7.3

- Nachweis der Mindestbewehrung
- Nachweis der Rissbreite

2.5.2.1 Mindestbewehrung für die Begrenzung der Rissbreite

EC2-2 7.3.2

Zur Begrenzung der Rissbreiten ist eine Mindestbewehrung in der Zugzone erforderlich. Die Mindestbewehrung darf aus dem Gleichgewicht der Betonzugkraft unmittelbar vor der Rissbildung und der Zugkraft in der Bewehrung der Zugzone unter Berücksichtigung der Stahlspannung σ_S nach Absatz (2) ermittelt werden.

EC2-1-1 7.3.2 (1)

Die Mindestbewehrung ist überwiegend am gezogenen Querschnittsrand anzuordnen, mit einem angemessenen Anteil aber auch so über die Zugzone zu verteilen, dass die Bildung breiter Sammelrisse vermieden wird.

EC2-2/NA NCI zu 7.3.2 (102)

Der Querschnitt der Mindestbewehrung darf vermindert werden, wenn die Zwangsschnittgröße die Rissschnittgröße nicht erreicht. In diesen Fällen darf die Mindestbewehrung durch eine Bemessung des Querschnitts für die nachgewiesene Zwangsschnittgröße unter Berücksichtigung der Anforderungen an die Rissbreitenbegrenzung ermittelt werden.

Die maximalen Stababstände der Mindestbewehrung dürfen 200 mm nicht überschreiten. Der Stabdurchmesser muss größer oder gleich 10 mm sein.

EC2-2/NA NCI 7.3.2 (NA.109)P

Die Mindestbewehrung ist nicht in Bereichen erforderlich, in denen im Beton unter der seltenen Einwirkungskombination und ggf. unter den maßgebenden charakteristischen Werten der Vorspannung Betondruckspannungen σ_c am Querschnittsrand auftreten, die dem Betrag nach größer als 1,0 N/mm² sind. Anderenfalls ist Mindestbewehrung nachzuweisen. EC2-2/NA NDP 7.3.2 (4) (NA.104)

Sofern nicht eine genauere Rechnung zeigt, dass ein geringerer Bewehrungsquerschnitt ausreicht, darf der erforderliche Mindestbewehrungsquerschnitt zur Begrenzung der Rissbreite folgendermaßen ermittelt werden. EC2-2 7.3.2 (102)
Bei profilierten Querschnitten wie Hohlkästen oder Plattenbalken ist die Mindestbewehrung für jeden Teilquerschnitt (Gurte und Stege) einzeln nachzuweisen.
In gegliederten Querschnitten wie z. B. T-Balken und Hohlkästen sollte die Unterteilung in Nachweisabschnitten erfolgen.

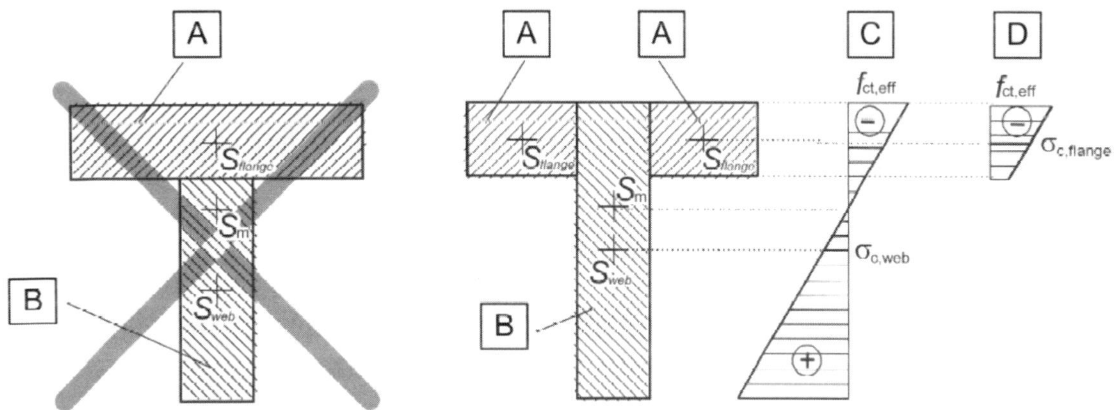

Legende
A Teilquerschnitt „Gurt"
B Teilquerschnitt „Steg"
C „Steg"
D „Gurt"

Abbildung 25 Beispiel für die Unterteilung eines gegliederten Querschnitts zur Berechnung der Rissbreite

$$A_{s,min} = k_c \cdot k \cdot f_{ct,eff} \cdot \frac{A_{ct}}{\sigma_s}$$

EC2-2 7.3.2 (102) Gl. (7.1)

k_c Beiwert zur Berücksichtigung des Einflusses der Spannungsverteilung innerhalb des Querschnitts vor der Erstrissbildung sowie der Änderung des inneren Hebelarms:

Biegung oder Biegung mit Normalkraft: — EC2-2 7.3.2 (102)

– Bei Rechteckquerschnitten und Stegen von Hohlkästen und Plattenbalken:

$$k_c = 0{,}4 \cdot \left[1 - \frac{\sigma_c}{k_1(h/h^*) \cdot f_{ct,eff}}\right] \le 1$$ EC2-2 7.3.2 Gl. (7.2)

σ_c Betonspannung in Höhe der Schwerlinie des Querschnitts oder Teilquerschnitts im ungerissenen Zustand unter der Einwirkungskombination, die am Gesamtquerschnitt zur Erstrissbildung führt ($\sigma_c < 0$ bei Druckspannung) — EC2-2/NA NCI 7.3.2 (102)

$$\sigma_c = \frac{N_{Ed}}{b \cdot h}$$ EC2-2 7.3.2 Gl. (7.4)

N_{Ed} Normalkraft im Grenzzustand der Gebrauchstauglichkeit, die auf den untersuchten Teil des Querschnitts einwirkt (Druckkraft ist positiv bezeichnet). Zur Bestimmung von N_{Ed} sind in der Regel die charakteristischen Werte der Vorspannung und der Normalkräfte unter der maßgebenden Einwirkungskombination zu berücksichtigen. — EC2-2 7.3.2 (102)

k_1 Beiwert zur Berücksichtigung der Auswirkungen der Normalkräfte auf die Spannungsverteilung

= 1,5 wenn N_{Ed} Druckkraft

= 2 · h* / 3 · h wenn N_{Ed} Zugkraft

h*   h* = h für h < 1,0 m
h* = 1 m für h ≥ 1,0 m

k Beiwert zur Berücksichtigung von nichtlinear verteilten Betonzugspannungen und weitere risskraftreduzierende Einflüsse:

a) Zugspannungen infolge im Bauteil selbst hervorgerufenen Zwangs (z. B. Eigenspannungen infolge Abfließens der Hydratationswärme): — EC2-2/NA NCI 7.3.2 (102)

$k = 0{,}8$ für $h \leq 300$ mm o. Gurte $h < 300$ mm — EC2-2/NA NCI 7.3.2 (102)

$k = 0{,}5$ für $h \geq 800$ mm o. Gurte $h > 800$ mm

Zwischenwerte dürfen interpoliert werden, für h ist der kleinere Wert von Höhe oder Breite des Querschnitts oder Teilquerschnitts zu setzen.

b) Zugspannungen infolge außerhalb des Bauteils hervor gerufenen Zwangs (z. B. Stützensenkung, wenn der Querschnitt frei von nichtlinear verteilten Eigenspannungen und risskraftreduzierenden Einflüssen ist):

$k = 1{,}0$

A_{ct} Fläche der Betonzugzone. Die Zugzone ist derjenige Teil des Querschnitts, der direkt vor der Bildung des Erstrisses unter Zugspannungen steht. — EC2-2 7.3.2 (102)

$f_{ct,eff}$ die wirksame Zugfestigkeit des Betons zum betrachteten Zeitpunkt. Für $f_{ct,eff}$ ist bei diesem Nachweis der Mittelwert der Zugfestigkeit f_{ctm} einzusetzen. Dabei ist diejenige Festigkeitsklasse anzusetzen, die beim Auftreten der Risse zu erwarten ist. In vielen Fällen, z. B. wenn der maßgebende Zwang aus dem Abfließen der Hydratationswärme entsteht, kann die Rissbildung in den ersten 3 bis 5 Tagen nach dem Einbringen des Betons in Abhängigkeit von den Umweltbedingungen, der Form des Bauteils und der Art der Schalung entstehen. In diesem Fall darf, sofern kein genauerer Nachweis erfolgt, die Betonzugfestigkeit $f_{ct,eff}$ zu 50 % der mittleren Zugfestigkeit nach 28 Tagen gesetzt werden. — EC2-2/NA NCI 7.3.2 (102)

Wird diese Annahme getroffen, ist die Festigkeitsentwicklung $r = f_{cm2} / f_{cm28}$ des Betons auf folgende Werte zu begrenzen:

$r \leq 0{,}30$ (Betonieren unter sommerlichen Temperaturen)

$r \leq 0{,}50$ (Betonieren unter winterlichen Bedingungen)

Dies ist auf den Ausführungsplänen anzugeben.

Zur Einhaltung dieser Grenzen darf bei Beton der Festigkeitsklasse ≥ C30/37 der Zeitpunkt zum Nachweis der Festigkeitsklasse auf einen späteren Zeitpunkt (z. B. 56 Tage) vereinbart werden.

Wenn in Sonderfällen, z. B. zur Beschleunigung des Bauablaufs, eine schnellere Festigkeitsentwicklung notwendig wird, ist die Betonzugfestigkeit $f_{ct,eff}$ entsprechend zu erhöhen.

Wenn der Zeitpunkt der Rissbildung nicht mit Sicherheit innerhalb der ersten 28 Tage festgelegt werden kann, sollte mindestens eine Zugfestigkeit von 3,0 N/mm² für Normalbeton angenommen werden. EC2-2/NA NCI 7.3.2 (102)

σ_s der Absolutwert der maximal zulässigen Spannung in der Betonstahlbewehrung unmittelbar nach Rissbildung. Diese darf als die Streckgrenze der Bewehrung f_{yk} angenommen werden. Zur Einhaltung der Rissbreitengrenzwerte kann allerdings ein niedrigerer Wert erforderlich sein, entsprechend dem Grenzdurchmesser der Stäbe oder den Höchstwerten der Stababstände. EC2-2 7.3.2 (102)

Hinweis zur Ermittlung der Mindestbewehrung

Bei der Ermittlung der Mindestbewehrung wird nachgewiesen, dass die Zugkeilkraft in Zustand II unmittelbar nach Aufreißen des Querschnitts mit einer vom Durchmesser der verwendeten Betonstahlbewehrung abhängigen Stahlspannung von der Mindestbewehrung aufgenommen werden kann.

Unmittelbar vor dem Übergang in Zustand II ergibt sich folgende Spannungsverteilung (dargestellt für das Aufreißen am unteren Rand des Überbaus): $h - x' = h_{cr}$

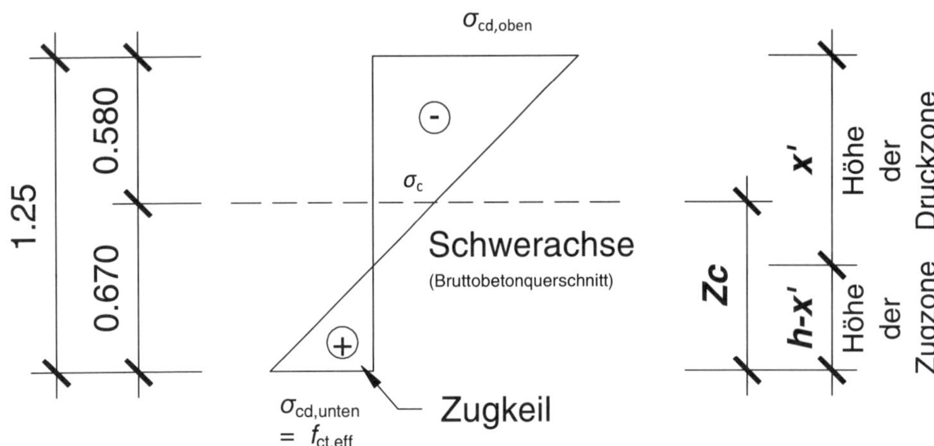

Abbildung 26 Spannungsverteilung vor der Rissbildung am unteren Rand

Aus der Vorgabe $\sigma_{cd,unten} = f_{ct,eff} = 3{,}5$ MN/m² und bekannter Längsspannung in Höhe der Schwerachse σ_c lässt sich die Spannungsverteilung im Querschnitt ermitteln.

EC2-1-1 3.1.3 Tab. 3.1
$f_{ctm} = f_{ct,eff} = 3{,}5$ MN/m²

Die beim Aufreißen frei werdende Zugkeilkraft F_t hat die Größe:

$$F_t = k \cdot f_{ct,eff} \cdot A_{ct} \cdot 0{,}5$$

Diese Zugkraft muss – unter Berücksichtigung der Änderung des inneren Hebelarms beim Übergang in Zustand II und der Berücksichtigung der Spannungsverteilung – mit einer vom Durchmesser abhängigen, reduzierten Stahlspannung σ_s abgedeckt werden.

Die Änderung des inneren Hebelarms beim Übergang in Zustand II und die Spannungsverteilung werden mit dem Faktor k_c nach Gleichung EC 2-2 Kap. 7.3.2 Gl. (7.2) berücksichtigt.

Bei reiner Biegung ($\sigma_c = 0$) ergibt sich ein Faktor von $k_c = 0{,}4$. Damit werden der dreiecksförmige Spannungsverlauf (Faktor: 0,5) und die Änderung des inneren Hebelarms (Faktor: $\approx 0{,}8$) berücksichtigt.

Eine vorhandene Normalkraft – bei Spannbetonüberbauten im Wesentlichen die Vorspannkraft – wird im Term $\sigma_c / k_1(h / h^*) \cdot f_{ct,eff}$ berücksichtigt. Bei Normaldruckspannungen $\sigma_c \geq 1{,}5 \cdot (h / h^*) \cdot f_{ct,eff} = k_1 \cdot f_{ct,eff}$ sind keine breiten Risse zu erwarten und es kann auf eine Mindestbewehrung verzichtet werden.

Mit dem Abminderungsfaktor k_1 werden nichtlineare Eigenspannungen berücksichtigt, die die Rissschnittgröße reduzieren.

Bei profilierten Querschnitten wie Hohlkasten oder Plattenbalken ist die Mindestbewehrung für jeden Teilquerschnitt (Gurte und Stege) einzeln nachzuweisen.

Im Verbund liegende Spannglieder können auf die erforderliche Mindestbewehrung unter Berücksichtigung des Verbundverhaltens angerechnet werden.

Die vorhandene Längsbewehrung (z. B. eine eventuell vorhandene Robustheitsbewehrung) darf ebenfalls auf die oben ermittelte Mindestbewehrung angerechnet werden.

a) Nachweis für die vorgedrückte Zugzone

Zunächst wird überprüft, ob die Randspannung unter der seltenen Einwirkungskombination kleiner -1,0 N/mm² ist. Wird diese Bedingung eingehalten, kann auf eine Mindestbewehrung verzichtet werden.

EC 2-2/NA NDP 7.3.2 (4) (NA.104)

Lastmodell 71

$$N_{Ed} = N_{Pk,t\infty} \cdot r_{inf}$$

$$M_{Edy} = \sum M_{gk,j} + M_{Pk,t\infty} \cdot r_{inf} + M_{Qvk} + \psi_{0,1} \cdot M_{Qfk}$$

$$M_{Edz} = \sum M_{Qtk} + M_{Qsk} + \psi_{0,2} \cdot M_{Qwk}$$

$r_{inf} = 0{,}90$

$\delta_{t\infty} = 13{,}7$ %
siehe Abschn. 2.3.1.2.2

Tab. 6
$\psi_{0,1} =$ 0,80
$\psi_{0,2} =$ 0,75 (Wind)

Tabelle 38 **Schnittgrößen unter seltener Einwirkungskombination bei x = 0,5 · l zur Ermittlung der maximalen Betonspannungen am unteren Rand LM 71**

	ständige EW		Leiteinwirkung LM 71 (gr12)				Begleiteinwirkung		
Einwirkung	G_{kj}	0,90 $P_{k,t\infty}$	Q_{vk}	Q_{tk}	Q_{sk}	0,5 Q_{lk}	$\psi_{0,1}\,Q_{fk}$	$\psi_{0,2}\,Q_{wk}$	E_d
N_{Ed} [MN]	0	-31,99	0	0	0	0	0	0	-31,99
M_{Edy} [MNm]	13,06	-15,36	7,02	0	0	0	0,56	0	5,28
M_{Edz} [MNm]	0	0	0	0,38	0,50	0	0	0,29	1,17

E_{Gkj} s. Tab. 9 (ständige EW)
E_{Pk} s. Tab. 10 (Vorspannung)
E_{Qvk} s. Tab. 11 (LM 71)
E_{Qtk} s. Tab. 18 (Zentrifug.)
E_{Qsk} s. Tab. 21 (Seitenstoß)
E_{Qlk} s. Tab. 22 (Anf. und Br.)
E_{Qfk} s. Tab. 24 (Dienstweg)
E_{Qwk} s. Tab. 26 (Wind)

– Betonspannung am unteren Rand:

$$\sigma_{cu,\,Punkt\,0} = \left(\frac{N_{Ed}}{A_c} + \frac{M_{Edy}}{W_{cy,Punkt\,0}} + \frac{M_{Edz}}{W_{cz,Punkt\,0}}\right) = -0{,}94 \text{ MN/m}^2$$

$A_c = 6{,}392$ m²
$W_{cy,Punkt\,0} = 1{,}354$ m³
$W_{cz,Punkt\,0} = 7{,}216$ m³
siehe Abschn. 2.1.3.2

-0,94 MN/m² > -1,00 MN/m²

Damit ist an der Unterseite im Mittelbereich eine Mindestbewehrung erforderlich.

Lastmodell SW/2

$$N_{Ed} = N_{Pk,t\infty} \cdot r_{inf}$$

$$M_{Edy} = \sum M_{gk,j} + M_{Pk,t\infty} \cdot r_{inf} + M_{Qvk} + \psi_{0,1} \cdot M_{Qfk}$$

$$M_{Edz} = \sum M_{Qtk} + M_{Qsk}$$

r_{inf} = 0,90

$\delta_{t\infty}$ = 13,7 %
siehe Abschn. 2.3.1.2.2

Tab. 6
$\psi_{0,1}$ = 0,80

EC0 A2.2.4 (3)
Windlast wird beim Lastmodell SW/2 nicht angesetzt!

Tabelle 39 Schnittgrößen unter seltener Einwirkungskombination bei x = 0,5 · l zur Ermittlung der maximalen Betonspannungen am unteren Rand Lastmodell SW/2

	ständige EW		Leiteinwirkung SW/2 (gr17)				Begleiteinwirkung		
Einwirkung	G_{kj}	0,90 $P_{k,t\infty}$	Q_{vk}	Q_{tk}	Q_{sk}	0,5 Q_{lk}	$\psi_{0,1}$ Q_{fk}	$\psi_{0,2}$ Q_{wk}	E_d
N_{Ed} [MN]	0	-31,99	0	0	0	0	0	0	-31,99
M_{Edy} [MNm]	13,06	-15,36	8,70	0	0	0	0,56	0	6,95
M_{Edz} [MNm]	0	0	0	0,11	0,50	0	0	0	0,61

E_{Gkj} s. Tab. 9 (ständige EW)
E_{Pk} s. Tab. 10 (Vorspannung)
E_{Qvk} s. Tab. 14 (SW/2)
E_{Qtk} s. Tab. 19 (Zentrifug.)
E_{Qsk} s. Tab. 21 (Seitenstoß)
E_{Qlk} s. Tab. 22 (Anf. und Br.)
E_{Qfk} s. Tab. 24 (Dienstweg)

– Betonspannung am unteren Rand:

$$\sigma_{cu,Punkt\,0} = \left(\frac{N_{Ed}}{A_c} + \frac{M_{Edy}}{W_{cy,Punkt\,0}} + \frac{M_{Edz}}{W_{cz,Punkt\,0}} \right) = 0{,}21 \text{ MN/m}^2$$

A_c = 6,392 m²
$W_{cy,Punkt\,0}$ = 1,354 m³
$W_{cz,Punkt\,0}$ = 7,216 m³
siehe Abschn. 2.1.3.2

0,21 MN/m² > -1,00 MN/m²

Damit ist an der Unterseite im Mittelbereich eine Mindestbewehrung erforderlich.

Ermittlung der erforderlichen Mindestbewehrung

- Betonspannung aus äußerer Last in Höhe des Schwerpunktes des Bruttobetonquerschnitts:

$$\sigma_{c,ges} = \frac{N_{Ed}}{A_c} = |-5{,}01|\ \text{MN/m}^2$$

$N_{Ed} =$ 0,90 · (-18,72 – 22,47) · (1 – 0,137) = -31,99 MN

$A_c = 6{,}392\ \text{m}^2$ siehe Abschn. 2.1.3.2

- Höhe der Zugzone:

$$h_{cr} = (h - x') = \frac{f_{ct,eff}}{f_{ct,eff} + \sigma_c} \cdot z_c = 0{,}28\ \text{m}$$

$f_{ct,eff} = 3{,}5\ \text{MN/m}^2$ siehe Abschn. 1.2.4

$z_c = 0{,}690\ \text{m}$ siehe Abschn. 2.1.3.2

- Fläche der Zugzone:

$$A_{ct} = (h - x') \cdot b = 1{,}26\ \text{m}^2$$

$b = 4{,}42\ \text{m}$ siehe Abschn. 1.2.2

- Beiwert zur Berücksichtigung des Einflusses der Spannungsverteilung innerhalb der Zugzone A_{ct} vor der Erstrissbildung sowie der Änderung des inneren Hebelarms beim Übergang in Zustand II:

$$k_c = 0{,}4 \cdot \left[1 - \frac{\sigma_c}{k_1(h/h^*) \cdot f_{ct,eff}}\right] \leq 1$$

EC2-2 7.3.2 (102) Gl .(7.2)

- Betonspannung aus äußerer Last in Höhe des Schwerpunktes des Teilquerschnitts (Steg):

$$\sigma_c = \left(\frac{N_{Ed}}{A_c} - f_{ct,eff}\right) \cdot (0{,}5 \cdot h / z_c) + f_{ct,eff} = 4{,}86\ \text{MN/m}^2$$

$h = 1{,}25\ \text{m}$ siehe Abschn. 1.2.2

$k_1 = 1{,}5$ (Druckkraft)

mit:

$h = 1{,}25\ \text{m}$
$h^* = 1{,}0$ für $h > 1{,}0\ \text{m}$

$$k_c = 0{,}4 \cdot \left[1 - \frac{4{,}86}{1{,}5\ (1{,}25/1{,}0) \cdot 3{,}5}\right] \leq 1$$

$$= 0{,}10 \quad < \quad 1$$

- Berücksichtigung nichtlinearer Eigenspannungen:

$k = 0{,}50$ für Stege oder Gurte $h \geq 800$ mm

EC2-2 7.3.2 (102)

- Grenzdurchmesser des Betonstahls:

EC2-2/NA NCI 7.3.3
Gl. (7.6DE)

$$\phi_s^* = \frac{\phi_s \cdot 4 \cdot (h-d) \cdot 2{,}9}{k_c \cdot k \cdot h_{cr} \cdot f_{ct,eff}} \leq \frac{\phi_s \cdot 2{,}9}{f_{ct,eff}}$$

$\phi_s = 16$ mm
$h = 1{,}25$ m
$d = 1{,}18$ m
$f_{ct,eff} = 3{,}5$ MN/m²

$$\phi_s^* = 265 \text{ mm} \leq \underline{13{,}3 \text{ mm}}$$

- Stahlspannung in der Mindestbewehrung:

EC2-2/NA NCI 7.3.3 (2)
Tab. 7.2DE

$\sigma_S = 230$ MN/m² (interpoliert)

$w_k = 0{,}2$ mm

- Der erforderliche Mindestbewehrungsquerschnitt zur Begrenzung der Rissbreite ergibt sich damit zu:

Der Querschnitt des Spannstahls wird auf der sicheren Seite liegend nicht in Rechnung gestellt.

$$A_s = k_c \cdot k \cdot f_{ct,eff} \cdot \frac{A_{ct}}{\sigma_s} = 0{,}1 \cdot 0{,}5 \cdot 3{,}5 \cdot \frac{1{,}26}{230} = \underline{9{,}6 \text{ cm}^2}$$

Auf die Mindestbewehrung für die Rissbreitenbeschränkung kann die Mindestbewehrung zur Sicherstellung von „Riss vor Bruch“ angerechnet werden. Es ist mit $A_{s,prov} = 64{,}32$ cm² deshalb keine zusätzliche Bewehrung erforderlich.

siehe Abschnitt 2.4.3
$A_{S,prov} = 64{,}32$ cm²

Anmerkung:

Gemäß der ELTB Anlage Ei 8.2/2 ist die Anwendung der Tabelle 7.3N für die Begrenzung der Rissbreite über die Höchstwerte der Stababstände nicht zulässig.

b) Nachweis für die Druckzone

– Maßgebende Schnittgrößen am Ende des Bauzustandes, bei Verkehrsübergabe unter seltener Einwirkungskombination mit Wind als Leiteinwirkung

$$N_{Ed} = N_{Pk,t1} \cdot r_{sup}$$

$$M_{Edy} = \sum M_{gk,j} + M_{Pk,t1} \cdot r_{sup}$$

$$M_{Edz} = \psi_{0,2} \cdot M'_{Qwk}$$

maßgebender Eckpunkt: 4 (siehe Abschn. 2.5.1.1)

$N_{Pk,t0}$ = (-18,72 – 22,47) = -41,19 MN

$M_{Pk,t0}$ = (-8,99 – 10,79) = -19,78 MNm

Da kein Verkehrsband h = 4,0 m anzusetzen ist:

$$M'_{Qwk} = M_{Qwk} \cdot \frac{h_{tot}}{h_{tot} + 4{,}00}$$

$$= 0{,}794 \cdot \frac{2{,}14}{2{,}14 + 4{,}00} = 0{,}28 \text{ MNm}$$

h_{tot} = 2,14 m

r_{sup} = 1,10

δ_{t1} = 5,4 %
siehe Abschn. 2.3.1.2.2

Tab. 6
$\psi_{0,2}$ = 0,75 (Wind)

E_{Gkj} s. Tab. 9 (ständige EW)
E_{Pk} s. Tab. 10 (Vorspannung)
E_{Qwk} s. Tab. 26 (Wind)

Tabelle 40 Schnittgrößen unter seltener Einwirkungskombination bei x = 0,5 · l zur Ermittlung der maximalen Betonspannungen am oberen Rand

	ständige EW		Leiteinwirkung	
Einwirkung	G_{kj}	1,10 $P_{k,t1}$	$\psi_{0,2}$ Q_{wk}	E_d
N_{Ed} [MN]	0	-42,86	0	-42,86
M_{Edy} [MNm]	13,06	-20,58	0	-7,53
M_{Edz} [MNm]	0	0	0,10	0,10

– Nachweis der Spannungsbegrenzung

$$\sigma_{co,Punkt\,4} = \left(\frac{N_{Ed}}{A_c} + \frac{M_{Edy}}{W_{cy,Punkt\,4}} + \frac{M_{Edz}}{W_{cz,Punkt\,4}} \right) = -1{,}17 \text{ MN/m}^2$$

A_c = 6,392 m²
$W_{cy,Punkt\,4}$ = -1,355 m³
$W_{cz,Punkt\,4}$ = -4,357 m³
siehe Abschn. 2.1.3.2

-1,17 MN/m² < -1,00 MN/m²

EC2-2/NA NDP 7.3.2 (4) (NA.104)

In der Druckzone ist für die Beschränkung der Rissbreite keine Mindestbewehrung erforderlich.

2.5.2.2 Begrenzung der Rissbreite ohne direkte Berechnung

EC2-2 7.3.3

Der Querschnitt überschreitet in der charakteristisch (seltenen) Einwirkungskombination zu keinem Zeitpunkt den Wert f_{ctm}. Er gilt demnach als ungerissen. Im weiteren Verlauf erfolgt der Nachweis zur Begrenzung der Rissbreite für die lokalen Stabwerksmodelle zur Einleitung der Vorspannkraft.

EC2-2 7.1 (2)
$\sigma_{co,Punkt\,4} = 0{,}21$ MN/m^2
siehe Abschn. 2.5.2.1
$f_{ctm} = 3{,}50$ MN/m^2

Für die Ermittlung der Stabkräfte im Grenzzustand der Gebrauchstauglichkeit ist P_{m0} anzusetzen.

EC2-2 NCI zu 8.10.3 (4)

Unter Beachtung der möglichen Streuungen ergibt sich die Vorspannkraft zu:

$r_{sup} = 1{,}1$ nach EC2-2 5.10.9

$$P_{k,sup} = 1{,}1 \cdot 3876 = 4264 \text{ kN}$$

$P_{m0} = 1360 \cdot 28{,}5 \cdot 10^{-1}$
$P_{m0} = 3876$ kN
siehe Abschn. 2.2.1.2

Bei Stabwerksmodellen, die nach der Elastizitätstheorie orientiert sind, dürfen die aus den Stabkräften ermittelten Stahlspannungen beim Nachweis der Rissbreitenbegrenzung verwendet werden.

EC-2-2 7.3.1 (8)

Die vom Stabdurchmesser abhängigen zulässigen Stabstahlspannungen werden über den Grenzdurchmesser nach Tab. 7.2DE berechnet.

$$\phi_s^* \le \frac{\phi_s \cdot 2{,}9}{f_{ct,eff}}$$

EC2-2 NCI zu 7.3.2 (NA.7.5.2)

$$\sigma_s = \sqrt{w_k \frac{3{,}48 \cdot 10^6}{\phi_s^*}}$$

EC2-2 NDP zu 7.3.3 (2)
Tab. 7.2DE

Es ergeben sich somit folgende zulässige Stahlspannungen:

$\sigma_S \le 245$ N/mm^2 für $\phi_S = 14$ mm

$\sigma_S \le 230$ N/mm^2 für $\phi_S = 16$ mm

$w_k = 0{,}2$ mm
$f_{ct,eff} = 3{,}5$ N/mm^2

a) Nachweis der vertikalen Spaltzugkräfte

Es wird das Stabwerksmodell gemäß Abschnitt 2.4.3.2 verwendet. Die Stabwerkskräfte ergeben sich zu:

$$F_{S,k} = \frac{P_{k,sup}}{4} \cdot \left(1 - \frac{b_1}{b'}\right) = \frac{4264}{4} \cdot \left(1 - \frac{33}{56}\right) = 437{,}8 \text{ kN}$$

$$F_{S2,k} = \frac{\sum P_{k,sup}}{4} \cdot \left(1 - \frac{\sum b'}{b}\right) = \frac{2 \cdot 4264}{4} \cdot \left(1 - \frac{2 \cdot 56}{125}\right) = 221{,}7 \text{ kN}$$

$b_1 = 33$ cm ($D_{Ankerplatte}$)
$b' = 56$ cm
$b = 125$ cm
siehe Abschn. 2.4.3.2

Woraus sich die Stahlspannungen je laufenden Meter ermitteln:

$$\sigma_{S,k} = \frac{F_{S,k}}{b_{eff} \cdot a_s} = \frac{437{,}8}{0{,}74 \cdot 24{,}6} \cdot 10^{-1} = 241 \text{ N/mm}^2 < 245 \text{ N/mm}^2$$

$$\sigma_{S2,k} = \frac{F_{S2,k}}{b_{eff} \cdot a_{s2}} = \frac{221{,}7}{0{,}74 \cdot 12{,}2} \cdot 10^{-1} = 245 \text{ N/mm}^2 = 245 \text{ N/mm}^2$$

$b_{eff} = 0{,}74$ m
$a_s = 24{,}6$ cm²/m mit $\phi_s = 14$ mm
$a_{s2} = 12{,}2$ cm²/m mit $\phi_s = 14$ mm
siehe Abschn. 2.4.3.2

Der Nachweis ist damit erbracht.

b) Nachweis der horizontalen Spaltzugkräfte

Es wird das Stabwerksmodell gemäß Abschnitt 2.4.3.3 verwendet. Das Modell der oberen Lage wird dabei maßgebend. Die Stabwerkskraft ergibt sich zu:

$$F_{S,k} = \frac{P_{k,sup}}{4} \cdot \left(1 - \frac{b_1}{b}\right) = \frac{4264}{4} \cdot \left(1 - \frac{33}{88}\right) = 666{,}3 \text{ kN}$$

$b_1 = 33$ cm ($D_{Ankerplatte}$)
$b = 88$ cm
siehe Abschn. 2.4.3.3

Woraus sich die Stahlspannung je laufenden Meter ermittelt:

$$\sigma_{S,k} = \frac{F_{S,k}}{b_{eff} \cdot a_s} = \frac{666{,}3}{0{,}625 \cdot 53{,}6} \cdot 10^{-1} = 198{,}9 \text{ N/mm}^2 < 230 \text{ N/mm}^2$$

$b_{eff} = 0{,}625$ m
$a_s = 53{,}6$ cm²/m mit $\phi_s = 16$ mm
siehe Abschn. 2.4.3.3

Der Nachweis ist damit erbracht.

c) Einleitung der Vorspannkraft in den Flansch

Es wird das Stabwerksmodell gemäß Abschnitt 2.4.3.4 verwendet. Die anzuschließende Längsschubkraft ΔF_d eine Gurts errechnet sich zu:

$$\Delta F_k = 11 \cdot 4{,}264 \cdot 0{,}3625 / 6{,}932 = 2{,}45 \text{ MN}$$

n = 11 Stück

$A_{Gurt} = (0{,}2 + 0{,}3) / 2 \cdot 1{,}45$
$A_{Gurt} = 0{,}3625 \text{ m}^2$

$A_{ges} = 6{,}932 \text{ m}^2$

Woraus sich die Stahlspannung je laufenden Meter ermittelt:

$$\sigma_{S,k} = \frac{\Delta F_k}{\Delta x \cdot \cot \Theta \cdot a_s} = \frac{2{,}45}{3{,}0 \cdot 1{,}2 \cdot 32{,}2} \cdot 10^4$$

$$\sigma_{S,k} = 211{,}4 \text{ N/mm}^2 < 230 \text{ N/mm}^2$$

$\Delta x = 3{,}00$ m

$\cot \theta = 1{,}2$

$a_s = 32{,}2 \text{ cm}^2/\text{m}$ mit $\phi_s = 16$ mm

siehe Abschn. 2.4.3.4

Der Nachweis ist damit erbracht.

2.5.2.3 Begrenzung der Schubrissbildung

EC2-2/NA NCI 7.3.1 (NA 112)

Nach DIN EN 1992-2/NA ist im Grenzzustand der Gebrauchstauglichkeit die Schubrissbildung zu begrenzen. Es ist nachzuweisen, dass die schiefen Hauptzugspannungen unter der Wirkung von Querkraft und Torsion die Werte $f_{ctk;0,05}$ nicht überschreiten. Die Spannungen sind nach Zustand I für die häufige Einwirkungskombination zu ermitteln.

$f_{ctk;0,05} = 2{,}50$ MN/m²

Die größten schiefen Hauptzugspannungen treten über die Querschnittshöhe immer dort auf, wo große Schubspannungen auf kleine Längsdruckspannungen treffen. Im vorliegenden Fall wird der Schnitt am Endauflager bei x = 0,013 · l untersucht. Die Hauptzugspannungen werden in Höhe der Schwerachse bestimmt.

Die Schnittgrößen im Endzustand ergeben sich unter häufiger Einwirkungskombination aus folgender Überlagerung:

$$\sum G_{kj} \text{"+"} P_k \text{"+"} \psi_{1,1} Q_{k,1} \text{"+"} \sum \psi_{2,i} Q_{k,i}$$

EC0 6.5.3 (2)b Gl. (6.15b)

$\delta_{t\infty} = 13{,}7$ %
siehe Abschnitt 2.3.1.2.2

Lastmodell LM 71

$r_{inf} = 0{,}90$

Tab. 6
$\psi_{1,1} =$ 0,80
$\psi_{2,1} =$ 0,00
$\psi_{2,2} =$ 0,00 (Wind)

Tabelle 41 Schnittgrößen unter häufiger Einwirkungskombination bei x = 0,01 · l zur Ermittlung der maximalen Betonspannung LM 71

	ständige EW		Leiteinwirkung LM 71 (gr12)				Begleiteinwirkung		
Einwirkung	G_{kj}	$0{,}90\ P_{k,t\infty}$	$\psi_{1,1} Q_{vk}$	$\psi_{1,1} Q_{tk}$	$\psi_{1,1} Q_{sk}$	$\psi_{1,1}\ 0{,}5\ Q_{lk}$	$\psi_{2,1} Q_{fk}$	$\psi_{2,2} Q_{wk}$	E_d
N_{Ed} [MN]	0	-31,88	0	0	0	0,01	0	0	-31,87
V_{Edy} [MNm]	2,58	-2,35	1,10	0,06	0,08	0	0	0	1,47
T_{Ed} [MNm]	0	0	0,17	0,19	0,12	0	0	0	0,48

a) Normalspannung in der Schwerachse

$$\sigma = \frac{N_{Ed}}{A_C} = \frac{-31{,}87}{6{,}392} = -4{,}98 \text{ MN/m}^2$$

E_{Gkj} s. Tab. 9 (ständige EW)
E_{Pk} s. Tab. 10 (Vorspannung)
E_{Qvk} s. Tab. 11 (LM 71)
E_{Qvk} s. Tab. 13 (LM 71, T_{max})
E_{Qtk} s. Tab. 18 (Zentrifug.)
E_{Qsk} s. Tab. 21 (Seitenstoß)
E_{Qlk} s. Tab. 22 (Anf. und Br.)
E_{Qfk} s. Tab. 24 (Dienstweg)
E_{Qwk} s. Tab. 26 (Wind)

$A_c = 6{,}392$ m²

b) Schubspannung infolge Querkraft

$$\tau_V = \frac{V_{Ed} \cdot S_y}{I_{cy} \cdot b_w} = \frac{1{,}47 \cdot 0{,}863}{0{,}935 \cdot 4{,}42} = 0{,}31 \text{ MN/m}^2$$

$S_y \approx 4{,}42 \cdot 1{,}25^2 / 8 = 0{,}863$ m³
$I_{cy} = 0{,}935$ m⁴
siehe Abschnitt 2.1.3.2

c) Schubspannung infolge Torsion

$$\tau_T = \frac{M_T}{W_T} = \frac{0{,}48}{1{,}899} = \quad 0{,}25 \text{ MN/m}^2$$

W_{cT} = 1,899 m³
siehe Abschnitt 2.1.3.2

$\rightarrow \tau_V + \tau_T = 0{,}31 + 0{,}25 = 0{,}56$ MN/m²

d) Nachweis der schiefen Hauptzugspannungen

EC2-2 NCI zu 7.3.1 (NA.112)

$$\sigma_1^{'} = \frac{\sigma}{2} + \left[\left(\frac{\sigma}{2}\right)^2 + \tau^2\right]^{0,5}$$

$$= \frac{-4{,}98}{2} + \left[\left(\frac{-4{,}98}{2}\right)^2 + 0{,}56^2\right]^{0,5} = 0{,}06 \text{ MN/m}^2$$

$\sigma'_1 = 0{,}06$ MN/m² $\quad < \quad f_{ctk;0,05} = 2{,}50$ MN/m²

Damit ist nachgewiesen, dass die schiefen Hauptzugspannungen unter dem LM 71 unter dem 5%-Quantilwert der Betonzugfestigkeit bleiben.
Eine Schubrissbildung ist demnach nicht zu erwarten.

Lastmodell LM SW/2

Tab. 6
$\psi_{1,1}$ = 0,80
$\psi_{2,1}$ = 0,00

Tabelle 42 Schnittgrößen unter häufiger Einwirkungskombination bei x = 0,01 · l zur Ermittlung der maximalen Betonspannung SW/2

EC0 A2.2.4 (3)
Windlast wird beim Lastmodell SW/2 nicht angesetzt!

	ständige EW		Leiteinwirkung LM SW/2 (gr17)				Begleiteinwirkung		
Einwirkung	G_{kj}	$0{,}90\ P_{k,t\infty}$	$\psi_{1,1}\ Q_{vk}$	$\psi_{1,1}\ Q_{tk}$	$\psi_{1,1}\ Q_{sk}$	$\psi_{1,1}\ 0{,}5\ Q_{lk}$	$\psi_{2,1}\ Q_{fk}$	$\psi_{2,2}\ Q_{wk}$	**E_d**
N_{Ed} [MN]	0	-31,88	0	0	0	0,01	0	0	-31,87
V_{Edy} [MNm]	2,58	-2,35	1,36	0,02	0,08	0	0	0	1,69
T_{Ed} [MNm]	0	0	0,13	0,06	0,12	0	0	0	0,31

a) Normalspannung in der Schwerachse

E_{Gkj} s. Tab. 9 (ständige EW)
E_{Pk} s. Tab. 10 (Vorspannung)
E_{Qvk} s. Tab. 14 (SW/2)
E_{Qtk} s. Tab. 19 (Zentrifug.)
E_{Qsk} s. Tab. 21 (Seitenstoß)
E_{Qlk} s. Tab. 22 (Anf. und Br.)
E_{Qfk} s. Tab. 24 (Dienstweg)

$$\sigma = \frac{N_{Ed}}{A_C} = \frac{-31{,}87}{6{,}392} = -4{,}98 \text{ MN/m}^2$$

A_c = 6,392 m²

b) Schubspannung infolge Querkraft

$S_y \approx 4{,}42 \cdot 1{,}25^2 / 8 = 0{,}863\ m^3$
$I_{cy} = 0{,}935\ m^4$
siehe Abschnitt 2.1.3.2

$$\tau_V = \frac{V_{Ed} \cdot S_y}{I_{cy} \cdot b_w} = \frac{1{,}69 \cdot 0{,}863}{0{,}935 \cdot 4{,}42} = 0{,}35\ MN/m^2$$

c) Schubspannung infolge Torsion

$W_{cT} = 1{,}899\ m^3$
siehe Abschnitt 2.1.3.2

$$\tau_T = \frac{M_T}{W_T} = \frac{0{,}31}{1{,}899} = 0{,}16\ MN/m^2$$

$\rightarrow \quad \tau_V + \tau_T = 0{,}35 + 0{,}16 = 0{,}51\ MN/m^2$

d) Nachweis der schiefen Hauptzugspannungen

EC2-2 NCI zu 7.3.1 (NA.112)

$$\sigma_1' = \frac{\sigma}{2} + \left[\left(\frac{\sigma}{2}\right)^2 + \tau^2\right]^{0,5}$$

$$\sigma_1' = \frac{-4{,}98}{2} + \left[\left(\frac{-4{,}98}{2}\right)^2 + 0{,}51^2\right]^{0,5} = 0{,}05\ MN/m^2$$

$\sigma'_1 = 0{,}05\ MN/m^2 \quad < \quad f_{ctk;0,05} = 2{,}50\ MN/m^2$

Damit ist nachgewiesen, dass die schiefen Hauptzugspannungen unter dem LM SW/2 unter dem 5%-Quantilwert der Betonzugfestigkeit bleiben.

Eine Schubrissbildung ist demnach nicht zu erwarten.

2.5.3 Nachweise der Verformung

EC2-2 7.4

2.5.3.1 Begrenzung der vertikalen Durchbiegung

EC0 A2.4.4.3

Sicherung des Fahrkomforts

Zur Sicherung des Fahrkomforts darf die vertikale Durchbiegung infolge des ϕ-fachen Lastmodells 71 den Wert f_{max} = L/600 nicht überschreiten.
Für den vorliegenden Einfeldträger beträgt der Grenzwert der vertikalen Durchbiegung:

EC0 A2.4.4.3.2 (2)
Vorgabe:
$b_v = 1{,}0\ m/s^2$
(Fahrkomfort sehr gut)

für Einfeldträger:
EC0 A2.4.4.2.3 (5)
und Abb. A2.3
$f_{lim} = L/1100$; $k = 0{,}7$
$v_e = 200\ km/h$
(siehe Abschnitt 1.2)

EC0 A2.4.4.3.2 (3)
$l = 20{,}00\ m$

$$f_{max} = k \cdot f_{lim} = 0{,}7 \cdot \frac{l}{1100} = \frac{l}{770} = \frac{20}{770} = 0{,}026\ m = 26\ mm$$

$$= 0{,}026\ m \quad < \quad \frac{l}{600} = 0{,}033\ m$$

Die Berechnung der Durchbiegung erfolgt nach Zustand I (ungerissener Querschnitt) für den maßgebenden Schnitt in Feldmitte x = 10 m im Betriebszustand. Die Berücksichtigung der Verformung aus ständigen Einwirkungen und Vorspannung einschließlich des zeitabhängigen Betonverhaltens erfolgt durch entsprechende Streckenunterhaltung.

EC2-1 7.4.3 (3)

EC0 A2.4.4.1 (4)

- infolge der Grundlast

$$f_{qvk} = \frac{\Phi \cdot q_{vk} \cdot l^4}{76{,}8 \cdot E_{cm} \cdot I_{cy}} = 5{,}9\ mm$$

Φ = 1,16
q_{vk} = 80,0 kN/m
l = 20,00 m
E_{cm} = 35.000 MN/m²
I_{cy} = 0,935 m⁴

- infolge der Überlast

$$f_{\Delta qvk} = \frac{\Phi \cdot \Delta q_{vk} \cdot c \cdot (2 \cdot l^3 - l \cdot c^2 + 0{,}25 \cdot c^3)}{96 \cdot E_{cm} \cdot I_{cy}} = 2{,}8\ mm$$

c = 6,40 m
Φ = 1,16
Δq_{vk} = 76,25 kN/m
l = 20,00 m
E_{cm} = 35.000 MN/m²
I_{cy} = 0,935 m⁴

$$f_{Qvk} = f_{qvk} + f_{\Delta qvk} = 8{,}7\ mm$$

- Nachweis der Begrenzung der Durchbiegung

$$f_{Qvk} = 8{,}7\ mm \quad < \quad f_{max} = 26\ mm$$

Der Nachweis der Begrenzung der Durchbiegung in Vertikalrichtung des Tragwerks ist damit erbracht.

2.5.3.2 Begrenzung des Enddrehwinkels

EC0 A2.4.4.2.3

Gemäß RIL 804.3101 Tab. 3 ist der in Gleismitte gemessene Endtangentenwinkel des eingleisigen Überbaus unter dem ϕ-fachen charakteristischen Wert des Lastmodells 71 sowie bei Temperaturunterschieden auf folgenden Wert zu begrenzen:

$$\theta_{max} = 6{,}5 \cdot 10^{-3} \text{ rad}$$

Ermittlung des Enddrehwinkels:

- Enddrehwinkel infolge der vertikalen Verkehrslasten des vereinfachten Lastmodells 71

$$\theta_{Qvk} = \frac{\Phi \cdot q_{vk} \cdot l^3}{24 \cdot E_{cm} \cdot I_{cy}} + \frac{\Phi \cdot \Delta q_{vk} \cdot l \cdot a \cdot c}{6 \cdot E_{cm} \cdot I_{cy}} \cdot \left[1 - \left(\frac{a}{l}\right)^2 - 0{,}25 \cdot \left(\frac{c}{l}\right)^2\right]$$

a = l/2
c = 6,40 m
Φ = 1,16
Δq_{vk} = 76,25 kN/m
q_{vk} = 80,0 kN/m
l = 20,00 m
E_{cm} = 35.000 MN/m²
I_{cy} = 0,935 m^4

$$\theta_{Qvk} = 1{,}36 \cdot 10^{-3} \text{rad}$$

- Enddrehwinkel infolge des vertikalen linearen Temperaturunterschieds

$$\theta_{\Delta Ty} = \frac{\alpha_{T,c} \cdot \Delta T_{M,cool} \cdot l}{2h}$$

α_{Tc} = 0,00001 K^{-1}
$\Delta T_{M,cool}$ = -8 K
l = 20,00 m
h = 1,25 m

$$\theta_{\Delta Ty} = 0{,}64 \cdot 10^{-3} \text{rad}$$

- Nachweis der Begrenzung des Enddrehwinkels

$$\theta_{tot} = \theta_{Qvk} + \theta_{\Delta Ty} = 2{,}00 \cdot 10^{-3} \text{ rad}$$

$$2{,}00 \cdot 10^{-3} \text{ rad} \quad < \quad 6{,}5 \cdot 10^{-3} \text{ rad}$$

Damit ist die Einhaltung des zulässigen Enddrehwinkels am Überbauende nachgewiesen.

2.5.3.3 Begrenzung der Querverformung

EC0 A2.4.4.2.4

Horizontalkrümmung

EC0 A2.4.4.2.4 (2)

Die maximal zulässige Horizontalverformung ergibt sich zu:

$$\delta_{h,max} = \frac{L^2}{8 \cdot r_{min}} = 8{,}3 \text{ mm}$$

EC0 A2.4.4.2.4 Tab. A2.8
Gl. (A2.7)

Die Horizontalverformung f_h beinhaltet den Einfluss des Überbaus und der Unterbauten einschließlich der Gründung.

EC0 A2.4.4.2.4 Tab. A2.8
$v_e = 200{,}0$ km/h
$r_{min} = 6000$ m

Die Horizontalverformung des Überbaus ist nachzuweisen für die Summe aus ϕ-fachem Lastmodell 71, Windlasten, Seitenstoß, Zentrifugallasten und Temperaturunterschieden zwischen den beiden Außenseiten des Überbaus.

EC0 A2.4.4.2.4 (1)

Unter Vernachlässigung des Einflusses der Unterbauten ergibt sich in Feldmitte x = 10 m für die Einzeleinwirkungen:

- Horizontalverformung infolge der vertikalen Verkehrslasten des vereinfachten Lastmodells 71

$$\delta_{Qvk} = 0$$

- Horizontalverformung infolge Windlast

$$\delta_{Qwk} = \frac{q_{wk} \cdot l^4}{76{,}8 \cdot E_{cm} \cdot I_{cz}} = 0{,}04 \text{ mm}$$

q_{wk} = 9,64 kN/m
l = 20,00 m
E_{cm} = 35.000 MN/m²
I_{cz} = 15,948 m^4

- Horizontalverformung infolge Seitenstoß

$$\delta_{Qsk} = \frac{Q_{sk} \cdot l^3}{48 \cdot E_{cm} \ I_{cz}} = 0{,}03 \text{ mm}$$

Q_{sk} = 100 kN
l = 20,00 m
E_{cm} = 35.000 MN/m²
I_{cz} = 15,948 m^4

- Horizontalverformung infolge Zentrifugallasten

infolge der Grundlast

$$\delta_{qtk} = \frac{q_{tk} \cdot l^4}{76{,}8 \cdot E_c \cdot I_{cz}} = 0{,}02 \text{ mm}$$

q_{tk} = 5,1 kN/m
l = 20,00 m
E_{cm} = 35.000 MN/m²
I_{cz} = 15,948 m^4

infolge der Überlast

$$\delta_{\Delta qtk} = \frac{\Delta q_{tk} \cdot l^2 \cdot (2 \cdot c \cdot l - c^2)}{76{,}8 \cdot E_c \cdot I_{cz}} = 0{,}01 \text{ mm}$$

Δq_{tk} = 4,8 kN/m
l = 20,00 m
E_{cm} = 35.000 MN/m²
I_{cz} = 15,948 m^4
c = 6,40 m

$$\delta_{Qtk} = \delta_{qtk} + \delta_{\Delta qtk} = 0{,}03 \text{ mm}$$

- Horizontalverformung infolge horizontalen linearen Temperaturunterschieds

$$\delta_{\Delta Tz} = \frac{\alpha_{T,c} \cdot \Delta T_{Mz} \cdot l^2}{8 \cdot b} = 0{,}57 \text{ mm}$$

α_{Tc} = 0,00001 K^{-1}
ΔT_{Mz} = 5 K
l = 20,00 m
b = 4,42 m

- Nachweis der Begrenzung der Horizontalkrümmung

$$\delta_{h,tot} = \delta_{Qvk} + \delta_{Qwk} + \delta_{Qsk} + \delta_{Qtk} + \delta_{\Delta Tz} = 0{,}66 \text{ mm}$$

$$\delta_{h,tot} = 0{,}66 \text{ mm} \quad < \quad \delta_{h,max} = 8{,}3 \text{ mm}$$

Damit ist die Begrenzung der Horizontalverformung eingehalten.

Horizontale Winkeländerung

EC0 A2.4.4.2.4 (2)

Die horizontale Winkeländerung ist aus Gründen der Verkehrssicherheit auf $\theta_{h,max}$ = 0,002 rad zu begrenzen.

EC0 A2.4.4.2.4 (2)
Tab. A2.8
v_e = 200 km/h

Der Ermittlung liegen dieselben Einwirkungen wie für die Berechnung der Horizontalkrümmung zugrunde. Der Nachweis erfolgt in der Auflagerachse in Schnitt x = 0.

EC0 A2.4.4.2.4 (1)P

- Horizontalverformung infolge der vertikalen Verkehrslasten des vereinfachten Lastmodells 71

$$\theta_{Qvk} = 0$$

- Horizontalverformung infolge Windlast

$$\theta_{Qwk} = \frac{q_{wk} \cdot l^3}{24 \cdot E_{cm} \cdot I_{cz}} = 0{,}006 \ \text{rad}/1000$$

q_{wk} = 9,64 kN/m
l = 20,00 m
E_{cm} = 35.000 MN/m²
I_{cz} = 15,948 m^4

- Horizontalverformung infolge Seitenstoß

$$\theta_{Qsk} = \frac{Q_{sk} \cdot a \cdot (l - a)}{6 \cdot E_{cm} \cdot I_{cz}} \cdot \left(2 - \frac{a}{l}\right) = 0{,}004 \ \text{rad}/1000$$

Q_{sk} = 100 kN
l = 20,00 m
E_{cm} = 35.000 MN/m²
I_{cz} = 15,948 m^4
a = l/2

- Horizontalverformung infolge Zentrifugallasten

infolge der Grundlast

$$\theta_{qtk} = \frac{q_{tk} \cdot l^3}{24 \cdot E_{cm} \cdot I_{cz}} = 0{,}003 \ \text{rad}/1000$$

q_{tk} = 5,1 kN/m
l = 20,00 m
E_{cm} = 35.000 MN/m²
I_{cz} = 15,948 m^4

infolge der Überlast

$$\theta_{\Delta qtk} = \frac{\Delta q_{tk} \cdot l \cdot a \cdot c}{6 \cdot E_{cm} \cdot I_{cz}} \cdot \left[1 - \left(\frac{a}{l}\right)^2 - 0{,}25 \cdot \left(\frac{c}{l}\right)^2\right] = 0{,}002 \ \text{rad}/1000$$

Δq_{tk} = 4,8 kN/m
l = 20,00 m
E_{cm} = 35.000 MN/m²
I_{cz} = 15,948 m^4
c = 6,1 m
a = l/2

$$\theta_{Qtk} = \theta_{qtk} + \theta_{\Delta qtk} = 0{,}005 \ \text{rad}/1000$$

– Horizontalverformung infolge horizontalen linearen Temperaturunterschieds

$$\theta_{\Delta Tz} = \frac{\alpha_{T,c} \cdot \Delta T_{Mz} \cdot l}{2 \cdot b} = 0{,}11 \text{ rad}/1000$$

α_{Tc} = 0,00001 K^{-1}
ΔT_{Mz} = 5 K
l = 20,00 m
b = 4,42 m

– Nachweis der Begrenzung der Horizontalkrümmung

$$\theta_{h,tot} = \theta_{Qvk} + \theta_{Qwk} + \theta_{Qsk} + \theta_{Qtk} + \theta_{\Delta Tz} = 0{,}125 \text{ rad}/1000$$

$$\theta_{h,tot} = 0{,}125 \text{ rad}/1000 \quad < \quad \theta_{h,max} = 2{,}0 \text{ rad}/1000$$

Damit ist die Begrenzung der Horizontalverformung eingehalten.

2.5.3.4 Begrenzung der Verwindung des Überbaus

EC0 A2.4.4.2.2

Die maximale Verwindung t [mm/3 m] mit der Spurweite eines Gleises s von 1,435 m, gemessen über die Länge von 3 m, sollte den Wert von t_2 nicht überschreiten.
Die Verwindung des Überbaus ist mit den mit ϕ multiplizierten charakteristischen Werten des Lastmodells 71 zu ermitteln. Der größte Differenzdrehwinkel tritt zwischen dem Auflager und dem Schnitt x = 3,0 m auf.

v_e = 200,0 km/h
t_2 = 3,0
EC0 A2.4.4.2.2 (2)
Tab. A2.8

EC0 A2.4.4.2.2 (1)P
Tab. A2.7

Somit ergibt sich:

$$G = \frac{E_{cm}}{2 \cdot (1+\mu)} = 14.583 \text{ MN/m}^2$$

$$\theta = \frac{|T_{Qvk} + T_{Qtk}| \cdot (l - x) \cdot x}{l \cdot G \cdot 0{,}8 \cdot I_{cT}} = 1{,}86 \cdot 10^{-5}$$

G: Schubmodul des Betons
μ = 0,2 (Querdehnzahl)
EC2-1 3.1.3 (4)
T: linear interpoliert
T_{Qvk} = 13,5 kNm (siehe Tab. 11)
T_{Qtk} = -187 kNm (siehe Tab.18)
I_{cT} = 2,357 m^4
l = 20 m
x = 3 m

$$t = \frac{\theta \cdot s}{3} = \frac{1{,}86 \cdot 10^{-5} \cdot 1435}{3} = 0{,}009 \text{ mm/m}$$

$$t = 0{,}009 \text{ mm}/3{,}0 \text{ m} \quad < \quad t_{max} = 3{,}0 \text{ mm}/3{,}0 \text{ m}$$

s: Spurweite
s = 1,435 m = 1435 mm
siehe Abschnitt 2.3.1.3.1.1
Anmerkung: Da sich der betrachtete Betonquerschnitt in Zustand I befindet, wird die Torsionssteifigkeit mit dem Faktor 0,8 multipliziert (z.B. Heft 240, DafStb, Kap. 1.4.2).

Der Nachweis der Begrenzung der Verdrillung ist somit eingehalten.

2.5.4 Von der Bauart unabhängige Nachweise

In Ril 804.3101 werden zusätzliche, von der Bauart unabhängige Nachweise gefordert, die die Gebrauchstauglichkeit und Wirtschaftlichkeit betreffen.

2.5.4.1 Nachweise an den Überbaurändern

Ril 804.3101 Kap. 2

a) Verformung am Überbauende

Bei Schotterfahrbahnen dürfen die Verformungswege der oberen Kanten der Überbauenden in der Gleisachse infolge kurzzeitiger Einwirkungen infolge Verkehrs folgenden von der Stützweite und Entwurfsgeschwindigkeit abhängigen Grenzwert δ_L nicht überschreiten:

Ril 804.3101 Kap. 2 Tab. 2

für:
$v_e = 200$ km/h
$L = 20$ m
$\delta_3 = 4$ mm
$\delta_{25} = 9$ mm

$$\delta_l = \delta_3 + (L - 3) \cdot (\delta_{25} - \delta_3) / 22$$

$$= 4 + (20 - 3) \cdot (9 - 4) / 22$$

$$= 7{,}9 \text{ mm}$$

Dieser zulässige Verformungsweg ist mit dem Verformungsweg infolge der Vertikallastanteile von Lastgruppe 12 zu vergleichen.

Mit der Überstandslänge ü = 0,95 m und der Endquerträgerhöhe h = 1,25 m ergibt sich mit dem in Abschnitt 3.5.2.4.2 ermittelten Enddrehwinkel θ_{Qvk} von $1{,}36 \cdot 10^{-3}$ rad eine maximale Verformung am Überbauende von:

Ril 804.3101 Kap. 2 Abb. 2

$$\delta = [\Delta z^2 + \Delta x^2]^{0,5}$$

$$= [(ü \cdot \sin \theta_{Qvk})^2 + (h \cdot \sin \theta_{Qvk})^2]^{0,5}$$

$$= [(0{,}95 \cdot \sin (1{,}36 \cdot 10^{-3}))^2 + (1{,}25 \cdot \sin (1{,}36 \cdot 10^{-3}))^2]^{0,5} \cdot 10^3$$

$$= 2{,}1 \text{ mm} \quad < \quad \delta_L = 7 \text{ mm}$$

b) Verformung benachbarter Längsfugenränder

Ril 804.3101 Kap. 2 Abs. (4)

Falls über Längsfugen zwischen benachbarten Tragwerken Schotterbett verlegt wird, dürfen die vertikalen Verformungswege $\Delta\delta_z$ der Längsfugenränder infolge der Einwirkung aus Verkehr nicht größer sein als 3 cm.

Bei diesem Beispiel nicht relevant.

2.5.4.2 Überprüfung des Resonanzrisikos

Ril 804.3101 Kap. 3

Bei Zugfahrten über Eisenbahnbrücken kann das Tragwerk unter bestimmten Bedingungen (hohe Zuggeschwindigkeit, kurze Überbauten, Radsatzkonfiguration u. a.) wegen der in annähernd gleichem zeitlichem Abstand wirkenden Radsatzlasten zu Resonanz angeregt werden, wenn die Erregerfrequenz (oder ein Vielfaches davon) und eine Eigenfrequenz des Tragwerks übereinstimmen. Zur Gewährleistung ausreichender Tragsicherheit, Gebrauchstauglichkeit und Verkehrssicherheit kann es deshalb erforderlich sein, zusätzlich zur Bemessung für ϕ-fache statische Bemessungslasten eine dynamische Untersuchung durchzuführen.

In Abschnitt 3.2.3.1 wurde bereits nachgewiesen, dass auf zusätzliche dynamische Untersuchungen verzichtet werden kann.

2.6 Quersystem

2.6.1 Statisches Ersatzsystem

Im Quersystem wird der freie Kragträger nachgewiesen. Der Brückenquerschnitt ist mit allen relevanten Abmessungen in Abbildung 27 dargestellt.

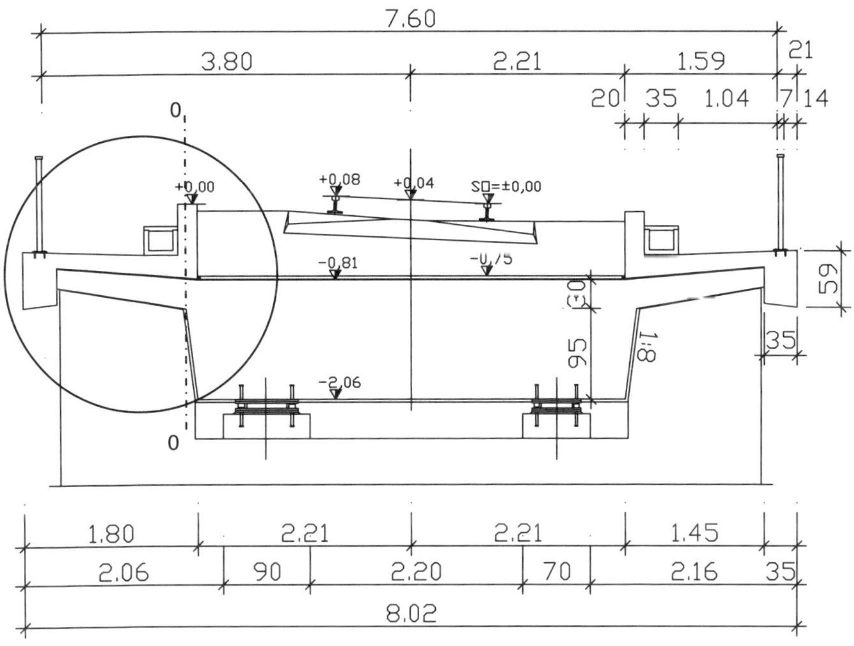

Abbildung 27 Überbauquerschnitt und Abmessungen

Für die Bemessung in Querrichtung wird ein Brückenabschnitt von 1,0 m Länge betrachtet. Alle nachfolgend angegebenen Querschnittswerte und Schnittgrößen beziehen sich daher auf einen 1,0 m breiten Bereich. Es wird der gekennzeichnete Schnitt 0 – 0 (Kragarmanschnitt) untersucht.

Das statische System ist ein freier Kragarm mit der Stützweite von $l_{eff} = l_n = 1,33$ m.

EC-1-1 NCI zu 5.3.2.2 (1)
Abb. 5.4 f)

2.6.2 Charakteristische Werte der Einwirkungen und Schnittgrößen

Ständige Einwirkungen

Konstruktionseigenlast

G_{k1} $0{,}356 \cdot 25 = 8{,}90$ kN/m

$A_c = 0{,}356$ m²

Eigenlast der Kappe

Kappenbeton (anteilig): $25 \cdot 0{,}499 = 12{,}48$ kN/m
Kabelkanäle: $25 \cdot 0{,}0682 = 1{,}71$ kN/m
Geländer: $= 0{,}50$ kN/m

Kappe und Kabeltrog nach RZDB M-RKP 1604 804.9030
$A_{Kappe} = 0{,}499$ m² (anteilig)
$A_{Kabelkanäle} = 0{,}0682$ m²

Schnittgrößen am Anschnitt:

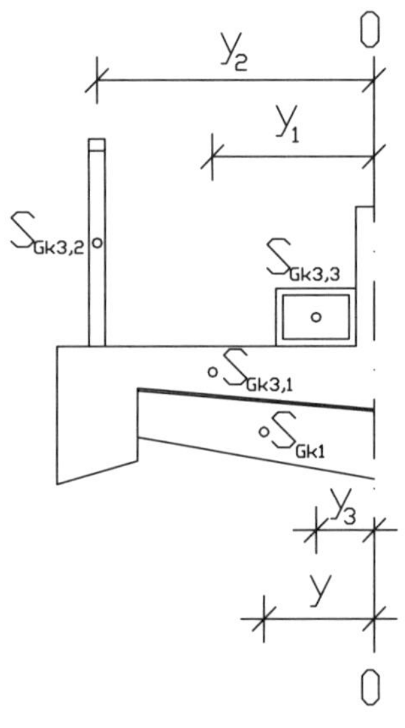

y: Abstand Schwerpunkt Kragarm bis Anschnitt
$y = 0{,}618$ m
y_1: Abstand Schwerpunkt Kappe bis Anschnitt
$y_1 = 0{,}921$ m
y_2: Abstand Geländer bis Anschnitt
$y_2 = 1{,}51$ m
y_3: Abstand Schwerpunkt Kabelkanal bis Anschnitt
$y_3 = 0{,}255$ m

Abbildung 28 Hebelarme der vertikalen Lasten (Eigengewicht)

$$M_{gk1,3} = -8{,}90 \cdot 0{,}618 - 12{,}48 \cdot 0{,}921 - 1{,}71 \cdot 0{,}255 - 0{,}50 \cdot 1{,}51 = -18{,}19 \text{ kNm/m}$$

$$V_{gk1,3} = -8{,}90 - 12{,}48 - 1{,}71 - 0{,}50 = -23{,}59 \text{ kN/m}$$

Veränderliche Einwirkungen

Verkehrslast auf Dienstwegen

siehe Abschn. 2.2.1.3.2.1

$q_{fk} = 5{,}00 \text{ kN/m}^2$

Schnittgrößen am Anschnitt:

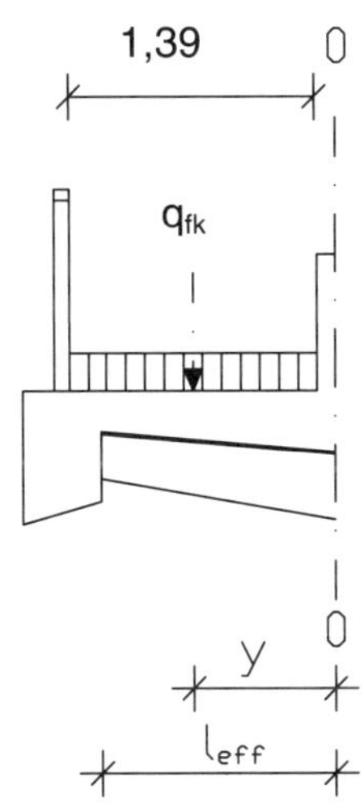

$b_{Dienstweg} = 1{,}39$ m
$l_{eff} = 1{,}33$ m
y – Abstand Schwerpunkt Linienlast bis Anschnitt Kragarm
$y = 1{,}39/2 + 0{,}08 = 0{,}78$ m

Abbildung 29 Hebelarm der Verkehrslast (Verkehr)

$M_{qfk} = -1{,}39 \cdot 5{,}00 \cdot 0{,}78 \quad = -5{,}42 \text{ kNm/m}$

$V_{qfk} = -1{,}39 \cdot 5{,}00 \quad = -6{,}95 \text{ kN/m}$

Fliehkräfte

Abgemindertes Lastmodell 71:

siehe Abschn. 2.2.1.3.1.6

Annahme: Die Zentrifugallast greift in Höhe UK Schwelle an.

Grundlast: $q_{tk} = 5{,}1$ kN/m mit q_{vk}, V_{max}, f = 0,703, L_f = 21,90 m

Überlast: $q_{tk} = 4{,}8$ kN/m mit q_{vk}, V_{max}, f = 0,703, L_f = 21,90 m

Schnittgrößen am Anschnitt:

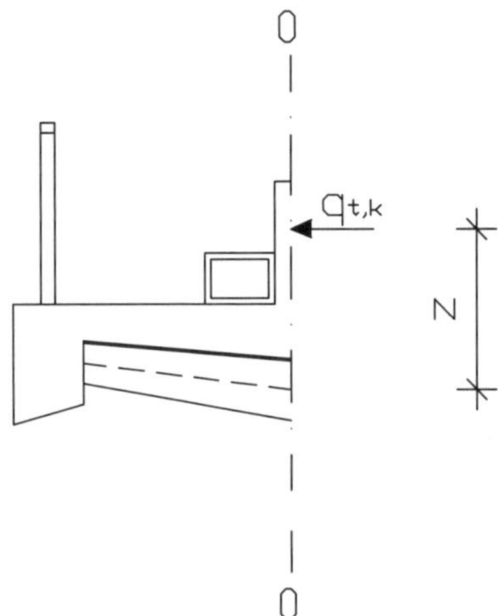

Abbildung 30 Hebelarm der horizontalen Belastung (Fliehkräfte)

Im Weiteren wird auf der sicheren Seite liegend davon ausgegangen, dass die Horizontalkräfte in Höhe Mitte Betonschwelle angreifen.
Damit ergibt sich der Abstand Mitte Schwelle am Schwellenende der hohen Seite zum Schwerpunkt des Kragarms am Anschnitt zu:

$$z = 0{,}30/2 + 0{,}06 + 0{,}3 + 0{,}08 + 0{,}30/2 = 0{,}74 \text{ m}$$

halbe Höhe der Schwelle: 0,30 m/2
Schutzbeton + Dichtung: 0,06 m
Überhöhung: 0,08 m
Schotterhöhe unter Schwelle: 0,30 m
Schwerpunkt Kragarm: 0,30 m/2

Damit ergeben sich folgende Schnittgrößen am Kragarmanschnitt:

$$M_{qtk} = -(5{,}1 + 4{,}8) \cdot 0{,}74 = -7{,}33 \text{ kNm/m}$$

$$N_{qtk} = 9{,}90 \text{ kN/m}$$

Seitenstoß

siehe Abschn. 2.2.1.3.1.7

Der Seitenstoß wird am dem der Kappe zugewandten Schwellenende gleichmäßig auf eine Länge von 4,0 m verteilt. In der Kappe wird wegen eventuell vorhandener Raumfugen keine Verteilung angesetzt. Vom Kragarmende bis zum Kragarmanschnitt breitet sich der Seitenstoß beidseitig unter 45° aus auf eine Verteilungsbreite von:

$$L_v = 2 \cdot (4{,}42/2 - 2{,}60/2) + 4{,}0 + 2 \cdot 1{,}33 = 8{,}50 \text{ m}$$

halbe rechn. Balkenbreite: 4,42/2 m
halbe Schwellenlänge: 2,60/2 m
Grundverteilungslänge: 4,0 m
Kragarmlänge: 1,33 m

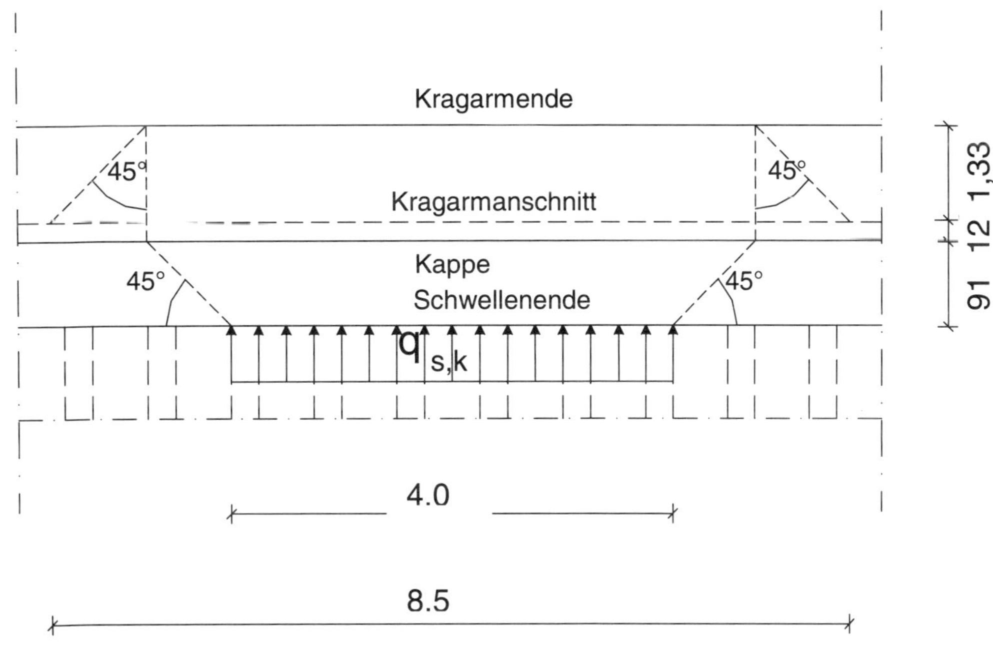

Abbildung 31 Verteilung und Ausbreitung des Seitenstoßes

$Q_{sk} = 100$ kN

Streckenlasten infolge Q_{sk} unter Berücksichtigung der Verteilung:

$q_{sk} = 100 / 8{,}5 = 11{,}76$ kN/m

Schnittgrößen am Anschnitt:

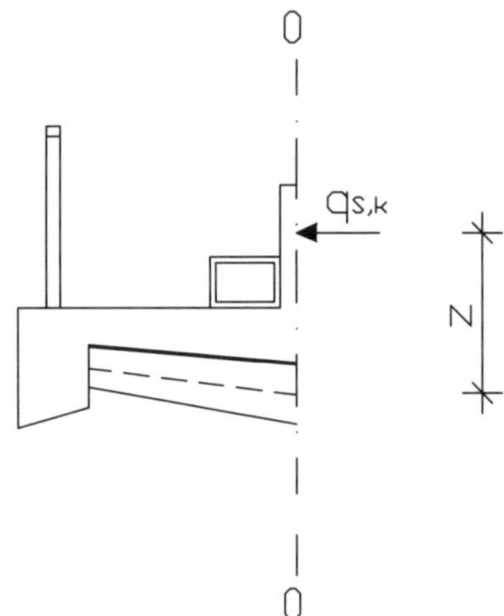

z = 0,74 m

Abbildung 32 Hebelarm der horizontalen Belastung (Seitenstoß)

$M_{qsk} = -11{,}76 \cdot 0{,}74 = -8{,}72$ kNm/m

$N_{qsk} = 11{,}76$ kN/m

Einwirkungen auf Geländer

siehe Abschn. 2.2.1.3.2.2

$q_{Gelk} = 0{,}8$ kN/m

Maßgebend ist die horizontale Last auf das Geländer.

Schnittgrößen am Anschnitt:

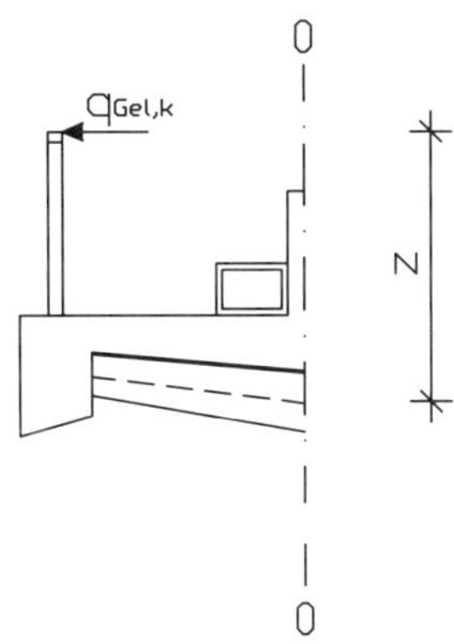

z: Abstand Schwerachse Kragarm bis OK Geländer
z = 1,31 m

Abbildung 33 Hebelarm der horizontalen Belastung (Geländer)

$M_{qGelk} = -0{,}80 \cdot 1{,}31 = -1{,}05$ kNm/m

$N_{qGelk} = 0{,}80$ kN/m

Windlasten

siehe Abschn. 2.2.1.5.1

$$w_k = 1{,}30 \text{ kN/m}^2 \cdot 4{,}0 \text{ m} = 5{,}20 \text{ kN/m}$$

w_k: Windlast bezogen auf 4,0 m Verkehrsbandhöhe

Annahme: Die Windlast greift wie die Zentrifugallast in Höhe UK Schwelle an.

Schnittgrößen am Anschnitt:

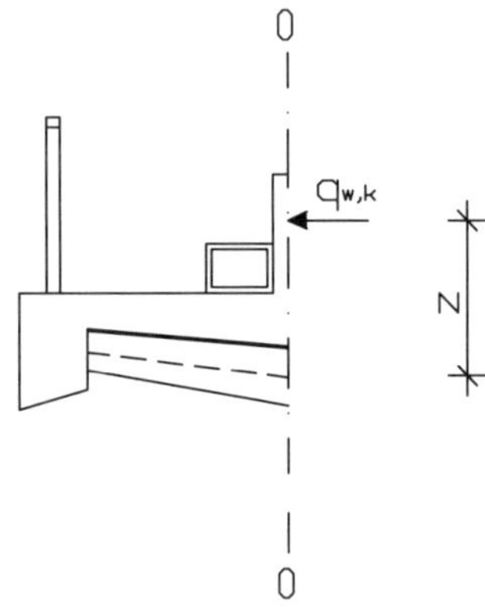

z = 0,74 m

Abbildung 34 Hebelarm der horizontalen Belastung (Windlasten)

$$M_{qwk} = -5{,}20 \cdot 0{,}74 = 3{,}85 \text{ kNm/m}$$

$$N_{qwk} = 5{,}20 \text{ kN/m}$$

2.6.3 Nachweise

2.6.3.1 Nachweise im Grenzzustand der Tragfähigkeit

a) Grenzzustand der Tragfähigkeit für Biegung mit Längskraft

EC2-2 6.1

Die Nachweise in den Grenzzuständen der Tragfähigkeit erfolgen im maßgebenden Schnitt 0 – 0.

Lastmodell 71:

maßgebende Leiteinwirkung: Lastgruppe 12 (LM 71 + Fliehkraft + Seitenstoß + 0,5 · Last aus Anfahren und Bremsen)

$$N_{Ed} = \gamma_{q1} \cdot N_{qk\,gr12} + \gamma_{q2} \cdot \psi_{02} \cdot N_{qGelk} + \gamma_{q3} \cdot \psi_{03} \cdot N_{qwk}$$
$$= \gamma_{q1} \cdot (1{,}0 \cdot N_{qtk} + 1{,}0 \cdot N_{qsk}) + \gamma_{q2} \cdot \psi_{02} \cdot N_{qwk} + \gamma_{q3} \cdot \psi_{03} \cdot N_{qGelk}$$

$\gamma_g =$ 1,35
$\gamma_{q1} =$ 1,45
$\gamma_{q2,3,4} =$ 1,50
$\psi_{02} =$ 0,80
$\psi_{03} =$ 0,80
$\psi_{04} =$ 0,75

$$M_{Ed} = \gamma_g \cdot M_{gk1,3} + \gamma_{q1} \cdot M_{qk\,gr12} + \gamma_{q2} \cdot \psi_{02} \cdot M_{qfk} + \gamma_{q3} \cdot \psi_{03} \cdot M_{qGelk} + \gamma_{q4} \cdot \psi_{04} \cdot M_{qwk}$$
$$= \gamma_g \cdot M_{gk1,3} + \gamma_{q1} \cdot (1{,}0 \cdot M_{qtk} + 1{,}0 \cdot M_{qsk}) + \gamma_{q2} \cdot \psi_{02} \cdot M_{qfk} + \gamma_{q3} \cdot \psi_{03} \cdot M_{qGelk} + \gamma_{q4} \cdot \psi_{04} \cdot M_{qwk}$$

siehe
EC0/NA/A1 Tab. NA.A2.1
EC0/NA Tab. A2.3

Anmerkung:

Gemäß ELTB Anlage Ei 8.2/1 ist abweichend zu DIN EN 1990 Tab. NA.A2.1 für die vertikalen Einwirkungen aus Fußgängerverkehr ein Teilsicherheitsbeiwert von γ_Q = 1,50 (statt 1,35) in allen ständigen und vorübergehenden Bemessungssituationen anzusetzen. Vereinfachend wurde dieser Ansatz auch für die horizontalen Einwirkungen auf das Geländer gewählt.

Tabelle 43 Bemessungsschnittgrößen infolge ständiger und vorübergehender Bemessungssituation – Biegung

	ständige EW	Leiteinwirkung (LGr.12)		Begleiteinwirkungen			
Einwirkung	$\gamma_g \cdot g_{k1,3}$	$\gamma_{q1} \cdot q_{tk}$	$\gamma_{q1} \cdot q_{sk}$	$\gamma_{q2} \cdot \psi_{02} \cdot q_{fk}$	$\gamma_{q3} \cdot \psi_{03} \cdot q_{Gelk}$	$\gamma_{q4} \cdot \psi_{04} \cdot q_{wk}$	E_d
M_{Ed} [kNm/m]	-24,56	-10,63	-12,62	-6,50	-1,26	-4,33	-59,90
N_{Ed} [kN/m]	0,00	14,36	17,05	0,00	0,96	5,85	38,22

Die Bemessung erfolgt für einen Rechteckquerschnitt b/h/d = 1,00/0,30/0,25 m.

– Bezogene Schnittgrößen:

$$M_{Eds} = M_{Ed} - N_{Ed} \cdot z_s$$
$$M_{Eds} = 0{,}056 \text{ MNm/m}$$

nom c = 4,5 cm
∅ =12 mm
d = h – nom c – ∅/2 = 0,25 m
d_1 = nom c – ∅/2 = 0,05 m
z_s = h/2 – d_1 = 0,10 m

$$\mu_{Eds} = \frac{M_{Eds}}{b \cdot d^2 \cdot f_{cd}} = 0{,}040$$

b = 1,00 m
f_{cd} = 22,67 MN/m²

– Biegezugbewehrung:

ω = 0,041 (interpoliert)

$$a_{s,req} = \frac{1}{f_{yd}} \cdot (\omega \cdot b \cdot d \cdot f_{cd} + N_{Ed})$$

f_{cd} = 22,67 MN/m²
f_{yd} = 435 MN/m²

$a_{s,req}$ = 6,22 cm²/m

Gewählt: ∅ 12, e = 15 cm, $a_{s,prov}$ = 7,54 cm²/m
Längsrichtung oben und unten: ∅ 10, e = 10 cm
$a_{s,prov}$ = 7,85 cm²/m

b) Grenzzustand der Tragfähigkeit für Querkraft

EC2-2 6.2

Für den Querkraftnachweis ergibt sich folgende Bemessungsschnittgröße:

$$V_{Ed} = \gamma_g \cdot V_{gk1,3} + \gamma_{q2} \cdot \psi_{02} \cdot V_{qfk}$$

γ_g = 1,35
γ_{q2} = 1,50
ψ_{02} = 0,80

siehe
EC0/NA/A1 Tab. NA.A2.1
EC0/NA Tab. A2.3

Tabelle 44 Bemessungsschnittgrößen infolge ständiger und vorübergehender Bemessungssituation – Querkraft

	ständige EW	Leiteinwirkung (LGr.12)		Begleiteinwirkungen			
Einwirkung	$\gamma_g \cdot g_{d1,3}$	$\gamma_{q1} \cdot q_{td}$	$\gamma_{q1} \cdot q_{sd}$	$\gamma_{q2} \cdot \psi_{02} \cdot q_{fk}$	$\gamma_{q3} \cdot \psi_{03} \cdot q_{Gelk}$	$\gamma_{q4} \cdot \psi_{04} \cdot q_{wk}$	**E_d**
V_{Ed} [kN/m]	-31,85	0,00	0,00	-8,34	0,00	0,00	-40,19

Für einen Plattenquerschnitt ist keine Schubbewehrung erforderlich, wenn die folgende Bedingung eingehalten ist:

EC2-1-1 Kap. 6.2.2

$$V_{Ed} \leq V_{Rd,c}$$

Der Bemessungswert für den Querkraftwiderstand $V_{Rd,c}$ darf wie folgt ermittelt werden:

EC2-2 6.2.2 (101)

$$V_{Rd,c} = [C_{Rd,c} \cdot k \cdot (100 \cdot \rho_l \cdot f_{ck})^{1/3} + \kappa_1 \cdot \sigma_{cp}] \cdot d \cdot b_w$$

EC2-2 6.2.2 (101)
Gl. (6.2.a)

mit mindestens:

$$V_{Rd,c} = [v_{min} + \kappa_1 \cdot \sigma_{cp}] \cdot d \cdot b_w$$

EC2-2 6.2.2 (101)
Gl. (6.2.b)

Dabei ist

$C_{Rd,c} = 0,15 / \gamma_c = 0,15 / 1,5 = 0,10$

EC2-2 NDP zu 6.2.2 (101)

$\kappa_1 = 0,12$

EC2-2 NDP zu 6.2.2 (101)

k Beiwert für den Einfluss der Bauteilhöhe

EC2-2 6.2.2 (101)

$k = 1 + (200 / d)^{1/2} \leq 2,0$ mit d [mm]

f_{ck} = 40 MN/m²
γ_c = 1,5

$k = 1 + (200 / 250)^{1/2} = 1,89 < 2,0$

A_{sl} – die Fläche der Zugbewehrung, die mit ≥ (l_{bd} + d) über den betrachteten Querschnitt hinaus geführt wird

ρ_l Längsbewehrungsgrad

EC2-2 6.2.2 (101)

$\rho_l = a_{sl} / b_w \cdot d \leq 0,02$

$a_{sl} = a_{s,prov} = 7,54$ cm²/m
d = 0,25 m
b_w = 100 cm

$\rho_l = 7,85 / (100 \cdot 25) = 0,003 < 0,02$

EC2-2 6.2.2 (101)

σ_{cp} Betondruckspannung im Schwerpunkt infolge Normalkraft und/oder Vorspannung

N_{Ed} = 38,22 kN
A_c = 0,30 m²

mit $\sigma_{cp} = N_{Ed} / A_c < 0,2 \cdot f_{cd}$ in N/mm²

$\sigma_{cp} = 0,038 / 0,3 = 0,13$ MN/m²

$v_{min} = (0{,}0525 / \gamma_c) \cdot k^{3/2} \cdot f_{ck}^{1/2}$ für $d \leq 600$ mm — EC2-2 NDP zu 6.2.2 (101) Gl. (NA.6.3a)

$= (0{,}0375 / \gamma_c) \cdot k^{3/2} \cdot f_{ck}^{1/2}$ für $d > 800$ mm — EC2-2 NDP zu 6.2.2 (101) Gl. (NA.6.3b)

Für 600 mm < d ≤ 800 mm darf linear interpoliert werden.

$v_{min} = (0{,}0525 / 1{,}5) \cdot 1{,}89^{3/2} \cdot 40^{1/2} = 0{,}575$ MN/m²

$V_{Rd,c} = [0{,}10 \cdot 1{,}89 \cdot (100 \cdot 0{,}003 \cdot 40)^{1/3} - 0{,}12 \cdot 0{,}13] \cdot 1 \cdot 0{,}25$ — EC2-2 6.2.2 (101) Gl. (6.2.a)

$= 0{,}104$ MN/m

mit mindestens:

$V_{Rd,c} = [0{,}575 - 0{,}12 \cdot 0{,}13] \cdot 1{,}0 \cdot 0{,}25$ — EC2-2 6.2.2 (101) Gl. (6.2.b)

$= 0{,}140$ MN/m $\Rightarrow$ maßgebend

$V_{Ed} = 0{,}041$ MN/m $< V_{Rd,c} = 0{,}140$ MN/m

Eine Schubbewehrung ist somit nicht erforderlich. Ein Nachweis der Betondruckstrebe kann hier entfallen.

Ermüdungsnachweise können ebenfalls entfallen, da der ermüdungswirksame Schnittgrößenanteil gering ist.

2.6.3.2 Nachweise im Grenzzustand der Gebrauchstauglichkeit

EC2-2 7

a) Spannungsbegrenzung für Biegung mit Längskraft

EC2-2 7.2

Bei der Ermittlung von Spannungen und Verformungen ist in der Regel von ungerissenen Querschnitten auszugehen, wenn die Biegezugspannung $f_{ct,eff}$ nicht überschreitet. Der Wert für $f_{ct,eff}$ darf zu f_{ctm} oder $f_{ctm,fl}$ angenommen werden, wenn die Berechnung der Mindestzugbewehrung auch auf Grundlage dieses Wertes erfolgt. Für die Nachweise von Rissbreiten und bei der Berücksichtigung der Mitwirkung des Betons auf Zug ist in der Regel f_{ctm} zu verwenden.

EC2-2 7.1 (2)

Die Biegezugspannung ist unter der seltenen Einwirkungskombination zu ermitteln.

EC2-2 NCI zu 7.1 (2)

$$\sigma_{cd,max} = f_{ctm}$$

f_{ctm} siehe Abschn. 1.2.4

– Bemessungsschnittgrößen unter seltener (charakteristischer) Einwirkungskombination

maßgebende Leiteinwirkung: Lastgruppe 12 (LM 71 + Fliehkraft + Seitenstoß + 0,5 · Last aus Anfahren und Bremsen)

$$M_{Ed} = M_{gd1,3} + M_{qLgr12} + \psi_{01} \cdot M_{qfk} + \psi_{02} \cdot M_{qGelk} + \psi_{03} \cdot M_{qwk}$$

$$N_{Ed} = N_{gd1,3} + N_{qLgr12} + \psi_{01} \cdot N_{qfk} + \psi_{02} \cdot N_{qGelk} + \psi_{03} \cdot N_{qwk}$$

$\Psi_{01} = 0,8$
$\Psi_{02} = 0,8$
$\Psi_{03} = 0,75$
siehe EC0/NA Tab. A2.3

Tabelle 45 Bemessungsschnittgrößen unter seltener Einwirkungskombination

	ständige EW	Leiteinwirkung (LGr.12)		Begleiteinwirkungen			
Einwirkung	$g_{d1,3}$	q_{td}	q_{sd}	$\psi_{01} \cdot q_{fk}$	$\psi_{02} \cdot q_{Gelk}$	$\psi_{03} \cdot q_{wk}$	E_d
M_{Ed} [kNm/m]	-18,19	-7,33	-8,70	-4,33	-0,84	-2,89	-42,28
N_{Ed} [kN/m]	0,00	9,90	11,76	0,00	0,64	3,90	26,20

– Ermittlung der Betonzugspannungen (oberer Rand):

$A_c = 0,30$ m²
$W_{co} = 1,0 \cdot 0,30^2 / 6 = 0,015$ m³

$$\sigma_{co} = \frac{N_{Ed}}{A_c} + \frac{M_{Ed}}{W_{co}} = 2,91 \text{ MN/m}^2$$

$f_{ctm} = 3,5$ MN/m²

$2,91 \text{ MN/m}^2 < f_{ctm} = 3,50 \text{ MN/m}^2$

Die Nachweise der zulässigen Betondruckspannungen und der zulässigen Stahlzugspannungen erfolgen unter der seltenen (charakteristischen) Einwirkungskombination im Zustand I.

– <u>Nachweis der Betondruckspannung (unterer Rand):</u>

$$\sigma_{cu} = \frac{N_{Ed}}{A_c} + \frac{M_{Ed}}{W_{cu}} = 2{,}73\ \mathrm{MN/m^2}$$

$A_c = 0{,}30\ m^2$
$W_{cu} = 0{,}015\ m^3$

$$2{,}73\ \mathrm{MN/m^2} \quad < \quad 0{,}6 \cdot f_{ck} = 24\ \mathrm{MN/m^2}$$

$f_{ck} = 40\ MN/m^2$

Damit ist die maximale Betondruckspannung am unteren Querschnittsrand eingehalten.

– <u>Nachweis der Stahlzugspannung:</u>

Der Nachweis der Stahlzugspannungen kann entfallen, da das Bauteil in Zustand I bleibt.

b) Mindestbewehrung zur Rissbreitenbeschränkung

Die Zugspannungen im Querschnitt des Kragarms in der seltenen (charakteristischen) Einwirkungskombination überschreiten nicht den mittleren Wert der Zugfestigkeit f_{ctm}. Der Querschnitt ist somit ungerissen und verbleibt im Zustand I.

Eine Mindestbewehrung ist erforderlich, da der Beton unter der seltenen Einwirkungskombination die geforderte Betondruckspannung am Querschnittsrand von σ_c = -1,0 MN/m² überschreitet.

EC2-2 NDP zu 7.3.2 (4)

σ_c = 2,91 MN/m²
charakteristische Kombination

Der Nachweis zur Begrenzung der Rissbreite in Querrichtung ist unter der häufigen Einwirkungskombination für den Bemessungswert der Rissbreite von w_{max} = 0,2 mm zu führen. Der Nachweis wird auf der sicheren Seite liegend im Zustand II geführt.

EC2-2 NDP zu 7.3.1 (105)
Tab. 7.102DE

maßgebende Leiteinwirkung: Lastgruppe 12 (LM 71 + Fliehkraft + Seitenstoß + 0,5 · Last aus Anfahren und Bremsen)

Ψ_{11} = 0,80
$\Psi_{22,23,24}$ = 0
siehe EC0/NA Tab. A2.3

Tabelle 46 Bemessungsschnittgrößen unter häufiger Einwirkungskombination

	ständige EW	Leiteinwirkung (LGr.12)		Begleiteinwirkungen			
Einwirkung	$g_{d1,3}$	$\psi_{11} \cdot q_{tk}$	$\psi_{11} \cdot q_{sk}$	$\psi_{22} \cdot q_{fk}$	$\psi_{23} \cdot q_{Gelk}$	$\psi_{24} \cdot q_{wk}$	$\mathbf{E_d}$
M_{Ed} [kNm/m]	-18,19	-5,86	-6,96	0,00	0,00	0,00	-31,01
N_{Ed} [kN/m]	0,00	7,92	9,41	0,00	0,00	0,00	17,33

Oberer Querschnittsrand (Biegung mit Längskraft)

- Schwerpunktspannung aus äußerer Last:

$$\sigma_{cS} = \frac{N_{Ed}}{A_c} = 0{,}06 \text{ MN/m}^2$$

N_{Ed} = 0,018 MN/m

A_c = 0,30 m²

- Höhe der Zugzone:

$$h - x = \frac{f_{ctm}}{f_{ctm} - \sigma_{cS}} \cdot \frac{h}{2} = 0{,}153 \text{ m}$$

f_{ctm} = 3,5 MN/m²
h = 0,30 m

- Fläche der Zugzone:

$$A_{ct} = (h - x) \cdot b = 0{,}153 \text{ m}^2$$

b = 1,00 m

$$a_s = k_c \cdot k \cdot f_{ct,eff} \cdot \frac{A_{ct}}{\sigma_s}$$ EC2-2 Kap. 7.3.2 Gl. (7.1)

$$k_c = 0{,}4 \cdot \left[1 + \frac{\sigma_c}{k_1 \cdot \frac{h}{h^*} f_{ct,eff}}\right] \leq 1{,}0$$ EC2-2 Kap. 7.3.2 Gl. (7.2)

σ_c = 0,06 MN/m²
$f_{ct,eff}$ = f_{ctm} = 3,5 MN/m²
h^* = h für h < 1,0 m
k_1 = 2 · h* / 3 · h   für Zugnormalkraft

k_c = 0,41 < 1,0

k = 0,8   für h ≤ 300 mm

⇒ w_{max} = 0,2 mm   EC2-2 Kap. 7.3.1 Tab. 7.102DE

Vorhandener Stabdurchmesser: $Ø_s$ = 12 mm

Grenzdurchmesser:

EC2-2 Kap. 7.3.2 Gl. (7.6DE)

$$\phi_s^* = \frac{\phi_s \cdot 4 \cdot (h-d) \cdot 2{,}9}{k_c \cdot k \cdot h_{cr} \cdot f_{ct,eff}} \leq \frac{\phi_s \cdot 2{,}9}{f_{ct,eff}} = \frac{12 \cdot 4 \cdot (0{,}3-0{,}25) \cdot 2{,}9}{0{,}41 \cdot 0{,}8 \cdot 0{,}153 \cdot 3{,}50} \leq \frac{12 \cdot 2{,}9}{3{,}5}$$

d = 25 cm
h_c = Höhe der Zugzone
h_c = z_c = 0,153 m

$$\phi_s^* = 39{,}6 \leq \underline{9{,}9\ \text{mm}}$$

Zugehörige Stahlspannung:

EC2-2 Kap. 7.3.2 Tab. 7.2DE

$$\sigma_s = \sqrt{w_k \cdot \frac{3{,}48 \cdot 10^6}{\phi_s^*}} = \sqrt{0{,}2 \cdot \frac{3{,}48 \cdot 10^6}{9{,}9}} = 265\ \text{MN/m}^2$$

Mindestbewehrung:

$$a_s = 0{,}41 \cdot 0{,}8 \cdot 3{,}5 \cdot \frac{0{,}153}{265} \cdot 10^4 = 6{,}63\ \text{cm}^2/\text{m}$$

Obere Biegezugbewehrung des Kragarms

$a_s = 7{,}54\ cm^2/m \qquad > \qquad a_s = 6{,}15\ cm^2/m$

Die Bewehrung zur Beschränkung der Rissbreite ist geringer als die statisch erforderliche Biegebewehrung am oberen Rand des Kragarms. In diesen Bereichen wird sie nicht maßgebend.

c) Beschränkung der Rissbreite

Maßgebende Einwirkungskombination:

$\Rightarrow$ häufige EWK
$\Rightarrow$ $w_{max} = 0{,}2$ mm

Die Stahlspannung ergibt sich zu:

$$\sigma_s = \left(\frac{M_{Eds}}{z} + N_{Ed}\right) \cdot \frac{1}{A_{s1}}$$

$M_{Ed} = 0{,}0310$ MNm/m
$N_{Ed} = 0{,}0173$ MN/m

mit:
$M_{Eds} = M_{Ed} - N_{Ed} \cdot z_{s1} = 0{,}030$ MNm/m
$z \cong 0{,}9 \cdot d$
$z_{s1} = 0{,}10$ m
$d = 25$ cm
$A_{s1} = 7{,}54\ cm^2/m$

$\sigma_s = 199{,}82\ MN/m^2$

Die Rissbildung resultiert überwiegend aus direkter Einwirkung (Lastbeanspruchung). Für den Nachweis zur Beschränkung der Rissbreite ist die Tabelle 7.3N nicht anzuwenden. Der Nachweis erfolgt nach Tabelle 7.2DE über die Begrenzung des Stabdurchmessers.

ELTB Anlage Ei 8.2/2

Der zulässige Grenzdurchmesser ergibt sich zu:

$$\phi_s^* = \frac{w_k \cdot 3{,}48 \cdot 10^6}{\sigma_s^{\ 2}} = \frac{0{,}2 \cdot 3{,}48 \cdot 10^6}{199{,}82^2} = 17{,}4\ mm$$

EC2-1-1 NDP zu 7.3.3 (2)
Tab. 7.2.DE

Zur Einhaltung einer Rissbreite von w_{max} = 0,2 mm ergibt sich der zulässige Stabdurchmesser zu:

$$\phi_s = \frac{\phi_s^* \cdot \sigma_s \cdot A_s}{4 \cdot (h-d) \cdot 2{,}9 \cdot b} \geq \frac{\phi_s^* \cdot f_{ct,eff}}{2{,}9}$$

EC2-1-1 NCI zu 7.3.3 (2)
Gl. (7.7.1DE)

$$\phi_s = \frac{17{,}4 \cdot 199{,}82 \cdot 7{,}54 \cdot 10^{-4}}{4 \cdot (0{,}30 - 0{,}25) \cdot 2{,}9 \cdot 1{,}00} \geq \frac{17{,}4 \cdot 3{,}5}{3{,}9}$$

$$\phi_s = 4{,}5 \geq \underline{21{,}0} \text{ mm}$$

vorh. ϕ_s = 12 mm < grenz. ϕ_s = 21,0 mm

Der Nachweis zur Beschränkung der Rissbreite ist erbracht.

Die Begrenzung der Schubrissbreite darf ohne weiteren Nachweis als sichergestellt angenommen werden, wenn die Bewehrungsrichtlinien nach EC2-1-1 8.5 und die Konstruktionsregeln nach EC2-1-1 9.2.2 sowie EC 2-1-1 9.2.3 eingehalten sind. Dies ist hier der Fall.

d) Begrenzung der Betonrandspannung

Wird in Brückenlängsrichtung vorgespannt und die Brückenquerrichtung als nicht vorgespannte Konstruktion ausgeführt, sind die Querschnittsabmessungen so zu wählen, dass unter der seltenen Einwirkungskombination die nach Zustand I ermittelten Betonzugspannungen am Querschnittsrand in Brückenquerrichtung die Werte der Tabelle 7.103DE nicht überschreiten.

Für den hier verwendeten Beton C40/50 beträgt die zulässige Betonrandspannung nach Tab. 7.103DE
zul. $\sigma_{c,Rand}$ = 5,5 MN/m².
Der Nachweis erfolgt für die seltene (charakteristische) Einwirkungskombination mit den Querschnittsgrößen für Zustand I.

EC2-2 NDP zu 7.3.1 (105)
Tab. 7.103DE

– Bemessungsschnittgrößen unter seltener (charakteristischer) Einwirkungskombination

maßgebende Leiteinwirkung: Lastgruppe 12 (LM 71 + Fliehkraft + Seitenstoß + 0,5 · Last aus Anfahren und Bremsen)

$$M_{Ed} = M_{gd1,3} + M_{qLgr12} + \psi_{01} \cdot M_{qfk} + \psi_{02} \cdot M_{qGelk} + \psi_{03} \cdot M_{qwk}$$

$$N_{Ed} = N_{gd1,3} + N_{qLgr12} + \psi_{01} \cdot N_{qfk} + \psi_{02} \cdot N_{qGelk} + \psi_{03} \cdot N_{qwk}$$

Ψ_{01} = 0,8
Ψ_{02} = 0,8
Ψ_{03} = 0,75
siehe EC0/NA Tab. A2.3

Tabelle 47 Bemessungsschnittgrößen unter seltener Einwirkungskombination

	ständige EW	Leiteinwirkung (LGr.12)		Begleiteinwirkungen			
Einwirkung	$g_{d1,3}$	q_{td}	q_{sd}	$\psi_{01} \cdot q_{fk}$	$\psi_{02} \cdot q_{Gelk}$	$\psi_{03} \cdot q_{wk}$	E_d
M_{Ed} [kNm/m]	-18,19	-7,33	-8,70	-4,33	-0,84	-2,89	-42,28
N_{Ed} [kN/m]	0,00	9,90	11,76	0,00	0,64	3,90	26,20

– Ermittlung der Betonzugspannungen (oberer Rand):

$$\sigma_{co} = \frac{N_{Ed}}{A_c} + \frac{M_{Ed}}{W_{co}} = 2{,}91 \text{ MN/m}^2$$

A_c = 0,30 m²
W_{co} = 1,0 · 0,30² / 6 = 0,015 m³

2,91 MN/m² < 5,50 MN/m²

Damit ist der Nachweis erfüllt.

2.6.4 Konstruktive Anforderungen

Bei Brücken ist als Mindestbewehrung am Außenrand von Kragplatten in einem 1 m breiten Streifen eine Längsbewehrung von insgesamt 0,8 % des Bruttoquerschnitts dieses Randstreifens anzuordnen.

EC2-2 NCI zu 9.3.1.4 (1)

Die Bewehrung ist oben und unten mit gleichen Durchmessern ungeschwächt in Abständen von s ≤ 100 mm einzubauen. Bei Kragarmlängen unter 1 m ist der vorhandene Betonquerschnitt maßgebend.

Die Höhe im Abstand von 1 m vom freien Rand vom Kragarm ergibt sich zu:

Kragarmlänge: l = 1,45 m

Höhe am Kragarmanschnitt: $h_1 = 0{,}3$ m

Höhe am freien Rand: $h_2 = 0{,}2$ m

$$h_3 = h_2 + \left(\frac{(h_1 - h_2)}{l} \cdot 1{,}00 \right) = 26{,}9 \text{ cm}$$

$$A_c = \frac{(h_3 + h_2)}{2} \cdot 100 = 2345 \text{ cm}^2$$

A_c: Fläche vom 1 m breiten Kragarmquerschnitt

$$a_{s,min} = 0{,}008 \cdot 2345 = 18{,}76 \text{ cm}^2$$

$a_{s,min}$: erforderliche Mindestbewehrung

Vorhandene Bewehrung: Ø 10 - 10 + 2 Ø 20

$$a_{s,vorh} = 2 \cdot 9 \cdot 0{,}79 + 2 \cdot 3{,}14 = 20{,}50 \text{ cm}^2 > 18{,}76 \text{ cm}^2$$

$a_{s,vorh}$: vorhandener Bewehrungsquerschnitt

2.7 Bewehrungsskizze (schlaffe Bewehrung) in Feldmitte

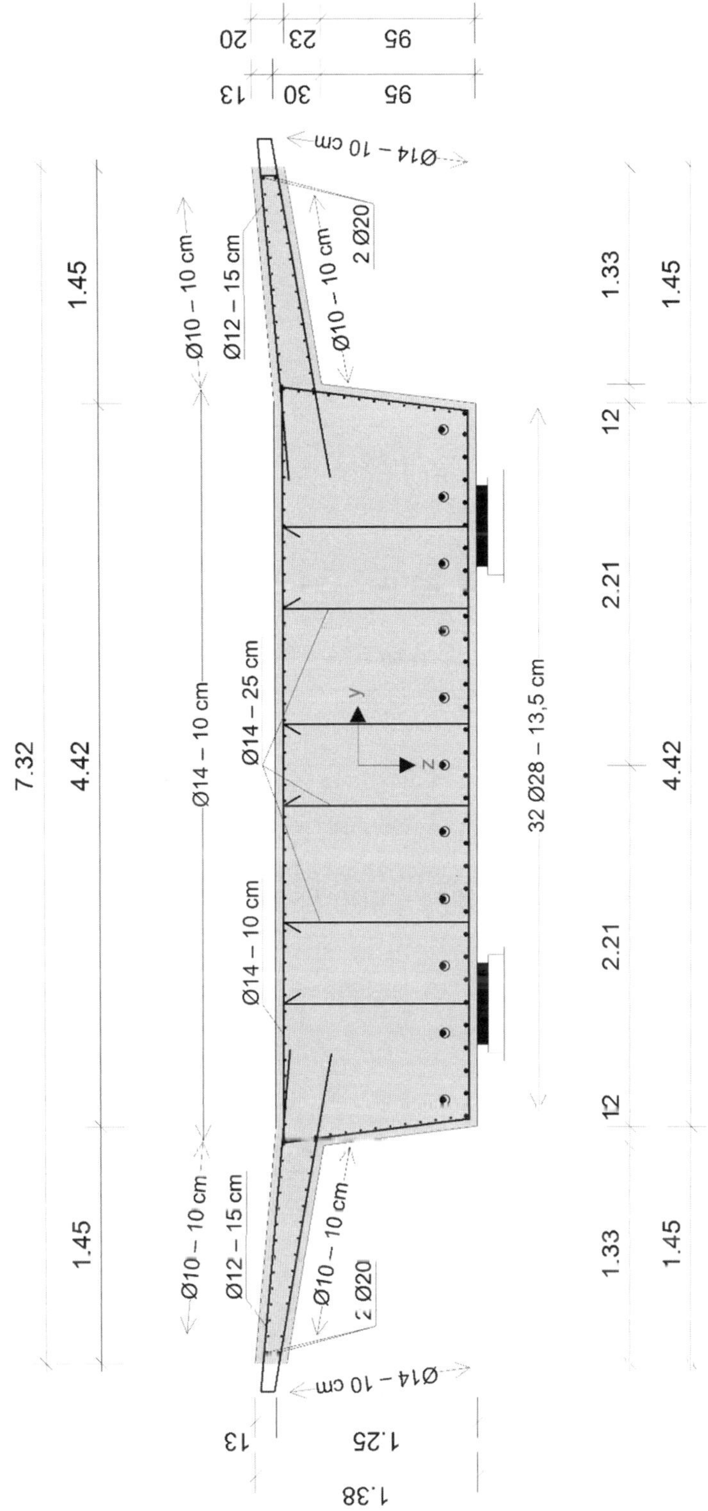

Abbildung 35 Bewehrungsskizze in Feldmitte (schlaffe Bewehrung)

2.8 Lager

2.8.1 Darstellung des Lagerschemas

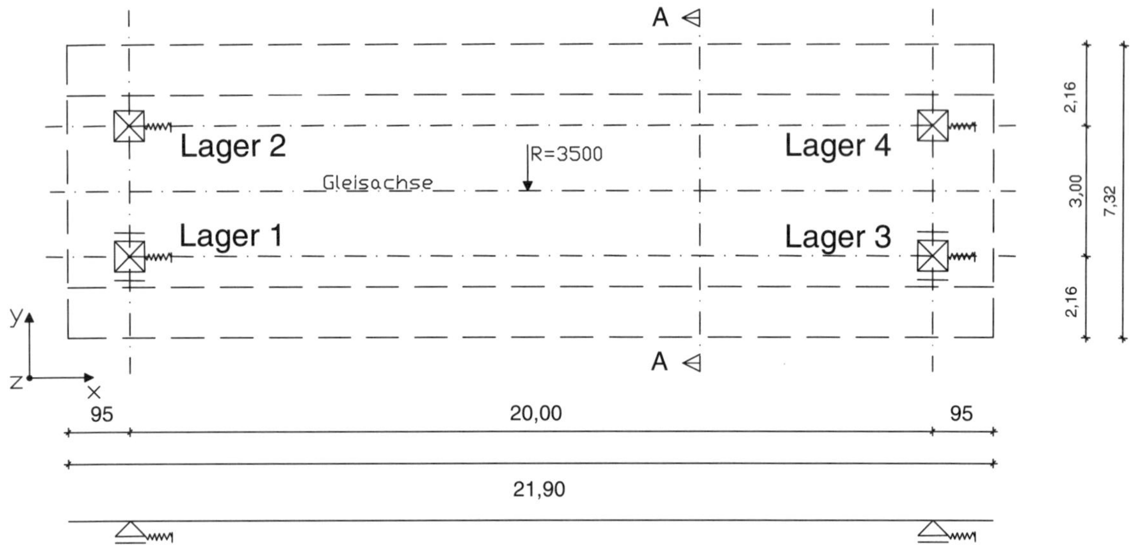

Abbildung 36 Lagerschema

Lager 1 bis 4: Elastomerlager a / b / t = 400 / 500 / 96 mm

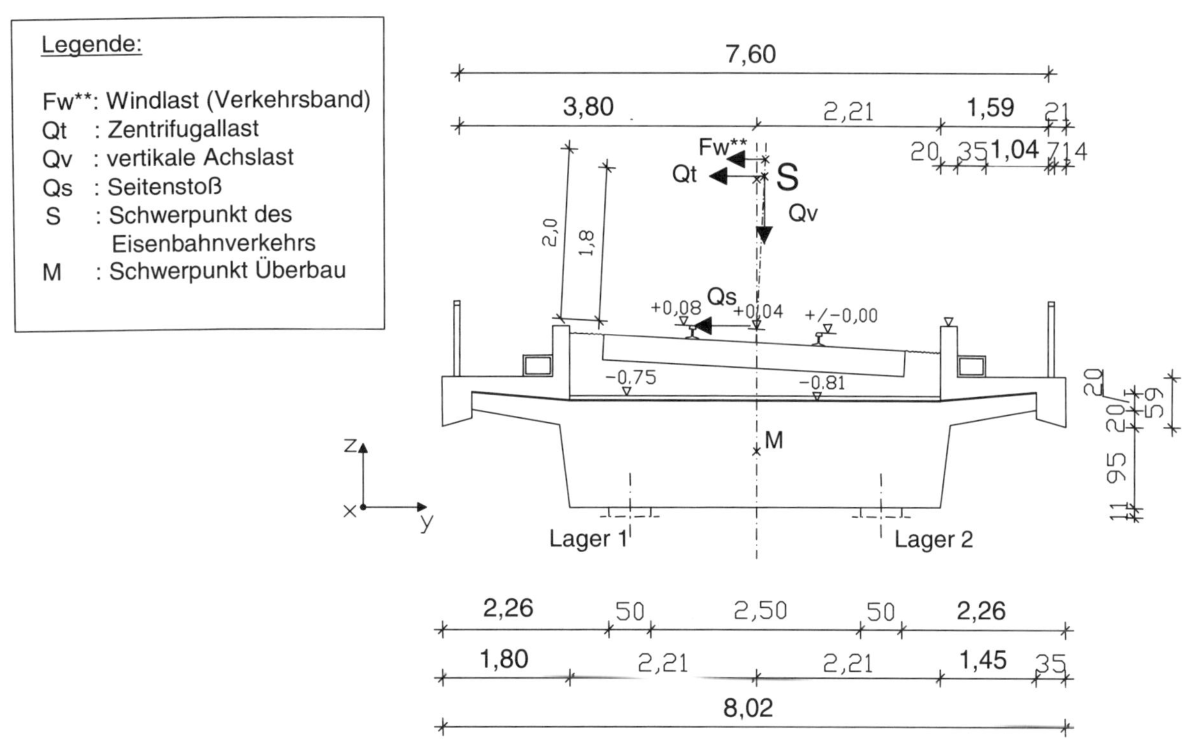

Abbildung 37 Schnitt A–A

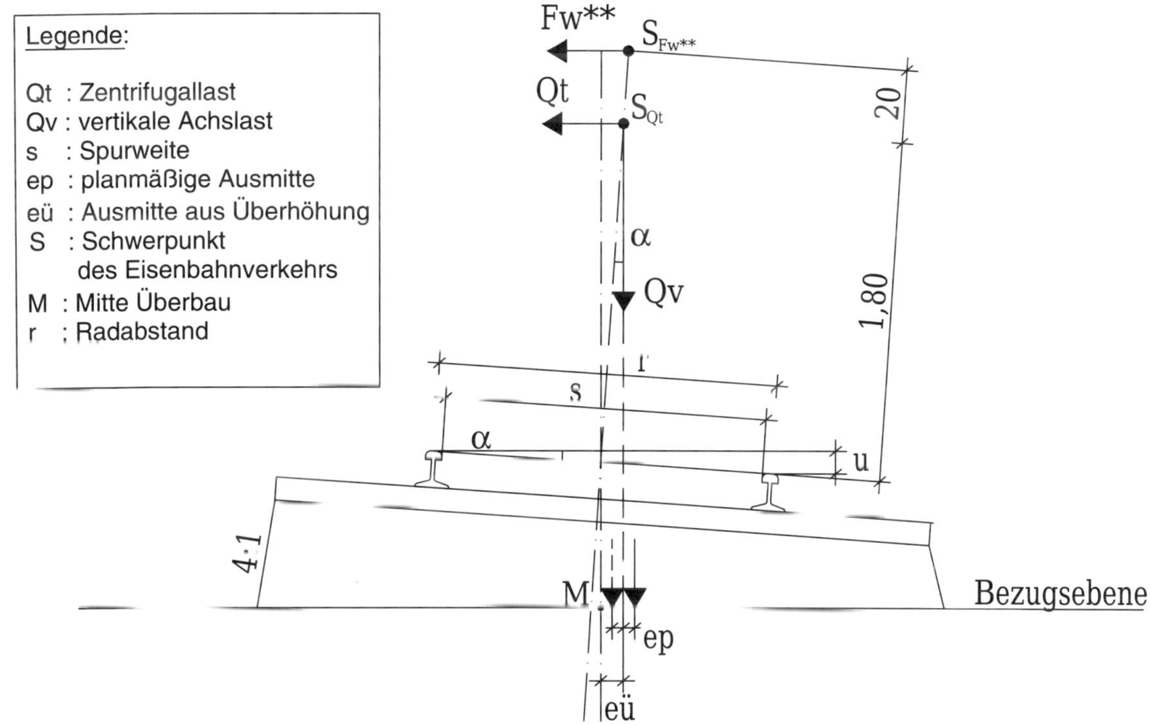

Abbildung 38 Angriffspunkte der Horizontal- und Vertikalkräfte in Querrichtung

2.8.2 Charakteristische Werte der Auflagerreaktionen

2.8.2.1 Ständige Einwirkungen

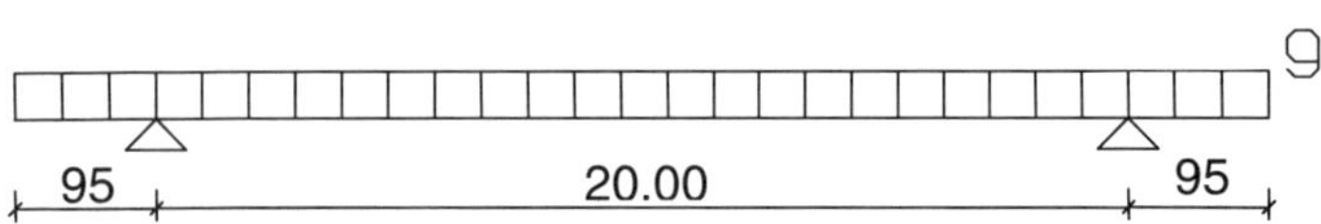

Eigengewicht:
$g_{k,1}$= 159,8 kN/m

siehe Abschn. 2.2.1.1

Ausbaulasten:
$g_{k,2}$= 69,8 kN/m
$g_{k,3}$= 33,9 kN/m

siehe Abschn. 2.2.1.1

Abbildung 39 Maßgebende Laststellung für ständige Einwirkungen

2.8.2.1.1 Eigengewicht

$R_z = 159{,}8 \cdot (20{,}0/2 + 0{,}95) / 2 = 874{,}9$ kN

$R_y = 0$ kN

Der Lagerdrehwinkel φ_y und die Lagerverschiebung v_x werden mit dem effektiven E-Modul $E_{c,eff}$ berechnet. Dabei wird der charakteristische Wert der Kriechzahl angesetzt.

Krümmung im Zustand I:

$$\kappa_I = \left(\frac{1}{r}\right)_I = \frac{M_{G,1}}{E_{c,eff} \cdot I_{cy}}$$

mit: $$E_{c,eff} = \frac{E_{cm}}{1+\varphi_k} = 11.239 \text{ MN/m}^2$$

$$\kappa_I = \left(\frac{1}{r}\right)_I = 7{,}53 \cdot 10^{-4} \text{ 1/m}$$

$M_{G,1}$ = 7,918 MNm
siehe Tab. 9

E_c,eff – wirksamer Elastizitätsmodul des Betons

I_{cy} = 0,935 m^4
siehe Abschn. 2.1.3.2

E_{cm} = 35.000 MN/m^2
φ - Kriechzahl
φ = 1,566
siehe Abschn. 2.3.1.2.2
$\varphi_k = 1{,}35 \cdot \varphi$

Der Lagerdrehwinkel kann analog zur Berechnung der vertikalen Durchbiegung über die Bauteilkrümmung ermittelt werden. Der Lagerdrehwinkel ergibt sich dann zu:

$$\varphi_y = \frac{1}{3} \cdot l \cdot \kappa_I$$
$$= 5{,}02 \cdot 10^{-3} \text{ rad}$$

Die Längsverschiebung ergibt sich zu:

Abstand vom Schwerpunkt zur UK Überbau = 0,69 m

$$v_x = \varphi_y \cdot (0{,}69 + 0{,}11) = 4{,}0 \text{ mm}$$

Abstand UK Überbau bis Mitte Lagerpaket = 0,11 m

Die Rückstellkraft ergibt sich zu:

$$R_x = v_x \cdot a \cdot b \cdot G / t = 16{,}6 \text{ kN}$$

a = 400 mm
b = 500 mm
t = 96 mm
G = 2,0 MN/m^2

2.8.2.1.2 Ausbaulast

$$R_z = (69{,}8 + 33{,}9) \cdot (20{,}0/2 + 0{,}95) / 2 = 567{,}8 \text{ kN}$$

$$R_y = 0 \text{ kN}$$

$M_{g,2}$ = 3,459 MNm
$M_{g,3}$ = 1,680 MNm
siehe Tab. 9

Krümmung im Zustand I:

$E_{c,eff}$ = 11.239 MN/m^2
I_{cy} = 0,935 m^4
siehe Abschn. 2.1.3.2

$$\kappa_I = \left(\frac{1}{r}\right)_I = \frac{M_{G,2} + M_{G,3}}{E_{c,eff} \cdot I_{cy}} = 4{,}89 \cdot 10^{-4} \text{ 1/m}$$

l = 20,0 m
siehe Abschn. 1.2.2

Lagerdrehwinkel:

Abstand vom Schwerpunkt zur UK Überbau = 0,69 m
siehe Abschn. 2.1.3.2

$$\varphi_y = \frac{1}{3} \cdot l \cdot \kappa_I$$
$$= 3{,}26 \cdot 10^{-3} \text{ rad}$$

Abstand UK Überbau bis Mitte Lagerpaket = 0,11 m

Längsverschiebung:

Abstand vom Schwerpunkt zur UK Überbau = 0,69 m

$$v_x = \varphi_y \cdot (0{,}69 + 0{,}11) = 2{,}6 \text{ mm}$$

Abstand UK Überbau bis Mitte Lagerpaket = 0,11 m

Rückstellkraft:

$$R_x = v_x \cdot a \cdot b \cdot G / t = 10{,}8 \text{ kN}$$

a = 400 mm
b = 500 mm
t = 96 mm
G = 2,0 MN/m^2

2.8.2.1.3 Vorspannung

$R_z = 0$ kN

$R_y = 0$ kN

Der Lagerdrehwinkel φ_y und die Lagerverschiebungen v_x infolge der Vorspannkraft ergeben sich aus dem Vorspannmoment und der Normalkraft.

Krümmung im Zustand I:

Zeitpunkt $t = t_\infty$

Spannkraftverluste 13,7 % siehe Abschn. 2.3.1.2.2

$$\kappa_I = \left(\frac{1}{r}\right)_I = \frac{M_{Pk} \cdot (1-0{,}137)}{E_{c,eff} \cdot I_{cy}} = -1{,}62 \cdot 10^{-4}\ 1/\mathrm{m}$$

$l = 20$ m
$E_{c,eff} = 11.239$ MN/m²
$I_{cy} = 0{,}935$ m^4
siehe Abschn. 2.1.3.2

Lagerdrehwinkel:

$M_{Pk} = -8{,}99 - 10{,}79$ MNm
siehe Tab. 10

$$\varphi_y = \frac{1}{3} \cdot l \cdot \kappa_I$$
$$= -10{,}83 \cdot 10^{-3}\ \mathrm{rad}$$

Längsverschiebung:

Abstand vom Schwerpunkt zur UK Überbau = 0,69 m

Abstand UK Überbau bis Mitte Lagerpaket = 0,11 m

$$v_{x1} = \varphi_y \cdot (0{,}69 + 0{,}11) = -8{,}6\ \mathrm{mm}$$

$$v_{x2} = \frac{l}{2} \cdot \frac{(1-0{,}137)}{E_{c,eff}} \cdot \frac{P_k}{A_c} = \frac{20}{2} \cdot \frac{(1-0{,}137)}{11239} \cdot \frac{(-18{,}72-22{,}47)}{6{,}392} = -5{,}0\ \mathrm{mm}$$

$P_k = -18{,}72 - 22{,}47$ MNm
$A_c = 6{,}392$ m²

$$v_x = -8{,}6 - 5{,}0 = -13{,}6\ \mathrm{mm}$$

Rückstellkraft:

$a = 400$ mm
$b = 500$ mm
$t = 96$ mm
$G = 2{,}0$ MN/m^2

$$R_x = v_x \cdot a \cdot b \cdot G / t = -56{,}6\ \mathrm{kN}$$

2.8.2.2 Veränderliche Einwirkungen

2.8.2.2.1 Lastmodell 71

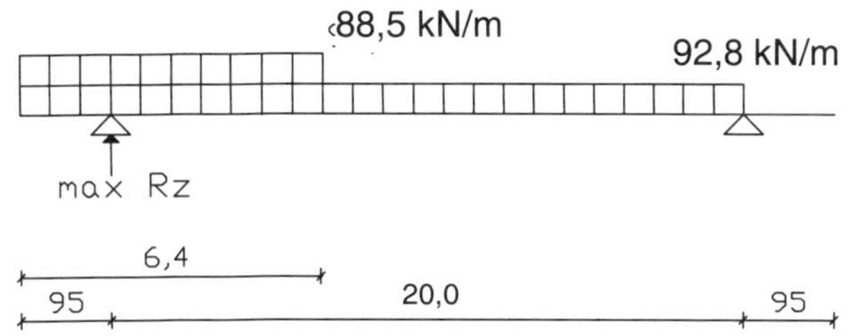

Grundlast:
$q_{vk} = 80{,}0 \cdot \Phi = 92{,}8$ kN/m
Überlast:
$q_{vk} = 76{,}25 \cdot \Phi = 88{,}5$ kN/m
$\Phi = 1{,}16$
siehe Abschn. 2.2.1.3.1.1

Abbildung 40 Maßgebende Laststellung für Lastmodell 71

maximale Exzentrizität:
e = 0,179 m
siehe Abschn. 2.3.1.3.1.1

$$\begin{aligned} R_{z,max} &= 92{,}8 \cdot (20{,}0 + 0{,}95)^2 / (2 \cdot 2 \cdot 20{,}0) \\ &+ 88{,}5 \cdot 6{,}4 \cdot (20{,}0 + 0{,}95 - 6{,}4 / 2) / (2 \cdot 20{,}0) \\ &+ (92{,}8 + 88{,}5) \cdot 0{,}013 \cdot 0{,}95 / 3{,}0 + 92{,}8 \cdot 0{,}013 \cdot 20{,}0 / (2 \cdot 3{,}0) \\ &+ 88{,}5 \cdot 0{,}013 \cdot (6{,}4 - 0{,}95) \cdot (20{,}0 - (6{,}4 - 0{,}95)) / (20{,}0 \cdot 3{,}0) \\ &= 509{,}1 + 251{,}3 + 0{,}75 + 4{,}02 + 1{,}52 \\ &= 766{,}6 \text{ kN} \end{aligned}$$

$R_{z,min} = 0$ kN

$R_y = 0$ kN

Der Lagerdrehwinkel φ_y und die Lagerverschiebung v_x werden mit dem E Modul E_{cm} berechnet. Auf der sicheren Seite liegend wird der Lagerdrehwinkel mit der Überlast in Feldmitte berechnet.

Krümmung:

$$\kappa_I = \left(\frac{1}{r}\right)_I - \frac{M_Q}{E_{cm} \cdot I_I} = 2{,}14 \cdot 10^{-4} \text{ 1/m}$$

$M_Q = 7{,}018$ MNm
siehe Tab. 11
$E_{cm} = 35.000$ MN/m^2
$I_{cy} = 0{,}935$ m^4

Lagerdrehwinkel:

$$\varphi_y = \frac{1}{3} \cdot l \cdot \kappa_I = 1{,}43 \cdot 10^{-3} \text{ rad}$$

l = 20 m

Längsverschiebung:

$v_x = \varphi_y \cdot (0{,}69 + 0{,}11) = 1{,}1$ mm

Abstand vom Schwerpunkt zur UK Überbau = 0,69 m

Abstand UK Überbau bis Mitte Lagerpaket = 0,11 m

Rückstellkraft:

$R_x = v_x \cdot a \cdot b \cdot G / t = 4{,}6$ kN

a = 400 mm
b = 500 mm
t = 96 mm
G = 2,0 MN/m^2

2.8.2.2.2 Lastmodell SW/0

Das Lastmodell SW/0 ist nicht anzusetzen.

2.8.2.2.3 Lastmodell SW/2

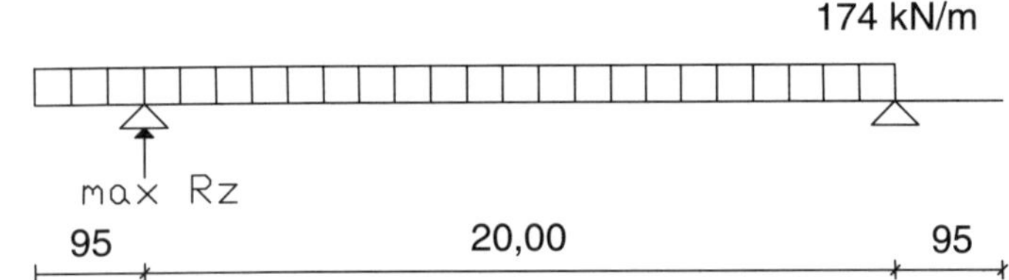

$q_{vk} = 150{,}0$ kN/m · Φ
mit: Φ = 1,16
$q_{vk} = 174$ kN/m
siehe Abschn. 2.2.1.3.1.1 und 2.2.1.3.1.3

Abbildung 41 Maßgebende Laststellung für Lastmodell SW/2

$$R_{z,max} = 174{,}0 \cdot (20{,}0 + 0{,}95)^2 / (2 \cdot 2 \cdot 20{,}0)$$
$$+ 174{,}0 \cdot 0{,}096 \cdot 0{,}95 / 3{,}0$$
$$+ 174{,}0 \cdot 0{,}096 \cdot 20{,}0 / (2 \cdot 3{,}0)$$
$$= 954{,}6 + 5{,}3 + 55{,}7$$
$$= 1015{,}6 \text{ kN}$$

$R_{z,min} = 0$ kN

$R_y = 0$ kN

Der Lagerdrehwinkel φ_y und die Lagerverschiebung v_x werden mit dem E-Modul E_{cm} berechnet. Auf der sicheren Seite liegend wird der Lagerdrehwinkel mit der Überlast in Feldmitte berechnet.

Krümmung:

$$\kappa_l = \left(\frac{1}{r}\right)_l = \frac{M_{Q,SW/2}}{E_{cm} \cdot I_l} = 2{,}66 \cdot 10^{-4}\ 1/m$$

$M_{Q,SW/2} = 8{,}700$ MNm
siehe Tab. 14
$E_{cm} = 35.000\ MN/m^2$
$I_{cy} = 0{,}935\ m^4$

Lagerdrehwinkel:

$$\varphi_y = \frac{1}{3} \cdot l \cdot \kappa_l = 1{,}77 \cdot 10^{-3}\ rad$$

$l = 20$ m

Längsverschiebung:

$$v_x = \varphi_y \cdot (0{,}69 + 0{,}11) = 1{,}4\ mm$$

Abstand vom Schwerpunkt zur UK Überbau = 0,69 m

Abstand UK Überbau bis Mitte Lagerpaket = 0,11 m

Rückstellkraft:

$$R_x = v_x \cdot a \cdot b \cdot G / t = 5{,}8\ kN$$

a = 400 mm
b = 500 mm
t = 96 mm
G = 2,0 MN/m²

2.8.2.2.4 Unbeladener Zug

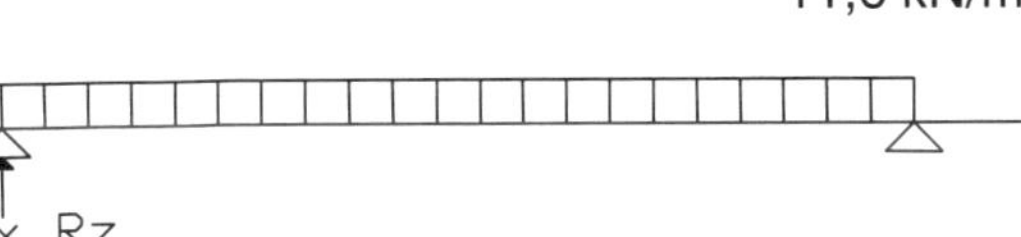

Abbildung 42 Maßgebende Laststellung das Lastmodell Unbeladener Zug

$q_{vk} = 10{,}0\ kN/m \cdot \Phi$
mit: $\Phi = 1{,}16$
$q_{vk} = 11{,}6\ kN/m$

siehe Abschn. 2.2.1.3.1.1 und 2.2.1.3.1.4

$$R_{z,max} = 12{,}5 \cdot (20{,}0 + 0{,}95)^2 / (2 \cdot 2 \cdot 20{,}0)$$
$$+ 12{,}5 \cdot 0{,}096 \cdot 0{,}95 / 3{,}0$$
$$+ 12{,}5 \cdot 0{,}096 \cdot 20{,}0 / (2 \cdot 3{,}0)$$
$$= 68{,}6 + 0{,}4 + 4{,}0 = 73{,}0\ kN$$

maximale Exzentrizität:
e = 0,179 m
siehe Abschn. 2.3.1.3.1.1

$$R_{z,min} = 0\ kN$$

$$R_y = 0$$

Der Lagerdrehwinkel φ_y und die Lagerverschiebung v_x werden mit dem E-Modul E_{cm} berechnet. Auf der sicheren Seite liegend wird der Lagerdrehwinkel mit der Überlast in Feldmitte berechnet.

Krümmung:

$$\kappa_I = \left(\frac{1}{r}\right)_I = \frac{M_{Q,\text{unbel. Zug}}}{E_{cm} \cdot I_I} = 1{,}53 \cdot 10^{-5} \text{ 1/m}$$

$M_{Q,\text{unbel. Zug}} = 0{,}500$ MNm
siehe Tab. 16
$E_{cm} = 35.000$ MN/m²
$I_{cy} = 0{,}935$ m⁴

Lagerdrehwinkel:

$$\varphi_y = \frac{1}{3} \cdot l \cdot \kappa_I = 1{,}02 \cdot 10^{-4} \text{ rad}$$

$l = 20$ m

Längsverschiebung:

$$v_x = \varphi_y \cdot (0{,}69 + 0{,}11) = 0{,}1 \text{ mm}$$

Abstand vom Schwerpunkt zur UK Überbau = 0,69 m

Abstand UK Überbau bis Mitte Lagerpaket = 0,11 m

Rückstellkraft:

$$R_x = v_x \cdot a \cdot b \cdot G / t = 0{,}4 \text{ kN}$$

a = 400 mm
b = 500 mm
t = 96 mm
G = 2,0 MN/m²

2.8.2.2.5 Verkehr auf Dienstwegen

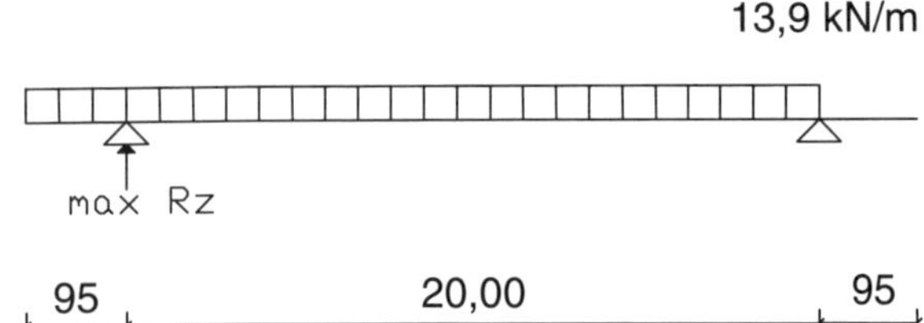

$q_{vk} = 13{,}9$ kN/m
siehe Abschn. 2.2.1.3.2.1

Abbildung 43 Maßgebende Laststellung für Verkehrslast auf Dienstwegen

Untersucht wird die beidseitige Belastung der Dienstwege.

$R_{z,max} = 13{,}90 \cdot (20{,}0 + 0{,}95)^2 / (2 \cdot 2 \cdot 20{,}0) = 76{,}3$ kN

$R_{z,min} = 0$ kN
$R_y = 0$ kN

Der Lagerdrehwinkel φ_y und die Lagerverschiebung v_x werden mit dem E-Modul E_{cm} berechnet. Auf der sicheren Seite liegend wird der Lagerdrehwinkel mit der Überlast in Feldmitte berechnet.

Krümmung:

$$\kappa_I = \left(\frac{1}{r}\right)_I = \frac{M_{qvk}}{E_{cm} \cdot I_I} = 2{,}12 \cdot 10^{-5}\ 1/m$$

$M_{qvk} = 0{,}695$ MNm
siehe Tab. 24
$E_{cm} = 35.000$ MN/m^2
$I_{cy} = 0{,}935$ m^4

Lagerdrehwinkel:

$$\varphi_y = \frac{1}{3} \cdot l \cdot \kappa_I = 1{,}42 \cdot 10^{-4}\ \text{rad}$$

$l = 20$ m

Längsverschiebung:

$$v_x = \varphi_y \cdot (0{,}69 + 0{,}11) = 0{,}1\ \text{mm}$$

Abstand vom Schwerpunkt zur UK Überbau = 0,69 m

Abstand UK Überbau bis Mitte Lagerpaket = 0,11 m

Rückstellkraft:

$$R_x = v_x \cdot a \cdot b \cdot G / t = 0{,}4\ \text{kN}$$

a = 400 mm
b = 500 mm
t = 96 mm
G = 2,0 MN/m^2

2.8.2.2.6 Verkehrslast bei Gleis- und Brückenunterhaltung

Die Verkehrslast bei Gleis- und Brückenunterhaltung wird nicht maßgebend.

siehe Abschn. 2.2.1.3.1.5

2.8.2.2.7 Fliehkräfte

2.8.2.2.7.1 Lastmodell 71

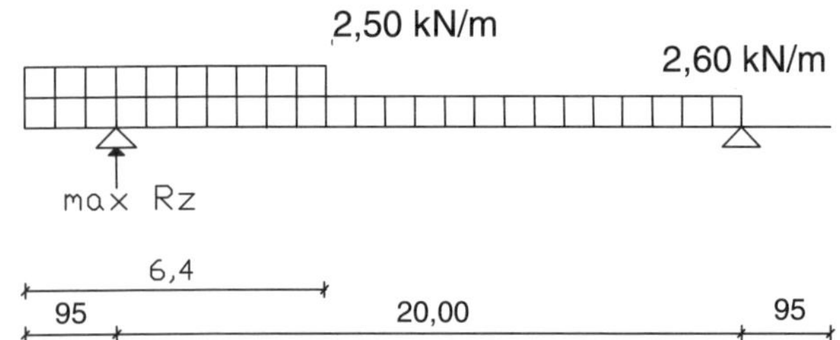

Grundlast:
q_{hk} = 2,6 kN/m
Überlast:
Δq_{hk} = 2,5 kN/m
siehe Abschn. 2.2.1.3.1.6

z_{tot} – Hebelarm der Fliehkraft bis Mitte Lager
z_{tot} = 4,01 m

Abbildung 44 Maßgebende Laststellung für Lastmodell 71, fahrend

$$\begin{aligned} R_{z,max} &= (2{,}6 + 2{,}5) \cdot 4{,}01 \cdot 0{,}95 / 3{,}0 \\ &+ 2{,}6 \cdot 4{,}01 \cdot 20{,}0 / (2 \cdot 3{,}0) \\ &+ 2{,}5 \cdot 4{,}01 \cdot 5{,}45 \cdot (20{,}0 - 5{,}45 / 2) / (3{,}0 \cdot 20{,}0) \\ &= 6{,}5 + 34{,}8 + 15{,}8 \\ &= 57{,}0 \text{ kN} \end{aligned}$$

$$\begin{aligned} R_{z,min} &= -6{,}5 - 34{,}8 - 15{,}8 \\ &= -57{,}0 \text{ kN} \end{aligned}$$

$$\begin{aligned} R_{y,max} &= 2{,}6 \cdot (20{,}0 + 0{,}95)^2 / (2 \cdot 20{,}0) \\ &+ 2{,}5 \cdot 6{,}4 \cdot (20{,}0 + 0{,}95 - 6{,}4 / 2) / 20{,}0 \\ &= 28{,}5 + 14{,}2 \\ &= 42{,}7 \text{ kN} \end{aligned}$$

$$R_{y,min} = 0 \text{ kN}$$

$$R_x = 0 \text{ kN}$$

Die geringen Rückstellkräfte, Lagerverdrehungen und Lagerverschiebungen können vernachlässigt werden.

2.8.2.2.7.2 Lastmodell SW/2

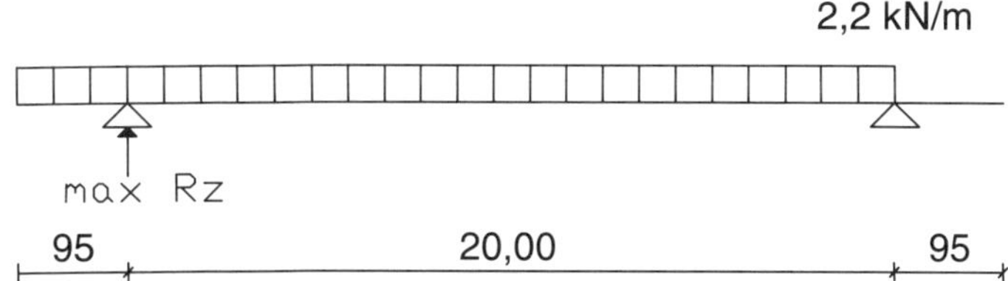

q_{hk} = 2,2 kN/m
siehe Abschn. 2.2.1.3.1.6

z_{tot} – Hebelarm der Fliehkraft bis Mitte Lager
z_{tot} = 4,01 m

Abbildung 45 Maßgebende Laststellung für Lastmodell SW/2, fahrend

$$R_{z,max} = 2{,}2 \cdot 4{,}01 \cdot 0{,}95 / 3{,}0 + 2{,}2 \cdot 4{,}01 \cdot 20{,}0 / (2 \cdot 3{,}0) = 2{,}8 + 29{,}4 = 32{,}2 \text{ kN}$$

$$R_{z,min} = -2{,}8 - 29{,}4 = -32{,}2 \text{ kN}$$

$$R_{y,max} = 2{,}2 \cdot (20{,}0 + 0{,}95)^2 / (2 \cdot 20{,}0) = 24{,}1 \text{ kN}$$

$$R_{y,min} = 0 \text{ kN}$$

$$R_x = 0 \text{ kN}$$

Die geringen Rückstellkräfte, Lagerverdrehungen und Lagerverschiebungen können vernachlässigt werden.

2.8.2.2.7.3 Unbeladener Zug

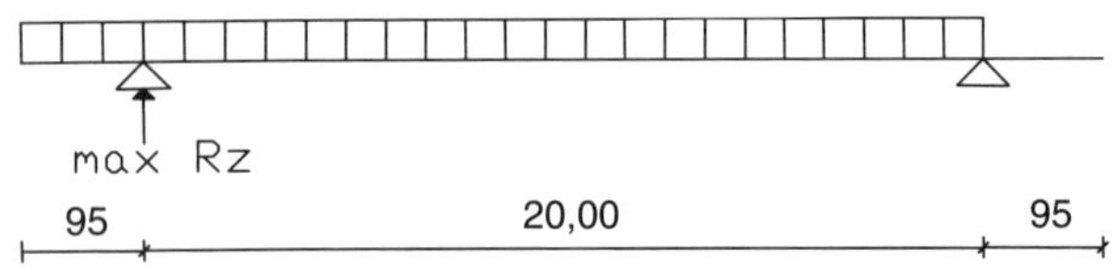

q_{hk} = 0,90 kN/m
siehe Abschn. 2.2.1.3.1.6

z_{tot} – Hebelarm der Fliehkraft bis Mitte Lager
z_{tot} = 4,01 m

Abbildung 46 Maßgebende Laststellung für Lastmodell Unbeladener Zug, fahrend

$$R_{z,max} = 0{,}9 \cdot 4{,}01 \cdot 0{,}95 / 3{,}0 + 0{,}9 \cdot 4{,}01 \cdot 20{,}0 / (2 \cdot 3{,}0) = 1{,}1 + 12{,}0 = 13{,}1 \text{ kN}$$

$$R_{z,min} = -1{,}1 - 12{,}0 = -13{,}1 \text{ kN}$$

$$R_{y,max} = 0{,}9 \cdot (20{,}0 + 0{,}95)^2 / (2 \cdot 20{,}0) = 9{,}9 \text{ kN}$$

$$R_{y,min} = 0, \text{ kN}$$

$$R_x = 0 \text{ kN}$$

Die geringen Rückstellkräfte, Lagerverdrehungen und Lagerverschiebungen können vernachlässigt werden.

2.8.2.2.8 Seitenstoß

siehe Abschn. 2.2.1.3.1.7

$R_{z,max} = 100 \cdot 2{,}25 / 3{,}0 = 75$ kN

$R_{z,min} = -100 \cdot 2{,}25 / 3{,}0 = -75$ kN

$R_{y,max} = 100 \cdot (20{,}0 + 0{,}95) / 20{,}0 = 104{,}8$ kN

$R_{y,max} = -100 \cdot (20{,}0 + 0{,}95) / 20{,}0 = -104{,}8$ kN

$R_x = 0$ kN

Die geringen Rückstellkräfte infolge des entstehenden Lagerdrehwinkels bei einer Längsverdrehung des Überbaus werden vernachlässigt. Gleiches gilt für die geringen Querverschiebungen.

2.8.2.2.9 Anfahren und Bremsen

siehe Abschn. 2.2.1.3.1.8

$R_z \approx 0$ kN

$F_{x,R} = 33$ kN

$R_y = 0$ kN

siehe Abschn. 2.3.1.3.1.8

$R_{x,max} = 33{,}0 / 2 = 16{,}5$ kN

$R_{x,min} = -16{,}5$ kN

Die dazugehörige Lagerverschiebung in Längsrichtung beträgt

siehe Abschn. 2.3.1.3.1.8

$v_x = 4$ mm

Die geringen Lagerverdrehungen können vernachlässigt werden.

2.8.2.2.10 Einwirkung auf Geländer

siehe Abschn. 2.3.1.3.2.2

Die Einwirkungen auf Geländer sind für die Bemessung des Haupttragwerks nicht von Bedeutung.

2.8.2.2.11 Temperatureinwirkungen

siehe Abschn. 2.3.1.4

$R_z \approx 0$ kN

$R_y = 0$ kN

$R_{x,max} = 43{,}6 / 2 = 21{,}8$ kN

$R_{x,min} = -43{,}6 / 2 = -21{,}8$ kN

Da eine genaue Voreinstellung der Lager in Abhängigkeit von der gemessenen Bauwerkstemperatur nicht vorgesehen ist, ist das volle Vorhaltemaß für den Verschiebungsweg zu berücksichtigen.

$\alpha_{Tc} = 0{,}00001\ K^{-1}$
$\Delta T_{M,neg} = -8$ K

Lagerdrehwinkel:

$l = 20{,}0$ m
$h = 1{,}25$ m

$$\varphi_{y,\Delta,\Delta} = \frac{\alpha_{T,c} \cdot \Delta T_{M,neg}}{h} \cdot \frac{l}{2}$$

$$\varphi_{y,\Delta Ty} = 0{,}64 \cdot 10^{-3}\ \text{rad}$$

Längsverschiebung:

$$v_x = \frac{R_{x,max}}{R_{x,max,Anfahren\&Bremsen}} \cdot 4 = 5{,}2\ \text{mm}$$

$R_{x,max,Anfahren\&Bremsen} = 33$ kN

2.8.2.2.12 Windlasten

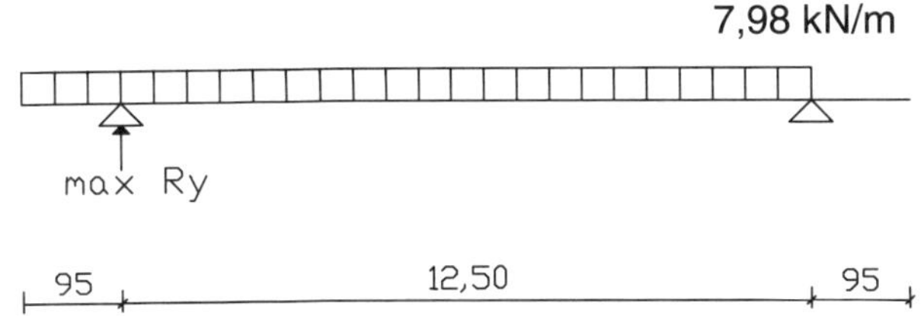

w_k = 1,30 kN/m² · d
d = 6,14 m
w_k = 7,98 kN/m

siehe Abschn. 2.2.1.5.1

Abbildung 47 Maßgebende Laststellung für Windlasten (Längs)

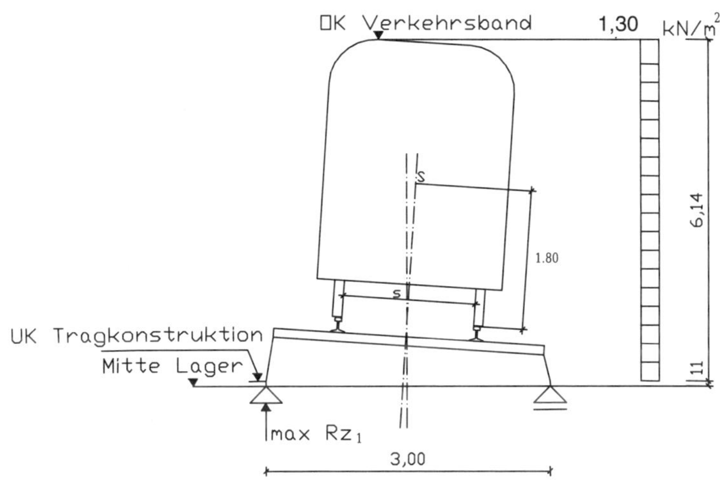

Abbildung 48 Maßgebende Laststellung für Windlasten (Quer)

$R_{z,max}$ = 7,98 · 3,18 · 0,95 / 3,0 + 7,98 · 3,18 · 20,0 / (2 · 3,0)
= 8,0 + 84,6 = 92,6 kN

$R_{z,min}$ = -8,0 – 52,9 = -92,6 kN

$R_{y,max}$ = 7,98 · $(20,0 + 0,95)^2$ / (2 · 20,0) = 87,6 kN

$R_{y,min}$ = -87,6 kN

R_x = 0 kN

Die geringen Rückstellkräfte infolge des entstehenden Lagerdrehwinkels bei einer Längsverdrehung des Überbaus werden vernachlässigt. Gleiches gilt für geringen Querverschiebungen.

2.8.2.2.13 Aerodynamische Einwirkungen aus Zugverkehr

siehe Abschn. 2.2.1.5.2

Die Schnittgrößen aus Druck- und Sogeinwirkungen aus Zugverkehr sind für die Bemessung des Überbaus nicht relevant.

2.8.2.2.14 Einwirkungen aus Erddruck

siehe Abschnitt 2.2.1.6

$R_z \approx 0$ kN

$R_y = 0$ kN

$R_{x,max} = 160{,}9 / 4 = 40{,}2$ kN

$R_{x,min} = -40{,}2$ kN

Die geringen Rückstellkräfte, Lagerverdrehungen und Lagerverschiebungen können vernachlässigt werden.

2.8.2.2.15 Schwinden

$R_z \approx 0$ kN

$R_y = 0$ kN

Verkürzung:

$$v_x = \frac{1}{2} \cdot l \cdot \varepsilon_{cs,\infty} = \frac{200000}{2} \cdot (-0{,}243 \cdot 10^{-3}) = -2{,}43 \text{ mm}$$

$\varepsilon_{cs,\infty} = -0{,}243$ ‰
siehe Abschnitt 2.3.1.2.2

Rückstellkraft:

$$R_x = v_x \cdot a \cdot b \cdot G / t = -10{,}1 \text{ kN}$$

a = 400 mm
b = 500 mm
t = 96 mm
G = 2,0 MN/m²

2.8.2.2.16 Außergewöhnliche Einwirkungen infolge Entgleisung

siehe Abschn. 2.2.1.7.1

Für die Bemessung der Lager sind die außergewöhnlichen Einwirkungen infolge Entgleisung nicht maßgebend. Hier wird lediglich untersucht, inwieweit abhebende Auflagerreaktionen entstehen.

Bemessungsfall I

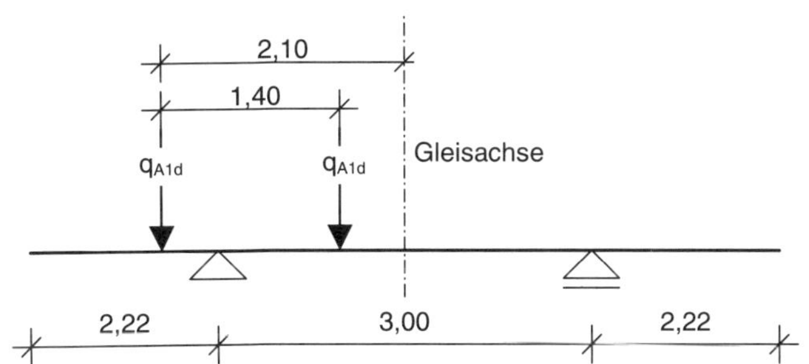

$q_{A1d} = 1{,}45 \cdot 0{,}5 \cdot LM71$

siehe Abschnitt 2.2.1.7.1

Abbildung 49 Außergewöhnliche Einwirkung infolge Entgleisung (Fall I)

Da sowohl die vertikale Resultierende der ständigen Lasten, als auch die vertikale Resultierende der Bemessungslast I zwischen den Lagern liegt und keine weiteren veränderlichen Lasten angesetzt werden sollen, entstehen keine abhebenden Auflagerreaktionen.

Bemessungsfall II

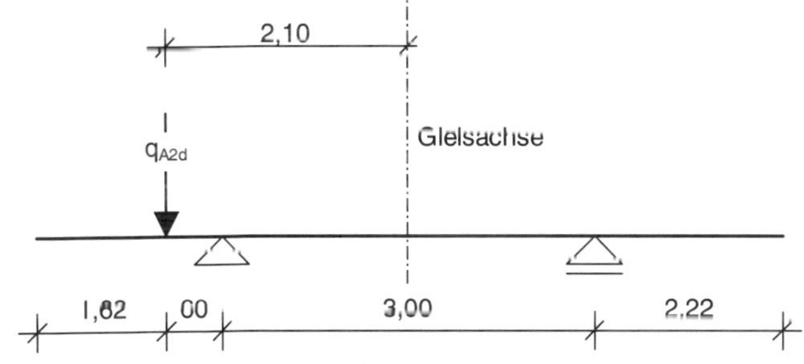

$q_{A1d} = 1{,}4 \cdot LM71$

$q_{A1d} = 1{,}4 \cdot 80\ kN/m$

siehe Abschnitt 2.2.1.7.1

Abbildung 50 Außergewöhnliche Einwirkung infolge Entgleisung (Fall II)

$R_{A,z,max} = 112{,}0 \cdot (20{,}0 + 0{,}95)^2 / (2 \cdot 2 \cdot 20{,}0)$
$+ 112{,}0 \cdot 2{,}1 \cdot 0{,}95 / 3{,}0$
$+ 112{,}0 \cdot 2{,}1 \cdot 20{,}0 / (2 \cdot 3{,}0)$
$= 614{,}5 + 74{,}5 + 784 = 1473$ kN

$R_{A,z,min} = 614{,}5 - 74{,}5 - 784 = -244$ kN

Für den Lagesicherheitsnachweis (EQU) in der außergewöhnlichen Kombination sind gemäß EC0 Tab. NA.A.2.1 keine γ-Werte definiert. Es werden die Werte für den Bauzustand berücksichtigt.

Die minimale Auflagerreaktion in der außergewöhnlichen Bemessungssituation errechnet sich zu:

$R_{z,min} = \gamma_{G,inf} \cdot (R_{EG} + R_{Ausbau}) + R_{A,z,min}$

$\gamma_{G,inf} = 0{,}95$

$R_{z,min} = 0{,}95 \cdot (874{,}9 + 567{,}8) - 244 = 1126{,}6$ kN

$R_{EG} = 874{,}9$ kN
siehe Abschn. 2.8.2.1.1

$R_{Ausbau} = 567{,}8$ kN
siehe Abschn. 2.8.2.1.2

Es entstehen somit keine abhebenden Auflagerreaktionen.

2.8.2.2.17 Außergewöhnliche Einwirkungen infolge Anpralls

$R_z = 0$ kN

$R_y = \pm 500$ kN

$R_x = 0$ kN

Die Rückstellkräfte, Lagerverdrehungen und Lagerverschiebungen können vernachlässigt werden.

2.8.3 Lagerlisten

Tabelle NA.E1 - Lagerliste mit Angabe der charakteristischen Werte der Einzeleinwirkungen

Bauvorhaben: EÜ über die L86 bei Lübs			Diese Liste beinhaltet alle Reaktionen und Bewegungen im Endzustand. Werden Lager während der Bauphase eingebaut und überschreiten dann die Reaktionen und Bewegungen die Werte des Endzustandes, müssen die maßgebenden Werte im Bauzustand separat ausgewiesen werden.																
Lager Nr.: 1 und 3			Lagerreaktionen und Verformungen															
			N [kN]		V_x [kN]		V_y [kN]		M_x [kNm]		v_x [mm]		v_y [mm]		φ_x [mrad]		φ_y [mrad]	
			max	min	max	min	max	min	max	min	max	min	max	min	max	min	max	min
1.1	ständige Einwirkungen (G und P)	Eigengewicht	874,9		16,8		-		-		4,0		-		-		5,02	
1.2		Ausbaulast	567,8		10,8		-		-		2,6		-		-		3,26	
1.3		Vorspannung	-		-56,6		-		-		-13,6		-		-		-10,8	
1.4		Schwinden	-		-10,1		-		-		-2,4		-		-		-	
2.1	veränderliche Einwirkungen (Q)	LM71	766,6	0,0	4,6	-	-	-	-	-	1,1	0,0	-	-	-	-	1,43	0,00
2.2		SW/2	1015,6	0,0	5,8	-	-	-	-	-	1,4	0,0	-	-	-	-	1,77	0,00
2.3		unbeladener Zug	73,0	0,0	0,4	-	-	-	-	-	0,1	0,0	-	-	-	-	0,10	0,00
2.4		Fliehkräfte LM71	57,0	-57,0	-	-	42,7	0,0	-	-	-	-	-	-	-	-	-	-
2.5		Fliehkräfte SW/2	32,2	-32,2	-	-	24,1	0,0	-	-	-	-	-	-	-	-	-	-
2.6		Fliehkräfte unbel. Zug	13,1	-13,1	-	-	9,9	0,0	-	-	-	-	-	-	-	-	-	-
2.7		Seitenstoß	75,0	-75,0	-	-	104,8	-104,8	-	-	-	-	-	-	-	-	-	-
2.8		Anfahren und Bremsen	-	-	16,5	-16,5	-	-	-	-	4,0	-4,0	-	-	-	-	-	-
2.9		Verkehr auf Dienstweg	76,3	0,0	0,4	-	-	-	-	-	0,1	0,0	-	-	-	-	0,14	0,00
2.10		Windeinwirkungen	92,6	-92,6	-	-	87,6	-87,6	-	-	-	-	-	-	-	-	-	-
2.11		Temperatureinwirkungen	-	-	21,8	-21,8	-	-	-	-	5,2	-5,2	-	-	-	-	0,64	-0,64
2.12		Erddruck	-	-	40,2	-40,2	-	-	-	-	-	-	-	-	-	-	-	-
3.1	außergewöhnliche Einwirkungen (A)	Entgleisung	-	-	-	-	-	-	-	-	-	-	-	-	-	-	-	-
3.2		Anprall an Überbau	-	-	-	-	500,0	-500,0	-	-	-	-	-	-	-	-	-	-

Hinweis: Die gemäß ZTV-ING Teil 8 - Abschnitt 3 Kap. 2.3 (5) geforderte Lagerreibung von 3 % der Vertikalkraft für die Bemessung der Unterbauten wurde in dieser Zusammenstellung noch <u>nicht</u> berücksichtigt.

Tabelle NA.E1 - Lagerliste mit Angabe der charakteristischen Werte der Einzeleinwirkungen

Bauvorhaben: EÜ über die L86 bei Lübs			Diese Liste beinhaltet alle Reaktionen und Bewegungen im Endzustand. Werden Lager während der Bauphase eingebaut und überschreiten dann die Reaktionen und Bewegungen die Werte des Endzustandes, müssen die maßgebenden Werte im Bauzustand separat ausgewiesen werden.															
Lager Nr.: 2 und 4			Lagerreaktionen und Verformungen															
			N [kN]		V_x [kN]		V_y [kN]		M_x [kNm]		v_x [mm]		v_y [mm]		φ_x [mrad]		φ_y [mrad]	
			max	min	max	min	max	min	max	min	max	min	max	min	max	min	max	min
1.1	ständige Einwirkungen (G und P)	Eigengewicht	874,9		16,8		-		-		4,0		-		-		5,02	
1.2		Ausbaulast	567,8		10,8		-		-		2,6		-		-		3,26	
1.3		Vorspannung	-		-56,6		-		-		-13,6		-		-		-10,8	
1.4		Schwinden	-		-10,1		-		-		-2,4		-		-		-	
2.1	veränderliche Einwirkungen (Q)	LM71	766,6	0,0	4,6	-	-	-	-	-	1,1	0,0	-	-	-	-	1,43	0,00
2.2		SW/2	1015,6	0,0	5,8	-	-	-	-	-	1,4	0,0	-	-	-	-	1,77	0,00
2.3		unbeladener Zug	73,0	0,0	0,4	-	-	-	-	-	0,1	0,0	-	-	-	-	0,10	0,00
2.4		Fliehkräfte LM71	57,0	-57,0	-	-	-	-	-	-	-	-	-	-	-	-	-	-
2.5		Fliehkräfte SW/2	32,2	-32,2	-	-	-	-	-	-	-	-	-	-	-	-	-	-
2.6		Fliehkräfte unbel. Zug	13,1	-13,1	-	-	-	-	-	-	-	-	-	-	-	-	-	-
2.7		Seitenstoß	75,0	-75,0	-	-	-	-	-	-	-	-	-	-	-	-	-	-
2.8		Anfahren und Bremsen	-	-	16,5	-16,5	-	-	-	-	4,0	-4,0	-	-	-	-	-	-
2.9		Verkehr auf Dienstweg	76,3	0,0	0,4	-	-	-	-	-	0,1	0,0	-	-	-	-	0,14	0,00
2.10		Windeinwirkungen	92,6	-92,6	-	-	-	-	-	-	-	-	-	-	-	-	-	-
2.11		Temperatureinwirkungen	-	-	21,8	-21,8	-	-	-	-	5,2	-5,2	-	-	-	-	0,64	-0,64
2.12		Erddruck	-	-	40,2	-40,2	-	-	-	-	-	-	-	-	-	-	-	-
3.1	außergewöhnliche Einwirkungen (A)	Entgleisung	-	-	-	-	-	-	-	-	-	-	-	-	-	-	-	-
3.2		Anprall an Überbau	-	-	-	-	-	-	-	-	-	-	-	-	-	-	-	-

Hinweis: Die gemäß ZTV-ING Teil 8 - Abschnitt 3 Kap. 2.3 (5) geforderte Lagerreibung von 3 % der Vertikalkraft für die Bemessung der Unterbauten wurde in dieser Zusammenstellung noch nicht berücksichtigt.

Tabelle NA.E2 - Lagerliste mit Angabe der Lagerkräfte und Bewegungen für die Grenzzustände der Tragfähigkeit und der Gebrauchstauglichkeit

Bauvorhaben: EÜ über die L86 bei Lübs
Lager Nr.: 1 und 3

Diese Liste beinhaltet alle Reaktionen und Bewegungen im Endzustand. Werden Lager während der Bauphase eingebaut und überschreiten dann die Reaktionen und Bewegungen die Werte des Endzustandes, müssen die maßgebenden Werte im Bauzustand separat ausgewiesen werden.

		zugehörige Bemessungswerte der Lagerkräfte und Bewegungen							
		N [kN]	**V_x** [kN]	**V_y** [kN]	**M_x** [kNm]	**v_x** [mm]	**v_y** [mm]	**φ_x** [mrad]	**φ_y** [mrad]
Lagerkräfte und Bewegungen im Grenzzustand der Tragfähigkeit (ständig und vorübergehend)									
Lagerkräfte für die Grundkombination nach Abschnitt NA.E.5									
1.1	max N_{Ed}	3446,4	70,0	312,4	0,0	2,3	0,0	0,00	3,28
1.2	min N_{Ed}	1442,7	-39,1	0,0	0,0	-9,4	0,0	0,00	-2,55
1.3	max $V_{x,Ed}$	3350,7	81,9	205,5	0,0	5,2	0,0	0,00	3,28
1.4	min $V_{x,Ed}$	2354,4	-146,9	-174,5	0,0	-19,3	0,0	0,00	-1,17
1.5	max $V_{y,Ed}$	3446,4	70,0	312,4	0,0	2,3	0,0	0,00	3,28
1.6	min $V_{y,Ed}$	2258,7	-128,2	-250,5	0,0	-16,4	0,0	0,00	-1,17
1.7	max $M_{x,Ed}$	0,0	0,0	0,0	0,0	0,0	0,0	0,00	0,00
1.8	min $M_{x,Ed}$	0,0	0,0	0,0	0,0	0,0	0,0	0,00	0,00
Bewegungen für die Grundkombination nach Abschnitt NA.E.5									
2.1	max $v_{x,d}$	3350,7	81,9	205,5	0,0	5,2	0,0	0,00	3,28
2.2	min $v_{x,d}$	2354,4	-146,9	-174,5	0,0	-19,3	0,0	0,00	-1,17
2.3	max $v_{y,d}$	0,0	0,0	0,0	0,0	0,0	0,0	0,00	0,00
2.4	min $v_{y,d}$	0,0	0,0	0,0	0,0	0,0	0,0	0,00	0,00
2.5	max $\varphi_{x,d}$	0,0	0,0	0,0	0,0	0,0	0,0	0,00	0,00
2.6	min $\varphi_{x,d}$	0,0	0,0	0,0	0,0	0,0	0,0	0,00	0,00
2.7	max $\varphi_{y,d}$	3446,4	70,0	312,4	0,0	2,3	0,0	0,00	3,28
2.8	min $\varphi_{y,d}$	1442,7	0,0	0,0	0,0	-9,4	0,0	0,00	-2,55
Lagerkräfte und Bewegungen im Grenzzustand der Gebrauchstauglichkeit									
Lagerkräfte für die charakteristische Kombination nach DIN EN 1990:2010-12, 6.5.3(2)									
3.1	max N_k	2471,8	31,7	213,2	0,0	-2,1	0,0	0,00	-0,50
3.2	min N_k	1442,7	-39,1	0,0	0,0	-9,4	0,0	0,00	-2,55
3.3	max $V_{x,k}$	2405,8	40,0	139,5	0,0	-0,1	0,0	0,00	-0,50
3.4	min $V_{x,k}$	2073,9	-113,2	-118,1	0,0	-16,5	0,0	0,00	-1,63
3.5	max $V_{y,k}$	2471,8	31,7	213,2	0,0	-2,1	0,0	0,00	-0,50
3.6	min $V_{y,k}$	2007,9	-100,4	-170,5	0,0	-14,5	0,0	0,00	-1,63
3.7	max $M_{x,k}$	0,0	0,0	0,0	0,0	0,0	0,0	0,00	0,00
3.8	min $M_{x,k}$	0,0	0,0	0,0	0,0	0,0	0,0	0,00	0,00
Bewegungen für die charakteristische Kombination nach DIN EN 1990:2010-12, 6.5.3(2)									
4.1	max $v_{x,k}$	2405,8	40,0	139,5	0,0	-0,1	0,0	0,00	-0,50
4.2	min $v_{x,k}$	2073,9	-113,2	-118,1	0,0	-16,5	0,0	0,00	-1,63
4.3	max $v_{y,k}$	0,0	0,0	0,0	0,0	0,0	0,0	0,00	0,00
4.4	min $v_{y,k}$	0,0	0,0	0,0	0,0	0,0	0,0	0,00	0,00
4.5	max $\varphi_{x,k}$	0,0	0,0	0,0	0,0	0,0	0,0	0,00	0,00
4.6	min $\varphi_{x,k}$	0,0	0,0	0,0	0,0	0,0	0,0	0,00	0,00
4.7	max $\varphi_{y,k}$	2471,8	31,7	213,2	0,0	-2,1	0,0	0,00	-0,50
4.8	min $\varphi_{y,k}$	1442,7	-39,1	0,0	0,0	-9,4	0,0	0,00	-2,55
Lagerkräfte und Bewegungen im Grenzzustand der Tragfähigkeit (außergewöhnlich)									
Lagerkräfte und Bewegungen für die außergewöhnliche Kombination nach DIN EN 1990:2010-12, 6.4.3.3(2)									
5.1	max $V_{y,k}$	1950,4	22,3	618,0	0,0	9,3	0,0	0,00	-1,09
5.2	min $V_{y,k}$	1950,4	-93,1	-583,8	0,0	0,9	0,0	0,00	-1,73

Bei den Bewegungen sind die Bewegungszuschläge nach EN 1337-1:2001-02, 5.4, sowie die Mindestbewegungen nach EN 1337-1:2001-02, 5.5, nicht berücksichtigt.

Hinweis: Die gemäß ZTV-ING Teil 8 - Abschnitt 3 Kap. 2.3 (5) geforderte Lagerreibung von 3 % der Vertikalkraft für die Bemessung der Unterbauten wurde in dieser Zusammenstellung noch nicht berücksichtigt.

Tabelle NA.E2 - Lagerliste mit Angabe der Lagerkräfte und Bewegungen für die Grenzzustände der Tragfähigkeit und der Gebrauchstauglichkeit

Bauvorhaben: EÜ über die L86 bei Lübs
Lager Nr.: 2 und 4

Diese Liste beinhaltet alle Reaktionen und Bewegungen im Endzustand. Werden Lager während der Bauphase eingebaut und überschreiten dann die Reaktionen und Bewegungen die Werte des Endzustandes, müssen die maßgebenden Werte im Bauzustand separat ausgewiesen werden.

		zugehörige Bemessungswerte der Lagerkräfte und Bewegungen							
		N [kN]	V_x [kN]	V_y [kN]	M_x [kNm]	v_x [mm]	v_y [mm]	φ_x [mrad]	φ_y [mrad]
Lagerkräfte und Bewegungen im Grenzzustand der Tragfähigkeit (ständig und vorübergehend)									
Lagerkräfte für die Grundkombination nach Abschnitt NA.E.5									
1.1	max N_{Ed}	3446,4	70,0	0,0	0,0	2,3	0,0	0,00	3,28
1.2	min N_{Ed}	1442,7	-39,1	0,0	0,0	-9,4	0,0	0,00	-2,55
1.3	max $V_{x,Ed}$	3350,7	81,9	0,0	0,0	5,2	0,0	0,00	3,28
1.4	min $V_{x,Ed}$	2354,4	-146,9	0,0	0,0	-19,3	0,0	0,00	-1,17
1.5	max $V_{y,Ed}$	3446,4	70,0	0,0	0,0	2,3	0,0	0,00	3,28
1.6	min $V_{y,Ed}$	2258,7	-128,2	0,0	0,0	-16,4	0,0	0,00	-1,17
1.7	max $M_{x,Ed}$	0,0	0,0	0,0	0,0	0,0	0,0	0,00	0,00
1.8	min $M_{x,Ed}$	0,0	0,0	0,0	0,0	0,0	0,0	0,00	0,00
Bewegungen für die Grundkombination nach Abschnitt NA.E.5									
2.1	max $v_{x,d}$	3350,7	81,9	0,0	0,0	5,2	0,0	0,00	3,28
2.2	min $v_{x,d}$	2354,4	-146,9	0,0	0,0	-19,3	0,0	0,00	-1,17
2.3	max $v_{y,d}$	0,0	0,0	0,0	0,0	0,0	0,0	0,00	0,00
2.4	min $v_{y,d}$	0,0	0,0	0,0	0,0	0,0	0,0	0,00	0,00
2.5	max $\varphi_{x,d}$	0,0	0,0	0,0	0,0	0,0	0,0	0,00	0,00
2.6	min $\varphi_{x,d}$	0,0	0,0	0,0	0,0	0,0	0,0	0,00	0,00
2.7	max $\varphi_{y,d}$	3446,4	70,0	0,0	0,0	2,3	0,0	0,00	3,28
2.8	min $\varphi_{y,d}$	1442,7	0,0	0,0	0,0	-9,4	0,0	0,00	-2,55
Lagerkräfte und Bewegungen im Grenzzustand der Gebrauchstauglichkeit									
Lagerkräfte für die charakteristische Kombination nach DIN EN 1990:2010-12, 6.5.3(2)									
3.1	max N_k	2471,8	31,7	0,0	0,0	-2,1	0,0	0,00	-0,50
3.2	min N_k	1442,7	-39,1	0,0	0,0	-9,4	0,0	0,00	-2,55
3.3	max $V_{x,k}$	2405,8	40,0	0,0	0,0	-0,1	0,0	0,00	-0,50
3.4	min $V_{x,k}$	2073,9	-113,2	0,0	0,0	-16,5	0,0	0,00	-1,63
3.5	max $V_{y,k}$	2471,8	31,7	0,0	0,0	-2,1	0,0	0,00	-0,50
3.6	min $V_{y,k}$	2007,9	-100,4	0,0	0,0	-14,5	0,0	0,00	-1,63
3.7	max $M_{x,k}$	0,0	0,0	0,0	0,0	0,0	0,0	0,00	0,00
3.8	min $M_{x,k}$	0,0	0,0	0,0	0,0	0,0	0,0	0,00	0,00
Bewegungen für die charakteristische Kombination nach DIN EN 1990:2010-12, 6.5.3(2)									
4.1	max $v_{x,k}$	2405,8	40,0	0,0	0,0	-0,1	0,0	0,00	-0,50
4.2	min $v_{x,k}$	2073,9	-113,2	0,0	0,0	-16,5	0,0	0,00	-1,63
4.3	max $v_{y,k}$	0,0	0,0	0,0	0,0	0,0	0,0	0,00	0,00
4.4	min $v_{y,k}$	0,0	0,0	0,0	0,0	0,0	0,0	0,00	0,00
4.5	max $\varphi_{x,k}$	0,0	0,0	0,0	0,0	0,0	0,0	0,00	0,00
4.6	min $\varphi_{x,k}$	0,0	0,0	0,0	0,0	0,0	0,0	0,00	0,00
4.7	max $\varphi_{y,k}$	2471,8	31,7	0,0	0,0	-2,1	0,0	0,00	-0,50
4.8	min $\varphi_{y,k}$	1442,7	-39,1	0,0	0,0	-9,4	0,0	0,00	-2,55

Bei den Bewegungen sind die Bewegungszuschläge nach EN 1337-1:2001-02, 5.4, sowie die Mindestbewegungen nach EN 1337-1:2001-02, 5.5, nicht berücksichtigt.

Hinweis: Die gemäß ZTV-ING Teil 8 - Abschnitt 3 Kap. 2.3 (5) geforderte Lagerreibung von 3 % der Vertikalkraft für die Bemessung der Unterbauten wurde in dieser Zusammenstellung noch nicht berücksichtigt.

2.9 Schlussblatt

Aufgestellt am 01.04.2015 in Lübs

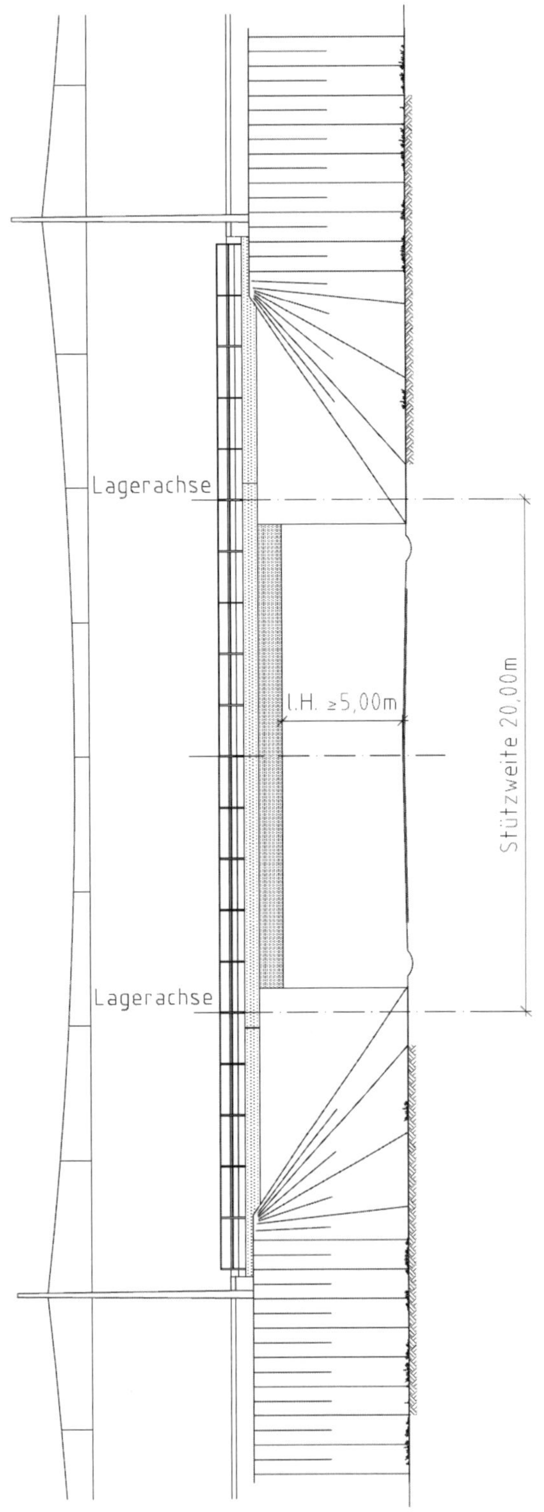
Lagerachse
l.H. ≥5,00m
Stützweite 20,00m
Lagerachse

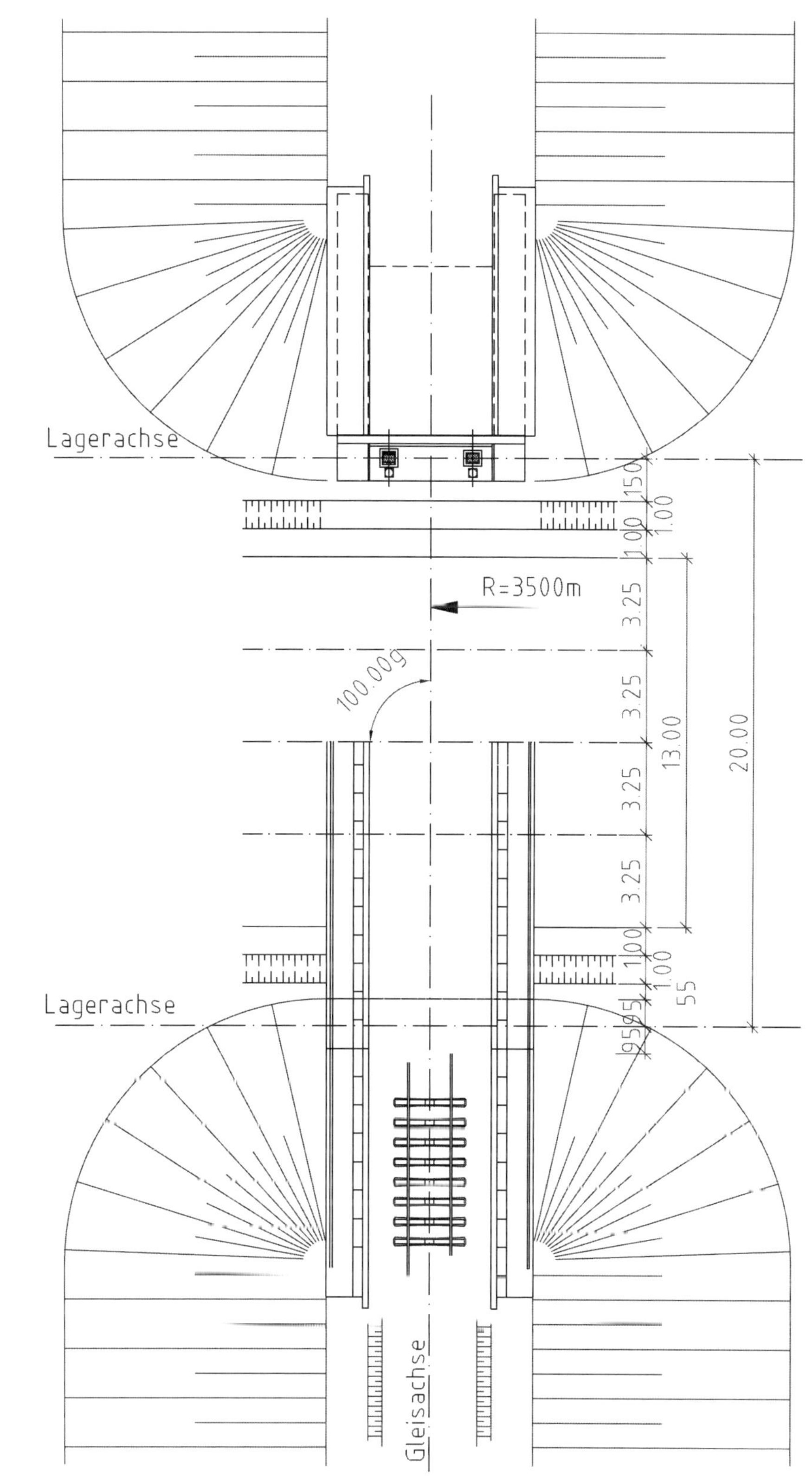

Lagerachse
R=3500m
100.00g
1.50
1.00
1.00
3.25
3.25
3.25
3.25
1.00
1.00
55
13.00
20.00
Lagerachse
Gleisachse

Verfasser : Planungsgemeinschaft: Hochschule Magdeburg – Stendal		Proj. – Nr. 1400
Programm : Hochschule München		
Bauwerk : EÜ über die L86 bei Prödel		Datum: 04.06.2015

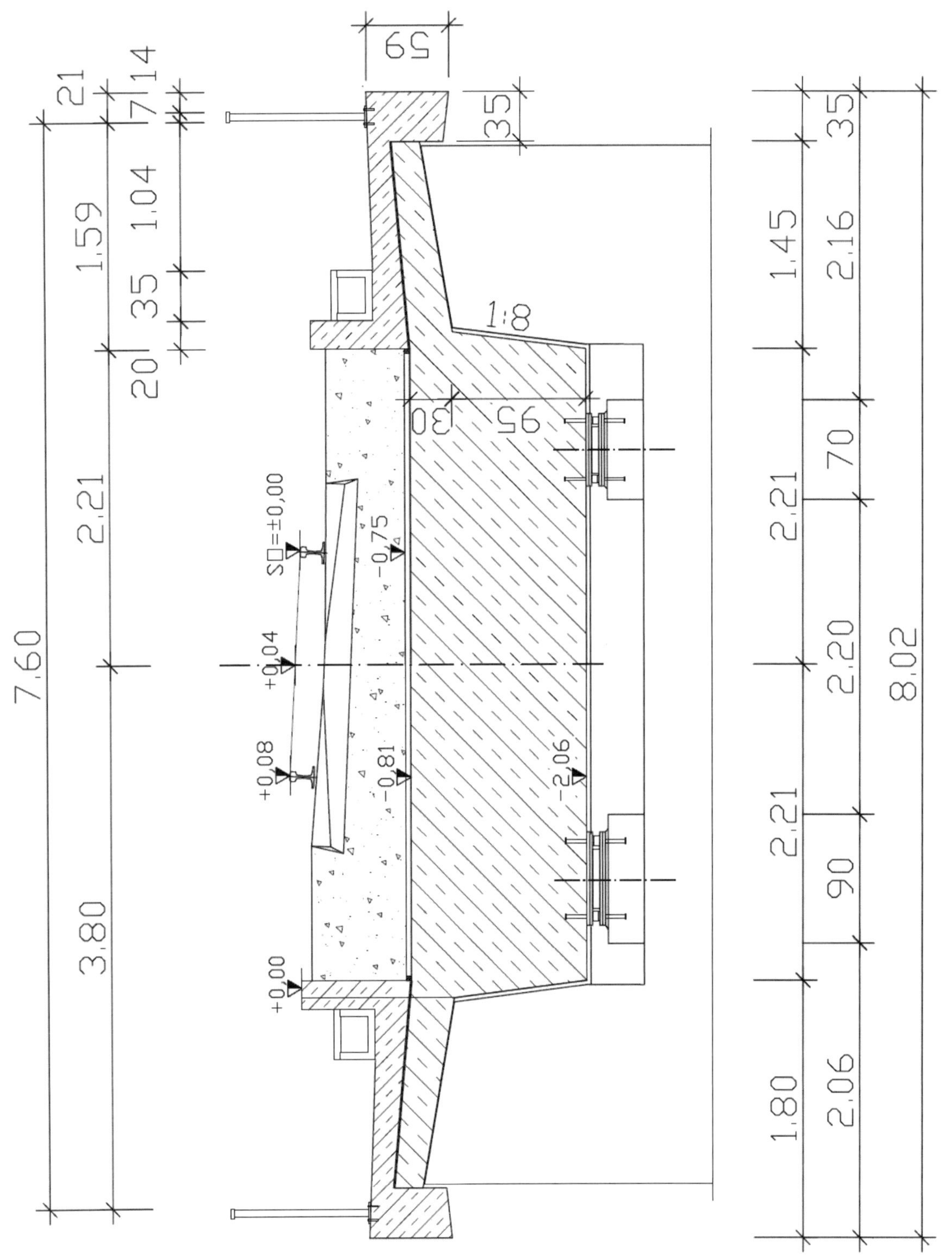

Bauteil : **Teil B: Spannbetonüberbau nach EC2**		Archiv Nr.:
Block : Anhang 1: Ausschnitt aus Übersichtsplan	Seite: **2-216**	
Vorgang : Querschnitt		

Verfasser : Planungsgemeinschaft	Hochschule Magdeburg – Stendal	Proj. – Nr. 1400
Programm :	Hochschule München	
Bauwerk : EÜ über die L86 bei Lübs		Datum: 04.06.2015

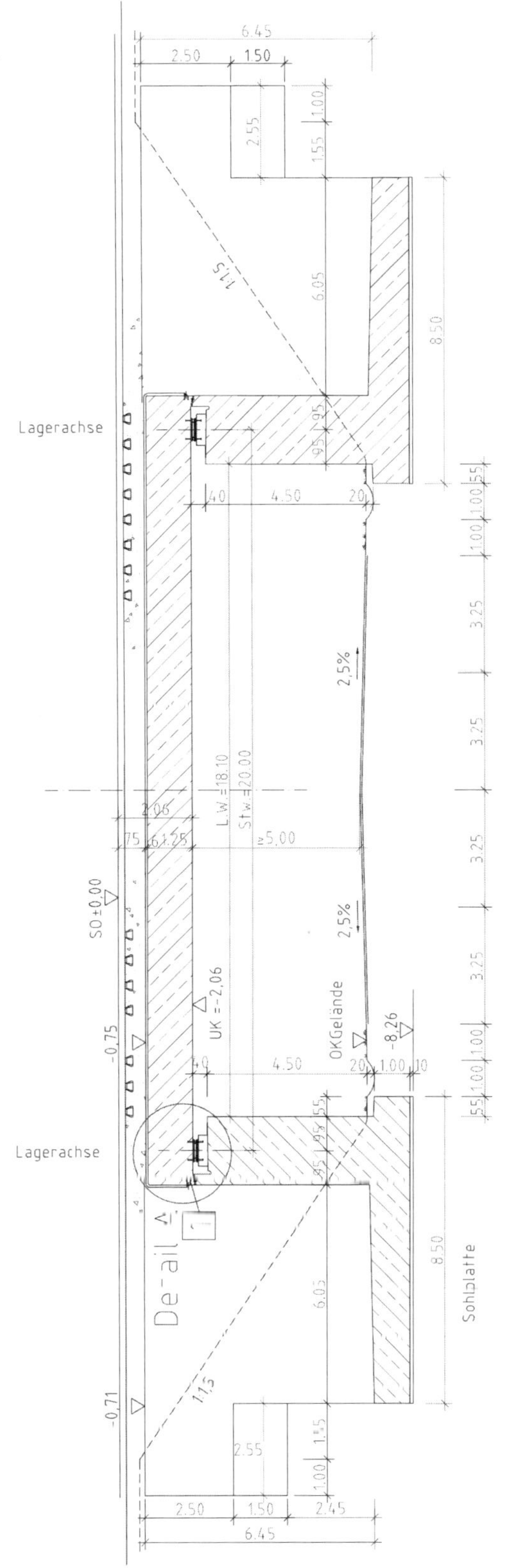

Bauteil	:	**Teil B: Spannbetonüberbau nach EC2**		Archiv Nr.:
Block	:	Anhang 1: Ausschnitt aus Übersichtsplan	Seite: **2-217**	
Vorgang	:	Längsschnitt		

Verzeichnis der Tabellen

Verzeichnis der Abbildungen

Inserentenverzeichnis

Die inserierenden Firmen und die Aussagen in Inseraten stehen nicht notwendigerweise in einem Zusammenhang mit den in diesem Buch abgedruckten Normen. Aus dem Nebeneinander von Inseraten und redaktionellem Teil kann weder auf die Normgerechtheit der beworbenen Produkte oder Verfahren geschlossen werden, noch stehen die Inserenten notwendigerweise in einem besonderen Zusammenhang mit den wiedergegebenen Normen. Die Inserenten dieses Buches müssen auch nicht Mitarbeiter eines Normenausschusses oder Mitglied des DIN sein. Inhalt und Gestaltung der Inserate liegen außerhalb der Verantwortung des DIN.

Zuschriften bezüglich des Anzeigenteils
werden erbeten an:

Beuth Verlag GmbH
Anzeigenverwaltung
Am DIN-Platz
Burggrafenstraße 6
10787 Berlin